EUL VERLAG

FINANZIERUNG, KAPITALMARKT UND BANKEN

Herausgegeben von Prof. Dr. Hermann Locarek-Junge, Dresden, Prof. Dr. Klaus Röder, Regensburg, und Prof. Dr. Mark Wahrenburg, Frankfurt

Band 71
Rafael Zajonz
Die Bewertung europäischer Immobilienaktien – Theoretische und empirische Modelle zur Erklärung der NAV-Spreads
Lohmar – Köln 2010 • 636 S. • € 83,- (D) • ISBN 978-3-89936-984-7

Band 72
Gaby Trinkaus
Analysis of non-compliant loans in German synthetic mortgage-backed securities transactions – Performance and regulatory effects
Lohmar – Köln 2010 • 164 S. • € 47,- (D) • ISBN 978-3-89936-990-8

Band 73
Vera Kopp
Kontrollierte Auktionen – Eine Analyse privater Unternehmensverkäufe aus Perspektive des Veräußerers
Lohmar – Köln 2010 • 384 S. • € 65,- (D) • ISBN 978-3-89936-993-9

Band 74
Martin Sauermann
Übernahmen deutscher Aktiengesellschaften durch Finanzinvestoren – Theorie, Empirie und Fallstudien
Lohmar – Köln 2010 • 384 S. • € 65,- (D) • ISBN 978-3-89936-997-7

Band 75
Markus Brüse
Mezzanine-Kapital für den Mittelstand – Eine empirische Analyse aus Unternehmenssicht in quantitativer und qualitativer Art
Lohmar – Köln 2011 • 476 S. • € 72,- (D) • ISBN 978-3-8441-0021-1

JOSEF EUL VERLAG

Reihe: Finanzierung, Kapitalmarkt und Banken · Band 75

Herausgegeben von Prof. Dr. Hermann Locarek-Junge, Dresden, Prof. Dr. Klaus Röder, Regensburg, und Prof. Dr. Mark Wahrenburg, Frankfurt

Dr. Markus Brüse

Mezzanine-Kapital für den Mittelstand

Eine empirische Analyse aus Unternehmenssicht in quantitativer und qualitativer Art

Mit einem Geleitwort von Prof. Dr. Michael Nelles (a. D.), Bergische Universität Wuppertal

EUL VERLAG

Bibliografische Information der Deutschen Nationalbibliothek

Die Deutsche Nationalbibliothek verzeichnet diese Publikation in der Deutschen Nationalbibliografie; detaillierte bibliografische Daten sind im Internet über <http://dnb.d-nb.de> abrufbar.

Dissertation, Bergische Universität Wuppertal, 2011

ISBN 978-3-8441-0021-1
1. Auflage März 2011

JOSEF EUL VERLAG GmbH
Brandsberg 6
53797 Lohmar
Tel.: 0 22 05 / 90 10 6-6
Fax: 0 22 05 / 90 10 6-88
http://www.eul-verlag.de
info@eul-verlag.de

Bei der Herstellung unserer Bücher möchten wir die Umwelt schonen. Dieses Buch ist daher auf säurefreiem, 100% chlorfrei gebleichtem, alterungsbeständigem Papier nach DIN 6738 gedruckt.

Geleitwort

Der deutsche Mittelstand verfügt traditionell aus verschiedenen Gründen über eine verhältnismäßig niedrigere Eigenkapitalquote, die insbesondere in Krisenzeiten, in den Eigenkapital Risikoausgleichspotenzial hat, von besonderer Relevanz ist. Eine Möglichkeit, dieses Eigenkapitaldefizit auszugleichen, ohne die grundsätzlichen Eigentümerstrukturen zu ändern, ist die Finanzierung mit so genanntem Mezzanine-Kapital. In den Jahren 2004 bis 2007 haben verschiedene Banken standardisierte Mezzanine-Programme aufgelegt, die über Verbriefungen refinanziert wurden.

Diese Standard-Mezzanine-Programme werden in der vorliegenden wissenschaftlichen Arbeit erstmalig detailliert empirisch analysiert. Ziel der Arbeit ist die Beantwortung der Frage nach der Vorteilhaftigkeit einer Aufnahme von Mezzanine-Kapital aus Unternehmenssicht, die im Laufe der Arbeit schrittweise beantwortet wird.

Zwei voneinander unabhängige, empirische Analysen werden im Rahmen der Arbeit sowohl in Form differenzierter, quantitativer Kennzahlenuntersuchungen als auch in Form einer detaillierten Befragung der mezzanine-finanzierten Unternehmen nach qualitativen Aspekten von Mezzanine-Kapital durchgeführt, die sich jeweils auf eine sehr breite Datenbasis stützen. Die Situation mezzanine-finanzierter Unternehmen wird umfassend und empirisch fundiert analysiert, verschiedene und teilweise gegenläufige Effekte aufgezeigt sowie Besonderheiten dieser mezzanine-finanzierten Unternehmen herausgearbeitet. Explizit hervorzuheben sind die Ergebnisse im Hinblick auf ‚Adverse Selection' sowohl der Ausfälle innerhalb der Standard-Mezzanine-Programme als auch der Unternehmen, die mehrfach Standard-Mezzanine-Kapital über verschiedene Mezzanine-Programme aufgenommen haben.

Insgesamt ist zu konstatieren, dass die vorliegende Arbeit eine Pionierstudie auf dem Gebiet der Unternehmensfinanzierung mit Standard-Mezzanine-Kapital darstellt. Der Markt für Standard-Mezzanine-Kapital wird in Gänze vom Autor empirisch sehr ausgewogen analysiert und dadurch sowohl aus theoretischer als auch aus praktischer Sicht ein wertvoller Beitrag zur wissenschaftlichen Forschung geleistet.

Prof. Dr. Michael Nelles (a. D.)

Vorwort

An dieser Stelle möchte ich all jenen Personen danken, die mich bei der Anfertigung dieser Arbeit sowohl fachlich als auch persönlich unterstützt haben.

Zunächst gebührt mein Dank meinem Doktorvater Prof. Dr. Michael Nelles, der mir die Möglichkeit zu dieser Arbeit eröffnet hat. Auch seinem wissenschaftlichen Mitarbeiter und späteren Lehrstuhlvertreter PD Dr. Martin Užík host'. prof. bin ich zu Dank verpflichtet. Durch sie erhielt ich wertvolle Anregungen und Hinweise, die für das Gelingen dieser Arbeit maßgeblich und unverzichtbar waren. Herrn Prof. Dr. Stefan Thiele danke ich für die freundliche Übernahme des Zweitgutachtens.

Spezieller Dank gilt Herrn Michael Auracher von HSBC Trinkaus als Head of Structured Solutions Group. Er ermöglichte mir, zusätzlich zu meinem Promotionsstudium flexibel meiner Tätigkeit bei HSBC Trinkaus nachzugehen. Darüber hinaus stellte er mir wertvolle, empirisch nutzbare Daten zur Verfügung und hatte immer ein offenes Ohr für mich.

Weiteren Dank möchte ich meinen Kolleginnen und Kollegen von HSBC Trinkaus und vom Lehrstuhl für Bank- und Finanzwirtschaft der Bergischen Universität aussprechen.

Meinen Eltern, meiner gesamten Familie und meinen Freunden möchte ich danken, dass sie mir ermöglicht haben, den gewählten Weg zu gehen. Herrn Stephan Schütrumpf von der Creditreform Rating AG danke ich für die zur Verfügung gestellten Daten. Frau Stephanie Starke, Herrn Tobias Gohla und Herrn Dr. Stephan Kreuzer sowie insbesondere meinem Schwager Herrn Dr. Christoph Swonke bin ich für die vielen wissenschaftlichen Diskussionen und die sehr fundierten und kritischen Anmerkungen zu Dank verpflichtet.

Zu guter Letzt möchte ich meinen ausdrücklichen und von tiefstem Herzen kommenden Dank meiner Frau Miriam aussprechen. Sie ist es, die mir vor und während der Promotion und der Tätigkeit bei HSBC Trinkaus „den Rücken freigehalten hat“ und all die „Aufs und Abs“, die eine Dissertation mit sich bringt, liebevoll ertragen hat. Vielen lieben Dank für das entgegengebrachte Verständnis und Vertrauen sowie insbesondere für die Geduld und die mir geopferte Zeit.
Ihr und unserer gemeinsamen Zukunft sei diese Arbeit gewidmet.

Wuppertal, im Janurar 2011 Markus Brüse

Inhaltsverzeichnis

Inhaltsverzeichnis ... **IX**

I. Abbildungsverzeichnis ... **XIII**

II. Tabellenverzeichnis ... **XVII**

III. Abkürzungsverzeichnis ... **XIX**

IV. Symbolverzeichnis ... **XXIII**

1. Einleitung ... **1**
- 1.1. Einführung und Problemstellung ... 1
- 1.2. Aufbau der Arbeit ... 5

2. Finanzierungssituation im deutschen Mittelstand ... **11**
- 2.1. Definition des Mittelstandes ... 11
- 2.2. Systematisierung von Finanzierungsformen ... 13
- 2.3. Analyse der Eigenkapitalsituation und klassische Finanzierungsinstrumente ... 15
- 2.4. Unternehmensfinanzierung im Wandel ... 21
  - 2.4.1. Finanzierung bis zur Finanzmarktkrise ... 21
  - 2.4.2. Finanzierung seit Ausbruch der Finanzmarktkrise ... 25

3. Mezzanine-Kapital als Finanzierungsinstrument – Eine theoretische Diskussion ... **31**
- 3.1. Mezzanine-Kapital ... 31
  - 3.1.1. Definition und Ausgestaltungsvarianten ... 31
  - 3.1.2. Ausgewählte mezzanine Finanzierungsinstrumente ... 33
  - 3.1.3. Klassische Anwendungsgebiete ... 37
  - 3.1.4. Covenants ... 39
  - 3.1.5. Bilanzielle und steuerrechtliche Betrachtung ... 41
  - 3.1.6. Diskussion der Einordnung im Ratingprozess ... 43
  - 3.1.7. Szenarioanalysen zur Wirkung im Unternehmensrating ... 47
  - 3.1.8. Beurteilung ... 56
- 3.2. Asset-Backed-Securities als Refinanzierungsinstrument für Standard-Mezzanine-Kapital ... 61
  - 3.2.1. Einleitung ... 61
  - 3.2.2. Definition und Funktionsweise ... 62
  - 3.2.3. Klassifizierung ... 63
    - 3.2.3.1. Allgemeine Klassifizierung ... 63
    - 3.2.3.2. True Sale ... 66
    - 3.2.3.3. Synthetische Verbriefung ... 66
  - 3.2.4. Credit Enhancements ... 68
- 3.3. Standard-Mezzanine-Kapital als Bindeglied zwischen Mezzanine-Kapital und Asset-Backed-Securities ... 70
  - 3.3.1. Der deutsche Verbriefungsmarkt und kapitalmarktrefinanziertes Mezzanine-Kapital ... 70
  - 3.3.2. Transaktionsstruktur und Auswahlprozess ... 72
  - 3.3.3. Standardisierte Ausgestaltung der Darlehensverträge ... 75
  - 3.3.4. Beurteilung ... 76

3.3.4.1. Beurteilung aus Unternehmenssicht ... 76
3.3.4.2. Beurteilung aus Investorensicht ... 79
3.3.4.3. Beurteilung aus Bankensicht ... 82
3.4. Aktuelle Entwicklungen vor dem Hintergrund der Finanzmarktkrise ... 83

4. Quantitativ-empirische Kennzahlenanalyse der Entwicklung mezzanine-finanzierter Unternehmen ... 87
4.1. Ergebnisse bisheriger Studien ... 87
4.2. Grundgesamtheit ... 89
4.2.1. Datenbasis ... 89
4.2.2. Eigenschaften ... 92
4.2.3. Besonderheiten der mehrfach teilnehmenden Unternehmen ... 102
4.3. Analyse und Beurteilung der Entwicklung ... 108
4.3.1. Moody's KMV RiskCalc™ ... 108
4.3.2. Bereinigte Datenbasis und deren Eigenschaften ... 112
4.3.3. Zusammenstellung und Eigenschaften der Vergleichsgruppe ... 117
4.3.4. Detailanalyse und Diskussion der Entwicklung ... 121
4.3.4.1. Strukturierte Vorgehensweise ... 121
4.3.4.2. Umsatzwachstum ... 125
4.3.4.3. Kapitalbindungsdauer ... 130
4.3.4.4. Fremdkapitalstruktur ... 134
4.3.4.5. Nettoverschuldungsquote ... 140
4.3.4.6. Eigenkapitalquote ... 145
4.3.4.7. Finanzkraft ... 151
4.3.4.8. EBITD-ROI ... 159
4.3.4.9. Umsatzrentabilität ... 164
4.3.4.10. Personalaufwandsquote ... 169
4.3.5. Ratingverteilung und -migration ... 173
4.3.6. Charakteristika der kleinen und großen Unternehmen ... 177
4.3.7. Besonderheiten der mehrfach teilnehmenden Unternehmen ... 181
4.3.8. Analyse und Beurteilung der ausgefallenen Unternehmen ... 188
4.3.8.1. Eigenschaften und Besonderheiten ... 188
4.3.8.2. Unternehmenssituation vor Aufnahme ... 194
4.3.8.3. Wertung und Implikationen ... 197
4.4. Diskussion der Ergebnisse, Fazit und zu implementierende Maßnahmen ... 200

5. Unternehmensbefragung zur Bewertung qualitativer Aspekte von Mezzanine-Kapital ... 213
5.1. Ziele ... 213
5.2. Aufbau und Konzeption des Fragebogens ... 213
5.3. Ablauf ... 219
5.4. Analyse und Erörterung ... 220
5.4.1. Generelle Auffälligkeiten im Antwortverhalten ... 220
5.4.2. Detailanalyse ... 221
5.4.2.1. Eigenschaften der teilnehmenden Unternehmen ... 221
5.4.2.2. Verwendung des Mezzanine-Kapitals ... 227
5.4.2.3. Bewertung der Vor- und Nachteile von Mezzanine-Kapital ... 230
5.4.2.4. Finanzierungsalternativen vor Aufnahme ... 244
5.4.2.5. Einschätzung der Entwicklung seit Aufnahme vor dem Hintergrund der Finanzmarktkrise ... 247
5.4.2.6. Refinanzierung – Stand der Planungen zur Rückzahlung ... 263

5.4.2.7. Bewertung der Optionen zur Weiterentwicklung der Standard-Mezzanine-Programme ... 271
5.5. Faktorenanalyse der Vorteile von Mezzanine-Kapital ... 275
5.5.1. Definition und Grundprinzip ... 275
5.5.2. Anwendung am Praxisbeispiel ... 277
5.5.2.1. Variablenauswahl und Stichprobeneignung ... 277
5.5.2.2. Faktoren-Extraktion ... 279
5.5.2.3. Faktoren-Rotation ... 282
5.5.2.4. Berechnung der Faktorwerte ... 287
5.5.2.5. Reliabilitätsanalyse ... 288
5.6. Diskussion der Ergebnisse und Fazit ... 292
5.7. Ergebniszusammenführung der Kennzahlenanalyse und der Unternehmensbefragung – empirische Hypothesenbestätigung ... 296

6. Schlussbetrachtung ... 301

V. Anhangsverzeichnis ... 309

VI. Literaturverzeichnis ... 421

I. Abbildungsverzeichnis

Abbildung 3-1: Positiver Kapitalstruktureffekt für Szenario 1 bis 4 ... 51
Abbildung 3-2: Zins- und Steuereffekt für Szenario 1 bis 4 ... 51
Abbildung 4-1: Verteilung der Umsatzerlöse der Grundgesamtheit N_R vor Aufnahme ... 93
Abbildung 4-2: Verteilung der Bilanzsummen der Grundgesamtheit N_R vor Aufnahme . 94
Abbildung 4-3: Verteilung der Angestelltenanzahl der Grundgesamtheit N_R vor Aufnahme ... 94
Abbildung 4-4: Verteilung der Exportquote der Grundgesamtheit N_R vor Aufnahme ... 95
Abbildung 4-5: Alterstruktur der Grundgesamtheit N_R im Jahr der Aufnahme ... 96
Abbildung 4-6: Branchenverteilung der Grundgesamtheit N_R ... 97
Abbildung 4-7: Verteilung der Rechtsformen der Grundgesamtheit N_R ... 98
Abbildung 4-8: Verteilung der Nominalvolumina der Grundgesamtheit N_{RI} ... 99
Abbildung 4-9: Durchschnittliches Nominalvolumen je Umsatzklasse der Grundgesamtheit N ... 101
Abbildung 4-10: Verteilung der Umsatzerlöse der Mehrfachteilnehmer R vor Aufnahme ... 103
Abbildung 4-11: Verteilung der Bilanzsummen der Mehrfachteilnehmer R vor Aufnahme ... 104
Abbildung 4-12: Verteilung der Rechtsformen der Mehrfachteilnehmer R ... 106
Abbildung 4-13: Verteilung der Nominalvolumina der identifizierten Mehrfachteilnehmer R_I ... 107
Abbildung 4-14: Komplexe Kennzahlen Moody's KMV RiskCalc™ v.1.0 ... 109
Abbildung 4-15: UW für 2003 bis 2008 nach Programmgruppen ... 126
Abbildung 4-16: Kumuliertes UW für t_{-1} bis t_1 ... 127
Abbildung 4-17: UW für t_{-1} bis t_4 nach Programmgruppen ... 127
Abbildung 4-18: KBD für 2003 bis 2008 nach Programmgruppen ... 131
Abbildung 4-19: Kumulierte KBD für t_{-1} bis t_1 ... 131
Abbildung 4-20: KBD für t_{-1} bis t_4 nach Programmgruppen ... 132
Abbildung 4-21: FKS für 2003 bis 2008 nach Programmgruppen ... 135
Abbildung 4-22: Kumulierte FKS für t_{-1} bis t_1 ... 136
Abbildung 4-23: FKS für t_{-1} bis t_4 nach Programmgruppen ... 136
Abbildung 4-24: NVQ für 2003 bis 2008 nach Programmgruppen ... 141
Abbildung 4-25: Kumulierte NVQ für t_{-1} bis t_1 ... 141
Abbildung 4-26: NVQ für t_{-1} bis t_4 nach Programmgruppen ... 142
Abbildung 4-27: EKQ für 2003 bis 2008 nach Programmgruppen ... 145
Abbildung 4-28: Kumulierte EKQ für t-1 bis t_1 ... 146
Abbildung 4-29: EKQ für t_{-1} bis t_4 nach Programmgruppen ... 146
Abbildung 4-30: FINK für 2003 bis 2008 nach Programmgruppen ... 152
Abbildung 4-31: Kumulierte FINK für t_{-1} bis t_1 ... 152
Abbildung 4-32: FINK für t_{-1} bis t_4 nach Programmgruppen ... 153
Abbildung 4-33: EBITD-ROI für 2003 bis 2008 nach Programmgruppen ... 160
Abbildung 4-34: Kumulierter EBITD-ROI für t_{-1} bis t_1 ... 160
Abbildung 4-35: EBITD-ROI für t_{-1} bis t_4 nach Programmgruppen ... 161
Abbildung 4-36: UR für 2003 bis 2008 nach Programmgruppen ... 164
Abbildung 4-37: Kumulierte UR für t_{-1} bis t_1 ... 165
Abbildung 4-38: UR für t_{-1} bis t_4 nach Programmgruppen ... 166
Abbildung 4-39: PAQ für 2003 bis 2008 nach Programmgruppen ... 169

Abbildung 4-40: Kumulierte PAQ für t_{-1} bis t_1 ... 169
Abbildung 4-41: PAQ für t_{-1} bis t_4 nach Programmgruppen ... 170
Abbildung 4-42: Verteilung der 5-Jahres-Ratings (.edf) gemäß Moody's KMV für N_{RIK} vor Aufnahme ... 174
Abbildung 4-43: Moody's KMV 1-Jahres-Migrationsmatrix der 5-Jahres-Ratings für N_{RIK} seit Aufnahme für 2004 bis 2008 ... 175
Abbildung 4-44: Entwicklung der kleinen und großen Unternehmen für t_{-1} bis t_1 ... 179
Abbildung 4-45: Entwicklung der kleinen und großen Unternehmen für 2006 bis 2008 . 181
Abbildung 4-46: Entwicklung der Mehrfachteilnehmer R_{IK} für t_{-1} bis t_1 ... 184
Abbildung 4-47: Entwicklung der Mehrfachteilnehmer R_{IK} für 2006 bis 2008 ... 188
Abbildung 4-48: Übersicht über ausgefallene Unternehmen innerhalb der Standard-Mezzanine-Programme per 31.12.2008 ... 190
Abbildung 4-49: Verteilung der 5-Jahres-Ratings (.edf) gemäß Moody's KMV für N_{RI} vor Aufnahme ... 193
Abbildung 4-50: Kennzahlenübersicht der ausgefallenen Unternehmen $N_{RI(AUSFALL)}$ und einer Zufallstichprobe $N_{RIK(ZUFALL)}$ für t_{-1} und t_0 ... 197
Abbildung 5-1: Übersicht über Fragestellungen 1 bis 4 –Schritt 1– ... 214
Abbildung 5-2: Übersicht über Fragestellungen 5 bis 11 –Schritt 2– ... 216
Abbildung 5-3: Übersicht über Fragestellungen 12 bis 19 –Schritt 3– ... 217
Abbildung 5-4: Übersicht über Fragestellungen 20 bis 23 –Schritt 4– ... 218
Abbildung 5-5: Branchenverteilung –Frage 1– ... 222
Abbildung 5-6: Verteilung der Rechtsformen –Frage 2– ... 222
Abbildung 5-7: Verteilung der Umsatzerlöse –Frage 3– ... 224
Abbildung 5-8: Verteilung der Anzahl der Angestellten –Frage 4– ... 224
Abbildung 5-9: Anzahl der Teilnahmen –Frage 5– ... 225
Abbildung 5-10: Verteilung der Teilnahmen auf die Programme unter Berücksichtigung von Gesamtanzahl, Ausfällen und Rückzahlungen –Frage 5– ... 226
Abbildung 5-11: Verteilung der Nominalvolumina -Frage 6- ... 226
Abbildung 5-12: Anzahl der Verwendungszwecke -Frage 7- ... 227
Abbildung 5-13: Anzahl der Verwendungszwecke nach Umsatzgruppen -Frage 7- ... 227
Abbildung 5-14: Verwendungszweck -Frage 7- ... 228
Abbildung 5-15: Verteilung bei einem oder mehreren Verwendungszwecken -Frage 7-. 229
Abbildung 5-16: Verteilung der Verwendungszwecke für Umsatzgruppe 1 und 2 -Frage 7- ... 230
Abbildung 5-17: Beurteilung der Vorteile von Mezzanine-Kapital -Frage 8- ... 231
Abbildung 5-18: Rangfolge der Vorteile von Mezzanine-Kapital -Frage 8- ... 234
Abbildung 5-19: Beurteilung der Vorteile von Mezzanine-Kapital für Umsatzgruppe 1 und 2 -Frage 8- ... 235
Abbildung 5-20: Rangfolge der Vorteile von Mezzanine-Kapital Umsatzgruppe 1 und 2 -Frage 8- ... 237
Abbildung 5-21: Beurteilung der Vorteile von Standard-Mezzanine-Kapital -Frage 9-... 238
Abbildung 5-22: Rangfolge der Vorteile von Standard-Mezzanine-Kapital -Frage 9-... 239
Abbildung 5-23: Rangfolge der Vorteile von Standard-Mezzanine-Kapital für Umsatzgruppe 1 und 2 -Frage 9- ... 241
Abbildung 5-24: Beurteilung der Nachteile von Mezzanine-Kapital -Frage 10- ... 242
Abbildung 5-25: Rangfolge der Nachteile von Mezzanine-Kapital -Frage 10- ... 243
Abbildung 5-26: Rangfolge der Nachteile von Mezzanine-Kapital für Umsatzgruppe 1 und 2 -Frage 10- ... 244
Abbildung 5-27: Anzahl an Finanzierungsalternativen –Frage 11– ... 244
Abbildung 5-28: Anzahl an Finanzierungsalternativen für Umsatzgruppe 1 und 2 – Frage 11– ... 245

Abbildung 5-29: Finanzierungsalternativen –Frage 11– 246
Abbildung 5-30: Finanzierungsalternativen für Umsatzgruppe 1 und 2 –Frage 11– 247
Abbildung 5-31: Bedeutung von Mezzanine-Kapital für das Wachstum des Unternehmens –Frage 12– 248
Abbildung 5-32: Bedeutung von Mezzanine-Kapital für das Wachstum des Unternehmens für Umsatzgruppe 1 und 2 –Frage 12– 249
Abbildung 5-33: Entwicklung des Unternehmens ohne Mezzanine-Kapital –Frage 13– 250
Abbildung 5-34: Entwicklung des Unternehmens ohne Mezzanine-Kapital für Umsatzgruppe 1 und 2 –Frage 13– 250
Abbildung 5-35: Entwicklung von Umsatz, Investitionsvolumen, Ausgaben für F & E und Mitarbeiteranzahl ohne Mezzanine-Kapital –Frage 14– 252
Abbildung 5-36: Entwicklung von Umsatz, Investitionsvolumen, Ausgaben für F & E und Mitarbeiteranzahl ohne Mezzanine-Kapital für Umsatzgruppe 1 und 2 –Frage 14– 253
Abbildung 5-37: Zustimmung zur Aussage ‚Ausstattung mit (wirtschaftlichem) Eigenkapital kann qualitative Ratingeinschätzung verbessern' –Frage 15– 254
Abbildung 5-38: Zustimmung zur Aussage ‚Ausstattung mit (wirtschaftlichem) Eigenkapital kann qualitative Ratingeinschätzung verbessern' für Umsatzgruppe 1 und 2 –Frage 15– 255
Abbildung 5-39: Antwortverhalten zur Aussage ‚Die Aufnahme von Mezzanine-Kapital ist für die finanzielle Stabilität des Unternehmens …' –Frage 16– 255
Abbildung 5-40: Antwortverhalten zur Aussage ‚Die Aufnahme von Mezzanine-Kapital ist für die finanzielle Stabilität des Unternehmens …' für Umsatzgruppe 1 und 2 –Frage 16– 256
Abbildung 5-41: Zustimmung zur Aussage ‚Im Vergleich zum Wettbewerb fühle ich mich durch das Mezzanine-Kapital finanziell besser aufgestellt' –Frage 17– 257
Abbildung 5-42: Zustimmung zur Aussage ‚Im Vergleich zum Wettbewerb fühle ich mich durch das Mezzanine-Kapital finanziell besser aufgestellt' für Umsatzgruppe 1 und 2 –Frage 17– 257
Abbildung 5-43: Wie wird die Aufnahme von Mezzanine-Kapital von der Hausbank gesehen –Frage 18– 258
Abbildung 5-44: Wie wird die Aufnahme von Mezzanine-Kapital von der Hausbank gesehen für Umsatzgruppe 1 und 2 –Frage 18– 259
Abbildung 5-45: Veränderung der Zinskonditionen, Prolongationen und Geschäftsbeziehung zur Hausbank durch Aufnahme von Mezzanine-Kapital –Frage 19– 262
Abbildung 5-46: Veränderung der Zinskonditionen, Prolongationen und Geschäftsbeziehung zur Hausbank durch Aufnahme von Mezzanine-Kapital für Umsatzgruppe 1 und 2 -Frage 19– 263
Abbildung 5-47: Stand der Rückzahlung –Frage 20– 264
Abbildung 5-48: Stand der Rückzahlung für Umsatzgruppe 1 und 2 –Frage 20– 264
Abbildung 5-49: Stand der Rückzahlung für Programm-Gruppe 1 und 2 –Frage 20– 265
Abbildung 5-50: Anzahl an Alternativen zur Finanzierung der Rückzahlung –Frage 21– 266
Abbildung 5-51: Alternativen zur Finanzierung der Rückzahlung –Frage 21– 268
Abbildung 5-52: Anzahl an Alternativen zur Finanzierung der Rückzahlung für Umsatzgruppe 1 und 2 –Frage 21– 269
Abbildung 5-53: Alternativen zur Finanzierung der Rückzahlung für Umsatzgruppe 1 und 2 -Frage 21– 269
Abbildung 5-54: Antwortverhalten zur Frage das Ersatzes des Mezzanine-Kapitals durch Kapital von gleicher Eigenkapitalqualität –Frage 22– 270

Abbildung 5-55: Antwortverhalten zur Frage das Ersatzes des Mezzanine-Kapitals durch Kapital von gleicher Eigenkapitalqualität für Umsatzgruppe 1 und 2 – Frage 22– 271
Abbildung 5-56: Beurteilung der Verschärfung verschiedener Bedingungen der Standard-Mezzanine-Programme -Frage 23- 271
Abbildung 5-57: Rangfolge bei Verschärfung verschiedener Bedingungen der Standard-Mezzanine-Programme -Frage 23- 273
Abbildung 5-58: Beurteilung der Verschärfung verschiedener Bedingungen der Standard-Mezzanine-Programme für Umsatzgruppe 1 und 2 -Frage 23- 274
Abbildung 5-59: Rangfolge bei Verschärfung verschiedener Bedingungen der Standard-Mezzanine-Programme für Umsatzgruppe 1 und 2 -Frage 23- 275
Abbildung 5-60: KMO- und Bartlett-Test 278
Abbildung 5-61: Erklärte Gesamtvarianz 281
Abbildung 5-62: SPSS-Ausgabe der Faktorladungen der rotierten Komponentenmatrix. 284
Abbildung 5-63: Übersicht über die thematische Einordnung der Faktoren 286
Abbildung 5-64: Ausgabe der Reliabilitätsanalyse für Faktor 1 – Cronbach's Alpha 289
Abbildung 5-65: Item-Skala-Statistiken für Faktor 1 im Rahmen einer Reliabilitätsanalyse 290
Abbildung 5-66: Ausgabe der Reliabilitätsanalyse für Faktor 2 – Cronbach's Alpha 290
Abbildung 5-67: Item-Skala-Statistiken für Faktor 2 im Rahmen einer Reliabilitätsanalyse 291
Abbildung 5-68: Ausgabe der Reliabilitätsanalyse für Faktor 2 inkl. Variable 9_1 – Cronbach's Alpha 291
Abbildung 5-69: Item-Skala-Statistiken für Faktor 2 inkl. Variable 9_1 im Rahmen einer Reliabilitätsanalyse 291
Abbildung 5-70: Ausgabe der Reliabilitätsanalyse für Faktor 3 – Cronbach's Alpha 292
Abbildung 5-71: Item-Skala-Statistiken für Faktor 3 im Rahmen einer Reliabilitätsanalyse 292

II. Tabellenverzeichnis

Tabelle 3-1: Kriterienkatalog des ‚DVFA Committee Rating Standards' ... 46
Tabelle 3-2: Zurechnung von Mezzanine-Kapital zum Eigenkapital ... 47
Tabelle 4-1: Korrelationsmatrix der Umsatzerlöse, Bilanzsumme, Angestelltenanzahl und Exportquoten der Grundgesamtheit N_R ... 96
Tabelle 4-2: Korrelationsmatrix der Umsatzerlöse, Bilanzsumme, Angestelltenanzahl und Exportquoten der Mehrfachteilnehmer R ... 105
Tabelle 4-3: Anzahl an Unternehmen in der Kennzahlenanalyse ... 114
Tabelle 4-4: Zusammenfassung der Unternehmen der Kennzahlenanalyse N_{RIK} der Mezzanine-Programme eines Kalenderjahres zu Programmgruppen ... 115
Tabelle 4-5: Zusammenfassung der Vergleichsunternehmen zu Programmgruppen unter Berücksichtigung von Gewichtungsfaktoren ... 120
Tabelle 4-6: Anteil der Unternehmen mit UW ≤ 100% für t_{-1} bis t_4 nach Programmgruppen ... 128
Tabelle 4-7: UW für 2003 bis 2008 nach Programmgruppen ... 129
Tabelle 4-8: Kumuliertes UW für t_{-1} bis t_1 ... 130
Tabelle 4-9: UW für t_{-1} bis t_4 nach Programmgruppen ... 130
Tabelle 4-10: KBD für 2003 bis 2008 nach Programmgruppen ... 133
Tabelle 4-11: Kumulierte KBD für t_{-1} bis t_1 ... 134
Tabelle 4-12: KBD für t_{-1} bis t_4 nach Programmgruppen ... 134
Tabelle 4-13: FKS für 2003 bis 2008 nach Programmgruppen ... 139
Tabelle 4-14: Kumulierte FKS für t_{-1} bis t_1 ... 140
Tabelle 4-15: FKS für t_{-1} bis t_4 nach Programmgruppen ... 140
Tabelle 4-16: NVQ für 2003 bis 2008 nach Programmgruppen ... 144
Tabelle 4-17: Kumulierte NVQ für t_{-1} bis t_1 ... 144
Tabelle 4-18: NVQ für t_{-1} bis t_4 nach Programmgruppen ... 144
Tabelle 4-19: Anteil der Unternehmen mit EKQ ≤ 0% für t_{-1} bis t_4 nach Programmgruppen ... 147
Tabelle 4-20: EKQ für 2003 bis 2008 nach Programmgruppen ... 150
Tabelle 4-21: Kumulierte EKQ für t_{-1} bis t_1 ... 151
Tabelle 4-22: EKQ für t_{-1} bis t_4 nach Programmgruppen ... 151
Tabelle 4-23: Anteil der Unternehmen mit FINK ≤ 0% für t_{-1} bis t_4 nach Programmgruppen ... 154
Tabelle 4-24: FINK für 2003 bis 2008 nach Programmgruppen ... 158
Tabelle 4-25: Kumulierte FINK für t_{-1} bis t_1 ... 159
Tabelle 4-26: FINK für t_{-1} bis t_4 der Programmgruppen ... 159
Tabelle 4-27: Anteil der Unternehmen mit EBITD-ROI ≤ 0% für t_{-1} bis t_4 nach Programmgruppen ... 161
Tabelle 4-28: EBITD-ROI für 2003 bis 2008 nach Programmgruppen ... 163
Tabelle 4-29: Kumulierter EBITD-ROI für t_{-1} bis t_1 ... 163
Tabelle 4-30: EBITD-ROI für t_{-1} bis t_4 nach Programmgruppen ... 163
Tabelle 4-31: Anteil der Unternehmen mit UR ≤ 0% für t_{-1} bis t_4 nach Programmgruppen ... 166
Tabelle 4-32: UR für 2003 bis 2008 nach Programmgruppen ... 168
Tabelle 4-33: Kumulierte UR für t_{-1} bis t_1 ... 168
Tabelle 4-34: UR für t_{-1} bis t_4 nach Programmgruppen ... 168
Tabelle 4-35: PAQ für 2003 bis 2008 nach Programmgruppen ... 172

Tabelle 4-36: Kumulierte PAQ für t_{-1} bis t_1 ... 172
Tabelle 4-37: PAQ für t_{-1} bis t_4 nach Programmgruppen ... 173

III. Abkürzungsverzeichnis

ABCP	Asset-Backed-Commercial-Paper
ABS	Asset-Backed-Securities
AG	Aktiengesellschaft
AktG	Aktiengesetz
Anz.	Anzahl
AO	Abgabenordnung
AUC	Area Under Curve
Aufl.	Auflage
BGB	Bürgerliches Gesetzbuch
BilMoG	Bilanzrechtsmodernisierungsgesetz
BP	Basispunkt
BStBl	Bundessteuerblatt
CBO	Collateralized Bond Obligations
CDO	Collateralized Debt Obligations
CDS	Credit Default Swap
CE	Credit Enhancements
CEG	Capital Efficiency Group
CMBS	Commercial-Mortgage-Backed-Securities
CLO	Collateralized Loan Obligations
CLN	Credit Linked Note
Diss.	Dissertation
df	degrees of freedom = Freiheitsgrade
DSGV	Deutscher Sparkassen- und Giroverband
DVFA	Deutsche Vereinigung für Finanzanalyse und Asset Management
EBIT	Earnings before Interest and Taxes
EBITDA	Earnings before Interest, Taxes, Depreciation and Amortization
EBITD-ROI	Earnings before Interest, Taxes and Depreciation = Ergebnis vor Zinsen, Steuern und Abschreibungen – Return on Investment = Kapitalrendite / -verzinsung
EDF	Expected Default Frequency = Ausfallwahrscheinlichkeit
EKQ	Eigenkapitalquote
EStG	Einkommensteuergesetz
EU	Europäische Union
EUR	Euro
et al.	et alii
FINK	Finanzkraft
FKS	Fremdkapitalstruktur
Fn.	Fußnote
F & E	Forschung und Entwicklung
GbR	Gesellschaft bürgerlichen Rechts
GewStG	Gewerbesteuergesetz
GmbH	Gesellschaft mit beschränkter Haftung
GmbHG	Gesetz betreffend die Gesellschaften mit beschränkter Haftung (Kurztitel: GmbH-Gesetz)
GR	Genussrecht

GuV	Gewinn- und Verlustrechnung
HEAT	H.E.A.T Mezzanine
HEAT I-2005	H.E.A.T Mezzanine I-2005
HEAT I-2006	H.E.A.T Mezzanine I-2006
HEAT I-2007	H.E.A.T Mezzanine I-2007
HFA	Hauptfachausschuss
HGB	Handelsgesetzbuch
Hrsg.	Herausgeber
HSBC Trinkaus	HSBC Trinkaus & Burkhardt AG
http	Hypertext Transfer Protocol
HVB	HypoVereinsbank
IAS	International Accounting Standards
IDW	Institut der Wirtschaftsprüfer
IFD	Initiative Finanzstandort Deutschland
IfM Bonn	Institut für Mittelstandsforschung, Bonn
IFRS	International Financial Reporting Standards
IKB	Deutsche Industriebank
InsO	Insolvenzordnung
IRB-Ansatz	auf internen Ratings basierender Ansatz
i. e. S.	im engeren Sinn
i. w. S.	im weiteren Sinn
Jg.	Jahrgang
KBD	Kapitalbindungsdauer
KfW	Kreditanstalt für Wiederaufbau
KG	Kommanditgesellschaft
KGaA	Kommanditgesellschaft auf Aktien
KMO	Kaiser-Meyer-Olkin-Kriterium
KMU	Kleine und mittlere Unternehmen
KStG	Körperschaftsteuergesetz
KWG	Kreditwesengesetz
LBO	Leveraged-Buy-Out
MAC	Material Adverse Change
MaH	Mindestanforderungen an das Betreiben von Handelsgeschäften
MaIR	Mindestanforderungen an die Ausgestaltung der internen Revision
MaK	Mindestanforderungen an das Kreditgeschäft der Kreditinstitute
MaRisk	Mindestanforderungen an das Risikomanagement
MBG	Mittelständische Beteiligungsgesellschaft
MBI	Management-Buy-In
MBO	Management-Buy-Out
MBS	Mortgage-Backed-Securities
MFU	mezzanine-finanzierte Unternehmen
MoMiG	Gesetz zur Modernisierung des GmbH-Rechts und zur Bekämpfung von Missbräuchen
Moody's KMV	Moody's KMV RiskCalc™
MTN	Medium Term Notes
Nr.	Nummer
NRD	Nachrangdarlehen
NVQ	Nettoverschuldungsquote
OC	Offering Circular
OHG	Offene Handelsgesellschaft

o. V.	ohne Verfasser
PAQ	Personalaufwandsquote
PD	Probability of Default (Ausfallwahrscheinlichkeit)
PDL	Principal Deficiency Ledger
PREPS	PREPS™ = Preferred Pooled Shares
p. a.	per annum = pro Jahr
RMBS	Residential-Mortgage-Backed-Securities
SdK	seit Ausbruch der Krise
Sig.	Signifikanz
SME	small- and medium-sized enterprise (kleines und mittleres Unternehmen)
SPV	Special Purpose Vehicle
S.	Seite
TSI	True Sale Initiative
Univ.	Universität
UR	Umsatzrentabilität
UW	Umsatzwachstum
VdK	Vor der Krise
Vgl.	Vergleiche
Vol.	Volume
Vwz.	Verwendungszweck
WAL	Weighted-Average-Life (durchschnittliche Kapitalbindungsdauer)

IV. Symbolverzeichnis

F_k	Faktor in einer Faktorenanalyse mit k = 1, 2, …, p und p < m
I	Insolvenzgefährdete Unternehmen im Rahmen von Moody's KMV RiskCalc™
l_{jk}	Faktorladung l in einer Faktorenanalyse mit j = 1, 2, …, m und k = 1, 2, …, p und p < m
n	Anzahl
N	Grundgesamtheit N mit einem Maximum von $n_N = 657$
N_R	Grundgesamtheit N unter Berücksichtigung der Mehrfachteilnehmer R mit einem Maximum von $n_{N(R)} = 557$
N_{RI}	Grundgesamtheit N unter Berücksichtigung der identifizierten Mehrfachteilnehmer R_I mit einem Maximum von $n_{N(RI)} = 590$
$N_{RI(AUSFALL)}$	In der Grundgesamtheit N_{RI} per 31.12.2008 ausgefallene Unternehmen unter Berücksichtigung identifizierter Mehrfachteilnehmer mit einem Maximum von $n_{N(RI(AUSFALL))} = 32$
N_{RIK}	Bereinigte Grundgesamtheit N_{RI} im Rahmen der Kennzahlenanalyse mit einem Maximum von $n_{N(RIK)} = 281$
N_{RIK*}	Bereinigte Grundgesamtheit N_{RIK} im Rahmen Kennzahlenanalyse zur Analyse der Eigenschaften von N_{RIK} mit einem Maximum von $n_{N(RIK*)} = 330$
$N_{RIKgroß}$	Große Unternehmen der bereinigten Grundgesamtheit N_{RIK} mit einem Maximum von $n_{N(RIKgroß)} = 63$; Zuordnung anhand des 75%-Quantil des aufgenommenem Nominalvolumens für N_{RIK}
$N_{RIKklein}$	Kleine Unternehmen der bereinigten Grundgesamtheit N_{RIK} mit einem Maximum von $n_{N(RIKklein)} = 70$; Zuordnung anhand des 25%-Quantil des aufgenommenem Nominalvolumens für N_{RIK}
$N_{RIK2004}$	Programmgruppe aus Unternehmen der bereinigten Grundgesamtheit N_{RIK}, die das Mezzanine-Kapital im Kalenderjahr 2004 aufgenommen haben, mit einem Maximum von $n_{N(RIK2004)} = 70$
$N_{RIK2005}$	Programmgruppe aus Unternehmen der bereinigten Grundgesamtheit N_{RIK}, die das Mezzanine-Kapital im Kalenderjahr 2005 aufgenommen haben, mit einem Maximum von $n_{N(RIK2004)} = 70$
$N_{RIK2006}$	Programmgruppe aus Unternehmen der bereinigten Grundgesamtheit N_{RIK}, die das Mezzanine-Kapital im Kalenderjahr 2006 aufgenommen haben, mit einem Maximum von $n_{N(RIK2004)} = 55$
$N_{RIK2007}$	Programmgruppe aus Unternehmen der bereinigten Grundgesamtheit N_{RIK}, die das Mezzanine-Kapital im Kalenderjahr 2007 aufgenommen haben, mit einem Maximum von $n_{N(RIK2004)} = 86$
$N_{RIK(ZUFALL)}$	Zufallsstichprobe (Ziehen) ohne Zurücklegen aus der bereinigten Grundgesamtheit N_{RIK} mit $n_{N(RIK(ZUFALL))} = 21$
p	Empirisches Signifikanzniveau p: Wahrscheinlichkeit, dass unter der Nullhypothese H_0 die Testvariable Werte annimmt, die gleich oder kleiner bzw. gleich oder größer sind als der Testvariablenwert

R	Mehrfach teilnehmende Unternehmen (Mehrfachteilnehmer R) mit einem Maximum von $n_R = 90$; Unternehmen, die mehrfach Standard-Mezzanine-Kapital aufgenommen haben
R_I	Über Vergleich anonymisierter Daten identifizierte Mehrfachteilnehmer R_I mit einem Maximum von $n_{R(I)} = 59$
R_{IK}	Bereinigte, identifizierte Mehrfachteilnehmer R_I im Rahmen der Kennzahlenanalyse mit einem Maximum von $n_{R(IK)} = 30$
S	Solvente Unternehmen im Rahmen von Moody's KMV RiskCalc™
t	Periodenzeitpunkt in Bezug auf die Mezzanine-Kapital-Aufnahme
VG	Vergleichsgruppe zu den mezzanine-finanzierten Unternehmen N_{RIK*} mit ausschließlich klassisch-finanzierten Unternehmen und einem Maximum von $n_{VG} = 330$
VG_{gew}	Gewichtete Werte der Vergleichsgruppe VG unter Berücksichtigung der unterschiedlichen Anzahl mezzanine-finanzierter Unternehmen N_{RIK} und der Auszahlungszeitpunkte des Mezzanine-Kapitals mit einem Maximum von $n_{VG(gew)} = 281$ nach Gewichtung
$VG_{2004gew}$	Gewichtete Werte der Vergleichsunternehmen gemäß der Anzahl mezzanine-finanzierter Unternehmen $N_{RIK2004}$ mit einem Maximum von $n_{VG(2004gew)} = 70$ nach Gewichtung
$VG_{2005gew}$	Gewichtete Werte der Vergleichsunternehmen gemäß der Anzahl mezzanine-finanzierter Unternehmen $N_{RIK2005}$ mit einem Maximum von $n_{VG(2005gew)} = 70$ nach Gewichtung
$VG_{2006gew}$	Gewichtete Werte der Vergleichsunternehmen gemäß der Anzahl mezzanine-finanzierter Unternehmen $N_{RIK2006}$ mit einem Maximum von $n_{VG(2006gew)} = 55$ nach Gewichtung
$VG_{2007gew}$	Gewichtete Werte der Vergleichsunternehmen gemäß der Anzahl mezzanine-finanzierter Unternehmen $N_{RIK2007}$ mit einem Maximum von $n_{VG(2007gew)} = 86$ nach Gewichtung
X_j	Variable/ Item in einer Faktorenanalyse mit $j = 1, 2, \ldots, m$
Y	Datenmatrix im Rahmen der Faktorenanalyse
#	Anzahl/ Nummer
α	Vorgegebenes Signifikanzniveau
ρ	Korrelationskoeffizient

Komplexe Kennzahlen Moody's KMV RiskCalc™ v.1.0 im Rahmen der quantitativ-empirischen Kennzahlenanalyse

Kennzahlendefinitionen

Kennzahl		Definition	I<>S
KBD	Kapitalbindungsdauer	$\frac{\text{(Verbindlichkeiten aus Lieferungen und Leistungen + Akzepte) * 360}}{\text{Umsatz}}$	I>S
FKS	Fremdkapitalstruktur	$\frac{\text{Verbindlichkeiten aus Lieferungen und Leistungen + Akzepte + Bankverbindlichkeiten}}{\text{Rückstellungen + Verbindlichkeiten + 50\% Sonderposten mit Rücklageanteil - Erhaltene Anzahlungen}}$	I>S
NVQ	Nettoverschuldungsquote	$\frac{\text{Kurzfristige Verbindlichkeiten - Schecks \& Kassenbestand - Wertpapiere des Umlaufvermögens}}{\text{Bilanzsumme}}$	I>S
EKQ	Eigenkapitalquote	$\frac{\text{Haftendes Eigenkapital + 50\% Sonderposten mit Rücklageanteil - Immaterielle Vermögensgegenstände}}{\text{Bilanzsumme - Immaterielle Vermögensgegenstände - Schecks \& Kassenbestand - Wertpapiere des Umlaufvermögens - Grundstücke und Bauten}}$	I<S
FINK	Finanzkraft	$\frac{\text{Ertragswirtschaftlicher Cash Flow - Sonstige Steuern}}{\text{Rückstellungen + Verbindlichkeiten + 50\% Sonderposten mit Rücklageanteil - Erhaltene Anzahlungen}}$	I<S
	EBITD-ROI	$\frac{\text{Jahresüberschuß + Zinsaufwendungen + Steuern vom Einkommen und Ertrag + planmäßige Abschreibungen}}{\text{Bilanzsumme}}$	I<S
UR	Umsatzrentabilität	$\frac{\text{Ordentliches Betriebsergebnis - Sonstige Steuern}}{\text{Umsatz}}$	I<S
PAQ	Personalaufwandsquote	$\frac{\text{Personalaufwand}}{\text{Umsatz}}$	I>S
UW	Umsatzwachstum	$\frac{\text{Umsatz}}{\text{Umsatz (Vorjahr)}}$	I>S

I<>S: Gemäß Entwicklungsdatenbestand von Moody's KMV RiskCalc™ weisen bei I > S (bzw. I < S) insolvenzgefährdete Unternehmen (I) durchschnittlich eine höhere (bzw. niedrigere) Kennzahlenausprägung als solvente Unternehmen (S) auf.

1. Einleitung

1.1. Einführung und Problemstellung

Kleine und mittlere Unternehmen werden als deutscher Mittelstand bezeichnet und stellen das Rückgrat der deutschen Wirtschaft dar. Die volkswirtschaftlich hohe Relevanz des Mittelstandes ist hierbei unumstritten und wird anhand folgender Zahlen für die Jahre 2007 und 2008 entsprechend der Definition des Instituts für Mittelstandsforschung aus Bonn (IfM Bonn) deutlich: 3,62 Mio. Unternehmen werden zum Mittelstand gezählt und stellen 99,7 % aller deutschen Unternehmen. Sie tätigen 37,5 % der gesamten Umsätze, erwirtschaften 47,3 % der Nettowertschöpfung aller Unternehmen und haben 65,8 % aller sozialversicherungspflichtigen Beschäftigten angestellt. Ferner sind in diesen Unternehmen 83,1 % aller Lehrstellen zu finden.[1] Vor dem Hintergrund dieser herausragenden Bedeutung mittelständischer Unternehmen für die deutsche Wirtschaft ist eine solide Finanzierung von besonderer Bedeutung, damit diese Unternehmen dauerhaft bestehen können. Kennzeichnend für den deutschen Mittelstand ist aber eine verhältnismäßig niedrige Eigenkapitalquote, was insbesondere in Krisenzeiten, in denen Eigenkapital Risikoausgleichspotenzial hat, zu Schwierigkeiten und Finanzierungsengpässen führen kann. Hierbei ist die Finanzierung mittelständischer Unternehmen traditionell stark von der Innenfinanzierung über die Thesaurierung von Gewinnen sowie über die bankorientierte Fremdfinanzierung in Form klassischer Bankkredite geprägt gewesen. In Bezug auf diese Bankorientierung ist festzustellen, dass sich der deutsche Finanzsektor und damit die Unternehmensfinanzierung insgesamt seit ca. Ende der 1990er Jahre in einem starken strukturellen Wandel befanden. So war bis 2007 ein Trend weg von dieser bankorientierten hin zu einer stärkeren Kapitalmarktfinanzierung zu erkennen, so dass kapitalmarktbasierte Finanzierungsinstrumente und institutionelle Investoren zunehmend an Bedeutung gewannen.[2] Der Markt für Verbriefungen war dabei bis zum Ausbruch der Finanzmarktkrise im Sommer 2007 eines der am dynamischsten wachsenden Segmente der Finanzmärkte.[3] Durch dessen exzessive Nutzung gerieten Verbriefungen aber vermehrt in die Kritik und werden als eine Triebkraft für den Ausbruch der weltweiten Finanz- und Wirtschaftskrise angesehen.

---

[1] Vgl. Institut für Mittelstandsforschung (2009a).

[2] Vgl. Sachverständigenrat (2005), S. 455.

[3] Vgl. Hofmann, G. et al. (2007), S. 236. Siehe Abschnitt 3.3.1. für weitere Ausführungen zur Entwicklung des Verbriefungsmarktes.

Insbesondere das sog. Standard-Mezzanine-Kapital hat in den Jahren 2004 bis 2007 einen enormen Boom erfahren und kann als das, kontrovers diskutierte Beispiel für eine kapitalmarktbasierte bzw. –refinanzierte Finanzierung für den Mittelstand angeführt werden. Mezzanine-Kapital ist in diesem Zusammenhang der Ober- und Sammelbegriff für bereits bekannte Finanzierungsinstrumente wie Genussrechte, Nachrangdarlehen oder stille Beteiligungen. Im Hinblick auf die häufig geringe Eigenkapitalausstattung stellt Mezzanine-Kapital als Mischung aus Eigen- und Fremdkapital eine Finanzierungsmöglichkeit für deutsche Unternehmen dar. Kennzeichnend für Standard-Mezzanine-Kapital ist ein hoher Grad an Standardisierung der Prozesse und Konditionen. Insgesamt wurde ca. EUR 5 Mrd. an Standard-Mezzanine-Kapital an ca. 800 mittelständische Unternehmen über verschiedene Transaktionen diverser Banken vergeben. Refinanziert wurden diese Transaktionen zumeist über die Verbriefung der Forderungen in Wertpapiere und damit der Ausplatzierung und Weitergabe der Risiken und potenziellen Erträge über den Kapitalmarkt an Investoren. Mit Auftreten der globalen Finanzmarktkrise im Sommer 2007 und der sich anschließenden weltweiten Wirtschaftskrise kam der Markt für Standard-Mezzanine-Kapital vollständig zum Erliegen. Dies ist auf den Zusammenbruch des Kapital- und damit auch des Verbriefungsmarktes als Refinanzierungsinstrument dieser Mezzanine-Transaktionen zurückzuführen. Der Zusammenbruch ist hierbei insbesondere durch nachfrageseitige Einflussfaktoren bedingt gewesen. Durch mangelnde Transparenz in den Verbriefungstransaktionen und Unsicherheit über die Verteilung der inhärenten Risiken waren Investoren nicht mehr bereit, Kapital in Verbriefungstransaktionen zu investieren.

Trotz der hohen wirtschaftlichen und gesellschaftlichen Bedeutung von ‚kleinen und mittleren Unternehmen' (KMU) gibt es bisher nur verhältnismäßig wenige wissenschaftliche Publikationen zum Thema ‚Mittelstandsfinanzierung und Mezzanine-Kapital'. Dies kann vor allem auf die nur begrenzte Verfügbarkeit von Daten zur Entwicklung mittelständischer Unternehmen und ihren individuellen Finanzierungsstrukturen zurückgeführt werden. Bisherige Studien zum Thema Mezzanine-Kapital liegen bspw. von der IKB (Deutsche Industriebank) sowie von Ernst & Young vor, wobei kapitalmarktrefinanziertes Standard-Mezzanine-Kapital nicht Gegenstand der Untersuchungen war. Zusätzlich wurde in Studien vom ‚DVFA[4] Committee Rating Standards' sowie von Mercer Oliver Wyman u. a. der Einfluss von Mezzanine-Kapital auf die sog. Ausfallwahrscheinlichkeit eines Unter-

[4] DVFA = Deutsche Vereinigung für Finanzanalyse und Asset Management.

nehmens als Gradmesser der Bonität simuliert. Erste Hinweise zur Entwicklung der mit Standard-Mezzanine-Kapital finanzierten Unternehmen können einer Studie von Euler Hermes Rating entnommen werden.[5] Eine wissenschaftliche Studie zu Standard-Mezzanine-Kapital aus Unternehmenssicht sowie zur Entwicklung der mit Standard-Mezzanine-Kapital finanzierten Unternehmen wurde bis dato anhand empirischer Daten nicht durchgeführt. Dabei wäre es aber wichtig, die Unternehmensseite in Bezug auf Mezzanine-Kapital bzw. Standard-Mezzanine-Kapital besser zu verstehen. Dies wird vor allem in Zeiten der größten Finanz- und Wirtschaftskrise seit 80 Jahren und im Hinblick auf die in den Jahren 2011 bis 2014 anstehende Rückzahlung deutlich. So ist zu untersuchen, ob Mezzanine-Kapital eine Finanzierungsalternative darstellt, welche der dem Mezzanine-Kapital zugesprochenen Eigenschaften für die Unternehmen entscheidend sind und wie sich sowohl die Aufnahme als auch die Verwendung des Mezzanine-Kapitals im Zeitablauf auf die Unternehmensentwicklung auswirkt.

Vor diesem Hintergrund liefert die vorliegende Arbeit einen Beitrag zur wissenschaftlichen Forschung. So werden erstmalig detaillierte empirische Analysen zum Thema Mezzanine-Kapital bzw. Standard-Mezzanine-Kapital aus Unternehmenssicht sowohl in quantitativer als auch qualitativer Art durchgeführt. Gegenstand der Untersuchung sind 657 Unternehmen, die EUR 3,881 Mrd. an Standard-Mezzanine-Kapital über 13 verschiedene Transaktionen in den Jahren 2004 bis 2007 aufgenommen haben. Das Ziel der Arbeit liegt in der Analyse der Bedeutung von Mezzanine-Kapital für Unternehmen. Hierbei gilt es, folgende zentrale Hauptfrage zu beantworten:

Ist die Aufnahme von Mezzanine-Kapital aus Unternehmenssicht vorteilhaft?

Diese Hauptfrage ist in einzelne, konkretisierende Teilfragen aufzugliedern und schrittweise im Rahmen der Arbeit unter Berücksichtigung quantitativer und qualitativer Aspekte von Mezzanine- Kapital zu beantworten. Folgende Teilfragen sollen untersucht werden, um eine fundierte Aussage zur Vorteilhaftigkeit zu erhalten und um abschätzen zu können, ob Mezzanine-Kapital bzw. Standard-Mezzanine-Kapital in seiner kapitalmarktrefinanzierten Form eine Finanzierungsalternative für den Mittelstand darstellt bzw. in Zukunft weiterhin darstellen könnte:

---

[5] Siehe Abschnitt 3.1.7 und Abschnitt 4.1. für weitere Informationen.

I. Wie entwickeln sich die mit Mezzanine-Kapital finanzierten Unternehmen?

- Ist es empirisch nachweisbar, dass mit Mezzanine-Kapital finanzierte Unternehmen (MFU) „besser“ sind als andere Unternehmen?
- Welche Effekte gehen mit der Aufnahme von Mezzanine-Kapital einher?
- Weicht die Entwicklung der umsatzbezogen größeren Unternehmen von der der kleineren Unternehmen ab?
- Sind Besonderheiten der mehrfach teilnehmenden Unternehmen auszumachen?
- Welche Auffälligkeiten sind für die innerhalb der Mezzanine-Programme ausgefallenen Unternehmen festzustellen?
- Gibt es Anhaltspunkte für eine ‚Adverse Selection', nach der systematisch schlechtere bzw. wirtschaftlich schwächere Unternehmen Standard-Mezzanine-Kapital aufnehmen würden? Wie kann einer ‚Adverse Selection' entgegengewirkt werden?

II. Können die anhand quantitativ-empirischer Kriterien gewonnenen objektiven Aussagen zur Entwicklung der MFU in Form subjektiver Eindrücke und Erfahrungen der Unternehmen bestätigt oder ergänzt werden?

- Sind Besonderheiten in der Entwicklung der MFU auf die Aufnahme von Mezzanine-Kapital zurückzuführen?
- Welche Vor- und Nachteile bringt die Aufnahme von Mezzanine-Kapital für Unternehmen mit sich, und welche der Vielzahl der zugesprochenen Vor- und Nachteile sind für die Unternehmen entscheidend?
- Welche Auswirkungen hat Mezzanine-Kapital auf der Unternehmensseite in Zeiten der größten Finanz- und Wirtschaftskrise seit 80 Jahren? Sind diesbezügliche Veränderungen in der Einschätzung von Mezzanine-Kapital festzustellen?
- Wie ist der Stand der Planungen für die Rückzahlung des Mezzanine-Kapitals?
- Wie könnte die Zukunft von Standard-Mezzanine-Kapital aus Unternehmenssicht aussehen? Wie stehen die Unternehmen möglichen Optionen zur Weiterentwicklung der Standard-Mezzanine-Programme im Hinblick auf die Rückzahlung u. a. vor dem Hintergrund der weltweiten Finanz- und Wirtschaftskrise gegenüber?

1.2. Aufbau der Arbeit

Um die Haupt- sowie die konkretisierenden Teilfragen nach der Vorteilhaftigkeit einer Aufnahme von Mezzanine-Kapital aus Unternehmenssicht beantworten zu können, gliedert sich die vorliegende Arbeit wie folgt.

Das zweite Kapitel beinhaltet zunächst eine Definition des Begriffes ‚Mittelstand'. Anschließend erfolgt in Abschnitt 2.2. eine Systematisierung von Finanzierungsformen als Grundlage für die spätere Einsortierung von Mezzanine-Kapital als Position zwischen Eigen- und Fremdkapital. Im Rahmen der Definition klassischer Finanzierungsinstrumente des Mittelstandes wird in Abschnitt 2.3. insbesondere die Eigenkapitalsituation im deutschen Mittelstand und die Quellen der Eigenkapitalbeschaffung analysiert. So werden die Gründe für dessen vergleichsweise geringe Höhe eingehend untersucht und diesbezügliche Besonderheiten aufgezeigt. Abschnitt 2.4. befasst sich mit der Unternehmensfinanzierung im Wandel sowohl bis als auch seit Ausbruch der Finanzmarktkrise. Es werden die Ursachen für diesen Wandel hin zu einer stärkeren Kapitalmarktorientierung sowie die Gründe für die internationale Finanz- und Wirtschaftskrise differenziert erläutert. Diese Erläuterungen verdeutlichen, warum und wie sich der Markt für Standard-Mezzanine-Kapital vor dem Hintergrund der Eigenkapitalproblematik des Mittelstandes überhaupt erst entwickeln konnte. Insbesondere im Hinblick auf den Zusammenbruch des internationalen Kapital- und Verbriefungsmarktes, was den Markt für Standard-Mezzanine-Kapital seit Sommer 2007 zum Erliegen gebracht hat, sollen der Verlauf, die Gründe und die Folgen der globalen Finanz- und Wirtschaftskrise für den Mittelstand aufgezeigt werden. Darüber hinaus wird insbesondere die aktuelle Finanzierungssituation im Mittelstand analysiert.

Im dritten Kapitel folgt eine Analyse von Mezzanine-Kapital als Finanzierungsinstrument für den Mittelstand. Nach der begrifflichen Definition und der Vorstellung von Ausgestaltungsvarianten wird auf ausgewählte mezzanine Finanzierungsinstrumente wie Genussrechte, Nachrangdarlehen und stille Beteiligungen eingegangen. Auch sind die typischen Anwendungsgebiete zu veranschaulichen, um anschließend die Funktionsweise sog. Covenants als schuldrechtliche Berichts- und Verhaltenspflichten aufzuzeigen. Nach Ausführungen zur Bilanzierung von Mezzanine-Kapital unter steuer- und handelsrechtlichen Gesichtspunkten aus Unternehmenssicht wird in Abschnitt 3.1.6. untersucht, inwiefern Mezzanine-Kapital im Rahmen eines Ratingprozesses einzuordnen ist. Unterschiedliche Ansätze sowie verschiedene Kriterien wie Nachrangigkeit, Vergütung oder Dauer der Kapitalüberlassung, die die Anrechnung als wirtschaftliches Eigenkapital beeinflussen, werden aufgezeigt. Darauf aufbauend wird in Szenarioanalysen des Abschnitts 3.1.7. anhand eines eigenen, realen anonymisierten Falles detailliert untersucht, wie sich Mezzanine-Kapital auf die Bonität des Unternehmens im Rahmen der Anrechnung als wirtschaftliches Eigenkapital auswirken kann. Nach einer Analyse der schrittweisen Zurechnung von Mezzanine-Kapital zum Eigenkapital wird in vier aufeinander aufbauenden Szenarien geprüft, wie sich das Bilanzrating eines Unternehmens durch Umschuldung von Fremd- in Eigenkapital insbesondere auf Basis von Kapitalstruktur- sowie Steuer- und Zinseffekten sukzessiv verändert und welche Effekte sich aus welchen Gründen ergeben. Anschließend erfolgt eine detaillierte Beurteilung von Mezzanine-Kapital. Gegenstand von Abschnitt 3.2. sind Asset-Backed-Securities (ABS), die in den Jahren 2004 bis 2007 bis zum Ausbruch der Finanzmarktkrise die hauptsächliche Refinanzierungsquelle für Standard-Mezzanine-Kapital waren, aber im Rahmen der Krise in die Kritik geraten sind. Nach begrifflicher Definition und Klassifizierung folgt die Untersuchung der Funktionsweise. Auch sog. Kreditverbesserungen (Credit Enhancements) sind in diesem Zusammenhang in ihren unterschiedlichen Anwendungsmöglichkeiten aufzuzeigen. Auf den beiden vorhergehenden Abschnitten aufbauend wird in Abschnitt 3.3. kapitalmarktrefinanziertes Standard-Mezzanine-Kapital als eine Art „Bindeglied" zwischen Mezzanine-Kapital und ABS analysiert. So wird die Entwicklung des Marktes für Standard-Mezzanine-Kapital aufgezeigt und die Struktur, Funktionsweise und standardisierte Ausgestaltung dieser mezzaninen Transaktionen untersucht. In Abschnitt 3.3.4. folgt eine differenzierte Beurteilung und Diskussion der Vor- und Nachteile von Standard-Mezzanine-Kapital u. a. im Hinblick auf die Rückzahlung der aufgenommenen mezzaninen Mittel in den Jahren 2011 bis 2014. Das Kapitel schließt mit einer Analyse der aktuellen Entwicklungen im Markt für Mezzanine-Kapital in Zeiten der Finanzmarktkrise.

Im vierten Kapitel erfolgt die detaillierte quantitativ-empirische Analyse von mit Standard-Mezzanine-Kapital finanzierten Unternehmen. Grundlage der Analyse bilden 13 Standard-Mezzanine-Transaktionen, über die EUR 3,881 Mrd. an Standard-Mezzanine-Kapital an 657 Unternehmen in den Jahren 2004 bis 2007 über die Plattformen der Banken Commerzbank, Deutsche Bank / IKB, HSBC Trinkaus, HVB / CEG[6] und West LB / Bayern LB vergeben wurden. Ziel der Analyse ist es, Besonderheiten in der Entwicklung der MFU im

[6] HVB = HypoVereinsbank; CEG = Capital Efficiency Group.

Rahmen der Aufnahme des Mezzanine-Kapitals zu ermitteln sowie mögliche Gründe zu diskutieren und zu bewerten. Hierfür werden die Eigenschaften der Grundgesamtheit u. a. in Bezug auf Unternehmensgröße, Exportorientierung und Nominalvolumina untersucht. In diesem Zusammenhang werden Besonderheiten der Unternehmen herausgearbeitet, die über verschiedene Transaktionen mehrfach Standard-Mezzanine-Kapital aufgenommen haben. Gegenstand von Abschnitt 4.3.4. ist die Untersuchung und Diskussion der Entwicklung der MFU mit Aufnahme des Mezzanine-Kapitals. So werden die Kennzahlen der MFU im Hinblick auf Kapitalbindung, Verschuldung, Finanzkraft, Rentabilität, Produktivität und Wachstum differenziert untersucht. Grundlage der empirischen Kennzahlenanalyse bilden im Detail neun Kennzahlen, die im Rahmen des Finanzratingtools Moody's KMV RiskCalc™ (Moody's KMV) berechnet werden, das bei vielen Mezzanine-Programmen ein wesentliches Kriterium zur Auswahl und laufenden Überwachung der mezzaninen Transaktionen darstellt. Die Analyse erfolgt in vier aufeinander aufbauenden Schritten, um sukzessiv mögliche Besonderheiten in der Entwicklung der MFU herauszufiltern. In diesem Zusammenhang wird zunächst eine Analyse im Laufe der Kalenderjahre vorgenommen, um konjunkturelle Einflüsse berücksichtigen zu können. Auch werden die Daten auf mögliche Beeinflussungen durch die sich ab dem Jahr 2008 abzeichnende Wirtschaftskrise hin untersucht. Die anschließenden Untersuchungen der laufzeitabhängig gewichteten Daten berücksichtigen die unterschiedlichen Auszahlungszeitpunkte des Mezzanine-Kapitals. In diesem Zusammenhang wird ebenfalls erforscht, ob Anhaltspunkte für eine ‚Adverse Selection' vorliegen, nach der systematisch wirtschaftlich schwächere Unternehmen Standard-Mezzanine-Kapital aufnehmen würden. Für eine fundierte Aussage zur Entwicklung der MFU erfolgt nicht nur eine separate Analyse dieser Unternehmen, sondern die MFU werden zusätzlich mit einer Kontroll- bzw. Vergleichsgruppe aus ausschließlich klassisch-finanzierten Unternehmen verglichen, die den MFU im Hinblick auf Branche und Umsatzerlöse entsprechen. Im Rahmen dieser Analysen sind u. a. die Ergebnisse der Szenarioanalysen aus Abschnitt 3.1.7. anhand empirischer Daten zu überprüfen. Darüber hinaus ist zu untersuchen, ob weitere Effekte vor dem Hintergrund der Verwendung des aufgenommenen Mezzanine-Kapitals zu identifizieren sind. Während Abschnitt 4.3.5. eine Untersuchung sowohl der Ratingverteilung als auch der -migration der MFU umfasst, werden in Abschnitt 4.3.6. große und kleine MFU verglichen und sowohl in Bezug auf die Aufnahme der mezzaninen Mittel als auch im Hinblick auf Auswirkungen der sich abzeichnenden Wirtschaftskrise analysiert. Zusätzlich sind einerseits die mehrfach teilnehmenden Unternehmen Gegenstand dezidierter Untersuchungen im Hinblick auf Anhaltspunkte einer ‚Adverse Selection'. Andererseits ist insbesondere die Entwicklung der ausgefallenen Unternehmen innerhalb der Mezzanine-Programme auf diesbezügliche Besonderheiten hin zu prüfen. Abschließend erfolgt im Zwischenfazit eine Zusammenfassung und Diskussion der Ergebnisse, um darauf aufbauend Verbesserungsvorschläge für die Standard-Mezzanine-Programme abzuleiten.

Das fünfte Kapitel umfasst die Bewertung qualitativer Aspekte von Mezzanine-Kapital aus Unternehmenssicht im Rahmen einer Befragung der MFU. So ist zu untersuchen, ob die über die quantitativen Kriterien gewonnenen objektiven Aussagen zur Entwicklung der MFU aus dem vierten Kapitel in Form subjektiver Eindrücke der Unternehmen bestätigt und ergänzt werden können. Es wird analysiert, welche Finanzierungsalternativen bestanden, wofür das Mezzanine-Kapital verwendet wurde und welche dem Mezzanine-Kapital zugesprochenen Vor- und Nachteile aus Unternehmenssicht entscheidend waren. Um der Frage nachzugehen, wie das Mezzanine-Kapital auf Unternehmensseite in Zeiten der größten Wirtschaftskrise seit der Großen Depression Anfang der 30er Jahre des 20. Jahrhunderts wirkt, erfolgt in Abschnitt 5.4.2.5. u. a. eine differenzierte Beurteilung des Unternehmenswachstums und der finanziellen Stabilität vor dem Hintergrund der aufgenommenen mezzaninen Mittel. Hierbei beziehen sich die Analysen sowohl auf die Zeit vor als auch seit Ausbruch der Finanzmarktkrise im Sommer 2007, um die Wirkung von Mezzanine-Kapital im Rahmen der Finanz- und Wirtschaftskrise zu untersuchen. Anschließend wird in Abschnitt 5.4.2.6. der aktuelle Stand der Planungen für die Rückzahlung des Mezzanine-Kapitals in den Jahren 2011 bis 2014 analysiert. Ferner ist in Abschnitt 5.4.2.7. zu untersuchen, wie die Unternehmen den im Rahmen der Kennzahlenanalyse des vierten Kapitels erarbeiteten Optionen zur Weiterentwicklung der Standard-Mezzanine-Programme vor dem Hintergrund der weltweiten Finanz- und Wirtschaftskrise im Hinblick auf die Rückzahlung der Mittel gegenüberstehen. Alle Analysen werden ebenfalls für die beiden Gruppen ‚Kleine Unternehmen' und ‚Große Unternehmen' durchgeführt, um Besonderheiten und Unterschiede zu ermitteln. Anschließend folgt in Abschnitt 5.5. eine Faktoren- sowie eine Reliabilitätsanalyse der Vorteile von Mezzanine-Kapital aus Unternehmenssicht, um die Vielzahl der Vorteile statistisch fundiert in wesentliche Faktoren zusammenzufassen. Nach Resümee und Diskussion der Ergebnisse der Unternehmensbefragung schließt das Kapitel mit einer empirischen Hypothesenbestätigung im Rahmen der Zusammenführung der Ergebnisse der quantitativ-empirischen Kennzahlenanalyse und der qualitativen Unternehmensbefragung.

In der Schlussbetrachtung erfolgt eine Zusammenfassung der wesentlichen Ergebnisse der Arbeit unter Beantwortung der in der Problemstellung gestellten Haupt- und Teilfragen nach der Vorteilhaftigkeit einer Aufnahme von Mezzanine-Kapital aus Unternehmenssicht. Ferner werden ein Ausblick über die Zukunft von Standard-Mezzanine-Kapital und dessen Weiterentwicklung aus Unternehmenssicht gegeben.

2. Finanzierungssituation im deutschen Mittelstand

2.1. Definition des Mittelstandes

Der Begriff des Mittelstandes wird ausschließlich in Deutschland bzw. im deutschsprachigen Raum verwendet.[7] Der Begriff umfasst zwar auch die KMU, die Definition des (deutschen) Mittelstandes ist aber aufgrund der Berücksichtigung ökonomischer, gesellschaftlicher und psychologischer Gesichtspunkte bzw. quantitativer und qualitativer Merkmale inhaltlich weiter gefasst. So handelt es sich beim Mittelstand um eine sehr heterogene Gruppe von Unternehmen, deren finanzielle Situation sich je nach Größe und Branchenzugehörigkeit stark unterscheiden kann. Da eine abschließende Definition mittelständischer Unternehmen nicht existiert, sind definitorisch die kleinen und mittleren Unternehmen (quantitative Mittelstandsdefinition) einerseits und die Familienunternehmen (qualitative Mittelstandsdefinition) andererseits zu unterschieden.[8]

Eine quantitative Mittelstandsdefinition erfolgt bspw. bei der Europäischen Kommission durch Zuordnung der Unternehmen zu den Kategorien ‚Anzahl der Beschäftigten', ‚Jahresumsatz' und ‚Bilanzsumme' sowie ‚wirtschaftliche Unabhängigkeit'.[9] Unter dem Begriff des Mittelstandes werden hiernach Kleinst-, Klein- und mittlere Unternehmen verstanden, die weniger als 250 Beschäftigte haben sowie entweder Jahresumsätze von weniger als EUR 50 Mio. oder eine Bilanzsumme von weniger als EUR 43 Mio. aufweisen.[10] Das IfM Bonn nimmt eine ähnliche Unterscheidung vor. Hiernach setzt sich der Mittelstand aus kleinen und mittleren Unternehmen mit weniger als 500 Beschäftigten und weniger als EUR 50 Mio. Jahresumsatz zusammen.[11]

---

[7] In anderen Ländern wird von kleinen und mittleren Unternehmen (KMU), den ‚small- and medium-sized enterprises' (SMEs), gesprochen, welche einen rein statistisch und quantitativ definierten Teil der Gesamtwirtschaft darstellen und bspw. anhand der Anzahl der Beschäftigten und/ oder der Höhe des Umsatzes einer bestimmter Größenkategorie zugeordnet werden. Vgl. Achleitner, A.-K./Fingerle, C. H. (2004), S. 6; Institut für Mittelstandsforschung (2002), S. 1; Bundesverband deutscher Banken (2005), S. 3.

[8] Vgl. Institut für Mittelstandsforschung (2004), S. 1; Hansmann, K. et al. (2005), S. 5-6; Sachverständigenrat (2005), S. 474; Bundesverband deutscher Banken (2005), S. 4; Bundesministerium für Wirtschaft und Technologie (2007), S. 9; KPMG/HHL (2008), S. 11.

[9] Letztere wird i. d. R. unterstellt, insofern das Unternehmen nicht zu 25% oder mehr im Besitz eines oder mehrerer anderer Unternehmen steht. Vgl. European Commission (2005), S. 16; Achleitner, A.-K./Fingerle, C. H. (2004), S. 6.

[10] Vgl. Institut für Mittelstandsforschung (a); European commission (2005), S. 13; Achleitner, A.-K./Fingerle, C. H. (2004), S. 6. In Anhang VI-1 ist die Definition von KMU durch die EU veranschaulicht.

[11] Vgl. Achleitner, A.-K./Fingerle, C. H. (2004), S. 6. Anhang VI-2 stellt die quantitative Mittelstandsdefinition des IfM Bonn dar. Bei Anwendung der Umsatzgrenze des IfM Bonn für Unternehmen mit Umsatzer-

Aufgrund der Heterogenität des deutschen Mittelstandes und der diesbezüglich nur begrenzten Aussagekraft rein quantitativer Merkmale muss eine Definition über die rein quantitativen Aspekte hinausgehen und um qualitative Merkmale ergänzt werden. Diese qualitativen Aspekte unterliegen hierbei keinen Größengrenzen. Charakteristisch für mittelständische Unternehmen sind die Einheit von Eigentum, Unternehmensleitung, Haftung und Risiko sowie die verantwortliche Mitwirkung der Leitung an allen unternehmenspolitisch relevanten Entscheidungen. Rund 95 % der Unternehmen weisen diese Einheit von Eigentum und Leitung auf und sind daher als eigentümergeführte Unternehmen bzw. Familienunternehmen anzusehen.[12] Abhängig von der Rechtsform[13] unterscheidet sich jedoch der Anteil eigentümergeführter Unternehmen erheblich.[14] Eine völlige oder weitgehende rechtliche und wirtschaftliche Konzernunabhängigkeit, flache Hierarchien, eine ausgeprägte Markt- und Kundennähe sowie das persönliche Verhältnis von Arbeitgeber und Arbeitnehmer sind weitere Charakteristika mittelständischer Unternehmen. Diese qualitativen Merkmale können ein Gesamtunternehmen so entscheidend determinieren, dass die quantitativen Aspekte in den Hintergrund treten und eigentümergeführte Unternehmen häufig synonym zum Terminus Mittelstand verstanden werden.[15] Hierbei kann als maßgeblich angesehen werden, dass die mehrheitliche Kontrolle des Unternehmens (mehr als 50% der Unternehmensanteile) – unabhängig von der Rechtsform oder einer Eigentümer- oder Fremdführung des Unternehmens – durch eine Familie ausgeübt wird.[16]

---

lösen von weniger als EUR 1 Mio. für Kleinstunternehmen bzw. EUR 50 Mio. für mittelgroße Unternehmen liegt ihr Anteil in 2007 bei 89,6% bzw. 99,7%. Vgl. Institut für Mittelstandsforschung (2009b).

[12] Vgl. Bundesverband deutscher Banken (2005), S. 4; Mevissen, D. (2005), S. 15; Achleitner, A.-K./Fingerle, C. H. (2004), S. 9; Institut für Mittelstandsforschung (2004), S. 1-2; Bundesministerium für Wirtschaft und Technologie (2007), S. 10-12; Röhl, K.-H. (2005), S. 6-7; Daum, W. (2005), S. 237. Die Einheit von Eigentum und Leitung bedeutet, dass die kapitalmäßig oder kontrollrechtlich maßgeblichen Eigentümer das Unternehmen selbst oder gemeinsam mit Fremdmanagern leiten. Vgl. Kayser, G./Schwarting, U. (1981), S. 1-2.

[13] Eine Aufschlüsselung der Rechtsformen mittelständischer Unternehmen findet sich in Anhang VI-3. So werden viele mittelständische Betriebe bspw. aufgrund eines Unabhängigkeitsstrebens der Eigentümer-Unternehmen in der Rechtsform des Einzelunternehmens geführt, während für die übrigen Unternehmen zumeist die Rechtsform der GmbH, KG, GmbH & Co. KG oder OHG gewählt werden. Vgl. Ahrweiler, S. et al. (2007), S. 293.

[14] Anhang VI-4 stellt die Eigentümerstruktur in Abhängigkeit von der Rechtsform dar. In der Rechtsform der AG werden demnach nur 28,3% der Unternehmen vom Eigentümer selbst geführt, wobei diese Rechtsform quantitativ eine untergeordnete Rolle im Mittelstand spielt. Vgl. Schmeisser/Leonhardt (2006), S. 6.

[15] Vgl. Institut für Mittelstandsforschung (2002), S. 3-4; Institut für Mittelstandsforschung (2007a), S. 5; Schmeisser/Leonhardt (2006), S. 7; Hansmann, K. et al. (2005), S. 5. Die Überlappung quantitativer und qualitativer Merkmale ist in Anhang VI-5 verdeutlicht.

[16] Vgl. Wallau, F. (2009), S. 30-35; Linnemann, C. (2007), S. 4. Laut IfM Bonn ist ein Familienunternehmen im engeren Sinne ein eigentümergeführtes Unternehmen, bei dem bis zu zwei natürliche Personen oder ih-

Im Rahmen dieser Arbeit sind ‚KMU' als quantitative Komponente sowie ‚Eigentümer- bzw. Familienunternehmen' als qualitativer Aspekt des Begriffs ‚Mittelstand' gleichgesetzt. Somit wird unabhängig von der rein quantitativen Definition vom Mittelstand bzw. mittelständischen Unternehmen gesprochen.

2.2. Systematisierung von Finanzierungsformen

Die Formen der Finanzierung als Bereitstellung von finanziellen Mitteln jeder Art lassen sich nach der Rechtsstellung und Haftung der Kapitalgeber sowie nach der Mittelherkunft unterscheiden. Unter dem Gesichtspunkt der Mittelherkunft kann aus Sicht des Unternehmens zwischen Außen- und Innenfinanzierung differenziert werden. Die Innenfinanzierung kann zum einen aus zusätzlichem Vermögenszuwachs (Bilanzverlängerung) oder zum anderen aus der Schaffung von disponiblem Kapital aus Vermögensumschichtung (Aktivtausch) durchgeführt werden. Die Selbstfinanzierung als Innenfinanzierung aus Vermögenszuwachs ist die Finanzierung aus liquiditätswirksamen Umsatzerlösen, die zu Gewinnen führen.[17] Zu unterscheiden sind die offene und die stille Selbstfinanzierung. Die offene Selbstfinanzierung ist aus dem Jahresabschluss des Unternehmens in Form der Erhöhung des (handelsbilanziellen) Eigenkapitals ersichtlicht. Die stille Selbstfinanzierung dagegen erfolgt durch die Bildung stiller, aus dem Jahresabschluss nicht ersichtlicher Reserven auf Basis der Unterbewertung von Vermögen oder Überbewertung von Fremdkapital und erhöht das wirtschaftliche, nicht das bilanzielle Eigenkapital. Die (langfristigen) Rückstellungen als zweite Form der Kapitalbildung durch Vermögenszuwachs in der Innenfinanzierung sind Finanzmittel, die hinsichtlich des Grundes, der Höhe und/ oder des Zeitpunktes der Fälligkeit unbestimmt sind und dessen wirtschaftliche Verursachung in der abgelaufenen Rechnungsperiode liegt.[18] Bei den Formen der Innenfinanzierung, die auf Vermögensumschichtungen beruhen und dadurch bedingt Kapital freisetzen, kann beispielhaft die Finanzierung aus Abschreibungen angeführt werden. Sie wird dadurch ermöglicht, dass bei

re Familienangehörigen mindestens 50 % der Anteile halten und diese natürlichen Personen der Geschäftsführung angehören. Fremdgeführte Unternehmen fallen somit nicht unter diese enge Definition. Vgl. Institut für Mittelstandsforschung (b).

[17] Vgl. Perridon, L./Steiner, M. (2007), S. 347-350; Wöhe, G./Bilstein, J. (2002), S. 2-3 und S. 349; Zantow, R. (2004), S. 19; Bieg, H./Kußmaul, H. (2000), S. 440.

[18] Vgl. Olfert, K. (2005), S. 371-372 und S. 385; Zantow, R. (2004), S. 196-197; Wöhe, G./Bilstein, J. (2002), S. 12-17 und S. 357; Perridon, L./Steiner, M. (2007), S. 464-467. Da sie der Begleichung späterer Verbindlichkeiten dienen, zählen sie bilanziell zum Fremdkapital. Beispielhaft können Pensionsrückstellungen genannt werden, die für die betriebliche Altersversorgung bzw. Pensionszusagen gebildet werden. Vgl. Müller, S. et al. (2006), S. 262; Wöhe, G./Bilstein, J. (2002), S. 375-376.

Zahlungsmittelzufluss die in die Preise einkalkulierten Abschreibungsbeträge bis zu einer eventuellen Reinvestition der abgeschriebenen Vermögensgegenstände für eine bestimmte Zeit zur Verfügung stehen, aber nicht sofort für Auszahlungen verwendet werden müssen.[19] Als weitere Formen der Innenfinanzierung aus Vermögensumschichtung können die Verminderung des betriebsnotwendigen Vermögens durch Rationalisierung, der Verkauf von nicht betriebsnotwendigem Vermögen oder die Beschleunigung des Kapitalumschlags (Umsatz bezogen auf das investierte Kapital) genannt werden.[20]

Die Außenfinanzierung beinhaltet im Gegensatz zur Innenfinanzierung nur den Vermögenszuwachs und kann einerseits die Zuführung finanzieller Mittel durch Einlagen des Unternehmenseigners oder Beteiligungen von Gesellschaftern[21] sowie andererseits die Zuführung von Kreditkapital, das von Gläubigern zur Verfügung gestellt wird, bedeuten.[22]

Zusätzlich zur finanzmarktorientierten Unterscheidung zwischen Außen- und Innenfinanzierung kann auch eine bilanzorientierte Einordnung der Finanzierungsformen nach Eigen- und Fremdfinanzierung vorgenommen werden. Hierbei erfolgt eine Unterscheidung anhand der Rechtsstellung der Kapitalgeber und der Kapitalhaftung. In diesem Zusammenhang wird unter der Eigenfinanzierung die Zuführung oder Erhöhung des Eigenkapitals des Unternehmens durch Einlagen der Unternehmenseigner oder aus dem Gewinn des Unternehmens verstanden. Das Eigenkapital stellt Haftkapital für Verpflichtungen des Unter-

---

[19] Auf Basis dieses Kapitalfreisetzungseffektes ist eine Kapazitätsausweitung möglich, die auch als Lohmann-Ruchti-Effekt bezeichnet wird. Vgl. Olfert, K. (2005), S. 380; Perridon, L./Steiner, M. (2007), S. 471-476; Zantow, R. (2004), S. 204-209; Paul, S./Stein, S. (2003), S. 420; Wöhe, G./Bilstein, J. (2002), S. 360-375; Bieg, H./Kußmaul, H. (2000), S. 439-440. Abzugrenzen ist ein erhöhter Abschreibungsanteil als Teil der stillen Selbstfinanzierung, der entsteht, wenn der Abschreibungsverlauf z. B. aufgrund der gewählten Abschreibungsmethode (lineare oder degressive Abschreibung) nicht dem tatsächlichen Wertminderungsverlauf entspricht und deshalb mehr Abschreibungsgegenwerte zur Verfügung stehen als zum Ersatz der eingetretenen Wertminderung erforderlich sind. Vgl. Perridon, L./Steiner, M. (2007), S. 471; Wöhe, G./Bilstein, J. (2002), S. 20 und S. 360-361. Nach dem ersatzlosen Streichen im Zuge der Unternehmensteuerreform 2008 wurde die degressive Abschreibung im Rahmen des Maßnahmenpakets der Bundesregierung vom 05.11.2008 (Konjunkturpaket I) zeitlich befristet für zwei Jahre für bewegliche Wirtschaftsgüter des Anlagevermögens von 25% zum 01.01.2009 wieder eingeführt. Vgl. Bundesministerium für Wirtschaft und Technologie (2010) und Fn. 76.

[20] Vgl. Gugglberger, K. et al. (2004), S. 129; Bieg, H./Kußmaul, H. (2000), S. 439-440; Perridon, L./Steiner, M. (2007), S. 568.

[21] Hierbei sind die Begriffe Einlagen- und Beteiligungsfinanzierung nicht scharf voneinander zu trennen. Die Einbringung von Eigenkapital durch den Einzelunternehmer (oder Gesellschafter von Personenhandelsgesellschaften) kann als Einlage, die Einbringung durch mehrere Personen (oder von Gesellschaftern juristischer Personen) als Beteiligung in Form ihrer Einlagen angesehen werden. Vgl. Wöhe, G./Bilstein, J. (2002), S. 12; Bieg, H./Kußmaul, H. (2000), S. 34.

[22] Vgl. Perridon, L./Steiner, M. (2007), S. 347-350. Staatliche und sonstige Subventionen können als Bestandteil der Außenfinanzierung angesehen werden. Vgl. ebenda, S. 349.

nehmens gegenüber Dritten dar.[23] Das im Rahmen der Fremdfinanzierung aufgebrachte Fremdkapital ist dagegen grundsätzlich terminiert und haftet aufgrund der Rückzahlungsverpflichtung nicht gegenüber den Gläubigern.[24] Die Abgrenzung der wesentlichen Eigenschaften von Eigen- und Fremdkapital kann Anhang VI-7 sowie eine Einteilung der Finanzierung nach den Kriterien Mittelherkunft (Innen- und Außenfinanzierung) und Rechtsstellung bzw. Kapitalhaftung (Eigen- und Fremdfinanzierung) zusammenfassend Anhang VI-8 entnommen werden.[25]

2.3. Analyse der Eigenkapitalsituation und klassische Finanzierungsinstrumente

Bisher war die Finanzierung mittelständischer Unternehmen traditionell stark von der Innenfinanzierung über die Einbehaltung von Gewinnen und Abschreibungen sowie von der Fremdfinanzierung über Bankkredite geprägt.[26] Insgesamt ist das deutsche Finanzsystem im Gegensatz zu den kapitalmarktorientierten Finanzsystemen im angelsächsischen Raum stärker bankenorientiert, was u. a. an den hohen Anteilen an Fremdkapital in den Bilanzen deutscher Unternehmen ersichtlich wird.[27] So ist die Kreditfinanzierung die wichtigste Fremdfinanzierungsquelle deutscher Unternehmen, wodurch der Entwicklung der Kreditzinsen eine zentrale Bedeutung zukommt.[28] Auch war in der Vergangenheit die Beziehung

[23] Alternativ zu Haft- kann auch von Haftungskapital gesprochen werden. In Anhang VI-6 sind die wesentlichen Funktionen des Eigenkapitals zusammengefasst.

[24] Vgl. Schneck, O. (2006), S. 48; Perridon, L./Steiner, M. (2007), S. 347-348; Bieg, H./Kußmaul, H. (2000), S. 44-46. Die Finanzierung durch Vermögensumschichtungen bspw. in Form von Abschreibungen kann hierbei weder der Eigen- noch der Fremdfinanzierung eindeutig zugeordnet werden, da der Kapitalbereich nicht verändert wird. Vgl. Wöhe, G./Bilstein, J. (2002), S. 20.

[25] Als weitere Einteilungskriterien können gemäß Fristigkeit die kurz-, mittel- und langfristige Finanzierung, nach dem Verhältnis der finanziellen Ausstattung und dem Finanzbedarf die Über-, Unter- und bedarfsadäquate Finanzierung sowie nach dem Finanzierungsanlass die Gründungs-, Erweiterungs-, Um- und Sanierungsfinanzierung genannt werden. Vgl. Perridon, L./Steiner, M. (2007), S. 348-349; Olfert, K. (2005), S. 32-36.

[26] Vgl. KfW Bankengruppe (2006e), S. 139-140. Die unterschiedliche Bedeutung verschiedener Finanzierungsquellen wird in Anhang VI-9 aufgezeigt.

[27] Vgl. KfW Bankengruppe (2006b), S. 45; Ernst & Young (2005), S. 19; Ahrweiler, S. et al. (2007), S. 294. Im bankorientierten System, bei dem Gläubigerschutz und Vorsichtsprinzip im Vordergrund stehen, erfolgt der Mitteltransfer über Universalbanken mit einem breiten Spektrum an Finanzdienstleistungen. Ferner sind die Finanzmärkte insbesondere für Risikokapital eher schwach entwickelt. Beim kapitalmarktorientierten System dagegen sind Unternehmensinformationen leichter zugänglich, wodurch Liquidität begünstigt und eine verbesserte Allokations- und Informationseffizienz erreicht wird. Hierbei ist aber empirisch belegt, dass nicht die Struktur eines Finanzsystems, sondern die Qualität des Finanzdienstleistungsangebotes für die Generierung gesamtwirtschaftlichen Wachstums entscheidend ist. Vgl. Ernst & Young (2005), S. 19-23; Daum, W. (2005), S. 239.

[28] Hierbei wurde jahrelang unterstellt, dass die Kreditfinanzierung in Deutschland durch niedrige Zinsen begünstigt wurde. Mittlerweile sind die Einschätzungen hierzu jedoch recht heterogen. So unterstützt die

zwischen Unternehmen und Banken durch ein enges und auf Langfristigkeit ausgelegtes sog. Hausbankenprinzip gekennzeichnet. Im Rahmen dieses Hausbankenprinzips übernahm die Hausbank vom Zahlungsverkehr bis hin zur Kreditvergabe im Wesentlichen alle finanzwirtschaftlichen Aufgaben der Unternehmen und boten den Unternehmen Planungssicherheit und Stabilität in Finanzierungsfragen. Dies bedeutete für Unternehmen zumeist einen gesicherten Zugang zu Finanzierungsmittel zu weitgehend einheitlichen Kreditkonditionen. Insgesamt ist die Finanzierungssituation im Mittelstand durch eine starke Abhängigkeit auf der einen Seite von intern generierten Cash Flows[29] und einem (überwiegend) durch Eigentümer bereitgestellten Eigenkapital sowie auf der anderen Seite durch Bankverbindlichkeiten als wichtigste externe Finanzierungsquelle gekennzeichnet. In diesem Zusammenhang ist festzustellen, dass die Bedeutung der Finanzierung über klassische Bankkredite mit zunehmender Unternehmensgröße zugunsten einer verstärkten Innenfinanzierung, der Bildung von Pensionsrückstellungen und alternativer Finanzierungsformen abnimmt.[30] Die Eigenkapitalquote deutscher Unternehmen ist im internationalen Vergleich niedrig[31], auch wenn im nationalen Vergleich festzustellen ist: Je größer ein Unternehmen,

---

seit Januar 2003 erscheinende EWU-Zinsstatistik nicht die These des „Niedrigzinslandes", wonach die in Deutschland gezahlten Zinsen zu den im europäischen Vergleich höchsten gehören. Auch laut Sachverständigenrat weichen sowohl Einlage- als auch Kreditzinsen in Deutschland kaum von denen im Euro-Raum ab. Vgl. KfW Bankengruppe (2007d), S. 1; Sachverständigenrat (2008), S. 118.

[29] Unter dem Cash Flow wird i. d. R. eine Kennzahl verstanden, welche eine finanzielle Stromgröße darstellt, die den in einer Periode erfolgswirksam erwirtschafteten Zahlungsmittelüberschuss angeben soll. Sie wird als „Nettozugang an flüssigen Mitteln aus der Umsatztätigkeit und anderen laufenden Operationen innerhalb eines Zeitraums" interpretiert. Sie kann auf direktem Wege über zahlungswirksame Erträge abzüglich der zahlungswirksamen Aufwendungen oder über den indirekten Weg des Jahresüberschusses zuzüglich Abschreibungen bzw. abzüglich Zuschreibungen und zuzüglich der Erhöhung bzw. abzüglich der Verminderung der langfristigen Rückstellungen ermittelt werden. Nach der direkten Ermittlungsmethode wird er seiner wörtlichen Bedeutung als Einzahlungsüberschuss gerechter, kann nach seiner indirekten Ermittlungsform aber auch entweder als erfolgswirtschaftlicher oder als finanzwirtschaftlicher Überschuss zur Bestimmung der Innenfinanzierungskraft angesehen werden. Vereinfacht gesprochen ist der Cash Flow eine Messgröße für die Fähigkeit eines Unternehmens, seine Schulden zu tilgen. Vgl. Perridon, L./Steiner, M. (2007), S. 555-560; Lindtner, A. (2006), S. 13; Europäische Zentralbank (2007), S. 90.

[30] Vgl. Koop/Maurer (2006), S. 32-33; Kayser, G./Kokalj, L. (2002), S. 112; Lichtblau, K./Utzig, S. (2002a), S. 22-23; Platzer, A. et al. (2004), S. 114; KfW Bankengruppe (2001), S. 40-42; Hommel, U./Schneider, H. (2003), S. 57; Plankensteiner, D./Rehbock, T. (2005), S. 793; Ahrweiler, S. et al. (2007), S. 295; Börner, A. F./Glüder, D. (2009), S. 948. Siehe Anhang VI-10 für eine Einteilung klassischer und innovativer bzw. alternativer Finanzierungsinstrumente.

[31] Anzumerken ist, dass ein internationaler Vergleich der Eigenkapitalquoten, der sich häufig auf die BACH-Datenbank der EU-Kommission stützt, zumeist nur schwer möglich ist, da die Unternehmensbilanzen für Vergleichszwecke harmonisiert wurden, eine nationale Bilanzdatenbank fehlt und die vorhandenen Quellen sehr unterschiedliche Unternehmensgruppen umfassen. Vgl. KfW Bankengruppe (2006a), S. 1-2. Nichtsdestotrotz sind vor diesem Hintergrund in Anhang VI-11 Eigenkapitalquoten von Unternehmen im internationalen Vergleich veranschaulicht.

desto höher ist i. d. R. die Eigenkapitalquote.[32] Zusätzlich zu diesem größenabhängigen Zusammenhang kann anhand von Anhang VI-12 festgestellt werden, dass die Eigenkapitalquote in den letzten Jahren erhöht werden konnte.[33] Nichtsdestotrotz ist die Höhe des Eigenkapitals häufig nicht ausreichend, was anhand der Entwicklung der Insolvenzzahlen deutlich wird.[34] Ferner kann eine hohe Streuung der Eigenkapitalquoten mittelständischer Unternehmen konstatiert werden, was die außerordentliche Heterogenität der Finanzierungsstrukturen unterstreicht.[35] In Anhang VI-14 ist der Anteil der Unternehmen, die eine Eigenkapitalquote von Null oder darunter aufweisen und damit insolvenzgefährdet sind, für einzelne Unternehmensgruppen aufgezeigt. Hiernach weisen insbesondere die kleinen Unternehmen mit einem Umsatz bis zu EUR 1 Mio. verhältnismäßig häufig kein Eigenkapital auf, was die Eigenkapitalproblematik des deutschen Mittelstandes veranschaulicht.[36]

Als Gründe für die niedrige Eigenkapitalquote deutscher mittelständischer Unternehmen kann zum einen die Ausgestaltung des deutschen Steuersystems angeführt werden, das sowohl Personengesellschaften als dominierende Rechtsform kleiner und mittlerer Unternehmen als auch Kapitalgesellschaften Anreize in Form der steuerlichen Abzugsfähigkeit

---

[32] Dieser größenabhängige Zusammenhang kann im internationalen Vergleich nicht zwingend unterstellt werden. So liegt zwar für Länder wie Deutschland, Österreich oder Spanien die Eigenkapitalquote kleiner Unternehmen unter der von großen Unternehmen, in anderen Ländern ist sie dagegen höher. Hiernach hängt die Eigenkapitalstruktur mehr vom Finanzsystem sowie der Kultur und Tradition eines Landes ab, als von einzelnen Charakteristika des Unternehmens wie Größe, Sektor, Alter oder Profitabilität. Vgl. KfW Bankengruppe (2001), S. 7-20; Europäische Kommission (2003a), S. 20.

[33] Gemäß IfM Bonn kann eine aktuelle, repräsentative Eigenkapitalquote für den gesamten Mittelstand aufgrund fehlender Datenvergleichbarkeit sowie unterschiedlicher Erfassungskreise und -methodik nicht ermittelt werden. Vgl. Institut für Mittelstandsforschung (2008b), S. 20.

[34] Die Entwicklung der Insolvenzzahlen und -quoten in Deutschland ist in Anhang VI-13 wiedergegeben. So lassen die überdurchschnittlichen Insolvenzzahlen bis 2005 auf ein unzureichendes Eigenkapital schließen. Nach Berechnungen der Creditreform entfielen in Deutschland im Jahr 2004 mehr als 70% der Unternehmensinsolvenzen auf kleinere Unternehmen mit fünf oder weniger Beschäftigten. Hierbei überzeichnet die beobachtete Verbesserung der Eigenkapitalquote das Bild positiv, da die in Insolvenz gegangenen Unternehmen in den Statistiken nicht mehr berücksichtigt werden. Vgl. Sachverständigenrat (2005), S. 481-482.

[35] Vgl. DSGV (2009), S. 41-43; Institut für Mittelstandsforschung (2008b), S. 20; KfW Bankengruppe (2006a), S. 1-2 und S. 8; Bundesverband deutscher Banken (2005), S. 3.

[36] Grundsätzlich weist eine negative Eigenkapitalquote auf bilanzielle Überschuldung hin. Hierbei gilt es aber erstens die Besonderheiten in Rechtsformen wie der Einzelunternehmung zu beachten, wonach sich nicht alle Vermögensgegenstände, die als haftendes Eigenkapital tatsächlich zur Verfügung stehen, in dem Jahresabschluss, sondern aus steuerlichen Gründen im Privatvermögen der Eigentümer befinden und als Sicherheit dienen können. Zweitens gilt es zwischen buchmäßiger und insolvenzrechtlicher Überschuldung zu unterscheiden. In der Praxis bedeutet das Vorliegen eines nicht durch Eigenkapital gedeckten Fehlbetrages eine buchmäßige Überschuldung. Diese geht aber regelmäßig nicht mit einer insolvenzrechtlichen Überschuldung einher, da die buchmäßigen Vermögensgegenstände häufig nicht die stillen Reserven eines Unternehmens abbilden. Vgl. Bundesministerium der Finanzen (2004), S. 69; Schulz, D. (2006), S. 4-6. Für weitere Informationen siehe Schulz, D. (2006). Drittens sind Rangrücktrittsvereinbarungen insbesondere im Hinblick auf einen sog. qualifizierten Rangrücktritt zu berücksichtigen. Siehe Abschnitt 3.1.1.

der Fremdkapitalzinsen bietet. Hierdurch wird eine Fremd- gegenüber einer Eigenkapitalfinanzierung steuerlich begünstigt.[37] Zum anderen werden zur Darlehensbesicherung meist bankübliche Sicherheiten wie Grundschulden, Hypotheken und Sicherungsübereignungen herangezogen.[38] Hierbei können sich diese Sicherheiten aus steuerlichen Gründen im Privatvermögen der Gesellschafter befinden. Somit stehen sie auf Basis der uneingeschränkten Haftung der Gesellschafter der Personengesellschaft zwar faktisch per Rechtsform oder Klausel zur Kreditbesicherung zur Verfügung, werden aber in den Unternehmensbilanzen nicht erfasst, was zu Verzerrungen führt. Ein weiterer Grund für die niedrige Eigenkapitalquote ist der hohe Bestand an langfristigen Rückstellungen, die zwar als Fremdkapital gelten, aber aufgrund der fehlenden Zinsänderungs- und Kündigungsrisiken einen eigenkapitalähnlichen Charakter aufweisen. Überdies wurde durch das Steuersystem und die Bilanzierungsregeln die Bildung stiller Reserven begünstigt, die bis zu einem gewissen Maße dem Haftkapital hinzugerechnet werden können. Auch der für kleine und mittlere Unternehmen begrenzte Zugang zu externem Eigenkapital aufgrund der häufig vertretenen Rechtsform der Personengesellschaft kann als Grund für die geringe Eigenkapitalbasis angesehen werden.[39] Ferner kann die sog. Pecking-Order-Theorie, nach der Unternehmen erst ihre liquiden Mittel, danach thesaurierte Gewinne, eine externe Finanzierung durch Fremdkapital sowie als letzte Möglichkeit eine Finanzierung über zusätzliches Eigenkapital die geringe Eigenkapitalquote (mit-)erklären.[40]

Als Quellen der Eigenkapitalbeschaffung kann neben der Gewinnthesaurierung als klassische und wichtigste Eigenkapitalquelle neues Kapital sowohl durch bisherige oder neue

---

[37] Vgl. Bundesministerium der Finanzen (2003), S. 40; Paul, S./Stein, S. (2003), S. 418-419. Seit der Unternehmensteuerreform 2008 sind aufgrund der eingeführten Abgeltungsteuer die Kapitalkosten eigenfinanzierter Investitionen gestiegen und wirken einer Stärkung der Eigenkapitalbasis entgegen. Vgl. Sachverständigenrat (2008), S. 67-68; Brügelmann, R. (2009), S. 1-18; Oehler, A./Kohlert, D./Linn, A. (2009), S. 382.

[38] Vgl. Emmerstorfer, H. (2004), S. 142-145; Perridon, L./Steiner, M. (2007), S. 376-386; Steinhauer, B. (2007), S. 190.

[39] Vgl. Sachverständigenrat (2005), S. 481-482; Bundesministerium der Finanzen (2003), S. 40; Hommel, U./Schneider, H. (2003), S. 63; Ahrweiler, S. et al. (2007), S. 294; Kamp, A./Solmecke, H. (2005), S. 620-624

[40] Gemäß dieser, auf empirischen Beobachtungen beruhenden Theorie werden Finanzierungsentscheidungen nach einer gewissen ‚Hackordnung' getroffen, wonach der besser informierte Kapitalnehmer die Finanzierungsinstrumente bevorzugt, bei denen sowohl der Kontrollverlust als auch das Ausmaß an Publizitätsanforderungen und Transparenz am geringsten ausfällt. Aufgrund des Informationsvorsprungs der Kapitalnehmer ist der Kapitalmarkt nur bereit, einen geringeren Preis für Unternehmensanteile zu zahlen. Vgl. Achleitner, A.-K./Fingerle, C. H. (2004), S. 12-13; Ahrweiler, S. et al. (2007), S. 296-297; Lichtblau, K./Utzig, S. (2002a), S. 12; Mugler, J. (1999), S. 191-192. Anhang VI-9 unterstützt diese Theorie.

Gesellschafter als auch durch die im Rahmen dieser Arbeit noch zu untersuchenden mezzaninen Finanzierungsformen bereitgestellt werden.[41] Da die Gewinnthesaurierung von der Ertragslage des Unternehmens abhängig ist, kann die Einbehaltung von Gewinnen in schlechten Ertragszeiten trotz der (zumeist nur von großen Unternehmen) erkannten Notwendigkeit einer Eigenkapitalstärkung gegebenenfalls nur eingeschränkt genutzt werden.[42] Neben den Rahmendaten wie Konjunktur und Steuersätzen nehmen auch unternehmerische Entscheidungen wie Kostenmanagement und Ausschüttungspolitik Einfluss auf die Innenfinanzierungskraft eines Unternehmens.[43] Ferner ist die Einbringung von (weiterem) Eigenkapital durch Alt- oder Neu-Gesellschafter nur möglich, insofern die Gesellschafter sowohl gewillt als auch vermögend (genug) hierfür sind. Die Aufnahme neuer Gesellschafter bspw. über Private Equity oder insbesondere über einen Börsengang kann hierbei an bestimmte Mindestvolumina sowie strenge formale, wirtschaftliche und unternehmensumfeldbedingte Anforderungen gebunden sein. Grundsätzlich gilt dies auch für mezzanine Finanzierungsformen. Darüber hinaus ist für die Aufnahme von externem Eigenkapital ein hoher Grad an Transparenz des kapitalsuchenden Unternehmens erforderlich. Diese Bereitschaft vieler mittelständischer Unternehmen, Transparenz zu schaffen und somit bestehenden Informationsasymmetrien[44] zwischen kapitalnehmenden Unternehmen (Agent) und den Kapitalgebern (Principal) abzubauen, ist nach wie vor verhalten. Denn die geringe Bereitschaft hin zu einer erhöhten Transparenz geht mit der Meinung vieler, vor allem kleinerer mittelständischer Unternehmen (sog. „Herr-im-Haus-Mentalität“) einher, wonach die Unternehmen typischerweise im Familienbesitz bleiben sollen und eine Verwässerung der Unternehmensanteile durch externes Eigenkapital oftmals ausgeschlossen wird.[45] Auch

---

[41] Anhang VI-15 stellt die Quellen der Eigenkapitalbeschaffung nach ihrer jeweiligen Gewichtung aus Unternehmenssicht zusammenfassend dar.

[42] Vgl. Sachverständigenrat (2005), S. 481-482. Insgesamt verbesserte sich aber dennoch bei den KMU die Bruttoumsatzrendite als Verhältnis des Jahresergebnisses vor Gewinnsteuern zum Umsatz des Unternehmens von 3,5% in 1997 auf 5% in 2004. Vgl. Deutsche Bundesbank (2006c), S. 48.

[43] Vgl. Sachverständigenrat (2005), S. 482-483; Bundesministerium der Finanzen (2003), S. 40; Daum, W. (2005), S. 241. Im Jahr 2006 betrug die Innenfinanzierungsquote als Anteil der Innenfinanzierung an der gesamten Vermögensbildung gemäß der Finanzierungsrechnung der Deutschen Bundesbank knapp 80%. Demnach konnte ein überwiegender Teil der Investitionstätigkeit aus unternehmenseigenen Mitteln gedeckt werden. Vgl. Sachverständigenrat (2007), S. 55.

[44] Dies ist ein unterschiedlicher Kenntnisstand zwischen Kapitalnehmer und -geber bspw. in Bezug auf Kreditwürdigkeit des Unternehmens, Qualität der Produkte oder des Managements, makroökonomische Rahmendaten wie Konjunkturentwicklung und Wechselkursschwankungen, aber auch branchenspezifische Entwicklungen wie Fusionen oder Gesetzesänderungen. Vgl. Koop, M. J./Maurer, K. (2006), S. 122.

[45] Vgl. Kamp, A./Solmecke, H. (2005), S. 620-624; KfW Bankengruppe (2003a), S. 5; Bundesverband deutscher Banken (2005), S. 12; Heidebrecht, J. (2003), S. 17; Vgl. Lichtblau, K./Utzig, S. (2002b), S. 331;

wenn der Kapitalgeber dem Kapitelnehmer Verfügungsgewalt über sein Vermögen überlässt, kann im Rahmen dieser sog. Principal-Agent-Problematik die Antizipation eines möglichen Fehlverhaltens des Kapitalnehmers in Form der sog. ‚Adverse Selection'[46] oder des ‚Moral Hazard'[47] zu einer Kreditangebotsverknappung bzw. -verteuerung führen.[48] Vor dem Hintergrund von Basel II[49] und der damit einhergehenden Bereitstellungspflicht detaillierter Unternehmensdaten sowie einer risikoadäquaten Kreditkonditionierung sollten sich aber Informationsasymmetrien reduzieren. Diesbezüglich kann einer Kreditverteuerung durch eine gute Reputation sowie durch das sog. Signaling wie dem Eingehen anreizkompatibler Zusatzvereinbarungen, auch Covenants[50] genannt, begegnet werden. Neben dem Aufbau einer langfristigen Beziehung kann ebenso die persönliche Haftung des Unternehmers im Rahmen der Rechtsform als Personengesellschaft sowie die Bereitstellung von Sicherheiten oder (zusätzlichem) Eigenkapital Anreizkompatibilität zwischen den Interessen des Kapitalgebers und des Kapitalnehmers schaffen.[51] Ferner kann das sog. Screening in Form einer intensiven Analyse, der sog. Due Diligence[52], bzw. über eine Analyse der Bonität mit dem Ziel eines sog. Ratings Anreizkompatibilität bewirken.[53]

Auch wenn der Begriff der Bonität ein objektiv schwer fassbarer Begriff ist, wird damit die wirtschaftliche Fähigkeit des Unternehmens bezeichnet, seinen zukünftigen Zahlungsver-

---

DSGV (2004), S. 42-43; Schmidtbleicher, R. (2006), S. 7; Paul, S./Stein, S. (2003), S. 420. Anhang VI-15 unterstützt diese Aussage.

[46] Diese sog. Ex-ante-Verhaltensunsicherheit bedeutet eine Art Negativauslese aufgrund bestehender Informationsasymmetrien. Vgl. Lichtblau, K./Utzig, S. (2002a), S. 7-10; Hax, H. et al. (2001), S. 599-605.

[47] Diese sog. Ex-interim-Verhaltensunsicherheit besagt, dass Kapitalgeber das Verhalten des Unternehmers aufgrund der geringen Transparenz nur eingeschränkt beobachten können, so dass für den Kapitalnehmer gegebenenfalls ein Anreiz besteht, höhere Risiken (d. h. Projekte) als vereinbart einzugehen. Vgl. Lichtblau, K./Utzig, S. (2002a), S. 8; Rosar, M. (2000), S. 63-65; Kamp, A./Solmecke, H. (2005), S. 619-620.

[48] Vgl. KfW Bankengruppe (2006b), S. 58; Hax, H. et al. (2001), S. 599 und S. 602; Schöning, S. et al. (2004), S. 750; Ernst & Young (2005), S. 9-10. Diese Informationsasymmetrien sind bei kleinen Unternehmen größer, da sie die Kosten für einen Abbau der Informationsdifferenz durch z. B. Einführung effizienter Informations- und Controllingsysteme für Informationen bezüglich Budget, Finanzplanung oder Lagerbestände nicht durch die zu erwartenden Gewinne decken können oder wollen. Vgl. KfW Bankengruppe (2006b), S. 58; KfW Bankengruppe (2007a), S. 37-38; Koop, M. J./Maurer, K. (2006), S. 123; Kamp, A./Solmecke, H. (2005), S. 624; Ahrweiler, S./Börner, C. J. (2003), S. 13-14.

[49] Siehe Abschnitt 2.4.1.

[50] Siehe Abschnitt 3.1.4.

[51] Vgl. Koop, M. J./Maurer, K. (2006), S. 124; Kamp, A./Solmecke, H. (2005), S. 619-620; Hax, H. et al. (2001), S. 602-603; Lichtblau, K./Utzig, S. (2002a), S. 10-11; Europäische Zentralbank (2007), S. 84.

[52] Siehe Fn. 187.

[53] Vgl. Rosar, M. (2000), S. 76-99. Die durch Screening, Signaling und Ausgestaltung anreizkompatibler Verträge entstehenden Kosten werden als Agency-Kosten bezeichnet. Vgl. Jensen, M. C./Meckling, W. H. (1976), S. 308.

pflichtungen termingerecht und vollständig nachzukommen.[54] Das Ergebnis ist die Ausfallwahrscheinlichkeit eines Kredites in Form einer einzigen Kennzahl, dem sog. Rating.[55] Die Bonität wird hierbei insbesondere durch geringe Eigenkapitalquoten und Rentabilitäten, kurzfristige Verschuldung, fehlende Sicherheiten, unzureichende Kapitaldienstfähigkeit oder schlechte Branchen-Kennzahlen sowie durch qualitative Kriterien wie eine unqualifizierte Führungsebene, unbefriedigende Marktperspektiven oder unzureichend aufbereitete Wirtschaftszahlen negativ beeinflusst. Auch kann sich negativ auswirken, dass mittelständische Unternehmen eher auf kleinen Märkten agieren, Nischenstrategien verfolgen, sich eher auf wenige Produkte und Kunden konzentrieren und häufig eine regionale Ausrichtung des Geschäftsfeldes zeigen. Ebenso weisen mittelständische Unternehmen verschachtelte Unternehmensstrukturen, eine eher geringe Bereitschaft einer transparenten Geschäftstätigkeit sowie eine mögliche Hausbank- und/ oder Personenabhängigkeit auf. Vor allem letztgenannte Abhängigkeit gewinnt vor dem Hintergrund, dass nach Schätzungen des IfM Bonn in den Jahren 2005 bis 2009 in ca. 354.000 Familienunternehmen die Nachfolgeregelung ansteht, besondere Bedeutung.[56]

2.4. Unternehmensfinanzierung im Wandel

2.4.1. Finanzierung bis zur Finanzmarktkrise

Der deutsche Finanzsektor und damit auch die Unternehmensfinanzierung befanden sich bis zum Ausbruch der Finanzmarktkrise im Sommer 2007 seit einigen Jahren in einem starken strukturellen Wandel hin zu einer stärkeren Finanzmarktorientierung. Kapitalmarktbasierte Finanzierungsinstrumente und institutionelle Investoren haben bis zum Aus-

[54] Eine Aussage über die Zukunftsfähigkeit eines Unternehmens kann anhand wechselseitig miteinander verbundener und branchenspezifisch ausgerichteter quantitativer und qualitativer Kriterien getroffen werden. Quantitative Kriterien sind betriebswirtschaftliche Kennzahlen wie Erfolgs-, Liquiditäts-, Produktivitäts- oder Finanzierungskennzahlen. Qualitative Kriterien sind bspw. wirtschaftliche Rahmenbedingungen, Marktstellung, Geschäftsstrategie, Management- und Controllingqualität sowie Eigentumsverhältnisse. Vgl. Ahrweiler, S./Börner, C. J. (2003), S. 27-28; Ahrweiler, S. et al. (2007), S. 306-307.

[55] Das Ratingurteil ist hierbei im rechtlichen Sinne keine Tatsachenbehauptung, sondern die Meinung einer Ratingagentur (externes Rating) oder eines Kreditinstituts (internes Rating). Vgl. Speicher, M. (2001), S. 78; Bieg, H./Kußmaul, H. (2000), S. 399; Egbers (2003), S. 457-458; Werner, H. S./Kobabe, R. (2005), S. 14; Grunow, H.-W. G./Figgener, S. (2006), S. 121; DVFA (2006), S. 4; Moody's Investors Service (2002), S. 5-6. Das Ratingurteil ist nur der Ausgangspunkt weiterführender Analyse, da es keine Garantie für Liquidität und Marktpreisstabilität für Investoren ist. Vgl. Rother, S. (2006), S. 1063.

[56] Vgl. Demuth, B. (2006), S. 9-10; Heidebrecht, J. (2003), S. 15 und S. 18; Kamp, A./Solmecke, H. (2005), S. 618; Lichtblau, K./Utzig, S. (2002a), S. 54; Moody's Investor Service (2001), S. 10-16; KfW Bankengruppe (2008c), S. 155; Ahrweiler, S. et al. (2007), S. 307. In Anhang VI-16 sind die wichtigsten Faktoren im Rahmen einer Ratingerstellung zusammenfassend aufgelistet.

bruch der Finanzmarktkrise zunehmend an Bedeutung gewonnen. Dieser Strukturwandel wurde insbesondere durch den technischen Fortschritt im Bereich der Informations- und Kommunikationstechnologie vorangetrieben. Durch diesen Fortschritt waren bei den Kreditinstituten sowohl das Risikobewusstsein als auch das Know-how gestiegen, Risiken besser zu erfassen, zu bewerten und zu steuern sowie diesbezüglich leistungsfähige und zuverlässige Risikokontroll- und -steuerungsverfahren auf- und auszubauen.[57] Dies führte dazu, dass die Kreditvergabe und -konditionen stärker als bislang an der Bonität des Kreditnehmers und den Erfordernissen der Risikosteuerung ausgerichtet wurden. Ferner waren die Harmonisierung der Finanzmarktregulierung durch Einführung neuer bankaufsichtsrechtlicher Regelungen wie Basel II oder die Mindestanforderungen an das Risikomanagement (MaRisk)[58] für den Strukturwandel mitverantwortlich bzw. eine Folge dieses veränderten Risikobewusstseins.[59] So wurde im Rahmen des ersten Konsultationspapiers Basel I zur risikogerechteren Eigenkapitalunterlegung für Kreditrisiken von Banken auf das gesamte Eigenkapital einer Bank als Maßstab für die Begrenzung des Insolvenzrisikos abgestellt. Bei der überarbeiteten Rahmenvereinbarung des Basler Ausschusses (Basel II) erfolgt derzeit eine stärkere Berücksichtigung von einerseits bankinternen Risikomessverfahren als Input-Faktoren für Eigenkapitalberechnungen sowie andererseits von neueren Entwicklungen an den Finanzmärkten und im Risikomanagement der Institute. Neben der Vorgabe von Grundprinzipien für die qualitative Bankenaufsicht ist auch eine Erweiterung der Offenlegungspflichten zur Stärkung der Marktdisziplin angestrebt worden. Insgesamt soll sich die Eigenkapitalunterlegung stärker am tatsächlichen, individuellen Risikoprofil der Kreditinstitute orientieren und den Einsatz fortschrittlicher Risikomessmethoden durch niedrigere Eigenkapitalerfordernisse belohnen.[60] Vor dem Hintergrund der Finanz- und

[57] Vgl. Sachverständigenrat (2005), S. 455; KfW Bankengruppe (2006d), S. 41; Heidebrecht, J. (2003), S. 10-11; Koop, M. J./Maurer, K. (2006), S. 32-33; Ahrweiler, S./Börner, C. J. (2003), S. 20.

[58] In den MaRisk, die die nationale Umsetzung der zweiten Säule von Basel II ermöglichen sollen, sind die bis dahin gültigen Mindestanforderungen an das Betreiben von Handelsgeschäften (MaH), die Mindestanforderungen an die Ausgestaltung der internen Revision (MaIR) sowie die Mindestanforderungen an das Kreditgeschäft der Kreditinstitute (MaK) konsolidiert, aktualisiert und ergänzt. Vgl. Dotzler, F. et al. (2007), S. 1-2; Platzer, A. et al. (2004), S. 116-117; KfW Bankengruppe (2002), S. 27-28.

[59] Vgl. KfW Bankengruppe (2006d), S. 41; Heidebrecht, J. (2003), S. 12; KfW Bankengruppe (2006b), S. 45.

[60] Basel II beruht dabei auf den drei, sich gegenseitig verstärkenden Säulen ‚Mindestkapitalanforderungen' (Säule 1), ‚Bankaufsichtlicher Überprüfungsprozess' (Säule 2) und ‚Erweiterte Offenlegung' (Säule 3). Hierbei variiert die Eigenmittelunterlegung der Banken auf Basis einer Bonitätseinstufung des Unternehmens sowohl durch standardisierte Erfassungsmethoden (Standardansatz) als auch durch verfeinerte bankinterne Verfahren, den sog. IRB-Ansätzen (auf **i**nternen **R**atings **b**asierend). Kleine Unternehmen (qualitative Bedingung bzw. Kreditnehmerkriterium) bis zu EUR 1 Mio. (quantitative Bedingung) werden generell in einem sog. ‚aufsichtlichen Retail-Portfolio' mit inbegriffen, für das ein ermäßigtes Risikogewicht

Wirtschaftskrise befinden sich die Eigenkapitalhinterlegungsvorschriften in der Kritik, wobei Anpassungen bis hin zu einer Aussetzung der Richtlinien diskutiert werden.[61]

Darüber hinaus trieb die zunehmende Globalisierung der Kapitalmärkte den Strukturwandel voran und implizierte eine zunehmende Integration der Kapitalmärkte. Sie wurde durch die Informations- und Kommunikationstechnologie ermöglicht und durch eine Deregulierung der Märkte bedingt. Hierdurch sollten die Transparenz auf den Finanzmärkten und damit der Wettbewerbsdruck auf ihnen erhöht werden.[62] Somit gewann die im internationalen Vergleich ausgeprägte Ertrags- und Wachstumsschwäche deutscher Banken zunehmend an Bedeutung. Die Schwäche konnte hierbei aber nicht auf einen deutlich höheren Wettbewerb als in anderen Ländern zurückgeführt werden, die gängigen Indikatoren der Wettbewerbsintensität zeigten für Deutschland ein unauffälliges Bild. Vielmehr konnten als Gründe für diese Ertragsschwäche gestiegene Kreditausfälle, eine unzureichende Risikopolitik, schrumpfende Kreditmargen und eine Verschlechterung des Aufwands-Ertrags-Verhältnisses sowie Folgekosten häufiger Strategiewechsel angeführt werden.[63] Forciert wurde diese Entwicklung durch den Wegfall der Anstaltslast und Gewährträgerhaftung bei deutschen Sparkassen und Landesbanken.[64] Ein weiterer, sich wandelnder Aspekt war, dass sowohl Anteilseigner der Banken als auch Anleger eine im (inter-)nationalen Vergleich angemessene Verzinsung ihres Kapitals forderten, wodurch sich die Refinanzierung

gilt. Insgesamt sind laut Studien zu den Auswirkungen der Einführung von Basel II Kapitalerleichterungen auf Bankenseite möglich. Vgl. Europäische Kommission (2003a), S. 14; KfW Bankengruppe (2003b), S. 66; Vgl. Gaugusch, J./Wainig, W. (2004), S. 80-81; Deutsche Bundesbank (2004), S. 75-77; Basler Ausschuss für Bankenaufsicht (2004), S. 1-19; Bundesverband deutscher Banken (2005), S. 3; Deutsche Bundesbank (2006a), S. 6-11; Ahrweiler, S. et al. (2007), S. 297 und S. 310.

[61] Vgl. Sachverständigenrat (2009), S. 55; Neisen, M. et al. (2009), S. 166-173; Konesny, P./Kämpfer, H. (2009), S. B10; Hellwig, M. (2009), S. 3-18; Bundesverband der Deutschen Industrie (2009), S. 24. Hierbei umfassen die vom Baseler Ausschuss am 17.12.2009 veröffentlichten Vorschläge zur strengeren Regulierung des Bankensektors im Rahmen der Weiterentwicklung von Basel II u. a. eine stärkere Berücksichtigung von Kontrahentenausfall- und Liquiditätsrisiken, die Einführung einer Leverage Ratio und Reduzierung der Prozyklizität sowie eine Verbesserung der strukturellen Qualität und Quantität des bankaufsichtlichen Eigenkapitals. Vgl. o. V. (2010f). Für weitergehende Informationen siehe Basel Committee on Banking Supervision (2010).

[62] Vgl. KfW Bankengruppe (2006d), S. 41; Heidebrecht, J. (2003), S. 11-12; KfW Bankengruppe (2006b), S. 45; Europäische Kommission (2003a), S. 11.

[63] Bei Groß, T./Lohfing, A. (2004), S. 156-157 finden sich weiterführende Informationen zu den Eigenkapitalquoten und der Profitabilität deutscher Banken.

[64] Vgl. KfW Bankengruppe (2002), S. 27-28. Für weitergehende Informationen zur Gewährträgerhaftung siehe Vollmer, U./Hauck, A. (2008).

der Institute verteuerte. Auch rückte die Bonität bzw. das Ertrags-/ Risikoprofil der Bank selbst mehr in den Vordergrund.[65]

Um ihre Rentabilitätskrise zu überwinden, einer stärkeren Fokussierung auf den Shareholder Value[66] Rechnung zu tragen sowie Kostensenkungspotenziale und Skalenerträge zu nutzen, erfolgte im Bankenbereich u. a. eine Expansion in potenziell ertragsstarke Geschäftsfelder oder eine Spezialisierung auf bestimmte Regionen, Produkte oder Zielgruppen. Folge hiervon war eine sog. Disintermediation, bei der die Banken ihre Funktion als Kapitalsammelstelle und die damit verbundenen Funktionen für die Unternehmen einbüßten. Ferner konnte es zu einer Substitution von Kredit- durch Wertpapierfinanzierungen sowie einer Verlagerung vom Kredit- auf den Geld- und Kapitalmarkt kommen. Bisweilen war vor dem Hintergrund von Basel II, den Konsolidierungstendenzen im Bankensektor und der Ertragsschwäche deutscher Banken ein Trend zur Auflösung der engen Hausbankbeziehung zwischen Unternehmen und Bank(en) zu erkennen.[67] So hatte in den letzten Jahren bis zum Ausbruch der Krise die sog. Strukturierung von Kreditrisiken und deren Weiterverkauf und Handel zunehmend an Bedeutung gewonnen und ermöglichte den Banken, günstig Liquidität vom Kapitalmarkt zu erhalten.[68] Hierbei wurden die Risiken aus der Liquiditätstransformation[69] sowohl von Banken als auch Aufsichtsbehörden unterschätzt.[70]

---

[65] Vgl. Heidebrecht, J. (2003), S. 11-12; Mittendorfer, R. et al. (2004), S. 101; KfW Bankengruppe (2006e), S. 146. So löste Deutsche Bank-Chef Josef Ackermann eine Debatte aus, als er eine Eigenkapitalrendite von 25% als Ziel für sein Institut reklamierte bzw. nach wie vor reklamiert. Vgl. Osman, Y./Drost, F. (2009); Einecke, H. (2005).

[66] Dieser steht im Fokus des Shareholder-Value-Ansatzes, welcher die konsequente Ausrichtung der unternehmerischen Tätigkeit auf die positive Entwicklung des Unternehmenswertes allein aus Anteilseignersicht impliziert. Vgl. Perridon, L./Steiner, M. (2007), S. 14-15.

[67] Vgl. Sachverständigenrat (2008), S. 118; KfW Bankengruppe (2002), S. 19-27; KfW Bankengruppe (2006e), S. 146-149; KfW Bankengruppe (2005a), S. 62; KfW Bankengruppe (2006b), S. 45; Koop, M. J./Maurer, K. (2006), S. 32-33; Mittendorfer, R. et al. (2004), S. 100-101; Wolf, B. (2006), S. 25-26; Karsten, W. F. (2001), S. 413. So trat vor dem Hintergrund der Reduzierung der Bedeutung vergangenheitsbezogener Werte und von Sicherheiten hin zu einer stärkeren Beachtung cash-flow-relevanter zukunftsgerichteter Informationen die Informationstransformation der Institute mehr in den Vordergrund. Vgl. Detzel, M. (2004), S. 534-535.

[68] Vgl. TSI Arbeitsgruppe (2008), S. 2. Demnach wurden die von den Banken ausgereichten Kredite nicht mehr der Laufzeit entsprechend auf der Bilanz gehalten („Buy-and-hold"-Strategie), sondern durch verschiedene Risikotransfermöglichkeiten wie den in Abschnitt 3.2. noch vorzustellenden Asset-Backed-Securities zu einem geeigneten Zeitpunkt verkauft („Originate-and-Distribute"-Strategie). Vgl. ebenda.

[69] Bei der Liquiditäts- oder auch Fristentransformation werden kurzfristig kündbare Einlagen in langfristig zur Verfügung stehende Kredite transformiert. Vgl. Sachverständigenrat (2007), S. 121.

[70] Vgl. Sachverständigenrat (2007), S. 145.

2.4.2. Finanzierung seit Ausbruch der Finanzmarktkrise

Negativer „Höhepunkt" dieses Handels mit Kreditrisiken ist die durch die US-Hypothekenkrise ausgelöste, weltweite Finanzmarktkrise. Die Ursachen der Finanzmarktkrise sind vielfältiger Art. Vor dem Hintergrund globaler stabiler und expansiver monetärer Rahmenbedingungen bspw. in Form niedriger Leitzinsen in den Vereinigten Staaten und im Euro-Raum kam es zu sinkenden Risikoprämien und Renditen. Ausgelöst durch einen höheren Konkurrenzdruck im Bankenmarkt, die Renditeerwartungen ihrer Anteilseigner zu erfüllen, stieg der Bedarf an neuen, möglichst attraktiv verzinsten Investitionsmöglichkeiten. Deswegen wurden beträchtliche Summen in strukturierte, höher rentierliche Produkte investiert, wobei häufig die kurzfristige Performance von Investments belohnt wurde und das mittelfristige Risiko in den Hintergrund trat. Hierbei kann vermutet werden, dass der Investor mangels Sachkenntnis, fehlender Informationen oder aufgrund hohen Wettbewerbs- und Zeitdrucks nicht (mehr) selbst intensiv in die Analyse der zugrunde liegenden Risiken einstieg, sondern sich zu stark auf die Beurteilung durch Ratingagenturen verließ. Diesbezüglich unterschätzten aber die Ratingagenturen den Risikogehalt vieler Papiere. Auch traten bei vielen dieser komplexen strukturierten Produkte Informationsprobleme zu Tage, da es sowohl an historischen Erfahrungswerten als auch an dem Verständnis bei den Investoren fehlte, in was sie investierten. Zusätzlich wurden häufig insbesondere Liquiditätsrisiken nicht adäquat berücksichtigt. Hinzu kamen verzerrte Anreize, da bspw. die Ratingagenturen zumeist im Auftrag des zu beurteilenden Unternehmens bzw. Originators arbeiteten, wodurch sie am Zustandekommen des Geschäftes verdienten, aber selbst nicht am Risiko beteiligt waren. Aber auch die Möglichkeit der sehr oft vollständigen Weiterreichung von Kreditrisiken über die sog. Verbriefung war problematisch. Diese verzerrten Anreize wirkten sich (insbesondere in den USA) bei der Vergabe von Subprime-Krediten[71] auf Basis einer starken Aufspaltung der Wertschöpfungskette zwischen Vertrieb, Vergabe, Risikobewertung und letztlichem Risikoträger zu Lasten einer seriösen Bonitätsprüfung aus. Neben dem Einsatz hoher Kredithebel bei der Konstruktion der strukturierten Produkte und bisweilen den bilanziellen Bewertungsrichtlinien gemäß IFRS[72] wirkte sich Basel II

---

[71] Dies sind Kredite an bonitätsschwache Kreditnehmer. Vgl. TSI Arbeitsgruppe (2008), S. 6.

[72] IFRS = International Financial Reporting Standards. Hiernach mussten fallende Marktpreise gemäß Marktwertbilanzierungsprinzip (Fair-Value-Prinzip) unmittelbar ausgewiesen werden und führten demnach zu erhöhtem Abschreibungs- und Kapitalbedarf. Mit (Rück-)Wirkung wurde zum 01.07.2008 eine Änderung der Bilanzierungsrichtlinie IAS 39 umgesetzt, wonach unter bestimmten Bedingungen eine Umwidmung von Finanzierungsinstrumenten möglich ist, so dass die Differenz zwischen Markt- und No-

krisenverstärkend aus, da die Höhe der Eigenkapitalunterlegung u. a. von den erwarteten Ausfallwahrscheinlichkeiten der vergebenen Kredite abhängt. Vor dem Hintergrund der Korrektur der Ausfallwahrscheinlichkeiten in Phasen eines konjunkturellen Abschwungs steigt der Kapitalbedarf, der in diesen Zeiten nur schwer über die Aufnahme neuer Mittel zu decken ist. Der weltweiten Finanzmarktkrise vorausgehend rückte sowohl das nicht erwartete Sinken der US-Wohnimmobilienpreise als auch der deutliche Anstieg der Zahlungsrückstände im Bereich der zinsvariablen Subprime-Hypotheken in den Fokus der Aufmerksamkeit. Als eine (oder die) hinreichende Ursache für die Finanzmarktkrise wird hierbei die unvorsichtige, bisweilen verantwortungslose Kreditvergabe an Kreditnehmer mit zweifelhafter Bonität für Immobilien in den USA angesehen. So wurde durch mangelnde Transparenz der Kreditstrukturen und Unsicherheit über die Verteilung der enthaltenen Risiken auf die Finanzmarktakteure eine Neubewertung der Risiken ausgelöst. Dies wiederum trocknete den Markt für Verbriefungen quasi aus und es kam zum einen zu einem rapiden Preisverfall des Geldmarktes, der kreditbesicherten Produkte und der (amerikanischen) Immobilien sowie zum anderen zu einer Ausweitung der Credit Spreads[73] auf breiter Front wie für Kreditrisiken von Unternehmen über alle Bonitäten hinweg. Auch wenn der deutsche Verbriefungsmarkt überwiegend ein Bankenmarkt ist, bei dem Banken Kredite aus ihrer eigenen Bankbilanz verbriefen, wohingegen in den USA systematisch „fremde" Kredite verbrieft wurden, ist das Überschwappen der Finanzmarktkrise auch darauf zurückzuführen, dass deutsche Banken durch (in)direkte Investitionen in den US-Subprime-Markt in Probleme geraten sind. Aber auch durch die flächendeckende Neubewertung traten Kursverluste bei Schuldverschreibungen auf, die nicht die in den Subprime-Markt investierenden Banken trafen.[74] Zur Stützung der Konjunktur[75] und zur Wiederher-

minalwert kontinuierlich über die Zeit hinweg amortisiert werden kann. Anzumerken ist, dass die Neuregelung nicht für Derivate gilt und somit auch nicht für viele synthetische und komplexe Strukturen, die im Rahmen der aktuellen Kreditkrise drastisch an Wert verloren haben. Vgl. Sachverständigenrat (2008), S. 169; DZ Bank (2008), S. 1-2. Für weitergehende Informationen siehe u. a. Deloitte (2009). Nach neueren Untersuchungen wird die Wirkung der Marktwertbilanzierung gemäß IFRS in der Krise teilweise aber auch weniger kritisch gesehen. Nach diesen Untersuchungen soll die Marktwertbilanzierung einen eher geringen Beitrag zu den Problemen der Banken in der Finanzkrise geleistet bzw. das resultierende Verhalten der Marktteilnehmer auf Basis der Ergebnisse der Marktwertbilanzierung (und nicht die Marktwertbilanzierung selbst) krisenverstärkend gewirkt haben. Vgl. Laux, C./Leuz, C. (2009), S. 29-31; Gassen, J. (2009), S. 83-95.

[73] Von der jeweiligen Bonität abhängige Risikoprämie. Vgl. Gaugusch, J./Wainig, W. (2004), S. 92.

[74] Vgl. KfW Bankengruppe (2008a), S. 1-32; Sachverständigenrat (2008), S. 169; Sachverständigenrat (2007), S. 92-98; TSI Arbeitsgruppe (2008), S. 2-18.

[75] Im Sommer 2007 wurde die Weltwirtschaft von der Finanzmarktkrise mit dem Ausgangspunkt am Immobilienmarkt in den Vereinigten Staaten getroffen, wobei sich eine realwirtschaftliche Krisenverschärfung

stellung des Vertrauens auf den Kapitalmärkten wurden weltweit sowohl Konjunktur- als auch Finanzmarktstabilitätsprogramme ins Leben gerufen.[76] Diese Rettungspakete konnten zwar einen Zusammenbruch der Kreditwirtschaft (vorerst) verhindern, inwiefern sie aber die Kreditversorgung für Unternehmen unterstützen, gilt es noch zu klären.

Denn auch wenn im Rahmen einer Analyse der Kreditentwicklung im Zeitraum 1970 bis 2007 eine Kreditschwäche der letzten Jahre insbesondere auf nachfrageseitige Faktoren zurückzuführen ist und seit 2003 keine gravierenden Einschränkungen der Kreditvergaberichtlinien zu erkennen waren, haben sich im Zuge der weltweiten Finanzmarktkrise die Finanzierungsbedingungen der deutschen mittelständischen Unternehmen sukzessiv deutlich verschlechtert.[77] So geht der Anstieg des Anteils von Unternehmen, die über eine Verschlechterung der Finanzierungsbedingungen klagen, mit einer Ausweitung der von den Unternehmen zu zahlenden Credit Spreads und einer Erhöhung der bereitzustellenden Sicherheiten einher. Auch wenn dem in dieser Krise bestehenden Liquiditätsproblem der Banken durch die Zentralbanken mit einer expansiven Geldpolitik in quantitativer und qualitativer Art (sog. Easing) begegnet wurde, ist dies zwar notwendig, aber nicht hinreichend für eine Verbesserung der Kreditvergabe. So kann zwar derzeit von einer Art Liquiditätsschwemme gesprochen werden, der Engpassfaktor für die Kreditvergabe ist aber weiterhin das Eigenkapital der Banken. Aus diesem Engpassfaktor wiederum ergeben sich teilweise erhebliche Risiken für die Finanzierungssituation des Mittelstandes. Denn es ist zum einen

in Deutschland erst im Jahresverlauf 2008 abzeichnete, die ihren Höhepunkt in der Form erreichte, dass sich die Weltwirtschaft im Frühjahr 2009 in der tiefsten Rezession seit der Großen Depression Ende der 1920er Jahre befand. Seit Ende 2009 bzw. Anfang 2010 sind trotz weiter bestehender, vielfältiger konjunktureller Risiken erste Verbesserungen der weltwirtschaftlichen Gesamtsituation insbesondere in den Schwellenländern auszumachen. Trotz bestehender Risiken profitiert in der aktuellen Situation hiervon gerade die deutsche Exportwirtschaft. Vgl. Sachverständigenrat (2007), S. 21; Sachverständigenrat (2009), S. 26-28; Gemeinschaftsdiagnose der Wirtschaftsforschungsinstitute (2010), S. 2 und S. 34-56.

[76] Hierbei umfassen bspw. die finanziellen Hilfsmaßnahmen der deutschen Bundesregierung EUR 15 Mrd. für KMU sowie EUR 25 Mrd. für Großunternehmen. Neben Kreditbürgschaften sind diese Maßnahmen als Kredit- und Bürgschaftsprogramme Teil des sog. Wirtschaftsfonds Deutschland. Der ‚Sonderfonds Finanzmarktstabilisierung (SoFFin)' soll über Garantien, Rekapitalisierung und Risikoübernahme mit bis zu EUR 500 Mrd. das Finanzsystem stabilisieren, die Vertrauenskrise und Liquiditätsengpässe überwinden helfen und die Eigenkapitalbasis von Finanzunternehmen stärken. Durch das sog. Bad-Bank-Modell sollen Bankbilanzen durch Bilanzübergang der Risikopapiere entlastet und so der Druck von den Banken genommen werden, ihre Risikopapiere „ständig" wertberichtigen zu müssen, was ihr Eigenkapital aufzehren und die Kreditvergabe weiter dämpfen würde. Vgl. Bundesministerium für Wirtschaft und Technologie (2009); SoFFin (2009); KfW Bankengruppe (2008a), S. 1-32; Sachverständigenrat (2009), S. 125-130.

[77] Vgl. Sachverständigenrat (2008), S. 123-124; KfW Bankengruppe (2009a), S. 4. Auch konnte (bis zum Ausbruch der Finanzmarktkrise) festgestellt werden, dass große Unternehmen aufgrund größerer Verhandlungsmacht sowie insbesondere aufgrund des höheren Beitrags zur Fixkostendeckung der Kreditvergabe auf Basis höherer Kreditvolumina einen niedrigeren Zinssatz zahlen. Vgl. KfW Bankengruppe (2006b), S. 59; Paul, S./Stein, S. (2003), S. 418; Institut für Mittelstandsforschung (2008b), S. 19-20.

noch unklar, welcher weiterer Abschreibungsbedarf bei den Banken aus den Belastungen der Finanzkrise noch besteht und wie lange sich dieser hinziehen wird. Zum anderen wird sich das Finanzsystem und dessen Aufsicht vor dem Hintergrund der globalen Finanz- und Wirtschaftskrise verändern (müssen), um eine solche Krise in Zukunft zu verhindern. So kann von einer Erhöhung der Eigenkapitalvorschriften für Banken ausgegangen werden, was eine (langfristige) Erhöhung der Kreditkonditionen sowie eine Verknappung des Kreditangebotes zur Folge hätte. Derzeit stellen sowohl die Bankenaufsicht als auch der Kapitalmarkt im Lichte der Finanzmarktkrise höhere Eigenkapitalanforderungen an die Banken. Werden die im Rahmen des realwirtschaftlichen Abschwungs zu erwartenden Herabstufungen der bankinternen und externen Unternehmensratings sowie die im Jahr 2009 gestiegenen Insolvenzahlen berücksichtigt, dürften sich die Finanzierungsbedingungen für Unternehmen vor dem Hintergrund der Eigenkapitalvorschriften für Banken gemäß Basel II weiter verschlechtern. Hinzu kommt, dass das Eigenkapital der Unternehmen bei Nutzung der staatlich geförderten Kurzarbeit in konjunkturell schwierigen Zeiten reduziert werden kann und Liquidität gebunden wird.[78] Auch gilt es, die Gefahr einer Verknappung der Kreditversorgung bzw. einer „Kreditklemme" zu beachten.[79]

In Bezug auf alternative Finanzierungsinstrumente wie Leasing, Factoring, Mezzanine-Kapital sowie Beteiligungskapital (Private Equity[80]) oder Börsengänge hat nicht nur seit, sondern auch bis zum Ausbruch der Krise der Wandel an den Finanzmärkten die Parameter der Unternehmensfinanzierung in Deutschland verschoben. Bis zur Krise eröffnete der

---

[78] Denn wenn Unternehmen auf eine Kapazitätsunterauslastung im Rahmen des realwirtschaftlichen Abschwungs nicht mit Entlassung von Arbeitskräften reagieren, sondern staatlich geförderte Kurzarbeit nutzen, treten neben Kosten der Kurzarbeit (Remanenzkosten) Kapitalkosten in Form von Zinsen und Abschreibungen auf. Zusätzlich wird Liquidität bei rückläufigen Umsätzen gebunden, da große Teile des betrieblichen Aufwands unmittelbar auszahlungswirksam werden. Da die Eigenkapital- und Liquiditätsausstattung eines Unternehmens aber wichtige Faktoren bei der Kreditgewährung durch Banken sind, können sich die Finanzierungsbedingungen hierdurch verschlechtern. Vgl. Sachverständigenrat (2009), S. 51.

[79] Vgl. Creditreform (2009a), S. 33; Creditreform (2009b), S. 1; Sachverständigenrat (2009), S. 51-57 und S. 92-93; Institut für Wirtschaftsforschung (2009), S. 1; KfW Bankengruppe (2006e), S. XV; Bundesministerium der Finanzen (2003), S. 43-45; KfW Bankengruppe (2005c), S. 6; Börner, A. F./Glüder, D. (2009), S. 947-951; FTD (2009). Hierbei verzeichnet der sog. Kreditklemmenindikator in den letzten Monaten eine Verbesserung für große Unternehmen, für die sich zwischenzeitlich eine Kreditklemme andeutete. Der Indikator gibt den Anteil an der durchschnittlichen ifo Kredithürde an, der nicht durch die üblichen Determinanten des Kreditangebotes (wie Unternehmensbonität und Refinanzierungskosten der Banken) erklärt werden kann. Vgl. Gemeinschaftsdiagnose der Wirtschaftsforschungsinstitute (2010), S. 43.

[80] Private Equity i. w. S. ist der Oberbegriff für die Bereitstellung von ausserbörslichem Eigenkapital und kann in Venture Capital als Frühphasenfinanzierung (Early Stage) sowie in Private Equity i. e. S. in späteren Phasen im Lebenszyklus eines Unternehmens (Later Stage) unterteilt werden. Vgl. Achleitner, A.-K:/Fingerle, C. (2004), S. 27; Institut für Wirtschafts- und Politikforschung (2005), S. 9; Schefczyk, M. (2006), S. 24-25; Schneck, O. (2006), S. 254; Rehkugler, H. (2007), S. 217; Zantow, R. (2004), S. 79.

Wandel den KMU Zugang zu bisher verschlossenen Finanzierungsinstrumenten. So konnten mittelständische Unternehmen stärker auf alternative Finanzierungsinstrumente zurückgreifen, wobei diese mit steigender Unternehmensgröße vor dem Hintergrund der Wirtschaftlichkeit auf Basis erforderlicher Mindestvolumina eine zunehmende Bedeutung erfahren haben. Aber auch im Bereich dieser Finanzierungsalternativen sind seit Ausbruch der Krise fast ausschließlich deutliche Rückgänge festzustellen. Hierbei verzeichnete bspw. der Markt für Private Equity im Zuge der Finanzmarktkrise insbesondere im Jahr 2009 einen starken Einbruch.[81] Auch Börsengänge, insofern die Unternehmen die Mindestvolumina und -anforderungen erfüllen, sind seit Ausbruch der Krise nur sehr vereinzelt durchgeführt worden.[82] Für das Leasinggeschäft[83] ist in 2009 insgesamt eine verminderte Nachfrage aufgrund der nachlassenden Wirtschaftsaktivität und der Refinanzierungsbeschränkungen der Leasing-Gesellschaften festzustellen.[84] Im Bereich des Factorings[85] sind einerseits mit leichter Verzögerung im Vergleich zum Leasing die Probleme der überwiegend mittelständischen Kunden auszumachen. Andererseits stieg bspw. beim Deutschen Factoring-Verband die Zahl der Kunden in 2009 um 47%, was darauf hindeutet, dass wegbrechende Kreditengagements mit Factoring substituiert werden.[86] Inwiefern Mezzanine-Kapital eine Finanzierungsalternative darstellt und sich in Zeiten der Finanzmarktkrise entwickelt hat, ist u. a. Gegenstand der nächsten Kapitel.

---

[81] So konnte sich zwar die Stimmung am deutschen Beteiligungsmarkt in Form des sog. German Private Equity Barometers nach einem Rekordtief im Sommer 2009 im dritten Quartal 2009 erholen, dieser Stimmungsaufschwung basiert aber im Wesentlichen auf einer Verbesserung der Geschäftserwartungen im sog. Spätphasensegment für Unternehmen mit i. d. R. bereits etablierter Marktposition. Dieses Segment wurde von der Finanz- und Wirtschaftskrise besonders hart getroffen. Beim Segment der Wagnisfinanzierungen (Frühphasenfinanzierung) kann sich das Geschäftsklima hingegen nicht verbessern. Vgl. KfW Bankengruppe (2009c), S. 1-5; Bundesverband Deutscher Kapitalbeteiligungsgesellschaften (2010).

[82] Im Jahr 2008 wurden nur fünf Börsengänge durchgeführt sowie in der Zeit zwischen Ende Juni 2008 und April 2009 kein einziger Börsengang. Als Ursache können sowohl fehlende Nachfrage durch Investoren als auch fehlende Bereitschaft zum Börsengang bei den Emittenten wegen niedriger Bewertungen angeführt werden. Vgl. Waschbusch, G. et al. (2009), S. 694-695.

[83] Leasing ist eine Investitions- und Finanzierungsform, die über die rechtliche Grundlage eines Mietverhältnisses die entgeltliche Nutzungsüberlassung von Investitions- oder Gebrauchsgütern darstellt. Nach herrschender Auffassung sind Leasingverträge zivilrechtlich auch Mietverträge im Sinne der §§ 535 ff. BGB. Vgl. Feinen, K. (2001), S. 375; Perridon, L./Steiner, M. (2007), S. 445.

[84] Vgl. Hartmann-Wendels, T./Pytlik, M. (2010), S. 65-70.

[85] Factoring bezeichnet den (laufenden) Verkauf von Forderungen aus Lieferungen und Leistungen gegenüber gewerblichen Kunden an eine Factoring-Gesellschaft innerhalb kundenbezogener Ankaufslinien. Vgl. Perridon, L./Steiner, M. (2007), S. 434; Deutscher Industrie- und Handelskammertag (2004), S. 4.

[86] In 2009 sank der deutsche Factoring-Markt erstmals in seiner Geschichte seit 1977, wobei insbesondere exportorientierte Branchen betroffen sind. Vgl. Moseschus, A. M. (2010), S. 1; Deutscher Factoring Verband (2010).

3. Mezzanine-Kapital als Finanzierungsinstrument – Eine theoretische Diskussion

3.1. Mezzanine-Kapital

3.1.1. Definition und Ausgestaltungsvarianten

Mezzanine-Kapital[87] ist eine Mischform zwischen voll haftendem und voll stimmberechtigtem Eigenkapital auf der einen Seite sowie besichertem bzw. vorrangig zurückzuführendem Fremdkapital auf der anderen Seite.[88] Obwohl Mezzanine-Kapital rechtlich je nach Gestaltungsform eindeutig dem Eigen- oder Fremdkapital zugeordnet werden kann, weist es Merkmale sowohl von Fremd- als auch von Eigenkapital auf und wird deshalb auch als hybride Finanzierungsform bezeichnet.[89] Diesbezüglich kann zwischen eigenkapitalnahem Equity-Mezzanine und fremdkapitalnahem Debt-Mezzanine differenziert werden, abhängig davon, welche Merkmale stärker betont sind.[90] Equity-Mezzanine führt zu einer Stellung des Kapitalgebers, die der eines Gesellschafters nahe kommt. Bei Debt-Mezzanine ist die Stellung des Kapitalgebers eher mit der eines Fremdkapitalgebers vergleichbar, wobei die Grenzen zwischen den einzelnen Finanzierungsformen fließend sind. Ferner kann zwischen privat platzierten (Private-Mezzanine) und am Kapitalmarkt platzierten, handelbaren (Public-Mezzanine) Instrumenten differenziert werden.[91]

Allen hybriden Finanzierungsformen ist neben einer i. d. R. festen Laufzeit gemein, dass zumeist auf die Bereitstellung von Sicherheiten verzichtet wird sowie Nachrangigkeit des Rückzahlungsanspruchs und/ oder der laufenden Zinsen/ Vergütungen gegenüber sonstigen, vorrangig zu bedienenden Gläubigern vorliegt.[92] Diese Nachrangigkeit erstreckt sich jedoch nicht auf das haftende Eigenkapital, demgegenüber Mezzanine-Kapital vorrangig

[87] ‚Mezzanine' stammt ursprünglich aus der italienischen Architektur als Bezeichnung eines Zwischengeschoss zwischen zwei Hauptstockwerken. Vgl. Brokamp, J. et al. (2004), S. 9; Natusch, I. (2007), S. 22.

[88] Vgl. Demuth, B. (2006), S. 9; Beintmann, U. (2004), S. 584. Der Mezzanine-Kapitalgeber beteiligt sich somit im Gegensatz zum Private-Equity-Investor nicht direkt am Eigenkapital des Unternehmens. Vgl. Nelles, M./Klusemann, M. (2003), S. 6.

[89] Vgl. Beecker, R. (2000), S. 594; Stringfellow, M. (2001), S. 117.

[90] Equity-Mezzanine kann auch als Quasi-Eigenkapital oder Junior Mezzanine, Debt-Mezzanine als Quasi-Fremdkapital oder Senior Mezzanine bezeichnet werden. Vgl. von Alvensleben, P. (2007), S. 231-232.

[91] Vgl. Institut für Wirtschafts- und Politikforschung (2005), S. 14; Plankensteiner, D./Rehbock, T. (2005), S. 792Kamp, A./Solmecke, H. (2005), S. 621; Hinz, H. (2006), S. 38.

[92] Vgl. Deutscher Industrie- und Handelskammertag (2004), S. 8; Institut für Wirtschafts- und Politikforschung (2005), S. 15; Demuth, B. (2006), S. 10; Brezski, E. et al. (2006), S. 38-39; Koop, M. J./Maurer, K. (2006), S. 87; Plankensteiner, D./Rehbock, T. (2005), S. 791.

ist. Es kann zwischen einem einfachen bzw. gewöhnlichen Rangrücktritt gemäß § 39 Insolvenzordnung (InsO) und einem qualifizierten bzw. insolvenzfesten Rangrücktritt gemäß § 199 InsO unterschieden werden. Der einfache Rangrücktritt bedeutet, dass der Mezzanine-Kapitalgeber erst nach allen anderen, nicht nachrangigen und damit übrigen Gläubigern befriedigt wird. Der qualifizierte Rangrücktritt kann mit Blick auf eine insolvenzrechtliche Überschuldung gegenüber allen Drittgläubigern vereinbart werden, wodurch über den Rangrücktritt hinaus eine Passivierung der Verbindlichkeit in der Überschuldungsbilanz nicht erforderlich ist. Dies bedeutet, dass die Tilgung dieser Forderung nur zugleich mit den Einlagerückgewähransprüchen der Gesellschafter erfolgen darf und der Mezzanine-Kapitalgeber somit wie ein Gesellschafter behandelt wird.[93] Die Nachrangabrede bzw. Rangrücktrittsvereinbarung bewirkt für den Mezzanine-Kapitalgeber, dass er nur aus künftigen Gewinnen, einem Liquidationsüberschuss oder einem die sonstigen Schulden übersteigenden Vermögen Zahlungen zu erwarten hat. Wirtschaftlich gesehen liegt in der Rangrücktrittsvereinbarung eine Abtretung der nachrangigen Forderung des Mezzanine-Kapitalgebers an den berechtigten erstrangigen Darlehensgeber vor.[94]

Die Kosten für mezzanines Kapital liegen analog zu dessen Stellung zwischen denen für klassisches Fremdkapital und echtem Eigenkapital und sind dabei von der jeweiligen Ausgestaltung abhängig. Häufig wird die Vergütung an den Unternehmenserfolg gekoppelt, so dass in wirtschaftlich guten Zeiten mehr, in wirtschaftlich schwierigeren Zeiten weniger vergütet wird. Um im Einzelfall die unternehmensindividuelle Situation berücksichtigen zu können, sind bei der Verzinsung verschiedene Kombinationen aus laufender und endfälliger Verzinsung und einem sog. ‚Equity Kicker' am Ende der Laufzeit denkbar.[95]

---

[93] Vgl. Kiethe, K. (2006), S. 1764-1766; Demuth, B. (2006), S. 10; Häger, M./Müller, H. (2007), S. 196-197; Schneider, A. et al. (2006), S. 276-277; Bundesgerichtshof (2001); Rid-Niebler, E.-M. (2009), S. 348-349. Bezieht sich der Rangrücktritt auf einen bereits eingetretenen Insolvenzfall, wird von einer Belassungsrede gesprochen, die aber nur bei Turn-Around-Finanzierungen praktische Bedeutung erlangt. Hierunter wird die Finanzierung eines Unternehmens verstanden, das sich nach einer Verlustphase/ Sanierung im wirtschaftlichen Wiederaufstieg befindet. Vgl. Werner, H. S. (2004), S. 36-37; Schefczyk, M. (2006), S. 25.

[94] Vgl. Bundesgerichtshof (2001); Kiethe, K. (2006), S. 1765.

[95] Durch den Equity Kicker kann der Investor an der Wertsteigerung des Unternehmens partizipieren. Diese Partizipation kann darin bestehen, dass einerseits das Kapital am Ende der Laufzeit über Wandel- und Optionsrechte in Eigenkapital gewandelt wird (Equity-Kicker) oder dass andererseits lediglich eine unternehmenswertbezogene Sondervergütung (virtueller Equity-Kicker) oder eine einmalige, von der Unternehmensentwicklung unabhängige Sonderverzinsung bezogen auf die Nominaleinlage (Non-Equity-Kicker) gewährt wird. Vgl. Nelles, M./Klusemann, M. (2003), S. 7; Koop, M. J./Maurer, K. (2006), S. 87-88; Demuth, B. (2006), S. 9; Golland, F. et al. (2005), S. 3-4; Beecker, R. (2000), S. 595; Raupach, G. (2004), S. 20; KfW Bankengruppe (2005b), S. 3.

Darüber hinaus kann zwischen Individual- und Standard-Mezzanine-Kapital unterschieden werden, wobei für Standard-Mezzanine-Kapital auch von standardisierten Mezzanine-Programmen oder Programm-Mezzanine gesprochen wird. Diese Mezzanine-Programme sind hochgradig standardisiert, was sich sowohl in einem standardisierten Auswahlprozess als auch insbesondere in standardisierten Verträgen für die Unternehmen äußert. Durch diese Standardisierung können die Transaktionskosten zur Durchführung des Programms und damit die (Zins-)Konditionen und Mindestvolumina für die Unternehmen vergleichsweise gering gehalten werden. Neben der Konditionengestaltung zeichnet insbesondere das Pooling über die Losgrößentransformation bzw. das Zusammenfassen von (möglichst homogenen) Unternehmensforderungen zu einem Portfolio sowie die Möglichkeit der Kapitalmarktrefinanzierung diese Transaktionen aus. Vor allem aufgrund des Booms im Bereich Standard-Mezzanine-Kapital hatte sich der deutsche Markt für Mezzanine-Kapital in den Jahren 2004 bis zum Ausbruch der Finanz- und Wirtschaftskrise im Sommer 2007 stark vergrößert.[96] Individual-Mezzanine-Kapital kann dagegen flexibel und maßgeschneidert in Bezug auf die Vertragsausgestaltung sein und somit individuelle Laufzeiten, Volumina und Cash-Flow-Belastungen sowie steuerliche und bilanzielle Belange berücksichtigen. Diese höhere Flexibilität bedingt jedoch zumeist höhere Zins- und Transaktionskosten, wodurch Individual-Mezzanine teilweise erst für größere Volumina ökonomisch sinnvoll aufgenommen werden kann.[97]

3.1.2. Ausgewählte mezzanine Finanzierungsinstrumente

Es gibt viele unterschiedliche Definitionen von Mezzanine-Kapital mit einer Vielzahl von Ausgestaltungsmöglichkeiten, so dass Mezzanine-Kapital einen Sammelbegriff für verschiedene hybride Finanzierungsinstrumente darstellt.[98] Typische Erscheinungsformen sind Nachrangdarlehen, (a)typisch stille Beteiligungen sowie Genussrechte.[99] Hierbei wur-

---

[96] Vgl. Brezski, E. et al. (2006), S. 200-201; Lotz, U. et al. (2003), S. 110; Reich, H. W. (2005), S. 963; Brokamp, J. et al. (2008), S. 20; Kaserer, C./Achleitner, A.-K. (2007), S. 824; KfW Bankengruppe (2007b), S. 1. Für weitere Ausführungen siehe Abschnitt 3.3.

[97] Vgl. Rittmann, U./Nagel, C. (2006), S. 16 und S. 37. Dennoch kann die Bandbreite von individuellen Finanzierungen Mikro-Tranchen von EUR 10.000 bis hin zu EUR 100 Mio. und darüber hinaus umfassen. Vgl. Fleischhauer, U./Olkowski, M. (2009), S. 29. Eine Übersicht über Produktanbieter im Bereich Individual-Mezzanine-Kapital gibt Anhang VI-17.

[98] Vgl. Achleitner, A.-K./Fingerle, C. H. (2004), S. 24; Kiethe, K. (2006), S. 1764.

[99] Weitere mezzanine Finanzierungen sind partiarische oder indexierte Darlehen, Verkäufer- oder Schuldscheindarlehen sowie Hochzins-, Hybrid-, Wandel- und Optionsanleihen. Hierbei können Wandel-, Options- sowie Going-Public-Anleihen auch als Hybrid- oder Mischformen von Mezzanine-Kapital bezeichnet werden. Vgl. Nelles, M./Klusemann, M. (2003), S. 8; Natusch, I. (2007), S. 30. Eine Einordnung ver-

den Nachrangdarlehen und Genussrechte häufig bei Programm-Mezzanine genutzt, wohingegen stille Beteiligungen seit dem Zusammenbruch des Marktes für Standard-Mezzanine-Kapital die am häufigsten gewählten mezzaninen Instrumente in Form von Individual-Mezzanine-Kapital sind, wie Anhang VI-19 entnommen werden kann.

Nachrangdarlehen: Nachrangdarlehen kommen dem klassischen Fremdkapital am nächsten und sind grundsätzlich Darlehen im Sinne der §§ 488 ff. BGB. Wesentliches Merkmal dieser Verbindlichkeiten ist der im Falle der Liquidation oder Insolvenz des Unternehmens im Rang hinter bestimmte andere Forderungen zurücktretende Charakter. Da eine unbesicherte Kapitalvergabe erfolgt und sowohl Berichts- und Verhaltenspflichten als auch Mitspracherechte auferlegt bzw. eingeräumt werden können, werden Nachrangdarlehen i. d. R. höher als erstrangige Darlehen verzinst. Mit zumeist mittel- bis langfristigen Laufzeiten zwischen fünf und zehn Jahren ist eine Verlustteilnahme bei nachrangigen Darlehen nicht vorhanden. Die Vergütung kann neben einer fixen und/ oder gewinnabhängigen Verzinsung durch Equity Kicker ergänzt werden. Der Bilanzausweis eines Nachrangdarlehens erfolgt grundsätzlich als Verbindlichkeit.[100]

Die stille Beteiligung: Die stille Beteiligung/ Gesellschaft hat eine stark gesellschaftsrechtliche Komponente, weist eine in sich geschlossene gesetzliche Ausformung in §§ 230-236 HBG auf und ist eine Innengesellschaft, weswegen sie nach außen im Geschäftsverkehr nicht in Erscheinung tritt. Der stille Gesellschafter leistet auf Basis eines Gesellschaftsvertrages eine Einlage im Gegenzug für eine Beteiligung am z. B. handelsbilanziellen oder steuerlichen Unternehmensgewinn, wobei nur mehr oder weniger ausgeprägte Informations- und Kontrollrechte ohne Geschäftsführungsbefugnis zugesprochen werden können.[101] Neben einer klassischen fixen Nominalverzinsung kann auch eine (beträchtli-

---

schiedener gängiger Mezzanine-Finanzierungen in Equity-, Hybrid- und Debt-Mezzanine ist in Anhang VI-18 abgebildet. Für eine Definition der weiteren Formen wird beispielhaft auf Schneider, A. et al. (2006), S. 271-290; Nelles, M./Menz, K.-M. (2007), S. 343-353; von Beauvais, E.-A. et al. (2006), S. 197-244; von Alvensleben, P./Hellich, P. (2007), S. 308-324 verwiesen.

[100] Vgl. Werner, H. S. (2004), S. 36; Kamp, A./Solmecke, H. (2005), S. 622; Brezski, E. et al. (2006), S. 26-27; Natusch, I. (2007), S. 26-27; Häger, M./Nottmeier, A. (2007), S. 203. Der Bedeutung des Rangrücktritts für die Vermögenslage kann durch einen gesonderten Ausweis in Form eines sog. Davon-Vermerkes oder durch Angabe im Anhang des Jahresabschlusses Rechnung getragen werden. Für weitere Ausführungen zur Bilanzierung von Nachrangdarlehen nach nationalen und internationalen Rechnungslegungssystemen siehe Häger, M./Nottmeier, A. (2007), S. 203-208.

[101] Vgl. Nelles, M./Klusemann, M. (2003), S. 7; Oldenbourg, A./Preisenberger, S. (2004), S. 140-142. Die Vermögenseinlage geht vollständig in das Vermögen des Unternehmensinhabers über, ist aber erst Haftkapital u. a. durch die Nachrangabrede. Vgl. Rauch, I. et al. (2006), S. 126; Natusch, I. (2007), S. 29.

che) gewinnabhängige Vergütung vereinbart sein.[102] Es kann zwischen der typisch und der atypisch stillen Gesellschaft unterschieden werden. Bei der typisch stillen Gesellschaft erfolgt für die Dauer der Beteiligung lediglich eine Partizipation an den laufenden Gewinnen und Verlusten, wobei eine Verlusthaftung auf die Einlage beschränkt ist oder sogar ausgeschlossen werden kann. Bei der atypisch stillen Gesellschaft übernimmt der Gesellschafter dagegen ein Mitunternehmerrisiko mit Gewinnerzielungsabsicht, soll Mitunternehmerinitiative entfalten und ist neben den Verlusten auch an den während der Beteiligungsdauer geschaffenen stillen Reserven des Unternehmens sowie an einem Liquidationsüberschuss beteiligt, wodurch eine Partizipation an der Vermögenswertentwicklung des Unternehmens erfolgt. Ob eine stille Gesellschaft typisch oder atypisch ist und somit eher Debt-Mezzanine (typisch stille Beteiligung) oder Equity-Mezzanine (atypisch stille Beteiligung) darstellt, hängt von der individuellen, gesellschaftsrechtlichen Vertragsausgestaltung ab. Letztere ist dabei häufig steuerlich motiviert.[103] Die atypisch stille Beteiligung ist meist auf einen längeren Zeitraum ausgelegt und ist nicht kurzfristig zu kündigen.[104]

Genussrechte: Auch wenn Genussrechte in einigen gesetzlichen Vorschriften genannt werden[105], wurde vom Gesetzgeber auf rechtliche Bestimmungen und Regelungen zugunsten der Möglichkeit einer unternehmensindividuellen Ausgestaltung verzichtet und der Begriff der Genussrechte gesetzlich nicht näher definiert.[106] Hierbei stellen sie schuld- bzw. vermögensrechtliche Gläubigerrechte dar.[107] Häufig ist eine Beteiligung am Gewinn sowie teilweise auch am Liquidationserlös und zumeist am laufenden Verlust vorgesehen. Sie können rechtsformunabhängig genutzt werden und gewähren auf vertraglicher Basis Informations- und Kontrollrechte, aber keine gesellschaftsrechtlichen Mitbestimmungs-

[102] Vgl. Nelles, M./Klusemann, M. (2003), S. 7. Hierbei kann von ‚beträchtlich' gesprochen werden, wenn mindestens $^1/_3$ der Gesamtvergütung gewinnabhängig ist. Vgl. ebenda; S. 7.

[103] Die Einnahmen aus einer typisch stillen Gesellschaft sind Einkünfte aus Kapitalvermögen, während bei einer atypisch stillen Gesellschaft Einkünfte aus Gewerbebetrieb erzielt werden. Vgl. Rauch, I. et al. (2006), S. 130. Für weitere Informationen zur steuerlichen Behandlung siehe Werner, H. S. (2004), S. 68-77; Rauch, I. et al. (2006), S. 134-147.

[104] Vgl. Oldenbourg, A./Preisenberger, S. (2004), S. 141; Werner, H. S. (2004), S. 33-34 und S. 66-68; Natusch, I. (2007), S. 51; Rauch, I. et al. (2006), S. 140; Herweg, C./Sonn, S. (2009), S. 174.

[105] Bspw. in § 160 Abs. 1 Nr. 6 und § 221 Abs. 3 AktG (Aktiengesetz), in § 8 Abs. 3 S. 2 KStG (Körperschaftsteuergesetz) sowie in § 10 Abs. 5 KWG (Kreditwesengesetz).

[106] Vgl. von Alvensleben, P. (2007), S. 212; Harrer, H. et al. (2005), S. 1; Perridon, L./Steiner, M. (2007), S. 413; Smerdka, U. (2003), S. 18; Brezski, E. et al. (2006), S. 98.

[107] Genussrechte können zur Erhöhung der Verkehrsfähigkeit verbrieft und somit auch als Genussscheine bezeichnet werden, wobei die Begriffe zumeist synonym verwendet werden können. Vgl. Harrer, H. et al. (2005), S. 1; Koop, M. J./Maurer, K. (2006), S. 89.

rechte.[108] Aufgrund der fehlenden gesetzlichen Regelung sind grundsätzlich fremd- oder eigenkapitalähnliche Ausgestaltungen denkbar, wodurch ein Ausweis als bilanzielles Eigen- oder Fremdkapital möglich ist. Ausschüttungen können zum einen gewinnabhängig und/ oder gewinnorientiert sein.[109] Zum anderen können Genussrechte mit einer Thesaurierungsabrede versehen werden, wodurch deren Gewinnanteile erst am Ende der Laufzeit ausgeschüttet werden.[110] Genussrechte werden insbesondere bei einer nicht erfolgsabhängigen Mindestverzinsung als fremdkapitalnah angesehen, wohingegen eine Beteiligung am Gewinn und/ oder am Liquidationserlös zu einem eher eigenkapitalähnlichen Genussrecht führt.[111] Die Laufzeit eines Genussrechtes liegt i. d. R. zwischen fünf und zehn Jahren mit einer endfälligen Tilgung, insofern nichts anderes vereinbart ist.[112] Eine klare Abgrenzung des Genussrechtes sowohl von der stillen Gesellschaft als auch vom Nachrangdarlehen fällt infolge der fehlenden gesetzlichen Ausgestaltung von Genussrechten schwer.[113]

Als Zwischenfazit ist festzuhalten, dass Mezzanine-Kapital eine große Bandbreite von Ausgestaltungsmöglichkeiten bietet. Inwiefern Mezzanine-Kapital aber eher eine eigen- oder fremdkapitalnahe Ausgestaltung erfahren sollte, ist abhängig von der unternehmensindividuellen Zielsetzung. Hierbei können bspw. die nicht immer gleichgerichteten Ziele ‚Keine unternehmerische Mitsprache der Kapitalgeber', ‚Nachrangigkeit des Rückzahlungsanspruchs und/ oder der laufenden Zinsen/ Vergütungen', ‚steuerliche Abzugsfähigkeit der Zinszahlungen als Betriebsausgaben', ‚ergebnis(un)abhängige Vergütung' sowie ‚Steigerung des handelsbilanziellen und/ oder wirtschaftlichen Eigenkapitals' unterschie-

---

[108] Vgl. Perridon, L./Steiner, M. (2007), S. 413; Harrer, H. et al. (2005), S. 1; Demuth, B. (2006), S. 9; von Einem, C./Schmid, S. (2004), S. 154; Koop, M. J./Maurer, K. (2006), S. 89-90; Werner, H. S. (2004), S. 46; Natusch, I. (2007), S. 33.

[109] Bei ‚gewinnabhängig' erfolgt die Verzinsung auf Basis eines jährlich konstanten oder variablen Zinssatzes auf den Nennbetrag. Bei ‚gewinnorientiert' ist sie nicht nur vom Bestehen eines Bilanzgewinns abhängig, sondern orientiert sich an dessen Höhe. Vgl. Brezski, E. et al. (2006), S. 99.

[110] Vgl. Werner, H. S. (2004), S. 31-33 und S. 49-57; von Einem, C./Schmid, S. (2004), S. 154; Natusch, I. (2007), S. 33; DVFA (2007), S. 19-20.

[111] Die Altaktionäre einer AG haben nach § 221 Abs. 4 AktG ein Bezugsrecht auf die von der Gesellschaft emittierten Genussrechte, welches jedoch unter bestimmten Voraussetzungen nach §§ 221 Abs. 4 Satz 2, 186 Abs. 3 und 4 AktG vor dem Hintergrund der Wandel- und Optionsrechte eines möglichen Equity Kickers ausgeschlossen werden kann. Hierbei gilt, je weniger ein Genussrecht in die (Vermögens-)Rechte der Aktionäre eingreift, desto niedriger ist die Schwelle für die sachliche Rechtfertigung für den Ausschluss des Bezugrechts. Vgl. Harrer, H. et al. (2005), S. 2-3; von Einem, C./Schmid, S. (2004), S. 156-158; Heinemann, S. et al. (2007), S. 172-178.

[112] Möglich sind aber auch Genussrechte auf unbestimmte Dauer mit ordentlichen Kündigungsrechten, wobei eine Laufzeit von 30 Jahren eine Obergrenze darstellt, um den Betriebsausgabenabzug nicht zu gefährden. Vgl. Werner, H. S. (2004), S. 48; von Alvensleben, P. (2007), S. 235.

[113] Für weitere Ausführungen zur Abgrenzung siehe von Alvensleben, P. (2007), S. 216-221.

den werden, die es unternehmensindividuell gegeneinander abzuwiegen gilt.[114] Mezzanine-Kapital wird von verschiedenen Instituten in unterschiedlichsten Varianten angeboten. Auch von Seiten der öffentlichen Hand wird Mezzanine-Kapital über Programme der Kreditanstalt für Wiederaufbau (KfW) wie ‚KfW-Kapital für Arbeit und Investitionen', ERP-Innovationsprogramm[115] und KfW-Genussrechtsprogramm[116] angeboten.[117]

3.1.3. Klassische Anwendungsgebiete

Wachstumsfinanzierung: Mezzanine-Kapital kann zur Finanzierung von Wachstum genutzt werden. Dieses Wachstum kann sowohl organisch bzw. intern und damit aus dem Unternehmen selbst als auch extern über Übernahmen und Akquisitionen erfolgen. Beispiele für internes Wachstum wären die Erschließung neuer Märkte sowie die Erweiterung oder (technische) Aktualisierung der Produktpalette. In einigen Fällen ist Wachstum die einzige Möglichkeit, die eigenständige Überlebensfähigkeit des Unternehmens zu sichern.[118] Da häufig eine nur geringe Eigenkapitalbasis im Unternehmen vorhanden ist und eine klassische Fremdkapitalaufnahme das Vorhandensein besicherbarer Aktiva voraussetzt, bietet unbesichertes Mezzanine-Kapital eine mögliche Alternative.

Brückenfinanzierung: Für die Finanzierung bis zum einem Börsengang (ca. 12 bis 14 Monate) kann neben Private Equity auch auf Mezzanine-Kapital zurückgegriffen werden. Das Mezzanine-Kapital als sog. Bridge Loan wird nach durchgeführtem Börsengang durch das neu aufgenommene Eigenkapital abgelöst. In diesem Zusammenhang wird häufig eine nur geringe Zinszahlung im Gegenzug für Optionen zugunsten des Mezzanine-Kapitalgebers vereinbart. Hierdurch wird dem Kapitalgeber eine Partizipation am Börsengang über Equity Kicker ermöglicht. Ferner ist das Unternehmen i. d. R. relativ frei in der

[114] Vgl. Demuth, B. (2006), S. 10. Diese Ziele können auch als „Magisches Fünfeck" bezeichnet werden. Vgl. ebenda. Einen Überblick über die hier vorgestellten Formen von Mezzanine-Kapital, ist in Anhang VI-20 zu finden. Eine Abgrenzung der wesentlichen Eigenschaften von Eigen-, Mezzanine- und Fremdkapital kann Anhang VI-21 entnommen werden.

[115] Finanzierungspakete als Mischung aus Fremdkapital und Nachrangdarlehen.

[116] Nachrangiges Genussrechtskapital, welches in Zusammenarbeit mit bei der KfW akkreditierten Beteiligungsgesellschaften bereitgestellt wird und beim Unternehmen bilanzielles Eigenkapital nach Handelsgesetzbuch (HGB) darstellt.

[117] Nähere Informationen zu den einzelnen Programmen können auf der Homepage der KfW Mittelstandsbank unter http://www.kfw-Mittelstandsbank.de (Stand 02.03.2009) in den Rubriken ‚Beteiligungsfinanzierung' und ‚Förderkredite' abgerufen werden.

[118] Vgl. Dörscher, M. (2004), S. 161-162; Brezski, E. et al. (2006), S. 22-23; Rid-Niebler, E.-M. (2009), S. 332-332.

Wahl des Zeitpunktes des Börsenganges, was insbesondere in Zeiten eines ungünstigen Börsenumfeldes vorteilhaft sein kann.

Gesellschafterwechsel: Jährlich steht nach Schätzungen des IfM Bonn für ca. 71.000 Familienunternehmen die Regelung der Nachfolge an.[119] Bei einem Wechsel sind den Unternehmern Ziele wie Unternehmenskontinuität, finanzielle Einbeziehung und Absicherung von Familienangehörigen sowie Optimierung der Familiensteuerbelastung wichtig.[120] Mezzanine-Kapital kann aufgrund der verschiedenen Ausgestaltungsvarianten beim Übergang der Verantwortung auf die nächste Generation z. B. in Form einer atypisch stillen Beteiligung genutzt werden. Falls auf der einen Seite keine geeigneten Nachfolger innerhalb der Familie aufgrund fehlender Qualifikation oder einer allgemein späteren Familiengründung vorhanden sind oder auf der anderen Seite kein Interesse an der Mitwirkung im Unternehmen besteht, können hier z. B. in Form einer typisch stillen Beteiligung keine Geschäftsführungsbefugnisse, sondern lediglich Überwachungs- und Kontrollrechte den Familienmitgliedern zugestanden werden. So kann Mezzanine-Kapital zur Finanzierung eines Ausstiegs bzw. Ausscheidens eines Gesellschafters genutzt werden. Denn einerseits fehlen dem Unternehmen häufig die finanziellen Mittel in Form von Liquidität, um den Gesellschafter auszubezahlen. Andererseits sind zusätzliche Kredite aufgrund der Reduzierung der Haftbasis infolge des Ausscheidens des Gesellschafters und der damit verbundenen schlechteren Kreditwürdigkeit des Unternehmens nur bedingt darstellbar.

Buy Outs: Beim Management Buy Out (MBO) wird die Übernahme eines Unternehmens durch das bislang vorhandene Management, bei einem Management Buy In (MBI) durch ein externes Management, welches bisher nicht im Unternehmen engagiert war, finanziert. Diese familienexternen Nachfolgelösungen gewinnen in den letzten Jahren zunehmend an Bedeutung. Beim Leveraged Buy Out (LBO) handelt es sich um die Übernahme eines Unternehmens durch Eigenkapitalinvestoren über eine Kombination aus Private Equity, hohem Fremdkapitalanteil und ergänzenden Mezzanine-Tranchen. Meist beträgt die Kapitalbeteiligung des Managements weniger als 10 %.

---

[119] Vgl. Natusch, I. (2007), S. 60; Koop, M. J./Maurer, K. (2006), S. 89; Franz, A. et al. (2007), S. 32-33; Institut für Mittelstandsforschung (2008a), S. 1.

[120] In Bezug auf die Familiensteuerbelastung soll auf die Neuregelung des Erbschaftssteuergesetzes hingewiesen und beispielhaft auf Wiese, G. T./Lukas, P. (2009), S. 57-65; Söffing, M./Thonemann, S. (2009), S. 1836-1842 verwiesen werden.

Projektfinanzierung: Sie liegt dann vor, wenn eine isolierte, sich selbst tragende Einheit finanziert wird, bei der der Rückgriff der Kreditgeber auf die Eigenkapitaleinlage der Investoren bzw. Projektträger beschränkt ist (Non Recourse Finanzierung). Folglich kann eine Finanzierungsentscheidung nur auf Basis des erwarteten Cash Flows und möglicher, meist erst noch zu schaffender und als Sicherheit dienender Aktiva getroffen werden. Hier kann das unbesicherte Mezzanine-Kapital durch Kombination von fester und gewinnabhängiger Vergütung flexibel auf diverse Rendite-Risiko-Strukturen abgestimmt werden.

Sondersituationen: Als Sondersituation kann eine Sanierung angeführt werden, bei der zumeist ein hoher Fremdkapitalanteil und Verschuldungsgrad bereits vorliegt und die Gläubiger weitere Risiken durch Bereitstellung von zusätzlichem Fremdkapital kaum noch übernehmen wollen. Um in diesen Fällen eine Überschuldung und/ oder (drohende) Zahlungsunfähigkeit und der damit verbundenen Pflicht zur Stellung eines Insolvenzantrags zur Vermeidung von Folgeinsolvenzen zu begegnen, können mezzanine Mittel eingesetzt werden. Neben der Sanierung kann die als Public-to-Private bezeichnete Transaktion in Form der Rücknahme einer Gesellschaft von der Börse eine weitere Sondersituation darstellen. Gründe für die Rücknahme können eine zu geringe Wahrnehmung am Aktienmarkt, hohe Kosten für Notierung und Hauptversammlungen sowie hohe Publizitäts- und Offenlegungspflichten sein. Hierfür wird die Mehrheit der Stimmrechte an der Gesellschaft benötigt, wozu ein hoher Kapitaleinsatz notwendig werden kann.[121]

3.1.4. Covenants

Um das Risiko der Kapitalgeber vor dem Hintergrund der unbesicherten Vergabe der mezzaninen Mittel zu senken und mögliche Risikoaufschläge zu vermeiden, können anreizkompatible Zusatzvereinbarungen getroffen werden. Diese sog. Covenants stellen kreditvertragliche bzw. schuldrechtliche Berichts- und Verhaltenspflichten dar. So hat der Kapitalnehmer bestimmte Bedingungen während der Laufzeit einer Finanzierung zu erfüllen (positive oder affirmative Covenants) oder bestimmte Handlungen zu unterlassen (negative Covenants). Es kann zwischen Financial Covenants und Legal Covenants unterschieden werden, wobei erstgenannte kennzahlenbezogene Verhaltensregeln sind und der Einhaltung bestimmter Ertrags-, Finanz- und Vermögenskennzahlen wie Cash Flow-Rate, Eigen-

[121] Vgl. KfW Bankengruppe (2005b), S. 3; Schneck, O. (2006), S. 253; Natusch, I. (2007), S. 59-63; Franz, A. et al. (2007), S. 32; Institut für Mittelstandsforschung (2008a), S. 96; Schefczyk, M. (2006), S. 25.

kapitalquote, Gesamtkapitalrentabilität oder Schuldendeckungsquote dienen.[122] Bei Verschlechterung bestimmter Kennzahlen oder Über- bzw. Unterschreiten von Schwellenwerten, können (weitere) Sicherheiten eingefordert oder der Kreditzinssatz innerhalb vereinbarter Bandbreiten an die veränderte Bonität nach oben und unten ähnlich einem Bonus-/ Malus-System angepasst werden.[123] Legal Covenants umfassen dagegen z. B. Informationspflichten des Unternehmens hinsichtlich der Bestellung von Sicherheiten zu Gunsten anderer Gläubiger. Für Legal bzw. Financial Covenants können die Nichtbesicherungs- bzw. Belastungs- und Verpflichtungsverbotsklausel (Negative Pledge Clause[124]), die Gleichbehandlungserklärung (Pari Passu Clause[125]), die Drittfälligkeits- oder -verzugsklausel (Cross Acceleration oder Default Clause[126]) sowie die MAC-Klausel (Material Adverse Change Clause[127]) beispielhaft angeführt werden.

Letztlich dienen Covenants der Sicherstellung eines ausreichenden Cash Flows, der die hauptsächliche Amortisationsgrundlage mezzaninen Kapitals bildet.[128] Aus Sicht des Unternehmens bieten Covenants den Vorteil einer höheren Risikobereitschaft der Kapitalgeber mit größeren finanziellen Bewegungsspielräumen und weitgehender unternehmerischer Freiheit. Nachteilig kann aber vor allem ein in Krisensituationen eher sanierungsorientiertes Verhalten der Kapitalgeber sein. Für den Investor bieten Covenants die Möglichkeit zu

---

[122] Vgl. Steinhauer, B. (2007), S. 190 und S. 262; Platzer, A./Riess, W. (2004), S. 165; Zelger, H./Beyer, S. (2004), S. 222-223; Emmerstorfer, H. (2004), S. 138-141; Brokamp, J. et al. (2008), S. 72. Für eine Definition der Kennzahlen siehe Emmerstorfer, H. (2004), S. 141.

[123] Vgl. Platzer, A./Riess, W. (2004), S. 161 und S. 165; von Boehm-Bezing, C. L. (2001), S. 500; Emmerstorfer, H. (2004), S. 139-141.

[124] Im Kern wird dem Kreditnehmer zur Verhinderung der Besserstellung anderer Gläubiger verboten, Sicherheiten zu Gunsten anderer Gläubiger zu bestellen. Vgl. Emmerstorfer, H. (2004), S. 142.

[125] Dies ist die Bestätigung des Kreditnehmers, dass die Forderungen des Kapitalgebers aus dem Kreditvertrag im Insolvenzfall in gleichem Rang mit allen übrigen bestehenden und zukünftigen Forderungen anderer Gläubiger stehen. Vgl. Emmerstorfer, H. (2004), S. 136-137.

[126] Der Cross Acceleration Clause gibt dem Kreditgeber das Recht, den Kredit mit sofortiger Wirkung fällig zu stellen, falls irgendeine andere Schuld des Kreditnehmers vor ihrem vertraglich festgelegten Fälligkeitszeitpunkt fällig wird. Verschärft wird dies durch die Drittverzugsklausel (Cross Default Clause), wenn allein die Tatsache, dass ein Verzug bei einer anderen Schuld vorliegt, dem Kapitalgeber das Recht zur Fälligstellung gibt. Vgl. Emmerstorfer, H. (2004), S. 147.

[127] Dies ist eine wesentliche Verschlechterung der wirtschaftlichen Verhältnisse des Kreditnehmers zwischen Vertragsunterzeichnung (Signing) und tatsächlicher Vertragsdurchführung (Closing), die dem Kapitalgeber das Recht einräumt, vom Vertrag zurückzutreten. Vgl. Draxler, J. (2010), S. 146.

[128] Vgl. Emmerstorfer, H. (2004), S. 136-142; Steinhauer, B. (2007), S. 190 und S. 262; Platzer, A./Riess, W. (2004), S. 165; Zelger, H./Beyer, S. (2004), S. 222-223. Eine zusätzliche Einteilungsmöglichkeit von Covenants kann gemäß ‚Schutz der Rangrücktrittverhältnisse', ‚Gewährleistung des dem Geschäftsplan entsprechenden Einsatzes der generierten Cash Flows', ‚Schutz der Aktiva', ‚Beschränkung der Aufnahme von weiterem Kapital' sowie ‚Gewährleistung gleich bleibender Rahmenbedingungen' erfolgen. Vgl. Steinhauser, B. (2007), S. 190-191.

überprüfen, ob erste Anzeichen bestehen, dass das Unternehmen die Planungen nicht erreicht hat und somit Zins- und Kapitalrückzahlung gefährdet sind. Bei Nichteinhaltung dieser Covenants kann der Kapitalgeber fristlos kündigen und damit die Rückzahlung des zur Verfügung gestellten Kapitals verlangen.[129] Während es bis Oktober 2008 als Mezzanine-Kapitalgeber galt, das Eigenkapitalersatzrecht gemäß § 32a GmbHG zu beachten, da es faktisch zu einer Eigenkapitalhaftung des Kapitalgebers kommen konnte, wurden zum 01.11.2008 mit dem ‚Gesetz zur Modernisierung des GmbH-Rechts und zur Bekämpfung von Missbräuchen' (MoMiG) die Eigenkapitalersatzregeln ersatzlos gestrichen und eine ausschließlich insolvenzrechtliche (und damit rechtlich eindeutigere) Behandlung von Gesellschafterdarlehen eingeführt.[130]

3.1.5. Bilanzielle und steuerrechtliche Betrachtung

Zivil- bzw. handelsrechtlich wird Mezzanine-Kapital immer dann die erforderliche Haftungsqualität des Eigenkapitals bzw. ein Eigenkapitalcharakter gemäß HGB zugesprochen, wenn die Bedingungen ‚Nachrangigkeit des Kapitals gegenüber sonstigen Fremdkapitalgebern für den Fall der Liquidation oder Insolvenz des Unternehmens', ‚Erfolgsabhängigkeit der Vergütung'[131] und ‚Beteiligung bis zur vollen Höhe am Verlust der Gesellschaft' sowie ‚Längerfristigkeit der Kapitalhingabe (mit mindestens fünf bis sieben Jahren)' kumulativ erfüllt sind.[132] Eine Behandlung von Mezzanine-Kapital als Eigenkapital nach IFRS wird dagegen nicht primär nach der rechtlichen Ausgestaltung, sondern vornehmlich auf Basis des wirtschaftlichen Gehaltes vorgenommen. Nach dem internationalen Bilanzierungsstandard IFRS (IAS 32) kann Mezzanine-Kapital als Eigenkapital in der Handelsbilanz ausgewiesen werden, wenn einerseits die Vergütung abhängig von der Höhe der Ausschüttung an Gesellschafter ist und damit zu keiner Zeit eine vertragliche Verpflichtung zur Übertra-

---

[129] Vgl. Gugglberger, K. et al. (2004), S. 131; Hinz, H. (2006), S. 40; Zelger, H./Beyer, S. (2004), S. 222-223; Maesch, S. C./Voß, A. (2007), S. 3-11. In der Praxis ist eine Kündigung jedoch eher die Ausnahme, da meist z. B. höhere Zinszahlungen, Zahlung eines Entgelts oder ein zusätzliches Bezugsrecht vereinbart werden. Vgl. Steinhauer, B. (2007), S. 191.

[130] Vgl. Eisenlohr, V. (2009), S. 18-19; Schindler, D. O. (2008), S. 19-20. Siehe Brokamp, J. et al. (2008), S. 105-107 für Ausführungen zum alten Kapitalerhaltungs- und -haftungsrecht.

[131] Dies bedeutet, dass die Vergütung aus Eigenkapitalanteilen geleistet werden kann, die gesetzlich nicht besonders gegen Ausschüttungen geschützt sind. Vgl. DVFA (2007), S. 20.

[132] Auch wenn es keine Legaldefinition des Eigenkapitals gibt, sind in der Stellungnahme des Hauptfachausschusses (HFA) des Instituts der Wirtschaftsprüfer (IDW) die vier, im Text genannten Kriterien festgelegt, nach denen handelsrechtlich von Eigenkapital gesprochen werden darf. Vgl. Emmerich, G./Naumann, K.-P. (1994), S. 677-689; Demuth, B. (2006), S. 10; Brokamp, J. et al. (2008), S. 124-125.

gung von Geld oder anderen finanziellen Ausschüttungen besteht. Andererseits darf keine Vereinbarung über den Fälligkeitstermin für die Rückzahlung des Kapitals getroffen werden, was quasi einer unendlichen Laufzeit nahe kommt.[133]

Steuerliches Eigenkapital ist dann gegeben, wenn für das bereitgestellte Kapital sowohl eine Beteiligung am laufenden Gewinn als auch am Liquidationserlös (und nicht am Verlust wie beim handelsbilanziellem Eigenkapital) der Gesellschaft vorgesehen ist. Hinzu kommt, dass das Kapital mit Gesellschafterrechten versehen sein muss, die über Kontroll- und Informationsrechte hinausgehen.[134] Steuerliches Fremdkapital liegt hingegen vor, wenn ein schuldrechtlicher Vertrag, ein Ausschluss der Beteiligung am Liquidationserlös[135] und eine Laufzeit von nicht mehr als 30 Jahren vorliegen sowie die allgemeinen Grundsätze für verdeckte Gewinnausschüttungen an Gesellschafter und die allgemeinen Regeln des § 8a KStG bei Gesellschafterfremdfinanzierung beachtet werden.[136] Sind die Kriterien für steuerliches Fremdkapital erfüllt, können die Ausschüttungen auf das Mezzanine-Kapital grundsätzlich sowohl die körperschafts- als auch die gewerbesteuerliche Bemessungsgrundlage mindern.[137]

Für eine Diskussion zur bilanziellen Einordnung am Beispiel einer stillen Beteiligung siehe Nelles, M./Klusemann, M. (2003), S. 7.

[133] Vgl. Häuselmann, H. (2007), S. 931-932; DVFA (2007), S. 20. Für weitere Ausführungen zur Bilanzierung gemäß HGB oder IFRS siehe Brokamp, J. et al. (2008), S. 124-152; Küting, K. et al. (2008), S. 997-1002 sowie die Ausführungen zu einzelnen mezzaninen Instrumenten bei Rauch, I. et al (2006), S. 119-170; Heinemann, S. et al (2006), S. 171-196; von Beauvais, E.-A., et al (2006), S. 197-244; Wagner, F./Lehmann, M. (2006), S. 245-270; Schneider, A. et al (2006), S. 271-290.

[134] Vgl. Bundesfinanzhof (2005); Herweg, C./Sonn, S. (2009), S. 176.

[135] Eine Beteiligung am Liquidationserlös gilt als ausgeschlossen, wenn der Kapitalgeber nicht an den stillen Reserven beteiligt ist, die Rückzahlung vor Liquidation verlangt werden kann und die Kapitalüberlassung für nicht länger als 30 Jahre erfolgt. Vgl. Golland, F. et al. (2005), S. 17-18; Harrer, H. et al. (2005), S. 6.

[136] Hierzu sei angemerkt, dass die Regelungen über eine Gesellschafterfremdfinanzierung nach § 8a KStG a. F. (a. F. = alte Fassung) durch die Unternehmensteuerreform (UntStRefG) 2008 durch eine – ebenfalls in § 8a KStG (mit Bezugsnahme auf § 4h Einkommensteuergesetz (EStG)) geregelte – Beschränkung des Betriebsausgabenabzugs für Zinsaufwendungen mittels Zinsschranke (§ 8a KStG i. d. F. des UntStRefG 2008) ersetzt wurde. Hiernach muss für die volle steuerliche Abzugsfähigkeit der Überschuss des Zinsaufwands über den Zinsertrag (Nettozinsaufwand) die Freigrenze von EUR 1 Mio. unterschreiten. Beim Überschreiten dieser Freigrenze ist der gesamte Nettozinsaufwand nur bis zur Höhe von 30% des steuerlichen EBITDA (siehe Fn. 389) steuerlich abzugsfähig. Mit dem im Juli 2009 verabschiedeten Bürgerentlastungsgesetz ist im Zuge der Finanz- und Wirtschaftskrise eine Anhebung der Freigrenze von EUR 1 Mio. auf EUR 3 Mio. erfolgt, so dass Unternehmen Kreditzinsen bis Ende 2011 bis zu dieser Höhe steuerlich geltend machen können. Vgl. Brokamp, J. et al. (2008), S. 162-167; Gburek, M. (2009), S. 32; Herweg, C./Sonn, S. (2009), S. 175; Knorr, U./Wetzel, S. (2009), S. 16-19.

[137] Vgl. DVFA (2007), S. 20. Gemäß Hinzurechnungsvorschrift des § 8 Nr. 1 Gewerbesteuergesetz (GewStG) müssen die Hälfte der Entgelte für Dauerschulden der Gewerbesteuer-Bemessungsgrundlage wieder hinzugerechnet werden, so dass die Zinszahlungen zu 100% bei der Körperschafts- und zu 50 %

Insgesamt kann Mezzanine-Kapital auf Unternehmensseite derart ausgestaltet werden, dass bilanziell Eigenkapital gemäß HGB oder IFRS und steuerlich Fremdkapital vorliegt.[138]

3.1.6. Diskussion der Einordnung im Ratingprozess

In der Praxis kann ein uneinheitliches Bild zur Beurteilung von Mezzanine-Kapital aufgezeigt werden. Die Sparkassen-Finanzgruppe ordnet für Bilanzratingzwecke mezzanines Kapital nur wie wirtschaftliches Eigenkapital ein, wenn die Bedingungen ‚Nachrangigkeit im Insolvenzfall von Kapital und Zinsen hinter alle nichtnachrangigen Gläubiger', ‚keine Besicherung durch das Unternehmen' und ‚Vertragslaufzeit von mindestens fünf Jahren bei einer Restlaufzeit zum Bilanzstichtag von mehr als einem Jahr' kumulativ erfüllt sind.[139] Die HypoVereinsbank behandelt mezzanines Kapital bei ‚langfristiger, endfälliger und unbesicherter Kapitalüberlassung', ‚qualifiziertem Nachrang gegenüber den gegenwärtigen und künftigen Ansprüchen aller Gläubiger' sowie bei ‚Verzicht sowohl auf Kündigungsrechte im Fall der wirtschaftlichen Verschlechterung des Unternehmens als auch auf Financial Covenant' als wirtschaftliches Eigenkapital. Die Ratingagentur Moody's vergleicht die einzelnen Basiseigenschaften (Nachrangigkeit, Laufzeit, etc.) des Mezzanine-Kapitals mit den Charakteristika von reinem Eigenkapital, woraufhin eine relative Gewichtung der Basiseigenschaften gegenüber den Eigenkapitalcharakteristika erfolgt.[140] Abschließend wird das Mezzanine-Kapital auf individuelle wirtschaftliche Auswirkungen für das betreffende Unternehmen hin untersucht.[141]

---

bei der Gewerbesteuer abzugsfähig sind, wobei die Zinsschranke zu beachten ist. Vgl. DVFA (2007), S. 20; Demuth, B. (2006), S. 13; Institut für Wirtschafts- und Politikforschung (2005), S. 15.

[138] Vgl. Harrer, H. et al. (2005), S. 2-3. Zusätzlich zur Unternehmensseite gilt es aber auch, die steuerrechtliche Betrachtung auf Seiten der Anteilseigner nicht außer Acht zu lassen. Denn die Besteuerung der Gewinne bspw. auf der Ebene einer Kapitalgesellschaft durch die Körperschaftsteuer und die Einbeziehung der Gewinnausschüttungen in das steuerpflichtige Einkommen der Anteilseigner führen zu einer Doppelbelastung. Vgl. Kraft, C./Kraft. G. (2009), S. 89. Siehe ebenda, S. 21-253 sowie Jacobs, O. H. (2009), S. 543-691 für weitere Informationen zur Einkommen-, Körperschaft-, Gewerbe- und Gewinnbesteuerung. Für eine steuerliche Behandlung mezzaniner Finanzierungsinstrumente auf der Kapitalgeberseite siehe Herweg, C./Sonn, S. (2009), S. 175-176.

[139] Ferner hat ein grundsätzlicher Verzicht auf ordentliche sowie außerordentliche Kündigungsrechte im Fall einer wirtschaftlichen Verschlechterung und bei einer Leistungsstörung zu erfolgen. Der Ausweis als bilanzielles Eigenkapital ist bei Verlustteilnahme und (qualifiziertem) Nachrang möglich. Vgl. DVFA (2007), S. 21-22.

[140] Die Einordnung der Mezzanine-Produkte wird hierbei in 25%-Schritten von 0% bis 100% Eigenkapital-Anrechnung vorgenommen. Vgl. DVFA (2007), S. 21-22.

[141] Vgl. DVFA (2007), S. 21-22.

Zur Anrechnung von Standard-Mezzanine-Kapital im Speziellen kann angeführt werden, dass laut Auskunft von Moody's KMV das Mezzanine-Kapital stets anhand der vier Eigenkapitalkriterien des HFA ‚Nachrangigkeit', ‚Erfolgsbeteiligung', ‚Längerfristigkeit' und ‚Verlustbeteiligung' aus Abschnitt 3.1.5. eingeordnet wird. Da bei den meisten Programmen eine Verlustbeteiligung ausgeschlossen ist[142], wird das Mezzanine-Kapital für das Ratingtool Moody's KMV RiskCalc™ (siehe Abschnitt 4.3.1.) in den ersten sechs Jahren der Laufzeit zu 50% dem Eigen- und zu 50% dem Fremdkapital zugerechnet. Bei einer Restlaufzeit von weniger als einem Jahr wird das Mezzanine-Kapital komplett als Fremdkapital gewertet. Beim Creditreform Bilanzrating[143] wird laut Auskunft der Creditreform Rating AG das Mezzanine-Kapital in den ersten beiden Laufzeiten bzw. bei einer Restlaufzeit von mehr als fünf Jahren zu 100%, bei einer Restlaufzeit von weniger als fünf und mehr als einem Jahr zu 50% dem Eigenkapital zugerechnet. Bei einer Restlaufzeit von weniger als einem Jahr gilt das Kapital zu 100% als Fremdkapital. Von einigen Banken wird das Standard-Mezzanine-Kapital aufgrund der zumeist fehlenden Verlustbeteiligung sowie der nur anteiligen und zusätzlichen gewinnabhängigen Vergütung im Rahmen des Ratingprozesses nicht als wirtschaftliches Eigenkapital angesehen.[144]

Zusammenfassend ist zur Anrechnung von Mezzanine-Kapital im Ratingprozess festzustellen, dass sie innerhalb des Bank- und Finanzsektors bzw. von Beurteilendem zu Beurteilendem[145] anhand unterschiedlicher Kriterien erfolgt und Intransparenz für die Unternehmen vorherrscht. Dies führt dazu, dass es für Unternehmen schwer nachzuvollziehen ist, welche Kriterien erfüllt sein müssen, um eine Anrechnung (überhaupt erst) zu ermöglichen oder zu verbessern. Vor diesem Hintergrund wurde bspw. vom ‚Arbeitskreis Mittelstandsfinanzierung' der an der Initiative Finanzstandort Deutschland (IFD) beteiligten Institute

---

[142] Siehe hierzu Abschnitt 3.3.3 sowie die Übersicht in Anhang VI-48.

[143] Das Creditreform Bilanzrating ist ähnlich wie Moody's KMV RiskCalc™ (siehe Abschnitt 4.3.1.) ein (quantitatives) Ratingsystem zur Bonitätsbeurteilung bzw. zur Ermittlung statistisch valider Ausfallwahrscheinlichkeiten. Hierbei stehen für die Validierung des Bilanzratings über 500.000 Jahresabschlussinformationen bzw. 350.000 Jahresabschlüsse von ca. 100.000 Unternehmen zur Verfügung. Dem Ratingsystem liegen insgesamt bis zu 33 unterschiedlich gewichtete Kennzahlen zur Verfügung. Vgl. Creditreform (2010a), S. 1-6; Creditreform (2010b), S. 3-20.

[144] Vgl. Natusch, I. (2007), S. 40-41.

[145] Neben Banken und Ratingagenturen können dies auch Kreditversicherer (bzw. Versicherungen im Allgemeinen), Lieferanten und andere Handelspartner sein.

und kreditwirtschaftlichen Verbände[146] ein Kriterienkatalog zur Eigenkapitalähnlichkeit von Mezzanine-Kapital entwickelt. Diesbezüglich wurden die Kriterien ‚Längerfristigkeit der Kapitalüberlassung', ‚Kündigungsrechte' sowie ‚Nachrangigkeit' festgelegt, bei deren Erfüllung das Mezzanine-Kapital als wirtschaftliches Eigenkapital in den individuellen Ratingverfahren der Institute erfasst wird. Die Längerfristigkeit ist erfüllt, wenn eine bestimmte Mindestlaufzeit (Ursprungslaufzeit) und Restlaufzeit des Kapitals gegeben sind. Hierbei werden als Mindestlaufzeit i. d. R. fünf bis sieben Jahre, bei der Restlaufzeit bei den meisten Instituten zwischen größer einem Jahr und zwei Jahren verlangt. Bei den Kündigungsrechten dürfen keine ordentlichen, sondern nur außerordentliche Kündigungsrechte vereinbart sein, wobei insbesondere eine Kündigung aufgrund der Verschlechterung der wirtschaftlichen Verhältnisse oder eines Zahlungsverzugs nicht ohne weiteres möglich sein darf.[147] Nachrangigkeit ist gegeben, wenn erst alle vorrangigen Forderungen, dann nachrangige Gläubiger und zuletzt die Eigentümer des Unternehmens bedient werden. In diesem Punkt wird von den meisten Kreditinstituten eine Nachrangigkeit zumindest für den Fall der Insolvenz gefordert. Aus der Nachrangigkeit folgt die Nichtbesicherung des Mezzanine-Kapitals.[148] Bei Erfüllung der beiden zusätzlichen Kriterien ‚Verlustteilnahme' und ‚Ausgestaltung/ Fälligkeit der Vergütung', um im Fall einer schlechten Geschäftsentwicklung den Cash Flow über eine teilweise oder gänzliche (Zins-)Stundung[149] zu entlasten, soll Mezzanine-Kapital in Abhängigkeit von dessen Ausgestaltung in einigen institutsindividuellen Ratingverfahren eine zunehmende wirtschaftliche Eigenkapital-Qualität beigemessen werden können.[150]

[146] Die IFD wird von 18 Mitgliedern getragen, wobei genossenschaftliche, private und öffentlich-rechtliche Institute, Auslandsbanken, Versicherungen und Spitzenverbände der deutschen Finanzwirtschaft Mitglieder sind. Vgl. Initiative Finanzstandort Deutschland.

[147] Eine außerordentliche Kündigung kann aber z. B. aufgrund der Verletzung von Informationspflichten oder eines Wechsel im Gesellschafterkreis ausgesprochen werden und trotzdem unschädlich in Bezug auf die Anrechnung als wirtschaftliches Eigenkapital sein. KfW Bankengruppe (2007b), S. 3-4; Natusch, I. (2008), S. 352.

[148] Vgl. KfW Bankengruppe (2007b), S. 3-4; Natusch, I. (2008), S. 352.

[149] Zu unterscheiden ist optionale (im Ermessen des Emittenten), obligatorische (bei Erfüllung bestimmter Kriterien automatischer Aufschub) und regulatorische Stundung (Untersagung von Auszahlungen durch Finanzaufsicht). Vgl. Piaskowski, W./Kaczmarczyk, J. (2008), S. 9.

[150] Vgl. KfW Bankengruppe (2007b), S. 2-4. Anhang VI-22 fasst die zuvor dargestellten Sachverhalte graphisch zusammen.

Durch die Expertgroup im ‚DVFA Committee Rating Standards'[151] wurde ein Kriterienkatalog inkl. Beurteilungsformular für acht zu prüfende und in Tabelle 3-1 dargestellte Merkmale entwickelt, anhand dessen die Eigen- bzw. Fremdkapitalähnlichkeit mezzaniner Mittel in einem standardisierten Beurteilungsprozess ermittelt werden kann.

1. Nachrangabrede* (einfacher bzw. qualifizierter Nachrang vs. **kein Nachrang**)
2. Vergütung für die Kapitalüberlassung* (**feste** oder variable **Vergütung**)
3. Beteiligung am Jahresverlust (Beteiligung oder keine Beteiligung des Kapitalgebers am Jahresverlust)
4. Art des Kapitalgebers (Hausbank oder fremde Bank bzw. Kapitalmarkt)
5. Dauer der anfänglichen Kapitalüberlassung* (**Kapitalüberlassung** größer oder **kleiner als fünf Jahre**)
6. Kündigungsabrede (Ordentliche Kündigung mit Kündigungsfrist größer oder kleiner als 24 Monate (für unbefristete Verträge))
7. einseitiges **Abänderungsrecht** zur Umwandlung in ein Darlehen*
8. Möglichkeit des Kapitalgebers bei Auftreten einer Krise einen Externen als Recovery-Manager einzusetzen.

* Die mit ‚*' gekennzeichneten Kriterien machen bei Vorliegen der hier fettgedruckten Ausprägung laut Expertgroup die wirtschaftliche Eigenkapitalähnlichkeit zunichte, so dass das Kapital zu 100% dem Fremdkapital zugerechnet werden würde.

Tabelle 3-1: Kriterienkatalog des ‚DVFA Committee Rating Standards'[152]

In diesem Zusammenhang können die Kriterien entweder voll (zu 100%) oder nicht (zu 0%) erfüllt sein. Die prozentuale Gesamteigenkapitalähnlichkeit eines mezzaninen Finanzierungsinstrumentes berechnet sich aus der Summe der Erfüllungsgrade der einzeln zu prüfenden Kriterien multipliziert mit dem jeweiligen Kriteriengewicht. Bei Vorliegen einer als Negativmerkmal gekennzeichneten Kriterienausprägung wird das Finanzierungsinstrument unabhängig von weiteren Kriterien komplett als Fremdkapital gewertet.[153] Bei Anwendung dieses Kriterienkatalogs auf das erste Standard-Mezzanine-Programm PREPS 2004-1[154] ergibt sich gemäß Anhang VI-23 eine Eigenkapitalähnlichkeit von 77,5%.

Wie gezeigt wurde, erfolgt innerhalb des Bank- und Finanzsektors eine Einordnung von Mezzanine-Kapital anhand unterschiedlicher Kriterien, so dass Intransparenz für die Unternehmen vorherrscht. Demnach sollten – wie von der IFD angedacht – einheitliche Kriterien für die Anrechnung von Mezzanine-Kapital verbindlich beschlossen werden.

[151] DVFA = Deutsche Vereinigung für Finanzanalyse und Asset Management. Die DVFA ist der Berufsverband der Investment Professionals mit aktuell ca. 1.200 persönlichen Mitgliedern, die als Fach- und Führungskräfte bei über 400 Investmenthäusern, Banken sowie Fondsgesellschaften oder als unabhängige Kapitalmarktdienstleister tätig sind. Vgl. DVFA.

[152] Quelle: Eigene Darstellung in Anlehnung an Baetge, J. et al. (2008), S. 311. Ein Recovery-Manager ist ein Sanierungsberater und wird bspw. für Unternehmenssanierungen oder –restrukturierungen hinzugezogen. Vgl. Hommel, U. et al. (2006), S. 56.

[153] Vgl. DVFA (2007), S. 13; Fischer, J. K./Krehl, H. (2007), S. 58. Für detaillierte Informationen zu den zu prüfenden Merkmalen siehe DVFA (2007), S. 13-18.

[154] Siehe Abschnitt 3.3. sowie Anhang VI-48 für weitere Informationen zu PREPS 2004-1.

3.1.7. Szenarioanalysen zur Wirkung im Unternehmensrating

Zusätzlich zur Erstellung des zuvor dargestellten Kriterienkatalogs wurde vom ‚DVFA Committee Rating Standards' in einer Studie geprüft, unter welchen Bedingungen und in welchem Ausmaße einerseits eine sukzessive Zurechnung von Mezzanine-Kapital zum Eigenkapital sowie andererseits eine Umschuldung von Fremd- in Mezzanine-Kapital unter Berücksichtigung von Steuer- und Zinseffekten zu einer Verbesserung des Bilanzratings führt.[155] Die Ergebnisse der Studie sollen im Rahmen dieser Arbeit anhand eines eigenen realen anonymisierten Falles verifiziert werden. So wird in einer ersten Simulation die Veränderung des Bilanzratings gemäß dem Finanzratingtool Moody's KMV[156] bei schrittweiser Zurechnung von Mezzanine-Kapital zum Eigenkapital untersucht. Ausgangspunkt für diese Untersuchung ist der Grundfall der in Anhang VI-24 verkürzt dargestellten Bilanz und Gewinn- & Verlustrechnung (GuV) per 31.12.2008 eines Unternehmens des produzierenden Gewerbes. Hierbei sollen EUR 2 Mio. des ausgewiesenen Eigenkapitals von EUR 4,212 Mio. aus mezzaninem Kapital bestehen. Die Eigenkapitalquote (als Eigenkapital bezogen auf die Bilanzsumme) beträgt im Grundfall 16,1%, in dem das Mezzanine-Kapital zu 100% als Fremdkapital angesehen wird. In der Simulation erfolgt ceteris paribus analog zu Tabelle 3-2 sukzessiv eine Zurechnung dieses Mezzanine-Kapitals zum Eigenkapital, so dass die Eigenkapitalquote im vierten Schritt auf 23,8% steigt.

	Eigenkapital-Zurechnung	Fremdkapital-Zurechnung	Eigenkapital-Quote
Grundfall	0%	100%	16,1%
1. Schritt	25%	75%	18,0%
2. Schritt	50%	50%	20,0%
3. Schritt	75%	25%	21,9%
4. Schritt	100%	0%	23,8%

Tabelle 3-2: Zurechnung von Mezzanine-Kapital zum Eigenkapital[157]

Gemäß Anhang VI-25 und Anhang VI-26 ist festzustellen, dass die häufige Einschätzung über die Wirkung von Mezzanine-Kapital, d. h. die Aufnahme von Mezzanine-Kapital verbessert das Rating, nur eingeschränkt bestätigt werden kann. In den durchgeführten Simulationen führt eine Eigenkapitalerhöhung um insgesamt EUR 2 Mio., was einer Erhöhung

[155] Vgl. DVFA (2007), S. 28-33.

[156] Siehe Abschnitt 4.3.1.

[157] Eigene Darstellung in Anlehnung an DVFA (2007), S. 23.

um 47,5% entspricht, nur zu einer geringfügigen Verbesserung der Ausfallwahrscheinlichkeit um 0,2% und des Ratingergebnisses um eine Stufe von Ba1.edf[158] auf Baa3.edf.[159]

In einer weiterführenden Szenarioanalyse werden auf Basis des zuvor bereits vorgestellten Grundfalls in vier aufeinander aufbauenden Szenarien analog zur Studie des ‚DVFA Committee Rating Standards' verschiedene Simulationen durchgeführt, um u. a. die Auswirkungen einer Umschuldung von Fremd- in Mezzanine-Kapital unter Berücksichtigung von Steuer- und Zinseffekten aufzuzeigen. Die Szenarioergebnisse sind in Abbildung 3-1 und Abbildung 3-2 sowie in Anhang VI-28 bis Anhang VI-30 veranschaulicht.[160]

Grundfall: Die (1-Jahres)-Ausfallwahrscheinlichkeit beträgt (wie zuvor) 0,76%, wobei ein hoher Anteil an kurzfristigen Bankverbindlichkeiten und ein durchschnittlicher Fremdkapitalzins von 8,58% als Quotient aus ‚Zinsen und ähnlichen Aufwendungen' und ‚Verbindlichkeiten gegenüber Kreditinstituten' festgestellt werden kann. Die Eigenkapitalquote beträgt 21,67% gemäß Moody's KMV.[161]

Szenario 1: Umwandlung des kurzfristigen Anteils der (Bank-)Verbindlichkeiten in mittel- bis langfristige Bankverbindlichkeiten.

Ergebnis: Die Ausfallwahrscheinlichkeit sinkt von 0,76% auf 0,62%, die Nettoverschuldungsquote reduziert sich und bedeutet gleichzeitig eine Verbesserung des Ratings von Ba1.edf auf Baa3.edf.[162]

Szenario 2: Reine Mezzanine-Finanzierung (Kapitalstruktureffekt): Die vorhandenen (Bank-)Verbindlichkeiten werden vollständig durch Mezzanine-Kapital abge-

---

[158] EDF = expected default frequency = erwartete Ausfallwahrscheinlichkeit im Rahmen des Finanzratingtools Moody's KMV RiskCalc™.

[159] Somit bestätigen die Simulationen die Ergebnisse der DVFA-Studie. Siehe DVFA (2007), S. 23-28.

[160] Hierbei werden ergänzend zu jedem Szenario die entsprechenden Veränderungen, die in der Bilanz und GuV vorzunehmen sind, sowohl in Worten beschrieben als auch in der Bilanz-/ GuV-Übersicht in Anhang VI-27 kenntlich gemacht. Auf die Szenarien 5 und 6 der DVFA-Studie, in denen die Finanzierung einer zusätzlichen Investition zur Erweiterung des bisherigen profitablen Geschäftes durch einen langfristigen Kredit oder durch Mezzanine-Kapital simuliert wird, wird hier verzichtet und auf die Ausführungen der Studie DVFA (2007), S. 32-33 verwiesen.

[161] Bei Moody's KMV erfolgt die Berechnung der Eigenkapitalquote unter Verwendung der in Abbildung 4-14 dargestellten Formel, bei der weitere Werte herangezogen werden, so dass die Eigenkapitalquote gemäß Moody's KMV von der Eigenkapitalquote als Eigenkapital bezogen auf die Bilanzsumme von 16,13% abweicht. Für eine Diskussion zur Entwicklung von Moody's KMV und sog. „intelligenter" Kennzahlen, die bilanzpolitische Maßnahmen berücksichtigen, siehe Baetge, J. et al. (2008), S. 301-308.

[162] Die Nettoverschuldungsquote (NVQ) ist der Anteil des nicht durch liquide Mittel gedeckten kurzfristigen Fremdkapitals an der Bilanzsumme eines Unternehmens. Siehe Abschnitt 4.3.1. und Abbildung 4-14.

löst. Die Zinsaufwendungen werden konstant gehalten, da aus Vereinfachungsgründen von der Annahme ausgegangen wird, dass sich der höhere Zins mit geringerer Steuerbelastung bei der Gewerbesteuer ausgleicht.

Ergebnis: Die Ausfallwahrscheinlichkeit sinkt von 0,62% auf 0,16%, was einer weiteren Ratingverbesserung um zwei Stufen von Baa3.edf auf Baa1.edf entspricht. Die Eigenkapitalquote steigt auf 78,73% gemäß Moody's KMV, wohingegen die Fremdkapitalstruktur sinkt. Diese beiden Veränderungen können als positiver sog. Kapitalstruktureffekt bezeichnet werden. Denn vom Standpunkt der Risikotragfähigkeit und Kreditwürdigkeit eines Unternehmens im Hinblick auf die Sicherheit der Erschließung und Erhaltung von Fremdkapitalquellen wird ein möglichst hoher Eigenkapitalanteil bzw. Anteil eigenkapitalnaher Finanzierungsinstrumente für notwendig erachtet.[163] Dieser positive Kapitalstruktureffekt ist umso größer, je höher das Unternehmen im Ausgangsfall verschuldet und je höher der Anteil der kurzfristigen Verbindlichkeiten ist.[164] Ferner erhöht sich durch die Ablösung des Fremdkapitals die Finanzkraft[165].

Szenario 3: Mezzanine-Finanzierung (Kapitalstruktureffekt) mit Zinseffekt. Auch hier werden analog zu Szenario 2 die (Bank-)Verbindlichkeiten vollständig durch Mezzanine-Kapital abgelöst. Zusätzlich steigt die durchschnittliche Zinsbelastung von 8,58% auf angenommene 11%.

Ergebnis: Die Ausfallwahrscheinlichkeit verbleibt trotz des um EUR 261.000 gestiegenen Zinsaufwandes und des im gleichen Maße gesunkenen Jahresüberschusses mit einem Wert von 0,17% nahezu konstant. Auch die Ratingstufe

[163] Die Fremdkapitalstruktur (FKS) stellt den Bank- und Lieferantenverbindlichkeiten am gesamten Fremdkapital dar und gibt den Teil des Fremdkapitals an, der wirklich in liquiden Mitteln an außenstehende Gläubiger abfließt. Da gemäß Entwicklungsdatenbestand von Moody's KMV insolvenzgefährdete Unternehmen durchschnittlich eine höhere Ausprägung der FKS als solvente Unternehmen aufweisen, kann eine sinkende FKS als positiver Kapitalstruktureffekt aufgefasst werden. Siehe Abschnitt 4.3.1. Anzumerken ist aber, dass für das Standard-Mezzanine-Kapital vor allem bei gewinnunabhängiger Verzinsung liquide Mittel an außenstehende Gläubiger abfließen können, das Mezzanine-Kapital aber in der FKS nicht direkt erfasst wird, so dass dieser positive Kapitalstruktureffekt gegebenenfalls nur eingeschränkt gilt.

[164] Vgl. DVFA (2007), S. 34; Wöhe, G./Bilstein, J. (2002), S. 409-410; Baetge, J. et al. (2008), S. 317-318. Somit kann auch bereits in Szenario 1 von einem positiven Kapitalstruktureffekt gesprochen werden, würde die Ablösung der kurzfristigen Verbindlichkeiten mit langfristigem Mezzanine-Kapital und nicht mit langfristigen Bankverbindlichkeiten vorgenommen werden. Der positive Kapitalstruktureffekt ist in Abbildung 3-1 veranschaulicht.

[165] Die Finanzkraft (FINK) gibt an, wie groß der Teil des Fremdkapitals ist, der durch den erwirtschafteten Zahlungsmittelüberschuss bzw. Cash Flow getilgt werden kann. Siehe Abschnitt 4.3.1.

bleibt erhalten. Mit der Zinserhöhung geht eine Reduzierung der Finanzkraft sowie insbesondere der Umsatzrentabilität (UR) einher, so dass ein negativer Zinseffekt für die GuV vorliegt.[166]

Szenario 4: Mezzanine-Finanzierung mit Zinseffekt und Ausschüttung. Steuerlich wird das Mezzanine-Kapital zwar als Fremdkapital angesehen, handelsrechtlich aber als Eigenkapital klassifiziert. Dies bedeutet, dass in der handelsrechtlichen GuV kein Zinsaufwand für das Mezzanine-Kapital anzusetzen ist.[167]

Ergebnis: Die Ausfallwahrscheinlichkeit sinkt von 0,17% auf 0,13% bei gleichzeitiger Verbesserung um eine Ratingstufe auf A3.edf. Der in der (handelsbilanziellen) GuV anzusetzende Zinsaufwand sinkt auf Null. Aufgrund der steuerlichen Abzugsfähigkeit der um EUR 261.000 erhöhten Zinsaufwendungen sinken die ‚Steuern vom Einkommen und Ertrag' bei einem angenommenen Unternehmenssteuersatz von 35% um EUR 91.000. Der Jahresüberschuss steigt von EUR 346.000 um EUR 1,186 Mio. Zinsaufwendungen und EUR 91.000 Steuerersparnis auf EUR 1,622 Mio. Auf Basis der im handelsrechtlichen Jahresüberschuss verringerten Fremdkapitalzinsen, den reduzierten Steuern vom Einkommen und Ertrag sowie dem gestiegenen Jahresüberschuss erhöhen sich die FINK und UR, so dass von einem positiven Zins- und Steuereffekt für die GuV gesprochen werden kann, der in Abbildung 3-2 veranschaulicht ist.[168]

---

[166] Dieser negative Zinseffekt ist in Abbildung 3-2 grafisch dargestellt.

[167] Hervorzuheben ist, dass einerseits eine ausschließlich gewinnabhängige Vergütung vereinbart sowie andererseits der Mezzanine-Kapitalgeber an eventuell entstehenden Verlusten beteiligt sein muss. Nur in diesem Fall ist die Vergütung für das Mezzanine-Kapital im handelsrechtlichen Abschluss in der GuV nicht als Zinsaufwand zu erfassen, was wiederum zu einem entsprechend höherem Gewinn führt, aus dem der Mezzanine-Kapitalgeber seine (ausschließlich) gewinnabhängige Vergütung erhält. Werden zusätzlich die steuerlichen Anforderungen für Fremdkapital aus Abschnitt 3.1.5. erfüllt, ist in der steuerlichen GuV die Vergütung für das Mezzanine-Kapital als Fremdkapitalzins anzusetzen. Dadurch vermindern sich die steuerliche Bemessungsgrundlage und die Steuerzahlung. Vgl. DVFA (2007), S. 31.

[168] Vgl. DVFA (2007), S. 28-34; Baetge, J. et al. (2008), S. 312-319.

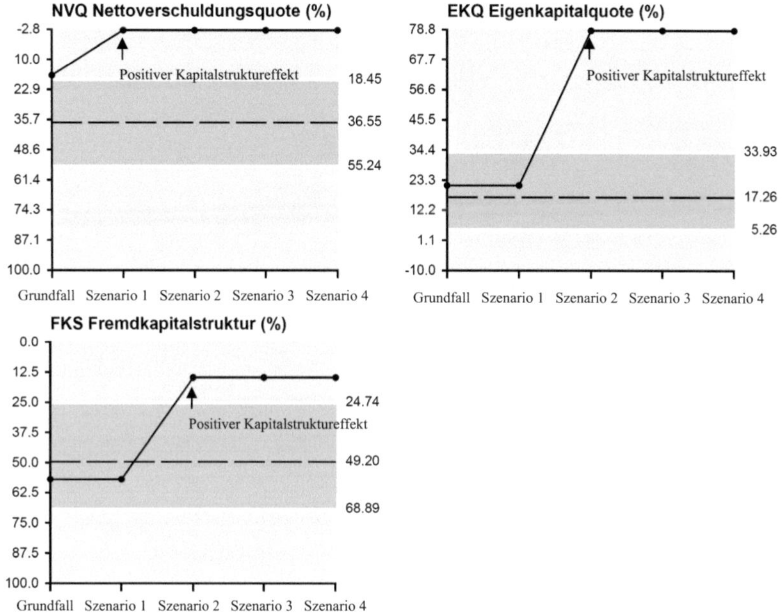

Abbildung 3-1: Positiver Kapitalstruktureffekt für Szenario 1 bis 4[169]

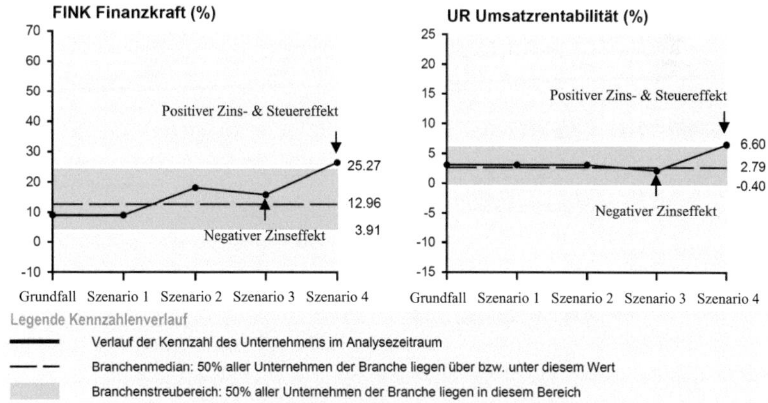

Abbildung 3-2: Zins- und Steuereffekt für Szenario 1 bis 4[170]

[169] Quelle: Moody's KMV RiskCalc v1.0. Die Erhöhung der FINK in Szenario 2 ist auf die Ablösung der Bankverbindlichkeiten durch Mezzanine-Kapital zurückzuführen und beschreibt somit keinen ‚direkten' Zinseffekt. Eine Legende zum Kennzahlenverlauf kann Abbildung 3-2 entnommen werden.

[170] Quelle: Moody's KMV RiskCalc v1.0.

Bei einem Vergleich der Ergebnisse der hier durchgeführten Szenarien mit den Ergebnissen der Studie können die Ergebnisse der DVFA-Studie im Grundprinzip bestätigt werden. Nach der DVFA-Studie sind die Auswirkungen unterschiedlicher Finanzierungsvarianten auf das Bilanzrating abhängig von:

- der bilanziellen Behandlung des mezzaninen Kapitals, vor allem von der Wirkung auf die Bilanz- und Erfolgsgrößen,
- der zugrunde gelegten Ratingskala (und Einteilung der Ratingklassen)[171],
- der Ausgestaltung mezzaniner Finanzierungsinstrumente, insbesondere im Hinblick auf Art und Höhe der Vergütung,
- der Ausgangssituation des Unternehmens in Bezug auf die Güte der Erfolgs- und Finanzlage.[172]

Dennoch können Abweichungen im Grad der Veränderung des Bilanzratings je Szenario festgestellt werden. Während sich in Szenario 1 (Umwandlung) die Ausfallwahrscheinlichkeiten gemäß DVFA-Studie (Ausfallwahrscheinlichkeit sinkt von 065% auf 0,53%) und der hier durchgeführten Analyse am selbst gewählten Beispiel (Ausfallwahrscheinlichkeit sinkt von 0,76% auf 0,62%) noch im gleichen Verhältnis ändern, fällt der reine, im Szenario 2 untersuchte Kapitalstruktureffekt bei der DVFA-Studie trotz eines (absolut und relativ gemessen) deutlich höheren Anteils an kurzfristigem Fremdkapital geringer aus als bei der hier durchgeführten Studie. Die Ausfallwahrscheinlichkeit sinkt bei der DVFA-Studie von 0,53% auf 0,36% im Vergleich zu einem Absinken von 0,62% auf 0,16% in diesen Simulationen. Auch der starke Anstieg der Ausfallwahrscheinlichkeit bei Untersuchung des Kapitalstruktureffektes mit Zinseffekt von 0,36% auf 1,12% gemäß DVFA-Studie bleibt bei der hier durchgeführten Studie praktisch aus. Ferner ist in Szenario 4 festzustellen, dass bei der DVFA-Studie die Ausfallwahrscheinlichkeit von 1,12% auf 0,01% drastisch fällt, wohingegen sich bei der hier durchgeführten Studie die Ausfallwahrscheinlichkeit nur von 0,17% auf 0,13% verbessert.

Um zu überprüfen, ob die Abweichungen auf das zugrunde liegende Unternehmen zurückzuführen ist, werden die Daten per 31.12.2005 des in der DVFA-Studie genutzten Unter-

---

[171] Da bei der hier durchgeführten Studie nur das Ratingtool Moody's KMV genutzt wurde, kann dieses Ergebnis der DVFA-Studie nicht überprüft werden.

[172] Vgl. DVFA (2007), S. 31-32. Zusätzlich kann in Bezug auf Szenario 5 und 6 der DVFA-Studie festgestellt werden, dass in Einzelfällen die Auswirkungen auf die Ratingnote von den Annahmen hinsichtlich der Umsatz-, Kosten- und Kapitalstruktur abhängen.

nehmens der gleichen (Direkt-)Analyse anhand von Moody's KMV anstatt des in der DVFA-Studie verwandten Bilanzratings der DATEV[173] (mit anschließendem Mapping)[174] genutzt.[175] Die Ergebnisse der Szenarien für die Daten des Unternehmens der DVFA-Studie anhand von Moody's KMV sind in Anhang VI-31 bis Anhang VI-34 veranschaulicht. Auch hier sind die gleichen Abweichungen zu den Ergebnissen gemäß DATEV-Bilanzrating festzustellen. Die Entwicklung ist praktisch identisch mit der Entwicklung, die sich bei dem eigenen realen anonymisierten Fall ergeben hat.

Ein (kleiner) Teil der Abweichungen ist darauf zurückzuführen, dass im Vergleich zur DVFA-Studie ein anderes Unternehmen den zuerst durchgeführten Simulationen zugrunde liegt. Wie aber in den Szenarioanalysen zu Anhang VI-31 bis Anhang VI-34 zu erkennen ist, ergeben sich selbst bei Nutzung der gleichen Unternehmensdaten wie in der DVFA-Studie wiederum die entsprechenden Abweichungen, die bereits bei den durchgeführten Szenarien anhand des eigenen realen anonymisierten Falles aufgetreten sind. Es müssen weitere Gründe dafür vorliegen, warum sich einige Effekte bei der hier durchgeführten Studie anders auswirken als bei der DVFA-Studie. So erfolgt in den hier durchgeführten Szenarien eine direkte Eingabe in Moody's KMV. Auch wenn im Rahmen dieser Arbeit keine fundierte Vergleichsanalyse der beiden Ratingsysteme durchgeführt werden kann, können sich die beiden genutzten Systeme Moody's KMV und DATEV-Bilanzrating u. a. anhand der sog. A-priori-Wahrscheinlichkeit[176] unterscheiden. Auch das dem Ratingtool immanente System bspw. in Form der genutzten Kennzahlen sowie insbesondere deren

---

[173] Die DATEV eG ist ein Softwareanbieter und IT-Dienstleister für Steuerberater, Wirtschaftsprüfer und Rechtsanwälte sowie deren Mandanten. Mit den Softwarelösungen der DATEV werden bspw. die Finanzbuchführungen von rund 2,5 Mio. der meist mittelständischen deutschen Unternehmen oder mehr als 9,5 Mio. Lohn- und Gehaltsabrechnungen pro Monat erstellt. Vgl. DATEV (2005).

[174] In der DVFA-Studie wurden die Daten anhand des DATEV-Bilanzratings analysiert und auf das Ratingtool Moody's KMV nur „gemapped". Dieses Mapping bedeutet, dass die im DATEV-System ermittelten Ausfallwahrscheinlichkeiten quasi auf äquivalente Bonitätsstufen von Moody's KMV zurückgespiegelt werden, aber keine separate Eingabe der Daten in Moody's KMV erfolgt. Siehe hierzu Abschnitt 4.3.1.

[175] Die Daten der Bilanz und GuV wurden DVFA (2007), S. 28-45 und der auf den Ausführungen zur DVFA-Studie basierenden Studie von Baetge, J. et al. (2008), S. 299-321 soweit möglich entnommen und gegebenenfalls durch Annahmen ergänzt.

[176] Unter der a-priori-Wahrscheinlichkeit, die auch als Anfangs- bzw. Ursprungswahrscheinlichkeit bezeichnet werden kann, ist (auf Ratings übertragen) die Wahrscheinlichkeit zu verstehen, mit der vor Durchführung eines Tests (z. B. zur Verifizierung eines Ratingmodells) auf das Vorliegen bestimmter Merkmale wie Ratingmigrationen oder Ausfälle geschlossen werden kann. Sie ist bspw. der Anteil der tatsächlich ausgefallenen Unternehmen an der Grundgesamtheit. Vgl. Richter, K. et al. (1988), S. 658; Richter, K./Lange, S. (1997), S. 331; Broscheid, A. (2009), S. 46-47. Diese Wahrscheinlichkeit kann je nach Grundgesamtheit, auf der das jeweilige Ratingmodell basiert, und weiteren, im Rahmen des Modells getroffener Annahmen variieren. Siehe hierzu auch DVFA (2006).

Berechnungswege in Form der Aufgliederung bzw. Zusammenfassung einzelner Bilanz- oder GuV-Positionen sowie deren Gewichtungen innerhalb der einzelnen Ratingsysteme können voneinander abweichen.[177] Ferner können den einzelnen Ratingsystemen unterschiedliche Diskriminanzfunktionen sowie mathematisch-statistische Modelle zugrunde liegen. Diese Funktionen werden im Rahmen einer sog. multivariaten Diskriminanzanalyse ermittelt und geben an, welche Kennzahlen aus einem Katalog unterschiedlichster Unternehmenskennzahlen diejenigen sind, die eine Stichprobe (bspw. die einem Ratingtool zugrunde liegenden Unternehmensdaten) am besten in solvente und insolvenzgefährdete Unternehmen trennen.[178] Bei Ermittlung dieser Diskriminanzfunktionen können sowohl die Stichprobe, die einem Ratingsystem zugrunde liegen, als auch die jeweiligen Kennzahlen und deren Berechnungswege voneinander abweichen und somit zu unterschiedlichen Diskriminanzfunktionen führen. Dies wiederum würde auch den sog. Z-Wert bzw. Z-Score als Ergebnis einer Diskriminanzanalyse sowie die Güte der Diskriminanzfunktion verändern und könnte die Abweichungen der hier durchgeführten Analysen im Vergleich zur DVFA-Studie (mit)erklären.[179] Letztendlich bedarf es einer detaillierteren Analyse, um Unterschiede in den berechneten Ausfallwahrscheinlichkeiten von Ratingsystemen und deren Entwicklung bei sich verändernden Inputparametern aufzuzeigen.[180]

---

[177] Vgl. DVFA (2006), S. 15-20.

[178] Vgl. Baetge, J. et al. (2009), S. 147-149; DVFA (2006), S. 16-24. Zum Ablauf einer (linearen) multivariaten Diskriminanzanalyse siehe Hüls, D. (1995), S. 169-178. Alternativ können Künstliche Neuronale Netzanalysen oder logistische Regressionsanalysen als Methoden zur Insolvenzprognose herangezogen werden. Vgl. Schmidt, R. (2003), S. 183-187; Baetge, J. et al. (2009), S. 147-152; DVFA (2006), S. 16-24.

[179] Zur Beurteilung der Güte eines Ratingverfahrens kann bspw. auf relative Konzentrationsmaße wie GINIsches Konzentrationsmaß, LORENZ-MÜNZER-Konzentrationsmaß (Accuracy Ratio) oder AUC-Maß (Area Under ROC Curve), die auf der Lorenzkurve (Power Curves oder Cumulative Accuracy Profile) basieren, zurückgegriffen werden. Vgl. DVFA (2006), S. 31-34. Für eine Diskussion der Voraussetzungen der Kennzahlen wie Normalverteilung, multivariate Trennfähigkeit und lineare Unabhängigkeit für die Durchführung einer multivariaten Diskriminanzanalyse siehe bspw. Niehaus, H. J. et al. (1987), S. 133-141; Feidicker, M. (1992), S. 142; Hüls, D. (1995), S. 121.

[180] Für weitere Informationen siehe DVFA (2006) sowie gegebenenfalls Rauhmeier, R. (2004), Wahrenburg, M. (2005); Wahrenburg, M./Niethen, S. (2000) oder Deutsche Bundesbank (2005). Laut einer Studie über die Konzeption von Ratingsoftware für deutsche mittelständische Unternehmen wird von 15 untersuchten Ratingsystemen nur den Ratingsystemen Moody's KMV, Creditreform Bilanzrating und Creditreform Bonitätsindex zugesprochen, konzeptionell mit einem bankinternen Rating vergleichbar zu sein und die elementaren Anforderungen an eine seriöse Verfahrensentwicklung gemäß Basel II zu erfüllen. Vgl. Romeike, F./Wehrsporn, U. (2004), S. 19-21. Als elementare Anforderungen gemäß Basel II kann ein trennscharfes, mathematisch-statistisch und methodisch begründetes Verfahren, welches durch Experten qualifiziert wurde, auf repräsentativen historischen Daten beruht und eine (1-Jahres-)Ausfallwahrscheinlichkeit ermittelt, genannt werden. Vgl. Basler Ausschuss für Bankenaufsicht (2004), S. 80-81 bzw. § 417 sowie Romeike, F./Wehrsporn, U. (2004), S. 8-9.

Zusammenfassend bleibt festzuhalten, dass die Ergebnisse der Studie des ‚DVFA Committee Rating Standards' anhand der im Rahmen dieser Arbeit durchgeführten Szenarien sowohl für den eigenen realen anonymisierten Fall als auch für die Daten des der DVFA-Studie zugrunde liegenden Unternehmens trotz Abweichungen im Trend bestätigt werden können. So lässt sich allgemein gemäß den Untersuchungen des ‚DVFA Committee Rating Standards' festhalten, dass mögliche positive Kapitalstruktureffekte durch höheres (wirtschaftliches) Eigenkapital gegen mögliche negative Zinseffekte in der GuV abzuwägen sind. Hierbei sind die positiven Kapitalstruktureffekte umso größer, je höher das Unternehmen im Ausgangsfall verschuldet und je höher der Anteil der kurzfristigen Verschuldung ist. Dagegen sind die negativen Effekte in der GuV direkt mit Art und Höhe der Vergütung für das Mezzanine-Kapital verbunden, d. h. ob es sich um eine feste oder voll gewinnabhängige Vergütung handelt. In diesem Punkt können unter bestimmten Voraussetzungen wie ausschließlich gewinnabhängiger Vergütung auch positive Zins- und Steuereffekte mit Aufnahme von Mezzanine-Kapital einhergehen. Generell muss die Ausgangssituation bzw. ursprüngliche Positionierung des Unternehmens in der jeweiligen Ratingklasse des zugrunde liegenden Ratingsystems berücksichtigt werden, denn je schlechter die Ausgangssituation, desto größer ist das Beharrungsvermögen zum Verbleib in einer Ratingklasse. Ferner gilt es zu beachten, nach welchem Ratingsystem die Beurteilung erfolgt. Denn das Beharrungsvermögen zum Verbleib in dieser Ratingklasse ist ebenso umso größer, je größer die Klassenbreite einer Ratingnote (also je kleiner die Anzahl an Ratingklassen) konzipiert ist. Insgesamt scheint die Fähigkeit des Unternehmens zur Generierung stabiler und nachhaltiger Cash Flows unter Ratinggesichtspunkten wichtiger zu sein, als eine lediglich verbesserte Kapitalausstattung. Aber selbst für den Fall der alleinigen Umschuldung von Fremdkapital in mezzanines Kapital ist die eher schwache Auswirkung auf die Ratingnote zu relativieren. Denn hier gilt es, den ‚Co-Finanzierungseffekt des Mezzanine-Kapitals' zu beachten, nach dem die Ausstattung eines Unternehmens mit (wirtschaftlichem) Eigenkapital als wichtiges Signal für die Bereitschaft von Investoren gewertet werden kann, zusätzliches – anteilige Verluste tragendes – (Eigen-)Kapital zur Verfügung zu stellen. Dies könnte neben einer (möglichen) Verbesserung der quantitativen Ratingeinschätzung auch eine Verbesserung der qualitativen Ratingeinschätzung bewirken.[181]

[181] Vgl. DVFA (2007), S. 23-34; Baetge, J. et al. (2008), S. 312-319; Guthoff, M. (2006), S. 70-73. Für eine weitere Simulation zur bilanziellen Umstrukturierung mit Mezzanine-Kapital siehe Schmeisser, W. (2009), S. 128-148.

3.1.8. Beurteilung

Mezzanine-Kapital bietet insbesondere vor dem Hintergrund der schwachen Eigenkapitalsituation mittelständischer Unternehmen eine Vielzahl von möglichen Vorteilen. Auf Basis der Nachrangigkeit bzw. des Rangrücktritts mezzaniner Mittel und damit der Möglichkeit der Ausgestaltung eines (zivilrechtlich) eigenkapitalähnlichen Charakters stärkt Mezzanine-Kapital die Eigenkapitalbasis des Unternehmens. Hierdurch kann die Bilanzstruktur und damit die Bonität im Hinblick auf eine mögliche Ratingerstellung im Rahmen von Basel II vor dem Hintergrund des in Abschnitt 3.1.7. aufgezeigten, positiven Kapitalstruktureffektes verbessert werden. Somit bleibt der Kreditspielraum nicht nur erhalten, sondern kann sogar ausgeweitet werden. Dies könnte bspw. dazu führen, dass auf Basis dieser verbesserten Haftkapitalbasis neue Kapitalgeber erschlossen oder Kreditlinien ausgeweitet werden. Ferner können einerseits die Krisenfestigkeit des Unternehmens erhöht sowie andererseits auf Basis der Verbesserung der Haftkapitalbasis und einer hierdurch bedingten möglichen Ratingverbesserung die Kreditkonditionen verbessert und somit die durchschnittlichen Kapitalkosten gesenkt werden.[182] Auch könnten die Unternehmen neue Kreditversicherungen erhalten sowie auf Basis einer verbesserten Bonitätsbeurteilung bei Lieferanten auch längere Zahlungsziele oder Bonifikationen zugesprochen bekommen. Die mezzaninen Finanzierungsformen können hierbei so ausgestaltet werden, dass sie auf der einen Seite die handelsbilanzielle oder wirtschaftliche Eigenkapitalbasis bzw. Haftungssubstanz stärken, auf der anderen Seite die Zinszahlungen aufgrund der Möglichkeit der steuerlichen Ausgestaltung des Mezzanine-Kapitals als Fremdkapital voll abzugsfähige Betriebsausgaben darstellen.[183] Dies ist möglich, da im Rahmen einer ratingverbessernden Anrechnung des Mezzanine-Kapitals nicht eine bilanzielle Einordnung als Eigenkapital gemäß HGB oder IFRS entscheidend, sondern eine zumindest partielle Anrechnung als wirtschaftliches Eigenkapital für eine Bonitäts- bzw. Bilanzanalyse ausschlaggebend ist.[184] Diese Anrechnung von Mezzanine-Kapital als bilanzielles und/ oder wirtschaftliches Eigenkapital bei

[182] Weitergehende Forschungen im Bereich Mezzanine-Kapital könnten sich mit dem Thema befassen, ob die höheren Kosten für das aufgenommene Mezzanine-Kapital auf Basis einer möglichen Ratingverbesserung (insbesondere im Rahmen einer voll gewinnabhängigen Vergütung) durch verringerte Fremdkapitalkosten vollständig ausgeglichen oder sogar überkompensiert werden. Hier könnten auf Basis der im Rahmen dieser Arbeit durchgeführten Szenarien aus Abschnitt 3.1.7. weiterführende Analysen durchgeführt werden, um eine Art ‚Break-Even' bzw. Gewinnschwelle zu ermitteln, an dem die höheren Kosten für das Mezzanine-Kapital durch verringerte Fremdkapitalkosten ausgeglichen werden würden.

[183] Vgl. Demuth, B. (2006), S. 11-13; Daum, W. (2005), S. 242; Harrer, H. et al. (2005), S. 4.

[184] Vgl. KfW Bankengruppe (2007b), S. 4-5; Institut für Wirtschafts- und Politikforschung (2005), S. 15-16; KfW Bankengruppe (2005b), S. 2.

gleichzeitigem Absetzen der Ausschüttungen als Betriebsausgaben wird möglich, wenn u. a. eine Beteiligung am Liquidationserlös ausgeschlossen wurde. Durch die Abzugsfähigkeit der Ausschüttungen wird dabei der Cash Flow entlastet, so dass bei voll gewinnabhängiger Vergütung positive Zins- und Steuereffekte genutzt werden können. Auch der Co-Finanzierungseffekt des Mezzanine-Kapitals, nach dem die Ausstattung eines Unternehmens mit (wirtschaftlichem) Eigenkapital als wichtiges Signal für die Bereitschaft von Investoren gesehen wird, zusätzliches und anteilig Verluste tragendes (Eigen-)Kapital zur Verfügung zu stellen, ist zu berücksichtigen.[185] Unterstützend wirkt in diesem Zusammenhang, dass Liquidität zur Verfügung gestellt und gleichzeitig der Bestand an Sicherheiten geschont wird, der somit für weitere, zukünftige Finanzierungen zur Verfügung steht. Da den Investoren i. d. R. keine Gesellschafterrechte, sondern nur Informations- und Kontrollrechte zugesprochen werden, erfolgt keine Verwässerung der Anteile und die Eigentumsverhältnisse bleiben bestehen.[186] Insbesondere die hohe Flexibilität in Bezug auf die Vertragsgestaltung ist ein entscheidender Vorteil von Mezzanine-Kapital, so dass eine Berücksichtigung der unternehmensinternen Liquiditätssituation in Form flexibler Zinsleistungs- und Rückzahlungsmodalitäten möglich ist. Mezzanine-Kapital kann in diesem Fall liquiditätsschonend wirken und die Finanzierungsstabilität durch eine langfristige Verfügbarkeit erhöhen. Weiterhin wird eine sichere Planungsgrundlage für die Unternehmen durch diese i. d. R lange Laufzeit und die zumeist nur außerordentlichen Kündigungsrechte gewährleistet. Durch den Rückzahlungsanspruch der Investoren, der entweder aus dem Cash Flow oder aus einer Refinanzierung erfolgt, ist für das Unternehmen im Gegensatz zur Private-Equity-Finanzierung nicht zwingend eine Veräußerung oder ein Börsengang erforderlich. Darüber hinaus ist auch der Aufnahmeprozess von Mezzanine-Kapital sowohl über die in Abschnitt 3.3. noch vorzustellenden Standard-Mezzanine-Kapital-Programme als auch über Individual-Mezzanine-Kapital im Vergleich zu einer Eigenkapitalbeschaffung über Private Equity-Gesellschaften zumeist einfacher. Für letztere wird häufig ein komplexer und langwieriger Veräußerungsprozess von Gesellschaftsanteilen mit Unternehmensbewertung, Due Diligence[187] sowie Preis- und Vertragsverhandlungen notwendig. Ein weiterer

---

[185] Vgl. Schmeisser, W./Clausen, L. (2008), S. 691; DVFA (2007), S. 33-34; Fischer, J. K./Krehl, H. (2008), S. 82-83.

[186] Vgl. Deutscher Industrie –und Handelskammertag (2004), S. 8; Bundesverband deutscher Banken (2005), S. 23; Hommel, U./Schmittat, J. (2005), S. 982. Möglich ist auch, den Kapitalgebern bei Verschlechterung des Unternehmensratings weitergehende Rechte zuzuweisen. Vgl. Demuth, B. (2006), S. 10.

[187] Sie ist eine Detailanalyse und umfasst i. d. R. Market-, Financial-, Legal- und Tax-Due Diligence. Vgl. Braun, H./Schmidt, D. (2005), S. 200-208; Beck, M. et al. (2006), S. 64-66.

Vorteil von Mezzanine-Kapital ist, dass die Finanzierungsstruktur diversifiziert und damit die Abhängigkeit von der Hausbank bei der Kreditvergabe reduziert wird, so dass bspw. bei Ablösung von Bankverbindlichkeiten von dem in Abschnitt 3.1.7. aufgezeigten, positiven Kapitalstruktureffekt gesprochen werden kann. Hinzukommt, dass das Mezzanine-Kapital die vielfältigen, in Abschnitt 3.1.3. vorgestellten Anwendungsmöglichkeiten bzw. Einsatzgebiete aufweist. Auch der Umgang mit externen Gesellschaftern bzw. Kapitalgebern kann geübt werden. Darüber hinaus können die Ergebnisse der Kreditwürdigkeitsprüfung im Rahmen einer Mezzanine-Kapital-Transaktion, die weit über das übliche Maß eines klassischen Kredites hinausgehen kann, aktiv genutzt werden. Ferner kann Mezzanine-Kapital vor dem Hintergrund der Flexibilität in der Vertragsgestaltung gut mit anderen Finanzprodukten kombiniert werden und steht nicht in Konkurrenz zu den klassischen Finanzierungswegen, so dass es als Teil eines Finanzierungsmixes angesehen werden kann. Denn eine verbesserte (wirtschaftliche) Eigenkapitalbasis schafft erst die Voraussetzungen für eine sich anschließende Fremdkapitalfinanzierung zu gegebenenfalls dann günstigeren Konditionen.[188] Da der Kapitalgeber vor dem Hintergrund der unbesicherten Vergabe der mezzaninen Mittel nicht auf Sicherheiten zurückgreifen kann, ist der Fortbestand des Unternehmens entscheidend, so dass die Interessen der Kapitalgeber und des Kapitalnehmers bis zu einem gewissen Grad gleichgerichtet zu sein scheinen und sich der Kapitalgeber gegebenenfalls für eine das Überleben des Unternehmens begünstigende Restrukturierung entscheiden könnte.[189]

Als Nachteil von Mezzanine-Kapital kann angeführt werden, dass sowohl Profitabilität als auch insbesondere ein laufender positiver bzw. hinreichend hoher und wachsender Cash Flow sowie eine nachhaltig positive Unternehmensentwicklungsperspektive für den Einsatz von Mezzanine-Kapital unabdingbar sind. Demnach kann diese Finanzierungsart nicht von jungen Unternehmen, sondern vor allem von etablierten Unternehmen genutzt werden. Da die Mezzanine-Kapitalgeber aufgrund der Nachrangigkeit und der Bereitstellung des Kapitals ohne Sicherheiten einen echten Risikoausgleich gewährleisten und somit ein höheres Risiko als bei einer reinen Fremdkapitalfinanzierung tragen, sind höhere Finanzie-

---

[188] Vgl. Deutscher Industrie –und Handelskammertag (2004), S. 8; Bundesverband deutscher Banken (2005), S. 23; Demuth, B. (2006), S. 10; Koop, M. J./Maurer, K. (2006), S. 89; Brokamp, J. et al. (2008), S. 23; Natusch, I. (2007), S. 45-46 und S. 57-58; Schmeisser, W. (2009), S. 118; Ernst & Young (2005), S. 10.

[189] Vgl. Altenburg, M. (2009), S. 960; Rid-Niebler, E.-M. (2009), S. 359. Dieser Effekt kann durch Equity Kicker noch verstärkt werden.

rungskosten, die gegebenenfalls aus dem Unternehmensgewinn zu zahlen sind, vom Unternehmen zu tragen.[190] Dies führt bei fixer Vergütung zu den in Abschnitt 3.1.7. betrachteten negativen Zinseffekten in der GuV. Ferner ist ein gegebenenfalls aufwendigerer Auswahlprozess als beim klassischen Fremdkapital zu durchlaufen. Da Investoren bspw. vor dem Hintergrund eines aufwendigeren Auswahl- und Betreuungsprozesses und der damit verbundenen Wirtschaftlichkeit eines Mezzanine-Engagements nur bestimmte Mindestvolumina investieren können bzw. wollen, eignet sich Mezzanine-Kapital kaum für kleinere Unternehmen.[191] Nachteilig wirkt sich außerdem aus, dass hohe Anforderungen an Wachstum und Transparenz gestellt werden. Ferner wird kein echtes Eigenkapital aufgenommen, denn auch wenn die Kapitalüberlassung zumeist langfristiger Natur ist, steht das Kapital nur zeitlich befristet zur Verfügung. Demnach kann Mezzanine-Kapital Eigenkapital auf Dauer nicht ersetzen, sondern eine bestehende Eigenkapitallücke nur für eine absehbare Zeit überbrücken. So sollte durch das Mezzanine-Kapital die Innenfinanzierung und damit die Bilanzstruktur dauerhaft verbessert werden, damit es zu keiner Verschlechterung der Unternehmenssituation bei Ablösung durch Fremdkapital kommt.[192] Insbesondere in konjunkturell schwierigen Zeiten, in der die Unternehmen ihren Fokus auf die Bewältigung einer Wirtschafts- und/ oder Unternehmenskrise und gegebenenfalls auf die Finanzierung von Verlusten legen müssen anstatt Liquidität zu sammeln, können der Kapitaldienst und insbesondere die am Ende der Laufzeit anstehende Rückzahlung potenzielle Finanzierungs- und Liquiditätsengpässe weiter verschärfen.[193] Wenn Mezzanine-Kapital

---

[190] Vgl. Koop, M. J./Maurer, K. (2006), S. 89; KfW Bankengruppe (2005b), S. 3; Dörscher, M./Hinz, H. (2003), S. 609; Demuth, B. (2006), S. 9; Bundesverband deutscher Banken (2005), S. 24. Anzumerken ist, dass Mezzanine-Kapital insbesondere von innovativen und forschenden mittelständischen Unternehmen für im Durchschnitt risikoreichere Projekte genutzt wird, diese Projekte aber auch eine höhere Renditeerwartung aufweisen, wodurch eine vergleichsweise teurere Finanzierung wieder lohnenswert werden kann. Vgl. KfW Bankengruppe (2007c), S. 16.

[191] Hier ist aber ein Trend hin zur Versorgung von kleineren Unternehmen des breiten Mittelstandes mit Mezzanine-Kapital zu erkennen. Vgl. Sachverständigenrat (2005), S. 481-482.

[192] Vgl. Kamp, A./Solmecke, H. (2005), S. 624-625; Deutscher Industrie –und Handelskammertag (2004), S. 8-9; Bundesverband deutscher Banken (2005), S. 24; Natusch, I. (2007), S. 46; Brokamp, J. et al. (2008), S. 24-25.

[193] Hierbei kann eine Anschlussfinanzierung durch Eigen- oder Fremdkapital erfolgen. Bei Ablösung durch Eigenkapital wäre bspw. das „Problem" der Aufnahme neuer Gesellschafter durch Verkauf von Gesellschaftsanteilen, was mit einer Verwässerung der Anteile und Eigentumsverhältnisse einhergehen würde und durch die Mezzanine-Finanzierung bisher umgangen wurde, nur verschoben worden. Ist dagegen eine Ablösung durch Fremdkapital vorgesehen, muss mit einer Verschlechterung der Eigenkapitalquote, des Ratings und damit der Kreditkonditionen gerechnet werden. Auch kann zur Finanzierung der Rückzahlung auf eine bilanzexterne Vorratsfinanzierung, Sale-and-Lease-Back von Immobilien zurückgegriffen werden. Vgl. Emmrich, V. (2009), S. 53; Hofmann, N. (2009), S. 38-39; Schmeisser, W. (2009), S. 118-119; Fischer, J. K. (2009), S. 40.

zur Rückführung von Bankkreditlinien genutzt wird und damit Vorteile wie erweiterter Handlungsspielraum bei Finanzierungen und gegebenenfalls bessere Kreditkonditionen auf Basis der verbesserten Haftkapitalbasis bieten kann, besteht die Gefahr, dass aufgrund der Rückführung von Bankkreditlinien nicht genügend nachhaltige, zusätzliche positive Cash Flows generiert werden können.[194] Darüber hinaus ist es möglich, dass die Kapitalgeber in einer Unternehmenskrise (direkten) Einfluss auf das Unternehmen und die Entscheidungen innerhalb des Unternehmens nehmen. So ist eine divergierende Interessenlage zwischen Unternehmen und Mezzanine-Investor möglich, wenn die Vergütung des Investors nicht auch von der Unternehmensentwicklung bspw. über Equity Kicker abhängig ist. Denn der Mezzanine-Geber nimmt mehr Risiko in Kauf, wenn zur Unternehmensfinanzierung weitere gleich- oder vorrangige Mittel aufgenommen werden. Dieser Interessenkonflikt kann auch auftreten, wenn die arrangierende Bank als Investor auftritt, Teile des Mezzanine-Kapitals auf der eigenen Bilanz hält und gleichzeitig vorrangiger Fremdkapitalgeber ist. Insbesondere bei großvolumigen Fremdkapital- und verhältnismäßig kleinem Mezzanine-Engagement könnte im Krisenfall diese Bank ein nicht unbedingtes Interesse am Fortbestand des Unternehmens haben. So könnte sie sich für die Verwertung der eingeräumten Kreditsicherheiten vor dem Hintergrund des Rangrücktritts des Mezzanine-Kapitals und der damit verbundenen verbreiterten Haftkapitalbasis und somit gegen eine Restrukturierung des Unternehmens entscheiden.[195] Auch kann im Falle einer wirtschaftlichen Unternehmenskrise das (ausschließliche) Interesse des Kapitalgebers in Form der Wahrung der Rückzahlung des Kapitals einer langfristigen (und langwierigen) Unternehmenssanierung gegebenenfalls entgegenstehen. Ferner gilt es auch zu beachten, dass ein vorzeitiger Ausstieg aus der mezzaninen Finanzierung aufgrund der zumeist vereinbarten, außerordentlichen Kündigungsrechte nur schwer bzw. nur unter Inkaufnahme hoher Kosten möglich wäre. Ein weiterer, die Attraktivität von Mezzanine-Kapital senkender Aspekt ist die Unsicherheit in Bezug auf die unterschiedliche Berücksichtigung des Mezzanine-Kapitals in der Bonitätsbeurteilung bzw. im Ratingprozess bonitätsbeurteilender Partnerunternehmen wie Banken, Ratingagenturen, Versicherungen und Lieferanten. Darüber hinaus ist von den

---

[194] Vgl. Emmrich, V. (2009), S. 53; Hofmann, N. (2009), S. 38-39; Schmeisser, W. (2009), S. 118-119; Fischer, J. K. (2009), S. 40.

[195] Vgl. Natusch, I. (2007), S. 46 und S. 58-59; Altenburg, M. (2009), S. 960. Diesem Interessenkonflikt kann durch einen entsprechenden staatlichen Ordnungsrahmen entgegengewirkt werden, in dem der vollständige Transfer der nachrangigen mezzaninen Forderungen und ein bankenunabhängiges Restrukturierungsmanagement sichergestellt ist. Vgl. Altenburg, M. (2009), S. 960. Dies wiederum steht aber sowohl der Anreizkompatibilität als auch dem Vertrauen in die Güte dieser Transaktionen entgegen. Siehe Fn. 278.

Unternehmen zu berücksichtigen, dass das Mezzanine-Kapital bei einer Restlaufzeit von weniger als einem Jahr als kurzfristig und damit nicht mehr als (wirtschaftliches) Eigenkapital gilt. Auch können einerseits die Komplexität mezzaniner Produkte bspw. im Vergleich zum klassischen Bankkredit sowie andererseits die Vielzahl der Angebote und Anbieter in diesem Bereich den Prüfaufwand und dessen Kosten im Entscheidungsprozess für die Unternehmen (deutlich) erhöhen.[196]

3.2. Asset-Backed-Securities als Refinanzierungsinstrument für Standard-Mezzanine-Kapital

3.2.1. Einleitung

Durch sog. Asset-Backed-Securities (ABS) konnten sich Banken bis zum Ausbruch der Finanzmarktkrise im Rahmen einer Strukturierung von Krediten und deren Weiterverkauf günstig Liquidität vom Kapitalmarkt beschaffen und hierdurch u. a. ihre Refinanzierung darstellen. Somit kam ABS-Transaktionen auch im Hinblick auf die Mittelstandsfinanzierung eine große Bedeutung zu, denn durch ABS-Transaktionen konnten Banken Kreditrisiken an den Kapitalmarkt weitergeben. Hierdurch konnte das im Rahmen der Eigenkapitalhinterlegungsvorschriften gemäß Basel II bisher gebundene und durch die Verbriefung und den Weiterverkauf der Risiken wieder freigewordene Eigenkapital zur Vergabe neuer Kredite genutzt werden. Da ABS-Transaktionen einerseits im Rahmen der Finanzmarktkrise in die Kritik geraten sind und andererseits bis zum Ausbruch der Finanzmarktkrise vor allem ein wichtiges Element zur Refinanzierung von Standard-Mezzanine-Kapital darstellen, wird im Folgenden die Funktionsweise von ABS-Transaktionen erläutert.[197]

[196] Vgl. Rid-Niebler, E.-M. (2009), S. 359; Grunow, H.-W. G./Figgener, S. (2006), S. 243; Piaskowski, W./Kaczmarczyk, J. (2008), S. 42-43; Mischkowski (2008), S. 16; Sachverständigenrat (2005), S. 481-482; DVFA (2007), S. 10.

[197] Eine Beurteilung von ABS-Transaktionen aus Banken-, Investoren- und Unternehmenssicht wird im Rahmen der Beurteilung von Standard-Mezzanine-Kapital in Abschnitt 3.3.4. vorgenommen. Auf eine detaillierte und separate Beurteilung von ABS-Transaktionen wird somit verzichtet. Für Informationen zur Bilanzierung von ABS-Transaktionen nach HGB und IFRS siehe Lotz, U. (2008a), S. 29-38; Lotz, U. (2008b), S. 39-47; Feld, K.-P. (2007), S. 59-245; Ricken, S. (2008), S. 69-80. Für Diskussionen zu (aufsichts-)rechtlichen Problemen im Rahmen von ABS-Transaktionen wie Gewerbesteuerbelastung oder Betriebsstättenproblematik sei verwiesen auf Heisig, F. et al. (2008), S. 48-65; Hommel, U. (2005), S. 96-134; Bünning, M. (2005), S. 475-493; Schmeisser, W./Leonhardt, M. (2006), S. 80-89; The Boston Consulting Group (2004), S. 75-89.

3.2.2. Definition und Funktionsweise

Asset-Backed-Securities (ABS) sind gemäß Rundschreiben 4/97 des ehemaligen Bundesaufsichtsamts für das Kreditwesen[198] „Wertpapiere oder Schuldscheine…, die Zahlungsansprüche gegen eine ausschließlich dem Zweck der ABS-Transaktion dienende Zweckgesellschaft zum Gegenstand haben." Die Zahlungsansprüche aus den Wertpapieren oder Schuldscheinen (Securities) sind durch den Forderungsbestand (Asset) gesichert (backed). Diese Zahlungsansprüche werden aus einer Bank[199], dem sog. Originator, ausgegliedert und an eine eigens für diesen Zweck gegründete, rechtlich selbstständige Zweckgesellschaft[200] übertragen. Das SPV wiederum refinanziert den Kaufpreis dieser Assets durch Emission von Wertpapieren, denen die Assets bzw. die Zahlungsströme genau definierter Vermögenswerte als Haftungsgrundlage für die Investoren dienen.[201] Somit umschreiben ABS-Transaktionen[202] den Prozess und das Resultat des Poolings von Vermögensgegenständen[203] und die Emission von Wertpapieren, die durch die zugrunde liegenden Assets besichert werden.[204] Die Assets können nach ihrer Bonität neu strukturiert und anschließend in Tranchen mit differenzierter Verzinsung als Emission der Zweckgesellschaft gleichsam neu verpackt werden. Somit werden in ABS Zahlungsansprüche von Investoren gegenüber dem SPV verbrieft. Die Emission wird zumeist mit einem Rating ausgestattet und so dem Markt wieder zugeführt, wobei die Emission häufig in mehrere Wertpapiertranchen nach dem Prinzip zunehmender Nachrangigkeit (Subordination)[205] entsprechend ihrem Risikogehalt mit unterschiedlichen Ratings aufgeteilt wird.[206] Durch diese Strukturierung wird das durch Ratingagenturen zu vergebende Rating der Asset-Backed-Securities

[198] Das Bundesaufsichtsamt für das Kreditwesen (BAKred) ist seit dem 01.05.2002 Teil der neu gegründeten Bundesanstalt für Finanzdienstleistungsaufsicht (BAFin).

[199] Neben Banken können auch größere Mittelständler unter bestimmten Voraussetzungen und Mindestvolumina ABS-Transaktionen direkt als Finanzierungsinstrument nutzen. Im Rahmen dieser Arbeit liegt der Fokus aber auf der Refinanzierung aus Bankensicht.

[200] Die Zweckgesellschaft wird auch als ‚Special Purpose Vehicle' (SPV) bezeichnet und hat als einzige Aufgabe den Ankauf der Vermögenswerte und deren Refinanzierung durch Emission von Wertpapieren. Vgl. Schmeisser/Leonhardt (2006), S. 35. Die jeweiligen Transaktionsteilnehmer und deren Aufgaben sind in Anhang VI-35 zusammengefasst.

[201] Vgl. Bundesaufsichtsamt für das Kreditwesen (1997); Bundesaufsichtsamt für das Versicherungswesen (2002), S. 2-3; Braun, H. (2005), S. 63. „Gewöhnliche" Schuldverschreibungen werden dagegen aus dem gesamten Unternehmens-Cash Flow befriedigt. Vgl. Lindtner, A. (2006), S. 14.

[202] Bei ABS-Transaktionen wird auch von Verbriefungen bzw. Verbriefungstransaktionen gesprochen.

[203] Häufig wird auch der englische Ausdruck ‚Assets' verwendet.

[204] Vgl. Litten, R./Christea, S. (2003), S. 213.

[205] Siehe Abschnitt 3.2.4.

mitunter besser als das Rating des Originators, was zu günstigeren Finanzierungskonditionen führen kann.[207] ABS-Transaktionen basieren vorzugsweise auf Forderungen, die hinreichend homogen und granular bzw. diversifiziert sind (und damit geringe Einzelschuldnerkonzentrationen aufweisen), und so Klumpen- bzw. Einzelrisiken vermeiden. Ferner müssen die zu verbriefenden Assets bewert-, prognostizier-, bestimm- und technisch trennbare, künftige Cash Flows aufweisen und ein ausreichendes verbriefungsfähiges Volumen besitzen.[208] Auch müssen einerseits die zugrunde liegenden Forderungen[209] im Fall der Insolvenz des Originators dem Zugriff seiner Gläubiger (insolvenzfeste Gestaltung) sowie andererseits das SPV als Käufer der Forderungen dem Einfluss des Originators entzogen sein.[210]

3.2.3. Klassifizierung

3.2.3.1. Allgemeine Klassifizierung

ABS können im weiten Sinne in Abhängigkeit der zugrunde liegenden Vermögenswerte bzw. Underlying oder Assets in Wertpapierarten eingeordnet werden. In diesem Zusammenhang basieren die den Mortgage-Backed-Securities (MBS) zugrunde liegenden, grundpfandrechtlich gesicherten Darlehensforderungen entweder auf Hypothekendarlehen für privat oder auf Darlehen für gewerblich genutzte Immobilien.[211] Unternehmensforde-

---

[206] Anhang VI-36 enthält eine Übersicht über Ratingsymbole und deren Bedeutung für kurz- und langfristige Emissionen.

[207] Vgl. Bundesaufsichtsamt für das Versicherungswesen (2002), S. 2-3; Gaugusch, J./Wainig, W. (2004), S. 95; Ahrweiler, S./Börner, C. J. (2003), S. 54-55; Böhmer, M. (1999), S. 163. Für weitergehende Informationen zum sog. Portfolioeffekt siehe bspw. Rosar, M. (2000), S. 48-54.

[208] Vgl. Schmeisser, W./Leonhardt, M. (2006), S. 60-61; Ahrweiler, S./Börner, C. J. (2003), S. 55; Kaltenhäuser, I. (2006), S. 28. Ferner sollten die zu verbriefenden Assets eine ausreichende Datenhistorie, geringe Ausfallquoten und eine konstant niedrige Rate von nicht termingenau eingehenden Zahlungen aufweisen. Vgl. Lindtner, A. (2006), S. 15.

[209] Hierbei hat der Verkäufer der Forderungen wie beim Factoring für den rechtlichen Bestand der Forderungen einzustehen (Veritätsrisiko). Vgl. Arntz, T./Schultz, F. (1998), S. 696.

[210] Vgl. App, J. G./Klein, J. (2006), S. 490. Diese Voraussetzungen für eine sog. True Sale-Verbriefung (siehe Abschnitt 3.2.3.2.) können z. B. durch eine zweistufige Organisationsstruktur erreicht werden, bei der das die Forderungen ankaufende SPV von einer Treuhandgesellschaft gehalten wird. Vgl. ebenda, S. 490. Weitere Maßnahmen, durch die eine vollständige Insolvenzferne des SPV erreicht werden kann, werden bei Braun, H./Schmidt, D. (2005) S. 193-194 dargestellt. Für weitere Informationen zur Eignung verschiedener Arten von Forderungen als Underlying einer Verbriefungstransaktion siehe Ohl, H.-P. (1994), S. 137-162.

[211] Erstere werden auch als Residential-Mortgage-Backed-Securities (RMBS), letztere als Commercial-Mortagage-Backed-Securities (CMBS) bezeichnet. Vgl. Braun, H. (2005), S. 65-66. Der Ursprung von ABS-Transaktionen liegt in der Unterstützung der US-Wohnungsbaufinanzierung durch Förderung des Sekundärmarktes für Hypothekendarlehen. Für Informationen zur historischen Entwicklung von ABS-Transaktionen siehe Schmeisser, W./Leonhardt, M. (2006), S. 39-45.

rungen bilden i. d. R. das Underlying für die forderungsrechtlich gesicherten Collateralized Debt Obligations (CDO). Diese wiederum werden unterteilt in Collateralized Loan Obligations (CLO), denen zumeist Darlehensforderungen an Unternehmen zugrunde liegen[212], und in Collateralized Bond Obligations (CBO) mit Unternehmensanleihen als Underlying.[213] ABS im engeren Sinne sind vorwiegend Forderungen aus Lieferungen und Leistungen, Kreditkartenverträgen, Konsumentenkrediten sowie Leasingverträgen.[214] Auch können ABS-Transaktionen nach dem Konzept des Zugangs zum Kapitalmarkt unterschieden werden. Zum einen kann der Zugang über das Anleihekonzept und zum anderen über das Fonds- bzw. Fondszertifikatekonzept erfolgen. Beim Fondskonzept ist der Investor direkt über Anteile am Vermögen des Assetpools und damit am Portfolio beteiligt. Die rechtlich verselbstständigten Forderungen werden in ein Sondervermögen eingebracht und vom sog. Treuhänder bzw. Trustee in treuhänderischen Besitz genommen. Anschließend werden die Anteile über sog. Pass-Through-Zertifikate, die vom SPV[215] an den Originator emittiert werden, direkt an Investoren verkauft. Dies bedeutet, dass der Investor entsprechend der Höhe seines investierten Kapitals und gleichermaßen einem Anlagefondsanteil Eigentum an den aus den Forderungen resultierenden Zins- und Tilgungszahlungen erwirbt. Die Cash Flows werden bei diesem Prinzip ohne Umstrukturierung und zeitgleich an die Investoren weitergeleitet. Beim Anleihekonzept verkauft der Originator dagegen die rechtlich verselbstständigten Forderungen an das SPV[216], das den Ankauf der Forderungen durch Emission von Schuldverschreibungen mit festen Zins- und Tilgungszahlungen refinanziert. Das Eigentum verbleibt beim Emittenten der Schuldverschreibungen und somit beim SPV. Bei diesem Konzept dürfen die Zins- und Tilgungszahlungen nach dem Subordinationsprinzip zu Wertpapiertranchen unterschiedlicher Priorität und Bonität und gegebenenfalls unterschiedlichen Laufzeiten umstrukturiert werden, wobei dieses Prinzip auch als Pay-Through-Prinzip bezeichnet wird. Bei diesem Prinzip werden die eingehenden Zahlungen gesammelt und zu fest vereinbarten Terminen an die Investoren ausgezahlt. Der Investor

---

212 Als Beispiel eines CDOs kann Standard-Mezzanine-Kapital angeführt werden, das somit auch als SME CDO bzw. SME CLO bezeichnet werden kann.

213 Vgl. Zahn, A./Lemke, R. (2003), S. 37-43.

214 Vgl. Braun, H. (2005), S. 66; Bechtold, H./Glüder, D. (2006), S. 37. Anhang VI-37 gibt einen zusammenfassenden Überblick.

215 Hierbei hat das SPV die Rechtsform eines Trusts. Ein Trust kann hierbei eine gemeinnützige Stiftung oder Verein sein. Vgl. Böhmer, M. (1999), S. 164; Schneck, O. (2006), S. 323; Langner, S. (2002), S. 660.

216 Hierbei hat das SPV die Rechtsform einer Kapitalgesellschaft. Vgl. Böhmer, M. (1999), S. 165; Schneck, O. (2006), S. 323.

wird nicht Eigentümer, sondern Gläubiger des SPV.[217] Bei beiden Konzepten hängt die Bedienung der Wertpapiere grundsätzlich allein vom Zahlungsstrom aus dem Assetpool ab. Die Wertpapiere können hierbei im Rahmen einer Privatplatzierung oder über ein öffentliches Angebot am Kapitalmarkt angeboten werden.[218]

Weiterhin ist eine Unterscheidung von ABS-Transaktionen auch nach Anzahl der refinanzierten Portfolien oder Unternehmen möglich. Wenn nur ein Unternehmen bestimmte Assets verkauft, wird von Single-Seller-Transaktionen gesprochen, bei mehreren verkaufenden Unternehmen von Multi-Seller-Transaktionen.[219] Ferner kann eine ABS-Transaktion zum einen eine Substitution der klassischen Kreditfinanzierung durch Wertpapierfinanzierung darstellen sowie zum anderen die Verbriefung bestehender Forderungen in ABS beinhalten. Bei erstgenannter Form müssen sich die Assets nicht zwingend auf der Bilanz eines Originators befinden, sondern können in Form eines Portfolio von Forderungen vor dem Hintergrund einer sich anschließenden Verbriefung gezielt neu zusammengestellt werden.[220] Refinanziert sich ein SPV über kurzfristige, sog. Commercial Papers, werden diese Transaktionen auch als Asset-Backed-Commercial-Paper-Transaktionen (ABCP-Transaktionen) bezeichnet. Bei einer langfristigen Refinanzierung wird dagegen von Term Deals gesprochen.[221] Darüber hinaus lassen sich ABS-Transaktionen auch nach Art des Risikotransfers differenzieren. In diesem Zusammenhang wird zwischen sog. True-Sale-ABS und synthetischen ABS unterschieden.[222]

---

[217] Vgl. Böhmer, M. (1999), S. 164-166; Schmeisser, W./Leonhardt, M. (2006), S. 56-57; Ohl, H.-P. (1994), S. 47-55; Rudolph, B. (2005), S. 178. Mit dem flexibleren Pay-Through-Prinzip kann vorzeitigen Rückzahlungen und damit dem Wiederanlagerisiko für den Investor in Form des Zinsänderungsrisikos begegnet werden. Vgl. Lindtner, A. (2006), S. 37-38; Olfert, K. (2005), S. 342.

[218] Vgl. Ehlers, H. (2005), S. 120; Schneck, O. (2006), S. 324.

[219] Vgl. Mevissen, D. (2005), S. 26. Die Refinanzierung erfolgt bei Multi-Seller-Transaktionen über eine gemeinsame, teilweise bereits bestehende Refinanzierungsgesellschaft, das sog. Conduit. Dies ist ein SPV, welches ausschließlich Forderungen von mehreren sog. Originators und/ oder mehreren Transaktionen erwirbt. Hierdurch lassen sich Kapitalmarktplatzierungen kostengünstiger gestalten. Vgl. Achleitner, A.-K./Fingerle, C. H. (2004), S. 23; Ortseifen, S. (2004), S. 98; Hommel, U. (2005), S. 7-9; European Commission (2004), S. 73 und S. 96-100.

[220] Vgl. Böhmer, M. (1999), S. 163; Franke, G./Hein, J. (2008), S. 223-226; Laeger, V./Malaterre, N. (2007); Rother, S. (2006), S. 1061.

[221] Vgl. Schmeisser, W./Leonhardt, M. (2007), S. 173; Hommel, U. et al. (2005), S. 389. Bei mittelfristigen Finanzierungszeiträumen von wenigen Monaten bis zu fünf Jahren wird von Medium Term Notes (MTN) gesprochen. Vgl. Schneider, T./Droste, M. (2002), S. 398.

[222] Vgl. Schmeisser, W./Leonhardt, M. (2006), S. 36.

3.2.3.2. True Sale

Bei einem True-Sale gehen die Aktiva auf Basis von § 39, Absatz 2, Nr. 1 Abgabenordung (AO) mit bilanzbefreiender Wirkung auf die Zweckgesellschaft über.[223] Voraussetzung für den zivilrechtlichen und wirtschaftlichen Übergang[224] von z. B. Forderungen eines Originators in das Vermögen des SPV ist u. a., dass die Forderungen übertragbar und bestimmbar sind, keinem (gesetzlichen oder vertraglichen) Abtretungs- oder Pfändungsverbot unterliegen sowie eine Rückübertragung und ein Rückgriffsrecht ausgeschlossen ist. Insbesondere der vollständige, regresslose Übergang des Kredit- bzw. Bonitätsrisikos auf den Käufer sowie die rechtliche Verfügungsbefugnis sind maßgeblich für einen Bilanzübergang.[225] Handelsrechtlich gesehen stellt ein True Sale eine stille Zession mit bilanzbefreiender Wirkung dar, weswegen die Beziehung zwischen Originator und Drittschuldner nicht beeinflusst wird.[226]

3.2.3.3. Synthetische Verbriefung

Anstelle der Übertragung der Forderungen auf das SPV können die Forderungen in der Bilanz des Originators verbleiben. In diesem Fall wird das Ausfallrisiko über ein Kreditderivat, z. B. in Form eines sog. Credit-Default-Swaps (CDS), lediglich synthetisch auf das SPV übertragen und ist somit eine Konstruktion aus Verbriefung und Kreditderivat.[227]

---

[223] Vgl. Ahrweiler, S./Börner, C. J. (2003), S. 55; Schmeisser, W./Leonhardt, M. (2007), S. 169.

[224] Eine allgemein verbreitete Definition bzw. eine Formulierung zur Konkretisierung des Begriffs des ‚wirtschaftlichen Eigentums' ist die, dass wirtschaftlicher Eigentümer derjenige ist, dem – ohne dass er der rechtliche Eigentümer ist – dauerhaft der Besitz, die (Preis-)Gefahr sowie die Nutzungen und Lasten eines Vermögensgegenstandes zustehen. Vgl. Adler, H. et al. (1998), Rn. 260-262.

[225] Vgl. Ahrweiler, S./Börner, C. J. (2003), S. 55; Bünning, M. (2005), S. 482-484; Dreyer, G. et al. (2003), S. 92; Schneck, O. (2006), S. 335; Schneider, T./Droste, M. (2002), S. 391-392. Maßgeblich für die bilanzbefreiende Wirkung einer ABS-Transaktion ist die Stellungnahme des IDW RS HFA 8 des IDW, WPg 2002, Heft-Nr. 21/2002, S. 1151. Sind die Voraussetzungen eines Bilanzübergangs bspw. durch etwaige Rückkaufsverpflichtungen des Verkäufers, Rückgriffsmöglichkeiten des SPV auf den Veräußerer bei Forderungsausfällen, überhöhte Kaufpreisabschläge, eine Beteiligung des Originators am Eigenkapital des SPV oder durch Zeichnung wesentlicher Teile der vom SPV ausgegebenen Wertpapiere durch den Originator nicht erfüllt, wird die Forderungsübertragung als Sicherungsabtretung zur Besicherung eines Darlehens des SPV an den Originator angesehen. Vgl. Dreyer, G. et al. (2003), S. 92; Schneider, T./Droste, M. (2002), S. 392; Tebroke, H.-J. (2004), S. 145-146.

[226] Vgl. Schneck, O. (2006), S. 322. In Anhang VI-38 ist die Grundstruktur eines True Sale veranschaulicht.

[227] Kreditderivate sind hierbei Finanzinstrumente, mittels derer die mit Anleihen, Darlehen oder anderen Aktiva verbundenen Kreditrisiken auf andere Marktteilnehmer, die sog. Sicherungsgeber, übertragen werden. Dabei werden die ursprünglichen Kreditbeziehungen zwischen dem Sicherungsnehmer, d. h. der Vertragspartei, die das Kreditrisiko veräußert, und dem Schuldner des Referenzaktivums (i. d. R. ein Forderungsportfolio) weder verändert noch neu begründet. Bei einem CDS leistet der Sicherungsgeber bei Eintritt eines vorab spezifizierten Kreditereignisses bei einem Referenzaktivum oder -portfolio dem Si-

Das SPV erhält als Sicherungsgeber für die Übernahme des Kreditrisikos eine (wiederkehrende) Prämie. Parallel dazu kann das SPV am Kapitalmarkt sog. Credit-linked Notes (CLN)[228] emittieren, womit das Ausfallrisiko über die nach Risikoklassen gestaffelten Anleihen an den Kapitalmarkt weitergegeben wird. Aus dem Erlös der begebenen CLN kann das SPV erstklassige (risikolose) Wertpapiere erwerben, die als Sicherheitenpool (Collateral Pool) dienen, um somit die Rückzahlung der begebenen Wertpapiere vom Ausfallrisiko des Originators zu isolieren. Die Zinszahlungen aus dem Sicherheitenpool sowie die Prämie (sog. Swapprämie) aus dem CDS werden hierbei als Kuponzahlungen für die CLN eingesetzt. Die Investoren tragen somit das Ausfallrisiko des Collateral Pools und des durch das Kreditderivat synthetisch verbundenen Referenzaktivums.[229]

Durch Emission von CLN erfolgt der Transfer der Kreditrisiken über einen CDS sozusagen ‚funded', ohne die Emission von CLN dagegen ‚unfunded'. Diesbezüglich kann eine ‚funded'-Struktur bei Übernahme des gesamten Kreditrisikos der Transaktion durch das SPV über einen CDS und anschließender Weitergabe dieses gesamten Risikos über die Emission von CLN an die Investoren als ‚fully funded'-Struktur bezeichnet werden.[230] Wird hingegen sowohl das Kreditrisiko der aufgrund der außerordentlich guten Risikoqualität hochrangigsten Tranche (Super Senior Tranche) über einen sog. Super Senior CDS als auch das Risiko des First Loss Pieces über einen CDS synthetisch separat weitergereicht, tritt ein Investor als Sicherungsgeber für diese Tranchen auf. Nur die restlichen, mezzaninen und sowohl der Super Senior Tranche nachrangigen als auch dem First Loss Piece vorrangigen Kreditrisiken werden vom SPV über einen CDS übernommen und anschließend über die Emission von CLN an die Investoren weitergereicht. In diesem Fall kann von einer ‚partially funded'-Struktur gesprochen werden. Auch hier wird die Bonität des SPV durch Investition des Emissionserlöses aus den CLN-Tranchen in sehr gut geratete Anleihen bzw.

cherungsnehmer eine Ausgleichszahlung, wodurch ein CDS wirtschaftlich gesehen Ähnlichkeit mit einer Kreditversicherung oder Garantie hat. Vgl. Gaugusch, J./Wainig, W. (2004), S. 95.

228 Bei diesen Wertpapieren ist die Rückzahlung an die Werthaltigkeit (Performance) der zugrunde liegenden Assets gebunden. Demnach kann eine CLN in eine Anleihe und einen CDS zerlegt werden. Vgl. Gaugusch, J./Wainig, W. (2004), S. 97.

229 Vgl. Bundesaufsichtsamt für das Versicherungswesen (2002), S. 2-3; Ahrweiler, S./Börner, C. J. (2003), S. 56-57; Langner, S. (2002), S. 672; Braun, H./Schmidt, D. (2005), S. 194-195; Hofmann, G. et al. (2007), S. 242.

230 In Anhang VI-39 ist eine ‚fully funded'-Struktur veranschaulicht.

risikolose Anlagen sichergestellt.[231] Bei einem ‚unfunded Sale' fließen keine Mittel vom Risikonehmer an den Risikogeber. Da Zahlungen nur im Falle eines Kreditausfall im Rahmen der Haftung des Risikonehmers auftreten, handelt es sich um ein reines Versicherungsgeschäft.

Zusammenfassend kann festgestellt werden, dass sowohl bei True Sale-Transakionen als auch synthetischen Verbriefungen über CLN wirtschaftlich gesehen der gleiche Risikotransfer vom Originator auf den Investor erfolgt. Der Unterschied liegt demnach u. a. in der Art des Risikotransfers, ist für den Investor rein formaljuristischer Natur und spiegelt daher vorwiegend die der einzelnen Transaktion inhärenten Rechtsrisiken wider.[232]

3.2.4. Credit Enhancements

Durch Kreditverbesserungen bzw. Sicherheitsverstärkungen (Credit Enhancements bzw. CE) werden ABS-Transaktionen im Rating verbessert bzw. auf ein Rating-Niveau gehoben, das ohne CE nicht erreichbar wäre. In diesem Zusammenhang lassen sich die CE nach der Art des Risikoträgers respektive Sicherungsgebers unterscheiden in CE, die:

- sich aus dem aus den Forderungen resultierenden Zahlungsstrom bzw. Cash Flow ergeben und somit strukturintern sind,
- vom Originator gestellt werden,
- durch externe Dritte bereitgestellt werden.[233]

Zu den CE aus dem Zahlungsstrom zählt das Reservekonto, das bis zu einer bestimmten Mindesthöhe von der Differenz zwischen den eingehenden Bruttozinseinnahmen der Kreditnehmer und anderer Erträge einerseits sowie den zu zahlenden Refinanzierungszinsen und sämtlichen Programmkosten (Verwaltungsgebühren, Abschreibungen und andere vor-

[231] Vgl. Lotz, U. et al. (2003), S. 104; Fitch (2006e), S. 4; Hofmann, G. et al. (2007), S. 259; Perridon, L./Steiner, M. (2007), S. 439-440; Rosenfeld, K./Ziese, S. (2006), S. 1060. Ein Beispiel für eine in Anhang VI-40 dargestellte ‚partially funded'-Struktur ist die standardisierte KfW-Plattform PROMISE (Promotional Mittelstand Loan Securitisation) für Bankkredite an KMU. Die Kreditrisiken werden durch die KfW als Investor in Form eines CDS übernommen, wobei die KfW wiederum die Kreditrisiken über eine eigene Emissionsgesellschaft am ABS- und Swapmarkt weiterplatziert. Vgl. Lotz, U. et al. (2003), S. 110; Ortseifen, S. (2004), S. 89; Gaugusch, J./Wainig, W. (2004), S. 95; Glüder, D. (2005). Vorteil dieser standardisierten Form ist, dass die Einbindung der KfW eine vollständige Grundsatzentlastung der im Portfolio befindlichen Forderungen bewirkt, da das KWG für die KfW als öffentlich-rechtliches Förderinstitut keine Kapitalanrechnung für Risikoaktive vorsieht. Vgl. Ortseifen, S. (2004), S. 90.

[232] Vgl. Sachverständigenrat (2007), S. 109; Gehrmann, V. et al. (2005), S. 262-263.

[233] Vgl. Hommel, U./Schmittat, J. (2005), S. 981; Ohl, H.-P. (1994), S. 85-87; Litten, R./Christea, S. (2003), S. 214; Langner, S. (2002), S. 660-661; Ahrweiler, S./Börner, C. J. (2003), S. 54-55. Anhang VI-41 stellt die verschiedenen Credit Enhancements zusammenfassend dar.

rangig zu bedienende Kosten) andererseits gespeist wird.[234] Bei der Überbesicherung bzw. Overcollateralization als weitere Form der CE aus dem Cash Flow übersteigt das Volumen der an das SPV übertragenen Assets das Emissionsvolumen der ABS. Ferner steht bei einem Discount als Disagio bzw. Kaufpreisabschlag überschüssiges Cash Flow-Volumen bei Ausfällen des Referenzportfolios zur Bedienung fälliger Zins- und Tilgungszahlungen aus den ABS zur Verfügung. Hierbei erfolgt ein Abschlag auf Forderungsebene und nicht wie bei der Overcollateralization als Aufschlag auf den emittierten Betrag.[235] Auch die sog. Subordination anhand des Über- bzw. Unterordnungsverhältnisses bietet sich als weitere Möglichkeit der CE an. Dabei werden die zur Refinanzierung ausgegebenen Wertpapiere in mehrere, klar voneinander getrennte Tranchen eingeteilt. Wesentliches Merkmal dieser Senior/Sub-Struktur ist dabei, dass der Assetpool keiner bestimmten Tranche eindeutig zuzuordnen ist, sondern die Bedienung der einzelnen Tranchen streng hierarchisch erfolgt und die Cash Flows aus dem Assetpool somit entsprechend dem Rang der Tranche zugeteilt werden. Dies bedeutet, dass Cash Flows zuerst zur Befriedigung der vorrangigen Tranche (Seniortranche) genutzt werden, bevor die Inhaber der nächst niedrigeren Klasse Zins- und Tilgungsleistungen vereinnahmen können usw.[236] Demnach ergibt sich zwangsläufig, dass die nachrangigste aller Tranchen stets als letzte Tranche Zins- und Tilgungsleistungen erhält und somit die ersten Ausfälle und damit das Erstrisiko aus dem Assetpool trägt. Deswegen wird sie auch als Equity-, Junior- oder First Loss-Tranche bzw. -Piece bezeichnet. Dem höheren Risiko dieser nachrangigen Tranchen entspricht ein höherer Zinssatz. Übernimmt der Originator selbst die Equity-Tranche und damit einen (wesentlichen) Teil des Ausfallrisikos, besteht eine gewisse Sicherheit für die ABS-Gläubiger.[237]

---

[234] Diese Differenz wird auch als Excess Spread oder Performance-Liquid-Fee bezeichnet, so dass auch vom Spread Konto bzw. Spread Account gesprochen werden kann. Bei einer Qualitätsverschlechterung des Forderungspools wird ein verbleibender Excess Spread häufig nicht zur sonst üblichen Ausschüttung an nachrangige Tranchen, sondern zur Tilgung der Senior-Tranche(n) genutzt, was zu einer Erhöhung der sog. Overcollateralization der hiervon profitierenden Tranchen führt. Vgl. Braun, H./Schmidt, D. (2005), S. 199; Basler Ausschuss für Bankenaufsicht (2004), S. 108; Langner, S. (2002), S. 661; Röchling (2002), S. 41-42; Bär, H. P. (2000), S. 213-214.

[235] Vgl. Langner, S. (2002), S. 661; Röchling (2002), S. 41-42; Jobst, A. (2005), S. 4; Ahrweiler, S./Börner, C. J. (2003), S. 54; Braun, H./Schmidt, D. (2005), S. 199; Kaltenhäuser, I. (2006), S. 16.

[236] Die Subordination wird auch als Tranchierung bezeichnet. Da die Cash Flows des Assetpools dem Rang der jeweiligen Tranche entsprechend vom höheren zum niedrigeren Rang zufließen, kann auch vom sog. Wasserfall-Prinzip gesprochen werden. Vgl. Braun, H./Schmidt, D. (2005), S. 199; Schmeisser, W./Leonhardt, M. (2006), S. 53.

[237] Vgl. Röder, K./Sonnemann, U. (2005), S. 329; Langner, S. (2002), S. 661; Schmeisser, W./Leonhardt, M. (2006), S. 53; Bär, H. P. (2000), S. 213. Gaugusch, J./Wainig, W. (2004), S. 95; Ahrweiler, S./Börner, C. J. (2003), S. 54-55. Einen weiteren Schutz der oberen Tranchen stellen sog. Trigger dar. Sie können

Als CE, die vom Originator zur Verfügung gestellt werden, kann eine Bareinlage (Cash Account bzw. Reserve) angeführt werden. Diesbezüglich wird durch den Originator zu Beginn der Transaktion eine Bareinlage als Sicherheit auf einem Konto hinterlegt. Zusätzlich kann der Originator auch Entschädigungszahlungen zusichern oder (beschränkte) Rückkaufsverpflichtungen eingehen.

CE durch Dritte sind Garantien bzw. Bürgschaften, die von Versicherungsgesellschaften gegen Provisionszahlung zu Gunsten der ABS-Gläubiger abgegeben werden. Alternativ kann einerseits ein sog. Letter of Credit[238] zwischen einer Bank und dem Originator, andererseits eine Liquiditätsfazilität, durch die dem SPV bei zeitweiligen Liquiditätsengpässen oder im Fall von Marktstörungen (kurzfristige) Darlehen bereitgestellt werden, sowie ferner eine Verpfändung von Geldeinlagen in Form von Cash Collateral Accounts vereinbart werden. Auch kann bspw. durch die Beteiligung der KfW an den PROMISE-Strukturen eine Eigenkapitalunterlegung der im Portfolio befindlichen Forderungen entfallen.[239]

3.3. Standard-Mezzanine-Kapital als Bindeglied zwischen Mezzanine-Kapital und Asset-Backed-Securities

3.3.1. Der deutsche Verbriefungsmarkt und kapitalmarktrefinanziertes Mezzanine-Kapital

Seit der ersten Mittelstandsverbriefung im Jahr 1998 wurden bis Mitte 2008 in Deutschland 55 ABS-Transaktionen mit insgesamt ca. EUR 79 Mrd. an Mittelstandsrisiken durchgeführt. Bis zum Ausbruch der Finanzmarktkrise im Sommer 2007 wurden neben Handelsforderungen und Forderungen aus dem Leasing von fungiblen und damit allgemein verwertbaren Gütern wie Maschinen und insbesondere Fahrzeugen auch zunehmend „an-

bspw. in Form von Trigger Ratios als Kennzahlen angegeben werden, bei deren Bruch ein sog. Trigger Event ausgelöst wird. Neben Ankaufs- oder Emissionsstopp wäre eine erhöhte Rückzahlungsgeschwindigkeit der oberen Tranche durch Umstellung von pro-rata auf sequentielle Tilgung möglich, so dass es zu einer alleinigen Verrechnung der eingegangenen Zahlungen auf die oberste Tranche bis zu deren vollständiger Tilgung kommt. Hierbei wird von einer Pro-Rata Amortisation gesprochen, wenn eine Verrechnung von Tilgungszahlungen auf alle Tranchen entsprechend ihres prozentualen Anteils am Gesamtvolumen vorgenommen wird. Vgl. Langner, S. (2002), S. 663; Kaltenhäuser, I. (2006), S. 17; Mevissen, D. (2005), S. 31; Kaltenhäuser, I. (2006), S. 68.

238 Hierbei gibt eine Bank ein abstraktes unwiderrufliches Zahlungsversprechen ab, dem Originator Gelder zur Verfügung zu stellen, um die Cash Flows der ABS teilweise oder zum vollen Betrag zu gewährleisten. Vgl. Schmeisser, W./Leonhardt, M. (2006), S. 54-55.

239 Vgl. Schmeisser, W./Leonhardt, M. (2006), S. 54-55; Litten, R./Christea, S. (2003), S. 214; Langner, S. (2002), S. 660-661; Röchling (2002), S. 41-42; Ahrweiler, S./Börner, C. J. (2003), S. 54-55; Röder, K./Sonnemann, U. (2005), S. 329; Ohl, H.-P. (1994), S. 92-108; Kaltenhäuser, I. (2006), S. 15.

spruchsvollere" Mittelstandskredite wie Akquisitionsfinanzierungen, Schuldscheine und Mezzanine-Kapital verbrieft.[240] In 2009 ist das verbriefte Nominalvolumen in Deutschland mit ca. EUR 34,4 Mrd. gegenüber 2008 (EUR 75,7 Mrd.) um mehr als die Hälfte zurückgegangen. Im Gesamtjahr 2008 hatte das Verbriefungsvolumen in Deutschland für alle Assetklassen mit ca. EUR 76 Mrd. insbesondere aufgrund großvolumiger EZB-Transaktionen zwar ein Allzeithoch erreicht, hierbei wurde in Europa aber die Mehrzahl bei den Zentralbanken verwendet und nur ein geringer Anteil öffentlich bei Investoren platziert. Da der Anteil der Mittelstandsverbriefungen am Gesamtverbriefungsvolumen in Deutschland in 2009 ca. 28% (2008: ca. 10%) betrug und damit deutlich über dem europäischen Durchschnitt in Höhe von 15% (2008: 7%) lag, nimmt Deutschland in Europa zusammen mit Spanien weiterhin einen Spitzenplatz bei der Verbriefung von Mittelstandskrediten ein.[241]

Im Jahr 2004 wurde mit PREPS™ (Preferred Pooled Shares bzw. kurz PREPS) erstmals eine innovative Verbriefungsplattform für mittelständische Unternehmen aufgelegt. Insgesamt wurden über die seit 2004 aufgelegten Programme verschiedener Anbieter ein Volumen von EUR 4,958 Mrd. an insgesamt 806 Unternehmen vergeben. So sind u. a. folgende Programme von den verschiedenen Anbietern teilweise mehrfach aufgelegt worden: 1x CB MezzCap von Commerzbank, 2x equiNotes[242] von Deutsche Bank / IKB, 3x H.E.A.T Mezzanine (Hybrid Equity Access Trust Mezzanine bzw. kurz HEAT) von HSBC Trinkaus, 6x PREPS von HVB / CEG sowie 1x StaGe Mezzanine[243] von West LB / Bayern LB. Insgesamt wurden 657 Unternehmen mit einem Volumen von EUR 3,881 Mrd. über diese 13 vorstehenden Programme finanziert und bilden die Grundlage der empirischen Untersuchungen der Kapitel 4 und 5 dieser Arbeit.[244] Darüber hinaus wurde über die Mezzanine-

[240] Vgl. DZ Bank (2005), S. 2; Müller, S. et al. (2006), S. 252; Hommel, U. (2005), S. 49-96.

[241] Vgl. KfW Bankengruppe (2010a). Siehe KfW Bankengruppe (2010b) für eine Darstellung der Entwicklung des Verbriefungsvolumens sowie der Anzahl der Transaktionen in Deutschland seit 2000.

[242] Auf Unternehmensseite trägt die Transaktion den Namen equiNotes, FORCE bezeichnet die Refinanzierungsplattform. Vgl. Deutsche Bank/IKB (2005), S. 7.

[243] StaGe Mezzanine trägt als Kooperation von West LB und Bayern LB auf Unternehmensseite die Namen S-Mezzanine für die West LB bzw. STEM für die Bayern LB. Vgl. DVFA (2007), S. 11-12.

[244] In Anhang VI-42 sind die verbrieften Volumina sowie in Anhang VI-43 die Anzahl der Unternehmen der im Rahmen dieser Arbeit zu untersuchenden Standard-Mezzanine-Programme veranschaulicht.

Programme PULS[245] 2006-1, PULS 2007-1, PRIME[246] und ‚ge/mit'[247] ein Volumen von insgesamt EUR 1,077 Mrd. an 149 Unternehmen vergeben.[248]

3.3.2. Transaktionsstruktur und Auswahlprozess

Über standardisierte Mezzanine-Programme, die auch als SME CDOs bzw. SME CLOs (siehe Abschnitt 3.2.3.1.) bezeichnet werden können, haben mittelständische Unternehmen die Möglichkeit, (zumeist wirtschaftliches) Eigenkapital in Form von Genussrechten oder Nachrangdarlehen indirekt über den Kapitalmarkt aufzunehmen. Wie bei einem klassischen True Sale werden die mezzaninen Forderungen in einem SPV gebündelt und durch Emission von Wertpapieren am Kapitalmarkt platziert, wodurch die Refinanzierung der Transaktion erfolgt.[249] Die Bedienung der Wertpapiere, die bspw. an der Luxemburger Börse oder der Irish Stock Exchange gelistet sind, erfolgt über das Wasserfall-Prinzip[250] und soll durch einen Trustee sichergestellt werden. Obwohl der Wasserfall transaktionsspezifisch ist, hat er in den jeweiligen Transaktionen wie die im Rahmen dieser Arbeit noch zu untersuchenden Programme CB MezzCap, equiNotes, HEAT, PREPS oder StaGe Mezzanine aber zumeist eine ähnliche Ausgestaltung. Eine häufig in der Kapitalmarktstruktur einer Standard-Mezzanine-Kapital-Transaktion zu findende Komponente ist ein sog. PDL. Hierbei steht PDL für ‚Principal Deficiency Ledger' und stellt eine Art „Merk-

---

[245] PULS ist ein Produkt von advisum General Partner GmbH und Merrill Lynch und stellt eine Mischung aus vor- sowie nachrangigen Schuldscheinverschreibungen mittelständischer Unternehmen aus der Schweiz, Österreich und insbesondere Deutschland dar. Vgl. Moody's Investors Service (2006e), S. 2; Moody's Investors Service (2007d), S. 2.

[246] PRIME (bzw. SmartMezzanine auf Unternehmensseite) ist ein Gemeinschaftsprodukt von HSH Nordbank AG, LBBW und Haspa Beteilungsgesellschaft für den Mittelstand mbH. Vgl. DVFA (2007), S. 11-12.

[247] Genussscheinfonds der Buchanan Capital Group und der DZ Bank. Vgl. DVFA (2007), S. 11-12.

[248] Vgl. Bundesverband öffentlicher Banken Deutschlands (2007), S. 1; Kaserer, C./Achleitner, A.-K. (2007), S. 826; Natusch, I. (2007), S. 48-50; Hommel, U./Brockmann, M. (2007), S. 45; DVFA (2007), S. 11-12, Burgmaier (2007); Patrimonium (2010a); Patrimonium (2010b) sowie die in Fn. 866 zu Anhang VI-48 genannten Quellen. In einigen Quellen werden noch weitere Mezzanine-Programme wie Dresdner Anschutz Mezzinvest von Dresdner (JV Anschutz), Mittelstands-Mezzanine der NORD Holding oder Mezzanine-Programme der DZ Bank hinzugezählt, so dass höhere Volumina von bis zu EUR 6 Mrd. für den gesamten Standard-Mezzanine-Kapital-Markt ermittelt werden können. Vgl. Fleischhauer, U./Sauter, D. (2007), S. 93. Auch die Mezzanine-Produkte der in Abschnitt 3.1.2. genannten Programme der KfW könnten hinzugezählt werden.

[249] Siehe Abschnitt 3.2.3.2. für nähere Informationen zu einem True Sale. In Anhang VI-38 ist die Transaktionsstruktur für einen True Sale im Allgemeinen sowie in Anhang VI-44 am Beispiel von PREPS 2004-1 für eine Standard-Mezzanine-Kapital-Transaktion im Speziellen abgebildet. So werden die zur Refinanzierung ausgegebenen Wertpapiere in mehrere, klar voneinander getrennte Tranchen eingeteilt. Die Bedienung der einzelnen Tranchen erfolgt streng hierarchisch gemäß dem Wasserfall-Prinzip von der höchsten Tranche A bis hin zum First Loss Piece. Siehe Abschnitt 3.2.4.

[250] Siehe Fn. 236.

posten" nach den obersten Tranchen im Wasserfall einer Kapitalmarkttransaktion dar.[251] Liegt ein PDL-Event vor, wird am nächsten Zahlungstermin der Wertpapiere zuerst der PDL über eine außerplanmäßige Tilgung z. B. der Class A-Notes der obersten Tranche A in Höhe des Verlustes bzw. Ausfalls ausgeglichen. Erst nach dem vollständigen Ausgleich des PDL (gegebenenfalls durch Übertrag eines noch ausstehenden Betrags auf die Folgeperiode(n)) erfolgen wieder Zahlungen auf die Junior Notes.[252]

Insgesamt handelt es sich bei allen Standard-Mezzanine-Kapital-Transaktionen um statische Portfolien, wodurch die Möglichkeit eines Reinvestments[253] ausgeschlossen ist. Als Underlying für die mezzaninen Portfolien wird nicht auf ein bestehendes Portfolio an Unternehmenskrediten aus der Bilanz der initiierenden Bank zurückgegriffen, sondern ein Portfolio aus neu zu vergebenen mezzaninen Mittel zusammengestellt. Hierbei wird von den Anbietern zum einen auf bestehende Kundenbeziehungen zurückgegriffen sowie zum anderen neue Unternehmen als Kapitalnehmer geworben. Die Vorlaufzeit (eine Art Ramp-up-Periode[254]) beträgt bei den meisten Transaktionen zwischen sechs und neun Monaten. In dieser Phase durchlaufen die Unternehmen den Auswahlprozess, das Portfolio wird zusammengestellt und Vorbereitungen für die Kapitalmarktplatzierung getroffen.

Der Auswahlprozess ist transaktionsspezifisch und kann unterschiedlich detaillierte Analysen und Schritte umfassen. Als Vorraussetzung einer Teilnahme an den ersten Mezzanine-

---

[251] Ein PDL-Event liegt bspw. vor, wenn ein Unternehmen liquidiert wird, das Insolvenzverfahren über das Vermögen des Unternehmens eröffnet wird oder keine (vollständigen) Zinszahlungen an zwei aufeinander folgenden, vierteljährlichen Zahlungsterminen geleistet werden. Vgl. HSBC Trinkaus (2007a), S. 2-3. Der zuletzt genannte Grund entspricht der Definition eines Kreditausfalls gemäß Basel II, nach der „eine wesentliche Verbindlichkeit des Schuldners gegenüber der Bankengruppe mehr als 90 Tage ist überfällig". Vgl. Basler Ausschuss für Bankenaufsicht (2004), S. 87.

[252] Durch den PDL wird einerseits eine zusätzliche Besicherung der obersten Tranche gegen das Risiko einer verminderten Rückzahlung der Class A-Notes bei Fälligkeit gegeben. Andererseits wird die Bilanz der Zweckgesellschaft mit den Kreditforderungen gegenüber den Portfoliounternehmen auf der Aktivseite und den Zahlungsverpflichtungen gegenüber den Inhaber der Notes auf der Passivseite für den Fall eines Ausfalls im zugrunde liegenden Unternehmensportfolio wieder ausgeglichen. Vgl. HSBC Trinkaus (2007b), S. 21-22. In Anhang VI-45 ist die Kapital- sowie in Anhang VI-46 die Vergütungsstruktur einer Standard-Mezzanine-Kapital-Transaktion am Beispiel von HEAT Mezzanine I-2007 veranschaulicht.

[253] Ein Reinvestment würde bedeuten, dass die Portfoliozusammensetzung auf Basis der aus Verkäufen und Tilgungen resultierenden Mittel unter Einhaltung strenger, festgesetzter Kriterien zur Beibehaltung der Kreditqualität und Diversifikation des Forderungspools verändert werden kann. Beschränkt sich die Möglichkeit zu erneuten Investition auf Mittel aus dem Verkauf von Assets wird als eingeschränkte Form von Substitution gesprochen. Vgl. Braun, H./Schmidt, D. (2005), S. 204; Lindtner, A. (2006), S. 40-41.

[254] Im eigentlichen Sinne wird von der Ramp-up-Periode für den Fall gesprochen, dass der Pool an Verschuldungstiteln zum Zeitpunkt der Eröffnung noch nicht das benötigte Volumen erreicht hat und somit das Portfolio erst im Laufe der Zeit anhand strenger Auswahlkriterien zusammengestellt wird. Vgl. Lindtner, A. (2006), S. 41-42.

Programmen mussten die Unternehmen u. a. einen Mindestumsatz von EUR 50 Mio. sowie eine Mindestbonität von Baa3.edf[255] gemäß dem in allen Transaktionen genutzten Finanzratingtools Moody's KMV aufweisen. Vor allem in späteren Transaktionen wurden die jeweiligen Auswahl- und Überwachungs- bzw. Monitoringprozesse intensiviert, so dass zusätzliche bankinterne oder -externe Ratings[256] sowie weitere Experteneinschätzungen zur Bonität der potenziellen Unternehmen herangezogen wurden bzw. werden.[257] Auch sind in einigen Programmen Aufgaben wie die kontinuierliche Überwachung der Unternehmen hinsichtlich fälliger Zinszahlungen und der Einhaltung von Informations- und Berichtspflichten im Rahmen des sog. Monitorings von externen Stellen übernommen worden. Zusätzlich werden in vielen Transaktionen Recovery-Manager für notwendige Unternehmenssanierungen bzw. -restrukturierungen und/ oder zum Verkauf von Unternehmen hinzugezogen.[258] Da die Bonität der Unternehmen anhand von Moody's KMV nur auf Basis der jährlichen Jahresabschlüsse zum Ende eines Geschäftsjahres[259] und damit einmal jähr-

---

[255] Durch die Weiterentwicklung der Produkte, zur notwendigen Risikostreuung innerhalb der Portfolien vor dem Hintergrund der Kapitalmarktrefinanzierung sowie aufgrund einer gewissen Marktsättigung bei größeren Mittelständlern sind in späteren Transaktionen im Vergleich zu den ersten Programmen sowohl kleinere Mezzanine-Kredite je Unternehmen vergeben worden als auch die für eine Teilnahme notwendigen Umsatzgrößen gesunken. Vgl. Rid-Niebler, E.-M. (2009), S. 342. Auch die Bonitätskriterien wurden bzw. konnten aufgrund der Weiterentwicklung, der notwendigen Risikostreuung sowie aufgrund einer gewissen Marktsättigung auf niedrigeren Bonitätsklassen wie die ersten beiden Klassen des „Sub-Investment Grade"-Bereichs Ba1.edf und Ba2.edf gemäß Moody's KMV ausgeweitet werden.

[256] So werden in einigen Transaktionen für den Auswahl- und/ oder Monitoringprozess zusätzlich (interne) Ratings wie das IKB MS-Rating bei equiNotes 2007-1, das Commerzbank-Rating bei CB MezzCap oder das Creditreform Bilanzrating bei HEAT I-2007 genutzt. Vgl. Deutsche Bank/IKB (2005), S. 212; Deutsche Bank/IKB (2007), S. 208; Commerzbank (2006), S. 136; HSBC Trinkaus (2007a), S. 31-32.

[257] Darüber hinaus war zum Teil ein sog. Investment Board in den Auswahlprozess miteingebunden, das über die Teilnahme eines Unternehmens entschied bzw. eine diesbezügliche Empfehlung aussprach. Möglich war aber auch, dass das SPV als Emittent der Wertpapiere auf Basis (externer) Analysen und Empfehlungen über die Teilnahme befand. Ferner wurden zumeist laut OCs weitere (qualitative) Analysen der Unternehmen durchgeführt. Vgl. Commerzbank (2006), S. 35 und S. 136; Deutsche Bank/IKB (2005), S. 212; Deutsche Bank/IKB (2007), S. 206; WestLB/BayernLB (2006), S. 212; HSBC Trinkaus (2005), S. 35 und S. 120; HSBC Trinkaus (2006), S. 39 und S. 140; HSBC Trinkaus (2007), S. 31-32 und S. 117; HVB (2004a), S. 31; HVB (2004b), S. 40; HVB (2005a), S. 41; HVB (2005b), S. 70; HVB (2006), S. 72; UniCredit (2007), S. 82.

[258] Vgl. Natusch, I. (2007), S. 35-38; Franke, G./Hein, J. (2008), S. 223-224; Heinke, M. (2006), S. 104-105; Baetge, J./Brüggemann, B. (2005), S. 2145.

[259] Hierbei wird die Frist zur Einreichung der Jahresabschlüsse zur Erstellung des Finanzratings gemäß Moody's KMV in den Transaktionen zumeist an die gesetzliche Frist zur Erstellung eines Jahresabschlusses von sechs Monaten für kleine und drei Monaten für große Kapitalgesellschaften angelehnt. Vgl. u. a. Commerzbank (2006), S. 85; Deutsche Bank/IKB (2005), S. 94; Deutsche Bank/IKB (2007), S. 98; HSBC Trinkaus (2005a), S. 84; HSBC Trinkaus (2006a), S. 96; HSBC Trinkaus (2007a), S. 86; HVB (2004a), S. 59; HVB (2004b), S. 85; HVB (2005a), S. 90; WestLB/BayernLB (2006), S. 82. Zur Kategorie der kleinen Kapitalgesellschaften zählen Gesellschaften, die nach § 267 Abs. 1 HGB mindestens zwei der folgenden Merkmale nicht überschreiten: Im Jahresdurchschnitt 50 Arbeitnehmer beschäftigen, EUR 9.680.000 Umsatzerlöse in den letzten zwölf Monaten vor Abschlussstichtag bzw. EUR 4.840.000 Bilanzsumme nach Abzug eines auf der Aktivseite ausgewiesenen Fehlbetrags. Hierbei wurden die Höhe

lich ermittelt werden kann, werden die Informationspflichten des Unternehmens sowie die Frequenz der Einreichung von weiteren Daten zur Unternehmensentwicklung bei Verschlechterung der Bonität erhöht.[260]

3.3.3. Standardisierte Ausgestaltung der Darlehensverträge

Neben den transaktionsspezifisch standardisierten Auswahl- und Monitoringprozessen, sind einheitliche Genussrechts- oder Nachrangdarlehensverträge je Transaktion wesentliches Merkmal von Standard-Mezzanine-Kapital. Diesbezüglich regeln die Verträge insbesondere die Punkte Rangrücktritt, Festlegung des Jahresüberschusses (Zu- und Abrechnungen), Pflichten des Unternehmens in Bezug auf Rating, Ausschüttungen und Versicherungsschutz sowie die Grundlagen einer außerordentlichen Kündigung. Da ordentliche Kündigungsrechte bspw. aufgrund der Verschlechterung der wirtschaftlichen Verhältnisse bei allen Transaktionen ausgeschlossen sind, können nur außerordentliche Kündigungsgründe wie Zahlungsverzug, Liquidation & Insolvenz, ‚Change of Control'[261], gegebenenfalls Kapitalherabsetzungen und -entnahmen sowie die Verletzung von Informationspflichten gelten.[262] Anhang VI-48 enthält auf Basis der sog. Offering Circulars (OCs)[263] und Presale-Reports[264] eine Übersicht über die 13 Transaktionen und ausgewählte Vertragsbestandteile wie Art und Höhe der Vergütung, Verlustteilnahme, Rangrücktritt oder Eigenkapitalcharakter der einzelnen Transaktionen. Das Mezzanine-Kapital ist mit einer Laufzeit

der Umsatzerlöse und Bilanzsumme im Rahmen des Gesetzes zur Modernisierung des Bilanzrechts (BilMoG) vom 25. Mai 2009 angehoben, um Unternehmen von vermeidbarem Bilanzierungsaufwand zu entlasten und das HGB gegenüber dem internationalen Bilanzierungsstandard IFRS zu stärken. Vgl. Murmann, C. (2009), S. 27.

260 Vgl. Commerzbank (2006), S. 85-88; Deutsche Bank/IKB (2005), S. 97-102; Deutsche Bank/IKB (2007), 102-105; HSBC Trinkaus (2006a), S. 97-99; HSBC Trinkaus (2005a), S. 88-89; HSBC Trinkaus (2007a), S. 91-95; HVB (2004a), S. 64-65; HVB (2004b), S. 91-93; HVB (2005a), S. 96-100; WestLB/BayernLB (2006), S. 89-91. Auch wenn zu den Transaktionen PREPS 2005-2, PREPS 2006-1 und PREPS 2007-1 keine Darlehensverträge in den OCs vorliegen, kann von erhöhten Informationspflichten bei Bonitätsverschlechterung ausgegangen werden.

261 Im Sinne des Erwerbs einer Mehrheitsbeteiligung gemäß § 16 AktG durch eine bisher nicht mehrheitlich an der Schuldnerin beteiligte Partei (Change of Control). Vgl. HSBC Trinkaus (2007a), S. 87.

262 Vgl. Schmeisser, W. (2009), S. 122-123; HSBC Trinkaus (2007a), S. 80-100; HSBC Trinkaus (2007b), S. 14-16.

263 Der auch als prospectus oder information memorandum bezeichnete Verkaufs- oder Emissionsprospekt stellt das ausführlichste Informationsdokument dar und wird zur Vermarktung einer neu zu emittierenden Verbriefung an potenzielle Investoren ausgegeben. Er enthält detaillierte Informationen zu Umfang, Art und Struktur der Transaktion und der emittierten Wertpapiere, der zugrunde liegenden Vermögenswerte sowie eine Beschreibung aller an der Transaktion beteiligten Parteien. Vgl. Ricken, S. (2008), S. 25; PricewaterhouseCoopers (2007), S. 50.

264 Dies sind Emissionsberichte der Ratingagenturen. Sie geben Auskunft über die wichtigsten Merkmale und eine Risikoeinschätzung zu Stärken und Schwächen aus Investorensicht. Vgl. Ricken, S. (2008), S. 25.

von zumeist sieben Jahren mit endfälliger Tilgung[265] ausgestattet, weist in allen Programmen einen Rangrücktritt, aber keine Beteiligung am Liquidationserlös auf und wurde in Form von Genussrechten oder Nachrangdarlehen an überwiegend deutsche Unternehmen vergeben. Die Vergütung des Mezzanine-Kapital ist vielfach festverzinslich mit zumeist zusätzlichen gewinnabhängigen Zinskomponenten. Hierbei wird das Mezzanine-Kapital aufgrund seiner Ausgestaltung teilweise als bilanzielles Eigenkapital, überwiegend aber als wirtschaftliches Eigenkapital zur Verfügung gestellt.[266] Durch die Ausgestaltung als bilanzielles Eigenkapital sind bei diesen Vertragstypen auch Zinsstundung sowie Verlustteilnahme möglich. Ferner sind laut Angabe der Ratingagenturen die Kapitalkosten bei allen Transaktionen und allen mezzaninen Ausgestaltungsformen steuerlich abzugsfähig.

3.3.4. Beurteilung

3.3.4.1. Beurteilung aus Unternehmenssicht

Grundsätzlich verbindet Standard-Mezzanine-Kapital die Vorteile von Mezzanine-Kapital mit den Vorteilen einer (ABS-)Kapitalmarktfinanzierung.[267] So sind Erhöhung des bilanziellen oder wirtschaftlichen Eigenkapitals, Möglichkeit zur Verbesserung des Ratings und damit die Chance auf günstigere Konditionen für zukünftige Finanzierungen, Erweiterung des Finanzierungsspielraums, Diversifizierung der Finanzierungsstruktur und Langfristigkeit der Kapitalüberlassung auch als Vorteile von Standard-Mezzanine-Kapital zu nennen. Aber auch Schonung des Sicherheitenbestands bei Erhalt der Stimmrechts- und Eigentumsverhältnisse sowie ferner die Möglichkeit der steuerlichen Abzugsfähigkeit der Zinsaufwendungen und die freie, nicht zweckgebundene Verfügung können als Vorteile angeführt werden. Darüber hinaus bietet Standard-Mezzanine-Kapital im Speziellen über die Bündelung von Mezzanine-Kapital mehrerer Unternehmen in einer Zweckgesellschaft sowie die anschließende Refinanzierung über den Kapitalmarkt die Diversifizierung der Risiken über Poolbildung und damit den Vorteil einer kompetitiven Kostenstruktur durch höhere Losgrößen. Auch der hohe Grad an Standardisierung ermöglicht einen schlanken Strukturierungsprozess sowie auf Basis homogener Darlehensforderungen eine Vereinfa-

---

[265] Somit wird auch von einem Ballonkredit oder einer Bullet-Struktur gesprochen. Grundsätzlich ist analog zu normalen Krediten auch eine Tilgung durch gleich bleibende Raten oder die Tilgung in Form einer Annuität denkbar. Vgl. Lindtner, A. (2006), S. 49-50; Wöhe, G./Bilstein, J. (2002), S. 212.

[266] Insgesamt haben 91 der 657 anonymisierten Unternehmen bilanzielles Eigenkapital (90 Unternehmen gemäß HGB und ein Unternehmen gemäß IFRS) aufgenommen.

[267] Siehe Abschnitt 3.1.8. zu den Vorteilen von Mezzanine-Kapital aus Unternehmenssicht.

chung der gesamten Verbriefungsstruktur. Durch die Standardisierung und das Pooling der Darlehen wird (wirtschaftliches) Eigenkapital zu Kosten angeboten, die deutlich unterhalb üblicher Kosten für Mezzanine-Kapital liegen. Durch eine zunehmende Standardisierung der Verträge und Prozesse sanken in der Vergangenheit die Mindestvolumina, so dass eine steigende Anzahl mittelständischer Unternehmen an einer (Standard-Mezzanine-Kapital)-ABS-Transaktion teilnehmen konnte.[268] Ferner ergeben sich eine übersichtliche und transparente Kostenstruktur, ein kalkulierbarer und zügiger Auswahlprozess sowie die Erschließung eines indirekten Kapitalmarktzugangs und dadurch die Steigerung des Bekanntheitsgrades des Unternehmens und Erschließung neuer Investorenkreise.[269] Eine zumeist endfällige Tilgung eröffnet die Chance, das gesamte Kapital für die komplette Laufzeit nutzen zu können. Darüber hinaus kann das Berichtswesen des Unternehmens vor dem Hintergrund der Reportingpflichten innerhalb des Auswahl- und insbesondere des Monitoringprozesses dieser kapitalmarktrefinanzierten Transaktionen verbessert werden.

Als Nachteile von Standard-Mezzanine-Kapital können die bereits in Abschnitt 3.1.8. aufgezeigten Punkte wie höhere Finanzierungskosten im Vergleich zum klassischen Fremdkapital, Anforderungen an Transparenz und Wachstum, zeitliche Befristung und Komplexität genannt werden. Aber auch Kritikpunkte, dass zumeist kein echtes, bilanzielles Eigenkapital aufgenommen wird und die Möglichkeit der Einflussnahme der Mezzanine-Kapitalgeber in der Unternehmenskrise besteht, können mit Standard-Mezzanine-Kapital verbunden sein. Als zusätzlicher Nachteil von Standard-Mezzanine-Kapital im Speziellen kann insbesondere der hohe Grad an Standardisierung angeführt werden. Denn eine hochgradige Standardisierung der Auswahlprozesse sowie der vertraglichen Ausgestaltungsmerkmale ermöglicht zwar Kostensenkungspotenziale, geht aber mit nur geringen Individualisierungsmöglichkeiten einher, so dass unternehmensspezifische Besonderheiten bspw. in Bezug auf Laufzeit, Vergütungsgestaltung und Rückzahlungsmodalitäten nur (sehr) eingeschränkt berücksichtigt werden können.[270] Auch wenn durch zunehmende Standardisierung in der Vergangenheit die Mindestvolumina sanken und mehr Unternehmen an einer ABS-Transaktion teilnehmen konnten, steht – ein Wiederbeleben des Standard-Mezzanine-

---

[268] Vgl. Hommel, U./Schmittat, J. (2005), S. 982-984, Schmeisser, W./Leonhardt, M. (2007), S. 173-174.

[269] Vgl. Lichtblau, K./Utzig, S. (2002a), S. 50; Brand, E. (2008), S. 32-33; Radau, L. (2008), S. 34; Liecke, M. (2008), S. 36; Hofelich, M. (2008a), S. 38; Brenken, A./Papenfuß, H. (2007), S. 106-108.

[270] Vgl. Hommel, U./Schmittat, J. (2005), S. 982-984; Brenken, A./Papenfuß, H. (2007), S. 106-108; Brand, E. (2008), S. 32-33; Radau, L. (2008), S. 34; Liecke, M. (2008), S. 36; Hofelich, M. (2008a), S. 38.

Kapital-Marktes vorausgesetzt – trotz geringerer Eintrittsbarrieren durch Weiterentwicklung der Programme Standard-Mezzanine-Kapital dem überwiegenden Großteil des Mittelstandes nach wie vor als Finanzierungsalternative nicht offen.[271] Denn vorgeschriebene Mindestbonitäten oder -unternehmensgrößen werden von vielen Unternehmen nicht erreicht, so dass Standard-Mezzanine-Kapital nur einem eingeschränkten Kreis bonitätsmäßig besser gestellter Unternehmen zur Verfügung steht. Da quantitative Finanzratings wie das in den Mezzanine-Programmen genutzte Moody's KMV ausschließlich auf vergangenheitsbezogenen Finanzkennzahlen beruhen, werden insbesondere bei der Vorauswahl von Unternehmen qualitative Merkmale wie Zukunftschancen, Managementsqualität und Geschäftsidee sowie Strategie und Positionierung des Unternehmens nur begrenzt berücksichtigt.[272] Auch die starke Abhängigkeit von der (zumeist zwingenden) Kapitalmarktrefinanzierung ist als wesentlicher Nachteil anzuführen. So kommen Standard-Mezzanine-Programme vor dem Hintergrund der weltweiten Finanz- und Wirtschaftskrise im Zuge der US-Hypothekenkrise seit Mitte/ Ende 2007 nicht mehr zustande. Auch wirkte sich für Unternehmen von Mezzanine-Programmen, die in Zeiten der Finanz- und Wirtschaftskrise am Kapitalmarkt platziert werden sollten (aber nicht konnten), negativ aus, dass (für die meisten Mezzanine-Programme) erst ein Portfolio aus Unternehmen zusammengestellt werden musste. Hieraus konnten sich Finanzierungsengpässe, Verzögerungen sowie die Aufgabe von Investitionsvorhaben ergeben.[273] Weiterhin kann vor allem der Mittelstand aufgrund der mangelnden Kenntnis des vorherrschend ausländischen Rechts[274] und der englischen Sprache in ABS-Transaktionen benachteiligt sein.[275] Auch führte die Angebotsvielfalt für verbriefte Mittelstandskredite zu einem vergleichsweise hohen Aufwand in der Strukturanalyse, da sich sowohl die Basiselemente der Strukturen als auch die Vorgehensweise bei der Kreditnehmerselektion in den Programmen unterschieden haben. Als weiteres Risiko für die Unternehmen ist die Finanzierung der (endfälligen) Rückzahlung anzuführen, die

---

[271] Ca. 90% der deutschen Unternehmen weisen weniger als EUR 1 Mio. an Umsätzen auf. Siehe Fn. 11.

[272] Vgl. Schmeisser, W./Leonhardt, M. (2007), S. 173-174; Brokamp, J. et al. (2008), S. 20-27.

[273] Diesem Risiko kann (und wurde in der Vergangenheit für einige Unternehmen bereits) mit einer Zwischenfinanzierung über andere Banken oder über den Originator selbst bis zur (Aus-)Platzierung des Portfolios am Kapitalmarkt entgegengewirkt werden.

[274] Das englische Recht ist nicht so sehr wie in Kontinentaleuropa Gesetzesrecht (Rechtsordnung von Gesetzes wegen), sondern mehr eine Rechtsprechung der Gerichte (sog. Case-Law-System). Die Folge können Verträge sein, die scheinbar jedes denkbare Detail regeln. Mittlerweile haben sich aber internationale Vertragsstandard herausgebildet, die die Vertragserstellung, -prüfung- und -verwaltung erleichtern. Vgl. Emmerstorfer, H. (2004), S. 134.

[275] Vgl. Bechtold, H./Glüder, D. (2006), S. 37; Hommel, U. (2005), S. 1; Hommel, U./Schmittat, J. (2005), S. 982.

sich insbesondere in Zeiten der Finanz- und Wirtschaftskrise, in denen die Unternehmen über restriktivere Kreditvergaben der Banken klagen[276], schwieriger gestalten kann.

Auch wenn die Rückzahlungsproblematik einerseits zwar als Nachteil von Standard-Mezzanine-Kapital zu nennen ist, aber diese Problematik auch für andere (fällige) Finanzierungsarten vorliegt, gilt es andererseits zu beachten, dass sich die positiven Kapitalstruktureffekte wie eine Verbesserung der Eigenkapitalquote am Laufzeitende ins Negative umkehren können. Denn bei einer Restlaufzeit von weniger als einem Jahr wird das Mezzanine-Kapital nicht mehr (anteilig) dem Eigenkapital, sondern zu 100% dem kurzfristigen Fremdkapital zugerechnet, so dass negative Effekte auf die Bilanzkennzahlen zu erwarten sind. Erschwerend kommt hinzu, dass die Rückzahlungen für die ersten Mezzanine-Programme ab dem Jahr 2011 anstehen, wobei sich die Bonitätsanalysen im Rahmen einer Anschlussfinanzierung auf die Jahresabschlüsse 2009 und 2010 stützen werden. Hier könnte das konjunkturell schwierige Umfeld, für das historische Zahlen eine positive Korrelation von Unternehmensinsolvenzen und Höhe der Ausfälle in Portfolien sowie eine zu erwartende Verschlechterung von Unternehmensratings zeigen, das Erzielen eines guten Ratings für die Bilanzen 2009 und 2010 erschweren.[277] Auch die in Abschnitt 2.4.2. aufgezeigte, derzeitig schwierige Finanzierungssituation für den Mittelstand gilt es zu beachten. Denn zum einen besteht nach wie vor die Gefahr einer „Kreditklemme“ sowie nur eingeschränkt nutzbare Alternativen wie Private Equity, Leasing oder Factoring. Zum anderen können höhere Eigenkapitalanforderungen an Banken das Kreditangebot (langfristig) verteuern und verknappen, was die Refinanzierung der mezzaninen Mittel erschwert.

3.3.4.2. Beurteilung aus Investorensicht

Durch die Verbriefung von Mezzanine-Kapital können sich Investoren eine neue Assetklasse im Hinblick auf regionale und sektorale Diversifikation im Rahmen einer geringen Korrelation mittelständischer Krediten zu anderen, traditionellen Assetklassen erschließen. Aufgrund der Tranchierung können Investoren gemäß ihrem individuellen „Risikoappetit“ in die jeweilige Tranche eines Mittelstandsportfolios investieren, in die sie bisher noch nicht investiert haben bzw. aufgrund ihrer Anlagerichtlinien nicht (direkt) investieren durften. Darüber hinaus ist der durch die Unternehmen zu zahlende Credit Spread

---

[276] Siehe hierzu die Ausführungen zum ifo Konjunkturtest der Fn. 728.

[277] Vgl. Rother, S. (2006), S. 1064; Emmrich, V. (2009), S. 14; Kaltenhäuser, I. (2006), S. 32.

bei ABS-Transaktionen im Allgemeinen bzw. insbesondere bei Standard-Mezzanine-Kapital im Speziellen i. d. R. höher als der Credit Spread einer klassischen Anleihe gleicher Ratingkategorie oder die Spreads einer KfW-PROMISE-Transaktion für Mittelstandskredite. Ferner profitieren Investoren von Credit Enhancements in der Kapitalstruktur der Mezzanine-Programme wie Cash Reserve Accounts, Subordination oder Excess Spread.[278] Ferner führt die Portfoliobildung dazu, dass das Gesamtrisiko geringer ist als das aufsummierte Risiko der einzelnen, isoliert betrachteten Finanzierungen.[279]

Als Nachteile gilt es die allgemein mit einem ABS-Investment verbundenen Kredit-, strukturellen und rechtlichen Risiken zu berücksichtigen.[280] Auch die Abhängigkeit von der Entwicklung des zugrunde liegenden Assetpools, weiterer Sicherheitenquellen (Collateral Level) sowie der gewählten Tranche vor dem Hintergrund der Subordination können angeführt werden. Darüber hinaus sind ebenso die Nachteile von Mezzanine-Kapital wie Nachrangigkeit der Forderung, fehlende Besicherung und Längerfristigkeit zu berücksichtigen.[281] Auch kann die Kapitaldienstfähigkeit des Unternehmens durch die höheren zu zahlenden Finanzierungskosten leiden.[282] Als spezielles Risiko eines Investments in eine Standard-Mezzanine-Transaktion kann sich die vergleichsweise geringe Granularität von 30 bis 60 Krediten je Portfolio bei volumenbezogen eher kleineren mezzaninen Mittelstandsportfolien auswirken, wodurch Konzentrations- bzw. Klumpenrisiken zuneh-

---

[278] Siehe hierzu auch Abschnitt 3.2.4. So kann dem ‚Moral Hazard'-Risiko u. a. durch Subordination oder Übernahme der Junior Note durch den Originator, dem ‚Adverse Selection'-Risiko durch Reserve- und Excess Spreadkonten begegnet werden. Auch die Reputation eines Originators (insbesondere Banken) sowie die Nutzung der intern aufgebauten Infrastrukturen für die (erstmalige) Durchführung einer ABS-Transaktion allein unter Kostenaspekten bieten im Rahmen der Marktdisziplin einen gewissen Schutz. Vgl. Jobst, A. (2005), S. 15; Hommel, U./Schneider, H. (2003), S. 81; KfW Bankengruppe (2005a), S. 50; Gehrmann, V. et al. (2005), S. 254.

[279] Vgl. Natusch, I. (2007), S. 47; Piaskowski, W./Kaczmarczyk, J. (2008), S. 28; Natusch, I. (2008), S. 346-347; Rother, S. (2006), S. 1061; KfW Bankengruppe (2005a), S. 63; Schneck, O. (2006), S. 328-332; Röder, K./Sonnemann, U. (2005), S. 330; Rother, S. (2006), S. 1061; Böhmer, M. (1999), S. 176; Gehrmann, V. et al. (2005), S. 262. Für eine Rentabilitätsanalyse einer Standard-Mezzanine-Transaktion aus Investorensicht siehe Franke, G./Hein, J. (2008); Kaserer, C./Achleitner, A.-K. (2007).

[280] Vgl. Lindtner, A. (2006), S. 69. Anhang VI-47 fasst diese mit einer Kreditverbriefung verbundenen Risiken zusammen.

[281] Aufgrund der Nachrangigkeit und der unbesicherten Kreditvergabe liegt die Höhe des Ausfalls im Verhältnis zur Erlösquote (sog. Recovery Rate) höher als bei klassischen Krediten und variiert mit der jeweiligen Zuordnung zu Eigen- oder Fremdkapital. Bei Ausfall eines Unternehmens ist zumeist von einer Recovery Rate von Null auszugehen. Vgl. Fitch (2006e), S. 2; Kaltenhäuser, I. (2006), S. 32.

[282] Zwar wird im Gegenzug eine verbesserte Sicherheitenbasis in Form der Erhöhung der Haftkapitalbasis vor dem Hintergrund einer unbesicherten Mezzanine-Kapital-Vergabe insbesondere für die klassischen Fremdkapitalgeber geschaffen, was aber einem Investor nur begrenzt zu Gute kommen dürfte. Vgl. Stumpf, T. (2008), S. 31; Grunow, H.-W. G./Figgener, S. (2006), S. 244; Kaltenhäuser, I. (2006), S. 32.

men.[283] Hierdurch wird die ursprüngliche Assetselektion durch den Arrangeur umso wichtiger, was die Abhängigkeit der Investoren erhöht.[284] Auch eine geringe Sekundärmarktliquidität[285] in diesem Marktsegment wirkt sich insbesondere in Zeiten der Finanz- und Wirtschaftskrise negativ aus. Da Mittelstandsportfolien von Natur aus heterogen sind, kann eine fehlende Standardisierung der verschiedenen Mezzanine-Programme in Bezug auf Kreditnehmerselektion, Strukturierung, Risikotransfer oder rechtliche Dokumentation einen erhöhten Analyseaufwand bedingen, was sowohl die Primär- als auch Sekundärmarktliquidität weiter einschränken kann. Auch gilt es, die unterschiedliche Intensität und Detaillierungsstufe der Auswahlprozesse der einzelnen Programme kritisch zu hinterfragen. Da sich diese Finanzierungsform erst in den letzten Jahren entwickelt hat, sind darüber hinaus nur unzureichende Informationen über historische Daten wie Ausfallquoten verfügbar. Zusätzlich ergeben sich strukturelle Nachteile wie der statische Portfoliocharakter sowie das Rückzahlungsrisiko aufgrund der endfälligen Tilgung. Ein weiteres Risiko stellt das Überschneidungs- bzw. Overlapping-Risiko dar, wenn einzelne Unternehmen gleichzeitig an mehreren Mezzanine-Programmen teilnehmen, wodurch bei einem Investment in mehrere Mezzanine-Programme (versteckte) Klumpenrisiken entstehen können. Forciert wird dieses Risiko durch eine eher geringe Transparenz innerhalb der Programme.[286] Ferner gilt es zu berücksichtigen, dass in einigen Programmen die Portfolien nicht von der Bilanz der originierenden Bank genommen werden, sondern die Portfolien aus neuen, der Bank bisher unbekannten Kunden zusammengestellt werden.[287]

---

[283] Aufgrund der höheren Schuldnerkonzentration sind Investoren weitaus stärker von Ausfällen einzelner Unternehmen getroffen als im Vergleich zu anderen, hoch granularen Portfolien.

[284] Vgl. Natusch, I. (2007), S. 46-47; Franke, G./Hein, J. (2008), S. 224; Braun, H./Schmidt, D. (2005), S. 204; Rother, S. (2006), S. 1062-1064; Fitch (2006e), S. 3; Stumpf, T. (2008), S. 31; Schmidtbleicher, R. (2006), S. 7-8.

[285] Dies ist der Handel mit Anteilen während und gegebenenfalls auch nach dem Ende der Laufzeit einer Transaktion. Vgl. Natusch, I. (2007), S. 46. Allgemein ist bei SME-Portfolien eine relative Illiquidität vor allem für Tranchen mit geringerem Rating festzustellen, wofür Investoren Aufschläge verlangen können. Vgl. European commission (2004), S. 26-27.

[286] Vgl. Stumpf, T. (2008), S. 31; Schmidtbleicher, R. (2006), S. 7-8; Langer, C. H./Steinmüller, W. (2009), S. 952; European commission (2004), S. 42; Hein, J. (2006), S. 7; Rother, S. (2006), S. 1062; Böhmer, M. (1999), S. 177; Reich, H. W. (2005), S. 964; Laeger, V./Malaterre, N. (2007); Hommel, U./Brockmann, M. (2007), S. 46.

[287] Vgl. Hein, J. (2006), S. 8. So kann einerseits nicht auf Erfahrungen mit diesen Unternehmen zurückgegriffen werden. Andererseits entsteht hierdurch aber kein Interessenkonflikt. Denn ist eine initiierende Bank neben Standard-Mezzanine-Kapital- zusätzlich vorrangiger Fremdkapitalgeber, kann zwar einerseits ein vermehrtes Interesse an der Bonität des Unternehmens seitens der Bank unterstellt werden. Andererseits muss die Bank im Falle einer drohenden Insolvenz sowohl ihre Interessen als Fremdkapitalgeber als auch die Interessen der Investoren vertreten. Vgl. Reich, H. W. (2005), S. 964.

3.3.4.3. Beurteilung aus Bankensicht

Bei der Beurteilung von Standard-Mezzanine-Kapital aus Sicht einer Bank als Originator einer Kapitalmarktransaktion gilt es wiederum sowohl die Kapitalmarktrefinanzierung als auch die Vergabe der mezzaninen Mittel zu bewerten. Auf der Refinanzierungsseite kann durch den Abgang des verkauften Forderungspools einer True-Sale-Verbriefung die freigewordene bzw. erhaltene Liquidität zur Ausweitung des Nominalvolumens genutzt werden. Ferner sind durch den Abgang der Forderungen Erleichterungen der Eigenkapitalunterlegung von Krediten im Rahmen von Basel II für die initiierende Bank möglich, was den Kreditvergabespielraum der Bank erweitern kann. Da durch die Verbriefung darüber hinaus das mit den Forderungen verbundene Risiko übertragen wird, ergeben sich Möglichkeiten der Risikobegrenzung sowie des Risikomanagements bzw. der Risikosteuerung. Potenziellen Klumpenrisiken sowie insbesondere Forderungsausfällen und -verzügen können entgegengewirkt werden. Auch die Öffentlichkeitswirkung sowie eine höhere Reputation können sich positiv für originierende Banken auswirken.[288] Vor dem Hintergrund der Kapitalmarktrefinanzierung ergebt sich die Möglichkeit der Erzielung sowohl einmaliger als auch laufender Gebühren als Originator bzw. Transaction Adviser der Mezzanine-Transaktionen. Auch können neue Kunden sowohl auf Investoren- als auch Unternehmensseite sowie Geschäftsfelder erschlossen werden. Ist die initiierende Bank zusätzlicher Fremdkapitalgeber, verbessert sich durch die Vergabe der mezzaninen Mittel die eigene Risikoposition, ohne dass diese vor dem Hintergrund der Weitergabe der Risiken gemäß Basel II mit Eigenkapital hinterlegt werden muss.[289]

Nachteilig kann sich für eine Bank als Originator einer Kapitalmarktransaktion das Risiko auswirken, dass der Originator die Kosten einer Kapitalmarktransaktion zumindest bis zur Platzierung des Portfolios am Kapitalmarkt zu tragen hat.[290] Der zumeist erhebliche Strukturierungsaufwand für eine ABS-Transaktion bedingt hohe Mindestvolumina, um eine

---

[288] Vgl. Industrie- und Handelskammer (2004), S. 7; Schmeisser, W./Leonhardt, M. (2006), S. 62-63; Röder, K./Sonnemann, U. (2005), S. 330; Schmeisser, W./Leonhardt, M. (2007), S. 66-67 und S. 172; Natusch, I. (2007), S. 62; Reichardt-Petry, K. (2005), S. 372-373; Hofmann, G. et al. (2007), S. 235-265.

[289] Vgl. Natusch, I. (2008), S. 351; Mevissen, D. (2005), S. 44; Franke, G./Hein, J. (2008), S. 224; Mercer Oliver Wyman (2006), S. 5.

[290] Diese Kosten können für fixe Vorabkosten (wie Strukturierung, Treuhänder, (steuer-)rechtliche Beratung oder Börseneinführung), fixe laufende Kosten (wie Management, Ratingagenturen) sowie laufende variable als auch indirekte Kosten für Credit Enhancements entstehen. Vgl. Hommel, U. (2005), S. 34; Industrie- und Handelskammer (2004), S. 8.

Transaktion zu ökonomischen Preisen durchführen zu können.[291] Insbesondere die Abhängigkeit von der Refinanzierung über den Kapitalmarkt hat seit Mitte 2007 im Rahmen der Finanzmarktkrise keine Standard-Mezzanine-Kapital-Transaktionen mehr zustande kommen lassen, so dass die Banken, die seit Ausbruch der Finanzmarktkrise weiteres Standard-Mezzanine-Kapital vergeben wollten, die Kosten zu tragen hatten. Darüber hinaus muss eine Bank als Originator, insofern sie zur Stärkung des Vertrauens der Investoren in die Struktur und Qualität einer Transaktion zusätzlich selbst Anteile am Portfolio hält, das Risiko von Ausfällen beachten.[292] Stellt die Bank als Originator auch klassisches bzw. vorrangiges Fremdkapital bereit, kann mit der Rückzahlung der mezzaninen Mittel auch die Kapitaldienstfähigkeit für die klassische Fremdkapitalposition der Bank beeinträchtigt werden.[293] Außerdem kann die Reputation einer originierenden Bank bei Investoren aufgrund der Performance der Kapitalmarkttransaktionen Schaden nehmen.[294]

3.4. Aktuelle Entwicklungen vor dem Hintergrund der Finanzmarktkrise

Der Markt für Standard-Mezzanine-Kapital ist seit dem Ausbruch der Finanzmarktkrise im Sommer 2007 vollständig zum Erliegen gekommen, während das Volumen von Individual-Mezzanine-Kapital in den letzten Jahren zugenommen hat. Die gestiegene Bedeutung von individuellem, kapitalmarktunabhängigem Mezzanine-Kapital wird in Anhang VI-49 für die Jahre 2006 bis 2008 deutlich. Hiernach kann in 2008 ein Rückgang des Gesamtvolumens um 15% im Vergleich zum Vorjahr festgestellt werden, der auf den Zusammenbruch des Marktes für Standard-Mezzanine-Kapital im Zuge des Ausbruchs der Finanzmarktkrise

[291] Vgl. Achleitner, A.-K./Fingerle, C. H. (2004), S. 24; Bundesverband deutscher Banken (2005), S. 25; Bechtold, H./Glüder, D. (2006), S. 37.

[292] Wird berücksichtigt, dass die Kosten in ‚echte Gebühren', die zuerst aus dem Zahlungsstrom befriedigt werden, und ‚Anreizgebühren' bzw. ‚Incentive Fees' unterschieden werden können, ergeben sich aus möglichen Ausfällen weitere Risiken für eine originierende Bank. Denn Letztere werden erst nach Verteilung der Zahlungsströme auf die erst- und nachrangigen Tranchen aber vor dem Equity Piece abgegolten. Vgl. Lindtner, A. (2006), S. 40.

[293] Vgl. Natusch, I. (2008), S. 351; Reich, H. W. (2005), S. 964. In diesem Zusammenhang kann der in Fn. 287 bereits diskutierte Interessenkonflikt auftreten.

[294] Im Rahmen dieser Arbeit werden nur die wichtigsten positiven und negativen Effekte einer kapitalmarktrefinanzierten Vergabe von Mezzanine-Kapital aus Bankensicht kurz vorgestellt und diskutiert. Für eine ausführliche Darstellung und Beurteilung von ABS-Transaktionen aus Bankensicht siehe u. a. Bär, H. P. (2000), S. 281-357; Bosak, J. M. (2006), S. 59-199; Hofmann, G. et al. (2007), S. 235-265. Für eine Analyse und Bewertung von ABS-Transaktionen als Finanzierungsinstrument für (größere) Mittelständler siehe u. a. Hommel, U. (2005); Schmittat, E. (2007).

im Sommer 2007 zurückzuführen ist.[295] Denn Individual-Mezzanine-Kapital konnte 2008 um 25% auf ca. EUR 600 Mio. zulegen. Bei Betrachtung der Anzahl der Unternehmen in Anhang VI-50 ist insbesondere von 2006 auf 2007 ein starker Einbruch sowohl beim Individual- als auch beim Standard-Mezzanine-Kapital zu erkennen. In 2008 stieg dagegen die Anzahl der mit Individual-Mezzanine-Kapital finanzierten Unternehmen. Werden die durchschnittlich ausgereichten Tranchen aus Anhang VI-49 betrachtet, ist das Volumen je Unternehmen im Bereich Standard-Mezzanine-Kapital im Zeitablauf gesunken.[296] Bei Individual-Mezzanine-Kapital dagegen wurde in 2008 das Niveau von 2007 gehalten, nachdem in 2007 im Vergleich zu 2006 ein Trend hin zu leicht größeren Volumina je Unternehmen zu verzeichnen war. Insgesamt ist aber auch der Markt für Individual-Mezzanine-Kapital seit Herbst 2008 rückläufig, auch wenn dieser Markt im Vergleich zum Standard-Mezzanine-Kapital nicht zusammengebrochen ist.[297]

Sowohl die vierte Transaktion über die Plattform H.E.A.T Mezzanine als auch das Portfolio SME Growth der Unternehmensberatung ConPAIR AG konnten im Sommer 2008 bzw. Ende 2007 nicht erfolgreich durchgeführt werden. So sollten bei der von HSBC Trinkaus in Kooperation mit CEG aufgesetzten Transaktion HEAT Mezzanine I-2008 insgesamt 59 Unternehmen ca. EUR 214 Mio. erhalten. Selbst Verbesserungen bzw. Verschärfungen innerhalb der Transaktionen konnten eine Platzierung am Kapitalmarkt nicht herbeiführen. So wurden vor dem Hintergrund der Finanzmarktkrise bspw. bei H.E.A.T Mezzanine einerseits die Granularität durch kleinere Volumina je Unternehmen sowie andererseits die durch die Unternehmen analog zur dritten Transaktion zu zahlenden, jährlich anzupassenden bonitätsabhängigen Credit Spreads um 150 bis 200 Basispunkte[298] je Ratingstufe er-

---

[295] Die im Folgenden angeführten Daten beziehen sich auf die Daten des sog. Mezzanine-Panels, das in 2009 bereits zum dritten Mal vom Beratungsunternehmen FHP durchgeführt wird und eine Untersuchung unter den führenden Anbietern sowohl von Standard- als auch Individual-Mezzanine-Kapital darstellt. Vgl. Fleischhauer, U./Olkowski, M. (2009), S. 26. Eine Übersicht über die an dieser Untersuchung teilnehmenden Anbieter findet sich ebenda, S. 34.

[296] Da für die beiden geplanten Mezzanine-Transaktionen in 2008 HEAT Mezzanine I-2008 und SME Growth das durchschnittliche Volumen weniger als 2% des Gesamtvolumens betragen hätte, hätte sich dieser Trend vermutlich auch in 2008 fortgesetzt.

[297] Vgl. Frank, C. (2009), S. 42-43.

[298] Ein Basispunkt (BP) entspricht 0,01%.

höht.[299] Auch das Portfolio SME Growth wartete mit einer laufenden Tilgung, von insgesamt ⅓ des ausbezahlten Betrages während der Laufzeit auf.[300]

Um die im Rahmen der Finanzkrise in die Kritik geratene Verbriefung wiederzubeleben, wird u. a. über Staatsgarantien für Verbriefungen diskutiert.[301] Aktuell liegen breite Teile des Verbriefungsmarktes weiterhin brach, denn ein Großteil der Verbriefungstransaktionen wird derzeit lediglich zur Liquiditätsbeschaffung bei Zentralbanken durchgeführt. Investoren sind immer noch nicht wieder bereit, in Verbriefungen zu investieren. Auch deutet wenig darauf hin, dass es zu einer baldigen Erholung bei entsprechenden Aktivitäten kommen wird. Vor diesem Hintergrund scheint eine Renaissance des Marktes für Standard-Mezzanine-Kapital in seiner alten Form über die Verbriefung der Ansprüche kaum umsetzbar.[302] Sollte es zu einer Wiederbelebung des Marktes kommen, kann es zu Zusammenschlüssen der Anbieter wie beim Programm HEAT Mezzanine I-2008 als Kooperation von HSBC Trinkaus und CEG kommen. Hierdurch sollte sich einerseits die Transparenz für Investoren und Unternehmen erhöhen. Andererseits dürfte auch die Granularität und Diversifikation innerhalb der Portfolien sowie die zu verbriefenden Volumina steigen, wo-

[299] Vgl. HSBC Trinkaus (2008), S. 9.

[300] Das Portfolio umfasste anfangs ein Volumen von ca. EUR 250 Mio. und 80 Unternehmen und sollte in Kooperation mit Lehman Brothers am Kapitalmarkt platziert werden. In einem zweiten Versuch beinhaltete das Portfolio noch ca. 60 Unternehmen mit EUR 125 Mio. und sollte zusammen mit dem Haupt- bzw. Anker-Investor ACP Capital ausbezahlt werden. Vgl. Hofelich, M. (2008b), S. 20-22; Bruch, G. (2008); Pfisterer, S. (2008), S. 17-18; Conpair (2008).

[301] Für eine Diskussion für und wider Staatsgarantien für Verbriefungen im Allgemeinen siehe u. a. Börner, A. F. (2009), S. 688-691; Altenburg, M. (2009), S. 46-47; Schackmann-Fallis, K.-P. (2009); Appel, H./Ruhkamp, S. (2009). So wird über die Schaffung eines Premium-Segmentes im Verbriefungsmarkt u. a. für deutsche Mittelstandsrisiken diskutiert. Vgl. Heismann, G. (2009); o. V. (2010a), S. 30. Für weitergehende Informationen siehe o. V. (2010e).

[302] Vgl. Sachverständigenrat (2009), S. 57 und S. 121; Bartz, T./Atzler, E. (2009). In diesem Zusammenhang muss aber nochmals deutlich herausgestellt werden: Auch wenn die Möglichkeit der Verbriefung im Zuge der weltweiten Finanz- und Wirtschaftskrise mit stark negativen Assoziationen behaftet ist und häufig mit ‚Subprime' als Ursache für diese Krise gleichgesetzt wird, ist es sicherlich falsch, das Instrument der Verbriefung an sich zu „verdammen". Nicht das Instrument der Verbriefung, sondern ihre unkontrollierte Nutzung war der Grund für die Krise. Eine Verbriefung an sich ermöglicht den Banken, sich über den Kapitalmarkt zu entlasten und so neue Kreditspielräume zu schaffen. Vgl. Börner, A. F./Glüder, D. (2009), S. 946-947. Als „positives" Beispiel einer Weitergabe von Kreditrisiken an den Kapitalmarkt kann der deutsche Pfandbrief angeführt werden. Hierbei liegt der Unterschied einer Verbriefung zum Pfandbrief darin, dass bei Pfandbriefen Zins- und Tilgungszahlungen aus dem allgemeinen Geschäftsbetrieb der emittierenden Bank geleistet werden. Somit hängt die Bonität der Pfandbriefe auch von der Bonität des Emittenten ab und erst bei Ausfall der Bank wird auf den zugrunde liegenden sog. Deckungsstock zurückgegriffen. Vgl. Hofmann/Morck/Reichardt-Petry (2007), S. 238. Für weitergehende Informationen zum Vergleich von Forderungsverbriefung mit Pfandbriefen siehe Deutsche Bundesbank (2006b), S. 41-55. Trotz eines Rückgangs des Emissionsvolumens bei Pfandbriefen in 2009 von 27,8% gegenüber 2008 konnte der Pfandbrief als Refinanzierungsinstrument auch in der Finanzkrise weiterhin genutzt werden. Vgl. Verband deutscher Pfandbriefbanken (2010), S. 8-13.

durch potenzielle Ausfälle innerhalb dieser Portfolien weniger ins Gewicht fallen würden.[303] Ferner kann vor dem Hintergrund des im Rahmen der Finanzmarktkrise gestiegenen Risikobewusstseins von einer (langfristigen) Erhöhung der durch die Unternehmen zu zahlenden Risikoprämien sowohl im allgemeinen Kredit- als auch insbesondere im Mezzanine-Kapital-Bereich ausgegangen werden. Auch sind eine Intensivierung des Auswahl- und Monitoringprozesses sowie eine deutlich striktere Vorgehensweise bei mehrfacher Teilnahme von Unternehmen an Standard-Mezzanine-Programmen zu erwarten.[304] Ende 2009 bzw. Anfang 2010 hat die Deutsche Bank einen Mittelstandsfonds über EUR 300 Mio., bei dem die Deutsche Bank als Ankerinvestor auftritt, angekündigt.[305] Auch die Sparkassen wollen einen Mittelstandsfonds auflegen, wobei der Eigenkapitaltopf der öffentlich-rechtlichen Institute EUR 550 Mio. umfassen soll.[306] Diese beiden Ansätze sind im Hinblick auf die Versorgung des Mittelstandes mit Kapital bzw. auf die Verhinderung einer „Kreditklemme" im Allgemeinen sowie im Hinblick auf eine Nutzung im Rahmen der anstehenden Rückzahlung der mezzaninen Mittel ein Schritt in die richtige Richtung. Es bedarf aber einer breiteren Basis im Bankenbereich und größeren Volumina, damit diese Fonds bspw. auch zur Finanzierung der Rückzahlung der ersten, ab 2011 fälligen Mezzanine-Programme genutzt werden können.

[303] Insgesamt bedarf es der Förderung eines sachlichen Austauschs zwischen den Wettbewerbern ohne den Entdeckungs- und Weiterentwicklungswettbewerb selbst zu behindern. Vgl. Reich, H. W. (2005), S. 963.

[304] Vgl. Börner, A. F./Glüder, D. (2009), S. 949; Franke, G./Hein, J. (2008), S. 238; o. V. (2007), S. 505; Bechtold, H. (2009), S. 42-43; Rid-Niebler, E.-M. (2009), S. 341-343; Emmrich, V. (2009), S. 53; Rehm, H. (2009), S. 669-675.

[305] Weitere Mittel werden derzeit versucht einzuwerben, um ein Gesamtvolumen von EUR 500 Mio. zu erreichen. Hierbei soll das Kapital an Unternehmen mit einem Umsatz bis zu EUR 100 Mio. als Nachrangkapital in Form von Genussrechten in Tranchen von EUR 2 Mio. bis EUR 10 Mio. ausgereicht werden. Über eine laufende sowie eine thesaurierende Verzinsung plus Optionen soll die Rendite für den Fonds zwischen 12% und 14% liegen, wobei die regelmäßige Belastung für die Unternehmen etwa der für einen Kredit entsprechen soll. Ein von der Deutschen Bank unabhängiges Kreditkomitee entscheidet über die Teilnahme nach Durchführung einer Financial-, Tax-, Legal- und Commercial-Due-Diligence. Vgl. o. V. (2010b), S. 1-3; o. V. (2010c), S. 170; o. V. (2010d).

[306] Vgl. Köhler, P. (2010).

4. Quantitativ-empirische Kennzahlenanalyse der Entwicklung mezzanine-finanzierter Unternehmen

4.1. Ergebnisse bisheriger Studien

Bisher sind nur wenige Untersuchungen zu mit Mezzanine-Kapital finanzierten Unternehmen durchgeführt worden, was u. a. auf die nur begrenzte Verfügbarkeit von Daten zur Entwicklung mittelständischer Unternehmen zurückzuführen sein kann. Gemäß einer Studie der IKB-Bank konnte als wesentliches Ergebnis festgestellt werden, dass die mezzanine-finanzierten Unternehmen (MFU) stärker investieren, schneller wachsen und sich gewinndynamischer entwickeln.[307] Auch konnten zwei Effekte bei Betrachtung der zeitlichen Entwicklung ausgemacht werden. Einerseits bewirkt die Aufnahme von Mezzanine-Kapital eine Verbesserung der Kapitalstruktur in Form der Erhöhung der Eigenkapitalquote und damit eine Verringerung des sog. Leverage-Effektes[308]. Andererseits führen laut Studie Investitionen, die mit Mezzanine-Kapital und zumeist weiterem aufgenommenen Kapital finanziert werden, im Finanzierungsmix häufig zu einer Verlängerung der Bilanz und somit zu einem Re-Leverage[309] sowie zu einem höheren EBITDA[310] und Cash Flow.[311] Gemäß einer Studie von Ernst & Young aus dem Jahr 2005 konnten Unternehmen, die eine Kombination aus klassischen und innovativen Finanzierungsinstrumenten nutzten, im Zeitraum 2001 bis 2004 mit einem Umsatzwachstum von insgesamt 8,6 % bzw. von ca. 3 % pro Jahr aufwarten, wohingegen die ausschließlich klassisch-finanzierten Unternehmen im gleichen Zeitraum tendenziell um ca. 1% pro Jahr bzw. 2,9% schrumpf-

[307] Hierbei wurden die Jahresabschlüsse der Jahre 2002 bis 2004 von jeweils 420 Unternehmen analysiert, von denen 61 Unternehmen Mezzanine-Kapital aufgenommen hatten.

[308] Der Leverage-Effekt, der normalerweise die Rendite auf nur begrenzt zur Verfügung stehendes Eigenkapital durch Erhöhung des Nicht-Eigenkapitalanteils in Form von weiterem Fremdkapital verbessert, wird in einem ersten Schritt durch die Aufnahme des Mezzanine-Kapitals als wirtschaftliches Eigenkapital verringert.

[309] Da Mezzanine-Kapital häufig nur einen Teil eines Finanzierungsmixes darstellt und zumeist zusätzliches Fremdkapital zur Finanzierung von Investitionen aufgenommen wird, kann die Rendite auf das eingesetzte Eigenkapital, was in einem ersten Schritt durch das Mezzanine-Kapital erhöht wurde, in einem zweiten Schritt durch Erhöhung des Nicht-Eigenkapitalanteils in Form von weiterem Fremdkapital wiederum verbessert werden. In diesem Fall kann von einem Re-Leverage gesprochen werden.

[310] Siehe Fn. 389.

[311] Vgl. Guthoff (2006), S. 70-73. Diese beiden Effekte können sich unter Umständen sogar völlig kompensieren und eine unveränderte Ratingnote im quantitativen Rating bedingen. Allerdings werden im Rahmen einer zusätzlichen qualitativen Ratingeinschätzung mögliche Schwächen im Finanz- und Rechnungswesen und in der Unternehmensplanung aufgezeigt, so dass sich regelmäßig die qualitative Ratingeinschätzung mit Aufnahme von Mezzanine-Kapital verbessert. Vgl. Guthoff (2006), S. 70-73.

ten.[312] In einer Studie von Mercer Oliver Wyman wird anhand von Simulationen[313] gezeigt, dass die Aufnahme von Mezzanine-Kapital die Ausfallwahrscheinlichkeit des Unternehmens reduziert und zu einer verbesserten Risikoposition der vorrangigen Gläubiger führt. So können sich für Investoren einerseits die Wahrscheinlichkeit für sowie die Höhe des Ausfalls reduzieren.[314] Andererseits rückt auf lange Sicht der (vierteljährliche) Kapitaldienst, der zumeist höher im Vergleich zu vorrangigem Fremdkapital sowie unabhängig vom Gewinn des Unternehmens zu zahlen ist, in den Vordergrund.[315]

Insgesamt wurde sowohl bei der IKB- als auch der Ernst & Young-Studie ein Zeitraum von bis zu drei Jahren bis zum Jahr 2004 betrachtet, so dass Standard-Mezzanine-Kapital im Speziellen nicht betrachtet werden konnte. Auch ist aus den veröffentlichten Studienergebnissen nicht zu erkennen, zu welchem Zeitpunkt das Mezzanine-Kapital aufgenommen wurde und an welchem Zeitpunkt in der Laufzeit der jeweiligen innovativen bzw. mezzaninen Finanzierungsinstrumente sich die untersuchten Unternehmen somit befanden.[316] Die Studie von Mercer Oliver Wyman basiert zwar auf den Strukturen der PREPS-Transaktionen, führt aber Simulationen und keine auf empirischen Daten basierende Untersuchung durch. Einzig einer Studie der Ratingagentur Euler Hermes können erste Hinweise auf die Entwicklung der mit Standard-Mezzanine-Kapital finanzierten Unternehmen entnommen werden. Nach dieser Studie weisen mehr als 40% der mit Standard-Mezzanine-Kapital finanzierten Unternehmen derzeit nicht mehr ein sog. „Investment Grade"-Rating[317] aus und über 3% sind bereits insolvent.[318]

---

[312] Hierbei wurden 1.000 Unternehmen u. a. nach der Häufigkeit und Intensität, mit der die Unternehmen neue Finanzierungsinstrumente einsetzen, befragt. Zusätzlich wurden die erhobenen Daten mit den zugehörigen Umsatzzahlen der Unternehmen aus den Jahren 2001 bis 2004 laut MARKUS-Datenbank verglichen. Vgl. Ernst & Young (2005). Die sog. MARKUS-Datenbank aus dem Hause Bureau van Dijk in Zusammenarbeit mit der Creditreform beinhaltet Finanzdaten wie Umsatz, Mitarbeiteranzahl und Kapital zu rund 970.000 Unternehmen in Deutschland, Österreich und Luxemburg. Vgl. Creditreform (2010c).

[313] Die Simulationen basieren auf der Struktur der Transaktionen der PREPS-Plattformen (siehe Abschnitt 3.3.), über die Standard-Mezzanine-Kapital mit siebenjähriger Laufzeit vergeben wurde.

[314] Denn auf kurze Sicht betrachtet stellt Mezzanine-Kapital eine Kapitalinjektion dar, was die Ausfallwahrscheinlichkeit des Unternehmens auf Basis der zur Verfügung gestellten Liquidität sowie vor dem Hintergrund der ausschließlich endfälligen Tilgung senken kann.

[315] Vgl. Mercer Oliver Wyman (2006), S. 4-18.

[316] Darüber hinaus sind in den veröffentlichten Daten der IKB- und Ernst & Young-Studie keine Hinweise darauf zu finden, welche Eigenkapitalähnlichkeit das Kapital aufweist. Auch wird keine Aussage über den Anteil mezzaniner Finanzierungsformen an den sog. innovativen Finanzierungsformen getroffen.

[317] Siehe Fn. 396.

[318] Laut Studie dürfte diese Entwicklung nach einer so kurzen Laufzeit der Programme nicht festzustellen sein. Vgl. Dentz (2008), S. 36. Weitere Informationen zur nur intern durchgeführten Studie sind auch auf

4.2. Grundgesamtheit

4.2.1. Datenbasis

Die quantitativ-empirische Untersuchung dieser Arbeit basiert auf 13 kapitalmarktrefinanzierten Standard-Mezzanine-Programmen von Commerzbank, Deutsche Bank / IKB, HSBC Trinkaus, HVB / CEG und West LB / Bayern LB, über die insgesamt 657 Unternehmen mit einem Volumen von EUR 3,881 Mrd. finanziert wurden.[319] Da der Gesamtmarkt für Standard-Mezzanine-Kapital des privatwirtschaftlichen Bankensektors auf ca. EUR 5 Mrd. geschätzt wird, stellen die hier untersuchten Transaktionen volumenbezogen bis zu ca. 75% des Gesamtmarktes dar.[320] Von den 657 Unternehmen der 13 Transaktionen, die als Grundgesamtheit N mit einem Maximum von $n_N = 657$ im Folgenden bezeichnet wird, haben auf Basis der namentlichen Nennung[321] in den sog. Offering Circulars (OCs)[322] insgesamt 90 Unternehmen über verschiedene Programme zwei- oder mehrmalig Standard-Mezzanine-Kapital aufgenommen und werden als Mehrfachteilnehmer R mit einem Maximum von $n_R = 90$ bezeichnet.[323] Insgesamt nutzen 557 unterschiedliche Unternehmen (Grundgesamtheit N_R[324] mit einem Maximum von $n_{N(R)} = 557$) bzw. 467 Unter-

---

Nachfrage bei Euler Hermes nicht verfügbar. Für eine Rentabilitätsanalyse einer Standard-Mezzanine-Transaktion aus Investorensicht siehe Franke, G./Hein, J. (2008); Kaserer, C./Achleitner, A.-K. (2007).

[319] Siehe Abschnitt 3.3.1. sowie Anhang VI-48 für eine Übersicht über die zu untersuchenden Standard-Mezzanine-Programme. In Anhang VI-42 sind die verbrieften Volumina sowie in Anhang VI-43 die Anzahl der Unternehmen im zeitlichen Ablauf veranschaulicht. Die gesamten Daten der empirischen Untersuchungen des vierten Kapitels dieser Arbeit zu den Eigenschaften und der Entwicklung der MFU entstammen erstens den Offering Circulars (siehe Fn. 263), zweitens den Presale-Reports der Ratingagenturen (siehe Fn. 264) der 13 Transaktionen, wobei sowohl die Offering Circulars als auch die Presale-Reports in Fn. 866 zu Anhang VI-48 aufgelistet sind, sowie drittens den sog. Investor Reports, auf die in Fn. 327 näher eingegangen wird.

[320] Da Informationen zu den Mezzanine-Programmen PULS und PRIME, dem Mezzaninefonds ‚ge/mit' sowie den mezzaninen Produkten der KfW nicht öffentlich zugänglich sind und den KfW-Programmen ein öffentlicher Fördergedanke zugrunde liegt, werden die an diesen Transaktionen teilnehmenden Unternehmen nicht empirisch untersucht. Siehe Fn. 245 bis 247. für weitere Informationen.

[321] Eine Liste mit den mit Standard-Mezzanine-Kapital finanzierten Unternehmen der betrachteten Mezzanine-Programme ist in Anhang VI-51 aufgeführt.

[322] Siehe Fn. 263.

[323] Ein Unternehmen gilt als Mehrfachteilnehmer, wenn die aus den OCs namentlich bekannten Unternehmen mehr als ein Mal an verschiedenen Programmen teilgenommen haben. Nehmen dagegen die Mutter- und eine Tochtergesellschaft oder zwei Tochtergesellschaften eines Konzerns Standard-Mezzanine-Kapital auf, werden diese beiden Unternehmen jeweils einzeln berücksichtigt. Von den 90 Mehrfachteilnehmern weisen 83 Unternehmen zwei, fünf Unternehmen drei, ein Unternehmen vier und ein Unternehmen fünf Teilnahmen an einem der untersuchten Standard-Mezzanine-Programme auf.

[324] N_R = Grundgesamtheit N unter Berücksichtigung der Mehrfachteilnehmer R.

nehmen einmalig und 90 Unternehmen mehrfach Standard-Mezzanine-Kapital über die 13 Transaktionen.[325]

Zu den 90 Mehrfachteilnehmern wird in den OCs der Name unter Angabe von Daten wie Umsatzerlöse, Bilanzsumme, Angestelltenanzahl, Exportquote, Rechtsform oder Gründungsjahr genannt. Somit können die Mehrfachteilnehmer anhand dieser Kriterien zum Zeitpunkt der Aufnahme des Mezzanine-Kapitals identifiziert und eingeordnet werden. Zur Entwicklung der MFU nach Aufnahme liegen unterschiedlich detaillierte Daten gemäß dem Finanzratingtools Moody's KMV RiskCalc™ (Moody's KMV)[326] vor. Diese Daten können den quartalsweise veröffentlichten sog. Investor Reports[327] entnommen werden und umfassen sog. Ausfallwahrscheinlichkeiten, Ratings und/ oder Unternehmenskennzahlen zur Verschuldung, Rentabilität oder Produktivität gemäß Moody's KMV sowie zur Höhe des jeweils aufgenommenen Nominalvolumens.[328] Hierbei werden diese unternehmensindividuellen Daten aber nur in anonymisierter Form veröffentlicht.[329] Vor diesem Hintergrund können von 114 Überschneidungen gemäß Anhang VI-52 auf Basis der laut Anhang VI-53 zur Verfügung stehenden Unterlagen 76 Überschneidungen der Entwicklung anonymisierter Unternehmen zugeordnet werden.[330] Anhand dieser 76 zugeordneten Überschneidungen wiederum können 59 Unternehmen als anonymisierte Mehrfachteilnehmer identifiziert werden.[331] Insgesamt ergibt sich unter Berücksichtigung dieser 59

---

[325] Die in Anhang VI-52 dargestellte Matrix gibt einen Überblick über die Anzahl an Mehrfachteilnehmern je Transaktion bzw. über die 114 Überschneidungen innerhalb der Programme.

[326] Siehe Abschnitt 4.3.1.

[327] Diese werden im Rahmen des Monitoring einer Verbriefungstransaktion den Investoren zur Verfügung gestellt. Sie geben Auskunft zu den Zahlungsströmen innerhalb der Transaktionen sowie weitere Informationen zur bisherigen Entwicklung der zugrunde liegenden Vermögenswerte.

[328] Diese Investor Reports werden über Standardplattformen wie das Bloomberg-Informationssystem veröffentlicht. Im Rahmen dieser Arbeit wird auf Daten folgender Investor Reports zurückgegriffen: CB MezzCap (2010), EquiNotes (2009a); EquiNotes (2009b); HEAT Mezzanine (2010a); HEAT Mezzanine (2010b); HEAT Mezzanine (2010c); PREPS (2008); PREPS (2009a); PREPS (2009b); PREPS (2009c); PREPS (2009d); PREPS (2009e); StaGe Mezzanine (2009). Für die Transaktionen der Plattform H.E.A.T Mezzanine wird zusätzlich auf anonymisiert zur Verfügung gestellte Daten zurückgegriffen.

[329] In Anhang VI-53 ist zusammenfassend veranschaulicht, welche unterschiedlichen anonymisierten Daten zur Unternehmensentwicklung bei welchen Transaktionen jeweils verfügbar sind.

[330] Hierfür werden auf Basis der bekannten Anzahl der Überschneidungen aufgrund der namentlichen Unternehmensteilnehmerliste der Mezzanine-Programme aus den OCs alle zur Verfügung stehenden anonymisierten Daten wie Unternehmens- und Branchenkennzahlen aller vierteljährlich veröffentlichen Investor Reports, weitere Angaben über die Höhe des aufgenommenen Mezzanine-Kapitals, Branchenzugehörigkeit und Höhe der Umsatzerlöse aller Unternehmen der gesamten, sich jeweils überschneidenden Programme miteinander verglichen.

[331] 31 Mehrfachteilnehmer können nicht identifiziert werden, da bspw. zum einen mehr Kennzahlen in Form der Ratingstufen eine übereinstimmende Entwicklung aufzeigen als Überschneidungen vorliegen. Somit kann nicht eindeutig geklärt werden, welche Werte zu Mehrfachteilnehmern und welche Kennzahlen nur

identifizierten Mehrfachteilnehmer R_I mit einem Maximum von $n_{R(I)} = 59$ eine maximale Gesamtanzahl von 590 Unternehmen (Grundgesamtheit N_{RI}[332] mit einem Maximum von $n_{N(RI)} = 590$), die Basis einer Analyse der Kennzahlenentwicklung der Unternehmen sein können.[333]

Zusammenfassend bleibt festzuhalten, dass die Analyse der Eigenschaften der Unternehmen wie Umsatzerlöse, Bilanzsumme, Exportquote oder Branche in den Abschnitten 4.2.2. und 4.2.3. zumeist unter Berücksichtigung aller Mehrfachteilnehmer R und somit für N_R durchgeführt werden kann. Die quantitativ-empirische Kennzahlenanalyse zur Entwicklung der Unternehmen in Abschnitt 4.3. erfolgt vor dem Hintergrund der Anonymisierung der Daten unter Berücksichtigung der identifizierten Mehrfachteilnehmer R_I und somit für N_{RI}. Demnach werden die Analysen durch notwendige Bereinigungen und unterschiedliche Datendichte zum Teil auf eine abweichende Anzahl an Unternehmen der Grundgesamtheit N abgestellt. Zur Überprüfung der Stärke der Abweichungen werden statistische Tests wie bspw. ein χ^2-Anpassungstest[334] durchgeführt. Insgesamt wird für die Analyse der Eigenschaften und Entwicklung der Unternehmen die Annahme getroffen, dass alle Unternehmen ihren Jahresabschluss per 31.12. erstellen und somit das Geschäftsjahr dem Kalender-

per Zufall die gleichen Werte aufweisen. Darüber hinaus kann dies mit unterschiedlichen, den verglichenen Unternehmenskennzahlen zugrunde liegenden Jahresabschlüssen wie Einzel- und Konzernabschlüssen, Abschlüssen gemäß IFRS oder HGB oder auch nur für die jeweilige Transaktion erstellten Sonderabschlüssen (siehe Unternehmen Nr. 6 von CB MezzCap) begründet sein.

332 N_{RI} = Grundgesamtheit N unter Berücksichtigung der identifizierten Mehrfachteilnehmer R_I.

333 Anhang VI-54 gibt einen zusammenfassenden Überblick über die Anzahl an Unternehmen unter Berücksichtigung der Mehrfachteilnehmer und die im Rahmen der Arbeit verwendeten Abkürzungen sowie Anhang VI-55 deren Berechnungswege. Anzumerken ist, dass trotz aller Sorgfalt beim Vergleich der Rating- und Kennzahlenreihen weiterhin die Möglichkeit besteht, dass zwei identische Rating- und/ oder Kennzahlenreihen aus unterschiedlichen Programmen fälschlicherweise als Mehrfachteilnehmer identifiziert werden, obwohl sie Werte von zwei voneinander unabhängigen Unternehmen repräsentieren. Auch könnten Verzerrungen auftreten, wenn in den OCs oder Investor Reports Jahresabschlussdaten nicht von der direkt finanzierten Gesellschaft, sondern von einer größeren Mutter- bzw. kleineren Tochtergesellschaft angegeben würden.

334 Ein χ^2-Anpassungstest dient der Überprüfung der Übereinstimmung der Verteilung einer Stichprobe mit der einer Grundgesamtheit. Eine Aussage zur Anpassungsgüte kann anhand des Vergleichs des Testvariablenwerts mit dem Schwellenwert erfolgen (klassische Testentscheidung): Ist der Testvariablenwert kleiner als der Schwellenwert, kann die Gleichverteilungshypothese H_0 beibehalten werden (Schwellenwerte einer χ^2-Verteilung bspw. Hartung, J. (1998), S. 893-894). Der Testvariablenwert ist unter der H_0 χ^2- mit k-1 Freiheitsgraden verteilt. Eine Approximation ist üblicherweise hinreichend genau, wenn nicht mehr als 20% der erwarteten Anzahl kleiner als fünf und kein Wert kleiner als eins ist. Alternativ kann eine Überprüfung anhand des Vergleichs des empirischen Signifikanzniveaus in Form des sog. p-Wertes (Wahrscheinlichkeit, dass unter H_0 die Testvariable Werte annimmt, die gleich oder kleiner bzw. gleich oder größer sind als der Testvariablenwert) versus des vorgegebenen Niveaus von bspw. $\alpha = 0{,}05$ erfolgen: Ist das empirische Niveau bzw. der p-Wert größer als das vorgegebene, kann die H_0 beibehalten werden. Vgl. Eckstein, P. (2006), S. 70-72 und S. 346; Hartung, J. (1998), S. 137 und S. 182; Toutenberg, H. et al. (2006), S. 210-211.

jahr entspricht.[335] Darüber hinaus erfolgt bei einem Großteil der Unternehmen die Angabe von Daten sowohl auf Basis der Einzel- als auch der Konzerngesellschaft. Hierbei werden im Rahmen dieser Arbeit soweit möglich die Daten der Einzelgesellschaft herangezogen.

4.2.2. Eigenschaften

Nachfolgend werden die Eigenschaften der Grundgesamtheit N_R vor Aufnahme des Standard-Mezzanine-Kapitals auf Basis des letztgültigen bzw. des dem Auswahlprozess zugrunde liegenden Jahresabschlusses untersucht.[336] Da die Mezzanine-Programme in unterschiedlichen Kalenderjahren das Mezzanine-Kapital ausgezahlt haben, beziehen sich die weiteren Untersuchungen auf die Daten ein Jahr vor Auszahlung, wobei das Jahr vor Auszahlung transaktionsabhängig eines der Kalenderjahre 2003 bis 2006 ist.[337] Diese Untersuchungen werden anhand der Verteilung der Umsatzerlöse, Bilanzsumme, Angestelltenanzahl, Exportquote, Unternehmensalter, Rechtsformen sowie anhand der regionalen Verteilung basierend auf den Informationen aus den OCs der Transaktionen und somit für N_R durchgeführt. Zusätzlich erfolgt eine Analyse der Verteilung der Nominalvolumina für N_{RI}, zu der auch Informationen aus den Investor Reports herangezogen werden.

Für die in Abbildung 4-1 dargestellte Verteilung der Umsatzerlöse kann ein Durchschnittswert in Form des arithmetischen Mittelwerts von EUR 88,257 Mio. ermittelt werden, der Median[338] beträgt EUR 48,8 Mio. Es ist festzustellen, dass mit 51,7% mehr als die Hälfte der Unternehmen Umsatzerlöse zwischen EUR 25 Mio. und EUR 100 Mio. erwirt-

---

[335] Es liegen unter Berücksichtigung der Mehrfachteilnehmer über 442 Unternehmen Informationen im OC zum Jahresabschlussdatum vor. Für 87% dieser Unternehmen stimmen Geschäftsjahr und Kalenderjahr überein. Hierdurch kann es bei laufzeitabhängigen Untersuchungen zu Verzerrungen kommen, die aber vor dem Hintergrund einer ungefähren Gleichverteilung der Unternehmen, deren Geschäftsjahr nicht dem Kalenderjahr entspricht, auf die erste oder zweite Jahreshälfte als eher als gering zu werden sind. Insgesamt werden die Daten entweder als Geschäftsjahresendwerte oder Jahresdurchschnittswerte in den OCs angegeben und können sich auf jeweils unterschiedliche Jahre beziehen, da die Transaktionen zwischen 2004 und 2007 durchgeführt wurden.

[336] Hierbei wird die Annahme getroffen, dass vor allem die Unternehmensdaten im Kalenderjahr vor Aufnahme, die in den Investor Reports bzw. den OCs angegeben sind, die Basis des Auswahlprozesses bilden. Einschränkend ist anzumerken, dass bei Transaktionen, die am Anfang eines Kalenderjahres ausgezahlt haben, nicht immer davon ausgegangen werden kann, dass der unmittelbar letzte Jahresabschluss per 31.12. im Rahmen des Auswahlprozesses dieses Unternehmens bereits vorlag.

[337] Die Auszahlungszeitpunkte können Anhang VI-48 in Form des sog. ‚Closing Date' entnommen werden.

[338] Der Median oder auch Zentralwert ist der Wert, bei dem jeweils mindestens 50% der Beobachtungen einen Wert größer oder gleich bzw. kleiner oder gleich dem Median annehmen. Im Vergleich zum Mittelwert ist der Median unempfindlicher gegenüber Extremwerten, also Werten, die weit von allen übrigen Werten entfernt liegen. Vgl. Hartung, J. (1998), S. 32-33; Cramer, E./Kamps, U. (2007), S. 25.

schaften und damit die Hauptgruppe darstellen.[339] Insgesamt weisen 51,2% der Unternehmen Umsatzerlöse von bis zu EUR 50 Mio. auf und fallen somit unter die quantitative Mittelstandsdefinition gemäß IfM Bonn aus Anhang VI-2. Darüber hinaus setzen die untersuchten Unternehmen auf Basis des letztgültigen Jahresabschlusses vor Aufnahme des Mezzanine-Kapitals zusammen EUR 48,983 Mrd. in den Jahren 2003 bis 2006 um.

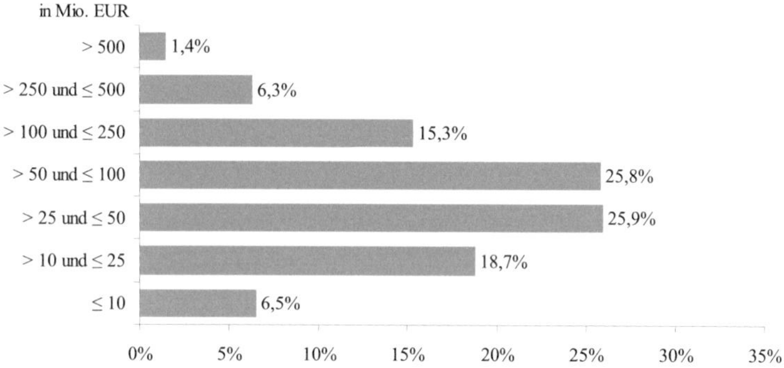

Quelle: Eigene Darstellung. $n_{N(R)} = 555$

Abbildung 4-1: Verteilung der Umsatzerlöse der Grundgesamtheit N_R vor Aufnahme

Gemäß der Verteilung der Bilanzsummen aus Abbildung 4-2 ist die höchste Konzentration an Unternehmen mit einem Wert von 31,9% in der Klasse von EUR 10 Mio. bis EUR 25 Mio. zu finden. Bei einer durchschnittlichen Bilanzsumme von EUR 52,869 Mio. weisen 65,7% der Unternehmen eine Bilanzsumme von bis zu EUR 43,0 Mio. auf und fallen unter die KMU-Definition der EU aus Anhang VI-1. Der Median liegt bei EUR 28,0 Mio.

[339] Bei 11 Unternehmen werden keine EUR-Werte in den OCs für die Umsatzerlöse und Bilanzsummen ausgewiesen. Mit vier Unternehmen mit Daten per 31.12.2004 und sechs Unternehmen mit Daten per 31.12.2005 kommen insgesamt 10 Unternehmen aus der Schweiz mit Angaben in Schweizer Franken (CHF). Im Rahmen dieser Arbeit werden die Umsatzerlöse und Bilanzsummen in ausländischen Währungen mit den Devisenkursen von 1,5456 CHF/EUR per 31.12.2004 und 1,5546 CHF/EUR per 31.12.2005 umgerechnet. Die Daten des Unternehmens aus Großbritannien per 23.09.2006 werden mit dem Devisenkurs von 0,671 GBP/EUR vom 25.09.2006 umgerechnet. Die Devisenkurse entstammen dem Bloomberg-Informationssystem sowie der schweizerischen Eidgenössischen Steuerverwaltung ESTV (2010).

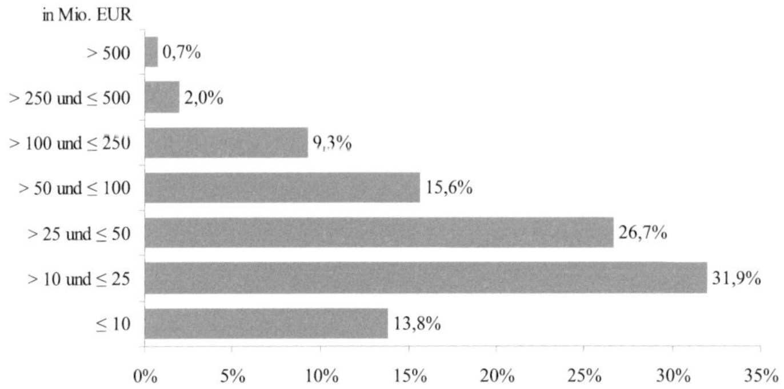

Quelle: Eigene Darstellung. $n_{N(R)} = 551$

Abbildung 4-2: Verteilung der Bilanzsummen der Grundgesamtheit N_R vor Aufnahme

Die durchschnittliche Angestelltenanzahl liegt bei 447,6, der Median bei 207 Angestellten für die in Abbildung 4-3 dargestellte Verteilung. Insgesamt fallen 77,6% der Unternehmen unter die Mittelstandsdefinition des IfM Bonn mit weniger als 500 Angestellten, wobei die Unternehmen ein Jahr vor Aufnahme des Mezzanine-Kapitals zusammen 249.287 Angestellte haben.

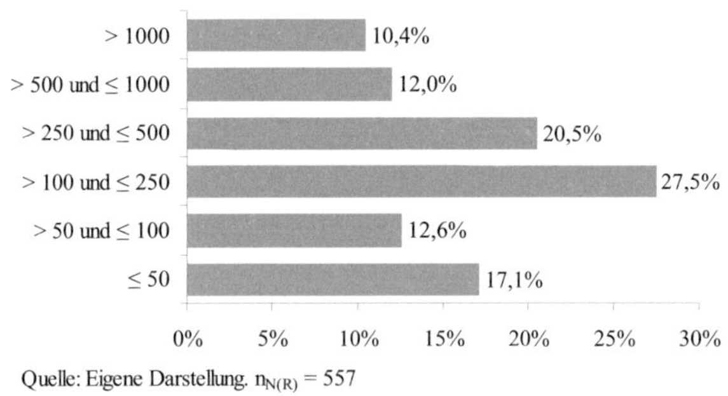

Quelle: Eigene Darstellung. $n_{N(R)} = 557$

Abbildung 4-3: Verteilung der Angestelltenanzahl der Grundgesamtheit N_R vor Aufnahme

Im Durchschnitt erwirtschaften die Unternehmen 30,2% ihrer Umsätze im Ausland (weltweit), der Median der in Abbildung 4-4 veranschaulichten Verteilung der Exportquote beträgt 25,0%.[340] Hierbei liegt die durchschnittliche Exportquote der untersuchten Unter-

[340] Bei Prozentangabe ‚kleiner als' (bspw. < 5%) wird die nächst kleinere bzw. nächst höhere ganzzahlige Zahl zur Durchschnittsberechnung herangezogen. Insgesamt liegen nur Daten von 346 Unternehmen der Grundgesamt N_R vor, da u. a. die OCs der Transaktionen CB MezzCap, equiNotes 2005-1, equiNotes 2007-1 keine Angaben zu den Exportquoten enthalten. Die Ergebnisse eines χ^2-Anpassungstests aus Anhang VI-56 für die Verteilung der Umsatzerlöse dieser 346 Unternehmen mit Informationen über die

nehmen über dem bundesweiten Durchschnitt von 9,5% für kleine und mittlere Unternehmen bzw. von 23,1% für Großunternehmen gemäß Mittelstandsdefinition des IfM Bonn für das Jahr 2004.[341] Während 82,1% der MFU Umsätze im Ausland erwirtschaften, exportieren in Deutschland in 2004 nur 11,4% aller KMU bzw. 80,5% der Großunternehmen.[342] Hierbei beträgt die durchschnittliche Exportquote dieser auslandsaktiven MFU 36,8%, wohingegen bundesweit durchschnittlich 20,0% des Umsatzes der kleinen und mittleren Exporteure bzw. 26,1% der auslandsaktiven Großunternehmen Exportumsätze (Exportquote der Exporteure) darstellen. Demnach sind die MFU exportorientierter.[343]

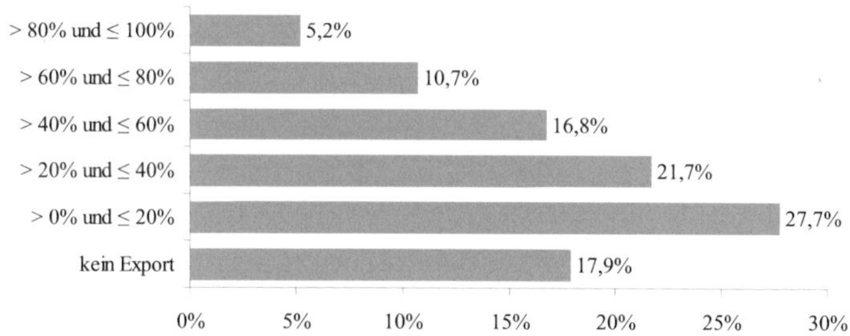

Quelle: Eigene Darstellung. $n_{N(R)} = 346$

Abbildung 4-4: Verteilung der Exportquote der Grundgesamtheit N_R vor Aufnahme

Bei Analyse der Korrelationen zwischen den vier zuvor untersuchten Datenkategorien können die in Tabelle 4-1 dargestellten Korrelationskoeffizienten ρ[344] ermittelt werden.

Höhe der Exportquote an die Verteilung der Grundgesamtheit N_R aus Abbildung 4-1 deuten mit p = 0,5855 auf eine Gleichverteilung und somit auf Repräsentativität dieser Unternehmen für N_R hin.

341 Die Zahlen des Mittelstandspanels 2008 der KfW Bankengruppe zeigen ein ähnliches Ergebnis. Hiernach wurden in 2004 vom gesamten Mittelstand ca. 14% sowie für den größeren Mittelstand (ab 50 Beschäftigten) ca. 19% der Umsätze im Ausland getätigt. Vgl. KfW Bankengruppe (2008b), S. 52-53 und S. 95.

342 Der Anteil der exportierenden Großunternehmen wurde unter Zuhilfenahme von Daten des IfM Bonn ermittelt. Vgl. Institut für Mittelstandsforschung (2007b), S. 51.

343 Vgl. Institut für Mittelstandsforschung (2007b), S. 51 und S. 206-214. Hierbei sind für Unternehmen durch Auslandsaktivitäten eine höhere Produktivität und Innovationsaktivität, verstärkte Investitionsneigung sowie positive Effekte für die Inlandsbeschäftigung und die Umsatzentwicklung verbunden. Vgl. Institut für Mittelstandsforschung (2007b), S. 214; KfW Bankengruppe (2008b), S. 2. Ferner ist für die deutsche Wirtschaft in den Jahren bis zum Ausbruch der Finanzmarktkrise in 2007 eine starke außenwirtschaftliche Dynamik bei binnenwirtschaftlicher Stagnation und damit eine insgesamt gestiegene Auslandsaktivität festzustellen. Vgl. Sachverständigenrat (2008), S. 348.

344 Der Korrelationskoeffizient ρ ist die standardisierte Kovarianz, die das Maß für die gemeinsame Veränderung von zwei Merkmalen darstellt. Er misst Stärke und Richtung eines linearen Zusammenhangs zwischen der Entwicklung zweier Merkmale und kann Werte zwischen -1 und +1 annehmen. Je gleichförmiger sich zwei Merkmale entwickeln, desto stärker nähert sich der Koeffizient +1. Bei ρ = 0 besteht kein Zusammenhang, bei negativen Werten sind die Entwicklungstendenzen gegenläufig. Vgl. Perridon, L./Steiner, M. (2007), S. 270.

Gemäß Tabelle 4-1 kann zwischen den Umsatzerlösen, der Bilanzsumme und der Angestelltenanzahl ein positiver Zusammenhang unterstellt werden. Dagegen scheint die Exportquote unkorreliert zu Umsatzerlösen, Bilanzsumme oder Anzahl der Angestellten zu sein, da kein größenabhängiger Zusammenhang zwischen der Höhe der Exportquote und der Größe eines Unternehmens statistisch belegbar ist.

	Umsatzerlöse	Bilanzsumme	Angestelltenanzahl	Exportquote
Umsatzerlöse	1	0,77 ($n_{N(R)}$ = 550)	0,42 ($n_{N(R)}$ = 555)	0,02 ($n_{N(R)}$ = 346)
Bilanzsumme	0,77 ($n_{N(R)}$ = 550)	1	0,53 ($n_{N(R)}$ = 551)	0,03 ($n_{N(R)}$ = 346)
Angestelltenanzahl	0,42 ($n_{N(R)}$ = 555)	0,53 ($n_{N(R)}$ = 551)	1	-0,01 ($n_{N(R)}$ = 346)
Exportquote	0,02 ($n_{N(R)}$ = 346)	0,03 ($n_{N(R)}$ = 346)	-0,01 ($n_{N(R)}$ = 346)	1

Quelle: Eigene Darstellung.

Tabelle 4-1: Korrelationsmatrix der Umsatzerlöse, Bilanzsumme, Angestelltenanzahl und Exportquoten der Grundgesamtheit N_R

Unter Bezugnahme auf das in Abbildung 4-5 aufgezeigte Betriebsalter der Unternehmen bei Aufnahme des Mezzanine-Kapitals wurden die Unternehmen durchschnittlich im Jahr 1963 gegründet, der Median ist 1980.[345] Gemäß Abbildung 4-5 sind 6,1% der Unternehmen der Grundgesamtheit N_R im Jahr vor Aufnahme bis zu vier Jahre bzw. 21,7% bis zu zehn Jahre alt. Somit kann der Großteil der mit Standard-Mezzanine-Kapital finanzierten Unternehmen als etablierte Unternehmen angesehen werden.[346]

	Betriebsalter der Unternehmen der Grundgesamtheit N_R im Jahr der Aufnahme
0 bis 2 Jahre	1,3%
3 bis 4 Jahre	4,8%
5 bis 6 Jahre	4,5%
7 bis 8 Jahre	6,3%
9 bis 10 Jahre	4,8%
über 10 Jahre	78,3%

Quelle: Eigene Darstellung. $n_{N(R)}$ = 557

Abbildung 4-5: Alterstruktur der Grundgesamtheit N_R im Jahr der Aufnahme

Wie in Abbildung 4-6 dargestellt, ist mit 49,2% knapp die Hälfte der Unternehmen in der Branche des Verarbeitenden Gewerbes tätig, wohingegen sich 29,1% im Dienstleistungs-

[345] Auch wenn eine Durchschnittsbildung nur bedingt aussagefähig ist, da sich im Zeitablauf die Geschäftsausrichtung eines Unternehmens verändern kann und Branchenwechsel möglich sind, soll hierdurch ein erster Eindruck über die Altersstruktur innerhalb der Grundgesamtheit vermittelt werden.

[346] Relevanz gewinnt die Altersstruktur der Unternehmen vor dem Hintergrund, dass im Allgemeinen zumeist eher jüngere Unternehmen, die erst einige Jahre am Markt sind, zahlungsunfähig oder überschuldet sind. Dieses Verhältnis bestätigt sich auch in 2009, in dem knapp ein Drittel der Insolvenzkandidaten höchstens vier Jahre am Markt waren. Vgl. Creditreform (2009b), S. 20-21. In Anhang VI-57 ist die Verteilung der Gründungsjahre der Unternehmen der Grundgesamtheit N_R abgebildet.

sektor und 16,9% im Handelsbereich betätigen. Unter Bezugnahme auf Anhang VI-58 zur Verteilung der Industriesektoren der Unternehmen kann festgestellt werden, dass 33,6% des gesamten Nominalvolumens von Unternehmen aus vier Industriesektoren bzw. mit 52,3% mehr als die Hälfte des Nominalvolumens von Unternehmen aus sieben der insgesamt 33 möglichen Sektoren aufgenommen wurde.[347]

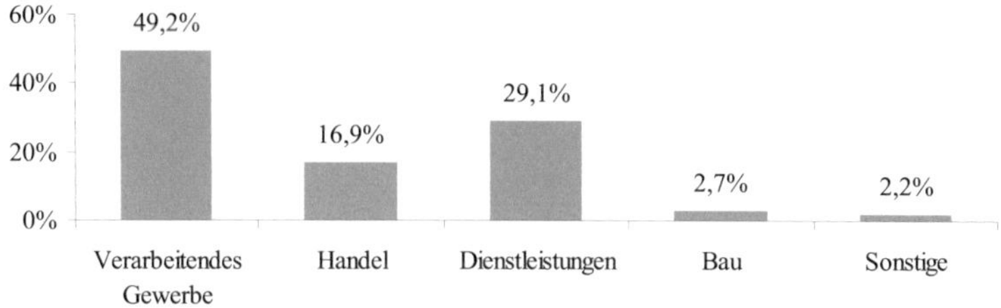

Quelle: Eigene Darstellung. $n_{N(R)} = 557$

Abbildung 4-6: Branchenverteilung der Grundgesamtheit N_R[348]

Im Gegensatz zur bundesweiten Verteilung der Rechtsformen aller mittelständischen Unternehmen mit einem Umsatz von mehr als EUR 25 Mio. gemäß Anhang VI-60[349] firmieren in der Grundgesamtheit N_R gemäß Abbildung 4-7 mehr Unternehmen in der Rechtsform der GmbH sowie insbesondere der Aktiengesellschaft (AG) zu Lasten der Rechtsform der Kommanditgesellschaft (KG).[350] Darüber hinaus sind 23,8% der Unternehmen, die in der Rechtsform der AG firmieren, börsennotiert. Auch dies ist weit über dem bundesweiten Durchschnitt von ca. 5%[351]. Dieser hohe Anteil börsennotierter AGs kann darauf

[347] Ein Zusammenfassen der 33 in den OCs angegebenen Industriesektoren nach der Klassifikation von Moody's zu den in Abbildung 4-6 genutzten Branchengruppen ist nicht möglich, da einzelne Sektoren wie bspw. der Sektor ‚Automobile' sowohl die Branche ‚Verarbeitendes Gewerbe' bzw. ‚Produktion' als auch die Branche ‚Handel' beinhalten.

[348] Da in den OCs nur die Aufschlüsselung der Unternehmen gemäß der 33 Industriesektoren vorgenommen worden ist, erfolgt die Ermittlung der Branchenverteilung gemäß Anhang VI-59 zum Großteil auf Basis von Daten der Creditreform Rating AG sowie zusätzlicher, eigener Recherchen und Einschätzungen gemäß der Unternehmensbeschreibungen in den OCs.

[349] Im Vergleich zu Anhang VI-3, in dem Unternehmen mit einem Umsatz von bis zu EUR 1 Mio. einen Anteil von ca. 90% stellen, bezieht sich zur besseren Vergleichbarkeit mit den Unternehmen der Mezzanine-Programme die in Anhang VI-60 dargestellte Verteilung auf Unternehmen mit einem Umsatzvolumen von mehr als EUR 25 Mio. in 2005.

[350] So firmieren 22,8% der Unternehmen der Grundgesamtheit N_R in der Rechtsform der AG im Vergleich zu 6,4% der bundesweiten Unternehmen sowie selbst zu ca. 17,2% der Unternehmen mit einem Umsatz von mehr als EUR 250 Mio. Auch die Ergebnisse eines χ^2-Anpassungstests gemäß Anhang VI-61 sprechen mit $p = 0{,}000$ gegen eine Gleichverteilung der Verteilung der Rechtsformen der Grundgesamtheit N_R und der bundesweiten Unternehmen mit einem Umsatz von mehr als EUR 25 Mio.

[351] Die Berechnung erfolgt auf Basis der Kapitalmarktstatistik der Deutschen Bundesbank per Mai 2008, in der 14.429 deutsche AGs aufgeführt sind. Den knapp 700 Unternehmen, die zu einem Markt zugelassen

zurückzuführen sein, dass die im Rahmen einer öffentlichen Kapitalmarkttransaktion einzuhaltenden Pflichten in Bezug auf Transparenz, Reporting und Monitoring sowie die Rechte, die dem Mezzanine-Gläubiger im Falle einer Unternehmenskrise eventuell zugesprochen werden müssen, von börsennotierten AGs möglicherweise eher erfüllt bzw. akzeptiert werden.[352] Ferner kann vermutet werden, dass börsennotierte AGs im Umgang mit dem in ABS-Transaktionen häufig vorherrschenden ausländischen Recht und der englischen Sprache vertrauter sind.

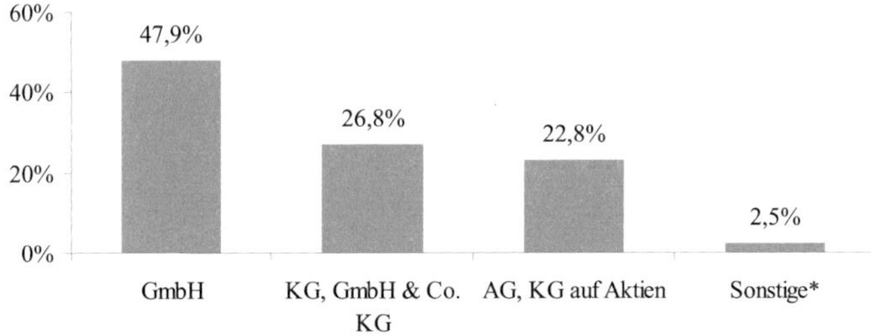

* Offene Handelsgesellschaft, Gesellsch. d. bürgerl. Rechts, Genossenschaft, GmbH & Co., OHG, Partnership, Einzelunternehmen, Stiftung, e. K.

Quelle: Eigene Darstellung. $n_{N(R)} = 557$

Abbildung 4-7: Verteilung der Rechtsformen der Grundgesamtheit N_R

Unter Bezugnahme auf Anhang VI-62 haben insgesamt 92,5% der Unternehmen der Grundgesamtheit N_R ihren Firmensitz in Deutschland und 7,5% im europäischen Ausland. Das Gesamtvolumen von EUR 3,881 Mrd. wird mit 90,8% von deutschen und zu 9,2% von ausländischen Unternehmen aufgenommen.[353]

Bei Analyse der Verteilung des Gesamtnominalvolumens von EUR 3,881 Mrd. kann für N_R mit $n_{N(R)} = 557$ ein durchschnittliches Volumen von EUR 6,968 Mio. sowie Median-Volumen von EUR 5 Mio. festgestellt werden. Bei Bezug des durchschnittlichen Volumens auf die durchschnittliche Bilanzsumme von EUR 52,869 Mio. ergibt sich ein Anteil von 13,2%, bei Bezug auf die durchschnittlichen Umsatzerlöse von EUR 88,257 Mio. da-

sind, der von staatlich anerkannten Stellen geregelt und überwacht wird (regulierter Markt), stehen weit über 13.500 börsenferne AGs gegenüber. Vgl. Bayer, W./Hoffmann, T. (2008), S. R379.

352 So werden an börsennotierte Unternehmen hohe Anforderungen im Hinblick auf Transparenz sowie Effektivität und Planungssicherheit des Controllings gestellt. Vgl. Rummer, M. (2006), S. 64-65.

353 Laut der regionalen Verteilung der Unternehmen und deren Nominalvolumina aus Anhang VI-63 haben 84,0% der deutschen Unternehmen ihren Firmensitz in Westdeutschland (inkl. Gesamt-Berlin), 16,0% in Ostdeutschland. Dies entspricht ungefähr dem bundesweiten Durchschnitt von 86,4% für West- und 13,6% für Ostdeutschland in 2005. Vgl. Institut für Mittelstandsforschung (2009e), S. 3.

gegen ein Anteil von 7,9%.[354] Gemäß Anhang VI-48 haben die Unternehmen Einzeltranchen zwischen EUR 1 Mio. und EUR 18 Mio. aufgenommen. Bei Berücksichtigung der identifizierten 59 Mehrfachteilnehmer R_I und deren mehrfache Aufnahme folgt die in Abbildung 4-8 dargestellte Verteilung der mezzaninen Volumina der Unternehmen für N_{RI} mit $n_{N(RI)} = 590$ mit einem durchschnittlichen Volumen von EUR 6,578 Mio. und einem Median-Volumen von EUR 5 Mio.[355] Auffällig ist, dass 16,8% der Unternehmen ein Volumen von EUR 3 Mio., 22,7% ein Volumen von EUR 5 Mio. und 11% ein Volumen von EUR 10 Mio. aufgenommen haben. Der Anteil der Unternehmen mit einem Volumen von EUR 3 Mio. wird auf das Mindestvolumen insbesondere bei den ersten Mezzanine-Programmen zurückführen sein. Dagegen kann der hohe Anteil von EUR 5 Mio. und EUR 10 Mio. damit begründet werden, dass diese Beträge „bevorzugte" bzw. „runde" Volumina darstellen.[356] Insgesamt haben 26,1% der Unternehmen ein Volumen von bis zu EUR 3 Mio., 59,8% bis zu EUR 5 Mio. und 87,0% bis zu EUR 10 Mio. aufgenommen.[357]

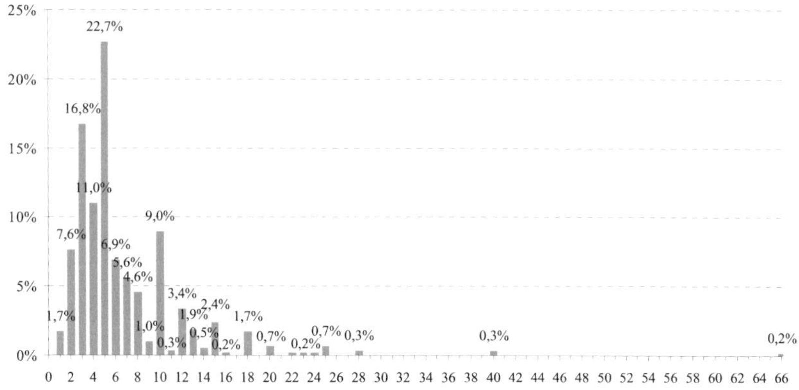

Abbildung 4-8: Verteilung der Nominalvolumina der Grundgesamtheit N_{RI}[358]

---

[354] Da die Bilanzsumme durch bilanzpolitische Maßnahmen beeinflusst werden kann, wird zusätzlich der Anteil an den Umsatzerlösen angegeben, um einen Eindruck über die Größenverhältnisse zu erhalten.

[355] Da aufgrund der Anonymisierung der Daten zur Verteilung der Nominalvolumina keine direkte namentliche Zuordnung von Unternehmen zu Nominalvolumen möglich ist, erfolgt die Analyse auf Basis von N_{RI}.

[356] Darüber hinaus wurde von den Unternehmen Nici AG und Erich Rohde KG über drei bzw. vier Transaktionen EUR 40 Mio. und im Fall des 5-maligen Teilnehmers PCC AG EUR 66 Mio. aufgenommen. Vgl. Frien, B. (2006), S. 12 sowie Abbildung 4-48.

[357] Siehe Anhang VI-64 für die Verteilung der Nominalvolumina für die Grundgesamtheit N ohne Berücksichtigung der Mehrfachteilnahmen.

[358] Quelle: Eigene Darstellung. Jede Kategorie umfasst den ganzzahligen Millionenbetrag sowie den nächst kleineren 500.000 EUR-Wert.

Bei der Untersuchung von Unternehmensgröße und aufgenommenem Nominalvolumen ist für die Umsatzerlöse zu erwarten, dass Unternehmen mit höheren Umsatzerlösen größere Volumina aufnehmen. Denn bei größeren Unternehmen ist zu vermuten, dass sie ceteris paribus die Zins- und Tilgungsleistungen für höhere Volumina auf Basis höherer Umsatzerlöse wahrscheinlicher leisten können. Bei Sichtung der in den OCs der 13 Transaktionen vorliegenden transaktionsspezifischen Daten ist festzustellen, dass die Unternehmen und deren Nominalvolumina in den jeweiligen Transaktionen unterschiedlichen Umsatzgrößenklassen zugeschlüsselt werden.[359] Die so auftretenden Überschneidungen von Umsatzgrößenklassen betreffen 176 Unternehmen bzw. ein Nominalvolumen von EUR 907 Mio. Bei 480 Unternehmen bzw. einem Volumen von EUR 2,974 Mrd. ist die Zuordnung zu den in dieser Untersuchung gewählten Umsatzgrößenklassen eindeutig.[360] Da auf Basis dieser unterschiedlichen Größenklassen eine eindeutige Zuordnung aller Unternehmen zu einer jeweiligen Umsatzgrößenklasse und somit die Berechnung der durchschnittlichen Nominalvolumina je Umsatzgrößenklasse nicht möglich ist, werden drei verschiedene Simulationen durchgeführt. Hierbei werden die in Anhang VI-65 aufgeführten Gewichtungen bei den drei Simulationen vorgenommen.[361] Die durchschnittlichen Nominalvolumina je Umsatzgrößenklasse sind für die drei Simulationen in Abbildung 4-9 zusammenfassend graphisch veranschaulicht.

[359] So liegen in einer Transaktion bspw. Umsatzgrößenklassen von ‚EUR 41 Mio. bis EUR 80 Mio.' und ‚EUR 81 Mio. bis EUR 120 Mio.', in einer anderen Transaktion dagegen Größenklassen von ‚kleiner EUR 50 Mio.', ‚EUR 50 Mio. bis EUR 100 Mio.' und ‚EUR 100 Mio. bis EUR 200 Mio.' vor.

[360] Die Berechnungen erfolgen aufgrund der Anonymität und transaktionsbezogenen Veröffentlichung der Daten ohne besondere Berücksichtigung von Mehrfachteilnahmen und somit für die Grundgesamtheit N. Da im OC der Transaktion equiNotes 2007-1 zwar das korrekte Volumen der Transaktion mit EUR 214,5 Mio. angeben wird, aber nur 47 anstatt 48 Unternehmen dem Volumen zugeschlüsselt werden, beträgt die Summe der Anzahl der Unternehmen nicht $n_N = 657$, sondern $n_N = 656$.

[361] So werden bspw. für Simulation 1 bei zwei sich überschneidenden Umsatzgrößenklassen 100% der sich überschneidenden Werte der Umsatzgrößenklasse mit den kleineren und 0% der Größenklasse mit den größeren Umsatzerlösen, bei Überschneidung von drei Größenklassen 100% der Werte der Klasse mit den kleinsten Umsatzerlösen und 0% den anderen beiden Klassen zugeschlüsselt. In Anhang VI-66 ist diese Vorgehensweise für Simulation 1 beispielhaft veranschaulicht.

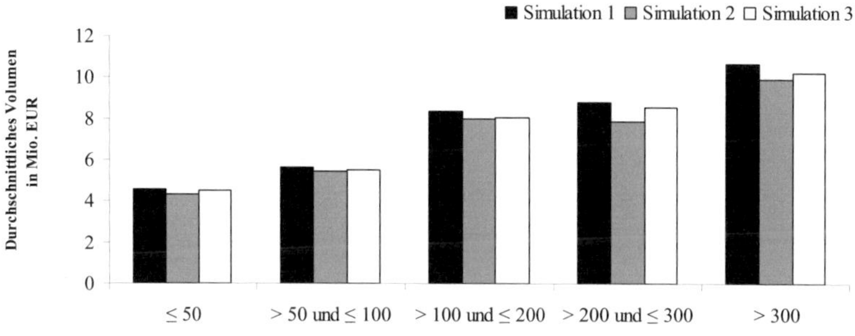

Quelle: Eigene Darstellung. **Umsatzklassen in Mio. EUR** $n_N = 656$

Abbildung 4-9: Durchschnittliches Nominalvolumen je Umsatzklasse der Grundgesamtheit N

Allen drei Simulationen ist gemein, dass sie auf eine steigende Tendenz hindeuten und somit einen positiven Zusammenhang zwischen Umsatzerlösen und Nominalvolumina vermuten lassen.[362] Auch die Korrelationen zwischen den in den Simulationen genutzten Umsatzsatzklassenmittelwerten[363] und den durchschnittlichen Volumina je Umsatzklasse unterstützen mit sehr hohen Werten zwischen $\rho = 0{,}95$ und $\rho = 0{,}97$ für die drei Simulationen die These: Je größer ein Unternehmen gemessen am Umsatz ist, desto höher ist das aufgenommene Nominalvolumen. Bei Analyse der Entwicklung der durchschnittlichen Nominalvolumina je Unternehmen und Transaktion der chronologisch sortierten Transaktionen gemäß Anhang VI-67 kann ein Trend hin zu sinkenden durchschnittlichen Nominalvolumina aufgezeigt werden. Somit steht Mezzanine-Kapital zunehmend auch (am Umsatz gemessen) kleineren Unternehmen anhand des Sinkens der durchschnittlichen Nominalvolumina sowie vor dem Hintergrund der aufgezeigten positiven Korrelation zwischen Höhe der Umsatzerlöse und aufgenommenem Nominalvolumen zur Verfügung.[364]

---

[362] Das Sinken des durchschnittlichen Nominalvolumens in Umsatzklasse ‚> 200 und ≤ 300' im Vergleich zur vorhergehenden Umsatzklasse von EUR 7,99 Mio. auf EUR 7,83 Mio. in Szenario 2 wird vernachlässigt.

[363] Da in den OCs vor dem Hintergrund der Angabe sowohl von Werten der Einzel- als auch der Konzerngesellschaft nicht ersichtlich ist, auf Basis welcher Werte bei diesen Unternehmen die Zuordnung zu den Umsatzklassen erfolgt, werden vereinfachend die Klassenmittelwerte von EUR 25 Mio., EUR 75 Mio., EUR 150 Mio. und EUR 250 Mio. für die ersten vier Umsatzgrößenklassen sowie ein Wert von EUR 350 Mio. für die oberste Umsatzklasse ‚> EUR 300 Mio.' angenommen.

[364] Somit kann der Trend, dass Mezzanine-Kapital zunehmend dem breiten Mittelstand zur Verfügung steht, grundsätzlich bestätigt werden. Vgl. Sachverständigenrat (2005), S. 481-482; DVFA (2007), S. 10. Mit einem Mindestumsatz von EUR 10 bis 15 Mio. bei einzelnen Transaktionen laut Anhang VI-48 kann aber nur eingeschränkt vom ‚breiten' Mittelstand gesprochen werden.

Für eine direkte Analyse der Zusammenhänge zwischen Bilanzsumme und Nominalvolumen sind keine Daten verfügbar. Vor dem Hintergrund einer Korrelation von $\rho = 0{,}77$ zwischen Umsatzerlösen und Bilanzsumme sowie von $\rho \approx 0{,}95$ zwischen den in den Simulationen zu Abbildung 4-9 genutzten Umsatzsatzklassenmittelwerten und den durchschnittlichen Nominalvolumina je Umsatzklasse kann aber ein positiver Zusammenhang unterstellt werden. Zur Überprüfung, ob der durchschnittliche Anteil des Mezzanine-Kapitals von 13,2% an der Bilanzsumme auch für Unternehmen unterschiedlicher Größe gilt, werden die 25%- und 75%-Quantile sowie der Median herangezogen. Auf Basis der vermuteten positiven Korrelation zwischen Bilanzsumme und Nominalvolumen werden die Bilanzsummen sowie die Nominalvolumina der Unternehmen der Grundgesamtheit N_R bzw. N_{RI} in die vier Gruppen eingeordnet, die durch das 25%-Quantil, den Median und das 75%-Quantil unterteilt werden.[365] Auf Basis dieser Zuordnung ergeben sich gemäß Anhang VI-68 mit steigender Bilanzsumme einerseits steigende Nominalvolumina sowie andererseits sinkende Anteile der Nominalvolumina an der Bilanzsumme.[366]

4.2.3. Besonderheiten der mehrfach teilnehmenden Unternehmen

Da die mehrfach teilnehmenden Unternehmen (Mehrfachteilnehmer R) häufig im Zusammenhang mit den ausgefallenen Unternehmen in den Mezzanine-Programmen genannt werden[367], sind im Folgenden die Eigenschaften und Besonderheiten der Mehrfachteilnehmer Gegenstand der Untersuchung. Für die Abbildung 4-10 dargestellte Verteilung ergeben sich für die Mehrfachteilnehmer R durchschnittliche Umsatzerlöse von

---

[365] So werden bspw. die (anonymen) Unternehmen der Grundgesamtheit N_{RI} mit einem Nominalvolumen, das kleiner oder gleich dem 25%-Quantil von EUR 3 Mio. ist, der ersten Gruppe zugeordnet. Auch die Unternehmen der Grundgesamtheit N_R werden entsprechend der Bilanzsumme den jeweiligen Gruppen zugeordnet. Dieser Zuordnung liegt aus Vereinfachungsgründen die Annahme einer strikt positiven Korrelation zwischen Bilanzsumme und Nominalvolumen zugrunde.

[366] Die hier dargestellte Analyse stellt nur eine Näherung dar, da eine strikt positive Korrelation zwischen Bilanzsumme und Nominalvolumen bei Zusortierung zu den einzelnen Gruppen unterstellt wird und die beiden unterschiedlichen Grundgesamtheiten N_R mit $n_{N(R)} = 551$ und N_{RI} mit $n_{N(RI)} = 590$ miteinander verglichen werden. Aber auch die Ergebnisse einer separaten Analyse der Unternehmen der Transaktionen der H.E.A.T Mezzanine-Plattformen lassen auf diesen negativen Zusammenhang sinkender Anteile der Nominalvolumen an der Bilanzsumme in Form eines negativen Korrelationskoeffizienten schließen.

[367] Siehe u. a. Handelsblatt (2006); Syre, R. (2007); o. V. (2008); Hesse, M. (2008); Köhler, P. et al. (2010). So gerieten Standard-Mezzanine-Programme zum ersten Mal in die (Negativ-)Schlagzeilen, als im Mai 2006 mit dem Geschenkeartikelhersteller Nici AG das erste mit Standard-Mezzanine-Kapital finanzierte Unternehmen Insolvenz anmelden musste. Diese Insolvenz hat wohl neben der Tatsache, dass es sich um die erste Insolvenz innerhalb der Mezzanine-Programme handelte, insbesondere deswegen soviel Aufmerksamkeit erregt, da das Unternehmen über die vier Mezzanine-Programme CB MezzCap, equiNotes 2005-1, PREPS 2004-2 und PREPS 2005-1 insgesamt EUR 40 Mio. an Standard-Mezzanine-Kapital aufgenommen hatte. Seitdem sind mehrere Mehrfachteilnehmer in verschiedenen Programmen ausgefallen.

EUR 102,01 Mio. und ein Median von EUR 54,0 Mio., die über den Werten von EUR 88,257 Mio. bzw. EUR 48,8 für N_R liegen.[368]

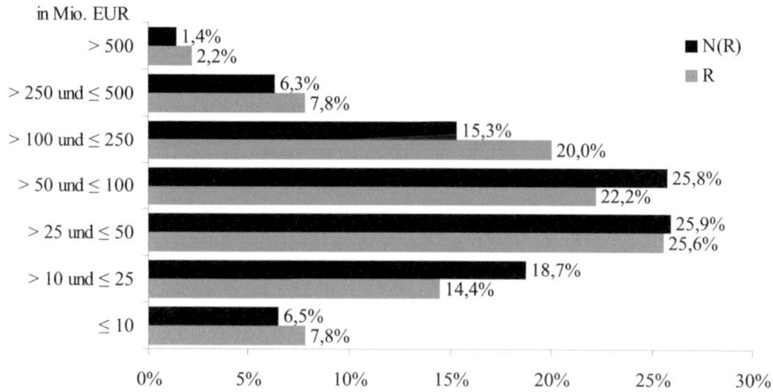

Quelle: Eigene Darstellung. $n_R = 90$, $n_{N(R)} = 555$

Abbildung 4-10: Verteilung der Umsatzerlöse der Mehrfachteilnehmer R vor Aufnahme

Bei Analyse der Verteilung der Bilanzsumme gemäß Abbildung 4-11 können eine durchschnittliche Bilanzsumme von EUR 65,215 Mio. sowie ein Medianwert von EUR 40,4 Mio. berechnet werden. Diese Werte liegen um 23,4% bzw. 44,3% über den Werten von EUR 52,869 bzw. EUR 28,0 Mio. der Grundgesamtheit N_R.[369]

[368] Trotz dieser Abweichungen deuten die Ergebnisse eines χ^2-Anpassungstests gemäß Anhang VI-69 mit p = 0,732 auf eine Gleichverteilung der beiden Verteilungen hin. Auch bei den Mehrfachteilnehmern wird der Durchschnitt über die vorliegenden Daten gemäß dem in Abschnitt 4.2.2. vorgestellten Schemas gebildet, wobei aufgrund der mehrfachen Teilnahme teilweise Jahresendwerte und -durchschnittsdaten sowie Daten über zwei unterschiedliche Jahre verwendet bzw. gemittelt werden.

[369] Mit p = 0,012 gemäß dem χ^2-Anpassungstest aus Anhang VI-70 besteht nur noch für $\alpha = 0,01$ Anlass dazu, von einer Gleichverteilung auszugehen. Hierbei gilt es zu berücksichtigen, dass die Bilanzsumme durch bilanzpolitisch motivierte Maßnahmen wie die Aktivierung des in den immateriellen Vermögensgegenständen enthaltenen Geschäfts- oder Firmenwertes oder liquiditätsverbessernde Fremdkapitalaufnahmen kurz vor Erstellung des Jahresabschlusses verzerrt sein kann. Vgl. Moody's Investors Service (2001), S. 12. Vor diesem Hintergrund ist ein Vergleich der Bilanzsummen nur eingeschränkt möglich, so dass der Größenunterschied zu relativeren ist. Im Allgemeinen kommen Bewertungs-, Aktivierungs-, Passivierungs- oder Gliederungswahlrechte bei der Bewertung von Vermögen oder Schulden sowie in der Gewinn- und Verlustrechnung zum Einsatz. Siehe u. a. Baetge, J./Kirsch, H.-J./Thiele, S. (2009) für weitergehende Informationen.

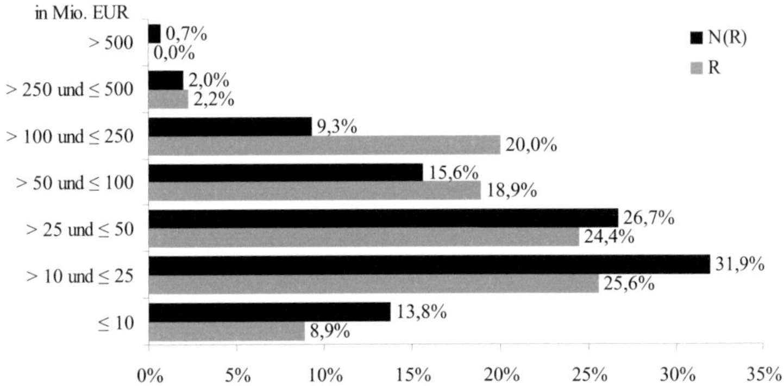

Quelle: Eigene Darstellung. $n_R = 90$, $n_{N(R)} = 551$

Abbildung 4-11: Verteilung der Bilanzsummen der Mehrfachteilnehmer R vor Aufnahme

Bei der Analyse der Angestelltenanzahl der Mehrfachteilnehmer ergibt sich eine durchschnittliche Anzahl von 551,7 Angestellten, die über der durchschnittlichen Angestelltenanzahl von 447,6 für N_R liegt. Der Median ist mit 203 Angestellten dagegen auf dem Niveau der Grundgesamtheit N_R mit 207 Angestellten.[370] Auch in Bezug auf die Exportquote gemäß Anhang VI-73 ergeben sich Abweichungen zu den Werten für N_R aus Abbildung 4-4. Die durchschnittliche Exportquote der Mehrfachteilnehmer R liegt bei 27,2% im Vergleich zu 30,2% für N_R, der Median beträgt 20,3% verglichen mit 25,0% in der Grundgesamtheit N_R. Während mit 84,4% der Mehrfachteilnehmer geringfügig mehr Unternehmen Exporte tätigen als für N_R mit 82,1%, liegt die durchschnittliche Exportquote dieser mehrfach teilnehmenden Exporteure mit 32,3% leicht unter der für N_R mit 36,8%.[371]

Für die Korrelationen zwischen den Umsatzerlösen, Bilanzsummen, Anzahl der Angestellten und der Exportquote können gemäß Tabelle 4-2 dagegen insbesondere für die Exportquote stärkere Abweichungen zu den Werten der Grundgesamtheit aus Tabelle 4-1 festgestellt werden. So besteht vor allem mit $\rho = 0,37$ eine positive Korrelation zwischen Bilanzsumme und Exportquote. Aber auch die Umsatzerlöse und Angestelltenanzahl weisen

---

[370] Anhang VI-71 stellt die Verteilung der Anzahl der Angestellten der Mehrfachteilnehmer zusammenfassend dar. Gemäß dem χ^2-Anpassungstests aus Anhang VI-72 kann mit $p = 0,546$ von einer Gleichverteilung der Verteilung der Angestelltenanzahl der Mehrfachteilnehmer R und der Grundgesamtheit N_R ausgegangen werden.

[371] Dennoch scheint mit $p = 0,899$ gemäß dem χ^2-Anpassungstests aus Anhang VI-74 eine Gleichverteilung der Exportquoten vorzuliegen.

leicht positive Korrelationen zur Exportquote im Gegensatz zur Unkorreliertheit in der Grundgesamtheit N_R auf.

	Umsatzerlöse	Bilanzsumme	Angestelltenanzahl	Exportquote
Umsatzerlöse	1	0,66 (n_R = 90)	0,47 (n_R = 90)	0,23 (n_R = 64)
Bilanzsumme	0,66 (n_R = 90)	1	0,67 (n_R = 90)	0,37 (n_R = 64)
Angestelltenanzahl	0,47 (n_R = 90)	0,67 (n_R = 90)	1	0,14 (n_R = 64)
Exportquote	0,23 (n_R = 64)	0,37 (n_R = 64)	0,14 (n_R = 64)	1

Quelle: Eigene Darstellung.

Tabelle 4-2: Korrelationsmatrix der Umsatzerlöse, Bilanzsumme, Angestelltenanzahl und Exportquoten der Mehrfachteilnehmer R

In Bezug auf das Alter der Mehrfachteilnehmer R kann als durchschnittliches Gründungsjahr das Jahr 1972, als Median 1986 ermittelt werden.[372] Somit sind die Mehrfachteilnehmer R einerseits durchschnittlich neun Jahre bzw. gemäß Median sechs Jahre jünger. Andererseits sind gemäß Anhang VI-75 die Anteile der Unternehmen mit einem Betriebsalter von weniger als zehn Jahren zum Zeitpunkt der Aufnahme des Mezzanine-Kapitals annähernd gleichverteilt.[373] Auch die Branchenverteilung der Mehrfachteilnehmer R ähnelt der Verteilung der Grundgesamtheit N_R, wie Anhang VI-77 zu entnehmen ist.[374] Die Verteilung der Rechtsformen innerhalb der Mehrfachteilnehmer veranschaulicht Abbildung 4-12 und verdeutlicht, dass der Anteil der Rechtsform der AG zulasten der Rechtsformen KG sowie insbesondere zulasten der GmbH im Vergleich zur Verteilung in der Grundgesamtheit N_R steigt. Darüber hinaus hat sich auch der Anteil der börsennotierten AGs auf 36,7% bei den Mehrfachteilnehmern R im Vergleich zu 23,8% für N_R deutlich erhöht.[375] Dieser gestiegene Anteil börsennotierter AGs kann wiederum darauf zurückzuführen sein, dass die im Rahmen einer öffentlichen Kapitalmarkttransaktion einzuhaltenden Pflichten in Bezug auf Transparenz, Reporting und Monitoring sowie die Rechte, die dem Mezzanine-Gläubiger im Falle einer Unternehmenskrise eventuell zugesprochen werden müssen, von börsennotierten AGs möglicherweise eher erfüllt bzw. akzeptiert werden.

[372] Siehe Fn. 345.

[373] Da in vier der sechs Kategorien die erwartete Häufigkeit geringer als fünf ist und somit eine deutlich eingeschränkte Approximationsgüte vorliegt, wird auf die Durchführung eines χ^2-Anpassungstests verzichtet. In Anhang VI-76 ist die Verteilung der Gründungsjahre veranschaulicht.

[374] Auch die Ergebnisse des χ^2-Anpassungstest aus Anhang VI-78 sprechen $p = 0{,}540$ nicht gegen die Vermutung einer Gleichverteilung der beiden Verteilungen.

[375] Hierbei besteht mit $p = 0{,}014$ gemäß dem χ^2-Anpassungstests aus Anhang VI-79 nur noch für ein Signifikanzniveau von $\alpha = 0{,}01$ Anlass dazu, von einer Gleichverteilung auszugehen.

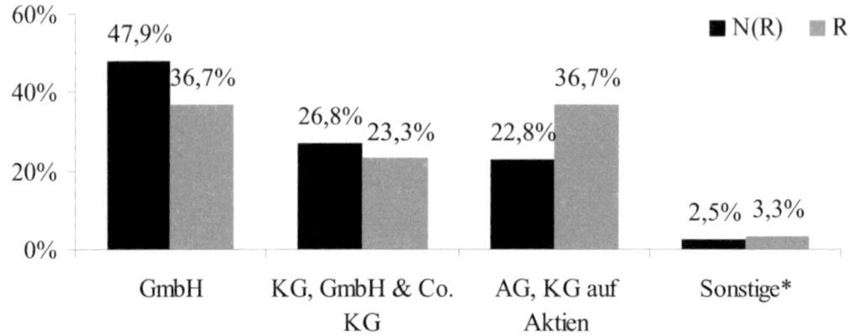

* Offene Handelsgesellschaft, Gesellsch. d. bürgerl. Rechts, Genossenschaft, GmbH & Co., OHG, Partnership, Einzelunternehmen, Stiftung, e. K.
Quelle: Eigene Darstellung. $n_{N(R)} = 557$, $n_R = 90$

Abbildung 4-12: Verteilung der Rechtsformen der Mehrfachteilnehmer R

Bei Untersuchung der regionalen Verteilung sind wiederum sich ähnelnde Werte für die Mehrfachteilnehmer R wie für die Grundgesamtheit N_R auszumachen. So haben 88,9% der Mehrfachteilnehmer R ihren Geschäftssitz in Deutschland und damit geringfügig weniger als für N_R mit 92,5%.[376]

Im Rahmen der Analyse des Nominalvolumens der identifizierten Mehrfachteilnehmer R_I kann ein Gesamtvolumen von EUR 899 Mio. festgestellt werden. Somit ergibt sich ein durchschnittliches Nominalvolumen von EUR 15,237 Mio. je Mehrfachteilnehmer im Vergleich zu EUR 6,578 Mio. für N_{RI} sowie ein Median-Volumen von EUR 13,0 Mio. der Mehrfachteilnehmer im Vergleich zu EUR 5 Mio. für N_{RI}. Insgesamt nehmen die Mehrfachteilnehmer durchschnittlich mehr als doppelt soviel Kapital wie die restlichen Unternehmen auf.[377] Dass die Mehrfachteilnehmer im Durchschnitt höhere Nominalvolumina aufnehmen, kann zwar auf Basis der zuvor dargestellten Zusammenhänge wie höherer durchschnittlicher Umsatzerlöse und Bilanzsummen und dem in Abschnitt 4.2.2. nachgewiesenen positiven Zusammenhang zwischen Umsatzerlösen und aufgenommenen Volumen auf der einen Seite bis zu einem gewissen Grad erwartet werden. Da aber auf der anderen Seite nachgewiesenermaßen zumeist von einer Gleichverteilung ausgegangen werden kann, ist die Höhe der aufgenommenen Volumina der Mehrfachteilnehmer im Verhältnis zu den Unternehmen für N_{RI} auffällig. Denn die 59 identifizierten Mehrfachteil-

[376] Anhang VI-80 stellt die regionale Verteilung der Mehrfachteilnehmer R sowie Anhang VI-81 die Verteilung der deutschen Mehrfachteilnehmer dar. Da bei 11 Zellen für Anhang VI-80 die erwartete Häufigkeit geringer als fünf ist, wird auf die Durchführung eines χ^2-Anpassungstests verzichtet. Aufgrund der Anonymität der Daten zum Nominalvolumen ist eine Untersuchung der Verteilung nicht möglich.

[377] Auch gemäß dem χ^2-Anpassungstests aus Anhang VI-82 kann p = 0,000 nicht von einer Gleichverteilung der Nominalvolumina ausgegangen werden.

nehmer R_I stellen 10,0% der Unternehmen für N_{RI} dar, nehmen aber 23,2% des Gesamtnominalvolumens auf.[378] Die Verteilung der aufgenommenen Volumina der Mehrfachteilnehmer R_I ist in Abbildung 4-13 veranschaulicht.[379] Somit nehmen 15,3% der Mehrfachteilnehmer R_I ein Volumen von bis zu EUR 5 Mio. und 39,0% der Mehrfachteilnehmer bis EUR 10 Mio. auf, so dass 61,0% der Mehrfachteilnehmer mezzanine Mittel über EUR 10 Mio. nutzen. Bei Bezug des durchschnittlichen Volumens der Mehrfachteilnehmer R_I von EUR 15,237 Mio. auf die durchschnittliche Bilanzsumme von EUR 65,215 Mio. für R[380] ergibt sich ein Anteil von 23,4% im Vergleich zu 13,2% für N_R. Bei Bezug des durchschnittlichen Volumens auf die durchschnittlichen Umsatzerlöse der Mehrfachteilnehmer R von EUR 102,01 Mio. kann ein Anteil von 14,9% gegenüber 7,9% für N_R berechnet werden. Somit nehmen die Mehrfachteilnehmer an der Bilanzsumme und den Umsatzerlösen gemessen durchschnittlich verhältnismäßig wesentlich mehr Mezzanine-Kapital auf.

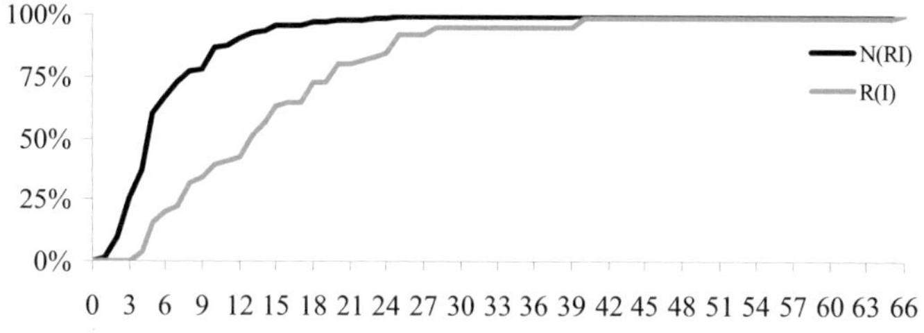

Quelle: Eigene Darstellung. $n_{N(RI)} = 590$, $n_{RI} = 59$

Abbildung 4-13: Verteilung der Nominalvolumina der identifizierten Mehrfachteilnehmer R_I

Zusammenfassend ist festzuhalten, dass die mehrfach teilnehmenden Unternehmen R bzw. R_I grundsätzlich der Grundgesamtheit N_R bzw. N_{RI} in ihren Eigenschaften entsprechen, auch wenn die Mehrfachteilnehmer gemessen an den Umsatzerlösen sowie insbesondere an der Bilanzsumme trotz eingeschränkter Vergleichbarkeit eher größer denn kleiner zu

---

[378] Wird unter Annahme, dass auch die 31 nicht identifizierten Mehrfachteilnehmer die gleichen Eigenschaften aufweisen, das durchschnittliche Nominalvolumen von EUR 899 Mio. für R_I auf die Gesamtanzahl der Mehrfachteilnehmern von R hochgerechnet, ergibt sich ein Volumen von EUR 1,371 Mrd. Hiernach würden die 90 Mehrfachteilnehmer 16,2% der Unternehmen N_R darstellen und mit 35,3% mehr als ⅓ des Gesamtnominalvolumens aufnehmen.

[379] In Anhang VI-83 ist in Ergänzung zu Abbildung 4-13 die Verteilung der Nominalvolumina nach Volumenklassen abgebildet sowie in Anhang VI-84 die Nominalvolumina und jeweiligen Anteile der Unternehmen für die identifizierten Mehrfachteilnehmer R_I detailliert aufgeschlüsselt.

[380] Hierbei wird die Annahme der Repräsentativität der 59 identifizierten Mehrfachteilnehmer R_I für die 90 Mehrfachteilnehmer R insgesamt getroffen.

sein scheinen. Dennoch sind die teilweise deutlich höheren Volumina der Mehrfachteilnehmer auffällig und Gegenstand weiterer Analysen in den Abschnitten 4.3.7. und 4.3.8.

4.3. Analyse und Beurteilung der Entwicklung

4.3.1. Moody's KMV RiskCalc™

Moody's KMV RiskCalc™ (Moody's KMV) ist ein mathematisch-statistisches Verfahren zur Ermittlung von quantitativen Finanzratings, das Ausfallwahrscheinlichkeiten (sog. Expected Default Frequencies bzw. EDFs) auf Basis von Jahresabschlussdaten bzw. der Bilanz- und den GuV-Zahlen berechnet. Das deutsche Modell von Moody's KMV[381] besteht aus neun, unterschiedlich gewichteten Kennzahlen[382], die die Informationsbereiche eines Jahresabschlusses Kapitalbindung, Verschuldung, Finanzkraft, Rentabilität, Produktivität und Wachstum[383] abdecken. Eine Übersicht über die im Rahmen von Moody's KMV RiskCalc™ verwendeten Kennzahlen und deren Definitionen gibt Abbildung 4-14.

[381] Das Modell ist länderspezifisch, da bei der Entwicklung Besonderheiten wie Rechnungslegungsnormen sowie Steuer- und Insolvenzrecht berücksichtigt wurden. Es dient der Beurteilung mittelständischer, nicht börsennotierter Unternehmen mit einer Gesamtleistung von mehr als EUR 0,5 Mio. Hierbei sind Staatsunternehmen, Unternehmen der Finanzdienstleistungsbranche, Existenzgründer, Unternehmen mit Projektgeschäft sowie konzernabhängige Unternehmen aus dem Anwendungsbereich ausgenommen. Vgl. Moody's Investors Service (2001), S. 3-4 und S. 10-15.

[382] Siehe Anhang VI-87 für den relativen Einfluss der verschiedenen Kennzahlen.

[383] Hierbei könnte der Informationsbereich Kapitalstruktur hinzugezählt und den siebten Informationsbereich des Jahresabschlusses darstellen. Vgl. Baetge, J. et al. (2009), S. 155.

Kennzahlendefinitionen

	Kennzahl	Definition	I<>S
KBD	Kapitalbindungsdauer	(Verbindlichkeiten aus Lieferungen und Leistungen + Akzepte) * 360 / Umsatz	I>S
FKS	Fremdkapitalstruktur	(Verbindlichkeiten aus Lieferungen und Leistungen + Akzepte + Bankverbindlichkeiten) / (Rückstellungen + Verbindlichkeiten + 50% Sonderposten mit Rücklageanteil - Erhaltene Anzahlungen)	I>S
NVQ	Nettoverschuldungsquote	(Kurzfristige Verbindlichkeiten - Schecks & Kassenbestand - Wertpapiere des Umlaufvermögens) / Bilanzsumme	I>S
EKQ	Eigenkapitalquote	(Haftendes Eigenkapital + 50% Sonderposten mit Rücklageanteil - Immaterielle Vermögensgegenstände) / (Bilanzsumme - Immaterielle Vermögensgegenstände - Schecks & Kassenbestand - Wertpapiere des Umlaufvermögens - Grundstücke und Bauten)	I<S
FINK	Finanzkraft	(Ertragswirtschaftlicher Cash Flow - Sonstige Steuern) / (Rückstellungen + Verbindlichkeiten + 50% Sonderposten mit Rücklageanteil - Erhaltene Anzahlungen)	I<S
	EBITD-ROI	(Jahresüberschuß + Zinsaufwendungen + Steuern vom Einkommen und Ertrag + planmäßige Abschreibungen) / Bilanzsumme	I<S
UR	Umsatzrentabilität	(Ordentliches Betriebsergebnis - Sonstige Steuern) / Umsatz	I<S
PAQ	Personalaufwandsquote	Personalaufwand / Umsatz	I>S
UW	Umsatzwachstum	Umsatz / Umsatz (Vorjahr)	

Abbildung 4-14: Komplexe Kennzahlen Moody's KMV RiskCalc™ v.1.0[384]

In diesem Zusammenhang gibt die KBD Aufschluss darüber, in wie vielen Tagen das Unternehmen in der Lage ist, seinen Verbindlichkeiten aus Lieferungen und Leistungen und seinen Wechselverbindlichkeiten aus seinen Umsatzerlösen nachzukommen. Je höher der Wert dieser Kennzahl ist, desto länger dauert es, bis aus den Umsatzerlösen die genannten Verbindlichkeiten getilgt werden können. Die FKS stellt den Anteil der Verbindlichkeiten aus Lieferungen und Leistungen, Akzepte und Bankverbindlichkeiten[385] am gesamten Fremdkapital dar. Hierbei gibt die FKS den Teil des Fremdkapitals an, der wirklich in liquiden Mitteln an außenstehende Gläubiger abfließt. Die NVQ gibt den Anteil des nicht durch liquide Mittel gedeckten kurzfristigen Fremdkapitals an der Bilanzsumme eines Un-

[384] Quelle: Kennzahlendefinitionen entstammen einem Extended Report gemäß Moody's KMV RiskCalc™ v.1.0. Diese komplexen Kennzahlen werden laut OCs in den zu untersuchenden Mezzanine-Transaktionen genutzt. Der Zusatz I > S (bzw. I < S) bedeutet, dass laut Moody's KMV bzw. dem Entwicklungsdatenbestand, der dem Tool zugrunde liegt, insolvenzgefährdete Unternehmen (I) durchschnittlich eine höhere (bzw. niedrigere) Ausprägung der Kennzahl besitzen als solvente Unternehmen (S). Es sei darauf hingewiesen, dass die komplexen Kennzahlen angegeben sind, in dem zusätzliche Jahresabschlussdaten, die nicht notwendigerweise berichtet werden müssen, verwendet werden. Diese Verfeinerungen betreffen die Kennzahlen FKS, NVQ, EKQ, FINK und UR. Vgl. Moody's Investors Service (2001), S. 10 und S. 15.

[385] Vereinfachend wird im Folgenden von Bank- und Lieferantenverbindlichkeiten gesprochen.

ternehmens an. Ein Maßstab für die Produktivität eines Unternehmens ist dessen PAQ, die die Höhe des Personalaufwandes am Umsatz eines Unternehmens misst. Allen vier vorstehenden Kennzahlen ist gemein, dass solvente Unternehmen durchschnittlich geringere Kennzahlenwerte als insolvenzgefährdete Unternehmen aufweisen. Bei den anderen fünf Kennzahlen besitzen solvente Unternehmen im Durchschnitt höhere Kennzahlenausprägungen als insolvenzgefährdete Unternehmen. Die EKQ gibt diesbezüglich den Anteil des Eigenkapitals am Gesamtkapital eines Unternehmens[386] wieder, wohingegen die FINK angibt, wie groß der Teil des Fremdkapitals ist, der durch den erwirtschafteten Zahlungsmittelüberschuss bzw. Cash Flow[387] getilgt werden kann.[388] Beim EBITD-ROI[389] wird der bereinigte Jahresüberschuss[390] auf das Gesamtkapital eines Unternehmens bezogen.[391] Die UR stellt die Höhe des ordentlichen Betriebsergebnisses[392] im Verhältnis zum Umsatz dar. Sie gibt Aufschluss über den Umsatzanteil, der als Betriebsergebnis nach Abzug der or-

[386] Gemäß Moody's KMV werden bei Berechnung der EKQ sowohl im Zähler als auch im Nenner der Kennzahl die immateriellen Vermögensgegenstände abgezogen, um den Einfluss einer bilanzpolitisch motivierten Aktivierung des in den immateriellen Vermögensgegenständen enthaltenen Geschäfts- oder Firmenwertes zu verhindern. Darüber hinaus soll die Bereinigung der Bilanzsumme um die Schecks & Kassenbestände verhindern, dass sich die EKQ von zwei Unternehmen nur deshalb unterscheidet, weil ein Unternehmen zum Jahresabschlussstichtag Fremdkapital aufgenommen hat, um seine Liquidität kurzfristig zu verbessern ("Window-Dressing"). Zusätzlich werden die Grundstücke & Bauten aus der Bilanzsumme herausgerechnet, damit bilanzpolitisch motivierte Sale-and-lease-back- Maßnahmen konterkariert werden können. Vgl. Moody's Investors Service (2001), S. 12.

[387] Siehe Fn. 29 für die Definition des Cash Flows sowie Anhang VI-85 für die Berechnungsweise im Rahmen von Moody's KMV.

[388] Im Nenner der FINK werden die erhaltenen Anzahlungen vom Fremdkapital abgezogen, damit nicht Unternehmen der Branchen benachteiligt werden, bei denen traditionell erhaltene Anzahlungen eine große Rolle spielen, wie Anlagenbauer oder Bauunternehmen. Vgl. Moody's Investors Service (2001), S. 13.

[389] EBITD = Earnings Before Interest, Taxes and Depreciation = Ergebnis vor Zinsen, Steuern und Abschreibungen. ROI = Return on Investment = Kapitalrendite. Die Abschreibungen umfassen hierbei gemäß Moody's KMV planmäßige Abschreibungen auf immaterielle Vermögensgegenstände des Anlagevermögens und Sachanlagen und auf aktivierte Aufwendungen für die Ingangsetzung und Erweiterung des Geschäftsbetriebes. Wird somit davon ausgegangen, dass der im Rahmen von Moody's KMV ermittelte EBITD dem im Allgemeinen genutzten EBITDA definitionsgemäß entspricht, wird im Gegensatz zur EBITDA-Quote beim EBITD-ROI nicht auf die Gesamtleistung, sondern auf das Gesamtkapital eines Unternehmens abgestellt. Demnach gibt der EBITD-ROI die Kapital- und nicht die Umsatzrendite an. Vgl. Moody's KMV (2001), S. 13; Moody's KMV (2002), S. 91 und S. 124. In diesem Zusammenhang ist anzumerken, dass das ‚D' beim EBITDA für Depreciation bzw. Abschreibungen auf Sachanlagen und das ‚A' für Amortization bzw. Abschreibungen auf immaterielle Vermögensgegenstände steht. Vgl. Meyer, C. A. (2007), S. 238 und S. 283; Finkler, F. (2008), S. 207.

[390] Jahresüberschuss vor Steuern, Zinsaufwendungen und planmäßigen Abschreibungen.

[391] Hierbei werden zum Jahresüberschuss vor Steuern die Zinsaufwendungen und planmäßigen Abschreibungen hinzugerechnet, um die Rentabilitäten von Unternehmen unabhängig sowohl von ihrer Kapitalstruktur als auch von bilanzpolitischem Spielraum, der durch die Bemessung der Abschreibungshöhe entstehen kann, zu betrachten. Vgl. Moody's Investors Service (2001), S. 14.

[392] Unter dem ordentlichen Betriebsergebnis wird das Ergebnis aus der ordentlichen betriebsbedingten Geschäftstätigkeit verstanden. Vgl. Perridon, L./Steiner, M. (2007), S. 551-552. Siehe Anhang VI-86 für die Berechnungsweise des ordentlichen Betriebsergebnisses im Rahmen von Moody's KMV.

dentlichen betrieblichen Aufwendungen verbleibt. Bei der Kennzahl UW wird der aktuelle Umsatz eines Unternehmens in Beziehung zu dessen Vorjahresumsatz gesetzt. Hierbei können sich sowohl Umsatzrückgänge als auch zu starkes Umsatzwachstum negativ auf die Ausfallwahrscheinlichkeit eines Unternehmens auswirken.[393]

Auf Basis der ermittelten Kennzahlen, die mit einer Datenbank mit ökonomischen Daten aus 111.427 Jahresabschlüssen von 24.866 deutschen Unternehmen verglichen werden, werden die erwarteten Ausfallwahrscheinlichkeiten (expected default frequencies = EDFs) berechnet. Diese geben an, mit welcher Wahrscheinlichkeit ein Unternehmen innerhalb des nächsten Jahres (1-Jahres-EDF) bzw. innerhalb der nächsten fünf Jahre (5-Jahres-EDF) aufgrund einer Insolvenz ausfallen wird.[394] Obwohl die EDFs die entscheidenden Informationen des quantitativen Finanzratings darstellen, werden diese anschließend von Moody's in normalisierte historische Ausfallwahrscheinlichkeiten gemapped bzw. die Ausfallwahrscheinlichkeiten werden auf quasi äquivalente Bonitätsstufen von Moody's zurückgespiegelt. Insgesamt wird auf Basis der historischen Ausfall- und Migrationsdaten[395] gemäß Moody's KMV ein sog. Mapping vorgenommen, um diese Ratingsysteme an die eigenen öffentlichen Ratingskalen der jeweiligen Ratingagenturen anzupassen und bspw. Ratings für Tranchen zu vergeben.[396]

---

[393] Vgl. Moody's Investors Service (2001), S. 10-16. Laut Moody's besteht bei zu stark wachsenden (kleineren) Unternehmen die Gefahr, dass sie bspw. nicht den Managementanforderungen eines so rasanten Wachstums genügen können. Deswegen gilt für die Ermittlung der Kennzahl, dass laut Entwicklungsdatenbestand, der dem Tool zugrunde liegt, bis zu einem Umsatzwachstum von 125% solvente Unternehmen im Durchschnitt eine höhere Kennzahlenausprägung als insolvenzgefährdete Unternehmen besitzen. Bei einem Umsatzwachstum, das darüber hinausgeht, kehrt sich das Verhältnis um. Vgl. Moody's Investors Service (2001), S. 10-16.

[394] Die statistische Leistungsfähigkeit eines Ratingtools, d. h. die Fähigkeit der Festlegung einer Rangordnung unter solventen und insolventen Unternehmen wird u. a. durch sog. Accuracy Ratios angegeben. Dies ist eine statistische Zahlengröße mit Werten zwischen Null und Eins, wobei gilt: Je höhere der Accuracy Ratio desto besser ist die Vorhersagefähigkeit des Modells. Für Moody's KMV RiskCalc Germany wird ein Accuracy Ratio von 70,9% für den (bereinigten) Validierungsdatenbestand angegeben. Vgl. Moody's Investors Service (2010), S. 16-17.

[395] Unter der Migration wird die Änderung des Ratings als Maßzahl für das Risiko bzw. die Bonität eines Kunden in einer bestimmten Periode verstanden. Vgl. von Boehm-Bezing, C. L. (2001), S. 499.

[396] Der sog. „Investment Grade"-Bereich reicht von Aaa.edf bis Baa3.edf, der sich anschließende „Sub-Investment Grade"-Bereich von Ba1.edf bis Caa-C.edf, wobei der Zusatz ‚.edf' als Hinweis darauf dient, dass es sich um eine statistische erwartete Ausfallwahrscheinlichkeit handelt. Die Finanzratings gemäß Moody's KMV sind hierbei keine öffentlichen Ratings, beinhalten keine qualitativen Faktoren und sind deswegen nicht so umfassend wie ein öffentliches Rating. Siehe hierzu Fn. 55. Vgl. Thun, C. (2007), S. 126 und S. 135-136; Moody's Investors Service (2001), S. 4-22; Heinke, M. (2006), S. 104-105; Fitch (2006e), S. 4; Natusch, I. (2007), S. 38-39. Ein schematischer Überblick über die grundlegende Funktionsweise von Moody's KMV gibt Anhang VI-88.

4.3.2. Bereinigte Datenbasis und deren Eigenschaften

De facto liegen unterschiedlich viele sowie verschiedene Daten gemäß Moody's KMV zu den Unternehmen der Transaktionen vor, wie Anhang VI-53 entnommen werden kann. Da die Angaben zu den Unternehmen in den Investor Reports in ausschließlich anonymisierter Form erfolgen, kann die Entwicklung der Unternehmen unter Berücksichtigung der 59 identifizierten Mehrfachteilnehmer R_I für die Grundgesamtheit N_{RI} analysiert werden. In diesem Zusammenhang könnten die 1-Jahres- oder 5-Jahres-Ausfallwahrscheinlichkeiten (EDFs) bzw. –Ratings gemäß Moody's KMV Grundlage einer Analyse bilden. Es gilt aber erstens zu berücksichtigen, dass für eine differenzierte Analyse der Entwicklung der mit Mezzanine-Kapital finanzierten Unternehmen anhand der Kriterien Verschuldung, Rentabilität, Produktivität, Wachstum, Finanzkraft und Kapitalbindung sich eine einzige Kennzahl in Form der EDF oder des Ratings nur bedingt anbietet. Zweitens liegen vor dem Hintergrund eines Vergleichs der Entwicklung der MFU nur die Jahresabschlussdaten und nicht die EDFs und Ratings von klassisch-finanzierten Vergleichsunternehmen vor. Für diese Vergleichsgruppe können aber die in Moody's KMV genutzten Kennzahlen auf Basis der Jahresabschlussdaten berechnet werden. Drittens gilt es zu beachten, dass die EDFs und Ratings das Ergebnis des Ratingtools Moody's KMV sind und diesem wiederum modellspezifische Annahmen wie A-priori-Wahrscheinlichkeit, Definition und Gewichtung der Kennzahlen und Diskriminanzfunktionen[397] zugrunde liegen. Somit wird die Unternehmensentwicklung nicht anhand der EDFs und Ratings, sondern hauptsächlich auf Basis der neun Unternehmenskennzahlen gemäß Moody's KMV untersucht.[398] Denn auch wenn diese Unternehmenskennzahlen im Rahmen des Ratingtools Moody's KMV gemäß modellspezifischer Definitionen berechnet werden, basieren die Kennzahlen ausschließlich auf den Informationen aus dem Jahresabschluss. Somit kann einerseits eine Vergleichbarkeit zu den Werten der Vergleichsunternehmen hergestellt sowie andererseits der Einfluss weiterer modellspezifischer Annahmen wie A-priori-Wahrscheinlichkeit, Gewichtung der Kennzahlen und Diskriminanzfunktionen minimiert werden.

Gemäß Anhang VI-53 sind bei den neun Transaktionen CB MezzCap, equiNotes 2005-1, equiNotes 2007-1, HEAT I-2005, HEAT I-2006, HEAT I-2007, PREPS 2004-1, PREPS

[397] Siehe hierzu die Ausführungen des Abschnitts 3.1.7.

[398] Die Erläuterungen zu den Kennzahlen gemäß Moody's KMV bzw. die Definitionen der Kennzahlen können Abschnitt 4.3.1. sowie Abbildung 4-14 entnommen werden.

2004-2 und PREPS 2005-1 die Unternehmenskennzahlen gemäß Moody's KMV in den Investor Reports verfügbar. Somit kommen von den 657 Unternehmen der Grundgesamtheit N insgesamt 431 Unternehmen ohne besondere Berücksichtigung der Mehrfachteilnehmer dieser neun Transaktionen für eine Analyse potenziell in Frage.[399] Von den 431 Unternehmen dieser neun Transaktionen wiederum sind die 51 Unternehmen der Transaktion PREPS 2005-1 auszuschließen, da für diese Unternehmen im Gegensatz zu den Jahren zuvor keine Moody's KMV-Daten per 31.12.2008 veröffentlicht wurden.[400] Somit können acht der 13 Transaktionen mit insgesamt 380 Unternehmen ohne besondere Berücksichtigung der Mehrfachteilnehmer R dieser Transaktionen betrachtet werden. Wird in einem ersten Schritt die Mehrfachteilnahme berücksichtigt, ist festzustellen, dass 28 der 90 Mehrfachteilnehmer R nicht in einer der acht untersuchten Transaktionen sind, 31 Mehrfachteilnehmer dagegen an einer der hier untersuchten acht Transaktionen und somit weitere 31 Mehrfachteilnehmer mit 65 Programmüberschneidungen mehrfach an den hier untersuchten acht Transaktionen teilnehmen. Werden weiterhin die in Abschnitt 4.3.8. noch aufzuzeigenden, namentlich bekannten Ausfälle von 16 Unternehmen innerhalb dieser acht Transaktionen berücksichtigt, können insgesamt 330 Unternehmen unter Berücksichtigung der Mehrfachteilnahmen und Ausfälle Teil der Kennzahlenanalyse sein. Da aber nicht über alle, dieser 330 Unternehmen in jeder Transaktion die Daten jedes Jahres vorliegen, hat vor dem Hintergrund dieser unterschiedlichen Datendichte in einem zweiten Schritt eine Stichprobenbereinigung zu erfolgen. Hierdurch wird der Einfluss ausgeblendet, der entstehen würde, wenn Daten von Unternehmen in einem Jahr vorliegen – und somit für die Analyse herangezogen würden – und in einem anderen Jahr nicht verfügbar sind. Somit werden auch die anonymen Unternehmen dieser acht Transaktionen nicht in den Analysen berücksichtigt, die per 31.12.2008 erstens das Kapital bereits zurückgezahlt haben[401] oder zwei-

---

[399] Bei den Transaktionen PREPS 2005-2, PREPS 2006-1 und PREPS 2007-1 sind nur die 1-Jahres-Ratingstufen, bei der Transaktion StaGe Mezzanine nur die 5-Jahres-Ratingstufen verfügbar, so dass die 226 Unternehmen dieser vier Transaktionen in der empirischen Kennzahlenanalyse nicht berücksichtigt werden. Auch die fortlaufend zusätzlich veröffentlichten Ergebnisse einer qualitativen Unternehmensbeurteilung bei StaGe Mezzanine sowie das (bankinterne) IKB MS-Rating bei equiNotes 2007-1 werden vor dem Hintergrund einer Beurteilung anhand einheitlicher Kriterien in Form der Nutzung der Ergebnisse gemäß Moody's KMV im Rahmen dieser Arbeit vernachlässigt.

[400] Laut Auskunft der Bayerischen Hypo- und Vereinsbank AG, Niederlassung Zürich, als Reporting Agent bzw. der Capital Efficiency Group als Servicer der Transaktion PREPS 2005-1 werden die Unternehmensdaten voraussichtlich erst Mitte 2010 über die Investor Reports veröffentlicht.

[401] Insgesamt haben per 31.12.2008 in den 13 Transaktionen 16 Unternehmen mit EUR 77 Mio. das Kapital bereits zurückgezahlt, wie Anhang VI-89 entnommen werden kann. Von diesen 16 Unternehmen haben 13 Unternehmen mit EUR 66 Mio. an einer der acht untersuchten Transaktionen teilgenommen.

tens aufgrund einer Insolvenz oder eines PDL-Events[402] ausgefallen sind.[403] Von den 59 insgesamt identifizierten Mehrfachteilnehmern R_I mit einem Maximum von $n_{R(I)} = 59$ befinden sich 30 anonyme Mehrfachteilnehmer in einer der acht untersuchten Transaktionen im Rahmen der Analyse der Kennzahlenentwicklung (R_{IK}[404] mit einem Maximum von $n_{R(IK)} = 30$). Hierbei werden die identifizierten Mehrfachteilnehmer R_{IK} unabhängig von der mehrfachen Teilnahme einmalig gemäß ihrer ersten Teilnahme berücksichtigt.[405] Somit kann die empirische Kennzahlenanalyse für eine bereinigte Stichprobe von bis zu 281 MFU (N_{RIK}[406] mit einem Maximum von $n_{N(RIK)} = 281$) durchgeführt werden, da für diese Unternehmen für alle untersuchten Jahre die benötigten Daten vorliegen.[407] Tabelle 4-3 fasst die durchgeführten Bereinigungen sowie die Anzahl an Unternehmen zusammen.

Mezzanine-Programme	**Ursprüngliche Anzahl an Unternehmen**	**Bereinigte Anzahl an Unternehmen -Schritt 1-*¹**	**Bereinigte Anzahl an Unternehmen -Schritt 2-*²**
PREPS 2004-1	34	34	23
PREPS 2004-2	67	59	47
HEAT I-2005	32	27	24
equiNotes 2005-1	57	53	46
HEAT I-2006	47	37	33
CB MezzCap	35	27	22
HEAT I-2007	60	55	48
equiNotes 2007-1	48	38	38
Summe	**380**	**330**	**281**

*¹ Unter Berücksichtigung der 31 Mehrfachteilnehmer mit 65 Programmüberschneidungen sowie Ausschluss der 16 namentlich bekannten Ausfälle in den betrachteten Mezzanine-Programmen.

*² Unter Berücksichtigung der Mehrfachteilnehmer sowie Ausschluss der anonymen Ausfälle, Rückzahlungen und weiteren Unternehmen mit unvollständigen Daten.

Quelle: Eigene Darstellung.

Tabelle 4-3: Anzahl an Unternehmen in der Kennzahlenanalyse

---

[402] PDL = Principal Deficiency Ledger. Siehe Fn. 251 und Fn. 252 sowie zu den Ausfällen Abschnitt 4.3.8.

[403] Einerseits werden über diese Unternehmen keine Daten mehr veröffentlicht. Andererseits sind auch in der Vergleichsgruppe nur Unternehmen erfasst, die per 31.12.2008 nicht Insolvenz angemeldet haben. Grundsätzlich gilt es bei dieser Vorgehensweise zu beachten, dass diese Positivauslese zu einem sog. Mortalitäts-Bias („Verzerrung durch Sterblichkeit") führen und die Ergebnisse verzerren kann. Vgl. Sachverständigenrat (2008), S. 74.

[404] R_{IK} = Identifizierte Mehrfachteilnehmer R_I im Rahmen der Kennzahlenanalyse.

[405] 16 der insgesamt 30 identifizierten mehrfach teilnehmenden Unternehmen der Kennzahlenanalyse R_{IK} befinden sich in der 2004er Programmgruppe $N_{RIK2004}$, neun in $N_{RIK2005}$, vier in $N_{RIK2006}$ und ein Mehrfachteilnehmer in der 2007er Programmgruppe $N_{RIK2007}$.

[406] N_{RIK} = Für die Kennzahlenanalyse bereinigte Grundgesamtheit N_{RI} unter Berücksichtigung identifizierter Mehrfachteilnehmer R_I.

[407] Im Ausnahmefall fehlt eine der neun Kennzahlen in einem Jahr bei einzelnen Datensätzen. Insofern aber die restlichen Daten eines Jahres vorliegen, wird der Datensatz weiterhin berücksichtigt. Die Unternehmen der Kennzahlenanalyse N_{RIK} haben bis auf ein anonymisiertes Unternehmen der Transaktion PREPS 2004-2 mit Geschäftssitz in Österreich ihren Geschäftssitz in Deutschland.

Diese 281 anonymisierten Unternehmen N_{RIK} haben über acht verschiedene Programme Mezzanine-Kapital aufgenommen. Demnach könnten die einzelnen Mezzanine-Programme Gegenstand der Untersuchung sein. Da aber für eine aussagekräftige Analyse eine ausreichende Anzahl an Unternehmen je Programm notwendig ist, aber bspw. nur über insgesamt 22 Unternehmen, die in 2006 Mezzanine-Kapital über das Programm CB MezzCap aufgenommen haben, Kennzahlen vorliegen, könnte eine aussagekräftige Untersuchung nur eingeschränkt durchgeführt werden. Deswegen werden die Unternehmen, die das Mezzanine-Kapital im gleichen Kalenderjahr aufgenommen haben, zu einer sog. Programmgruppe zusammengefasst. Somit bilden bspw. die 70 Unternehmen der bereinigten Grundgesamtheit N_{RIK}, die im Kalenderjahr 2004 über die Programme PREPS 2004-1 oder PREPS 2004-2 Mezzanine-Kapital aufgenommen haben, für die Kennzahlenanalyse die sog. 2004er Programmgruppe $N_{RIK2004}$ mit einem Maximum von $n_{N(RIK2004)} = 70$. Tabelle 4-4 fasst die Zuordnung der Unternehmen zu den einzelnen Programmgruppen sowie die Verteilung der Nominalvolumina auf die einzelnen Programmgruppen zusammen. Zu erkennen ist, dass die Nominalvolumina im Zeitablauf sukzessive gesunken sind.

Programm-gruppe	Beinhaltende Mezzanine-Programme	Anzahl an Unternehmen		Volumen in Mio. EUR	Ø-Volumen in Mio. EUR	Median-Volumen in Mio. EUR
$N_{RIK2004}$	PREPS 2004-1	23	$n_{N(RIK2004)} = 70$	575	8,214	7,000
	PREPS 2004-2	47				
$N_{RIK2005}$	HEAT I-2005	24	$n_{N(RIK2005)} = 70$	457	6,521	5,000
	equiNotes 2005-1	46				
$N_{RIK2006}$	HEAT I-2006	33	$n_{N(RIK2006)} = 55$	303	5,509	5,000
	CB MezzCap	22				
$N_{RIK2007}$	HEAT I-2007	48	$n_{N(RIK2007)} = 86$	408	4,744	4,000
	equiNotes 2007-1	38				
	Summe	**281**	**281**	**1.742,5**		

Quelle: Eigene Darstellung.

Tabelle 4-4: Zusammenfassung der Unternehmen der Kennzahlenanalyse N_{RIK} der Mezzanine-Programme eines Kalenderjahres zu Programmgruppen

Insgesamt haben die 281 Unternehmen der Kennzahlenanalyse N_{RIK} ein mezzanines Volumen von EUR 1,743 Mrd. aufgenommen. Unter Berücksichtigung der Gesamtkapitalaufnahme der 30 identifizierten Mehrfachteilnehmer der Kennzahlenanalyse R_{IK} über alle 13 Programme steigt das Gesamtvolumen der 281 Unternehmen N_{RIK} auf EUR 1,988 Mrd. Insgesamt haben die Unternehmen mit einem Durchschnitts- und Medianwert für das Nominalvolumen von EUR 7,705 Mio. bzw. EUR 5,0 Mio. für N_{RIK} mehr Mezzanine-Kapital aufgenommen als für N_{RI} mit EUR 6,578 Mio. bzw. EUR 5,0 Mio.[408] Für eine Analyse der

[408] Die Verteilung der Nominalvolumina ist in Anhang VI-90 veranschaulicht. Die Ergebnisse des χ^2-Anpassungstests aus Anhang VI-91 stützen mit $p = 0{,}773$ aber die These der Gleichverteilung der Verteilungen für N_{RIK} und für N_{RI}.

Eigenschaften der Unternehmen der Kennzahlenanalyse in Bezug auf Umsatzerlöse, Bilanzsumme, Angestelltenanzahl, Exportquote und Branche kann aufgrund der Anonymisierung der Daten nicht auf die 281 Unternehmen N_{RIK} der acht Transaktionen direkt eingegangen werden. Somit wird gemäß Tabelle 4-3 auf die 330 Unternehmen N_{RIK*} mit einem Maximum von $n_{N(RIK*)} = 330$ für eine Untersuchung der Eigenschaften sowie für einen Vergleich mit der Grundgesamtheit N_R zurückgegriffen. Es können mit durchschnittlichen Umsatzerlöse von EUR 100,510 und einem Median von EUR 55,0 Mio. für N_{RIK*} größere Werte im Vergleich zu den Werten für N_R mit durchschnittlichen Umsatzerlösen von EUR 88,257 und einem Medianwert von EUR 48,8 Mio. berechnet werden.[409] In Bezug auf die Bilanzsumme weisen die Unternehmen der Kennzahlenanalyse für N_{RIK*} mit einer durchschnittlichen Bilanzsumme von EUR 59,475 Mio. und einem Medianwert von EUR 33,907 Mio. wiederum höhere Werte als für N_R mit der durchschnittlichen Bilanzsumme von EUR 52,869 Mio. und einem Medianwert von EUR 28,0 Mio. auf.[410] Bei Analyse der Anteile des durchschnittlichen Volumens von EUR 7,705 Mio. an der durchschnittlichen Bilanzsumme von EUR 59,475 und an den durchschnittlichen Umsatzerlöse von EUR 100,510 Mio. ergeben sich Anteile von 7,7% und 13,0% für N_{RIK*}. Diese Werte liegen dagegen leicht unter dem Niveau für N_R von 7,9% für die Umsatzerlöse bzw. 13,2% für die Bilanzsumme.[411] Durchschnittlich haben die Unternehmen der Kennzahlenanalyse

---

[409] Die Verteilung der Umsatzerlöse ist in Anhang VI-92 veranschaulicht. Hierbei deuten Ergebnisse des χ^2-Anpassungstests aus Anhang VI-93 mit $p = 0{,}074$ für $\alpha = 0{,}05$ noch auf eine Gleichverteilung der Verteilung für N_{RIK*} und für N_{RI} hin.

[410] Entgegen der vorherigen Verteilungen muss für die in Anhang VI-94 dargestellte Verteilung auch laut der Ergebnisse des χ^2-Anpassungstests aus Anhang VI-95 mit $p = 0{,}005$ selbst für $\alpha = 0{,}01$ die Gleichverteilungshypothese verworfen werfen, so dass sich die Unternehmen der Kennzahlenanalyse N_{RIK*} von den Unternehmen der Grundgesamtheit N_R in Bezug auf die Bilanzsumme unterscheiden. Erst für $\alpha < 0{,}005$ kann eine Gleichverteilung angenommen werden. Ein Vergleich der Bilanzsummen ist vor dem Hintergrund bilanzpolitisch motivierter Maßnahmen aber generell nur eingeschränkt möglich, so dass der Größenunterschied zu relativeren ist. Siehe Fn. 369.

[411] In Anhang VI-96 sind die Durchschnitts- und Medianwerte für die Umsatzerlöse, Bilanzsumme und Nominalvolumen sowie die Anteile des Nominalvolumens an den Umsatzerlösen und der Bilanzsumme nach Programmgruppen für N_{RIK*} abgebildet. Es ist festzustellen, dass an der Bilanzsumme und den Umsatzerlösen gemessen tendenziell kleinere Unternehmen an den späteren Mezzanine-Transaktionen teilgenommen haben. Darüber hinaus können in der Tendenz sinkende Nominalvolumina bei den jüngeren Programmgruppen berechnet werden, wohingegen die Anteile der Nominalvolumina gemessen im Zeitablauf zumeist steigen. Diese Resultate bestätigen die Ergebnisse der Simulationen zu Anhang VI-68. Aber auch hier gilt es, die eingeschränkte Aussagefähigkeit der Bilanzsummen vor dem Hintergrund bilanzpolitisch motivierter Maßnahmen zu berücksichtigen. Anzumerken ist, dass bei Analyse der Durchschnitts- und Medianwerte der Programmgruppen für N_{RIK} und nicht für N_{RIK*} für die Anteile des Nominalvolumens an den Umsatzerlösen dagegen sowohl für die Durchschnitts- als auch für die Medianwerte keine steigende Tendenz festgestellt werden. Hiernach ist das Volumen im gleichen Verhältnis wie die Umsatzerlöse gesunken. Insgesamt deuten die Analysen aber darauf hin, dass die Unternehmen der jüngeren Programmgruppen verhältnismäßig eher mehr (und nicht weniger) Mezzanine-Kapital aufgenommen haben.

für N_{RIK*} 522,6 Angestellte sowie ein Medianwert von 256. Auch diese Werte liegen über den Werten für N_R mit durchschnittlich 447,6 Angestellten bzw. 207 Angestellten gemessen am Median.[412] Insgesamt tätigen 78,3% der Unternehmen der Kennzahlenanalyse N_{RIK*}[413] Umsätze im Ausland im Vergleich zu 82,1% für N_R. Hierbei weisen diese Unternehmen durchschnittliche Exportquote von 27,6% sowie ein Medianwert von 24,0% im Vergleich zu 30,2% bzw. 25,0% für N_R auf. Auch die Exportquote der exportierenden Unternehmen der Kennzahlenanalyse liegt mit durchschnittlich 35,1% und einem Medianwert von 30,5% leicht unter den Werten von 36,8% bzw. 33,0% für N_R.[414] Für die Branchenverteilung der Unternehmen der Kennzahlenanalyse ist gemäß Anhang VI-101 eine ähnliche Verteilung wie für die Grundgesamtheit N_R festzustellen.[415]

Zusammenfassend kann festgehalten werden, dass die Unternehmen der Kennzahlenanalyse N_{RIK} bzw. N_{RIK*} die Grundgesamtheit aller Unternehmen N_R gut repräsentieren, auch wenn in einigen der betrachteten Eigenschaften stärkere Abweichungen zu erkennen sind.

4.3.3. Zusammenstellung und Eigenschaften der Vergleichsgruppe

Da in Ergänzung zur separaten Analyse der Entwicklung der MFU die Entwicklung dieser Unternehmen auch im Vergleich zu anderen, klassisch-finanzierten Unternehmen untersucht werden soll, werden die Eigenschaften dieser Vergleichsgruppe herausgearbeitet. Die Daten der Unternehmen für die Jahre 2002 bis 2008 entstammen der Datenbank der Creditreform Rating AG. Für die Zusammenstellung der Unternehmen der Vergleichsgruppe stehen bis zu 2.052 Unternehmen zur Verfügung, die in 2005 einen Umsatz von mindestens EUR 25 Mio. ausweisen. In einem ersten Schritt wird die Datenbank um diejenigen Unternehmen bereinigt, über die keine vollständigen Daten zur Berechnung der Moody's KMV-Kennzahlen in allen betrachteten Jahren vorliegen. Ferner werden die Unternehmen herausgenommen, die im Zeitraum zwischen 2002 und 2008 anrechnungswürdiges, wirt-

---

412 Siehe Anhang VI-97 für die Verteilung der Angestelltenanzahl. In diesem Zusammenhang sprechen aber die Werte eines χ^2-Anpassungstests aus Anhang VI-98 mit $p = 0{,}158$ für $\alpha = 0{,}10$ nicht gegen eine Gleichverteilung der Verteilung für N_{RIK*} und für die Grundgesamtheit N_R.

413 Es liegen Daten zu 258 der 330 Unternehmen N_{RIK*} vor.

414 Die Verteilung der Exportquoten der Unternehmen der Kennzahlenanalyse N_{RIK*} sowie der Grundgesamtheit N_R ist in Anhang VI-99 veranschaulicht. Die Ergebnisse des χ^2-Anpassungstests aus Anhang VI-100 deuten mit $p = 0{,}515$ auf eine Gleichverteilung der beiden Verteilungen für N_{RIK*} und N_R hin.

415 Siehe Anhang VI-101 für die Branchenverteilung. Die Ergebnisse des χ^2-Anpassungstests aus Anhang VI-102 stützen mit $p = 0{,}726$ die Gleichverteilungsthese der beiden Verteilungen für N_{RIK*} und N_R.

schaftliches Eigenkapital aufgenommen haben, so dass ausschließlich klassisch-finanzierte Unternehmen in der Vergleichsgruppe enthalten sind.[416]

Anschließend wird ein sog. Matching durchgeführt, um aus den verbliebenen 1.510 Vergleichsunternehmen diejenigen Unternehmen herauszufiltern, die bei gleicher Branche den MFU am Umsatz gemessen am Besten entsprechen.[417] Hierfür wird zu jedem der MFU der Kennzahlenanalyse das Vergleichsunternehmen herausgefiltert, das bei identischer Branche am Umsatz gemessen die geringste Differenz zum jeweiligen MFU aufweist.[418] Da die Daten der 281 Unternehmen der Kennzahlenanalyse N_{RIK} anonymisiert sind, wird die Vergleichsgruppe auf die Daten der bereinigten Grundgesamtheit N_{RIK*} mit einem Maximum von $n_{N(RIK*)} = 330$ aus Abschnitt 4.3.2. abgestellt.[419] Insgesamt setzt sich somit auch die Vergleichsgruppe VG aus 330 Vergleichsunternehmen mit $n_{VG} = 330$ zusammen. Da die MFU zu jeweils unterschiedlichen Zeitpunkten im Zeitraum zwischen 2004 und 2007 das Mezzanine-Kapital aufgenommen haben, liegen zu diesen Unternehmen jeweils ein Jahr vor Aufnahme Daten über die Höhe der Umsatzerlöse und der Branche vor. Somit werden auch bei den Vergleichsunternehmen die entsprechenden Jahreswerte für das Matching herangezogen. Insgesamt werden analog zu Tabelle 4-3 die acht Mezzanine-Transaktionen der 330 MFU mit einem Portfolio aus 330 klassisch-finanzierten Vergleichsunternehmen der gleichen Branche und mit annähernd gleichen Umsatzerlösen nachgebildet.[420]

---

[416] Die Identifikation von Unternehmen, die anrechenbares, wirtschaftliches Eigenkapital gemäß Creditreform Rating AG im Zeitraum zwischen 2002 und 2008 aufgenommen haben, erfolgte über ein Datenfeld in der Datenbank der Creditreform Rating AG, das nur Einträge aufweist, insofern wirtschaftliches Eigenkapital zu berücksichtigen ist.

[417] Für Informationen zur Durchführung des komplexeren statistischen Matching, bei dem das Auffinden von statistischen Zwillingen anhand mehrerer ausgewählter Merkmale im Vordergrund steht, siehe u. a. Bacher, J. (2002), S. 38-66.

[418] Hierbei wird zum einen chronologisch vorgegangen, so dass zuerst zu den MFU der ersten Transaktionen die entsprechenden Vergleichsunternehmen zusortiert werden. Bei chronologischer Reihenfolge zu den einzelnen Transaktionen erfolgt innerhalb einer Transaktion die Zusortierung bzw. das Matching alphabetisch. Durch diese Vorgehensweise sowie insbesondere aufgrund des Mindestumsatzes von EUR 25 Mio. der Vergleichsunternehmen in 2005 und der geringeren Unternehmensgröße bei den späteren Mezzanine-Kapital-Transaktionen sind leicht höhere Abweichungen bei den späteren Transaktionen festzustellen.

[419] Alternativ könnte das Matching auch anhand der neun Moody's KMV-Kennzahlen durchgeführt werden, wobei aufgrund der Anonymität größenabhängige Zusammenhänge sowie insbesondere die Branchenzugehörigkeit außer Acht gelassen werden müssten.

[420] Hierbei wird bei den Vergleichsunternehmen auf Jahresabschlüsse von Einzelgesellschaften abgestellt, um Überschneidungen aufgrund von Konzernzugehörigkeiten zu vermeiden. Diese restriktive Annahme der ausschließlichen Berücksichtigung von Einzelabschlussdaten bietet Raum für weitere Forschungen, so dass die im Rahmen dieser Arbeit festgestellten Ergebnisse anhand von Konzernabschlussdaten und -zugehörigkeiten überprüft werden können.

Bei Analyse der Eigenschaften der 330 Vergleichsunternehmen können mit durchschnittlichen Umsatzerlöse von EUR 100,589 Mio. sowie einem Median von EUR 53,205 Mio. für VG annähernd gleiche Werte wie für N_{RIK*} mit durchschnittlichen Umsatzerlöse von EUR 100,510 Mio. bzw. einem Median von EUR 55,0 Mio. ermittelt werden. Bei der Verteilung der Umsatzerlöse ist dagegen anhand von Anhang VI-103 festzustellen, dass die Verteilung für die oberen Umsatzklassen nahezu identisch ist, wohingegen bei den unteren Klassen teilweise stärkere Abweichungen zu erkennen sind.[421] Auch bei Analyse der Verteilung der Bilanzsummen sind gemäß Anhang VI-105 höhere Bilanzsummen der Vergleichsunternehmen auszumachen. So liegen die durchschnittliche Bilanzsumme von EUR 140,537 Mio. und der Median von EUR 56,864 Mio. für die Vergleichsunternehmen deutlich über den Werten von EUR 59,475 bzw. EUR 33,907 Mio. für N_{RIK*} mit $n_{N(RIK*)} = 330$.[422] In Bezug auf die regionale Verteilung ist festzustellen, dass 84,1% ihren Geschäftssitz in West- und 15,9% in Ostdeutschland haben.[423]

In einem nächsten Schritt werden die Kennzahlen der Vergleichsunternehmen gemäß Moody's KMV ermittelt, um sie anschließend mit den Daten der MFU zu vergleichen. Es gilt dabei, Unterschiede in der Erfassung der Daten bei der Creditreform Rating AG im Vergleich zu Moody's KMV zu beachten. Somit erfolgt nach der Zusammenstellung der Vergleichsgruppe die Überleitung der Daten auf das Erfassungsschema gemäß Moody's KMV. Hierfür werden die für die Berechnung der Moody's KMV Kennzahlen notwendigen Bilanzpositionen sowie Positionen in der Gewinn- und Verlustrechnung aus der Datenbank herausgefiltert. Anschließend werden diese ca. 70 Positionen zu den Positionen gemäß Moody's KMV zusammengefasst. Auf Basis dieser errechneten Positionen erfolgt die Berechnung der neun Moody's KMV Kennzahlen gemäß dem in Abbildung 4-14 dargestellten Berechnungsschema für die Jahre 2002 bis 2008.[424] Nach der Berechnung der

---

[421] Dies dürfte insbesondere darauf zurückzuführen sein, dass in der Vergleichsgruppe ausschließlich Unternehmen mit einem Mindestumsatz von EUR 25 Mio. im Jahr 2005 erfasst sind.

[422] Auch die Ergebnisse der χ^2-Anpassungstests aus Anhang VI-104 und Anhang VI-106 widersprechen mit $p = 0{,}000$ der Gleichverteilungsthese der beiden Verteilungen der Umsatzerlöse und der Verteilungen der Bilanzsummen für N_{RIK*} und VG. Ein Vergleich der Bilanzsummen ist vor dem Hintergrund bilanzpolitisch motivierter Maßnahmen generell nur eingeschränkt möglich, so dass dieser Größenunterschied bis zu einem gewissen Grad zu relativeren ist. Siehe Fn. 369.

[423] Es liegen Daten zu 327 der 330 Vergleichsunternehmen vor. Die Werte der Vergleichsunternehmen sind (fast) identisch mit den Werten von 84,0% und 16,0% für West bzw. Ostdeutschland für N_R.

[424] Die Überleitung erfolgt nach einem von der Creditreform Rating AG erarbeiteten Schema, um die für die Berechnung der Kennzahlen gemäß Moody's KMV benötigten Positionen aus der Datenbank herauszufiltern. Nach der Filterung der Positionen wird die Richtigkeit der Formeln, die für die Berechnung der Positionen gemäß Moody's KMV genutzt werden, auf Basis des von der Creditreform Rating AG erarbeite-

Kennzahlen muss berücksichtigt werden, dass zu den 330 MFU der acht Transaktionen laut Tabelle 4-3 nur Kennzahlendaten von 281 Unternehmen vorliegen. Ferner wird die Analyse der MFU u. a. anhand von vier Programmgruppen, bei denen die zwei Mezzanine-Programme mit Auszahlung im selben Kalenderjahr zu einer Programmgruppe zusammengefasst werden, vorgenommen. Demnach hat eine Gewichtung der Kennzahlen der Vergleichsunternehmen zu erfolgen. So gilt es zunächst die Werte der 330 Vergleichsunternehmen VG auf die 281 MFU der Kennzahlenanalyse N_{RIK} herunterzuskalieren.[425] Anschließend werden die Programmgruppen aus Vergleichsunternehmen quasi nachgebaut, wobei auch hier die geringere Anzahl an MFU je Programm und Programmgruppe zu berücksichtigen ist. Insgesamt erfolgt die Gewichtung der Werte der Vergleichsunternehmen zu Programmgruppen entsprechend der Anzahl an MFU, wie Tabelle 4-5 darstellt.[426]

Programmgruppe	"Nachzubauende" Mezzanine-Programme	Anzahl an Vergleichsunternehmen		Gewichtungsfaktoren*		"Anzahl" an Vergleichsunternehmen nach Gewichtung	
$VG_{2004gew}$	PREPS 2004-1	34	$n_{VG(2004)} = 93$	23	$n_{N(RIK2004)} = 70$	34	$n_{VG(2004gew)} = 70$
	PREPS 2004-2	59		47		59	
$VG_{2005gew}$	HEAT I-2005	27	$n_{VG(2005)} = 80$	24	$n_{N(RIK2005)} = 70$	27	$n_{VG(2005gew)} = 70$
	equiNotes 2005-1	53		46		53	
$VG_{2006gew}$	HEAT I-2006	37	$n_{VG(2006)} = 64$	33	$n_{N(RIK2006)} = 55$	37	$n_{VG(2006gew)} = 55$
	CB MezzCap	27		22		27	
$VG_{2007gew}$	HEAT I-2007	55	$n_{VG(2007)} = 93$	48	$n_{N(RIK2007)} = 86$	55	$n_{VG(2007gew)} = 86$
	equiNotes 2007-1	38		38		38	
Summe		**VG**	$\mathbf{n_{VG} = 330}$	$\mathbf{N_{RIK}}$	$\mathbf{n_{N(RIK)} = 281}$	$\mathbf{VG_{gew}}$	$\mathbf{n_{VG(gew)} = 281}$

* Gewichtungsfaktoren ergeben sich aus der Anzahl an mezzanine-finanzierten Unternehmen in den einzelnen Mezzanine-Programmen und Programmgruppen.

Quelle: Eigene Darstellung.

Tabelle 4-5: Zusammenfassung der Vergleichsunternehmen zu Programmgruppen unter Berücksichtigung von Gewichtungsfaktoren[427]

ten Schemas überprüft. Durch probeweise Eingabe von Jahresabschlüssen bzw. den entsprechend benötigten Daten aus den Jahresabschlüssen in die Überleitungstabellen werden die Moody's KMV-Kennzahlen berechnet. Da die probeweise berechneten Kenzahlen auf Basis der Überleitung den Kennzahlen des sog. Moody's KMV-Reports entsprechen, wird von einer korrekten Überleitung ausgegangen.

425 Diese Skalierung zur Berücksichtigung der unterschiedlichen Anzahl an Werten wird unter Bezug auf Tabelle 4-3 vorgenommen. Da der Median sowie das 25%- und 75%-Quantil Gegenstand der Kennzahlenanalyse in Abschnitt 4.3.4. sein werden, bedeutet dies bspw. für die Werte der 34 Vergleichsunternehmen der (nachgebauten) Transaktion PREPS 2004-1, dass sie in weiteren Untersuchungen mit der Anzahl der MFU dieser Transaktion von 23 unter Berücksichtigung der Gesamtanzahl von 281 MFU laut Tabelle 4-3 gewichtet werden. Somit fließen die Werte der 34 Vergleichsunternehmen mit $^{23}/_{281}$ in die Berechnung der Werte gemäß Kalenderjahr für die 330 Vergleichsunternehmen insgesamt mit ein, um der geringeren Anzahl von 281 MFU Rechnung zu tragen.

426 Bei Berechnung der Werte der Programmgruppe $VG_{2004gew}$ der Vergleichsunternehmen für 2004 müssen die zu untersuchenden Werte (d. h. Median, 25%- und 75%-Quantil) der 34 Vergleichsunternehmen der (nachgebauten) Transaktion PREPS 2004-1 mit $^{23}/_{70}$ und die Werte der 59 Vergleichsunternehmen der (nachgebauten) Transaktion PREPS 2004-2 mit $^{47}/_{70}$ gewichtet werden, um den Einfluss der 70 MFU dieser Programmgruppe $N_{RIK2004}$ nachzubilden.

427 Die Daten für die Gewichtungsfaktoren entstammen Tabelle 4-4.

Zusammenfassend kann festgehalten werden, dass die Unternehmen der Vergleichsgruppe einerseits in der gleichen Branche tätig sind und durchschnittlich die annähernd gleichen Umsatzerlöse aufweisen. Es sind aber andererseits auch Abweichungen in der Verteilung der Umsatzerlöse sowie insbesondere in der Höhe und Verteilung der Bilanzsummen festzustellen, so dass die Vergleichsunternehmen insgesamt eher größer sind als die MFU. Trotz dieser nur eingeschränkten Vergleichbarkeit der beiden Gruppen werden die Daten der Vergleichsunternehmen für die Analyse der Entwicklung der MFU herangezogen.

4.3.4. Detailanalyse und Diskussion der Entwicklung

4.3.4.1. Strukturierte Vorgehensweise

Im Rahmen der Kennzahlenanalyse ist zu überprüfen, ob die gemäß der in Abschnitt 3.1.7. durchgeführten Simulationen zur Wirkung von Mezzanine-Kapital im Ratingprozess ermittelten Effekte einer Aufnahme von Mezzanine-Kapital anhand empirischer Daten bestätigt werden können. So können sich einerseits positive Kapitalstruktureffekte sowie andererseits abhängig von der Ausgestaltung der Vergütung sowohl negative Zinseffekte bei gewinnunabhängiger Verzinsung als auch positive Zins- und Steuereffekte durch eine gewinnabhängige Vergütung ergeben.[428] Darüber hinaus ist die Entwicklung der MFU im Hinblick auf weitere Besonderheiten vor dem Hintergrund der Mittelverwendung zu untersuchen. Ferner soll im Rahmen dieser Untersuchungen analysiert werden, ob Anhaltspunkte für ‚Adverse Selection' zu ermitteln sind, nach der systematisch schlechtere bzw. wirtschaftlich schwächere Unternehmen Standard-Mezzanine-Kapital aufnehmen würden.[429]

Die Entwicklung der MFU wird anhand von neun Kennzahlen, die die Informationsbereiche eines Jahresabschlusses Kapitalbindung, Verschuldung, Finanzkraft, Rentabilität, Produktivität und Wachstum abdecken, analysiert und mithilfe der Entwicklung der Vergleichsunternehmen überprüft.[430] Unter Bezugnahme auf Anhang VI-107 sind in einem

---

[428] Hierbei gilt es zu beachten, dass ein Vergleich mit den Szenarioanalysen zu Abbildung 3-1 und Abbildung 3-2 des Abschnitts 3.1.7. nur eingeschränkt möglich ist, da den Szenarioanalysen eine vollständige Ablösung der Bankverbindlichkeiten durch Mezzanine-Kapital zugrunde liegt, diese aber bei der folgenden Kennzahlenanalyse nicht unbedingt unterstellt werden kann, wie noch zu zeigen ist.

[429] Siehe Fn. 336.

[430] Es werden die neun Kennzahlen herangezogen, die im Rahmen des Finanzratingtools Moody's KMV berechnet werden. Hervorzuheben ist, dass die Berechnung der Kennzahlen zwar anhand toolspezifischer Kennzahlendefinitionen, aber ausschließlich auf Basis der Daten des Jahresabschlusses der Unternehmen erfolgt. Siehe hierzu Abschnitt 4.3.2. Um die Argumentation zur Entwicklung der MFU und die Wirkung von Mezzanine-Kapital auf die einzelnen Positionen der jeweiligen Kennzahlen einfacher nachvollziehen

ersten Überblick zur Entwicklung der Kennzahlen zum Teil deutliche Abweichungen der Werte der MFU von den Werten der Vergleichsunternehmen zu erkennen. Hierbei weisen die MFU in einigen Fällen geringere, in anderen Fällen höhere Kennzahlen als die Unternehmen der Vergleichsgruppe auf. Ferner sind Abweichungen der Programmgruppen untereinander festzustellen. Eine pauschale Aussage über die Güte und Entwicklung der MFU sowie zu den zu erwartenden Kapitalstruktur- und Zinseffekten kann nicht getroffen werden. Es bedarf einer differenzierten Analyse der einzelnen Kennzahlen, die in vier aufeinander aufbauenden Schritten für den gegenüber Extremwerten unempfindlicheren Median durchgeführt wird.[431]

Schritt 1: Dieser Schritt umfasst eine erste allgemeine Analyse der jeweiligen Kennzahl im Zeitraum 2003 bis 2008.[432] Es soll ein erster Eindruck zu der Kennzahlenausprägung der MFU im Vergleich zu den Werten der Vergleichsunternehmen gewonnen werden. Darüber hinaus sind erste Tendenzen im zeitlichen Ablauf ersichtlich.[433] Die Entwicklung der MFU wird in diesem Zusammenhang mit der Entwicklung der Kennzahlen der Ver-

---

zu können, sind am Anfang der Arbeit in einer separaten Übersicht im ‚Symbolverzeichnis' die Kennzahlendefinitionen gemäß Moody's KMV entsprechend Abbildung 4-14 abgebildet.

[431] Hierbei umfassen die ersten drei Schritte kalender- und laufzeitabhängige, eher deskriptive Untersuchungen, wohingegen vor allem im vierten Schritt eine detaillierte Beurteilung und Diskussion der Kennzahlenentwicklung durchgeführt werden. Zusätzlich wird auf die Entwicklung des 25%- und 75%-Quantils eingegangen und diesbezügliche Besonderheiten herausgestellt. Hervorzuheben ist, dass die Betrachtung einzelner Kennzahlen zum Aufzeigen bestimmter Effekte sinnvoll ist, zur Beurteilung der Güte eines Unternehmens aber das Unternehmen in Gänze betrachtet werden muss, um die verschiedenen Bereiche wie Verschuldung, Rentabilität, Wachstum und Produktivität zu erfassen. In diesem Zusammenhang gilt es zu beachten, dass der Median jeweils separat je Kennzahl errechnet wird, während ein Rating eine einzige Kennzahl darstellt, die auf Basis statistischer Modelle berechnet wird und u. a. die neun Kennzahlen unterschiedlich gewichtet berücksichtigt. Somit kann bspw. ein Unternehmen eine eher geringe Eigenkapitalquote, im Gegenzug dafür aber bspw. eine vergleichsweise hohe Rentabilität aufweisen.

[432] Hierbei wird zuerst auf das Umsatzwachstum eingegangen, da dieses häufig als Gradmesser für die Entwicklung und das Wachstum eines Unternehmens genutzt wird. Denn die Umsatzerlöse können nicht durch bilanzpolitische Maßnahmen wie Bewertungs-, Aktivierungs- oder Passivierungswahlrechte beeinflusst werden, so dass Unternehmen gut vergleichbar sind. Nach Analyse des Umsatzes erfolgt die Analyse der Kennzahlen gemäß der Reihenfolge, in der sie auch in den Moody's KMV-Reports sowie (zumeist) in den Investor Reports angegeben werden.

[433] Hierbei hat diese Untersuchung separat für die einzelnen mezzaninen Programmgruppen zu erfolgen, da eine kumulierte Durchschnittsbildung über alle Unternehmen nur für den Zeitraum 2006 bis 2008 möglich ist. Denn zu den jeweiligen Programmgruppen liegen die Daten der Unternehmen immer erst ein Kalenderjahr vor Aufnahme des Mezzanine-Kapitals vor. So stehen bspw. für die Unternehmen der 2007er Programmgruppe die Daten das erste Mal für das Kalenderjahr 2006, dagegen für die 2004er Programmgruppe das erste Mal für das Jahr 2003 zur Verfügung. Die kumulierte Betrachtung des Zeitraums 2006 bis 2008 wird zunächst ausgelassen und im Rahmen der Analysen der Mehrfachteilnehmer in Abschnitt 4.3.7. durchgeführt.

gleichsunternehmen VG_{gew} verglichen.[434] Da sowohl die MFU als auch die Vergleichsunternehmen grundsätzlich dem gleichen Konjunkturzyklus unterliegen, kann somit ein Vergleich vor einem konjunkturell einheitlichen Hintergrund vorgenommen werden.

Schritt 2: Auf den kalenderjahrbasierten Analysen aufbauend erfolgt im zweiten Schritt die Berücksichtigung des jeweiligen Auszahlungsjahres sowie des Zeitpunktes innerhalb des Jahres für die 281 Unternehmen insgesamt. Durch diese laufzeitabhängige, kumulierte Analyse soll ein mögliches Muster in der Entwicklung der mit Mezzanine-Kapital finanzierten Unternehmen im Vergleich zu der Entwicklung der Vergleichsgruppe herausgefiltert werden. Hierbei entspricht das Jahr der Auszahlung der mezzaninen Mittel bei jedem Unternehmen dem Zeitpunkt t_0.[435] Da einige Mezzanine-Programme im Februar eines Jahres, andere Programme dagegen im Dezember und damit am Ende des Kalenderjahres ausgezahlt haben, erfolgt zur Berücksichtigung dieser unterschiedlichen Auszahlungszeitpunkte innerhalb eines Kalenderjahres einer Programmgruppe eine gewichtete Durchschnittsbildung. Hierdurch wird den unterschiedlichen Zeiträumen von der Auszahlung der mezzaninen Mittel bis zur Erstellung des (zeitpunktbezogenen) Jahresabschlusses Rechnung getragen und die Entwicklung der Unternehmen auf einen gemeinsamen Startzeitpunkt t_0 gebracht. Diese Durchschnittsbildung erfolgt über die Vorjahreswerte und die aktuellen Jahresabschlusswerte gemäß dem gewichteten Zeitpunkt der Auszahlung bzw. dem Closing der jeweiligen Transaktion.[436] Da für die 86 Unternehmen der Programmgruppe $N_{RIK2007}$ nur Daten der Kalenderjahre 2006 bis 2008 und damit der Laufzeitjahre t_{-1} bis t_1

[434] Da in diesem Schritt ein erster Eindruck zu den MFU und deren Entwicklung im Vergleich zu den Vergleichsunternehmen gewonnen werden soll, werden die Vergleichsunternehmen insgesamt und nicht gemäß einzelner, nachgebildeter Programmgruppen betrachtet. Eine ausführliche Betrachtung der jeweiligen Programmgruppen mezzanine-finanzierter Unternehmen im Vergleich zu den Programmgruppen klassisch-finanzierter Vergleichsunternehmen erfolgt im dritten Schritt.

[435] Das Laufzeitjahr t_0 ist bspw. für HEAT I-2007 das Jahr 2007, für PREPS 2004-1 das Jahr 2004.

[436] So steht das Kapital bspw. den Unternehmen der Transaktion HEAT I-2007 (Closing 22.02.2007) in t_0 für 312 Tage bis zur Erstellung des nächsten Jahresabschlusses per 31.12. zur Verfügung. Demnach werden bspw. die Vorjahreswerte 2006 mit dem Faktor $^{312}/_{365}$ und die Werte des Jahresabschlusses 2007 mit dem Faktor $^{53}/_{365}$ gewichtet, um den gewichteten Wert für t_0 zu ermitteln. Das gleiche Vorgehen wird bei allen Transaktionen über alle Laufzeitjahre hinweg mit den in Anhang VI-111 angegebenen Faktoren durchgeführt. Bei der Durchschnittsbildung wird trotz möglicher zyklischer Schwankungen innerhalb eines Kalenderjahres unterstellt, dass Umsatzerlöse kontinuierlich erwirtschaftet werden und ein annähernd linearer Verlauf der Umsatzerlöse vorliegt. Liegen im Einzelfall nur Werte zum Umsatzwachstum bspw. des Jahres 2005 und keine Vorjahreswerte aus 2004 vor, wird der Wert ungewichtet übernommen. Auch gilt es zu berücksichtigen, dass für die Berechnung des Zeitpunktes t_{-1} größtenteils ungewichtete Daten herangezogen werden, da für die meisten MFU nur Daten für t_{-1} und damit ein Jahr vor Auszahlung über die Investor Reports verfügbar sind. Da die Unternehmen eines Mezzanine-Programms zum gleichen Zeitpunkt das Mezzanine-Kapital erhalten haben, kommt die Ermittlung von t_0 für jedes Unternehmen der Ermittlung von t_0 je Mezzanine-Programm gleich, was acht unterschiedliche Startzeitpunkte bedingt.

vorliegen, kann eine kumulierte, laufzeitabhängige Analyse für die 281 Unternehmen insgesamt für die Laufzeitjahre t_{-1} bis t_1 durchgeführt werden.[437]

Schritt 3: Auf Basis der vorherigen Analysen aufbauend wird im dritten Schritt einerseits die kumulierte Entwicklung aller 281 Unternehmen für die Laufzeit t_{-1} bis t_1 jeweils anhand der Entwicklung der insgesamt vier Programmgruppen der Jahre 2004 bis 2007 überprüft. Auf der anderen Seite ermöglicht die Aufschlüsselung in Programmgruppen eine Betrachtung der Zeiträume nach t_1, wobei die Länge der zusätzlichen Zeiträume programmgruppenabhängig ist.[438] Im dritten Schritt erfolgt die Analyse im Vergleich zu den jeweiligen Programmgruppen der Vergleichsunternehmen, wobei die unterschiedlichen Zeitpunkte der Aufnahme des Mezzanine-Kapitals sowie die unterschiedliche Anzahl an MFU je Kalenderjahr und Programm bzw. -gruppe zu berücksichtigen sind.

Schritt 4: Auf den drei vorhergehenden, vornehmlich deskriptiven Analyseschritten aufbauend erfolgt im vierten Schritt eine detaillierte Beurteilung der Kennzahlenentwicklung sowie eine differenzierte Diskussion und Bewertung möglicher Gründe für diese Entwicklung und ihre Besonderheiten im Hinblick auf eine ‚Adverse Selection' der MFU.

Insgesamt ist herauszustellen, dass auch die Durchschnittsbildung unter Berücksichtigung des jeweiligen Auszahlungszeitpunktes nur eine Näherung darstellt und der exakte Startzeitpunkt t_0 nicht zu ermitteln ist. Hierdurch kann es in den einzelnen Programmgruppen aufgrund der unterschiedlichen Auszahlungszeitpunkte im jeweiligen Kalenderjahr zu Verzerrungen kommen.[439] Mögliche Muster in der Entwicklung der Kennzahlen der MFU können demnach bei einigen Programmen bzw. Programmgruppen früher, bei anderen erst später auftreten.[440] Demnach werden im Rahmen dieser Kennzahlenanalyse allgemeine Tendenzen aufgezeigt, aber nicht exakte Zeitpunkte ermittelt.

---

[437] Auch die Daten der Vergleichsunternehmen sind für die einzelnen, „nachgebauten" Programme entsprechend der in Anhang VI-111 berechneten Faktoren zu gewichten. Ferner gilt es, neben den zuvor aufgezeigten, unterschiedlichen Zeitpunkten der Aufnahme des Mezzanine-Kapitals wiederum die unterschiedliche Anzahl an MFU je Kalenderjahr und Programm zu berücksichtigen. Siehe Fn. 425.

[438] Für $N_{RIK2004}$ kann der Zeitraum bis t_4, für $N_{RIK2005}$ bis t_3 und für $N_{RIK2006}$ bis t_2 betrachtet werden.

[439] So wird bspw. für $N_{RIK2007}$ der Durchschnitt für zwei Programme gebildet, die das Kapital im Februar und Mai und damit in der ersten Jahreshälfte des entsprechenden Kalenderjahres ausgezahlt haben. Dagegen wird bei $N_{RIK2004}$ der Durchschnitt über Auszahlungstermine im Mai und Dezember gebildet.

[440] Weitere Verzerrungen können dadurch auftreten, dass ein Unternehmen über die positive Teilnahmeentscheidung bereits einige Zeit vor Auszahlung informiert sein kann. Hierdurch hat das Unternehmen die Möglichkeit, die mezzaninen Mittel bereits vor Auszahlung in seinen Finanzierungsplanungen einzube-

4.3.4.2. Umsatzwachstum

In Bezug auf das Umsatzwachstum (UW) ist gemäß Abbildung 4-15[441] festzustellen, dass bis zum Jahr 2007 die MFU ein durchweg höheres UW erkennen lassen. Das Maximum dieses Wachstums wird hierbei in 2006 erreicht.[442] Somit haben auch die MFU vom weltweit konjunkturell günstigen Umfeld mit der Hochphase in 2006 und 2007 in Form starker Umsatzanstiege profitiert. Insbesondere in 2008 bricht aber das UW der MFU vor dem Hintergrund der sich abzeichnenden Wirtschaftskrise ein und ist in 2008 auf bzw. programmgruppenabhängig sogar leicht unter dem Niveau der Vergleichsunternehmen.[443] Somit scheinen die MFU vor dem Hintergrund des deutlich stärkeren Rückgangs im UW gegenüber den Werten der Vergleichsunternehmen stärker von der sich anbahnenden Wirtschaftskrise, die sich vor allem auf die exportorientierten Industriezweige des verarbeitenden Gewerbes[444] negativ auswirkt, betroffen zu sein.[445] Wird in diesem Zusammenhang berücksichtigt, dass die MFU einerseits exportorientierter als der bundesweite Durchschnitt und als Großunternehmen sind[446] und andererseits ca. 49,2% der MFU laut Abbildung 4-6

---

ziehen. Auch können mögliche Zwischenfinanzierungen bis zur endgültigen Kapitalmarktplatzierung des Portfolios der MFU und Auszahlung der mezzaninen Mittel die Kennzahlenentwicklung beeinflussen. Ferner verändern eine unterschiedliche Verwendung sowie differierende Zeitpunkte der Verwendung des aufgenommenen Kapitals ein mögliches Muster. Diese Verzerrungen können insbesondere im Laufzeitjahr t_0 und t_1 auftreten, da jeweils die Werte vor und seit Aufnahme des Mezzanine-Kapitals anteilig miteinander verrechnet werden.

[441] Zur Berechnung des UW werden laut Moody's KMV und Abbildung 4-14 die aktuellen Umsatzerlöse in Bezug zu den Vorjahresumsatzerlösen gesetzt. Hierdurch ergeben sich Werte von über 100%. Für das „direkte" Wachstum des Umsatzes müsste Eins bzw. 100% vom berechneten UW abgezogen werden.

[442] So basierte in 2006 der konjunkturelle Aufschwung im Gegensatz zu den Jahren zuvor nicht mehr allein auf der kräftigen Zunahme der Exporte, sondern auch die inländische Verwendung trug spürbar zum Anstieg bei. Hierbei können sich mögliche Effekte vor dem Hintergrund der für das Jahr 2007 beschlossenen Anhebung der Umsatzsatzsteuer positiv für die Unternehmen in 2006 ausgewirkt haben. Vgl. Sachverständigenrat (2006), S. 50-51.

[443] Sowohl Großunternehmen aus DAX und MDAX als auch die Mittelständler haben in Deutschland ab 2003 vom vergangenen Aufschwung profitiert. Dies wird u. a. an einem kräftigen Anstieg ihrer Eigen- und Gesamtkapitalrendite insbesondere bis zur konjunkturellen Hochphase 2006 und 2007 deutlich, bevor sie im Rahmen der sich abzeichnenden Wirtschaftskrise deutlich einbrechen. Vgl. KfW Bankengruppe (2009d), S. 3-4 sowie das Schaubild 3 in Sachverständigenrat (2009), S. 27. Auch die 25%- und 75%-Quantile zeigen bis einschließlich 2007 gemäß Tabelle 4-7 das gleiche Muster eines höheren UW, wobei auch hier in 2008 ein Rückgang auf das Niveau der Vergleichsunternehmen zu erkennen ist. In Bezug auf das UW von über 125% einzelner mezzaniner Programmgruppen sei auf Fn. 393 verwiesen. Die im Rahmen der Analyse der jeweiligen Kennzahl genutzten Datentabellen sind am Ende des jeweiligen Abschnitts abgebildet.

[444] Vgl. Sachverständigenrat (2009), S. 51.

[445] Hierbei liegen aber keine Informationen über die Exportquoten der Vergleichsunternehmen vor, so dass auf die im Rahmen von Abbildung 4-4 aus Abschnitt 4.2.2. aufgezeigten bundesweiten Werte Bezug genommen wird.

[446] Zu den Exportquoten der MFU siehe die Ausführungen zur Abbildung 4-4 im Abschnitt 4.2.2. Anzumerken ist, dass keine Daten über die Höhe der Exportquoten der Vergleichsunternehmen vorliegen.

im von der Wirtschaftskrise besonders hart getroffenen Verarbeitenden Gewerbe tätig sind, erscheint der Umsatzrückgang in 2008 plausibel. Hinzu kommt, dass ca. 84,0% der MFU ihren Geschäftssitz in Westdeutschland haben[447] und westdeutsche Unternehmen aufgrund der starken Industriestruktur und Exportorientierung stärker von der Wirtschaftskrise betroffen sind als ostdeutsche Unternehmen.[448]

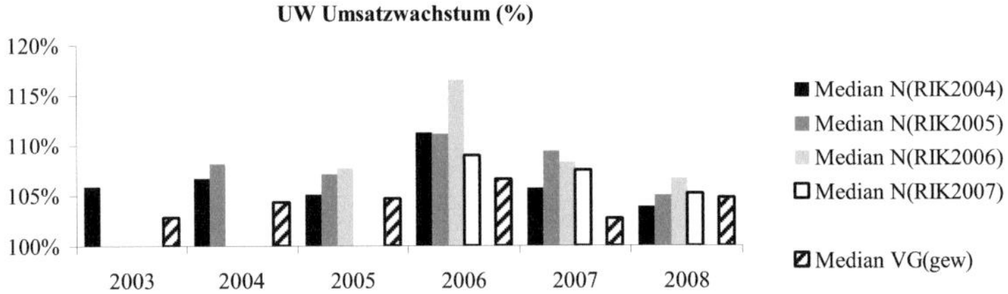

$n_{N(RIK2004)} = 70^*$, $n_{N(RIK2005)} = 70^*$, $n_{N(RIK2006)} = 55^*$, $n_{N(RIK2007)} = 86^*$, $n_{VG(gew)} = 281$
Quelle: Eigene Darstellung.

Abbildung 4-15: UW für 2003 bis 2008 nach Programmgruppen[449]

Bei laufzeitabhängiger Betrachtung des kumulierten UW für den Zeitraum t_{-1} bis t_1 ist der Abbildung 4-16 zu entnehmen, dass sowohl die MFU als auch die Vergleichsunternehmen ihren Umsatz sukzessiv ausbauen können. Die Wachstumsraten der MFU sind aber in diesem Zeitraum geringfügig höher als die der Vergleichsunternehmen, so dass die Differenz zwischen beiden Gruppen wächst.[450] Ferner ist zu erkennen, dass die MFU bereits vor Aufnahme des Mezzanine-Kapitals ein höheres Umsatzwachstum als die Vergleichsunternehmen aufweisen.[451] Somit kann konstatiert werden, dass das Kapital an wachsende Unternehmen vergeben wurde, die mit Aufnahme des Mezzanine-Kapitals dieses Wachstum weiter ausbauen können.

---

447 Siehe Fn. 353 sowie Anhang VI-63.

448 Vgl. Gemeinschaftsdiagnose der Wirtschaftsforschungsinstitute (2010), S. 55-56; Creditreform (2009a), S. 2. Aber auch für die Vergleichsunternehmen, die vor dem Hintergrund des in Abschnitt 4.3.3. durchgeführten Matchings die gleiche Branchenverteilung und annähernd gleiche Umsatzerlöse sowie die gleichen Anteile der west- und ostdeutschen Unternehmen aufweisen, sind Umsatzrückgänge im Rahmen der sich abzeichnenden Wirtschaftskrise festzustellen.

449 Bei ‚*' fehlt im Ausnahmefall eine Kennzahl in einem Jahr. Siehe hierzu Fn. 407 und Anhang VI-108.

450 Hierbei gilt es zu beachten, dass die MFU in 2007 und vor allem in 2008 Umsatzrückgänge verzeichnen, so dass das UW für den Zeitraum t_{-1} bis t_1 hierdurch beeinflusst ist.

451 Auch für die 25%- und 75%-Quantile ist gemäß Tabelle 4-8 ein höheres UW auszumachen, wobei sich für beide Quantile ein leichter Rückgang des insgesamt höheren UW im Vergleich zu den Vergleichsunternehmen zeigt.

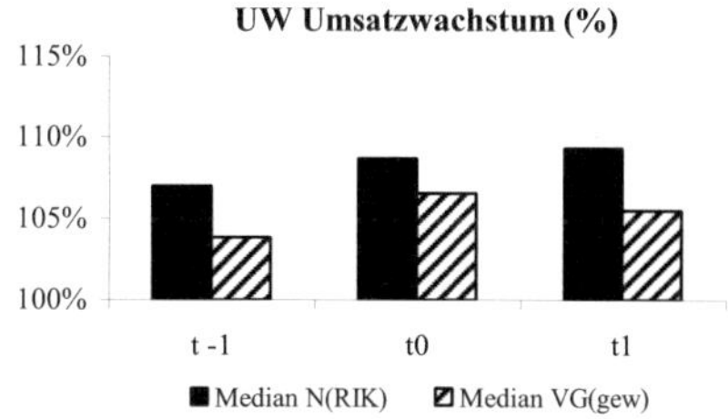

Quelle: Eigene Darstellung. $n_{N(RIK)} = 281*$, $n_{VG(gew)} = 281$

Abbildung 4-16: Kumuliertes UW für t_{-1} bis t_1[452]

Bei Analyse der nach den Programmgruppen aufgeschlüsselten Entwicklung des UW für den Zeitraum t_{-1} bis t_1 ist gemäß Abbildung 4-17 festzustellen, dass die ersten drei Programmgruppen den Trend aus Abbildung 4-16 in Form eines stetig und stärker wachsenden Umsatzes bis t_1 auch aufzeigen.[453] Der Trend eines weiterhin wachsenden Umsatzes zeigt sich für die ersten beiden Programmgruppen auch für t_2, während sich Programmgruppe $N_{RIK2006}$ in t_2 bereits im Jahr 2008 und in der sich abzeichnenden Wirtschaftkrise befindet.[454] Trotz des festzustellenden Rückgangs, der dem Rückgang bei der Vergleichsprogrammgruppe $VG_{2006gew}$ entspricht, weisen die MFU für $N_{RIK2006}$ auch im weiteren Verlauf ein deutlich höheres UW als $VG_{2006gew}$ auf.

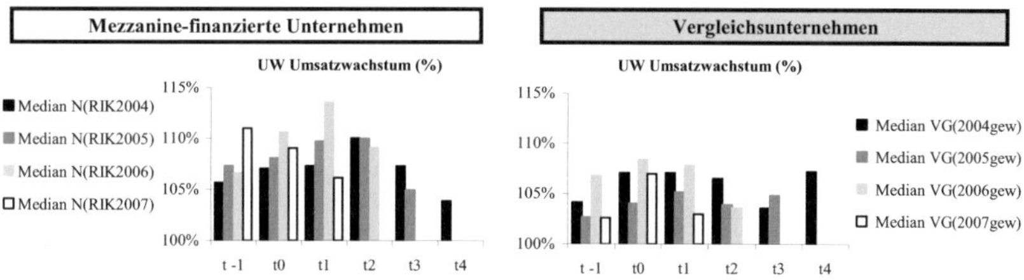

$n_{N(RIK2004)} = 70*$, $n_{N(RIK2005)} = 70*$, $n_{N(RIK2006)} = 55*$, $n_{N(RIK2007)} = 86*$, $n_{VG(2004gew)} = 70$, $n_{VG(2005gew)} = 70$, $n_{VG(2006gew)} = 55$, $n_{VG(2007gew)} = 86$. Quelle: Eigene Darstellung.

Abbildung 4-17: UW für t_{-1} bis t_4 nach Programmgruppen[455]

---

[452] Bei ‚*' fehlt im Ausnahmefall eine Kennzahl in einem Jahr. Siehe hierzu Fn. 407 und Anhang VI-109.

[453] Dass Programmgruppe $N_{RIK2007}$ zwar ein nach wie vor höheres aber rückläufiges UW aufzeigt, kann auf das hohe Wachstum in t_{-1}, was für $N_{RIK2007}$ ungefähr dem Jahr 2006 entspricht, zurückzuführen sein.

[454] Zu berücksichtigen ist, dass das jeweilige Laufzeitjahr durch die laufzeitabhängige Durchschnittsberechnung auf Basis der unterschiedlichen Auszahlungszeitpunkte innerhalb eines Kalenderjahres nicht exakt dem Kalenderjahr entspricht. Vor dem Hintergrund der besseren Verständlichkeit, welches programmgruppenabhängige Laufzeitjahr ungefähr welchem Kalenderjahr entspricht, werden innerhalb der Beschreibungen der Analysen die Laufzeitjahre gleich den Kalenderjahren gesetzt.

[455] Bei ‚*' fehlt im Ausnahmefall eine Kennzahl in einem Jahr. Siehe hierzu Fn. 407 und Anhang VI-110.

Die MFU weisen gemäß Tabelle 4-6 in t_{-1} teilweise deutlich geringere Anteile der Unternehmen mit einem UW ≤ 100% auf. Insbesondere in den ersten Laufzeitjahren ab t_0 sind darüber hinaus zum Teil starke Rückgänge der Anteile bei den MFU festzustellen. Im jeweils letzten Laufzeitjahr, was vor dem Hintergrund der laufzeitabhängigen Durchschnittsbildung dem Kalenderjahr 2008 entspricht, steigen die Anteile bei den MFU sowie zumeist auch bei den Vergleichsunternehmen. Bis auf für Programmgruppe $N_{RIK2004}$ liegen die Anteile aber auch im letzten Laufzeitjahr teilweise nach wie vor deutlich unter den Vergleichswerten. Für $N_{RIK2007}$ ist mit Aufnahme des Mezzanine-Kapitals in 2007 dagegen im Zeitraum t_{-1} bis t_1 bzw. 2006 bis 2008 ein durchweg rückläufiges, aber nach wie positives UW auszumachen. Hierbei zeigen die Unternehmen $N_{RIK2007}$ ein durchweg deutlich höheres UW als die Unternehmen der entsprechenden Vergleichsprogrammgruppe $VG_{2007gew}$.

	Programm	Umsatzwachstum UW ≤ 100%					
		t_{-1}	t_0	t_1	t_2	t_3	t_4
N_{RIK}	$N_{RIK2004}$	30,0%	12,9%	22,9%	14,5%	25,7%	35,7%
	$N_{RIK2005}$	22,9%	17,1%	17,1%	15,9%	25,0%	-
	$N_{RIK2006}$	22,2%	14,8%	11,1%	18,9%	-	-
	$N_{RIK2007}$	13,3%	12,8%	22,9%	-	-	-
VG_{gew}	$VG_{2004gew}$	33,4%	22,7%	27,4%	24,3%	40,2%	28,9%
	$VG_{2005gew}$	30,0%	33,7%	27,6%	30,0%	31,3%	-
	$VG_{2006gew}$	23,5%	23,2%	28,3%	36,3%	-	-
	$VG_{2007gew}$	33,4%	24,0%	35,4%	-	-	-

$n_{N(RIK2004)} = 70^*$, $n_{N(RIK2005)} = 70^*$, $n_{N(RIK2006)} = 55^*$, $n_{N(RIK2007)} = 86^*$,
$n_{VG(2004gew)} = 70$, $n_{VG(2005gew)} = 70$, $n_{VG(2006gew)} = 55$, $n_{VG(2007gew)} = 86$
Quelle: Eigene Darstellung.

Tabelle 4-6: Anteil der Unternehmen mit UW ≤ 100% für t_{-1} bis t_4 nach Programmgruppen[456]

Demnach wachsen die MFU insgesamt stärker als die Vergleichsunternehmen, was anhand der Wachstumsimpulse in den jeweiligen Laufzeitjahren zu erkennen ist. Diesbezüglich ist vor allem in t_1 bzw. t_2 ein stärkerer Anstieg für die Programmgruppen $N_{RIK2004}$, $N_{RIK2005}$ und $N_{RIK2006}$ gegenüber den jeweiligen Vergleichsprogrammgruppen zu erkennen.[457] Insgesamt lassen die Ergebnisse den Schluss zu, dass das Kapital einerseits an wachsende Unternehmen vergeben wurde und diese Unternehmen andererseits mit Aufnahme des Mezzanine-Kapitals dieses UW weiter ausbauen können.[458] Somit lässt sich ableiten, dass

---

[456] Bei ‚*' fehlt im Ausnahmefall eine Kennzahl in einem Jahr. Siehe hierzu Fn. 407 und Anhang VI-110.

[457] Auch die 25%- und 75%-Quantile lassen gemäß Tabelle 4-9 ein ähnliches Muster erkennen.

[458] In einer sich anschließenden wissenschaftlichen Untersuchung sollten die Aussagen und Einschätzungen sowohl zum UW als auch zur Entwicklung der anderen Kennzahlen gemäß Moody's KMV in den Abschnitten 4.3.4.3. bis 4.3.4.10. anhand weiterer, tief greifender statistischer Tests überprüft werden.

ein positiver Wachstumseffekt mit der Aufnahme von Mezzanine-Kapital zeitverzögert insbesondere ab dem ersten bzw. zweiten Jahr nach Aufnahme einhergeht.[459] Dass die MFU ein höheres UW aufzeigen, deutet darauf hin, dass diese Unternehmen sowohl vor als auch insbesondere seit Aufnahme des Mezzanine-Kapitals vermehrt Investitionen getätigt haben. Insgesamt gilt es somit, dieses UW nicht separat und nur als einen vom Mezzanine-Kapital ausgelösten Effekt zu sehen. Denn einerseits ist für die MFU bereits vor Aufnahme ein höheres UW zu erkennen, so dass das Mezzanine-Kapital als Bestandteil eines Finanzierungsmixes für bereits angelaufene Projekte und Investitionen ergänzend hinzugenommen worden zu sein kann. Auch gilt es, andererseits dieses UW vor allem vor dem Hintergrund des bis 2007 weltweit konjunkturell günstigen Umfeldes, von dem insbesondere die exportorientierten MFU profitiert haben sollten, zu sehen, so dass ein ausschließliches Zurückführen des UW auf die Aufnahme des Mezzanine-Kapitals andere Effekte ausblenden würde. Denn auch für die Vergleichsunternehmen ist ein – wenn auch niedrigeres – UW zu erkennen. Durch das noch ausgeprägtere UW ab t_1 bzw. t_2 gehen aber zusätzliche Wachstumsimpulse mit der Aufnahme des Mezzanine-Kapitals im Rahmen eines konjunkturell günstigen Umfeldes vor dem Hintergrund getätigter Investitionen einher.

UW Umsatzwachstum (%)	Quantil	2003	2004	2005	2006	2007	2008
$N_{RIK2004}$	25%	100,03	101,65	99,60	105,08	98,06	95,97
	Median	105,86	106,68	105,11	111,29	105,74	103,90
	75%	115,03	116,82	117,42	122,98	117,01	110,94
$N_{RIK2005}$	25%	-	100,70	101,57	103,75	100,95	96,10
	Median	-	108,15	107,10	111,16	109,40	105,00
	75%	-	120,30	113,89	117,68	116,00	111,55
$N_{RIK2006}$	25%	-	-	99,55	105,43	102,38	100,27
	Median	-	-	107,68	116,53	108,26	106,69
	75%	-	-	116,80	128,15	115,50	114,71
$N_{RIK2007}$	25%	-	-	-	104,46	99,67	98,43
	Median	-	-	-	108,98	107,50	105,20
	75%	-	-	-	124,86	120,10	123,00
VG_{gew}	25%	96,26	97,91	98,40	98,02	95,67	98,51
	Median	102,83	104,35	104,70	106,63	102,74	104,79
	75%	110,38	115,31	112,47	113,57	111,49	112,80

$n_{N(RIK2004)} = 70*$, $n_{N(RIK2005)} = 70*$, $n_{N(RIK2006)} = 55*$, $n_{N(RIK2007)} = 86*$, $n_{VG(gew)} = 281$. Quelle: Eigene Darstellung.

Tabelle 4-7: UW für 2003 bis 2008 nach Programmgruppen[460]

[459] Dieser Zeitraum deckt sich mit Ergebnissen anderer Studien. So sind bei Engagement eines Private Equity-Investors insbesondere ab dem zweiten Jahr stärkere Verbesserungen in den Kennzahlen wie Umsatz- oder Mitarbeiterwachstum sowie Profitabilität zu erkennen. Hierbei können im Rahmen einer Übernahme in Bezug auf die Mitarbeiteranzahl als Gradmesser des Wachstums nach Durchführung der Integration zum Teil zunächst rückläufige Zahlen festgestellt werden. Erst im dritten Jahr nach Übernahme sind steigende Mitarbeiterzahlen auszumachen, die auch das Niveau vor Aufnahme übersteigen. Vgl. Strömberg, P. (2009), S. 10-11; Shapiro, R. J./Nam, D. P. (2009), S. 1-20; Shapiro, R. J./Nam , D. P. (2008), S. 6-8.

[460] Bei ‚*' fehlt im Ausnahmefall eine Kennzahl in einem Jahr. Siehe hierzu Fn. 407 und Anhang VI-108.

		Quantil	t_{-1}	t_0	t_1
UW Umsatzwachstum (%)	Mezzanine-finanzierte Unternehmen N_{RIK}	25%	101,50	103,38	101,47
		Median	107,00	108,71	109,32
		75%	118,67	118,09	117,95
	Vergleichs-gruppe VG_{gew}	25%	97,94	100,37	99,54
		Median	103,84	106,55	105,50
		75%	111,27	114,15	112,80
	Differenz	25%	3,56	3,02	1,92
		Median	3,16	2,16	3,81
		75%	7,40	3,93	5,15

Quelle: Eigene Darstellung. $n_{N(RIK)} = 281^*$, $n_{VG(gew)} = 281$

Tabelle 4-8: Kumuliertes UW für t_{-1} bis t_1[461]

			Mezzanine-finanzierte Unternehmen						Vergleichsunternehmen						Differenz					
		Quantil	t_{-1}	t_0	t_1	t_2	t_3	t_4	t_{-1}	t_0	t_1	t_2	t_3	t_4	t_{-1}	t_0	t_1	t_2	t_3	t_4
UW Umsatzwachstum (%)	$N_{RIK2004}$ bzw. $VG_{2004gew}$	25%	99,35	102,43	100,52	103,11	100,18	95,97	97,79	101,06	99,87	100,22	96,04	100,53	1,55	1,38	0,65	2,89	4,14	-4,57
		Median	105,68	107,07	107,32	110,06	107,31	103,90	104,16	107,08	107,08	106,51	103,58	107,22	1,52	0,00	0,23	3,54	3,73	-3,32
		75%	116,29	113,78	115,42	118,96	117,25	110,94	112,15	121,62	116,55	114,84	111,48	114,87	4,13	-7,83	-1,13	4,12	5,77	-3,93
	$N_{RIK2005}$ bzw. $VG_{2005gew}$	25%	100,70	103,83	102,96	102,43	100,57	-	97,29	98,60	99,76	97,40	97,88	-	3,41	5,22	3,20	5,03	2,69	-
		Median	107,35	108,09	109,73	110,02	104,96	-	102,66	104,03	105,17	103,90	104,83	-	4,69	4,07	4,56	6,12	0,13	-
		75%	118,42	115,76	116,51	117,30	111,60	-	110,17	110,08	111,56	111,71	109,62	-	8,25	5,67	4,94	5,59	1,98	-
	$N_{RIK2006}$ bzw. $VG_{2006gew}$	25%	101,40	102,62	105,95	102,99	-	-	100,73	100,93	100,84	95,19	-	-	0,67	1,69	5,11	7,80	-	-
		Median	106,64	110,63	113,56	109,11	-	-	106,82	108,41	107,85	103,62	-	-	-0,18	2,23	5,71	5,49	-	-
		75%	116,89	120,40	123,81	115,49	-	-	113,22	114,44	114,59	109,39	-	-	3,66	5,96	9,22	6,09	-	-
	$N_{RIK2007}$ bzw. $VG_{2007gew}$	25%	103,28	104,34	100,79	-	-	-	96,80	100,87	98,27	-	-	-	6,48	3,47	2,52	-	-	-
		Median	111,03	109,08	106,18	-	-	-	102,62	106,99	102,98	-	-	-	8,41	2,09	3,19	-	-	-
		75%	119,40	120,61	120,98	-	-	-	110,19	111,21	109,62	-	-	-	9,21	9,40	11,36	-	-	-

Quelle: Eigene Darstellung. $n_{N(RIK2004)} = 70^*$, $n_{N(RIK2005)} = 70^*$, $n_{N(RIK2006)} = 55^*$, $n_{N(RIK2007)} = 86^*$, $n_{VG(2004gew)} = 70$, $n_{VG(2005gew)} = 70$, $n_{VG(2006gew)} = 55$, $n_{VG(2007gew)} = 86$

Tabelle 4-9: UW für t_{-1} bis t_4 nach Programmgruppen[462]

4.3.4.3. Kapitalbindungsdauer

Die MFU weisen gemäß Abbildung 4-18 eine durchweg höhere und damit schlechtere Kapitalbindungsdauer (KBD)[463] auf. Demnach dauert es bei den MFU länger, den Verbindlichkeiten aus Lieferungen und Leistungen sowie den Wechselverbindlichkeiten aus den Umsatzerlösen nachzukommen.[464] Im Zeitablauf betrachtet verbessern aber sowohl die mezzaninen Programmgruppen als auch die Vergleichsunternehmen ihre KBD, wobei die

[461] Bei ‚*' fehlt im Ausnahmefall eine Kennzahl in einem Jahr. Siehe hierzu Fn. 407 und Anhang VI-109.

[462] Bei ‚*' fehlt im Ausnahmefall eine Kennzahl in einem Jahr. Siehe hierzu Fn. 407 und Anhang VI-110.

[463] Da gemäß Entwicklungsdatenbestand von Moody's KMV insolvenzgefährdete Unternehmen (I) durchschnittlich eine höhere KBD als solvente Unternehmen (S) aufweisen (I > S), kann in Analogie hierzu bei höheren auch von schlechteren Werten gesprochen werden. Siehe Abbildung 4-14.

[464] Grundsätzlich ist bei der KBD kein direkter Einfluss durch die Aufnahme von Mezzanine-Kapital zu erwarten, wie auch in den Szenarioanalysen des Abschnitts 3.1.7. gezeigt werden konnte.

MFU ihre KBD bis 2008 teilweise stärker verringern können. Insbesondere in 2008 sind bis auf für $N_{RIK2004}$ deutliche Rückgänge festzustellen.[465]

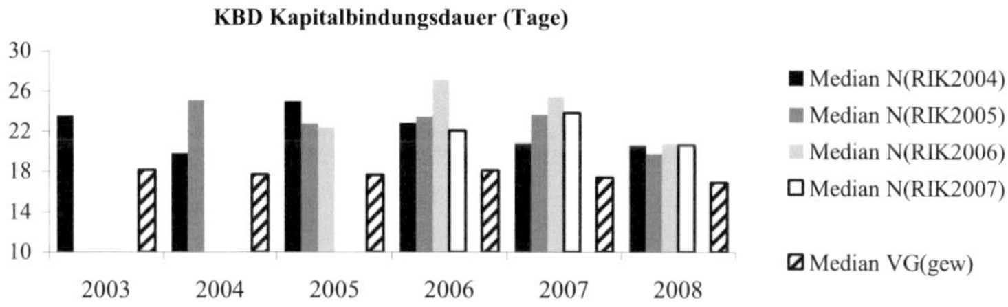

$n_{N(RIK2004)} = 70$, $n_{N(RIK2005)} = 70$, $n_{N(RIK2006)} = 55$, $n_{N(RIK2007)} = 86$, $n_{VG(gew)} = 281$
Quelle: Eigene Darstellung.

Abbildung 4-18: KBD für 2003 bis 2008 nach Programmgruppen

Laufzeitbezogen ist in Abbildung 4-19 für die kumulierte KBD im Zeitraum t_{-1} bis t_1 zu erkennen, dass bei nahezu konstanten Werten der Vergleichsunternehmen die MFU insgesamt mit Aufnahme des Mezzanine-Kapitals ihre KBD in t_0 leicht senken können. Diese positive Tendenz bleibt aber in t_1 nicht erhalten, die KBD der MFU steigt auf das Niveau vor Auszahlung.[466]

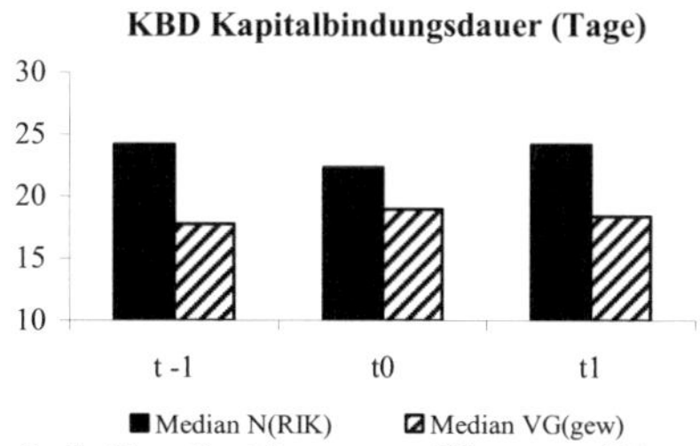

Quelle: Eigene Darstellung. $n_{N(RIK)} = 281$, $n_{VG(gew)} = 281$

Abbildung 4-19: Kumulierte KBD für t_{-1} bis t_1

Die Abbildung 4-20 für die Entwicklung der KBD der einzelnen Programmgruppen zeigt auf, dass sich in t_0 bis auf für $N_{RIK2004}$ die MFU relativ betrachtet verbessern. $N_{RIK2004}$ verbessert ihre KBD dagegen nur im ungefähr gleichen Verhältnis wie die Programmgruppe der Vergleichsunternehmen $VG_{2004gew}$. Auch in t_1 kann das Muster aus Abbildung 4-19 in

[465] Auch die Werte des 25%- und 75%-Quantils verringern sich sowohl für die mezzanine- als auch die klassisch-finanzierten Unternehmen laut Tabelle 4-10, wobei die MFU ihre KBD zumeist leicht stärker verbessern können

Form einer Verschlechterung der KBD für die mezzaninen Programmgruppen gegenüber den Vergleichsunternehmen zumeist bestätigt werden. Ab t_1 ist dagegen ein uneinheitliches Bild aufzuzeigen. Die KBD für $N_{RIK2004}$ kann bis t_4 im gleichen Verhältnis wie die KBD der Vergleichsunternehmen verbessert werden. Die Programmgruppen $N_{RIK2005}$ bis $N_{RIK2007}$ können dagegen bei teilweise absolut betrachtet leichten Verschlechterungen ihre KBD gegenüber den Vergleichsunternehmen relativ betrachtet verbessern.[467]

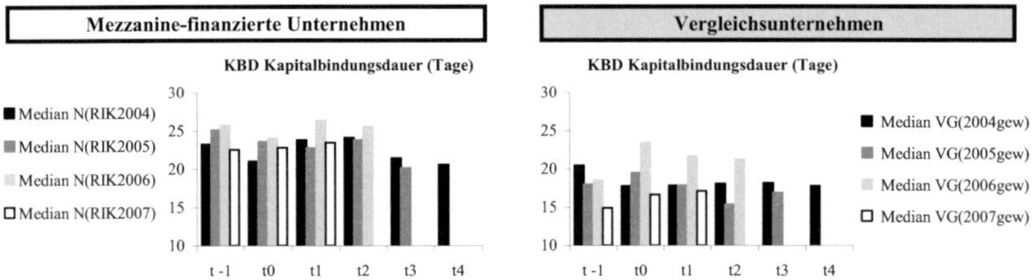

$n_{N(RIK2004)} = 70$, $n_{N(RIK2005)} = 70$, $n_{N(RIK2006)} = 55$, $n_{N(RIK2007)} = 86$, $n_{VG(2004gew)} = 70$, $n_{VG(2005gew)} = 70$, $n_{VG(2006gew)} = 55$, $n_{VG(2007gew)} = 86$. Quelle: Eigene Darstellung.

Abbildung 4-20: KBD für t_{-1} bis t_4 nach Programmgruppen

Insgesamt weisen die MFU auch im weiteren Verlauf eine schlechtere KBD auf. Dies bedeutet, dass sich die MFU im Vergleich zu den klassisch-finanzierten Unternehmen, die am Umsatz gemessen ungefähr gleich groß sind, stärker über Verbindlichkeiten aus Lieferung und Leistung sowie über Wechselverbindlichkeiten finanzieren. Im Zeitablauf betrachtet verbessern sich die MFU aber zumindest zum Teil gegenüber den Vergleichsunternehmen. So können die MFU entweder ihre Lieferanten- und Wechselverbindlichkeiten und damit den Zähler der Formel zur Berechnung der KBD verringern und/ oder ihren Umsatz und damit den Nenner stärker ausdehnen als ihre Verbindlichkeiten. Beides würde bedeuten, dass die Unternehmen die Finanzierung des Umsatzanstiegs zum Teil über andere Quellen wie bspw. über das aufgenommene Mezzanine-Kapital darstellen. Hierbei ist nach einem relativen Rückgang der KBD der MFU bei Aufnahme in t_0 und einem Anstieg

[466] Während gemäß Tabelle 4-11 das 25%-Quantil bei den MFU einen geringfügigen Anstieg verzeichnet und bei der Vergleichsgruppe konstant bleibt, verbessert sich das 75%-Quantil bei beiden Gruppen, wobei die Unternehmen mit Mezzanine-Kapital N_{RIK} eine stärkere Verbesserung aufzeigen.

[467] Gemäß Tabelle 4-12 ist zu erkennen, dass sich für das 25%-Quantil bei den ersten beiden mezzaninen Programmgruppen $N_{RIK2004}$ und $N_{RIK2005}$ der Abstand zu den Vergleichsunternehmen verringert, während sich die Differenz für die letzten beiden Programmgruppen gegenüber den Vergleichsunternehmen erhöht. Bei Analyse der Entwicklung des 75%-Quantils ist die umgekehrte Entwicklung zu erkennen. So ist eine Verringerung des Abstandes für $N_{RIK2006}$ und $N_{RIK2007}$ festzustellen, wohingegen die Unternehmen für $N_{RIK2004}$ und $N_{RIK2005}$ für $N_{RIK2005}$ eine schlechtere Entwicklung als die entsprechenden Vergleichsprogrammgruppen aufzeigen.

in t_1 auf das Niveau vor Aufnahme eine Verbesserung der KBD gegenüber den Vergleichsunternehmen erst ab t_2 festzustellen. Der Rückgang in t_0 kann auf eine zumindest kurzfristige Ablösung von Verbindlichkeiten mit Aufnahme des Mezzanine-Kapitals bis zum Abruf des Mezzanine-Kapitals für weitere Zwecke hindeuten. Insbesondere im Kalenderjahr 2008 zeigt sich ein starker Rückgang der KBD vor allem bei den MFU. Ein Grund hierfür kann in der sich in 2008 anbahnenden Wirtschaftskrise gesehen werden.[468] Somit gehen im Rahmen der sich abzeichnenden Wirtschaftskrise die Verbindlichkeiten aus Lieferung und Leistung aufgrund von Auftragseinbrüchen und -stornierungen insgesamt zurück oder stärker zurück als das ebenfalls rückläufige UW.[469]

KBD Kapitalbindungsdauer (Tage)	Quantil	2003	2004	2005	2006	2007	2008
$N_{RIK2004}$	25%	13,68	13,06	15,00	16,80	15,37	12,33
	Median	23,58	19,80	25,03	22,83	20,81	20,59
	75%	32,93	29,54	29,19	30,57	30,18	30,46
$N_{RIK2005}$	25%	-	17,06	15,45	14,78	16,93	12,20
	Median	-	25,10	22,75	23,45	23,64	19,75
	75%	-	33,77	30,93	31,43	32,88	31,25
$N_{RIK2006}$	25%	-	-	15,22	18,83	15,31	14,19
	Median	-	-	22,36	27,16	25,44	20,80
	75%	-	-	38,16	35,90	35,85	31,40
$N_{RIK2007}$	25%	-	-	-	14,62	16,59	12,11
	Median	-	-	-	22,05	23,85	20,63
	75%	-	-	-	35,28	34,70	32,80
VG_{gew}	25%	9,83	9,33	10,41	9,69	9,41	8,76
	Median	18,14	17,68	17,64	18,11	17,40	16,92
	75%	32,03	28,83	27,42	29,51	29,85	26,57

$n_{N(RIK2004)} = 70$, $n_{N(RIK2005)} = 70$, $n_{N(RIK2006)} = 55$, $n_{N(RIK2007)} = 86$, $n_{VG(gew)} = 281$
Quelle: Eigene Darstellung.

Tabelle 4-10: KBD für 2003 bis 2008 nach Programmgruppen

[468] Siehe hierzu die Ausführungen des Abschnitts 4.3.4.2.

[469] So ist bspw. der Auftragseingang in der Industrie ab Anfang 2008 rückläufig, wobei die Auftragseingänge aus dem Ausland stärker zurückgehen als aus dem Inland. Siehe Sachverständigenrat (2009), S. 47 für einen Überblick zur Entwicklung der Auftragseingänge in der Industrie.

KBD Kapitalbindungsdauer (Tage)		Quantil	t_{-1}	t_0	t_1
	Mezzanine-finanzierte Unternehmen N_{RIK}	25%	14,94	15,36	15,96
		Median	24,20	22,34	24,15
		75%	36,58	33,20	32,67
	Vergleichsgruppe VG_{gew}	25%	10,48	10,76	10,30
		Median	17,77	18,95	18,37
		75%	30,10	29,26	29,38
	Differenz	25%	4,46	4,60	5,66
		Median	6,43	3,39	5,78
		75%	6,48	3,94	3,29

Quelle: Eigene Darstellung. $n_{N(RIK)} = 281$, $n_{VG(gew)} = 281$

Tabelle 4-11: Kumulierte KBD für t_{-1} bis t_1

KBD Kapitalbindungsdauer (Tage)		Mezzanine-finanzierte Unternehmen						Vergleichsunternehmen						Differenz					
	Quantil	t_{-1}	t_0	t_1	t_2	t_3	t_4	t_{-1}	t_0	t_1	t_2	t_3	t_4	t_{-1}	t_0	t_1	t_2	t_3	t_4
$N_{RIK2004}$ bzw. $VG_{2004gew}$	25%	14,49	14,53	14,71	16,68	16,07	12,33	11,49	10,01	10,69	11,37	10,67	9,93	3,00	4,52	4,03	5,31	5,40	2,40
	Median	23,28	21,02	23,80	24,13	21,46	20,59	20,47	17,76	17,86	18,08	18,14	17,78	2,80	3,26	5,94	6,06	3,32	2,81
	75%	30,47	29,35	28,28	30,77	30,21	30,46	36,53	33,39	31,55	30,85	31,77	31,47	-6,06	-4,04	-3,27	-0,08	-1,56	-1,01
$N_{RIK2005}$ bzw. $VG_{2005gew}$	25%	17,06	15,88	14,37	17,31	13,46	-	9,35	10,48	9,33	7,40	8,47	-	7,71	5,40	5,04	9,91	4,99	-
	Median	25,10	23,55	22,76	23,79	20,14	-	17,99	19,49	17,84	15,39	16,90	-	7,11	4,06	4,92	8,41	3,24	-
	75%	33,68	30,90	31,27	32,33	31,00	-	30,63	27,39	29,86	29,88	24,22	-	3,06	3,51	1,41	2,45	6,78	-
$N_{RIK2006}$ bzw. $VG_{2006gew}$	25%	15,78	17,66	19,78	16,76	-	-	11,70	13,57	12,60	11,17	-	-	4,07	4,09	7,18	5,60	-	-
	Median	25,74	24,02	26,37	25,58	-	-	18,53	23,43	21,65	21,25	-	-	7,21	0,59	4,73	4,32	-	-
	75%	38,34	36,69	33,74	35,62	-	-	28,81	30,27	31,20	33,42	-	-	9,54	6,43	2,54	2,20	-	-
$N_{RIK2007}$ bzw. $VG_{2007gew}$	25%	14,43	16,18	16,04	-	-	-	9,79	9,79	9,31	-	-	-	4,65	6,39	6,73	-	-	-
	Median	22,55	22,81	23,42	-	-	-	14,90	16,63	17,12	-	-	-	7,65	6,18	6,30	-	-	-
	75%	38,47	33,99	35,17	-	-	-	25,25	26,78	26,05	-	-	-	13,22	7,21	9,11	-	-	-

Quelle: Eigene Darstellung. $n_{N(RIK2004)} = 70$, $n_{N(RIK2005)} = 70$, $n_{N(RIK2006)} = 55$, $n_{N(RIK2007)} = 86$, $n_{VG(2004gew)} = 70$, $n_{VG(2005gew)} = 70$, $n_{VG(2006gew)} = 55$, $n_{VG(2007gew)} = 86$

Tabelle 4-12: KBD für t_{-1} bis t_4 nach Programmgruppen

4.3.4.4. Fremdkapitalstruktur

Bei der Fremdkapitalstruktur (FKS) als Anteil der Bank- und Wechselverbindlichkeiten sowie der Verbindlichkeiten aus Lieferung und Leistung am Fremdkapital weisen die MFU gemäß Abbildung 4-21 durchweg deutlich höhere und damit schlechtere Werte[470] als die Vergleichsunternehmen auf.[471] Somit finanzieren sich die MFU teilweise deutlich stärker über Bank- und Lieferantenverbindlichkeiten. Für beide Unternehmensgruppen ist aber ein Trend hin zu einer verbesserten FKS im Zeitablauf zu erkennen, wobei sich die MFU mit

---

[470] Hierbei gibt die FKS den Teil des Fremdkapitals an, der wirklich in liquiden Mitteln an außenstehende Gläubiger abfließt. Da gemäß Entwicklungsdatenbestand von Moody's KMV insolvenzgefährdete Unternehmen (I) durchschnittlich eine höhere FKS als solvente Unternehmen (S) aufweisen (I > S), kann in Analogie hierzu bei höheren auch von schlechteren Werten gesprochen werden. Siehe Abbildung 4-14.

[471] In Bezug auf die Werte der Vergleichsunternehmen ist anzumerken, dass die Vergleichsunternehmen zwar kein Mezzanine-Kapital aufgenommen haben und somit diesbezüglich als klassisch-finanziert bezeichnet werden können, der geringe Anteil an Bank- und Lieferantenverbindlichkeiten aber auf höhere Anteile weiterer Fremdfinanzierungsquellen schließen lässt.

Veränderungen von bis zu 10% stärker verbessern als die Vergleichsunternehmen.[472] Im Krisenjahr 2008 ist bei den MFU zumeist eine weitere Senkung der FKS zu erkennen, wohingegen die Vergleichsunternehmen eine höhere FKS gegenüber 2007 aufweisen. Dieser Rückgang bei den MFU kann auf die bereits im Rahmen der KBD unterstellten Auftragseinbrüche und damit rückläufige Verbindlichkeiten aus Lieferung und Leistung zurückzuführen sein. Da aber insbesondere größere Unternehmen laut ifo Konjunkturtest ab Mitte 2008 über eine restriktivere Kreditvergabe der Banken klagen[473], kann ein Rückgang der FKS aber auch einen Rückgang der Bankverbindlichkeiten vermuten lassen.[474]

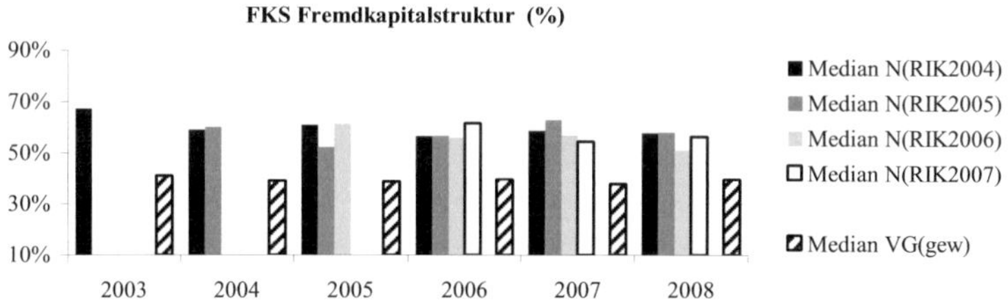

$n_{N(RIK2004)} = 70$, $n_{N(RIK2005)} = 70$, $n_{N(RIK2006)} = 55$, $n_{N(RIK2007)} = 86$, $n_{VG(gew)} = 281$
Quelle: Eigene Darstellung.

Abbildung 4-21: FKS für 2003 bis 2008 nach Programmgruppen

Die kumulierte FKS in Abbildung 4-22 für den Zeitraum für t_{-1} bis t_1 zeigt auf, dass die MFU ihre FKS sowohl in t_0 als auch in t_1 verbessern können. Im gleichen Zeitraum verschlechtert sich die FKS der Vergleichsunternehmen dagegen leicht.[475]

[472] Auch die Werte des 75%- sowie insbesondere des 25%-Quantils dieser Unternehmen liegen gemäß Tabelle 4-13 allesamt über den entsprechenden Werten der Vergleichsgruppe. Hierbei sind aber zum Großteil starke Verbesserungen bei den MFU zu erkennen, so dass sich die 75%-Quantile der MFU sich fast auf dem Niveau der Vergleichsunternehmen befinden.

[473] Siehe Anhang VI-112 zur Einschätzung der Kredithürde im verarbeitenden Gewerbe nach Größenklassen.

[474] Vor diesem Hintergrund überrascht aber der leichte Anstieg der FKS bei den Vergleichsunternehmen in 2008, denn die Vergleichsunternehmen sind eher größer, denn kleiner als die MFU.

[475] Auch die Werte des 25%- und 75%-Quantils verbessern sich gemäß Tabelle 4-14 bei den MFU sowohl absolut als auch relativ betrachtet.

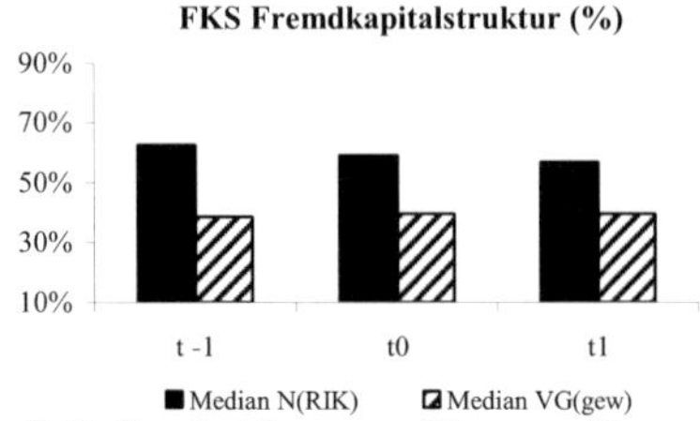

Quelle: Eigene Darstellung. $n_{N(RIK)} = 281$, $n_{VG(gew)} = 281$

Abbildung 4-22: Kumulierte FKS für t_{-1} bis t_1

In Abbildung 4-23 ist die gemäß Abbildung 4-22 festgestellte Tendenz zwar im Trend auch zu erkennen, es zeigen sich aber Unterschiede im Zeitpunkt und in der Stärke der Rückgänge für die einzelnen Programmgruppen. Während für die Programmgruppen $N_{RIK2004}$ und $N_{RIK2005}$ der größte Rückgang des Medians in t_0 zu verzeichnen ist, tritt er bei den Programmgruppen $N_{RIK2006}$ und $N_{RIK2007}$ erst in t_1 auf. Dies kann durch Ungenauigkeiten in Bezug auf die Durchschnittsbildung bedingt sein.[476] Während die Programmgruppe $N_{RIK2004}$ die FKS bis t_4 weiter leicht senken können, ist für die $N_{RIK2005}$ zwar absolut betrachtet ebenso ein insgesamt leichter Rückgang der FKS bis t_3 festzustellen, die Differenz zu den Vergleichsunternehmen bleibt aber vor dem Hintergrund der Senkung der FKS durch die Vergleichsunternehmen nahezu konstant. Die beiden Programmgruppen $N_{RIK2006}$ und $N_{RIK2007}$ wiederum können ihre FKS verhältnismäßig stärker senken.[477]

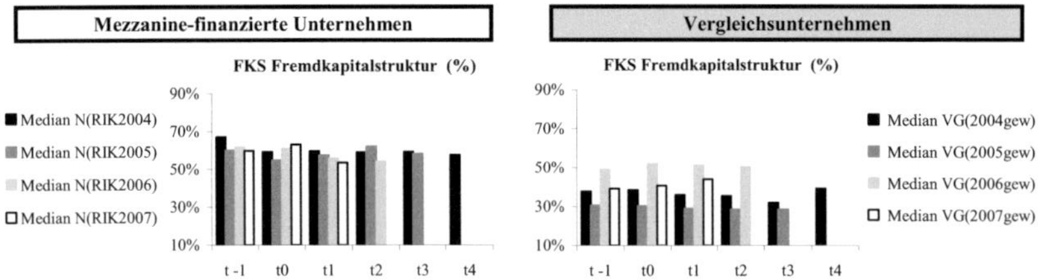

$n_{N(RIK2004)} = 70$, $n_{N(RIK2005)} = 70$, $n_{N(RIK2006)} = 55$, $n_{N(RIK2007)} = 86$, $n_{VG(2004gew)} = 70$, $n_{VG(2005gew)} = 70$, $n_{VG(2006gew)} = 55$, $n_{VG(2007gew)} = 86$. Quelle: Eigene Darstellung.

Abbildung 4-23: FKS für t_{-1} bis t_4 nach Programmgruppen

---

476 Siehe Fn. 439.

477 Laut Tabelle 4-14 sinken insbesondere die Werte des 25%- sowie des 75%-Quantils für alle Programmgruppen zumeist stärker als die jeweiligen Medianwerte. So geht der Anteil der Bank- und Lieferantenverbindlichkeiten vereinzelt um bis zu 13% und damit größtenteils deutlich stärker zurück als die FKS der entsprechenden Programmgruppen der Vergleichsunternehmen.

Insgesamt gehen mit der Aufnahme des Mezzanine-Kapital eine Verbesserung der FKS und damit ein positiver Kapitalstruktureffekt einher.[478] Dieser positive Kapitalstruktureffekt kann einerseits darauf zurückzuführen sein kann, dass das Mezzanine-Kapital aufgrund der zumeist nur hälftigen Anrechnung als Eigenkapital[479] die Verbindlichkeiten insgesamt und damit den Nenner der Formel zur Berechnung der FKS aus Abbildung 4-14 erhöht. Wird in diesem Zusammenhang berücksichtigt, dass das durchschnittlich aufgenommene Mezzanine-Kapital ca. 13,2% der durchschnittlichen Bilanzsumme darstellt,[480] ist ceteris paribus ein Anstieg um ca. 5% bis 6% aufgrund dieser hälftigen Anrechnung bei den Verbindlichkeiten ungefähr zu erwarten. Da aber die Verbesserungen der FKS zum Teil darüber hinausgehen, kann ebenso vermutet werden, dass das aufgenommene Mezzanine-Kapital zumindest teilweise zur Ablösung von Bank- und Lieferantenverbindlichkeiten genutzt wird und sich hierdurch die FKS verbessert.[481] In diesem Zusammenhang gilt es, eine Ablösung von Bank- und Lieferantenverbindlichkeiten bzw. von Kapital im Allgemeinen durch Mezzanine-Kapital differenziert zu betrachten. Für den Fall, dass die Kosten des abzulösenden (Fremd-)Kapitals höher sind als die des Mezzanine-Kapitals, die laut Anhang VI-48 zwischen ca. 7% und 11% liegen, oder bisher nicht ausgenutzte Skontierträge genutzt werden können, kann eine Ablösung unter ökonomischen Gesichtspunkten sinnvoll sein. Bei niedrigeren Kosten des abzulösenden Kapitals, sind die weiteren, dem Mezzanine-Kapital zugesprochenen Vorteile gegen die höheren Kosten abzuwägen.[482] Insbesondere für den Fall von höheren Kosten für das Mezzanine-Kapital gilt es zu beachten, dass das Mezzanine-Kapital nicht in Investitionsobjekte und damit nicht zur Generierung

---

[478] Somit kann der positive Kapitalstruktureffekt aus Szenario 2 der Szenarioanalysen zu Abbildung 3-1 des Abschnitts 3.1.7. anhand empirischer Daten bestätigt werden. In diesem Zusammenhang sei auf die Anmerkungen der Fn. 163 verwiesen, nach der die FKS den Anteil der Verbindlichkeiten aus Lieferungen und Leistungen, Akzepte und Bankverbindlichkeiten am gesamten Fremdkapital darstellt und den Teil des Fremdkapitals angibt, der wirklich in liquiden Mitteln an außenstehende Gläubiger abfließt. Da aber auch für das Standard-Mezzanine-Kapital vor allem bei gewinnunabhängiger Verzinsung vierteljährlich liquide Mittel an außenstehende Gläubiger abfließen können, ist ein positiver Kapitalstruktureffekt gegebenenfalls nur eingeschränkt gültig, wobei die Nachrangigkeit des Kapitals bzw. des Zahlungsanspruchs zu berücksichtigen ist.

[479] Siehe Abschnitt 3.1.6. zur Anrechnung von Standard-Mezzanine-Kapital im Rahmen von Moody's KMV.

[480] Siehe die Ausführungen zur Abbildung 4-8.

[481] Der Aspekt der Verwendung des Mezzanine-Kapitals wird im Rahmen der Unternehmensbefragung in Abschnitt 5.4.2.2. untersucht.

[482] Als weitere Vorteile können u. a. Langfristigkeit, Reduzierung der Abhängigkeit, unbesicherte Kreditvergabe, mögliche Verbesserung der durchschnittlichen Fremdkapitalkosten, freie Verfügbarkeit sowie wirtschaftliches Eigenkapital genannt werden. Die Vorteile von Mezzanine-Kapital sowie von Standard-Mezzanine-Kapital sind in Abschnitt 3.1.8. und Abschnitt 3.3.4. aufgezeigt und werden im Rahmen der Unternehmensbefragung in Abschnitt 5.4.2.3. durch die Unternehmen eingeschätzt.

zusätzlicher positiver, zukünftiger Cash Flows bzw. Einnahmenüberschüsse investiert werden würde. Dies könnte den Kapitaldienst sowie die Rückzahlung des Mezzanine-Kapitals am Laufzeitende erschweren.

In Bezug auf die Höhe der FKS der MFU ist festzustellen, dass sie deutlich über der FKS der klassisch-finanzierten Unternehmen liegt. Diese höhere FKS kann einerseits bis zu einem gewissen Grad erwartet werden. Denn die Vergleichsunternehmen sind insbesondere in Bezug auf die Bilanzsumme größer als die MFU[483] und größere Unternehmen finanzieren sich zumeist weniger über Bankverbindlichkeiten.[484] Darüber hinaus kann diese höhere FKS auch als Grund für die Aufnahme des Mezzanine-Kapitals dienen, da die MFU hierdurch ihre Abhängigkeit von Banken und Lieferanten verringern können bzw. wollen. Auf Basis des bereits vor Aufnahme des Mezzanine-Kapitals festzustellenden höheren UW können die MFU vor Aufnahme des Mezzanine-Kapitals Investitionen aber auch vermehrt über Bank- und Lieferantenverbindlichkeiten (vor-)finanziert haben. Mit Aufnahme des Mezzanine-Kapitals wird weiterer Kapitalbedarf im Rahmen möglicher Investitionen mit diesem Mezzanine-Kapital finanziert oder Bank- und Lieferantenverbindlichkeiten anteilig abgelöst. Hierbei kann vor dem Hintergrund des bereits vor Aufnahme höheren UW auf Basis getätigter Investitionen ein höherer Anteil von Bankverbindlichkeiten bis zum einem gewissen Grad als positiv angesehen werden. Denn eine Bank kennt im Rahmen einer „Hausbank-Beziehung" ein Unternehmen und sein Geschäft mitunter seit mehreren Jahren und kann vor diesem Hintergrund den Erfolg geplanter Investitionsobjekte und die Unternehmensentwicklung gegebenenfalls besser einschätzen. Somit könnte die Finanzierungsentscheidung einer Bank als eine Art Zertifizierung der Güte der Projekte bzw. des Unternehmens gesehen werden. Darüber hinaus wird das Management eines Unternehmens kontinuierlich durch die Bank als Fremdkapitalgeber im Rahmen des Monitoring überwacht.[485]

---

[483] In diesem Zusammenhang sei auf die nur eingeschränkte Vergleichbarkeit der Bilanzsummen vor dem Hintergrund bilanzpolitischer Maßnahmen wie Aktivierungs-, Passivierungs- oder Bewertungswahlrechte hingewiesen. Siehe hierzu u. a. Fn. 386 und Fn. 432.

[484] Siehe die Ausführungen zur Fn. 30.

[485] Vgl. Kreuzer, S. (2001), S. 132-137. Da aber mit Aufnahme des Mezzanine-Kapitals vermutlich nicht unmittelbar weitere Bankverbindlichkeiten aufgenommen werden, sondern eher eine Reduzierung der Bankverbindlichkeiten unterstellt werden kann, sollte diese positive Sicht eingeschränkt gelten. Darüber hinaus bedeutet eine Außenfinanzierung insgesamt, dass die Summe des zur Verfügung stehenden Kapitals kleiner ist als die Summe der Kapitalverwendung, was zunächst als negativ angesehen werden kann. Vgl. Miller, M. H./Rock. K. (1985), S. 1031-1051; Kreuzer, S. (2001), S. 134. Anzumerken ist, dass diese Erkenntnisse vor allem für börsennotierte Gesellschaften bei Aufnahme von Bankverbindlichkeiten fest-

Dennoch ist die Höhe des Unterschiedes auffällig. Wird im Zusammenhang mit diesem deutlichen Unterschied ein Schritt weitergegangen, kann diese hohe FKS auch als negatives Signal dahingehend gewertet werden, dass die MFU das Mezzanine-Kapital mangels Alternativen nutzen. Denn aufgrund des bereits hohen Anteils der Bank- und Lieferantenverbindlichkeiten könnte unterstellt werden, dass diese Unternehmen kein weiteres Kapital über diese Quellen erhalten haben bzw. diese Finanzierungsquellen erschöpft sind. Diese Unterstellung würde bedeuten, dass eine ‚Adverse Selection'[486] vorliegt, nach der insbesondere schlechtere bzw. wirtschaftlich schwächere Unternehmen an den Mezzanine-Transaktionen teilnehmen würden. Damit diese Unterstellung bestätigt werden könnte, müssten auch in den weiteren Untersuchungen die MFU schlechtere Werte als die Vergleichsunternehmen aufweisen.[487]

FKS Fremdkapitalstruktur (%)		Quantil	2003	2004	2005	2006	2007	2008
	$N_{RIK2004}$	25%	52,37	44,22	44,00	42,13	40,64	38,74
		Median	67,23	58,88	60,80	56,43	58,71	57,70
		75%	79,32	69,49	70,16	68,68	69,93	68,50
	$N_{RIK2005}$	25%	-	42,73	38,38	34,94	35,43	40,87
		Median	-	60,10	52,25	56,55	62,79	57,93
		75%	-	74,85	70,11	69,93	72,70	73,28
	$N_{RIK2006}$	25%	-	-	44,92	34,34	34,43	35,38
		Median	-	-	61,43	55,88	56,67	51,03
		75%	-	-	74,98	68,53	68,49	69,06
	$N_{RIK2007}$	25%	-	-	-	44,55	40,36	38,21
		Median	-	-	-	61,60	54,46	56,26
		75%	-	-	-	76,93	69,56	69,68
	VG_{gew}	25%	19,08	17,94	16,71	17,61	15,72	13,95
		Median	41,05	39,00	38,54	39,49	37,60	39,51
		75%	64,52	63,41	63,91	66,23	64,60	65,81

$n_{N(RIK2004)} = 70$, $n_{N(RIK2005)} = 70$, $n_{N(RIK2006)} = 55$, $n_{N(RIK2007)} = 86$, $n_{VG(gew)} = 281$
Quelle: Eigene Darstellung.

Tabelle 4-13: FKS für 2003 bis 2008 nach Programmgruppen

gestellt wurden, so dass gegebenenfalls eine nur eingeschränkte Gültigkeit dieser Erkenntnisse für die zumeist nicht-börsennotierten MFU vorliegen kann.

[486] Siehe Fn. 46.

[487] Inwiefern eine FKS von ca. 60% besonders negativ zu beurteilen ist, ist vor dem Hintergrund der Besonderheiten der Kennzahlendefinitionen nur unter Rückgriff auf Daten gemäß dem Entwicklungsdatenbestand von Moody's KMV zu beantworten. Hiernach weisen mehr als 40% der solventen Unternehmen (S) eine FKS von mindestens 62,5% bzw. mehr als 55% eine FKS von mindestens 50% auf. Diese näherungsweisen Werte entstammen der Grafik aus Moody's Investors Service (2001), S. 11. Hierbei muss berücksichtigt werden, dass Moody's KMV für Unternehmen ab EUR 0,5 Mio. genutzt werden kann, in der Grundgesamtheit N_{RIK} aber deutlich größere Unternehmen, bei denen zumeist ein geringerer Anteil an Bankverbindlichkeiten unterstellt werden kann, enthalten sind. Auch gilt es eine nur eingeschränkte Vergleichbarkeit zu beachten, da diese Daten des Entwicklungsdatenbestands mehrere Jahre alt sind.

FKS Fremdkapitalstruktur (%)		Quantil	t_{-1}	t_0	t_1
	Mezzanine-finanzierte Unternehmen N_{RIK}	25%	45,97	44,17	39,74
		Median	62,59	59,17	56,88
		75%	75,59	72,00	69,01
	Vergleichsgruppe VG_{gew}	25%	18,29	16,87	16,51
		Median	38,60	39,73	39,62
		75%	64,39	64,06	64,65
	Differenz	25%	27,68	27,30	23,23
		Median	23,99	19,44	17,26
		75%	11,20	7,95	4,36

Quelle: Eigene Darstellung. $n_{N(RIK)} = 281$, $n_{VG(gew)} = 281$

Tabelle 4-14: Kumulierte FKS für t_{-1} bis t_1

FKS Fremdkapitalstruktur (%)			Mezzanine-finanzierte Unternehmen						Vergleichsunternehmen						Differenz					
		Quantil	t_{-1}	t_0	t_1	t_2	t_3	t_4	t_{-1}	t_0	t_1	t_2	t_3	t_4	t_{-1}	t_0	t_1	t_2	t_3	t_4
	$N_{RIK2004}$ bzw. $VG_{2004gew}$	25%	53,37	47,48	44,27	41,53	40,89	38,74	14,84	13,39	13,65	13,54	13,56	12,36	38,52	34,09	30,62	27,99	27,33	26,38
		Median	67,23	59,44	59,72	59,16	59,34	57,70	37,64	38,43	35,93	35,33	31,86	39,16	29,58	21,01	23,79	23,83	27,48	18,54
		75%	77,85	70,22	69,52	68,58	69,24	68,50	63,01	64,48	66,71	67,34	63,42	64,30	14,83	5,75	2,82	1,24	5,82	4,20
	$N_{RIK2005}$ bzw. $VG_{2005gew}$	25%	42,73	41,22	34,15	35,95	38,27	-	11,23	12,96	12,07	11,46	11,29	-	31,50	28,26	22,08	24,49	26,98	-
		Median	60,10	54,84	57,53	62,15	58,34	-	30,68	30,19	28,77	28,36	28,43	-	29,42	24,65	28,76	33,78	29,91	-
		75%	74,85	70,40	69,19	71,90	72,97	-	56,76	55,25	59,25	54,50	58,73	-	18,09	15,16	9,94	17,39	14,24	-
	$N_{RIK2006}$ bzw. $VG_{2006gew}$	25%	42,81	42,11	33,90	33,76	-	-	31,00	23,13	26,20	21,34	-	-	11,81	18,98	7,70	12,42	-	-
		Median	61,86	61,08	55,86	54,25	-	-	48,89	51,96	51,23	50,34	-	-	12,97	9,13	4,63	3,91	-	-
		75%	77,14	72,52	67,93	67,90	-	-	68,82	67,65	67,78	71,12	-	-	8,32	4,87	0,16	-3,22	-	-
	$N_{RIK2007}$ bzw. $VG_{2007gew}$	25%	44,70	45,56	38,58	-	-	-	18,70	18,89	16,27	-	-	-	25,99	26,67	22,31	-	-	-
		Median	59,98	63,27	53,57	-	-	-	39,26	40,72	44,04	-	-	-	20,72	22,55	9,53	-	-	-
		75%	74,53	72,83	68,56	-	-	-	68,90	68,59	65,37	-	-	-	5,62	4,24	3,20	-	-	-

Quelle: Eigene Darstellung. $n_{N(RIK2004)} = 70$, $n_{N(RIK2005)} = 70$, $n_{N(RIK2006)} = 55$, $n_{N(RIK2007)} = 86$, $n_{VG(2004gew)} = 70$, $n_{VG(2005gew)} = 70$, $n_{VG(2006gew)} = 55$, $n_{VG(2007gew)} = 86$

Tabelle 4-15: FKS für t_{-1} bis t_4 nach Programmgruppen

4.3.4.5. Nettoverschuldungsquote

Die Nettoverschuldungsquote (NVQ) als Anteil des nicht durch liquide Mittel gedeckten kurzfristigen Fremdkapitals an der Bilanzsumme ist gemäß der in Abbildung 4-24 dargestellten Entwicklung bei den MFU wiederum teilweise deutlich höher als bei den Vergleichsunternehmen.[488] Bei Betrachtung der Entwicklung der NVQ können die MFU ihre Quote um bis zu 5% verbessern, wohingegen sich bei der Vergleichsgruppe die NVQ um bis zu 5% verschlechtert.[489] Insgesamt weisen aber die Vergleichsunternehmen trotz der

[488] Da gemäß Entwicklungsdatenbestand von Moody's KMV insolvenzgefährdete Unternehmen (I) durchschnittlich eine höhere NVQ als solvente Unternehmen (S) aufweisen (I > S), kann in Analogie hierzu bei höheren auch von schlechteren Werten gesprochen werden. Siehe Abbildung 4-14.

[489] Die gleichen Verhältnisse sind auch im Wesentlichen bei den 25%- und 75%-Quantilen festzustellen, wobei programmbezogene Abweichungen sowie Unterschiede zwischen 25%- und 75%-Quantil im Grad der Stärke auszumachen sind.

ausgeprägten absoluten und relativen Verbesserung der NVQ bei den MFU auch im weiteren Verlauf eine insgesamt bessere NVQ auf.

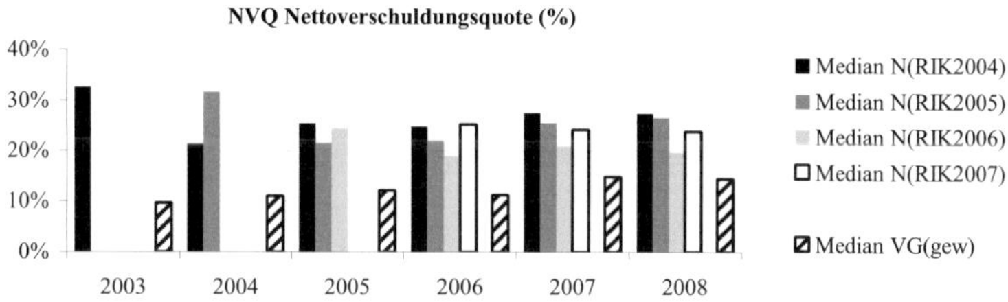

$n_{N(RIK2004)} = 70$, $n_{N(RIK2005)} = 70$, $n_{N(RIK2006)} = 55$, $n_{N(RIK2007)} = 86$, $n_{VG(gew)} = 281$
Quelle: Eigene Darstellung.

Abbildung 4-24: NVQ für 2003 bis 2008 nach Programmgruppen

Laufzeitbezogen ist anhand von Abbildung 4-25 festzustellen, dass die MFU ihre NVQ in t_0 deutlich verbessern können, während sich die NVQ der Vergleichsunternehmen leicht erhöht. Auch in t_1 können die MFU ihre NVQ bei Verschlechterung der Werte der Vergleichsgruppe weiter verbessern, so dass sich der Abstand zwischen beiden Gruppen nahezu halbiert hat. Die MFU weisen aber auch im weiteren Verlauf eine schlechtere NVQ auf.[490]

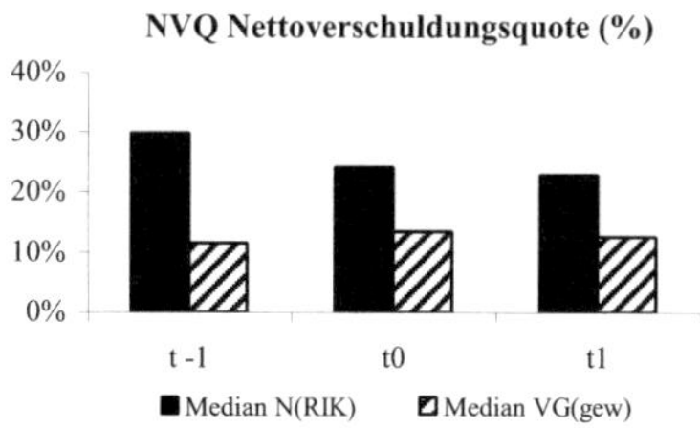

Quelle: Eigene Darstellung. $n_{N(RIK)} = 281$, $n_{VG(gew)} = 281$

Abbildung 4-25: Kumulierte NVQ für t_{-1} bis t_1

Bei Analyse der Entwicklung der NVQ für die einzelnen Programmgruppen anhand von Abbildung 4-26 kann über alle Programmgruppen sowie alle Werte eine Verbesserung der NVQ bei einer fast ausschließlichen Verschlechterung der entsprechenden Werte der Vergleichsunternehmen festgestellt werden. Diese Verbesserung gegenüber der Vergleichsgruppe beträgt in einzelnen Programmen und Werten über 10%. In diesem Zusammenhang

---

[490] Auch die Werte des 25%- und 75%-Quantils zeigen die gleichen Entwicklungen für beide Unternehmensgruppen auf, wie Tabelle 4-18 entnommen werden kann, wobei insbesondere die Werte des 75%-Quantils der beiden Gruppen in t_1 nahezu gleich auf sind.

zeichnet sich der allgemeine Trend hin zu einer verbesserten NVQ auch für die Zeiträume ab t_2 ab. Dies wird anhand der Entwicklung der Programmgruppen $N_{RIK2004}$, $N_{RIK2005}$ und $N_{RIK2006}$ bzw. der Differenzen zwischen den mezzanine- und den klassisch-finanzierten Programmgruppen deutlich. Denn auch wenn die NVQ für die MFU teilweise wieder steigt, bleibt bei ebenfalls steigender NVQ der Vergleichsunternehmen der Abstand zu diesen Unternehmen annähernd gleich bzw. reduziert sich teilweise noch weiter.[491]

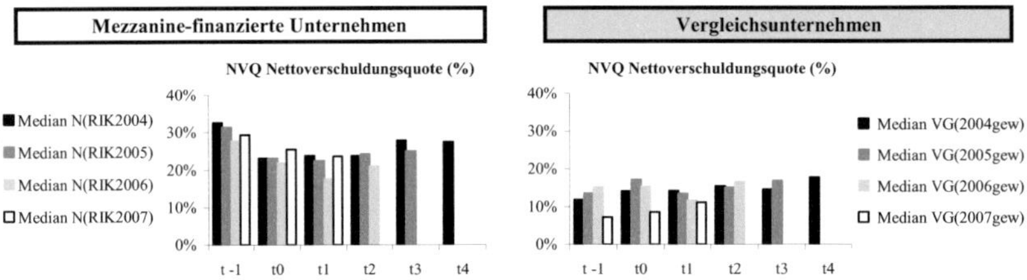

$n_{N(RIK2004)} = 70$, $n_{N(RIK2005)} = 70$, $n_{N(RIK2006)} = 55$, $n_{N(RIK2007)} = 86$, $n_{VG(2004gew)} = 70$, $n_{VG(2005gew)} = 70$, $n_{VG(2006gew)} = 55$, $n_{VG(2007gew)} = 86$. Quelle: Eigene Darstellung.

Abbildung 4-26: NVQ für t_{-1} bis t_4 nach Programmgruppen

Insgesamt geht mit Aufnahme von Mezzanine-Kapital eine teilweise deutliche Verbesserung der NVQ einher, so dass auch hier ein positiver Kapitalstruktureffekt durch Mezzanine-Kapital zu unterstellen ist. Dieser deutliche Rückgang kann darin begründet sein, dass das langfristige Mezzanine-Kapital einerseits die Bilanzsumme und damit den Nenner der Formel zur Berechnung der NVQ erhöht, insofern mit dem Mezzanine-Kapital kein reiner Passivtausch in Form der vollständigen Verwendung des Mezzanine-Kapitals zur Ablösung anderer Verbindlichkeiten vorgenommen wird. Andererseits besteht die Möglichkeit, dass das langfristige Mezzanine-Kapital u. a. zur Ablösung kurzfristiger Verbindlichkeiten genutzt wird. Darüber hinaus kann die Auszahlung der mezzaninen Mittel vor allem in t_0 zumindest kurzfristig die liquiden Mittel erhöhen und somit die NVQ senken, wenn das Mezzanine-Kapital nicht unmittelbar für Investitionen genutzt wird bzw. werden kann. Da aber die NVQ trotz eines leichten Anstiegs nach dem Minimum in t_0 oder t_1 im Vergleich zu der NVQ der Vergleichsunternehmen teilweise weiter gesenkt werden kann, ist mit der Aufnahme des langfristigen Mezzanine-Kapitals ein nachhaltiger positiver Kapitalstruktureffekt in Form einer niedrigeren NVQ zu erreichen.[492] Auch hier gilt es wie bei der FKS,

---

[491] Diese Entwicklung kann anhand von Tabelle 4-18 auch für die 25%- und 75%-Quantile bestätigt werden.

[492] Somit kann der positive Kapitalstruktureffekt einer Ablösung kurzfristiger Verbindlichkeiten aus Szenario 1 der Szenarioanalysen zu Abbildung 3-1 des Abschnitts 3.1.7. anhand empirischer Daten zumindest

eine Ablösung von (Fremd-)Kapital durch Mezzanine-Kapital differenziert sowohl unter ökonomischen als auch weiteren Aspekten zu betrachten.[493] Als Besonderheit einer Ablösung kurzfristiger Verbindlichkeiten in Bezug auf die NVQ ist anzuführen, dass durch diese Ablösung die Struktur der Fristigkeiten des Fremdkapitals insgesamt unter Solvenzgesichtspunkten verbessert werden kann.

Zur Höhe des Unterschiedes der beiden Unternehmensgruppen ist wie bereits bei der FKS anzumerken, dass eine höhere NVQ bis zum einem gewissen Grad zu erwarten ist. Denn insbesondere bei kurzfristig verschuldeten Unternehmen kann mit Aufnahme des langfristigen Mezzanine-Kapitals die Fristigkeit der Verbindlichkeiten verbessert werden. Auch ist einerseits wiederum zu vermuten, dass vor dem Hintergrund des höheren UW auf Basis getätigter Investitionen, die über (kurzfristige) Lieferanten- oder Bankverbindlichkeiten bis zur Ablösung durch Mezzanine-Kapital vorfinanziert werden, weiterer Kapitalbedarf im Rahmen einer Investition u. a. mit Mezzanine-Kapital gedeckt wird. Andererseits könnte auch hier ein Schritt weitergegangen und unterstellt werden, dass diese Unternehmen aufgrund der höheren NVQ kurzfristig nur eingeschränkt weitere Mittel über kurzfristige Finanzierungsquellen wie Bank- und Lieferantenverbindlichkeiten hätten aufnehmen können, was die Vermutung einer ‚Adverse Selection' stützen würde.[494]

zum Teil bestätigt werden. Hierbei wurde in Szenario 1 die Ablösung mit langfristigem Fremd- und nicht mit Mezzanine-Kapital durchgeführt. Auch gilt es zu beachten, dass eine vollständige Ablösung der kurzfristigen Verbindlichkeiten wie in Szenario 1 aufgrund der nach wie vor positiven NVQ nicht vorliegt.

[493] Vor allem dem Einsatz zur Generierung zusätzlicher positiver, zukünftiger Cash Flows aus getätigten Investitionen ist eine hohe Bedeutung vor dem Hintergrund des Kapitaldienstes und der unbesicherten Kreditvergabe beizumessen. Siehe Abschnitt 4.3.4.4.

[494] Inwiefern eine NVQ von ca. 30% als besonders negativ zu beurteilen ist, ist wie zuvor bei der FKS aus Fn. 487 vor dem Hintergrund der Besonderheiten der Kennzahlendefinitionen nur unter Rückgriff auf Daten gemäß dem Entwicklungsdatenbestand von Moody's KMV zu beantworten. Hiernach weisen ca. 81% der solventen Unternehmen (S) eine NVQ von mindestens 25% auf. Die näherungsweisen Werte entstammen der Grafik aus Moody's Investors Service (2001), S. 12. Es gilt eine nur eingeschränkte Vergleichbarkeit zu beachten, da diese Daten des Entwicklungsdatenbestands mehrere Jahre alt sind.

NVQ Nettoverschuldungsquote (%)		Quantil	2003	2004	2005	2006	2007	2008
	$N_{RIK2004}$	25%	20,81	10,03	17,57	14,39	18,25	16,96
		Median	32,61	21,25	25,38	24,74	27,50	27,40
		75%	42,45	32,34	32,54	36,65	38,85	39,37
	$N_{RIK2005}$	25%	-	21,23	8,50	8,80	10,47	10,42
		Median	-	31,62	21,45	21,92	25,44	26,50
		75%	-	39,10	30,19	32,30	36,43	38,10
	$N_{RIK2006}$	25%	-	-	14,85	-2,77	7,25	11,64
		Median	-	-	24,38	18,86	20,89	19,62
		75%	-	-	42,78	32,34	33,97	32,74
	$N_{RIK2007}$	25%	-	-	-	14,36	12,71	14,07
		Median	-	-	-	25,14	24,10	23,76
		75%	-	-	-	37,39	37,46	35,40
	VG_{gew}	25%	-1,62	-0,79	1,13	0,13	2,89	2,97
		Median	9,70	11,07	12,19	11,26	14,85	14,44
		75%	32,11	31,50	33,56	35,13	36,22	34,63

$n_{N(RIK2004)} = 70$, $n_{N(RIK2005)} = 70$, $n_{N(RIK2006)} = 55$, $n_{N(RIK2007)} = 86$, $n_{VG(gew)} = 281$

Quelle: Eigene Darstellung.

Tabelle 4-16: NVQ für 2003 bis 2008 nach Programmgruppen

NVQ Nettoverschuldungsquote (%)		Quantil	t_{-1}	t_0	t_1
	Mezzanine-finanzierte Unternehmen N_{RIK}	25%	18,62	12,62	10,01
		Median	29,86	24,08	22,86
		75%	41,09	34,12	34,06
	Vergleichsgruppe VG_{gew}	25%	-0,12	1,06	1,62
		Median	11,50	13,43	12,55
		75%	29,56	36,61	32,57
	Differenz	25%	18,74	11,57	8,39
		Median	18,36	10,65	10,31
		75%	11,53	-2,49	1,49

Quelle: Eigene Darstellung. $n_{N(RIK)} = 281$, $n_{VG(gew)} = 281$

Tabelle 4-17: Kumulierte NVQ für t_{-1} bis t_1

NVQ Nettoverschuldungsquote (%)			Mezzanine-finanzierte Unternehmen						Vergleichsunternehmen						Differenz					
		Quantil	t_{-1}	t_0	t_1	t_2	t_3	t_4	t_{-1}	t_0	t_1	t_2	t_3	t_4	t_{-1}	t_0	t_1	t_2	t_3	t_4
	$N_{RIK2004}$ bzw. $VG_{2004gew}$	25%	19,85	12,76	16,49	15,71	18,11	16,96	-0,63	0,06	2,16	2,43	4,00	4,65	20,48	12,70	14,33	13,28	14,11	12,30
		Median	32,61	23,12	23,81	23,77	27,81	27,40	11,91	14,13	14,16	15,45	14,56	17,79	20,70	9,00	9,64	8,33	13,24	9,61
		75%	42,17	33,89	32,11	35,59	35,22	39,37	27,95	33,99	33,44	39,54	40,08	40,74	14,21	-0,11	-1,32	-3,96	-4,85	-1,37
	$N_{RIK2005}$ bzw. $VG_{2005gew}$	25%	21,23	11,63	8,44	9,82	10,35	-	1,94	4,75	3,20	5,65	4,93	-	19,28	6,88	5,24	4,17	5,42	-
		Median	31,33	23,13	22,41	24,22	25,04	-	13,53	17,15	13,47	15,03	16,85	-	17,80	5,97	8,94	9,19	8,18	-
		75%	39,18	32,19	31,84	35,99	37,32	-	34,64	38,26	30,16	35,08	36,15	-	4,54	-6,07	1,67	0,91	1,17	-
	$N_{RIK2006}$ bzw. $VG_{2006gew}$	25%	14,62	12,29	-0,73	8,73	-	-	0,00	2,06	4,47	5,57	-	-	14,62	10,23	-5,19	3,16	-	-
		Median	27,78	21,82	17,57	20,97	-	-	15,19	15,40	11,60	16,57	-	-	12,59	6,42	5,97	4,40	-	-
		75%	42,11	36,35	32,69	33,57	-	-	34,16	40,85	34,61	30,45	-	-	7,95	-4,50	-1,91	3,12	-	-
	$N_{RIK2007}$ bzw. $VG_{2007gew}$	25%	16,94	15,93	12,33	-	-	-	-1,46	-1,78	-1,95	-	-	-	18,40	17,71	14,28	-	-	-
		Median	29,36	25,52	23,60	-	-	-	7,16	8,57	11,10	-	-	-	22,20	16,95	12,51	-	-	-
		75%	42,21	37,43	36,54	-	-	-	23,78	34,70	32,52	-	-	-	18,43	2,73	4,02	-	-	-

Quelle: Eigene Darstellung. $n_{N(RIK2004)} = 70$, $n_{N(RIK2005)} = 70$, $n_{N(RIK2006)} = 55$, $n_{N(RIK2007)} = 86$, $n_{VG(2004gew)} = 70$, $n_{VG(2005gew)} = 70$, $n_{VG(2006gew)} = 55$, $n_{VG(2007gew)} = 86$

Tabelle 4-18: NVQ für t_{-1} bis t_4 nach Programmgruppen

4.3.4.6. Eigenkapitalquote

Bei der Eigenkapitalquote (EKQ)[495] als Gradmesser für die Risikotragfähigkeit und Kreditwürdigkeit eines Unternehmens[496] ist anhand von Abbildung 4-27 festzustellen, dass die MFU zu Beginn der jeweiligen Betrachtungsperiode eine geringere EKQ, im Zeitablauf in einigen Jahren aber vereinzelt eine höhere EKQ als die Vergleichsunternehmen aufweisen.[497] Im Trend erhöhen beide Unternehmensgruppen ihre EKQ im betrachteten Zeitraum, wobei nach zwischenzeitlich deutlichen Erhöhungen für einzelne Programmgruppen sich die EKQ für die MFU insgesamt nur leicht stärker verbessert. Auffällig sind hier die Programmgruppen $N_{RIK2005}$ und $N_{RIK2006}$ mit einer sinkenden EKQ im Jahr 2008, wohingegen die EKQ der Programmgruppen $N_{RIK2004}$ und $N_{RIK2007}$ nahezu konstant bleibt.

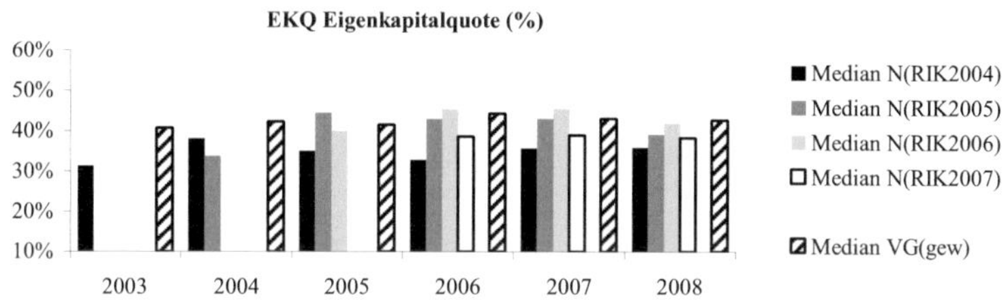

$n_{N(RIK2004)} = 70$, $n_{N(RIK2005)} = 70$, $n_{N(RIK2006)} = 55$, $n_{N(RIK2007)} = 86$, $n_{VG(gew)} = 281$
Quelle: Eigene Darstellung.

Abbildung 4-27: EKQ für 2003 bis 2008 nach Programmgruppen

Bei laufzeitmäßiger kumulierter Betrachtung anhand von Abbildung 4-28 zeigen die MFU im Jahr vor Aufnahme des Mezzanine-Kapitals eine geringere EKQ. In t_0 ist ein starker Anstieg der EKQ zu verzeichnen, während die EKQ der Vergleichsunternehmen nahezu konstant bleibt. Insgesamt verbessert sich die EKQ der MFU im Zeitraum t_{-1} bis t_1 deutlich, während die Vergleichsunternehmen mit einer nur leicht erhöhten EKQ aufwarten.[498]

---

[495] Da gemäß Entwicklungsdatenbestand von Moody's KMV insolvenzgefährdete Unternehmen (I) durchschnittlich eine niedrigere EKQ als solvente Unternehmen (S) aufweisen (I < S), kann in Analogie hierzu bei niedrigeren auch von schlechteren Werten gesprochen werden. Es sei darauf hingewiesen, dass die Formel zur Berechnung der EKQ gemäß Abbildung 4-14 von der im Allgemeinen genutzten Definition ‚Eigenkapital in Bezug auf die Bilanzsumme' abweicht. Siehe hierzu auch Fn. 386. Hierbei kann gemäß Abschnitt 3.1.6. von einer Anrechnung des Standard-Mezzanine-Kapitals als Eigenkapital von zumeist 50% ausgegangen werden.

[496] Vgl. Institut für Mittelstandsforschung (2010), S. 32.

[497] Für das 25%-Quantil kann dagegen vielfach eine bessere EKQ der MFU konstatiert werden, wohingegen für das 75%-Quantil die Vergleichsunternehmen eine durchweg höhere EKQ im Zeitraum 2003 bis 2008 erkennen lassen.

[498] Gemäß Tabelle 4-21 zeigen auch die 25%- und 75%-Quantile eine ähnliche Entwicklung auf.

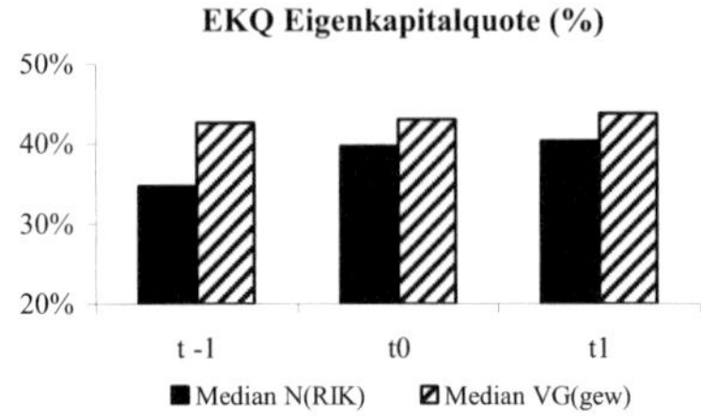

Quelle: Eigene Darstellung. $n_{N(RIK)} = 281$, $n_{VG(gew)} = 281$

Abbildung 4-28: Kumulierte EKQ für t-1 bis t_1

Auch bei Analyse der Entwicklung der EKQ der einzelnen Programmgruppen gemäß Abbildung 4-29 kann der Trend hin zu einer verbesserten EKQ bestätigt werden. In diesem Punkt ist bei den späteren Programmgruppen einerseits zumeist eine höhere EKQ als bei den ersten Programmgruppen festzustellen. Auf der anderen Seite kann bei früheren Programmen eine stärkere Verbesserung der EKQ in t_0 als bei jüngeren Programmen festgestellt werden. Ab t_1 unterliegt die EKQ der MFU leichten Schwankungen, so dass die EKQ teilweise rückläufig ist, teilweise nahezu konstant gehalten werden kann.[499]

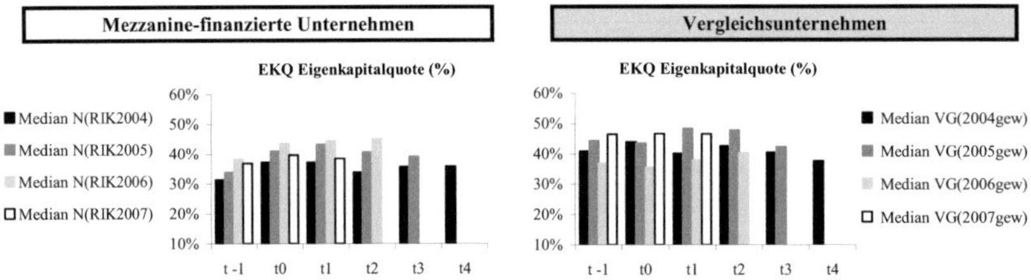

$n_{N(RIK2004)} = 70$, $n_{N(RIK2005)} = 70$, $n_{N(RIK2006)} = 55$, $n_{N(RIK2007)} = 86$, $n_{VG(2004gew)} = 70$, $n_{VG(2005gew)} = 70$, $n_{VG(2006gew)} = 55$, $n_{VG(2007gew)} = 86$. Quelle: Eigene Darstellung.

Abbildung 4-29: EKQ für t_{-1} bis t_4 nach Programmgruppen

Bei Untersuchung der Anteile der Unternehmen mit einer EKQ $\leq 0\%$ ist gemäß Tabelle 4-19 kein besonderes Muster zu erkennen, die Programmgruppen beider Unternehmensgruppen weisen ungefähr gleiche sowie steigende Anteile aus.[500]

---

[499] Auch die 25%- und 75%-Quantile der MFU weisen gemäß Tabelle 4-22 die gleiche Entwicklung in Form eines Anstiegs der EKQ in t_0 auf. Anschließend entwickelt sich die EKQ wiederum unterschiedlich, wobei ein Großteil der Werte leicht rückläufig ist. Hierbei reduziert sich vielfach der Abstand der beiden 75%-Quantile der mezzanine-finanzierten und der Vergleichsunternehmen zueinander. Gemäß dem 25%-Quantils weisen die MFU größtenteils eine höhere EKQ auf.

[500] Hierbei sei auf die Ausführungen der Fn. 36 sowie nochmals auf die Besonderheiten der Berechnungsformel der EKQ im Rahmen von Moody's KMV Fn. 161 verwiesen.

	Programm	Eigenkapitalquote EKQ ≤ 0%					
		t_{-1}	t_0	t_1	t_2	t_3	t_4
N_{RIK}	$N_{RIK2004}$	5,7%	5,7%	8,6%	7,1%	7,1%	5,7%
	$N_{RIK2005}$	2,9%	1,4%	1,4%	1,4%	4,3%	-
	$N_{RIK2006}$	1,8%	1,8%	3,6%	1,8%	-	-
	$N_{RIK2007}$	3,5%	3,5%	2,3%	-	-	-
VG_{gew}	$VG_{2004gew}$	6,3%	5,2%	6,5%	6,3%	6,3%	6,3%
	$VG_{2005gew}$	3,7%	5,0%	3,7%	5,0%	7,5%	-
	$VG_{2006gew}$	1,6%	1,6%	3,1%	4,6%	-	-
	$VG_{2007gew}$	1,2%	0,0%	1,2%	-	-	-

$n_{N(RIK2004)} = 70$, $n_{N(RIK2005)} = 70$, $n_{N(RIK2006)} = 55$, $n_{N(RIK2007)} = 86$,
$n_{VG(2004gew)} = 70$, $n_{VG(2005gew)} = 70$, $n_{VG(2006gew)} = 55$, $n_{VG(2007gew)} = 86$
Quelle: Eigene Darstellung.

Tabelle 4-19: Anteil der Unternehmen mit EKQ ≤ 0% für t_{-1} bis t_4 nach Programmgruppen

Insgesamt ist festzustellen, dass sich mit Aufnahme des Mezzanine-Kapitals die EKQ der MFU stärker als die nur geringfügig steigende EKQ der Vergleichsunternehmen verbessert, so dass ein positiver Kapitalstruktureffekt von der Aufnahme des Mezzanine-Kapitals ausgeht. Demnach kann der Anstieg von ca. 5% bis 6% in t_0 vor dem Hintergrund der zumeist anteiligen Anrechnung als Eigenkapital sowie eines durchschnittlichen Anteils von 13,2% des aufgenommenen Mezzanine-Kapitals an der Bilanzsumme ungefähr erwartet werden. In diesem Zusammenhang gilt es aber wiederum, unterschiedliche Effekte zu berücksichtigen. Denn die Erhöhung der EKQ kann zum einen auf die zumeist anteilige Anrechnung als wirtschaftliches Eigenkapital und damit auf die Erhöhung des Zählers der Formel zur Berechnung der EKQ gemäß Abbildung 4-14 zurückzuführen sein.[501] Aber auch der Nenner der Formel verändert sich durch die Aufnahme des Mezzanine-Kapitals. So erhöht die Aufnahme des Mezzanine-Kapitals auf der einen Seite die Bilanzsumme insgesamt und senkt die EKQ, insofern das Mezzanine-Kapital nicht vollständig und zeitnah zur Ablösung anderer Verbindlichkeiten und damit im Rahmen eines reinen Passivtausches genutzt wird. Auf der anderen Seite werden mit der Auszahlung des Mezzanine-Kapitals zumindest kurzfristig in t_0 die liquiden Mittel erhöht, was den Nenner wiederum senken würde. Der spätere Abruf der liquiden Mittel kann hierbei als Grund für den auf längere Sicht ab t_1 teilweise festzustellenden Rückgang angeführt werden. Aber auch eine

[501] So wird das Standard-Mezzanine-Kapital laut Moody's KMV zumeist zu 50% dem Eigenkapital zugerechnet, so lange die Restlaufzeit länger als ein Jahr beträgt. Siehe hierzu Abschnitt 3.1.6. Insgesamt scheint der positive Kapitalstruktureffekt einer Aufnahme von Mezzanine-Kapital gemäß der Szenarioanalysen zu Abbildung 3-2 des Abschnitts 3.1.7. anhand empirischer Daten bestätigt werden zu können. Hierbei wurde in Szenario 2 die Ablösung aller Bankverbindlichkeiten mit Mezzanine-Kapital unterstellt, die aufgrund der nach wie vor positiven FKS nicht vermutet werden kann.

absolute Senkung des Eigenkapitals durch das Erwirtschaften von Verlusten ist eine mögliche Erklärung für den Rückgang. Darüber hinaus können weitere mögliche Investitionen, die mit dem Mezzanine-Kapital bzw. im Rahmen eines Finanzierungsmixes bestehend aus Mezzanine-Kapital und weiterem (Fremd-)Kapital finanziert werden, der Grund für den Rückgang sein. Denn in diesem Fall würde der Nenner der EKQ durch den Abruf der liquiden Mittel sowie durch mögliche weitere Kapitalaufnahmen steigen und die EKQ insgesamt gesenkt werden.

Zur Höhe der EKQ der MFU ist festzustellen, dass die in t_{-1} geringere Höhe der EKQ der MFU bis zu einem gewissen Grad erwartet werden kann. Denn Unternehmen, die bereits eine hohe EKQ zeigen, müssen nicht zwingend ihre EKQ über zusätzliches wirtschaftliches Eigenkapital in Form von Mezzanine-Kapital verbessern. Auch gilt es zu berücksichtigen, dass die Vergleichsunternehmen in Bezug auf die Bilanzsumme größer sind als die MFU und somit eine höhere EKQ der erstgenannten Unternehmen erwartet werden kann.[502] Bis auf für Programmgruppe $N_{RIK2005}$, für die eine geringfügig höhere EKQ gegenüber der Vergleichsprogrammgruppe $VG_{2005gew}$ in t_{-1} festzustellen ist, weisen die übrigen mezzaninen Programmgruppen vor Aufnahme eine um ca. 10% geringere EKQ auf.[503] In Bezug auf die Anteile der Unternehmen mit einer EKQ $\leq$ 0% sind trotz der geringeren EKQ vor Aufnahme der MFU die Anteile laut Tabelle 4-19 ungefähr gleich hoch. Auch wenn sich die Werte der beiden Unternehmensgruppen auf nahezu gleichem Niveau befinden[504], ist eine negative EKQ bei MFU für sich betrachtet vor dem Hintergrund der Unbesichertheit der Mittelvergabe kritisch zu hinterfragen. Darüber hinaus könnte der Unterschied von zum Teil 10% auch hier eine ‚Adverse Selection' vermuten lassen.[505]

---

[502] Siehe hierzu die Ausführungen zur Fn. 32. In diesem Zusammenhang sei auf die nur eingeschränkte Vergleichbarkeit der Bilanzsummen vor dem Hintergrund bilanzpolitischer Maßnahmen wie Aktivierungs-, Passivierungs- oder Bewertungswahlrechte hingewiesen. Siehe hierzu u. a. Fn. 386 und Fn. 432.

[503] Laut Fn. 161 sind in der Formel zur Berechnung der EKQ bilanzpolitisch motivierte Maßnahmen wie Aktivierung des Geschäfts- oder Firmenwertes, Sale-and-Lease-back-Transaktionen oder liquiditätsverbessernde Fremdkapitalaufnahmen kurz vor Erstellung des Jahresabschlusses herausgerechnet.

[504] Ein Vergleich mit den ungefähr gleichen bundesweiten Durchschnittswerten laut Anhang VI-14 ist vor dem Hintergrund der Besonderheiten der Berechnungsformel der EKQ im Rahmen von Moody's KMV nur eingeschränkt möglich.

[505] Inwiefern eine EKQ von ca. 35% als besonders negativ zu beurteilen ist, ist vor dem Hintergrund der Besonderheiten der Kennzahlendefinitionen nur unter Rückgriff auf Daten gemäß dem Entwicklungsdatenbestand von Moody's KMV zu beantworten. Hiernach weisen nur ca. 22% der solventen Unternehmen (S) eine EKQ von mindestens 30% auf. Diese näherungsweisen Werte entstammen der Grafik aus Moody's Investors Service (2001), S. 12. Es gilt eine nur eingeschränkte Vergleichbarkeit zu beachten, da diese Daten des Entwicklungsdatenbestands mehrere Jahre alt sind.

Darüber hinaus sind zwei Besonderheiten bei der Entwicklung der EKQ auszumachen. So erhöhen erstens die Unternehmen der Programmgruppe $N_{RIK2007}$ ihre EKQ mit Aufnahme des Mezzanine-Kapitals nicht so stark wie die anderen mezzaninen Programmgruppen. Als Grund für diese geringere Verbesserung könnten in einem ersten Schritt die gesunkenen durchschnittlichen Volumina und damit die Höhe des anrechenbaren Mezzanine-Kapitals bei den späteren Transaktionen vermutet werden.[506] Da aber die Anteile des Nominalvolumens an der Bilanzsumme und den Umsatzerlösen gemessen gemäß den Untersuchungen aus Abschnitt 4.3.2.[507] im Zeitablauf tendenziell eher gestiegen sind und somit verhältnismäßig mehr Kapital von den Unternehmen der jüngeren Transaktionen aufgenommen wurde, wäre eine stärkere Verbesserung bei diesen Unternehmen zu vermuten gewesen.[508] Eine übermäßige Nutzung zur Ablösung von (kurzfristigen) Verbindlichkeiten kann aufgrund der sich im ungefähr gleichen Maße verändernden FKS und NVQ bei der Programmgruppe $N_{RIK2007}$ nicht unterstellt werden. Gegebenenfalls können auch hier mögliche Investitionen, die mit dem Mezzanine-Kapital mitfinanziert werden, als Begründung dienen. Denn zusätzlich zur verhältnismäßig weniger gestiegenen EKQ ist trotz Mezzanine-Kapital-Aufnahme die FKS in t_0 nochmals deutlich für diese Programmgruppe laut Abbildung 4-23 gestiegen, was auf eine weitere Fremdkapitalaufnahme hindeutet. Darüber hinaus kann als zweite Besonderheit ein deutlicher Rückgang der EKQ für $N_{RIK2005}$ und $N_{RIK2006}$ in 2008 festgestellt werden. Eine mögliche Erklärung hierfür ist, dass 68 der insgesamt 135 Unternehmen der beiden Programmgruppen $N_{RIK2005}$ und $N_{RIK2006}$ das Kapital über die Transaktion equiNotes 2005-1 und CB MezzCap aufgenommen haben. Hierbei ist laut Anhang VI-48 für diese beiden Transaktionen das Mezzanine-Kapital vom überwiegenden Großteil der Unternehmen als bilanzielles Eigenkapital mit ausschließlich erfolgsabhängiger Vergütung aufgenommen worden. Somit kann eine anfängliche Anrechnung dieses Mezzanine-Kapitals als 100%-iges Eigenkapital des Unternehmens vermutet werden. Dies würde auch den stärkeren Anstieg in der EKQ dieser beiden Programmgruppen in t_0 insbesondere gegenüber den Vergleichsunternehmen miterklären. Wie in Abschnitt 3.1.5. sowie insbesondere in Abschnitt 3.1.6. aufgezeigt, richtet sich die Anrechnung von Mezzanine-Kapital u. a. nach der Laufzeit bzw. Restlaufzeit des Kapitals. Somit kann bei

---

[506] Siehe Anhang VI-67 für die Entwicklung der durchschnittlichen Volumina je Transaktion.

[507] Siehe Fn. 411 sowie Anhang VI-96.

[508] Hierbei weisen die Unternehmen der jüngeren Transaktionen eine insbesondere im Vergleich zur ersten Programmgruppe $N_{RIK2004}$ höhere EKQ vor Aufnahme auf.

einer Restlaufzeit von weniger als fünf Jahren vor dem Hintergrund des Kriteriums der ‚Längerfristigkeit der Kapitalhingabe (mit mindestens fünf bis sieben Jahren)' nicht mehr von einer 100%-igen Anrechnung dieses Mezzanine-Kapitals als Eigenkapital ausgegangen werden. Nach den ersten zwei Laufzeitjahren dürfte nur noch eine Anrechnung von 50% als Eigenkapital erfolgen, was den Rückgang der EKQ in 2008 erklären würde.[509] An diesem Beispiel wird die Problematik der Besonderheit der Eigenkapitalähnlichkeit des langfristigen Mezzanine-Kapitals im Hinblick auf die Rückzahlung deutlich. Denn bei einer Restlaufzeit von weniger als einem Jahr wird das Mezzanine-Kapital zu 100% dem kurzfristigen Fremdkapital zugerechnet, was sowohl die EKQ senkt als auch die NVQ erhöht. Dies erschwert eine mögliche Refinanzierung am Ende der Laufzeit.[510]

		Quantil	2003	2004	2005	2006	2007	2008
EKQ Eigenkapitalquote (%)	$N_{RIK2004}$	25%	19,19	25,64	25,00	21,50	24,06	22,31
		Median	31,38	38,12	35,03	32,82	35,66	35,86
		75%	47,23	54,61	56,63	53,29	48,86	51,63
	$N_{RIK2005}$	25%	-	22,13	32,23	33,50	32,33	26,68
		Median	-	33,80	44,44	42,92	43,06	39,10
		75%	-	43,71	53,63	57,36	51,05	50,80
	$N_{RIK2006}$	25%	-	-	28,61	33,82	31,09	35,32
		Median	-	-	39,89	45,43	45,52	41,92
		75%	-	-	53,92	60,27	57,48	57,31
	$N_{RIK2007}$	25%	-	-	-	23,35	27,10	26,67
		Median	-	-	-	38,60	38,95	38,29
		75%	-	-	-	55,12	52,12	52,03
	VG_{gew}	25%	18,08	19,04	20,57	21,90	22,15	22,08
		Median	40,77	42,36	41,55	44,30	43,13	42,69
		75%	65,78	68,66	69,18	70,48	68,35	70,02

$n_{N(RIK2004)} = 70$, $n_{N(RIK2005)} = 70$, $n_{N(RIK2006)} = 55$, $n_{N(RIK2007)} = 86$, $n_{VG(gew)} = 281$
Quelle: Eigene Darstellung.

Tabelle 4-20: EKQ für 2003 bis 2008 nach Programmgruppen

[509] Für equiNotes 2005-1 wäre aber darüber hinaus zu erwarten gewesen, dass das Mezzanine-Kapital in seiner Form als bilanzielles Eigenkapital bereits in 2007 nicht mehr zu 100% dem Eigenkapital zugerechnet wird, da Ende 2007 bereits die Restlaufzeit von weniger als fünf Jahren vorlag. So kann nur vermutet werden, dass vor dem Hintergrund, dass das Kapital am 15.12.2005 ausbezahlt wurde und das Kriterium der ‚Längerfristigkeit der Kapitalhingabe' somit nur um einige Tage unterschritten wurde, das Kapital in 2007 weiterhin zu 100% dem Eigenkapital zugerechnet wurde. In Bezug auf die EKQ der Programmgruppe $N_{RIK2006}$ ist anzumerken, dass ein Rückgang der EKQ in t_2 aufgrund des Rückgangs der EKQ in 2008 zu erwarten gewesen wäre. Dieser Rückgang ist laufzeitbezogen aber nicht festzustellen, was auf die Durchschnittsbildung unter Berücksichtigung der in Anhang VI-111 genannten Faktoren zurückzuführen sein dürfte. Auch wenn bei der Transaktion equiNotes 2007-1 die Möglichkeit der Aufnahme von bilanziellem Eigenkapital gegeben war, wurde diese nur von 14 der 57 Unternehmen wahrgenommen. Ferner sollte sich dieser Effekt vor dem Hintergrund der Anzahl an Unternehmen dieser Transaktion in der Programmgruppe $N_{RIK2007}$ gemäß Tabelle 4-4 nur gering auswirken.

[510] Siehe hierzu die Ausführungen am Ende von Abschnitt 3.3.4.1.

EKQ Eigenkapitalquote (%)		Quantil	t_{-1}	t_0	t_1
	Mezzanine-finanzierte Unternehmen N_{RIK}	25%	21,56	25,57	28,08
		Median	34,74	39,70	40,37
		75%	47,13	54,25	55,59
	Vergleichsgruppe VG_{gew}	25%	21,00	22,23	21,56
		Median	42,67	43,07	43,80
		75%	69,35	67,80	70,25
	Differenz	25%	0,56	3,34	6,52
		Median	-7,93	-3,37	-3,42
		75%	-22,22	-13,55	-14,65

Quelle: Eigene Darstellung. $n_{N(RIK)} = 281$, $n_{VG(gew)} = 281$

Tabelle 4-21: Kumulierte EKQ für t_{-1} bis t_1

EKQ Eigenkapitalquote (%)			Mezzanine-finanzierte Unternehmen						Vergleichsunternehmen						Differenz					
		Quantil	t_{-1}	t_0	t_1	t_2	t_3	t_4	t_{-1}	t_0	t_1	t_2	t_3	t_4	t_{-1}	t_0	t_1	t_2	t_3	t_4
	$N_{RIK2004}$ bzw. $VG_{2004gew}$	25%	18,68	24,92	24,70	24,00	24,50	22,31	14,84	16,38	12,10	12,03	13,77	14,85	3,84	8,54	12,59	11,97	10,73	7,46
		Median	31,38	37,17	37,17	33,82	35,64	35,86	40,91	44,03	40,18	42,68	40,51	37,78	-9,53	-6,86	-3,01	-8,86	-4,87	-1,92
		75%	44,61	53,48	54,29	53,56	53,37	51,63	62,04	61,36	64,33	65,43	59,07	58,49	-17,43	-7,88	-10,03	-11,88	-5,70	-6,86
	$N_{RIK2005}$ bzw. $VG_{2005gew}$	25%	22,13	30,79	33,18	32,37	27,54	-	21,63	24,25	28,39	30,72	25,51	-	0,50	6,54	4,78	1,65	2,03	-
		Median	33,80	41,05	43,31	40,74	39,12	-	44,39	43,59	48,41	47,90	42,41	-	-10,59	-2,54	-5,10	-7,16	-3,29	-
		75%	43,65	52,55	57,52	52,09	51,00	-	70,93	63,85	69,62	67,40	70,47	-	-27,28	-11,30	-12,11	-15,31	-19,47	-
	$N_{RIK2006}$ bzw. $VG_{2006gew}$	25%	28,54	29,24	33,24	31,53	-	-	19,59	21,06	22,49	22,52	-	-	8,95	8,18	10,75	9,01	-	-
		Median	38,20	43,56	44,54	45,15	-	-	36,78	35,45	38,02	40,37	-	-	1,42	8,10	6,52	4,78	-	-
		75%	50,06	57,36	58,61	57,32	-	-	66,90	68,46	75,30	76,36	-	-	-16,84	-11,10	-16,69	-19,04	-	-
	$N_{RIK2007}$ bzw. $VG_{2007gew}$	25%	22,86	24,19	27,33	-	-	-	26,42	26,09	23,12	-	-	-	-3,56	-1,90	4,22	-	-	-
		Median	36,79	39,70	38,50	-	-	-	46,48	46,73	46,68	-	-	-	-9,69	-7,03	-8,18	-	-	-
		75%	48,29	54,73	51,52	-	-	-	75,60	75,83	72,35	-	-	-	-27,31	-21,10	-20,83	-	-	-

Quelle: Eigene Darstellung. $n_{N(RIK2004)} = 70$, $n_{N(RIK2005)} = 70$, $n_{N(RIK2006)} = 55$, $n_{N(RIK2007)} = 86$, $n_{VG(2004gew)} = 70$, $n_{VG(2005gew)} = 70$, $n_{VG(2006gew)} = 55$, $n_{VG(2007gew)} = 86$

Tabelle 4-22: EKQ für t_{-1} bis t_4 nach Programmgruppen

4.3.4.7. Finanzkraft

Die Finanzkraft (FINK) gibt an, wie groß der Teil des Fremdkapitals ist, der durch den erwirtschafteten Zahlungsmittelüberschuss bzw. den Cash Flow[511] getilgt werden kann. Gemäß Abbildung 4-30 ist zu erkennen, dass die MFU insbesondere in den ersten Jahren ab 2003 eine höhere und damit bessere FINK[512] als die Vergleichsunternehmen aufzeigen. Im Zeitablauf verringert sich diese, während die Vergleichsunternehmen ihre FINK im Rahmen des konjunkturell günstigen Umfeldes steigern können. In 2008 ist für alle mez-

[511] Siehe Fn. 29 für die Definition des Cash Flows sowie Anhang VI-85 für die Berechnungsweise im Rahmen von Moody's KMV.

[512] Da gemäß Entwicklungsdatenbestand von Moody's KMV insolvenzgefährdete Unternehmen (I) durchschnittlich eine niedrigere FINK als solvente Unternehmen (S) aufweisen (I < S), kann in Analogie hierzu bei niedrigeren auch von schlechteren Werten gesprochen werden. Siehe Abbildung 4-14.

zaninen Programmgruppen und insbesondere für $N_{RIK2004}$ ein deutlicher Rückgang der FINK festzustellen, während die Vergleichsunternehmen ihre FINK steigern können.[513]

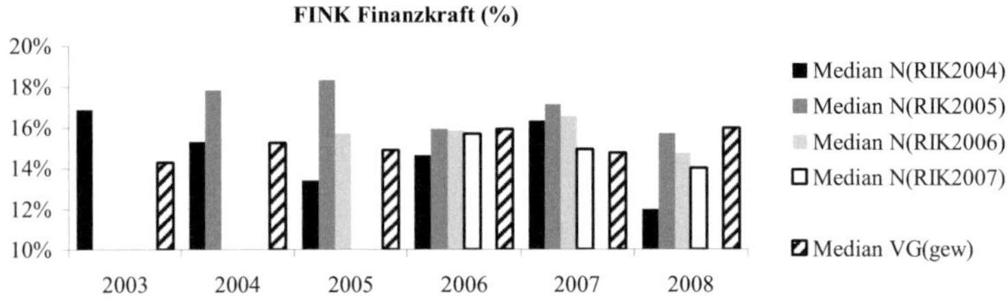

$n_{N(RIK2004)} = 70$, $n_{N(RIK2005)} = 70$, $n_{N(RIK2006)} = 55$, $n_{N(RIK2007)} = 86$, $n_{VG(gew)} = 281$
Quelle: Eigene Darstellung.

Abbildung 4-30: FINK für 2003 bis 2008 nach Programmgruppen

Wie Abbildung 4-31 zu entnehmen ist, wurden Unternehmen mit durchschnittlich deutlich höherer FINK vor Aufnahme für eine Mezzanine-Finanzierung ausgewählt. Für den Zeitraum t_{-1} bis t_1 verdeutlicht Abbildung 4-31 aber eine durchweg rückläufige Entwicklung der kumulierten FINK für die MFU bei konstanten Vergleichswerten. Hierbei ist die FINK der MFU aber nach wie vor höher als bei den Vergleichsunternehmen, so dass die MFU einen höheren Cash Flow erwirtschaften.[514]

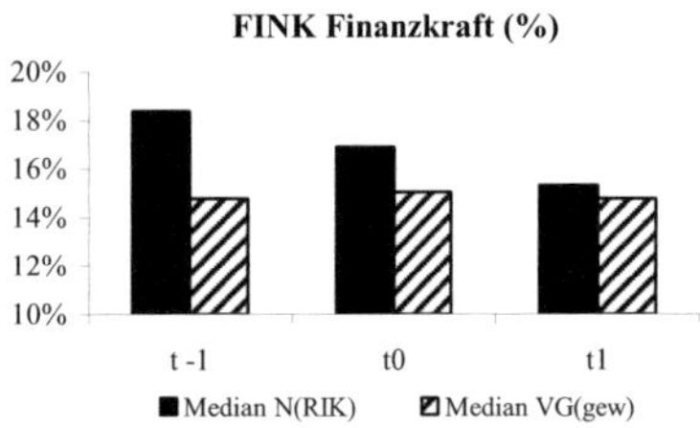

Quelle: Eigene Darstellung. $n_{N(RIK)} = 281$, $n_{VG(gew)} = 281$

Abbildung 4-31: Kumulierte FINK für t_{-1} bis t_1

Aus Abbildung 4-32 ist zu entnehmen, dass bis auf für $N_{RIK2005}$ sich die FINK von t_{-1} auf t_0 für die anderen mezzaninen Programmgruppen verschlechtert. Auch für das Jahr t_1 bestätigt sich der Trend einer sinkenden FINK aus Abbildung 4-31. Hierbei ist für die Pro-

[513] Auch die 25%- und 75%-Quantile zeigen gemäß Tabelle 4-24 zumeist einen Rückgang der FINK bei den Unternehmen mit Mezzanine-Kapital. Teilweise sind aber auch nahezu konstante Werte festzustellen. Hierbei weist das 25%-Quantil der MFU fast ausschließlich bessere Werte als die Vergleichsunternehmen auf, während die FINK der Vergleichsgruppe gemessen am 75%-Quantil stärker ist.

[514] Diese Entwicklung bestätigt sich anhand von Tabelle 4-25 auch für das 25%-Quantil, wobei die Werte des 25%-Quantils der Vergleichsunternehmen weiterhin unterhalb, die Werte des 75%-Quantil weiterhin oberhalb der entsprechenden Werte der MFU liegen.

grammgruppe $N_{RIK2004}$ bei einer absolut betrachtet rückläufigen FINK eine relative Verbesserung gegenüber der Vergleichsprogrammgruppe $VG_{2004gew}$ auszumachen. Bei Analyse der Entwicklung ab t_1 zeichnet sich dagegen eine absolute Verbesserung der FINK für die ersten beiden Programmgruppen ab, so dass die FINK auf dem Niveau vor Auszahlung liegt, wohingegen die FINK der Programmgruppe $N_{RIK2006}$ in t_2 absolut betrachtet konstant bleibt. Zusätzlich weisen die beiden Programmgruppen $N_{RIK2005}$ und $N_{RIK2006}$ eine relative Verbesserung gegenüber den beiden Vergleichsprogrammgruppen auf. Somit reduziert sich der Abstand zu den Vergleichsprogrammgruppen programmgruppenabhängig in t_1 oder t_2 vor dem Hintergrund einer teilweise stärkeren Verbesserung. Im letzten Laufzeitjahr je Programmgruppe, das ungefähr dem Kalenderjahr 2008 entspricht, ist dagegen zumeist eine absolute und relative Verschlechterung gegenüber den Vergleichsunternehmen auszumachen.[515]

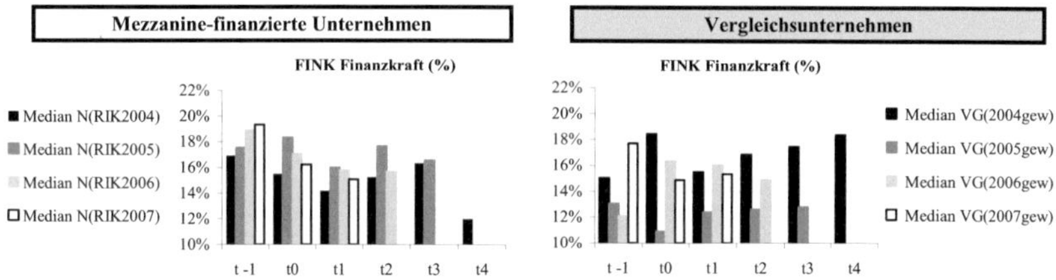

$n_{N(RIK2004)} = 70$, $n_{N(RIK2005)} = 70$, $n_{N(RIK2006)} = 55$, $n_{N(RIK2007)} = 86$, $n_{VG(2004gew)} = 70$, $n_{VG(2005gew)} = 70$, $n_{VG(2006gew)} = 55$, $n_{VG(2007gew)} = 86$. Quelle: Eigene Darstellung.

Abbildung 4-32: FINK für t_{-1} bis t_4 nach Programmgruppen

Der Anteil der MFU mit einer FINK $\leq 0\%$ in t_{-1} liegt gemäß Tabelle 4-23 deutlich unter den entsprechenden Anteilen der Vergleichsunternehmen. Im Zeitablauf ist zwar auch hier eine Verschlechterung in Form steigender Anteile insbesondere im letzten Laufzeitjahr auszumachen, die Anteile der MFU sind aber nach wie vor zum Teil noch deutlich unter den entsprechenden Vergleichswerten.

[515] Für die Entwicklung der 75%-Quantile anhand von Tabelle 4-26 ist ein uneinheitliches Bild zu erkennen. Zum Großteil ist das Muster eines Rückgangs der FINK in t_0 und t_1 sowie eine sich anschließende absolute und relative Verbesserung festzustellen. Bei den Werten der 25%-Quantile ist dagegen das zuvor aufgezeigte Muster nicht auszumachen, denn hier ist zumeist eine durchgehende Verschlechterung der FINK festzustellen, auch wenn die Werte der 25%-Quantile der MFU nach wie vor zumeist über den entsprechenden Werten der Vergleichsunternehmen liegen.

	Programm	Finanzkraft FINK ≤ 0%					
		t_{-1}	t_0	t_1	t_2	t_3	t_4
N_{RIK}	$N_{RIK2004}$	2,9%	1,4%	2,9%	2,9%	2,9%	7,1%
	$N_{RIK2005}$	1,4%	0,0%	0,0%	4,3%	8,6%	-
	$N_{RIK2006}$	3,6%	3,6%	7,3%	7,3%	-	-
	$N_{RIK2007}$	1,2%	2,3%	4,7%	-	-	-
VG_{gew}	$VG_{2004gew}$	13,3%	15,1%	13,1%	11,0%	12,3%	12,3%
	$VG_{2005gew}$	7,5%	11,3%	12,5%	7,6%	8,8%	-
	$VG_{2006gew}$	15,7%	13,8%	13,9%	13,9%	-	-
	$VG_{2007gew}$	3,2%	7,5%	11,3%	-	-	-

$n_{N(RIK2004)} = 70$, $n_{N(RIK2005)} = 70$, $n_{N(RIK2006)} = 55$, $n_{N(RIK2007)} = 86$,
$n_{VG(2004gew)} = 70$, $n_{VG(2005gew)} = 70$, $n_{VG(2006gew)} = 55$, $n_{VG(2007gew)} = 86$
Quelle: Eigene Darstellung.

Tabelle 4-23: Anteil der Unternehmen mit FINK ≤ 0% für t_{-1} bis t_4 nach Programmgruppen

Insgesamt weisen die MFU vor allem vor Aufnahme des Mezzanine-Kapitals eine höhere FINK auf, so dass die MFU höhere Cash Flows generieren. Im Zeitablauf reduziert sich aber die FINK der MFU zunächst, auch wenn sie programmgruppenunabhängig zumeist oberhalb der FINK der Vergleichsunternehmen bleibt. Dieser Rückgang kann auf unterschiedliche Ursachen zurückzuführen sein. So gilt es, einen negativen Zinseffekt zu beachten, denn laut Anhang VI-48 ist zumeist eine fixe Vergütung des Standard-Mezzanine-Kapitals mit nur anteiligen, zusätzlichen gewinnabhängigen Vergütungskomponenten vereinbart.[516] Unter der Annahme, dass mit einer Verzinsung von zwischen ca. 7% und 11% laut Anhang VI-48 für das Mezzanine-Kapital eine höhere Vergütung als für Fremdkapital verlangt wird, belastet dieser höhere Zins den Cash Flow, so dass negative Zinseffekte von einem derart ausgestalteten Mezzanine-Kapital ausgehen.[517] Demnach ist der Cash Flow entweder rückläufig oder kann nicht in dem Maße gesteigert werden, wie sich das Fremdkapital und damit der Nenner der Formel zur Berechnung der FINK insgesamt erhöht.[518]

Neben dem Zinseffekt sollten aber noch weitere Gründe für den Rückgang der FINK vorliegen. Denn das Mezzanine-Kapital stellt durchschnittlich nur einen Anteil von ca. 13,2%

[516] Somit kann der negative Zinseffekt einer Aufnahme von höher und festverzinslichem Mezzanine-Kapital gemäß Szenario 3 der Szenarioanalysen zu Abbildung 3-2 des Abschnitts 3.1.7. anhand empirischer Daten bestätigt werden.

[517] Durch den Liquiditätsabfluss, der mit den höheren, gewinnunabhängigen Zinszahlungen auf das Mezzanine-Kapital einhergeht, kann zusätzlich die Fähigkeit eines Unternehmens zur Erzeugung zusätzlicher positiver, zukünftiger Cash-Flows eingeschränkt werden. Vgl. Rieg, R./Rieg, S. (2001), S. 180-184.

[518] Denn mit Aufnahme des Mezzanine-Kapitals steigt das Fremdkapital aufgrund der nur anteiligen Anrechnung als Eigenkapital insgesamt, was die FINK senkt.

an der Bilanzsumme[519], wohingegen bei den Simulationen aus Abschnitt 3.1.7. das Mezzanine-Kapital 41,3% der Bilanzsumme darstellt. Somit sollten stärkere Veränderungen der Kennzahlen bei den Simulationen aus Abschnitt 3.1.7. festzustellen sein. Dies trifft auch für die Verschuldungskennzahlen wie EKQ, FKS und NVQ zu. Dagegen ändert sich die FINK in der Simulation 2 aus Abschnitt 3.1.7. im ungefähr gleichen Verhältnis wie bei den hier durchgeführten Untersuchungen der Unternehmen der Kennzahlenanalyse N_{RIK}.[520] Dies lässt den Schluss zu, dass noch weitere Gründe für den Rückgang der FINK vorliegen. Als mögliche Erklärung für den anfänglichen Rückgang kann angeführt werden, dass in t_0 und t_1 der Cash Flow durch höhere Kosten belastet wird, die im Rahmen von getätigten Investitionen verursacht werden, ohne dass den höheren Kosten entsprechende Rückflüsse aus den Investitionen entgegenstehen. Hierbei können im Rahmen einer Investition bspw. Beschaffungs- und Anlaufkosten für Maschinen, das Einstellen und Anlernen von Mitarbeitern, Werbungskosten bei Produkteinführungen oder die Kosten der Integration eines Wettbewerbers im Rahmen einer Übernahme entstehen. Im Laufe der Zeit können u. a. durch Lernkurveneffekte[521] und gemäß dem Konzept der Erfahrungskurve[522] Kosteneinsparungen genutzt und höheres, zusätzliches UW erwirtschaftet werden. Somit lässt sich ableiten, dass sich die Rückflüsse aus den getätigten Investitionen erst zeitverzögert in Form einer Verbesserung der FINK bzw. zusätzlicher positiver Cash Flows ab t_1 oder t_2 ergeben.[523] Somit treten die MFU erst in eine Art Vorleistung, bis Rückflüsse aus den getä-

---

519 Siehe hierzu die Ausführungen zur Abbildung 4-2 in Abschnitt 4.2.2. sowie Anhang VI-68.

520 In der Simulation aus Abschnitt 3.1.7. wird ein Anstieg der durchschnittlichen Zinsbelastung von 8,58% auf angenommene 11% unterstellt. Ob und wie stark sich die durchschnittliche Zinsbelastung der mit Standard-Mezzanine-Kapital finanzierten Unternehmen mit Aufnahme der mezzaninen Mittel verändert, kann aufgrund fehlender Daten nicht ermittelt werden. Da für das Standard-Mezzanine-Kapital ein durchschnittlicher Zins von 7% bis 11% zu zahlen ist, erscheint die angenommene Zinsänderung der Simulation als Näherung bzw. Schätzer nicht unplausibel.

521 Der Lernkurveneffekt bezeichnet die Möglichkeit der Ressourceneinsparung durch Effizienzverbesserungen im personellen und finanziellen Bereich. So können bspw. Materialkosten, Produktionskosten sowie Kontrollkosten in Folge eines immer effizienter werdenden Ablaufes von Handlungen gesenkt werden. Vgl. Federowski, R. (2009), S. 118-119.

522 Das Konzept der Erfahrungskurve, das sich im Gegensatz zum Lernkurveneffekt, der lediglich auf Fertigungszeiten und Produktionsmitteleinsätze fokussiert ist, auf die gesamte Wertschöpfung bezieht und als Vollkostenkonzept zu sehen ist, stellt eine empirische Aussage zur Veränderung der Kostenstruktur in Abhängigkeit der Mengenausbringung dar. So ist mit Verdopplung der im Zeitablauf kumulierten Produktionsmenge eine Stückkostenreduzierung von durchschnittlich 20 bis 30% zu erwarten. Vgl. Mohr, G. (2010), S. 194-196.

523 Darüber hinaus können bspw. bei Produktentwicklungen und -einführungen vor dem Hintergrund des Produktlebenszyklus nach hohen Kosten für Produktion, Werbung und Verkauf bei nur geringen Umsätzen in der Einführungsphase erst im Rahmen der Wachstumsphase positive Deckungsbeiträge erwirtschaftet und die Gewinnschwelle erreicht werden. Der klassische Produktlebenszyklus umfasst hierbei die Phasen Einführung, Wachstum, Reife, Sättigung und Rückgang. Die Länge und der Verlauf des Produkt-

tigten Investitionen zur Deckung der Investitionskosten sowie der höheren Kosten des Mezzanine-Kapitals vereinnahmt und steigende zusätzliche, positive Cash Flows generiert werden können.[524] Diesbezüglich darf der Anstieg der FINK aber nicht allein auf die Aufnahme des Mezzanine-Kapitals zurückgeführt werden, denn es ist eine ganzheitliche Betrachtung des Unternehmens, bei dem die Mezzanine-Kapital-Aufnahme nur einen Teil der Finanzierung darstellt, erforderlich. So gilt es die Rückflüsse aus einer Investition vor dem Hintergrund eines weltweit konjunkturell günstigen Umfeldes[525], von dem insbesondere die exportorientierten Unternehmen profitiert haben sollten, zu sehen. Es kann konstatiert werden, dass der Anstieg der FINK auf die zeitverzögert einsetzenden Rückflüsse aus getätigten Investitionen, die mit Mezzanine-Kapital mitfinanziert werden, im Rahmen eines konjunkturell günstigen Umfeldes zurückzuführen sind. Denn für die MFU bzw. die Programmgruppen $N_{RIK2004}$, $N_{RIK2005}$ und $N_{RIK2006}$ ist nach einer gewissen Vorlaufzeit ab t_1 bzw. t_2 eine absolute bzw. relative Verbesserung der FINK gegenüber den Vergleichsunternehmen zu erkennen. Demnach kann eine stärkere Cash Flow-Generierung durch die MFU ab t_1 bzw. t_2 unterstellt werden. Aber auch hier sind die Auswirkungen der sich abzeichnenden Wirtschaftskrise in Form einer rückläufigen FINK bzw. sinkender Cash Flows im jeweils letzten Laufzeitjahr auszumachen.

Die Vermutung, dass ausschließlich wirtschaftlich schwächere Unternehmen mit Mezzanine-Kapital finanziert wurden, erscheint vor dem Hintergrund der höheren Werte der FINK auf Basis der vorliegenden Daten und der verwendeten Vergleichskennzahlen nicht haltbar. Ebenso stehen die zum Zeitpunkt t_{-1} sowie im weiteren Verlauf deutlich geringeren Anteile der MFU mit einer FINK $\leq 0\%$ im Vergleich zu den Vergleichsunternehmen der Vermutung einer ‚Adverse Selection' entgegen.

Bei Analyse der FINK ist darüber hinaus auffällig, dass die FINK bereits in t_0 und nicht erst in t_1 rückläufig ist. Zum Zeitpunkt t_0 sind aber noch keine Kosten für das Mezzanine-

---

lebenszyklus sind aber sehr stark produkt- und produktmarktabhängig sind. Vgl. Aumyr, K. J. (2006), S. 283-296; Kuß, A. et al. (2007), S. 19-23.

[524] Wie bereits in Fn. 459 zum UW ausgeführt, deckt sich dieser Zeitraum ungefähr mit den Ergebnissen anderer Studien, bei denen auch insbesondere ab dem zweiten Jahr stärkere Verbesserungen in den Kennzahlen wie Umsatz- oder Mitarbeiterwachstum sowie Profitabilität zu erkennen sind.

[525] Vgl. Schaubild 3 in Sachverständigenrat (2009), S. 27. So konnten ab dem Jahr 2003 sowohl Großunternehmen aus DAX und MDAX als auch die Mittelständler in Deutschland im vergangenen Aufschwung ihre Eigen- und Gesamtkapitalrendite insbesondere bis zur konjunkturellen Hochphase 2006 und 2007 kräftig steigern, bevor sie im Rahmen der sich abzeichnenden Wirtschaftskrise deutlich einbrachen. Vgl. KfW Bankengruppe (2009d), S. 3-4 sowie das Schaubild 3 in Sachverständigenrat (2009), S. 27.

Kapital entstanden. Dass die FINK bereits in t_0 rückläufig ist, kann darin begründet sein, dass kein exakter Startzeitpunkt aufgrund der Durchschnittsberechnung und fehlender Daten bestimmt werden kann und hierdurch Verzerrungen auftreten können.[526] Aber auch der vierteljährlich zu leistende Kapitaldienst in Form höherer Zinszahlungen ist zu berücksichtigen. Darüber hinaus kann angenommen, dass das Mezzanine-Kapital als Bestandteil eines Finanzierungsmixes für bereits angelaufene Projekte und Investitionen ergänzend hinzugenommen wurde, so dass die Investitionen bereits vor bzw. bei Aufnahme des Mezzanine-Kapitals Kosten verursachen. Denn bereits vor Aufnahme des Mezzanine-Kapitals ist ein höheres UW festzustellen, was die Annahme bereits getätigter Investitionen stützt.[527]

Als weitere Besonderheiten bei der Analyse der Entwicklung der FINK gemäß Programmgruppen ist festzustellen, dass die FINK der Programmgruppe $N_{RIK2007}$, die verhältnismäßig mehr Mezzanine-Kapital aufgenommen hat als die früheren Programmgruppen, rückläufiger ist. Dieser stärkere Rückgang kann auch auf den stärkeren negativen Zinseffekt sowie auf getätigte Investitionen zurückzuführen sein. Bevor sich diese Investitionen aber in Form einer wieder steigenden FINK rentieren können, befinden sich die Unternehmen in t_1 bereits im Jahr 2008 und damit in der sich anbahnenden Wirtschaftskrise. Als weitere Besonderheit ist zu erkennen, dass die FINK für $N_{RIK2005}$ im Jahr t_0 leicht zunimmt, während sie für die anderen Programmgruppen rückläufig ist. So kann in einem ersten Schritt vermutet werden, dass dies darauf zurückzuführen sein könnte, dass 46 der insgesamt 70 Unternehmen dieser Programmgruppe das Kapital über die Transaktion equiNotes 2005-1 aufgenommen haben. Hierbei ist laut Anhang VI-48 für diese Transaktion das Mezzanine-Kapital vom überwiegenden Großteil der Unternehmen als bilanzielles Eigenkapital mit ausschließlich erfolgsabhängiger Vergütung aufgenommen worden. Gemäß der in Abschnitt 3.1.7. durchgeführten Szenarioanalysen sollte sich hierdurch ein positiver Zins- und Steuereffekt einstellen. Bei separater Analyse der Daten der beiden Transaktionen HEAT I-2005 und equiNotes 2005-1 der Programmgruppe $N_{RIK2005}$ ist der Anstieg der FINK in t_0 aber nicht für die Unternehmen der Transaktion equiNotes 2005-1, sondern nur für die Unternehmen von HEAT I-2005 festzustellen. Diesbezüglich gilt es aber zu beachten, dass die Unternehmen der Transaktion equiNotes 2005-1 vierteljährliche Abschlagszahlungen,

---

[526] Siehe hierzu die abschließenden Anmerkungen zu Abschnitt 4.3.4.1.

[527] Diese Vermutung wurde auch bereits im Rahmen der Analyse der FKS und der NVQ zur Höhe der jeweiligen Kennzahlen bei mezzanine- und klassisch-finanzierten Unternehmen geäußert. Siehe Abschnitt 4.3.4.4. und Abschnitt 4.3.4.5.

die auf dem Niveau der Zinszahlungen der anderen Transaktionen liegen, zu leisten haben. Diese Abschlagszahlungen werden nach Erstellung des Jahresabschlusses am Ende des Geschäftsjahres mit der berechneten, erfolgsabhängigen Vergütung verrechnet und ein bestehender Saldo ausgeglichen. Hierdurch kann sich der positive Zins- und Steuereffekt erst später etablieren, so die Vermutung, wobei zu diesem späteren Zeitpunkt diesem positiven Effekt die Kosten im Rahmen der Investition entgegenstehen und den Effekt überzukompensieren scheinen.[528]

		Quantil	2003	2004	2005	2006	2007	2008
FINK Finanzkraft (%)	$N_{RIK2004}$	25%	10,45	10,81	8,24	9,30	9,58	4,49
		Median	16,88	15,30	13,40	14,63	16,32	11,99
		75%	23,60	20,91	22,50	23,07	25,26	23,53
	$N_{RIK2005}$	25%	-	13,00	11,90	12,29	10,03	7,69
		Median	-	17,83	18,30	15,90	17,12	15,70
		75%	-	25,75	26,43	27,10	26,05	23,95
	$N_{RIK2006}$	25%	-	-	10,19	9,73	8,33	10,98
		Median	-	-	15,70	15,84	16,52	14,74
		75%	-	-	28,13	25,55	27,87	27,85
	$N_{RIK2007}$	25%	-	-	-	10,11	6,51	7,59
		Median	-	-	-	15,68	14,92	14,00
		75%	-	-	-	24,08	23,79	22,25
	VG_{gew}	25%	4,83	5,21	5,14	4,56	5,21	6,10
		Median	14,28	15,25	14,88	15,90	14,74	15,96
		75%	29,15	28,67	31,61	30,67	30,39	28,67

$n_{N(RIK2004)} = 70$, $n_{N(RIK2005)} = 70$, $n_{N(RIK2006)} = 55$, $n_{N(RIK2007)} = 86$, $n_{VG(gew)} = 281$

Quelle: Eigene Darstellung.

Tabelle 4-24: FINK für 2003 bis 2008 nach Programmgruppen

[528] Für die Unternehmen der Transaktion CB MezzCap der Programmgruppe $N_{RIK2006}$ und equiNotes 2007-1 der Programmgruppe $N_{RIK2007}$, die ebenfalls bilanzielles Eigenkapital aufgenommen haben, ist ein Anstieg in t_0 nicht festzustellen, was u. a. auf die geringeren Anteile dieser Unternehmen laut Anhang VI-48 sowie auf die ebenfalls zu entrichtenden vierteljährlichen Abschlagszahlungen zurückzuführen sein kann.

FINK Finanzkraft (%)		Quantil	t_{-1}	t_0	t_1
	Mezzanine-finanzierte Unternehmen N_{RIK}	25%	12,78	10,95	9,97
		Median	18,39	16,91	15,32
		75%	26,05	24,96	24,87
	Vergleichsgruppe VG_{gew}	25%	5,47	5,10	4,88
		Median	14,77	15,06	14,78
		75%	31,23	29,97	29,57
	Differenz	25%	7,31	5,85	5,09
		Median	3,62	1,85	0,55
		75%	-5,18	-5,01	-4,70

Quelle: Eigene Darstellung. $n_{N(RIK)} = 281$, $n_{VG(gew)} = 281$

Tabelle 4-25: Kumulierte FINK für t_{-1} bis t_1

FINK Finanzkraft (%)			Mezzanine-finanzierte Unternehmen						Vergleichsunternehmen						Differenz					
		Quantil	t_{-1}	t_0	t_1	t_2	t_3	t_4	t_{-1}	t_0	t_1	t_2	t_3	t_4	t_{-1}	t_0	t_1	t_2	t_3	t_4
	$N_{RIK2004}$ bzw. $VG_{2004gew}$	25%	11,65	10,62	10,00	9,28	9,47	4,49	4,23	4,59	3,73	4,49	5,12	5,11	7,42	6,03	6,28	4,79	4,35	-0,62
		Median	16,91	15,49	14,16	15,26	16,33	11,99	15,02	18,44	15,49	16,87	17,46	18,38	1,88	-2,95	-1,32	-1,61	-1,13	-6,39
		75%	24,42	21,77	22,90	23,11	25,04	23,53	36,12	31,56	32,39	32,81	30,62	29,26	-11,70	-9,79	-9,49	-9,70	-5,58	-5,74
	$N_{RIK2005}$ bzw. $VG_{2005gew}$	25%	13,00	12,20	12,78	11,08	7,61	-	5,98	4,80	4,27	5,44	6,78	-	7,02	7,40	8,51	5,64	0,83	-
		Median	17,53	18,33	15,99	17,64	16,55	-	13,05	10,90	12,39	12,60	12,81	-	4,48	7,43	3,60	5,04	3,75	-
		75%	25,75	25,82	26,50	27,08	25,00	-	26,83	26,02	26,94	29,20	26,34	-	-1,08	-0,20	-0,43	-2,12	-1,34	-
	$N_{RIK2006}$ bzw. $VG_{2006gew}$	25%	12,00	10,44	9,24	9,35	-	-	3,09	4,88	6,26	5,82	-	-	8,91	5,56	2,98	3,53	-	-
		Median	18,88	17,06	15,78	15,69	-	-	12,08	16,32	16,03	14,90	-	-	6,80	0,74	-0,25	0,79	-	-
		75%	29,64	29,15	27,46	29,30	-	-	19,63	27,76	26,59	26,65	-	-	10,01	1,39	0,87	2,64	-	-
	$N_{RIK2007}$ bzw. $VG_{2007gew}$	25%	13,03	10,54	8,00	-	-	-	7,60	5,91	5,44	-	-	-	5,43	4,63	2,57	-	-	-
		Median	19,32	16,23	15,07	-	-	-	17,69	14,88	15,34	-	-	-	1,63	1,36	-0,27	-	-	-
		75%	25,57	23,71	20,72	-	-	-	38,24	33,30	31,33	-	-	-	-12,67	-9,60	-10,61	-	-	-

Quelle: Eigene Darstellung. $n_{N(RIK2004)} = 70$, $n_{N(RIK2005)} = 70$, $n_{N(RIK2006)} = 55$, $n_{N(RIK2007)} = 86$, $n_{VG(2004gew)} = 70$, $n_{VG(2005gew)} = 70$, $n_{VG(2006gew)} = 55$, $n_{VG(2007gew)} = 86$

Tabelle 4-26: FINK für t_{-1} bis t_4 der Programmgruppen

4.3.4.8. EBITD-ROI

Der EBITD-ROI als (bereinigter) Jahresüberschuss bezogen auf das Gesamtkapital ist im Zeitraum 2003 bis 2008 laut Abbildung 4-33 bei den MFU durchweg höher und damit besser[529] als bei den Vergleichsunternehmen. In diesem Punkt zeichnet sich für die erste der beiden Rentabilitätskennzahlen[530] eine ähnliche Entwicklung wie zuvor bei der FINK hin zu sich angleichenden Werten im Zeitablauf ab. Denn der EBITD-ROI der MFU ist bei geringfügig steigenden Werten der Vergleichsunternehmen rückläufig. Insgesamt weisen

[529] Da gemäß Entwicklungsdatenbestand von Moody's KMV insolvenzgefährdete Unternehmen (I) durchschnittlich einen niedrigeren EBITD-ROI als solvente Unternehmen (S) aufweisen (I < S), kann in Analogie hierzu bei niedrigeren auch von schlechteren Werten gesprochen werden. Siehe Abbildung 4-14.

[530] Siehe Anhang VI-88.

trotz eines stärkeren Rückgangs bei den MFU als bei der Vergleichsgruppe in 2008 gegenüber 2007 die MFU aber auch in 2008 einen (leicht) höheren EBITD-ROI aus.[531]

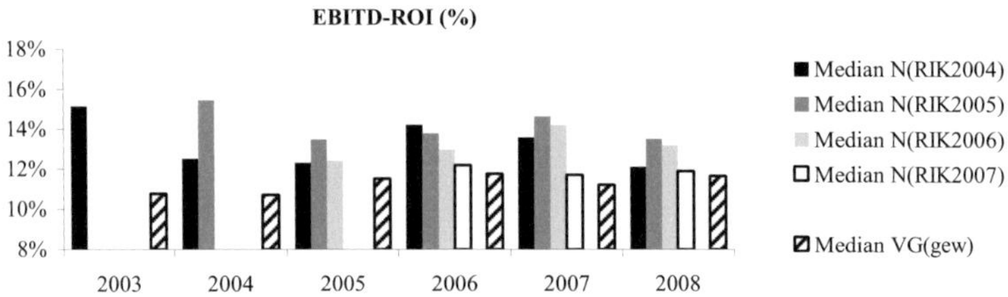

$n_{N(RIK2004)} = 70$, $n_{N(RIK2005)} = 70$, $n_{N(RIK2006)} = 55$, $n_{N(RIK2007)} = 86$, $n_{VG(gew)} = 281$
Quelle: Eigene Darstellung.

Abbildung 4-33: EBITD-ROI für 2003 bis 2008 nach Programmgruppen

Wie Abbildung 4-34 zu entnehmen ist, wurden Unternehmen mit durchschnittlich deutlich höherem EBITD-ROI vor Aufnahme für eine Mezzanine-Finanzierung ausgewählt. Bei laufzeitabhängiger, kumulierter Betrachtung ist anhand von Abbildung 4-34 bei leicht steigenden Vergleichswerten eine rückläufige Tendenz bei den MFU zu erkennen. Die MFU weisen aber auch im weiteren Verlauf einen höheren EBITD-ROI auf.[532]

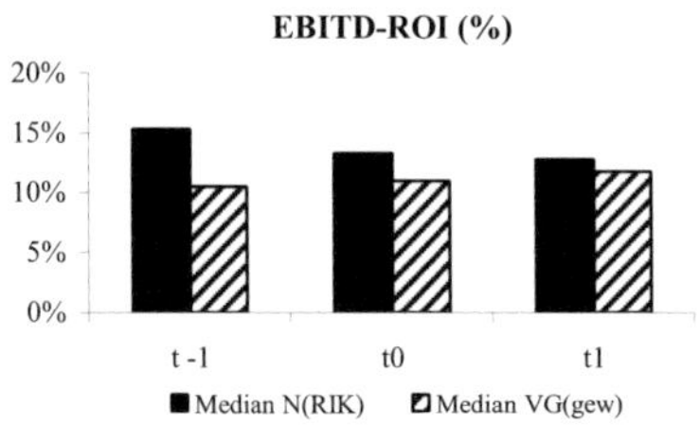

Quelle: Eigene Darstellung. $n_{N(RIK)} = 281$, $n_{VG(gew)} = 281$

Abbildung 4-34: Kumulierter EBITD-ROI für t_{-1} bis t_1

Die annähernd gleiche Entwicklung wie zuvor gemäß Abbildung 4-34 kann auch für die mezzaninen Programmgruppen bestätigt werden. So ist anhand von Abbildung 4-35 zumeist eine rückläufige Tendenz für t_{-1} bis t_1 zu erkennen. Im Jahr t_2 ist wie bei der FINK eine Verbesserung für die ersten beiden Programmgruppen $N_{RIK2004}$ und $N_{RIK2005}$ auszuma-

---

[531] Auch die Werte des 25%-Quantils der MFU liegen mit vorwiegend rückläufiger Tendenz gemäß Tabelle 4-28 über den entsprechenden Werten der Vergleichsgruppe, wohingegen die Werte der 75%-Quantile der beiden Unternehmensgruppen nahezu gleichauf liegen.

[532] Auch für die 25%- und 75%-Quantile ist diese Entwicklung anhand von Tabelle 4-29 zu erkennen, wobei die Werte des 25%-Quantils der MFU nach wie vor über denen der Vergleichsunternehmen liegen.

chen, wobei die Unternehmen leicht unter dem Niveau vor Auszahlung bleiben. Im jeweils letzten Laufzeitjahr der Programmgruppen ist wiederum ein Rückgang festzustellen.[533]

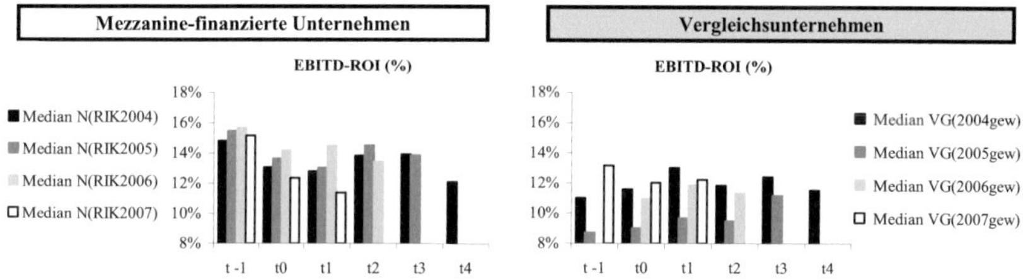

$n_{N(RIK2004)} = 70$, $n_{N(RIK2005)} = 70$, $n_{N(RIK2006)} = 55$, $n_{N(RIK2007)} = 86$, $n_{VG(2004gew)} = 70$, $n_{VG(2005gew)} = 70$, $n_{VG(2006gew)} = 55$, $n_{VG(2007gew)} = 86$. Quelle: Eigene Darstellung.

Abbildung 4-35: EBITD-ROI für t_{-1} bis t_4 nach Programmgruppen

Gemäß Tabelle 4-27 liegt der Anteil der MFU mit einem EBITD-ROI ≤ 0% wiederum deutlich unter den entsprechenden Anteilen der Vergleichsunternehmen. Im Zeitablauf ist zwar auch hier insbesondere im letzten Laufzeitjahr bzw. im Jahr 2008 eine Verschlechterung in Form steigender Anteile auszumachen, die Anteile der MFU sind aber nach wie vor zum Großteil deutlich unter den entsprechenden Vergleichswerten.

		EBITD-ROI ≤ 0%					
	Programm	t_{-1}	t_0	t_1	t_2	t_3	t_4
N_{RIK}	$N_{RIK2004}$	1,4%	0,0%	1,4%	0,0%	0,0%	5,7%
	$N_{RIK2005}$	1,4%	1,4%	0,0%	2,9%	7,1%	-
	$N_{RIK2006}$	1,8%	1,8%	3,6%	5,5%	-	-
	$N_{RIK2007}$	0,0%	1,2%	4,7%	-	-	-
VG_{gew}	$VG_{2004gew}$	14,1%	9,7%	9,9%	8,8%	3,2%	7,8%
	$VG_{2005gew}$	10,0%	11,3%	8,8%	6,3%	7,5%	-
	$VG_{2006gew}$	12,3%	10,8%	7,7%	7,7%	-	-
	$VG_{2007gew}$	3,2%	4,2%	10,2%	-	-	-

$n_{N(RIK2004)} = 70$, $n_{N(RIK2005)} = 70$, $n_{N(RIK2006)} = 55$, $n_{N(RIK2007)} = 86$,
$n_{VG(2004gew)} = 70$, $n_{VG(2005gew)} = 70$, $n_{VG(2006gew)} = 55$, $n_{VG(2007gew)} = 86$
Quelle: Eigene Darstellung.

Tabelle 4-27: Anteil der Unternehmen mit EBITD-ROI ≤ 0% für t_{-1} bis t_4 nach Programmgruppen

Insgesamt ist für die MFU ein durchweg höherer EBITD-ROI festzustellen, die MFU sind unabhängig sowohl von ihrer Kapitalstruktur als auch von bilanzpolitischem Spielraum rentabler als die Vergleichsunternehmen.[534] Dies gilt sowohl vor als auch seit Aufnahme

[533] Auch für die 25%- und 75%-Quantile ist gemäß Tabelle 4-30 die Entwicklung nahezu identisch mit der Entwicklung der Quantile bei der FINK aus Tabelle 4-26.

[534] Siehe hierzu Fn. 391.

des Mezzanine-Kapitals. Mit Aufnahme des Mezzanine-Kapitals ist aber wie bei der FINK zunächst ein Rückgang des EBITD-ROI auszumachen. Dieser Rückgang überrascht im ersten Moment, da beim EBITD-ROI die Rentabilität des Unternehmens unabhängig von den höheren Zinsaufwendungen für das Mezzanine-Kapital und der Abschreibungshöhe gemessen wird.[535] Somit kann bei den MFU entweder der EBITD (Zähler des EBITD-ROI[536]) nicht in dem Maße gesteigert werden, wie die Bilanzsumme im Nenner steigt, oder der EBITD ist absolut betrachtet rückläufig. In diesem Zusammenhang kann die Bilanzsumme zum einen durch die Aufnahme des Mezzanine-Kapitals sowie zum anderen durch die Aufnahme von weiterem Kapital zur Finanzierung von Investitionen zunehmen. Vor dem Hintergrund des in Abschnitt 4.3.4.2. aufgezeigten UW und der in diesem Zusammenhang getätigten Investitionen wird der EBITD-ROI zunächst belastet. Aber ebenfalls für den EBITD-ROI ist das bereits bei der FINK festzustellende Muster eines Rückgangs in t_0 und t_1 sowie einer sich anschließenden, absoluten und relativen Verbesserung ab t_1 oder t_2 für die ersten beiden Programmgruppen zu erkennen. Es lässt sich ableiten, dass die Erhöhung der Bilanzsumme durch die Aufnahme des Mezzanine-Kapitals den EBITD-ROI in den ersten Jahren seit Aufnahme vor dem Hintergrund der zeitverzögert einsetzenden Rückflüsse in einem ersten Schritt senkt, bevor Rückflüsse aus den getätigten Investitionen ab t_2 vereinnahmt werden können. Aber auch diesen Anstieg gilt es nicht getrennt von, sondern im Zusammenhang bzw. vor dem Hintergrund des konjunkturell günstigen Umfeldes der Jahre 2004 bis 2007 zu sehen. Da der EBITD-ROI auch im weiteren Verlauf höher als die Vergleichswerte ist, liegen auch hier keine Anhaltspunkte für eine ‚Adverse Selection' vor.

---

[535] Auch in den Szenarioanalysen zu Abbildung 3-2 des Abschnitts 3.1.7. wurde der EBITD-ROI durch die Aufnahme des Mezzanine-Kapitals nicht verändert.

[536] Siehe Abbildung 4-14.

		Quantil	2003	2004	2005	2006	2007	2008
EBITD-ROI (%)	$N_{RIK2004}$	25%	10,05	9,80	8,82	9,17	10,15	6,70
		Median	15,15	12,50	12,31	14,20	13,59	12,11
		75%	19,99	17,11	18,65	18,02	19,22	16,92
	$N_{RIK2005}$	25%	-	10,95	9,75	10,55	8,90	7,80
		Median	-	15,45	13,45	13,78	14,61	13,50
		75%	-	20,20	19,26	19,38	19,09	17,83
	$N_{RIK2006}$	25%	-	-	9,75	8,80	8,92	9,76
		Median	-	-	12,40	12,96	14,19	13,18
		75%	-	-	19,85	18,98	21,31	19,36
	$N_{RIK2007}$	25%	-	-	-	8,84	8,00	7,87
		Median	-	-	-	12,19	11,71	11,90
		75%	-	-	-	18,84	17,00	17,59
	VG_{gew}	25%	4,87	5,13	5,70	5,71	6,39	6,15
		Median	10,78	10,71	11,53	11,77	11,21	11,66
		75%	18,44	18,79	18,89	18,75	18,61	17,73

$n_{N(RIK2004)} = 70$, $n_{N(RIK2005)} = 70$, $n_{N(RIK2006)} = 55$, $n_{N(RIK2007)} = 86$, $n_{VG(gew)} = 281$
Quelle: Eigene Darstellung.

Tabelle 4-28: EBITD-ROI für 2003 bis 2008 nach Programmgruppen

		Quantil	t_{-1}	t_0	t_1
EBITD-ROI (%)	Mezzanine-finanzierte Unternehmen N_{RIK}	25%	10,50	9,78	9,17
		Median	15,34	13,30	12,76
		75%	20,58	19,05	17,74
	Vergleichsgruppe VG_{gew}	25%	5,47	5,59	5,73
		Median	10,47	10,96	11,72
		75%	18,97	18,47	18,12
	Differenz	25%	5,03	4,19	3,44
		Median	4,87	2,34	1,04
		75%	1,61	0,58	-0,38

Quelle: Eigene Darstellung. $n_{N(RIK)} = 281$, $n_{VG(gew)} = 281$

Tabelle 4-29: Kumulierter EBITD-ROI für t_{-1} bis t_1

			Mezzanine-finanzierte Unternehmen						Vergleichsunternehmen						Differenz					
		Quantil	t_{-1}	t_0	t_1	t_2	t_3	t_4	t_{-1}	t_0	t_1	t_2	t_3	t_4	t_{-1}	t_0	t_1	t_2	t_3	t_4
EBITD-ROI (%)	$N_{RIK2004}$ bzw. $VG_{2004gew}$	25%	10,41	9,25	9,08	8,97	10,23	6,70	4,96	4,72	4,78	5,30	6,69	5,41	5,45	4,53	4,30	3,67	3,54	1,28
		Median	14,82	13,07	12,79	13,85	13,92	12,11	11,00	11,59	13,01	11,85	12,41	11,54	3,82	1,48	-0,22	2,00	1,51	0,56
		75%	20,32	18,47	18,19	17,55	19,90	16,92	21,39	20,82	19,59	19,64	20,94	17,50	-1,08	-2,34	-1,40	-2,09	-1,05	-0,58
	$N_{RIK2005}$ bzw. $VG_{2005gew}$	25%	10,95	10,08	10,45	9,19	8,66	-	5,64	5,56	5,67	6,08	6,67	-	5,31	4,52	4,78	3,12	1,99	-
		Median	15,45	13,63	13,04	14,52	13,86	-	8,71	9,00	9,68	9,48	11,17	-	6,74	4,63	3,36	5,04	2,69	-
		75%	20,20	19,41	18,39	19,30	18,06	-	16,92	15,61	16,12	16,23	16,65	-	3,28	3,80	2,27	3,08	1,42	-
	$N_{RIK2006}$ bzw. $VG_{2006gew}$	25%	10,37	10,35	9,91	9,65	-	-	3,37	5,81	6,10	6,74	-	-	6,99	4,54	3,81	2,91	-	-
		Median	15,68	14,19	14,49	13,43	-	-	7,82	10,97	11,87	11,34	-	-	7,86	3,23	2,62	2,10	-	-
		75%	22,04	19,17	19,83	21,06	-	-	15,86	17,14	17,55	16,96	-	-	6,18	2,03	2,27	4,10	-	-
	$N_{RIK2007}$ bzw. $VG_{2007gew}$	25%	10,47	9,34	8,60	-	-	-	7,08	6,18	6,32	-	-	-	3,38	3,16	2,28	-	-	-
		Median	15,16	12,36	11,38	-	-	-	13,17	12,03	12,23	-	-	-	1,99	0,33	-0,86	-	-	-
		75%	20,03	17,93	16,99	-	-	-	20,65	19,74	18,92	-	-	-	-0,62	-1,81	-1,93	-	-	-

Quelle: Eigene Darstellung. $n_{N(RIK2004)} = 70$, $n_{N(RIK2005)} = 70$, $n_{N(RIK2006)} = 55$, $n_{N(RIK2007)} = 86$, $n_{VG(2004gew)} = 70$, $n_{VG(2005gew)} = 70$, $n_{VG(2006gew)} = 55$, $n_{VG(2007gew)} = 86$

Tabelle 4-30: EBITD-ROI für t_{-1} bis t_4 nach Programmgruppen

4.3.4.9. Umsatzrentabilität

Für die Umsatzrentabilität (UR), die die Höhe des ordentlichen Betriebsergebnisses[537] im Verhältnis zum Umsatz darstellt, zeigt sich eine ähnlich heterogene Entwicklung wie für die FINK und den EBITD-ROI, wie Abbildung 4-36 zu entnehmen ist. Diesbezüglich weisen die MFU zum Teil höhere, gleiche, aber auch schlechtere Werte auf[538], so dass sich im Gegensatz zum EBITD-ROI oder der FINK kein eindeutiges Bild ergibt.[539]

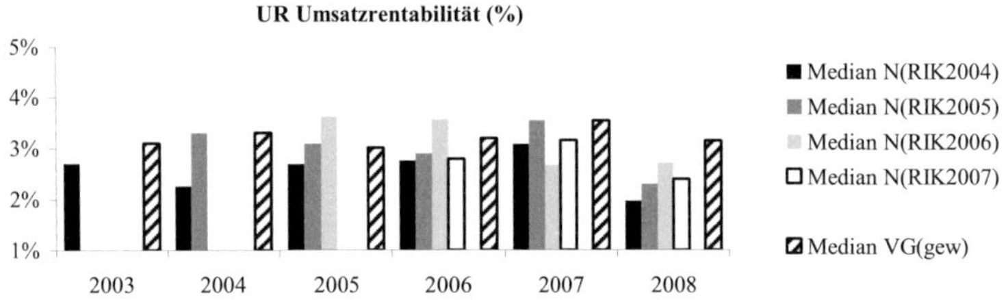

$n_{N(RIK2004)} = 70$, $n_{N(RIK2005)} = 70$, $n_{N(RIK2006)} = 55$, $n_{N(RIK2007)} = 86$, $n_{VG(gew)} = 281$
Quelle: Eigene Darstellung.

Abbildung 4-36: UR für 2003 bis 2008 nach Programmgruppen

Wie Abbildung 4-37 veranschaulicht, wurden Unternehmen mit durchschnittlich höherer UR vor Aufnahme für eine Mezzanine-Finanzierung ausgewählt. Für die kumulierte UR der MFU ist gemäß Abbildung 4-37 festzustellen, dass nach leicht höheren Werten in t_{-1} die UR in t_0 geringfügig unter das Niveau der Vergleichunternehmen sinkt. In t_1 bleibt die UR für beide Unternehmensgruppen nahezu konstant.[540]

[537] Siehe Fn. 392.

[538] Da gemäß Entwicklungsdatenbestand von Moody's KMV insolvenzgefährdete Unternehmen (I) durchschnittlich eine niedrigere UR als solvente Unternehmen (S) aufweisen (I < S), kann in Analogie hierzu bei niedrigeren auch von schlechteren Werten gesprochen werden. Siehe Abbildung 4-14.

[539] Auch die Werte des 25%-Quantils der MFU liegen mit vorwiegend rückläufiger Tendenz gemäß Tabelle 4-32 bis 2007 über den entsprechenden Werten der Vergleichsgruppe. In 2008 fallen die Werte dagegen auf oder vereinzelt sogar unter die Werte der Vergleichsunternehmen. Gemessen am 75%-Quantil schneiden die MFU insgesamt schlechter ab als die Vergleichsunternehmen. Bis auf Programmgruppe $N_{RIK2004}$ können die MFU ihre UR aber auch in 2008 bei rückläufigen Werten der Vergleichsunternehmen entweder konstant oder zum Teil sogar weiter auszuweiten.

[540] Die 25%- und 75%-Quantile verändern sich laut Tabelle 4-33 nach dem gleichem Muster. Hierbei ist die UR des 25%-Quantils der MFU nach wie vor leicht besser, wohingegen die UR des 75%-Quantils bei den Vergleichsunternehmen höher ist.

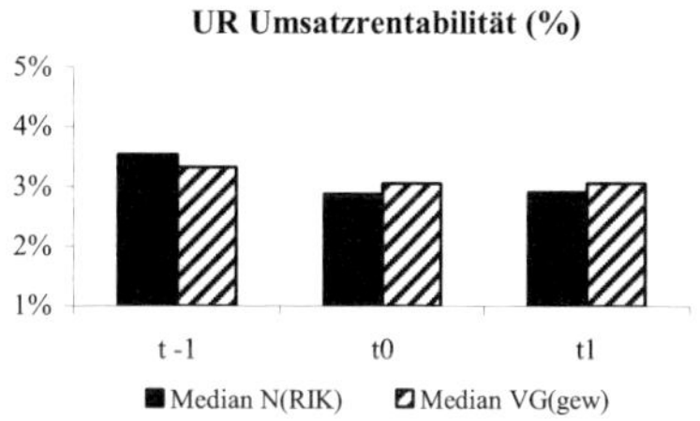

Quelle: Eigene Darstellung. $n_{N(RIK)} = 281$, $n_{VG(gew)} = 281$

Abbildung 4-37: Kumulierte UR für t_{-1} bis t_1

Für die UR der einzelnen Programmgruppen kann gemäß Abbildung 4-38 die in Abbildung 4-37 festgestellte Entwicklung bestätigt werden. So ist in t_0 sowie weiter in t_1 zumeist ein absoluter Rückgang gegenüber dem jeweiligen Vorjahr zu erkennen. Aber auch für diese Kennzahl ist die positive Entwicklung, die bereits bei der Analyse der FINK und des EBITD-ROI festgestellt werden konnte, ab t_1 bzw. t_2 wieder auszumachen. So können die Unternehmen der Programmgruppe $N_{RIK2004}$ ihre UR in t_1 nach einem deutlichen Rückgang in t_0 konstant halten, während die Vergleichsunternehmen eine sinkende UR aufweisen. Ab t_2 sind für $N_{RIK2004}$ und $VG_{2004gew}$ Verbesserungen der UR im ungefähr gleichen Maße festzustellen, bis sie für $N_{RIK2004}$ im letzten Laufzeitjahr t_4 einbricht. Die UR der Programmgruppe $N_{RIK2005}$ fällt in t_1 nach einem Anstieg in t_0 leicht unter das Niveau von t_{-1}, bevor in t_2 absolut betrachtet wiederum eine Verbesserung auszumachen ist. Der positive Abstand zu den Vergleichsunternehmen sinkt in diesem Zusammenhang aber sukzessiv ab dem Zeitpunkt t_0, da die entsprechenden Vergleichsunternehmen $VG_{2005gew}$ ihre UR geringfügig stärker verbessern können. Hierbei können die beiden Programmgruppen $N_{RIK2004}$ und $N_{RIK2005}$ ihre UR in t_2 sogar leicht über das Niveau vor Auszahlung erhöhen. Bei $N_{RIK2006}$ ist dagegen durchweg eine Verschlechterung sowohl absolut als auch relativ gegenüber den Vergleichsunternehmen zu erkennen, wohingegen die Unternehmen von $N_{RIK2007}$ ihre in t_0 gesunkene UR in t_1 nahezu konstant halten können. Diesbezüglich verschlechtert sich aber der Abstand zu $VG_{2007gew}$ in t_1 nach einer Reduzierung in t_0.[541]

[541] Die Werte der 75%-Quantile der MFU liegen laut Tabelle 4-34 zwar nach wie vor zumeist unterhalb der Werte der Vergleichsunternehmen, die MFU können aber den Abstand entweder verringern oder konstant halten. Beim 25%-Quantil ist dagegen zumeist eine Verschlechterung zu erkennen, wobei größtenteils die UR der MFU bis zum Krisenjahr 2008 bzw. dem letzten Laufzeitjahr über der UR der Vergleichsgruppe liegt. Im letzten Laufzeitjahr bricht aber die UR der MFU bei einer nahezu konstanten bzw. sich teilweise sogar leicht verbessernden UR der Vergleichsunternehmen ein. Hierbei zeichnet sich aber für beide Quantile das bereits aufgezeigte Muster, wonach zunächst eine Verschlechterung sowie eine sich anschließende absolut und/ oder relativ betrachtete Verbesserung ergibt, zum Teil ab.

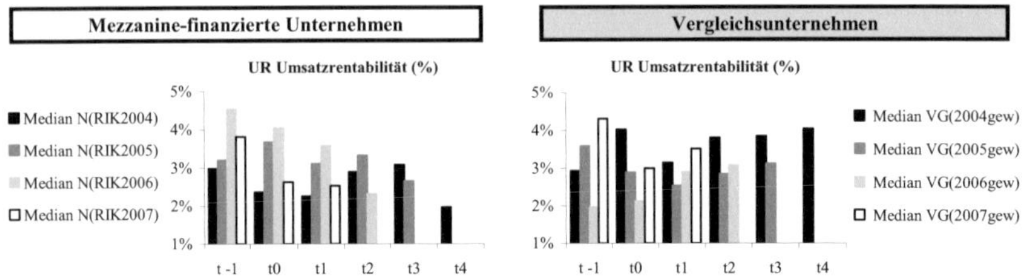

$n_{N(RIK2004)} = 70$, $n_{N(RIK2005)} = 70$, $n_{N(RIK2006)} = 55$, $n_{N(RIK2007)} = 86$, $n_{VG(2004gew)} = 70$, $n_{VG(2005gew)} = 70$, $n_{VG(2006gew)} = 55$, $n_{VG(2007gew)} = 86$. Quelle: Eigene Darstellung.

Abbildung 4-38: UR für t_{-1} bis t_4 nach Programmgruppen

Darüber hinaus können laut Tabelle 4-31 nach deutlich geringeren Anteilen der MFU mit einer UR ≤ 0% in den ersten Laufzeitjahren insbesondere im jeweils letzten Laufzeitjahr bzw. in 2008 stark gestiegene Anteile ausgemacht werden. Dieser Anstieg fällt programmgruppenabhängig insbesondere in 2008 vereinzelt so stark aus, dass einzelne Programmgruppen höhere Anteile als die entsprechenden Vergleichsgruppen aufweisen.

		Umsatzrentabilität UR ≤ 0%					
	Programm	t_{-1}	t_0	t_1	t_2	t_3	t_4
N_{RIK}	$N_{RIK2004}$	7,1%	10,0%	14,3%	17,1%	8,6%	25,7%
	$N_{RIK2005}$	7,1%	5,7%	5,7%	14,3%	21,4%	-
	$N_{RIK2006}$	10,9%	12,7%	18,2%	20,0%	-	-
	$N_{RIK2007}$	8,1%	11,6%	14,0%	-	-	-
VG_{gew}	$VG_{2004gew}$	20,4%	21,2%	20,2%	15,1%	18,5%	16,7%
	$VG_{2005gew}$	18,7%	18,8%	21,3%	22,7%	18,8%	-
	$VG_{2006gew}$	31,2%	26,3%	21,9%	21,7%	-	-
	$VG_{2007gew}$	12,9%	17,4%	21,9%	-	-	-

$n_{N(RIK2004)} = 70$, $n_{N(RIK2005)} = 70$, $n_{N(RIK2006)} = 55$, $n_{N(RIK2007)} = 86$,
$n_{VG(2004gew)} = 70$, $n_{VG(2005gew)} = 70$, $n_{VG(2006gew)} = 55$, $n_{VG(2007gew)} = 86$
Quelle: Eigene Darstellung.

Tabelle 4-31: Anteil der Unternehmen mit UR ≤ 0% für t_{-1} bis t_4 nach Programmgruppen

Insgesamt ist für die UR kein so eindeutiges Bild aufzuzeigen, wie es für die FINK und den EBITD-ROI der Fall war. Vor Aufnahme weisen die mezzaninen Programmgruppen zum Teil eine höhere oder gleiche, zum Teil aber auch eine niedrigere UR auf. Im Zeitablauf zeichnet sich dagegen das bereits bekannte Muster einer absoluten und relativen Verschlechterung in t_0 und t_1 gegenüber den Vergleichsunternehmen ab. Somit greift auch für die UR zum einen der negative Zinseffekt aufgrund der höheren und zumeist fixen Vergütung und senkt die UR.[542] Zum anderen reduzieren ebenfalls die getätigten Investitionen und die erst zeitverzögert einsetzenden Rückflüsse aus diesen Investitionen die UR in der ersten Zeit nach der Aufnahme des Mezzanine-Kapitals. Denn im Zusammenhang mit den Investitionen gilt es die daraus resultierenden (planmäßigen) Abschreibungen zu berücksichtigen. Somit ist die UR entweder insgesamt rückläufig oder kann nicht in dem Maße gesteigert werden wie der Umsatz. Insbesondere vor dem Hintergrund des starken UW der MFU kann vor allem letzt genannter Grund einen großen Einfluss auf die UR haben. Aber auch die Abschreibungen auf die getätigten Investitionen, die im ordentlichen Betriebsergebnis im Gegensatz zum ertragswirtschaftlichen Cash Flow enthalten sind, tragen zur nur durchschnittlichen Entwicklung der UR bei. Demnach zeigt die Analyse, dass die UR einerseits aufgrund der höheren Abschreibungen im Rahmen der getätigten Investitionen und der höheren Kosten für das Mezzanine-Kapital sowie andererseits aufgrund des starken Umsatzanstiegs nicht in dem Maße gesteigert werden kann, wie zuvor die FINK und der EBITD-ROI.

In Bezug auf die Höhe der UR der MFU im Vergleich zu den Vergleichsunternehmen kann vor Aufnahme des Kapitals das heterogene Bild von zum Teil höheren, gleichen oder niedrigeren Werten aufgezeigt werden. Darüber hinaus sind aber vor allem die Anteile der MFU mit einer UR $\leq 0\%$ deutlich geringer, so dass in Bezug auf die UR auf Basis der vorliegenden Daten sowie insbesondere im Hinblick auf diese deutlich geringeren Anteile, kaum von einer ‚Adverse Selection' auszugehen ist.

[542] Demnach kann der negative Zinseffekt einer Aufnahme von höher und festverzinslichem Mezzanine-Kapital gemäß Szenario 3 der Szenarioanalysen zu Abbildung 3-2 des Abschnitts 3.1.7. anhand empirischer Daten bestätigt werden. In Bezug auf den Anstieg der UR bei der Programmgruppe $N_{RIK2005}$ sei auf die Ausführungen zur FINK in Abschnitt 4.3.4.7. verwiesen, da auch hier der Anstieg nicht auf die Unternehmen der Transaktion equiNotes 2005-1, die das Mezzanine-Kapital in Form von bilanziellem Eigenkapital aufgenommen haben, zurückzuführen ist.

UR Umsatzrentabilität (%)		Quantil	2003	2004	2005	2006	2007	2008
	$N_{RIK2004}$	25%	1,42	1,28	0,98	1,16	1,45	-0,02
		Median	2,70	2,26	2,69	2,77	3,09	1,97
		75%	5,45	4,93	4,94	4,87	5,71	4,69
	$N_{RIK2005}$	25%	-	1,92	1,91	1,70	0,78	0,50
		Median	-	3,30	3,09	2,90	3,55	2,30
		75%	-	5,58	5,45	6,38	6,45	6,49
	$N_{RIK2006}$	25%	-	-	1,64	0,95	0,59	0,96
		Median	-	-	3,62	3,57	2,67	2,72
		75%	-	-	6,40	7,77	6,82	7,73
	$N_{RIK2007}$	25%	-	-	-	1,22	0,93	0,30
		Median	-	-	-	2,80	3,17	2,40
		75%	-	-	-	7,24	5,50	5,56
	VG_{gew}	25%	0,20	0,38	0,57	0,22	0,45	0,62
		Median	3,10	3,31	3,02	3,20	3,55	3,15
		75%	8,27	8,04	8,86	7,84	8,42	7,00

$n_{N(RIK2004)} = 70$, $n_{N(RIK2005)} = 70$, $n_{N(RIK2006)} = 55$, $n_{N(RIK2007)} = 86$, $n_{VG(gew)} = 281$

Quelle: Eigene Darstellung.

Tabelle 4-32: UR für 2003 bis 2008 nach Programmgruppen

UR Umsatzrentabilität (%)		Quantil	t_{-1}	t_0	t_1
	Mezzanine-finanzierte Unternehmen N_{RIK}	25%	1,67	1,62	1,14
		Median	3,54	2,88	2,91
		75%	6,39	5,93	5,63
	Vergleichs-gruppe VG_{gew}	25%	0,56	0,25	0,28
		Median	3,33	3,05	3,06
		75%	8,31	8,07	7,60
	Differenz	25%	1,11	1,37	0,86
		Median	0,22	-0,17	-0,16
		75%	-1,92	-2,15	-1,97

Quelle: Eigene Darstellung. $n_{N(RIK)} = 281$, $n_{VG(gew)} = 281$

Tabelle 4-33: Kumulierte UR für t_{-1} bis t_1

UR Umsatzrentabilität (%)			Mezzanine-finanzierte Unternehmen						Vergleichsunternehmen						Differenz					
		Quantil	t_{-1}	t_0	t_1	t_2	t_3	t_4	t_{-1}	t_0	t_1	t_2	t_3	t_4	t_{-1}	t_0	t_1	t_2	t_3	t_4
	$N_{RIK2004}$ bzw. $VG_{2004gew}$	25%	1,42	1,46	1,04	1,02	1,48	-0,02	0,45	0,28	0,45	0,47	0,56	0,67	0,97	1,18	0,59	0,55	0,92	-0,69
		Median	2,98	2,36	2,26	2,89	3,07	1,97	2,93	4,03	3,15	3,81	3,85	4,05	0,05	-1,67	-0,89	-0,91	-0,78	-2,08
		75%	5,60	4,90	4,94	4,99	4,68	4,69	7,65	8,60	8,06	6,53	7,81	6,97	-2,05	-3,70	-3,12	-1,54	-3,14	-2,28
	$N_{RIK2005}$ bzw. $VG_{2005gew}$	25%	1,90	2,07	1,75	0,97	0,55	-	0,78	0,48	0,01	0,06	0,86	-	1,12	1,59	1,73	0,91	-0,31	-
		Median	3,20	3,67	3,10	3,32	2,64	-	3,58	2,89	2,54	2,84	3,12	-	-0,38	0,79	0,56	0,47	-0,48	-
		75%	5,58	5,85	5,80	6,16	6,83	-	7,27	7,39	6,97	8,33	7,36	-	-1,69	-1,54	-1,17	-2,16	-0,52	-
	$N_{RIK2006}$ bzw. $VG_{2006gew}$	25%	2,02	1,48	0,75	0,67	-	-	-0,80	-0,36	0,12	0,28	-	-	2,82	1,84	0,63	0,38	-	-
		Median	4,53	4,05	3,57	2,31	-	-	1,96	2,12	2,90	3,07	-	-	2,57	1,93	0,67	-0,76	-	-
		75%	6,75	6,84	6,88	7,10	-	-	6,08	6,14	6,61	6,00	-	-	0,67	0,71	0,27	1,10	-	-
	$N_{RIK2007}$ bzw. $VG_{2007gew}$	25%	1,37	1,44	0,92	-	-	-	1,35	0,43	0,46	-	-	-	0,02	1,01	0,46	-	-	-
		Median	3,81	2,62	2,53	-	-	-	4,31	2,99	3,52	-	-	-	-0,50	-0,37	-0,99	-	-	-
		75%	6,76	6,88	5,24	-	-	-	11,12	9,44	8,38	-	-	-	-4,36	-2,56	-3,14	-	-	-

Quelle: Eigene Darstellung. $n_{N(RIK2004)} = 70$, $n_{N(RIK2005)} = 70$, $n_{N(RIK2006)} = 55$, $n_{N(RIK2007)} = 86$, $n_{VG(2004gew)} = 70$, $n_{VG(2005gew)} = 70$, $n_{VG(2006gew)} = 55$, $n_{VG(2007gew)} = 86$

Tabelle 4-34: UR für t_{-1} bis t_4 nach Programmgruppen

4.3.4.10. Personalaufwandsquote

Insgesamt weisen die MFU gemäß Abbildung 4-39 eine durchweg höhere Personalaufwandsquote (PAQ)[543] als Anteil des Personalaufwands am Umsatz als die Vergleichsunternehmen auf, wobei insbesondere die Programmgruppe $N_{RIK2005}$ eine höhere PAQ zeigt. Sowohl die mezzanine- als auch die klassisch-finanzierten Unternehmen können ihre PAQ als Gradmesser der Produktivität im Zeitraum bis 2008 zumeist leicht verbessern.[544]

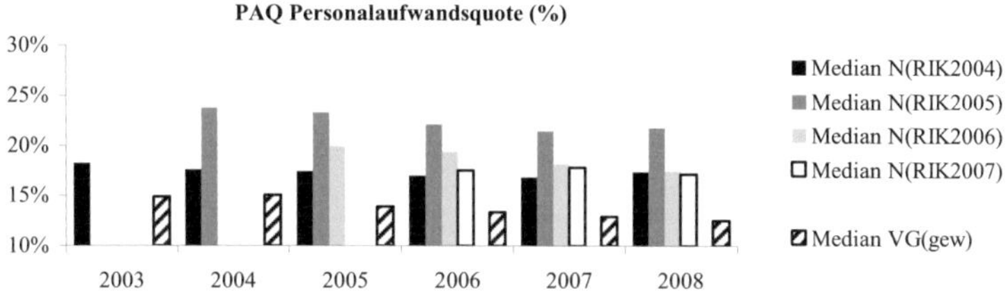

$n_{N(RIK2004)} = 70^*$, $n_{N(RIK2005)} = 70$, $n_{N(RIK2006)} = 55$, $n_{N(RIK2007)} = 86$, $n_{VG(gew)} = 281$
Quelle: Eigene Darstellung.

Abbildung 4-39: PAQ für 2003 bis 2008 nach Programmgruppen[545]

Anhand der laufzeitabhängigen, kumulierten PAQ aus Abbildung 4-40 ist bei leichter Verbesserung der PAQ der Vergleichsunternehmen bei den MFU keine Veränderung für den Zeitraum festzustellen.[546]

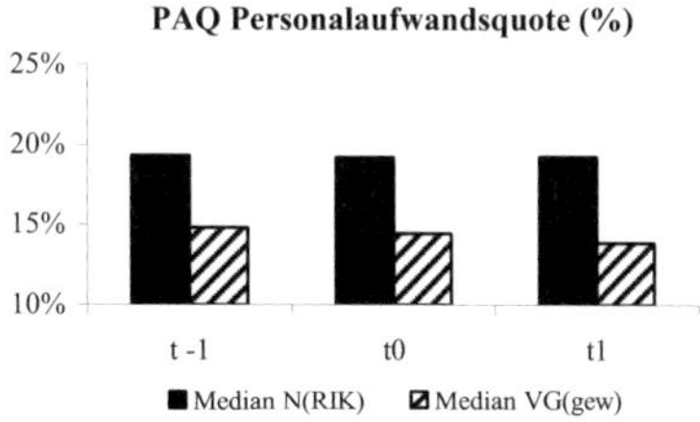

Quelle: Eigene Darstellung. $n_{N(RIK)} = 281^*$, $n_{VG(gew)} = 281$

Abbildung 4-40: Kumulierte PAQ für t_{-1} bis t_1[547]

---

[543] Da gemäß Entwicklungsdatenbestand von Moody's KMV insolvenzgefährdete Unternehmen (I) durchschnittlich eine höhere PAQ als solvente Unternehmen (S) aufweisen (I > S), kann in Analogie hierzu bei höheren auch von schlechteren Werten gesprochen werden. Siehe Abbildung 4-14. Zur Höhe der PAQ sei einschränkend angemerkt, dass laut Moody's KMV „die Beobachtung zeigt, dass die solventen Unternehmen tatsächlich vornehmlich in den niedrigen Werteklassen der Kennzahl liegen. Im Vergleich zu den übrigen Kennzahlen hat diese Kennzahl das niedrigste Accuracy Ratio." Moody's Investors Service (2001), S. 15. Zur Accuracy Ratio siehe Fn. 394 und Fn. 179.

[544] Hierbei liegen gemäß Tabelle 4-35 die Werte des 25%- und des 75%-Quantils der MFU zum Großteil über den Werten der Vergleichsunternehmen, können aber zum Teil verbessert werden.

[545] Bei ‚*' fehlt im Ausnahmefall eine Kennzahl in einem Jahr. Siehe hierzu Fn. 407 und Anhang VI-108.

[546] Gemäß Tabelle 4-36 kann dagegen der Abstand zu den sich verbessernden Vergleichsunternehmen gemessen am 25%- und 75%-Quantil konstant gehalten werden.

Auf Programmgruppenebene sind laut Abbildung 4-41 nach nur geringfügigen Verbesserungen der PAQ in t_0 wieder erst zumeist ab t_1 oder t_2 stärkere, absolute Verbesserungen auszumachen. Im Vergleich mit der PAQ der Vergleichsprogrammgruppen kann dagegen ein uneinheitliches Bild aufgezeigt werden. So kann die Programmgruppe $N_{RIK2006}$ ihre PAQ stärker verbessern als die entsprechenden Vergleichswerte, während Programmgruppe $N_{RIK2004}$ ihre PAQ zwar absolut betrachtet leicht senken kann, sich der Abstand zu den sich stärker verbessernden Vergleichsunternehmen aber erhöht. $N_{RIK2005}$ und $N_{RIK2006}$ können ihre PAQ im gleichen Verhältnis wie die Vergleichsunternehmen senken.[548]

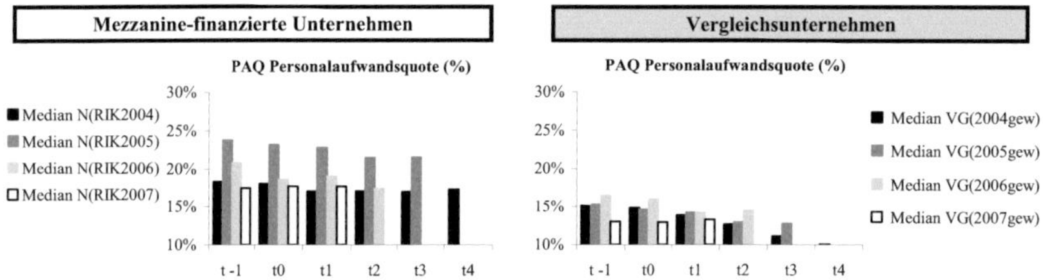

$n_{N(RIK2004)} = 70$*, $n_{N(RIK2005)} = 70$, $n_{N(RIK2006)} = 55$, $n_{N(RIK2007)} = 86$, $n_{VG(2004gew)} = 70$, $n_{VG(2005gew)} = 70$, $n_{VG(2006gew)} = 55$, $n_{VG(2007gew)} = 86$. Quelle: Eigene Darstellung.

Abbildung 4-41: PAQ für t_{-1} bis t_4 nach Programmgruppen[549]

Für die PAQ ist festzustellen, dass die MFU eine durchweg schlechtere PAQ und damit eine geringere Produktivität aufzeigen. Hierbei ist bis auf für die konstanten Werte der Programmgruppe $N_{RIK2007}$ eine absolute Verbesserung der Werte wieder ab t_1 bzw. t_2 festzustellen. Dies würde den Trend aus den vorherigen Untersuchungen zur FINK, dem EBITD-ROI und UW sowie der UR bestätigen. Die MFU schaffen es aber nur vereinzelt, ihre PAQ stärker zu verbessern als die sich ebenfalls verbessernden Vergleichsunternehmen. Teilweise verschlechtert sich bei zwar absoluter Verbesserung die PAQ dennoch gegenüber den Vergleichsunternehmen. Somit sind die Vergleichsunternehmen auch im weiteren Verlauf durch eine höhere Produktivität gekennzeichnet. Auf Basis eines UW im Rahmen der getätigten Investitionen wachsen die Personalaufwendungen somit in der ers-

---

[547] Bei ‚*' fehlt im Ausnahmefall eine Kennzahl in einem Jahr. Siehe hierzu Fn. 407 und Anhang VI-109.

[548] Für das 75%-Quantil ist laut Tabelle 4-37 festzustellen, dass die PAQ größtenteils gesenkt oder konstant gehalten sowie im Vergleich zu den klassisch-finanzierten Unternehmen verbessert werden kann. Bei den 25%-Quantilen zeigen die ersten beiden Programmgruppen absolut betrachtet keine Veränderung, wohingegen sie sich gegenüber den Vergleichsunternehmen verschlechtern. Für die letzten beiden Programmgruppen $N_{RIK2006}$ und $N_{RIK2007}$ ist dagegen eine absolute und relative Verbesserung der PAQ auszumachen, wobei zwischenzeitlich zum Teil starke Schwankungen festzustellen sind.

[549] Bei ‚*' fehlt im Ausnahmefall eine Kennzahl in einem Jahr. Siehe hierzu Fn. 407 und Anhang VI-110.

ten Zeit nach Aufnahme des Mezzanine-Kapitals im gleichen Verhältnis wie die Umsatzerlöse. Wird weiter davon ausgegangen, dass die Personalaufwendungen zwar aufgrund der allgemeinen Lohnentwicklung gestiegen sein sollten, aber der Anstieg der Löhne nicht in dem Maße wie die Zunahme der Umsatzerlöse erfolgte[550], kann konstatiert werden, dass die MFU ihre Personaldecke aufgestockt haben.[551] Erst zeitverzögert ergeben sich die bereits im Rahmen der Entwicklung der FINK angesprochenen Lernkurveneffekte vor dem Hintergrund des Anwerbens und Anlernens von Mitarbeitern. Die gestiegenen Personalaufwendungen sowie das UW der MFU bedeuten im Umkehrschluss für die Vergleichsunternehmen, dass sie die Personalaufwendungen im Verhältnis zum geringeren UW weniger ausweiten und somit kein oder weniger zusätzliches Personal einstellen.[552]

Zur Höhe der PAQ ist festzuhalten, dass die MFU eine geringere Produktivität aufweisen. Dies würde im ersten Moment die Vermutung einer ‚Adverse Selection' bestätigen. Bei einem zusätzlichen Vergleich mit der Median-PAQ der großen Familienunternehmen in Deutschland von 18,3% für 2006 und 17,9% für 2007 ist für die Vergleichsunternehmen eine durchweg bessere PAQ zu erkennen. Die MFU zeigen aber dagegen programmgruppenabhängig eine teilweise bessere, gleiche aber auch teilweise schlechtere PAQ im Vergleich zu den großen Familienunternehmen.[553] Vor diesem Hintergrund erscheint die Annahme einer ‚Adverse Selection' nicht gerechtfertigt.[554]

---

[550] So blieb die Lohnentwicklung in den letzten Jahren hinter den Produktivitätssteigerungen, so dass von einer niedrigen Lohnentwicklung der letzten Jahre ausgegangen werden kann. Vgl. Sachverständigenrat (2009), S. 263; Sachverständigenrat (2008), S. 348.

[551] Auch die ersten Ergebnisse einer separaten Analyse der Unternehmen der H.E.A.T Mezzanine-Transaktionen deuten auf steigende Mitarbeiterzahlen hin.

[552] Die in diesem Zusammenhang durchgeführten ersten Analysen zu den Vergleichsunternehmen deuten auf rückläufige Mitarbeiterzahlen im Zeitraum 2003 bis 2008 sowohl am Median als auch Mittelwert gemessen hin, wobei nur vollständige und auswertbare Daten zu 150 der 330 Vergleichsunternehmen vorliegen.

[553] Vgl. Institut für Mittelstandsforschung (2010), S. 63-68. Ein Vergleich weiterer Kennzahlen ist aufgrund der unterschiedlichen Berechnungsweise der jeweiligen Kennzahlen nicht möglich.

[554] Inwiefern eine PAQ von ca. 20% als besonders negativ zu beurteilen ist, ist vor dem Hintergrund der Besonderheiten der Kennzahlendefinitionen nur unter Rückgriff auf Daten gemäß dem Entwicklungsdatenbestand von Moody's KMV zu beantworten. Hiernach weisen ca. 61% der solventen Unternehmen (S) eine PAQ von mindestens 20% auf. Diese näherungsweisen Werte entstammen der Grafik aus Moody's Investors Service (2001), S. 14. Siehe hierzu die Anmerkungen zum Accuracy Ratio aus Fn. 543. Es gilt eine nur eingeschränkte Vergleichbarkeit zu beachten, da diese Daten des Entwicklungsdatenbestands mehrere Jahre alt sind.

PAQ Personalaufwandsquote (%)		Quantil	2003	2004	2005	2006	2007	2008
	$N_{RIK2004}$	25%	10,43	9,03	9,50	9,33	9,57	10,49
		Median	18,27	17,56	17,38	16,95	16,81	17,36
		75%	28,40	26,96	27,94	27,49	25,65	24,94
	$N_{RIK2005}$	25%	-	13,63	14,30	13,94	13,84	14,15
		Median	-	23,75	23,27	22,08	21,45	21,73
		75%	-	29,78	29,17	27,75	27,93	28,15
	$N_{RIK2006}$	25%	-	-	13,07	11,47	11,63	11,10
		Median	-	-	19,90	19,31	18,12	17,42
		75%	-	-	32,02	29,31	29,86	27,06
	$N_{RIK2007}$	25%	-	-	-	12,03	11,68	10,70
		Median	-	-	-	17,50	17,77	17,15
		75%	-	-	-	25,99	27,12	26,41
	VG_{gew}	25%	8,63	8,42	8,11	7,42	7,56	7,42
		Median	14,88	15,06	13,91	13,35	12,91	12,53
		75%	27,49	26,62	26,38	25,32	25,39	25,01

$n_{N(RIK2004)} = 70$*, $n_{N(RIK2005)} = 70$, $n_{N(RIK2006)} = 55$, $n_{N(RIK2007)} = 86$, $n_{VG(gew)} = 281$
Quelle: Eigene Darstellung.

Tabelle 4-35: PAQ für 2003 bis 2008 nach Programmgruppen[555]

PAQ Personalaufwandsquote (%)		Quantil	t_{-1}	t_0	t_1
	Mezzanine-finanzierte Unternehmen N_{RIK}	25%	12,67	12,25	11,74
		Median	19,29	19,18	19,23
		75%	28,95	28,59	27,66
	Vergleichs-gruppe VG_{gew}	25%	8,69	8,14	7,76
		Median	14,79	14,45	13,87
		75%	27,08	26,95	25,92
	Differenz	25%	3,97	4,12	3,98
		Median	4,50	4,73	5,37
		75%	1,87	1,65	1,74

Quelle: Eigene Darstellung. $n_{N(RIK)} = 281$*, $n_{VG(gew)} = 281$

Tabelle 4-36: Kumulierte PAQ für t_{-1} bis t_1[556]

[555] Bei ‚*' fehlt im Ausnahmefall eine Kennzahl in einem Jahr. Siehe hierzu Fn. 407 und Anhang VI-108.

[556] Bei ‚*' fehlt im Ausnahmefall eine Kennzahl in einem Jahr. Siehe hierzu Fn. 407 und Anhang VI-109.

AQ Personalaufwandsquote (%)		Mezzanine-finanzierte Unternehmen						Vergleichsunternehmen						Differenz					
	Quantil	t_{-1}	t_0	t_1	t_2	t_3	t_4	t_{-1}	t_0	t_1	t_2	t_3	t_4	t_{-1}	t_0	t_1	t_2	t_3	t_4
$N_{RIK2004}$	25%	10,43	9,63	9,23	9,39	9,50	10,49	8,07	7,27	6,74	6,36	5,78	5,28	2,36	2,35	2,50	3,04	3,72	5,21
bzw.	Median	18,27	18,09	17,03	17,04	17,02	17,36	15,11	14,89	13,87	12,69	11,11	10,05	3,16	3,21	3,16	4,35	5,90	7,31
$VG_{2004gew}$	75%	28,40	27,38	26,23	27,58	26,62	24,94	29,25	29,70	25,36	26,86	23,90	24,07	-0,85	-2,32	0,87	0,71	2,72	0,87
$N_{RIK2005}$	25%	13,63	14,26	13,55	13,92	13,99	-	8,87	8,47	7,61	7,89	8,04	-	4,75	5,79	5,94	6,02	5,95	-
bzw.	Median	23,75	23,17	22,79	21,47	21,53	-	15,29	14,63	14,27	12,94	12,75	-	8,46	8,53	8,52	8,53	8,79	-
$VG_{2005gew}$	75%	29,78	29,41	27,80	27,42	28,22	-	27,58	28,04	27,92	26,93	26,35	-	2,20	1,36	-0,12	0,49	1,87	-
$N_{RIK2006}$	25%	13,35	12,92	11,82	11,85	-	-	10,17	9,66	9,08	9,23	-	-	3,18	3,26	2,74	2,63	-	-
bzw.	Median	20,81	18,60	19,05	17,43	-	-	16,46	16,04	14,27	14,48	-	-	4,35	2,56	4,77	2,94	-	-
$VG_{2006gew}$	75%	30,80	32,08	30,16	29,37	-	-	26,02	23,54	23,33	24,96	-	-	4,78	8,55	6,83	4,41	-	-
$N_{RIK2007}$	25%	13,37	12,32	11,44	-	-	-	8,11	7,59	7,86	-	-	-	5,26	4,74	3,58			
bzw.	Median	[illegible]	[illegible]	[illegible]	-	-	-	13,06	12,93	13,27	-	-	-	4,40	4,75	4,46	-	-	-
$VG_{2007gew}$	75%	27,83	25,48	27,93	-	-	-	25,58	26,00	26,40	-	-	-	2,25	-0,52	1,53	-	-	-

Quelle: Eigene Darstellung. $n_{N(RIK2004)} = 70^*$, $n_{N(RIK2005)} = 70$, $n_{N(RIK2006)} = 55$, $n_{N(RIK2007)} = 86$, $n_{VG(2004gew)} = 70$, $n_{VG(2005gew)} = 70$, $n_{VG(2006gew)} = 55$, $n_{VG(2007gew)} = 86$

Tabelle 4-37: PAQ für t_{-1} bis t_4 nach Programmgruppen[557]

4.3.5. Ratingverteilung und -migration

Bei Analyse der Verteilung der Ratings gemäß Moody's KMV als Urteil über die Bonität eines Unternehmens[558] vor Aufnahme des Mezzanine-Kapitals kann die in Abbildung 4-42 dargestellte Verteilung der 5-Jahres-Ratings aufgezeigt werden.[559] Die Verteilung ist hierbei nicht symmetrisch, sondern linksschief, da die meisten Unternehmen ein Rating von Baa2.edf oder Baa3.edf aufweisen.[560] Insgesamt haben die Unternehmen der Kennzahlenanalyse N_{RIK} vor Aufnahme zum überwiegenden Großteil ein „Investment Grade"-Rating gemäß Moody's KMV mit einem Median-Rating[561] von Baa2.edf.[562]

---

[557] Bei ‚*' fehlt im Ausnahmefall eine Kennzahl in einem Jahr. Siehe hierzu Fn. 407 und Anhang VI-110.

[558] Für eine Definition des Begriffs ‚Rating' siehe Abschnitt 2.3.

[559] Siehe die einschränkenden Anmerkungen der Fn. 336. Da für die Vergleichsunternehmen keine Finanzratings gemäß Moody's KMV vorliegen, ist ein Vergleich mit diesen Daten nicht möglich. In Anhang VI-113 ist zusätzlich die Ratingverteilung der Unternehmen der Grundgesamtheit N_R sowie der Unternehmen der Kennzahlenanalyse N_{RIK} abgebildet. Hierbei deuten die Ergebnisse eines χ^2-Anpassungstests aus Anhang VI-114 mit $p = 0{,}622$ auf eine Gleichverteilung der Ratings und somit auf Repräsentativität der Unternehmen der Kennzahlenanalyse N_{RIK} für die Grundgesamtheit N_R. Diese Repräsentativität gilt es insbesondere im Hinblick auf die in Fn. 403 angesprochene Positivauslese zu beachten.

[560] Die Schiefe ist ein Formmaß zur Beschreibung der Symmetrie einer Verteilung. Ist die Verteilung nicht symmetrisch, konzentriert sich ein größerer Anteil der Daten eher auf der linken oder rechten Hälfte. Eine Verteilung heißt linksschief bzw. rechtssteil, wenn sich der Gipfel der Verteilung bzw. der Modus als der am Häufigsten auftretende Wert auf der rechten Seite der Verteilung befindet und die Häufigkeiten vermehrt nach links abfallen. Vgl. Hartung, J. (1998), S. 38-39; Cramer, E./Kamps, U. (2007), S. 51.

[561] Da die Ausfallwahrscheinlichkeiten (EDFs) nicht zu allen Unternehmen vorliegen, werden zur Ermittlung einer näherungsweisen Lösung des Median-Ratings die Ratingkategorien aufsteigend nummeriert.

[562] Die Anteile der Unternehmen mit „Sub-Investment Grade"-Rating von Ba1.edf oder Ba2.edf sind auf die Transaktionen equiNotes 2007-1 und HEAT I-2007 laut Anhang VI-48 zurückzuführen. Siehe Fn. 396.

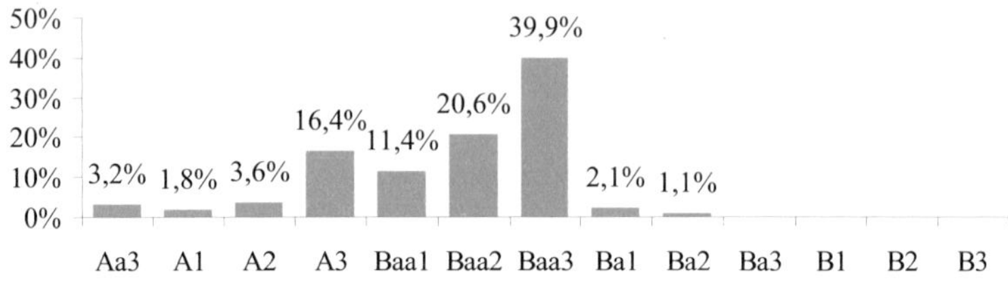

Quelle: Eigene Darstellung. $n_{N(RIK)} = 281$

Abbildung 4-42: Verteilung der 5-Jahres-Ratings (.edf) gemäß Moody's KMV für N_{RIK} vor Aufnahme[563]

Da sich die Bonität bzw. Kreditwürdigkeit der Unternehmen im Zeitablauf verändert, unterliegen auch deren Ratings Schwankungen. Diese Veränderung oder „Wanderung" des Ratings eines Unternehmens aus einer Ratingklasse in eine andere Klasse wird auch als Migration bezeichnet. Im direkten Zusammenhang mit der Migration steht die Migrationswahrscheinlichkeit.[564] Veränderungen des Ratings werden somit in einer sog. Migrationsmatrix erfasst. Bei Nutzung einer Ratingskala mit 13 Klassen ergibt sich eine 13 x 13 Migrationsmatrix, die in Abbildung 4-43 beispielhaft für N_{RIK} abgebildet ist. Hierbei sind in der Migrationsmatrix aus Abbildung 4-43 die Migrationen der 5-Jahres-Ratings der Unternehmen auf Basis der jährlichen Überprüfung anhand des jeweiligen Jahresabschlusses im Rahmen des Monitorings der Transaktionen seit dem Jahr der Aufnahme des Mezzanine-Kapitals erfasst.[565] In der äußerst linken Spalte befinden sich die Ausgangs-Ratingklassen zu Beginn der Betrachtungsperiode bzw. in diesem Fall zu Beginn des jeweiligen Geschäftsjahres auf Basis des letztgültigen Jahresabschlusses. Die (oberste) Zeile enthält dagegen die 5-Jahres-Ratingklassen am Ende der Betrachtungsperiode bzw. am Ende des jeweiligen Geschäftsjahres auf Basis des dann neuen Jahresabschlusses.[566]

---

[563] Die Verteilung basiert auf den Daten im Jahr vor Aufnahme bzw. im Jahr, das dem Auswahlprozess zugrunde liegt. Siehe hierzu die einschränkenden Anmerkungen der Fn. 336 sowie der Fn. 403. Der Zusatz ‚.edf' bedeutet, dass es sich um erwartete Ausfallwahrscheinlichkeiten anhand des Finanzratingtools Moody's KMV RiskCalc™ handelt.

[564] Dieser Wert gibt die Wahrscheinlichkeit an, mit der ein Unternehmen aus einer Klasse in eine andere innerhalb eines bestimmten Betrachtungszeitraums migriert.

[565] Somit basiert die Migrationsmatrix vor dem Hintergrund, dass 70 Unternehmen in 2004, 70 Unternehmen in 2005, 55 Unternehmen in 2006 und 86 Unternehmen in 2007 Mezzanine-Kapital aufgenommen haben, auf insgesamt 967 Ratings bzw. 686 Ratingmigrationen.

[566] Vgl. Reichling, P. et al. (2007), S. 80-83; Schwaiger, W. S. A. et al. (2005), S. 1-2.

Moody's KMV 1-Jahres-Migrationsmatrix der 5-Jahres-Ratings (.edf) seit Aufnahme des Mezzanine-Kapitals für den Zeitraum 2004 bis 2008 (Migrationswahrscheinlichkeit in %)													
Ausgangs-rating (.edf)	**5-Jahres-Rating (.edf) nach einem Jahr**												Anteil (%)
	Aa3	A1	A2	A3	Baa1	Baa2	Baa3	Ba1	Ba2	Ba3	B1	B2	B3	
Aa3	**50,0**	6,3	12,5	20,8	2,1	4,2	2,1	0,0	2,1	0,0	0,0	0,0	0,0	7,0
A1	45,5	**18,2**	9,1	9,1	9,1	9,1	0,0	0,0	0,0	0,0	0,0	0,0	0,0	1,6
A2	24,4	0,0	**24,4**	34,1	9,8	7,3	0,0	0,0	0,0	0,0	0,0	0,0	0,0	6,0
A3	4,3	3,1	9,9	**46,6**	14,9	10,6	7,5	1,9	1,2	0,0	0,0	0,0	0,0	23,5
Baa1	2,0	2,0	1,0	25,5	**20,4**	33,7	9,2	5,1	1,0	0,0	0,0	0,0	0,0	14,3
Baa2	0,7	0,0	2,1	13,9	20,1	**31,3**	24,3	2,8	4,2	0,7	0,0	0,0	0,0	21,0
Baa3	1,6	0,0	1,6	4,7	6,3	12,5	**58,6**	8,6	3,9	2,3	0,0	0,0	0,0	18,7
Ba1	3,3	0,0	3,3	3,3	10,0	10,0	33,3	**20,0**	10,0	3,3	3,3	0,0	0,0	4,4
Ba2	0,0	0,0	6,3	12,5	0,0	12,5	25,0	6,3	**25,0**	12,5	0,0	0,0	0,0	2,3
Ba3	0,0	0,0	0,0	0,0	0,0	0,0	16,7	0,0	0,0	**33,3**	0,0	16,7	33,3	0,9
B1	0,0	0,0	0,0	0,0	0,0	33,3	0,0	0,0	66,7	0,0	**0,0**	0,0	0,0	0,4
B2	0,0	0,0	0,0	0,0	0,0	0,0	0,0	0,0	0,0	0,0	0,0	**0,0**	0,0	0,0
B3	0,0	0,0	0,0	0,0	0,0	0,0	0,0	0,0	0,0	0,0	0,0	0,0	**0,0**	0,0

Quelle: Eigene Darstellung.

Abbildung 4-43: Moody's KMV 1-Jahres-Migrationsmatrix der 5-Jahres-Ratings für N_{RIK} seit Aufnahme für 2004 bis 2008[567]

Insgesamt ist zu erkennen, dass der Großteil der Wahrscheinlichkeitsmasse um die Diagonale liegt.[568] Von den insgesamt 686 möglichen Ratingveränderungen der 967 zu betrachtenden Ratings sind 263 Ratings im Zeitraum konstant geblieben, während 193 Upgrades (Verbesserung des Ratings) sowie 230 Downgrades (Verschlechterung des Ratings) aufgetreten sind.[569] Bei 259 der 281 Unternehmen konnte im Jahr der Aufnahme des Mezzanine-Kapitals ein „Investment Grade"-Rating gemäß Moody's KMV festgestellt werden. Von diesen 259 Unternehmen büßen 9,3% per 31.12.2008 dieses „Investment Grade"-Rating

[567] Die Migrationsmatrix basiert im Rahmen einer Positivauslese auf den 281 Unternehmen der Kennzahlenanalyse N_{RIK}. Siehe die Ausführungen zur Fn. 403 sowie Fn. 565. Darüber hinaus ist darauf hinzuweisen, dass ein Unternehmen seinen Geschäftssitz in Österreich hat, die restlichen Unternehmen in Deutschland. Der Zusatz ‚.edf' bedeutet, dass es sich um erwartete Ausfallwahrscheinlichkeiten anhand des Finanzratingtools Moody's KMV RiskCalc™ handelt.

[568] Das Rating ist demnach nach einem Jahr zumeist entweder konstant oder verändert sich um eine Ratingstufe nach oben oder unten. So verbleibt bspw. ein Unternehmen mit einem Ausgangsrating von Baa2.edf mit einer Wahrscheinlichkeit von 31,3% in der gleichen Ratingkategorie bzw. verbessert sich mit einer Wahrscheinlichkeit von 20,1% auf Baa1.edf. Mit zunehmendem Abstand zur Diagonalen ist ein sukzessiver Verfall der Werte festzustellen, was darauf zurückzuführen ist, dass große Veränderungen in der Kreditqualität innerhalb eines Zeitraums nicht häufig auftreten. Typischerweise wäre zu erwarten gewesen, dass der Modus der jeweiligen Wahrscheinlichkeitsverteilung auf der Diagonale liegt. Da dieser Matrix aber eine nur relativ kleine Grundgesamtheit zugrunde liegt, haben insbesondere bei Ratingstufen mit einer geringen Anzahl an Werten mögliche Ausreißer bzw. Extremwerte einen stärkeren Einfluss.

[569] Im Vergleich zu einem „Vollrating" einer Ratingagentur wie Moody's ist bei den Finanzratings gemäß Moody's KMV festzustellen, dass sich die Finanzratings wesentlich dynamischer verhalten und somit die Wahrscheinlichkeit, dass das Rating für ein Unternehmen in einer Ratingstufe oder -kategorie verbleibt, bei „Vollratings" höher ist als bei Finanzratings. Dies ist darauf zurückzuführen, dass beim Finanzrating Moody's KMV die Kreditqualität gemäß „point-in-time" und somit an einem bestimmten Zeitpunkt bestimmt wird, wohingegen vollwertige Moody's Ratings „through-the-cycle" und damit über einen Kon-

ein und weisen nur noch ein „Sub-Investment Grade“-Rating auf. Dieser Anteil unterscheidet sich deutlich von dem Anteil an „Sub-Investment Grade“-Ratings der MFU gemäß einer Studie von Euler Hermes, nach der der Anteil bis zu 40% beträgt.[570] Dieser Unterschied kann u. a. darauf zurückzuführen sein, dass unterschiedliche Unternehmen bzw. Grundgesamtheiten und Zeiträume der jeweiligen Untersuchung zugrunde liegen. Denn der Abbildung 4-43 liegt eine Positivauslese zugrunde, nach der nur Unternehmen berücksichtigt werden, die auch Gegenstand der Kennzahlenanalyse der vorherigen Abschnitte sind und demnach nicht per 31.12.2008 aufgrund einer Insolvenz oder eines PDL-Events[571] ausgefallen sind.[572] Der Studie von Euler Hermes nach wurden „die Unternehmen aus den Mezzanine-Programmen anhand aktueller Finanzkennzahlen analysiert, die in Euler-Hermes-Datenbanken vorliegen“.[573] Anhand der veröffentlichten Informationen ist nicht zu erkennen, zu welchem Stichtag die Daten genommen wurden. Aber auch die bereits in Abschnitt 3.1.7. diskutierten Einflussfaktoren wie A-priori-Wahrscheinlichkeit, zugrunde liegende Diskriminanzfunktionen sowie die Berechnungswege der Kennzahlen in Form der Aufgliederung bzw. Zusammenfassung einzelner Bilanz- oder GuV-Positionen und deren Gewichtungen innerhalb der Ratingsysteme können zu diesem Unterschied beitragen.[574]

---

junkturzyklus hinweg modelliert sind und demnach nicht so stark schwanken. Vgl. Moody's KMV (2008), S. 9-10.

[570] Vgl. Dentz, M. (2008), S. 36.

[571] Siehe Fn. 251 und Fn. 252.

[572] Siehe die Ausführungen zur Fn. 403.

[573] Dentz, M. (2008), S. 36.

[574] In einer sich anschließenden Forschungsarbeit könnten die hier festgestellten Migrationen mit denen des Marktes verglichen werden, wobei eine Skalierung vorgenommen werden müsste, um die Verzerrung zu berücksichtigen, die dadurch entsteht, dass den hier festgestellten Migrationen eine Positivauslese zugrunde liegt und Ausfälle in den Portfolien in der Matrix nicht erfasst sind. Hierbei gilt es wiederum zu beachten, dass ein Ausfall in einem Portfolio bspw. in Form eines PDL-Events nicht gleichzeitig einem Totalverlust entspricht. Denn eventuelle Erlöse aus Weiterverkäufen der ausgefallenen Darlehen oder Unternehmen, Werthaltigkeitsprüfungen von sog. Debt-Equity-Swaps (siehe Fn. 684), (anteilige) Verzichtserklärungen, mögliche Befriedigungen aus der Insolvenzmasse oder sonstige Erlösen können die Höhe des Ausfalls reduzieren. Für einen Vergleich mit dem Markt sind aber zumeist nur Migrationsdaten für 1-Jahres-Ratings gemäß Moody's KMV und nicht für die hier genutzten 5-Jahres-Ratings verfügbar. Somit müssten die berechneten Migrationswahrscheinlichkeiten der 5-Jahres-Ratings in Migrationswahrscheinlichkeiten der 1-Jahres-Ratings (oder umgekehrt) überführt werden. Hierfür gilt es, die Ausfallwahrscheinlichkeiten bspw. unter Rückgriff auf das sog. Hazard-Rate Modell an die veränderte Laufzeit anzupassen. Darüber hinaus kann eine sog. Generatormatrix für die Überführung von Migrationsmatrizen genutzt werden. Für weitergehende Informationen siehe Li, D. X. (2000); Hellmich, M./Steinkamp, O. (2003); Bluhm, C. (2003), S. 12-31 sowie Bluhm C./Overbeck, L. (2007).

4.3.6. Charakteristika der kleinen und großen Unternehmen

Für einen Vergleich der kleinen mit den größeren Unternehmen gilt es zunächst die Unternehmen der Kennzahlenanalyse N_{RIK} einer der beiden Gruppen zuzuordnen. Da die Unternehmensdaten anonymisiert veröffentlicht werden und somit kein direkter Rückschluss auf die Unternehmensgröße in Form der Umsatzerlöse gezogen werden kann, erfolgt die Zuordnung von Unternehmen auf Basis des aufgenommenen Nominalvolumens. Denn vor dem Hintergrund der in den Ausführungen zu Abbildung 4-9 aus Abschnitt 4.2.2. aufgezeigten, positiven Korrelation zwischen der Höhe der Umsatzerlöse und dem aufgenommenen Nominalvolumen, ist ein indirekter Rückschluss möglich. Um gegebenenfalls eindeutigere Unterschiede in der Entwicklung der beiden Unternehmensgruppen zu erhalten, erfolgt hierbei die Zuordnung nicht anhand des Medians in Form eines sog. Mediansplits[575], sondern anhand des 25%- und 75%-Quantils. Bei diesem Quantilsvergleich werden diejenigen Unternehmen, deren Nominalvolumen größer als das 75%-Quantil des Nominalvolumens der 281 Unternehmen N_{RIK} von EUR 8,0 Mio. ist, der Gruppe der großen Unternehmen $N_{RIKgroß}$ mit einem Maximum bei $n_{N(RIKgroß)} = 63$ und einem Nominalvolumen von EUR 742,0 Mio. zugeordnet. Die Unternehmen mit einem Nominalvolumen kleiner als das 25%-Quantil des Nominalvolumens der 281 Unternehmen N_{RIK} von EUR 4,0 Mio. sind die Gruppe der kleinen Unternehmen $N_{RIKklein}$ mit einem Maximum bei $n_{N(RIKklein)} = 70$ und einem Nominalvolumen von EUR 186,5 Mio.[576]

In einem ersten Schritt können anhand der Übersicht über die Entwicklung der Kennzahlen im Zeitraum t_{-1} bis t_1 in Abbildung 4-44 die Ergebnisse der Analyse der kumulierten Entwicklung der 281 Unternehmen N_{RIK} bestätigt werden. So zeigen sich auch hier positive Umsatzwachstums- und Kapitalstruktur- sowie negative Zins- und Rentabilitätseffekte im Zeitraum t_{-1} bis t_1.[577] Gemäß Abbildung 4-44 weisen die großen Unternehmen eine durch-

---

[575] Hierbei werden diejenigen Unternehmen, deren Werte unterhalb des Medians liegen, der einen, und diejenigen Unternehmen, deren Werte oberhalb des Medians liegen, der anderen Gruppen zugeordnet werden. Durch diese künstliche Einteilung in Gruppen werden Unternehmen, von denen das eine nahe unterhalb und das andere nahe oberhalb des Medians liegt, trotz nur geringer Unterschiede zwei verschiedenen Gruppen zugeordnet. Vgl. Bayón, T./von Wangenheim, F. (2005), S. 178.

[576] Mehrfachteilnehmer werden entsprechend des Volumens, das sie in der ersten Transaktion aufgenommen haben, berücksichtigt. Eine separate Untersuchung der Mehrfachteilnehmer wird in Abschnitt 4.3.7. vorgenommen. Die Anzahl der jeweils vorliegenden Daten in den unterschiedlichen, zu untersuchenden Zeiträumen sind in Anhang VI-115 und Anhang VI-117 abgebildet.

[577] Siehe hierzu Abschnitt 4.3.4.2. bis 4.3.4.10. Eine Analyse des Zeitraum 2003 bis 2008 sowie des Zeitraums ab t_2 ist aufgrund der unterschiedlichen Zeiträume, in der vollständige Daten zu allen großen und kleinen Unternehmen vorliegen, nicht möglich.

weg längere KBD auf.[578] Auch bei der FKS weisen die großen Unternehmen leicht höhere Werte aus. Demnach finanzieren sich diese Unternehmen stärker über Bank- und Lieferantenverbindlichkeiten. Diese höhere FKS überrascht, wird im Allgemeinen davon ausgegangen, dass sich große Unternehmen weniger über klassische Finanzierungsquellen wie Bankverbindlichkeiten finanzieren.[579] In Bezug auf die NVQ sind bei den großen Unternehmen durchweg niedrigere Anteile des nicht durch liquide Mittel gedeckten kurzfristigen Fremdkapitals festzustellen. Auch können die großen Unternehmen ihre NVQ insgesamt stärker verbessern als die kleinen Unternehmen. Dies könnte auf eine höhere Nutzung zur Ablösung von kurzfristigen Verbindlichkeiten durch die großen Unternehmen hindeuten.[580] In Bezug auf die EKQ ist für die großen Unternehmen erwartungsgemäß eine höhere EKQ auszumachen.[581] Diesbezüglich können die kleinen Unternehmen aber ihre EKQ in t_0 und t_1 stärker verbessern. Ein Grund hierfür kann in den, in Anhang VI-68 dargestellten höheren Anteilen des Mezzanine-Kapitals an der Bilanzsumme bei geringeren Nominalvolumina gesehen werden. Denn kleinere Unternehmen haben verhältnismäßig mehr anrechnungswürdiges Mezzanine-Kapital als die großen Unternehmen aufgenommen.[582] Hierbei weisen beide Gruppen nach einer sowohl in t_{-1} als auch insbesondere in t_0 höheren FINK der kleinen Unternehmen zum Zeitpunkt t_1 eine FINK auf gleichem, aber insgesamt niedrigerem Niveau auf. Denn nach einem deutlichen Rückgang der FINK für die großen Unternehmen in t_0 können die großen Unternehmen ihre FINK in t_1 sogar wieder leicht steigern. In Bezug auf die Rentabilität ist ein uneinheitliches Bild aufzuzeigen. Denn gemessen am EBITD-ROI können für die kleinen Unternehmen geringfügig höhere Werte, während bei der UR die großen Unternehmen bessere Werte erkennen lassen. In Bezug auf die Produktivität kann anhand der PAQ festgestellt werden, dass bei nahezu konstanten, aber niedrigeren Werte der kleinen Unternehmen die großen ihre Produktivität steigern können. Hierbei wachsen die großen Unternehmen zwar durchweg stärker als die kleinen Unternehmen, letztgenannte lassen aber stärkere Zuwachsraten des UW erkennen.

---

[578] Die deskriptiv-induktive Analyse dieses Abschnitts umfasst die Analyse des Medians. Für eine Darstellung der Entwicklung der 25%- und 75%-Quantile siehe die zusammenfassenden Übersichten in Anhang VI-116 und Anhang VI-118.

[579] Siehe hierzu die Ausführungen zur Fn. 30.

[580] Der Aspekt der Verwendung des Mezzanine-Kapitals wird im Rahmen der Unternehmensbefragung in Abschnitt 5.4.2.2. untersucht.

[581] Siehe Abschnitt 2.3. sowie Anhang VI-12 und Anhang VI-14 zur Eigenkapitalhöhe größerer und kleinerer Unternehmen.

[582] Siehe hierzu auch die Ausführungen am Ende des Abschnitts 4.2.2.

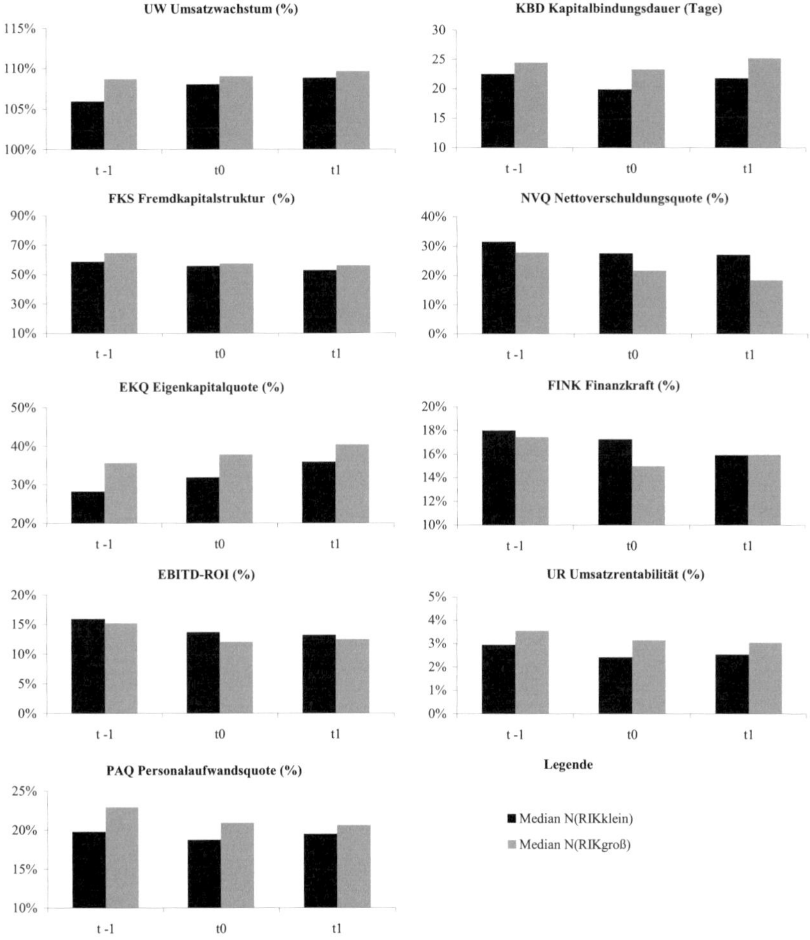

Quelle: Eigene Darstellung. $n_{N(RIKklein)} = 70^*$, $n_{N(RIKgroß)} = 63^*$

Abbildung 4-44: Entwicklung der kleinen und großen Unternehmen für t_{-1} bis t_1[583]

Da die durchschnittlich aufgenommenen Nominalvolumina gemäß Abschnitt 4.2.2. und Anhang VI-67 im Zeitablauf gesunken sind, haben die großen Unternehmen dieser Untersuchung das Mezzanine-Kapital zumeist früher aufgenommen als die kleinen Unternehmen. Um diese beiden Unternehmensgruppen auch vor einem konjunkturell einheitlichen Hintergrund zu analysieren, erfolgt in einem zweiten Schritt anhand von Abbildung 4-45

[583] Bei ‚*' fehlt im Ausnahmefall eine Kennzahl in einem Jahr. Siehe hierzu Fn. 407 und Anhang VI-115.

die Analyse für den Zeitraum 2006 bis 2008. In Bezug auf die Entwicklung der Unternehmen in diesem Zeitraum sind zwei Aspekte herauszustellen. So kann erstens für die großen Unternehmen ein Einbruch einiger Kennzahlen in 2008 festgestellt werden. Insbesondere die großen Unternehmen sind von der sich abzeichnenden Wirtschaftskrise im Jahr 2008 stärker betroffen als die kleinen Unternehmen, was u. a. an den drastischen Umsatzeinbrüchen zu erkennen ist.[584] So steigt bspw. die NVQ der großen Unternehmen in 2008 gegenüber 2007, während die kleinen Unternehmen ihre NVQ senken können. Auch können die kleinen Unternehmen in 2008 ihre FINK konstant halten und sowohl ihre EKQ als auch den EBITD-ROI und das UW noch ausbauen. Die großen Unternehmen verzeichnen dagegen über fast alle Kennzahlen hinweg Verschlechterungen. Insbesondere die FINK, der EBITD-ROI sowie die UR weisen starke Rückgänge gegenüber 2007 auf, so dass die großen Unternehmen nach teilweise deutlich höheren Werten in den Jahren 2006 und 2007 in 2008 niedrigere Werte als die kleinen Unternehmen erkennen lassen. Verbesserungen sind trotz des starken Einbruchs beim UW für die großen Unternehmen dagegen nur in der KBD und der PAQ festzustellen. Darüber hinaus können als zweiter Aspekt für den Zeitraum 2006 bis 2008 die Tendenzen anfänglich rückläufiger Rentabilitäten im Zusammenhang mit getätigten Investitionen sowie insbesondere die erst zeitverzögert einsetzenden positiven Rückflüsse anhand von Abbildung 4-45 bestätigt werden. Denn es gilt zu berücksichtigen, dass die großen Unternehmen das Kapital zumeist früher aufgenommen haben, so dass auch die Rückflüsse kalenderjahrbezogen früher eintreten sollten. Dies kann nach in t_{-1} niedrigerer FINK und geringerem EBITD-ROI der großen Unternehmen gemäß Abbildung 4-44 bis zu einem gewissen Grad bestätigt werden. Denn gemäß Abbildung 4-45 ist neben dem höheren UW auch die FINK und der EBITD-ROI für die großen Unternehmen in 2006 und 2007 geringfügig höher und nicht mehr niedriger. Aber auch hier gilt es wiederum, diese Verbesserungen vor dem Hintergrund eines konjunkturell günstigen Umfeldes zu sehen.

---

[584] Dieses Ergebnis deckt sich mit Erkenntnissen anderer Studien, nach denen ebenfalls große Unternehmen vermehrt von der Krise betroffen sind. Vgl. Deutscher Industrie- und Handelskammertag (2009), S. 16-19 und S. 41; Creditreform (2009c), S. 12-13.

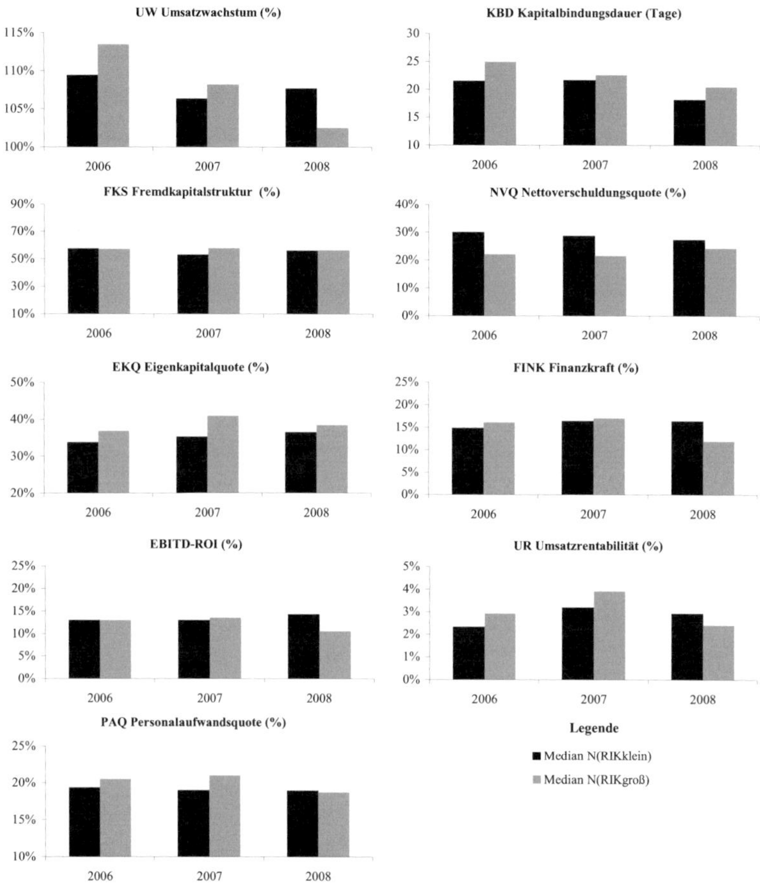

Quelle: Eigene Darstellung. $n_{N(RIKklein)} = 70^{*}$, $n_{N(RIKgroß)} = 63^{*}$

Abbildung 4-45: Entwicklung der kleinen und großen Unternehmen für 2006 bis 2008[585]

4.3.7. Besonderheiten der mehrfach teilnehmenden Unternehmen

Da die Mehrfachteilnehmer häufig im Zusammenhang mit den ausgefallenen Unternehmen in den Mezzanine-Programmen genannt werden[586] und – wie in Abschnitt 4.3.8. noch zu zeigen ist – verhältnismäßig häufiger ausfallen, wird im Folgenden eine Analyse der Entwicklung dieser Unternehmen vorgenommen und Besonderheiten aufgezeigt. Hierbei be-

---

[585] Bei ‚*' fehlt im Ausnahmefall eine Kennzahl in einem Jahr. Siehe hierzu Fn. 407 und Anhang VI-117.

[586] Siehe Fn. 367.

steht die zu untersuchende Gruppe aus insgesamt 30 identifizierten Mehrfachteilnehmern R_{IK} mit $n_{R(IK)} = 30$, die an acht untersuchten Transaktionen teilgenommen haben. Somit stellen diese 30 Mehrfachteilnehmer mehr als die Hälfte der 59 identifizierten Mehrfachteilnehmer R_I der Grundgesamtheit N_{RI} dar. Auch gemessen am Nominalvolumen repräsentieren diese Mehrfachteilnehmer R_{IK} mit EUR 234,5 Mio. gemäß ihrer ersten Teilnahme bzw. mit EUR 480,0 Mio., die in den 13 Transaktionen insgesamt aufgenommen wurden, mehr als Hälfte des Nominalvolumens der identifizierten Mehrfachteilnehmer R_I von EUR 899 Mio. Die Verteilung der Nominalvolumina der 30 hier untersuchten Mehrfachteilnehmer R_{IK} sowie für R_I ist in Anhang VI-119 dargestellt.[587] Somit ergibt sich gemäß Abschnitt 4.2.3. für das Nominalvolumen der Mehrfachteilnehmer ein Durchschnittswert von EUR 15,237 Mio., der deutlich über dem Wert von EUR 7,705 Mio. für N_{RIK} liegt.

Vor Aufnahme des Mezzanine-Kapitals in t_{-1} ist im Vergleich zu den Kennzahlen für N_{RIK} anhand von Abbildung 4-46 insbesondere die deutlich geringere EKQ der Mehrfachteilnehmer auffällig, die sogar unter der EKQ der kleinen Unternehmen $N_{RIKklein}$ aus Abbildung 4-44 des Abschnitts 4.3.6. liegt. Dies verwundert, denn die Mehrfachteilnehmer sind von der Größe und Branchenverteilung her ungefähr mit den Unternehmen der Kennzahlenanalyse N_{RIK} bzw. N_{RIK*} vergleichbar.[588] Vor diesem Hintergrund wäre eine EKQ auf annähernd gleichem Niveau wie für N_{RIK} zu erwarten gewesen.[589] Zusätzlich zu einer deutlich geringeren EKQ ist eine um ca. 4% geringere Produktivität in Form einer höheren PAQ auffällig. Darüber hinaus kann konstatiert werden, dass die Mehrfachteilnehmer vor Aufnahme weniger Cash Flow im Verhältnis zum Fremdkapital generieren zu können, was

---

[587] Diesbezüglich deuten die Ergebnisse des χ^2-Anpassungstests aus Anhang VI-120 mit $p = 0,971$ eine Gleichverteilung der Verteilungen für R_{IK} sowie für R_I und damit für Repräsentativität der 30 identifizierten Mehrfachteilnehmer R_{IK} für R_I in Bezug auf die Verteilung der Nominalvolumina an.

[588] So weisen laut der Untersuchungen aus Abschnitt 4.2.3. die Mehrfachteilnehmer R_I durchschnittliche Umsatzerlöse von EUR 102,01 Mio. sowie ein Medianwert von EUR 54,0 Mio. auf. Diese Werten sind nahezu identisch mit den durchschnittlichen Umsatzerlösen von EUR 100,510 Mio. und dem Median von EUR 55,0 Mio. für N_{RIK*} gemäß Abschnitt 4.3.2. Nur in Bezug auf die Bilanzsumme sind die Mehrfachteilnehmer mit einem Durchschnitts- und Medianwert von EUR 65,215 Mio. bzw. EUR 40,4 Mio. größer als die Unternehmen der Kennzahlenanalyse für N_{RIK*} mit einer durchschnittlichen Bilanzsumme von EUR 59,475 Mio. und einem Medianwert von EUR 33,907 Mio. In diesem Zusammenhang sei auf die nur eingeschränkte Vergleichbarkeit der Bilanzsummen vor dem Hintergrund bilanzpolitischer Maßnahmen hingewiesen. Siehe hierzu u. a. Fn. 386 und Fn. 432.

[589] Wird berücksichtigt, dass sich 16 der insgesamt 30 identifizierten mehrfach teilnehmenden Unternehmen der Kennzahlenanalyse R_{IK} 2004er Programmgruppe $N_{RIK2004}$ und neun in $N_{RIK2005}$ befinden und Mehrfachteilnehmer durchschnittlich eine geringere EKQ aufweisen, kann dies ein Grund für die geringere EKQ der ersten Programmgruppen gegenüber $N_{RIK2006}$ und $N_{RIK2007}$ sein. Zur EKQ nach Programmgruppen siehe die Ausführungen des Abschnitts 4.3.4.6.

anhand der um ca. 2,4% geringeren FINK deutlich wird.[590] Auch die NVQ der Mehrfachteilnehmer ist um ca. 2% schlechter. Während die übrigen Kennzahlen ungefähr auf dem Niveau von N_{RIK} liegen, ist einzig das höhere UW in t_{-1} für die Mehrfachteilnehmer positiv herauszustellen. Demnach könnte die geringere FINK und höhere NVQ vor dem Hintergrund des höheren UW dahingehend gedeutet werden, dass die Mehrfachteilnehmer bereits vor Aufnahme stärker investiert haben und somit auch früher in Vorleistung treten müssen. Dies scheint aber nur bedingt plausibel, da das UW in t_0 zwar nach wie vor positiv, aber rückläufig ist und deutlich unter das Niveau der stärker wachsenden Unternehmen N_{RIK} fällt.[591] Nicht die Vergabe der mezzaninen Mittel an diese Unternehmen an sich, sondern die deutlich höheren Nominalvolumina an Unternehmen dieser Bonität, die von der Größe mit N_{RIK} vergleichbar sind, ist kritisch zu sehen. Es hätte eine bessere Kontrolle durch die Anbieter der Mezzanine-Programme im Rahmen des Auswahlprozesses durchgeführt werden müssen. Hierdurch hätten die hohen mezzaninen Volumina dieser Unternehmen reduziert sowie insbesondere Programmüberschneidungen vermieden werden können.[592] Vor diesem Hintergrund kann einer ‚Adverse Selection' in Bezug auf die Mehrfachteilnehmer bzw. im Hinblick auf die hohen mezzaninen Volumina dieser Unternehmen nicht eindeutig widersprochen werden.

---

[590] In diesem Zusammenhang gilt es zu beachten, dass die Mehrfachteilnehmer einen höheren Fremdkapitalanteil bzw. eine geringere EKQ aufweisen, wodurch ein bspw. betragsmäßig gleich hoher ertragswirtschaftlicher Cash Flow im Vergleich zu den Unternehmen für N_{RIK} einen nur geringeren Anteil am Fremdkapital darstellen kann. Anzumerken ist aber, dass die Unternehmen N_{RIK} gegenüber den Vergleichsunternehmen eine höhere FINK trotz eines höheren Fremdkapitalanteils aufweisen.

[591] Trotz dieser Abweichungen in den Kennzahlen wie vor allem bei der EKQ kann auch für die Mehrfachteilnehmer R_{IK} ein 5-Jahres-Median-Rating von Baa2.edf in t_{-1} ermittelt werden. Siehe Fn. 561 zur Berechnung des Median-Ratings. Hierbei gilt es zu beachten, dass zum einen mit 30 Mehrfachteilnehmern R_{IK} eine nur geringe Anzahl an Werten den Median-Berechnungen zugrunde liegt. Zum anderen wird der Median bei den hier durchgeführten Kennzahlenanalyse jeweils separat je Kennzahl errechnet, während das Rating eine einzige Kennzahl darstellt, die auf Basis statistischer Modelle berechnet wird und u. a. die neun Kennzahlen unterschiedlich gewichtet berücksichtigt. Siehe hierzu Fn. 430.

[592] Hierbei gilt es zwei Fälle zu unterscheiden. Im ersten Fall nimmt ein Mehrfachteilnehmer an zwei Mezzanine-Programmen von zwei verschiedenen Anbietern teil. In diesem Fall kann die Kontrolle einer Mehrfachteilnahme schwierig sein, da insbesondere bei einer fast gleichzeitigen Mezzanine-Kapital-Aufnahme die im Rahmen des jeweils anderen Programms aufgenommenen Mittel noch nicht im Jahresabschluss des Unternehmens erfasst sind. Nimmt dagegen im zweiten Fall das Unternehmen erneut Mezzanine-Kapital über den gleichen Anbieter auf, ist das Unternehmen als Mehrfachteilnehmer bekannt. Insbesondere für diesen Fall muss eine Mehrfachteilnahme vor dem Hintergrund der aufgezeigten Fakten wie geringerer EKQ bei tendenziell geringeren Rentabilitäten und geringerer Produktivität kritisch hinterfragt werden.

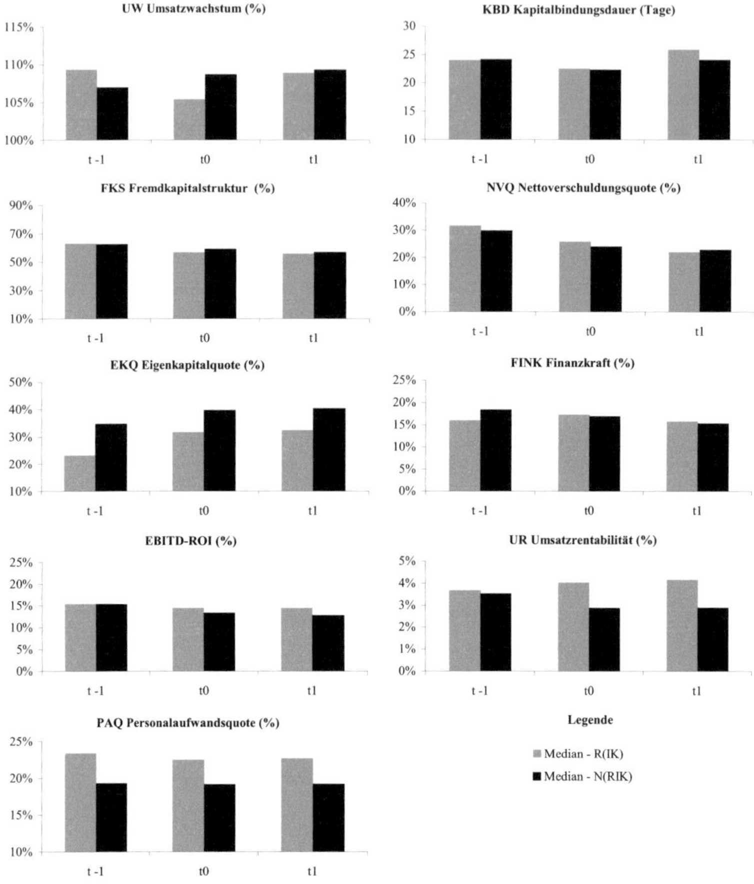

Quelle: Eigene Darstellung. $n_{R(IK)} = 30$, $n_{N(RIK)} = 281$*

Abbildung 4-46: Entwicklung der Mehrfachteilnehmer R_{IK} für t_{-1} bis t_1

Mit Aufnahme des Mezzanine-Kapitals kann anhand von Abbildung 4-46 für den Zeitraum t_{-1} bis t_1 die bereits aufgezeigte Entwicklung der Kennzahlen für N_{RIK} in Form positiver Kapitalstruktur- sowie negativer Zins- und Rentabilitätseffekte für die GuV im Trend bestätigt werden.[593] Diesbezüglich ist festzustellen, dass die Mehrfachteilnehmer ihre EKQ stärker verbessern als die Unternehmen N_{RIK}, was auf die sowohl absolut als auch an der

[593] Die deskriptiv-induktive Analyse dieses Abschnitts umfasst die Analyse des Medians. Für eine Darstellung der Entwicklung der 25%- und 75%-Quantile siehe die zusammenfassenden Übersichten in Anhang VI-121 und Anhang VI-122.

Bilanzsumme gemessen höheren Volumina zurückzuführen sein dürfte. Demnach scheint der Kapitalstruktureffekt stärker auszufallen als bei N_{RIK}, was auch anhand der leicht stärkeren Verbesserung der FKS vor dem Hintergrund der nur hälftigen Anrechnung als Eigenkapital deutlich wird.[594] Während in t_{-1} für die FINK geringere sowie für den EBITD-ROI und die UR nahezu identische Werte festzustellen sind, können im Zeitablauf in t_0 und t_1 die Mehrfachteilnehmer trotz der höheren Kapitalaufnahme ihre Rentabilitäten gegenüber den Unternehmen für N_{RIK} verbessern. Insbesondere die in t_0 und t_1 steigende UR der Mehrfachteilnehmer überrascht. Denn auf Basis der höheren Kapitalaufnahme hätte im Gegenzug für den positiveren Kapitalstruktureffekt ein stärker ausgeprägter negativer Zins- und Rentabilitätseffekt auf die Gewinn- und Verlustrechnung erwartet werden können. Dies kann bis zu einem gewissen Grad auf die Besonderheiten im UW zurückzuführen sein. Denn mit Aufnahme des Mezzanine-Kapitals ist das UW der Mehrfachteilnehmer bei steigenden Werten für N_{RIK} zwar nach wie vor positiv aber stark rückläufig. In t_1 sind dagegen wieder annähernd gleich hohe Werte auszumachen.[595] Dass die Mehrfachteilnehmer zum Teil eine bessere Entwicklung der Kennzahlen aufzeigen, kann auch darin begründet sein, dass die Mehrfachteilnehmer R_{IK} das erste Mal Mezzanine-Kapital zumeist bereits über eines der zeitlich ersten Programme aufgenommen und sie somit vom konjunkturell günstigen Umfeld seit Aufnahme länger profitiert haben.[596] In einem nächsten Schritt gilt es demnach, die Unternehmen vor einem konjunkturell einheitlichen Hintergrund zu analysieren.[597]

Für den Zeitraum 2006 bis 2008 kann anhand von Abbildung 4-47 festgestellt werden, dass die Mehrfachteilnehmer in der Zeit vor der Finanzkrise nur vereinzelt bessere Kennzahlen aufweisen. Es fällt die nach wie vor geringere Produktivität, die deutlich geringere EKQ sowie insbesondere der Einbruch im UW der Mehrfachteilnehmer in 2007 auf. Daneben ist

[594] Eine vermehrte Nutzung zur Ablösung von Fremdkapital durch die Mehrfachteilnehmer scheint vor dem Hintergrund der sich im ungefähr gleichen Maße bzw. nur geringfügig stärker sinkenden FKS und NVQ nicht vorzuliegen. Denn die nur anteilige Eigenkapitalanrechnung des Mezzanine-Kapitals führt zu einer Erhöhung des Fremdkapitals insgesamt und damit des Nenners der jeweiligen Berechnungsformel.

[595] Zusätzlich gilt es, zum einen die in Abschnitt 4.3.4.1. diskutierten Ungenauigkeiten im Rahmen der Durchschnittsbildung sowie zum anderen die mit 30 Unternehmen relativ geringe Anzahl an Mehrfachteilnehmern R_{IK} zu berücksichtigen. Ein weiterer Grund kann darin gesehen werden, dass die Mehrfachteilnehmer das Kapital über mehrere Transaktionen aufgenommen haben und somit Effekte erst sukzessiv auftreten können.

[596] Siehe hierzu u. a. Fn. 405 sowie insbesondere Anhang VI-52.

[597] Hierbei liegen auswertbare Daten sowohl zu den Mehrfachteilnehmern als auch zu den Unternehmen der Kennzahlen N_{RIK} für den Zeitraum 2006 bis 2008 vor.

in 2006 und 2007 aber auch eine höhere UR für die Mehrfachteilnehmer bei ansonsten annähernd gleichen Werten für die übrigen Kennzahlen festzustellen. Dies kann als Indiz dafür gedeutet werden, dass die Tendenzen anfänglich rückläufiger Rentabilitäten im Zusammenhang mit getätigten Investitionen sowie insbesondere der zeitverzögert einsetzenden positiven Rückflüsse bis zu einem gewissen Grad bestätigt werden können. Denn es gilt zu berücksichtigen, dass die Mehrfachteilnehmer das Kapital zumeist früher aufgenommen haben als der Durchschnitt der Unternehmen aus N_{RIK}. Somit sollten auch die Rückflüsse kalenderjahrbezogen früher eintreten. Nach niedrigerer FINK und einer UR auf ungefähr gleichem Niveau in t_{-1} kann in 2006 eine FINK auf gleichem Niveau sowie eine um 0,5% höhere UR für die Mehrfachteilnehmer festgestellt werden, was dies bestätigt. In 2007 gilt es aber zu berücksichtigen, dass die UR zwar konstant gehalten werden kann, dies aber im Zusammenhang mit einem deutlichen Rückgang im UW im Vergleich zu den Unternehmen der Kennzahlenanalyse N_{RIK} zu sehen ist.

Insbesondere im Jahr 2008 sind vor allem bei den Mehrfachteilnehmern teilweise deutliche Verschlechterungen in den Kennzahlen zu verzeichnen. So halbiert sich bspw. die UR der Mehrfachteilnehmer R_{IK} in 2008 gegenüber 2007. Ferner geht die FINK stärker zurück als für N_{RIK}. Auffällig ist, dass sich bereits in 2007 für die Mehrfachteilnehmer diese negativen Entwicklungen abzeichnen. Neben einem Einbruch im UW in 2007, wohingegen in 2008 wieder stärkere Umsatzzuwächse festzustellen sind, ist auch eine rückläufige EKQ in 2008 auszumachen. Darüber hinaus sind eine steigende KBD in 2008 sowie ein Anstieg der NVQ bereits in 2007 festzustellen. Insgesamt scheinen die Mehrfachteilnehmer R_{IK} im ersten Moment besonders stark durch die sich ab 2008 abzeichnende Wirtschaftskrise betroffen zu sein. Hierbei sind aber gemäß den Untersuchungen aus Abschnitt 4.1.3. eine annähernd gleiche Branchen- und regionale Verteilung sowie eine ähnliche Exportorientierung der Mehrfachteilnehmer im Vergleich zur Grundgesamtheit N_R sowie zu den Unternehmen der Kennzahlenanalyse N_{RIK} bzw. N_{RIK*} festzustellen. Gemäß diesen Werten müssten sich die Mehrfachteilnehmer und die MFU für N_{RIK} annähernd gleich entwickeln und gleich stark von der Krise betroffen sein. Demnach sollten weitere Gründe für die starken Rückgänge insbesondere in 2008 vorliegen. So ist zu vermuten, dass durch die im Vergleich zu klassischem Fremdkapital höheren gewinnunabhängigen, vierteljährlichen Zinszahlungen die Mehrfachteilnehmer vor dem Hintergrund der deutlich höheren Gesamtkapitalaufnahme insgesamt stärker belastet werden. Hierdurch können die Mehrfachteilnehmer nicht deutlich höhere, zusätzliche und positive Cash Flows generieren. Zwar kann eine höhere UR zum Teil ermittelt werden, diese ist aber in einem konjunkturell sehr günstigen Umfeld wie der Hochphase in den Jahren 2006 sowie im Zusammenhang mit einem Einbruch im UW in 2007 erwirtschaftet worden. Die Mehrfachteilnehmer können trotz oder gerade wegen des deutlich höheren Anteils an Mezzanine-Kapital dies nur bedingt in höhere Rückflüsse umsetzen. Denn das UW der Mehrfachteilnehmer ist eher geringer als höher im Vergleich zu N_{RIK}. In konjunkturell schlechteren Zeiten wie dem Jahr 2008 scheint das Unternehmensergebnis durch die höheren gewinnunabhängigen Zinsbelastungen aus dem Mezzanine-Kapital sowie den Abschreibungen auf die getätigten Investitionen aufgezehrt zu werden. Dies ist u. a. anhand der rückläufigen FINK sowie der drastisch reduzierten UR zu erkennen. Gestützt wird diese Annahme dadurch, dass der EBITD-ROI, der die Rentabilität unabhängig von den höheren Zinsaufwendungen für das Mezzanine-Kapital und der Abschreibungshöhe misst, ungefähr auf Höhe von N_{RIK} liegt.

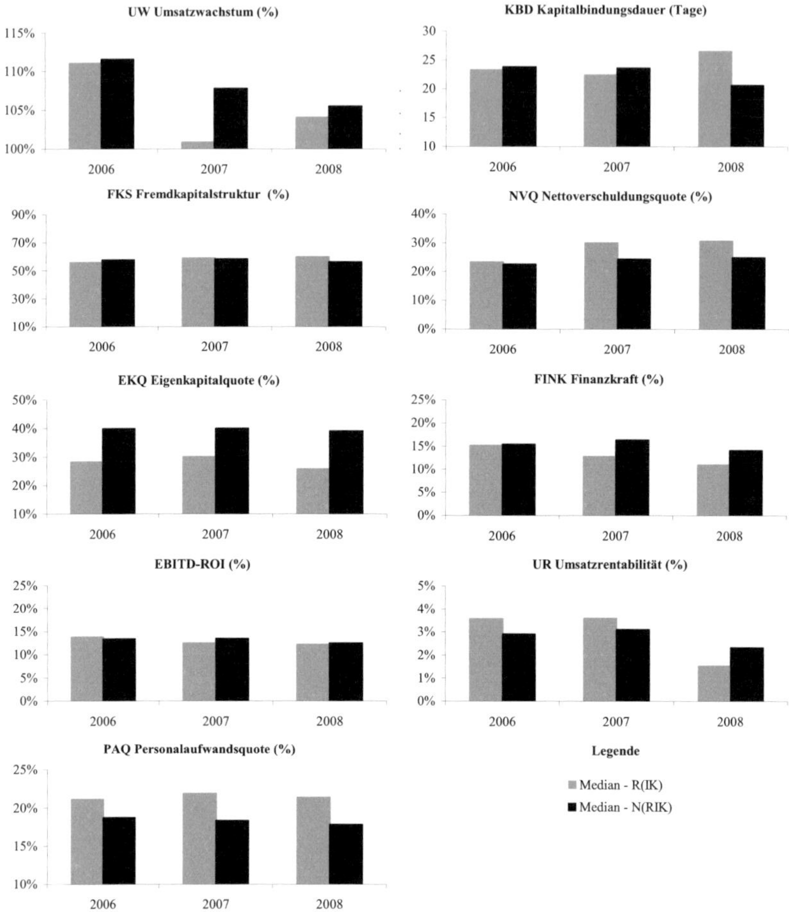

Quelle: Eigene Darstellung. $n_{R(IK)} = 30$, $n_{N(RIK)} = 281$*

Abbildung 4-47: Entwicklung der Mehrfachteilnehmer R_{IK} für 2006 bis 2008

4.3.8. Analyse und Beurteilung der ausgefallenen Unternehmen

4.3.8.1. Eigenschaften und Besonderheiten

Insgesamt sind per 31.12.2008 in den 13 hier untersuchten Standard-Mezzanine-Programmen EUR 326,5 Mio. von EUR 3,881 Mrd. (8,41%) ausgefallen. Dieses Kapital wurde unter Berücksichtigung von identifizierten Mehrfachteilnehmern R_I von insgesamt

32 Unternehmen $N_{RI(AUSFALL)}$ aufgenommen.[598] Alle Ausfälle begründen hierbei ein sog. PDL-Event[599]. Einen zusammenfassenden Überblick über die Ausfälle innerhalb der Transaktionen gibt Abbildung 4-48.[600] Wie dieser Abbildung zu entnehmen ist, sind neun der 32 ausgefallenen Unternehmen identifizierte Mehrfachteilnehmer.[601] Diesbezüglich weisen die (namentlich bekannten) ausgefallenen Unternehmen für die Umsatzerlöse einen Durchschnitts- und Medianwert von EUR 91,434 Mio. bzw. EUR 54,3 Mio. auf.[602] Im Vergleich zu den Unternehmen der Kennzahlenanalyse N_{RIK} bzw. N_{RIK*} mit einem Durchschnitts- und Medianwert für die Umsatzerlöse von EUR 100,510 Mio. und EUR 55,0 Mio. sind die ausgefallenen Unternehmen kleiner. Auch in Bezug auf die Bilanzsumme sind bei einem Durchschnitts- und Medianwert von EUR 51,338 Mio. und EUR 22,374 Mio. niedrigere Werte für die ausgefallenen Unternehmen im Vergleich zu den N_{RIK} bzw. N_{RIK*} mit Werten von EUR 59,475 Mio. bzw. EUR 33,907 Mio. festzustellen.[603]

---

[598] $N_{RI(AUSFALL)}$ mit einem Maximum von $n_{N(RI(AUSFALL))} = 32$. Hierbei weisen diese 32 Unternehmen insgesamt 44 Teilnahmen an den 13 Programmen auf.

[599] Siehe Fn. 251 und Fn. 252.

[600] Im Rahmen der weiteren Untersuchungen erfolgt keine Berücksichtigung von eventuellen Erlösen aus Weiterverkäufen der ausgefallenen Darlehen oder Unternehmen sowie von Werthaltigkeitsprüfungen sog. Debt-Equity-Swaps (siehe Fn. 684), die die Höhe des ausgefallenen Volumens reduzieren. Auch (anteilige) Verzichtserklärungen der Mezzanine-Gläubiger und Fortführung auf Basis reduzierter Volumina, mögliche Befriedigungen aus der Insolvenzmasse oder sonstige Erlöse werden nicht berücksichtigt.

[601] In diesem Zusammenhang sollen vereinzelt Betrugsfälle vorgelegen haben. So sind der Gründer und Vorstand der Nici AG wg. Betrugs und Bilanzfälschung durch Scheinrechnungen mit Großabnehmern sowie der Geschäftsführer der Ricö Internationale Transporte und Logistik GmbH (und der mitbetroffenen Richter GmbH & Co. KG) wg. Betrugs in besonders schwerem Falle rechtskräftig verurteilt. Bei der Erich Rohde KG ermittelt die Staatsanwaltschaft Marburg wg. Bilanzfälschung und Insolvenzverschleppung. Vgl. Natusch, I. (2007), S. 44-45; Ott, K./Ritzer, U. (2006); Focus (2008b); VerkehrsRundschau (2009); Iwersen, S. (2008); Deutscher Verbraucherschutzring (2007); Welt.de (2007c); Creditreform (2008).

[602] Es sind nur zu 18 der 32 ausgefallenen Unternehmen, inklusive die vier Unternehmen, bei denen (Bilanz-)Betrug vorliegt bzw. vorliegen soll (siehe Fn. 601), die Namen zu ermitteln. Da diese vier (vermuteten bzw. bewiesenen) Betrugsfälle aus der Betrachtung herauszunehmen sind, liegen demnach nur Daten zu 14 Unternehmen zu Umsatz, Bilanzsumme, Branchenverteilung und Altersstruktur vor. Anzumerken ist, dass im weiteren Verlauf die Kennzahlen der ausgefallenen Unternehmen mit einer Zufallsstichprobe aus N_{RIK} verglichen werden und gemäß Anhang VI-53 nur Kennzahlen zu acht der 13 Transaktionen vorliegen. Somit wären die beiden Unternehmen, die nicht an einer der acht untersuchten Transaktionen, über die laut Anhang VI-53 die neun Kennzahlen gemäß Moody's KMV vorliegen, teilgenommen haben, herauszunehmen. Vor dem Hintergrund der dann noch geringeren Anzahl von nur 12 Werten werden diese beiden Unternehmen aber nach wie vor zur Berechnung herangezogen.

[603] In diesem Zusammenhang sei auf die nur eingeschränkte Vergleichbarkeit der Bilanzsummen vor dem Hintergrund bilanzpolitischer Maßnahmen hingewiesen. Siehe Fn. 386 und Fn. 432. In Bezug auf die Branche kann die in Anhang VI-123 abgebildete Verteilung bestimmt werden, wonach im Gegensatz zu N_{RIK*} 57,1% der ausgefallenen Unternehmen im Dienstleistungssektor und nur 28,6% im Verarbeitenden Gewerbe tätig sind. Durchschnittlich wurden die ausgefallenen Unternehmen im Jahr 1968 gegründet, der Median ist 1987, so dass die ausgefallenen Unternehmen jünger sind als die Unternehmen für N_R (siehe Abschnitt 4.2.2. und Fn. 345). Dennoch ist gemäß Abbildung 4-48 und Anhang VI-124 festzustellen, dass das jüngste, ausgefallene Unternehmen im Jahr 2000 gegründet wurde und somit bei Aufnahme fünf bzw.

Ldf. Nr.	Unternehmensname bzw. Nr. im Programm	Grün-dung	Meldung vom...	Betroffene Programme	Volumen in Mio. EUR
1	Nici AG	1986	Mai 06	PREPS 2004-2, PREPS 2005-1, CB MezzCap, equiNotes 2005-1	40,0
2	Krystaltech Lynx Europe GmbH	1993	Jul 06	HEAT I-2005	3,0
3	Hucke AG	1934	Nov 06	HEAT I-2005	5,0
4	ISE Innomotive Systems Europe GmbH	1997	Jan 07	StaGe Mezzanine, equiNotes 2005-1	20,0
5	Erich Rohde KG	1947	Mrz 07	PREPS 2004-2, PREPS 2005-2, CB MezzCap	40,0
6	Freshtex Internationale Textile-Service GmbH	1954	Jun 07	PREPS 2005-1, PREPS 2005-2	14,0
7	#49		Aug 07	PREPS 2004-2	10,0
8	ODS Optical Service GmbH	1988	Okt 07	PREPS 2005-2, CB MezzCap	18,0
9	#23		Okt 07	PREPS 2006-1	10,0
10	Astroh Küchen GmbH & Co. KG	1929	Nov 07	PREPS 2004-2, PREPS 2006-1	9,0
11	Perleberg Verlags GmbH	1988	Dez 07	StaGe Mezzanine	5,0
12	#29		Dez 07	PREPS 2005-2	13,0
13	#61		Jan 08	PREPS 2006-1	9,0
14	#43		Feb 08	PREPS 2004-2	15,0
15	Kemmer Technology AG	2000	Feb 08	CB MezzCap	3,0
17	Ricö Internationale Transporte und Logistik GmbH	1991	Mrz 08	equiNotes 2005-1	3,0
16	Richter GmbH & Co. KG	1952	Mrz 08	equiNotes 2005-1	5,0
18	Schneider Hamburg GmbH	1936	Jun 08	equiNotes 2007-1	3,0
19	L & S GmbH & Co. KG	1994	Jun 08	HEAT I-2006	5,0
21	J & A Plastics GmbH	1968	Jun 08	HEAT I-2006, HEAT I-2007	8,0
27	#40		Jul 08	PREPS 2006-1	4,0
28	#6		Aug 08	HEAT I-2006	10,0
20	Julius Boos jr. GmbH & Co. KG	1882	Aug 08	HEAT I-2006	7,0
21	#29		Aug 08	HEAT I-2005	15,0
22	#36		Aug 08	HEAT I-2006	8,0
23	Emprise AG	1996	Aug 08	HEAT I-2005, HEAT I-2006	12,0
24	#21		Aug 08	CB MezzCap	5,0
26	#52		Sep 08	PREPS 2007-1	3,5
29	#27		Okt 08	CB MezzCap	4,0
30	Ascania Vliesstoffe GmbH	1997	Nov 08	PREPS 2007-1, equiNotes 2007-1	10,0
31	#62		Dez 08	PREPS 2004-2	5,0
32	#59		Dez 08	PREPS 2006-1	5,0
				Summe	**326,5**

Abbildung 4-48: Übersicht über ausgefallene Unternehmen innerhalb der Standard-Mezzanine-Programme per 31.12.2008[604]

Bei einem Vergleich des durchschnittlich aufgenommenen Nominalvolumens pro Unternehmen von EUR 7,705 Mio. für N_{RIK} mit dem durchschnittlich ausgefallenen Nominalvo-

bei Ausfall im Jahr 2008 acht Jahre am Markt gewesen ist. Demnach befinden sich unter den ausgefallenen Unternehmen nicht vermehrt junge Unternehmen, die im Allgemeinen zumeist eher zahlungsunfähig oder überschuldet sind (siehe Fn. 346).

604 Quelle: Regelmäßige Investor Reports und Investor Notizen (siehe u. a. Fn. 327) sowie Focus (2006); Focus (2008a); Focus (2008b); Fritze, H. (2007); Hamburger Abendblatt (2007); Hamburger Abendblatt (2008); Handelsblatt (2007); Insolvenz-Ratgeber.de (2008); Kressl, H. (2007); Löffler Rechtsanwälte Insolvenzverwalter (2009); Lübecker Nachrichten (2007); Lueders-Warneboldt (2008); Maier Rechtsanwälte (2009); Rohde (2008); Schulte, R. (2007); Welt.de (2007a); Welt.de (2007b; Ott, K./Ritzer, U. (2006); VerkehrsRundschau (2009); Iwersen, S. (2008); Deutscher Verbraucherschutzring (2007). Unter ‚Meldung vom' steht das Datum der Bekanntmachung des Ausfalls gegenüber dem Investor.

lumen von EUR 8,518 Mio. der bereinigten[605] 28 ausgefallenen Unternehmen bei einem bereinigten Gesamtvolumen von EUR 238,5 Mio. kann festgestellt werden, dass die ausgefallenen Unternehmen durchschnittlich größere Nominalvolumina aufgenommen haben.[606] Dies ist auf den verhältnismäßig hohen Anteil der (nach Bereinigung) sieben ausgefallenen, mehrfach teilnehmenden Unternehmen an den Ausfällen zurückzuführen. Denn obwohl die identifizierten Mehrfachteilnehmer R_I mit $n_{RI} = 59$ nur 10% von N_{RI} darstellen, repräsentieren sie mit sieben identifizierten Ausfällen 25,0% der 28 ausgefallenen Unternehmen.[607] Hierbei sind diese Mehrfachteilnehmer mit durchschnittlich EUR 13,0 Mio. bei einem Gesamtvolumen von EUR 91 Mio. ausgefallen und vereinen somit 38,2% des bereinigten ausgefallenen Volumens von EUR 238,5 Mio. auf sich.[608] Die bereinigten 21 ausgefallenen, einmalig teilnehmenden Unternehmen sind bei einem bereinigten Gesamtvolumen von EUR 147,5 Mio. dagegen mit durchschnittlich EUR 7,024 Mio. ausgefallen.[609] Auf Basis dieser Werte kann für die ausgefallenen Unternehmen ein Anteil von 16,6% des durchschnittlichen Nominalvolumens von EUR 8,518 Mio. an der durchschnittlichen Bilanzsumme von EUR 51,338 Mio. im Vergleich zu 13,0% für N_{RIK*} berechnet werden. Demnach haben die ausgefallenen Unternehmen bei geringerer Unternehmensgröße nicht nur absolut, sondern auch relativ betrachtet mehr Mezzanine-Kapital aufgenommen.

Bei Analyse der prozentualen Ausfälle in Bezug auf das Gesamtvolumen in Abhängigkeit von der Zeit vom Closing bis zum 31.12.2008 je Transaktion ist gemäß Anhang VI-125 eine starke Heterogenität der Portfolien in Bezug auf die Ausfälle zu erkennen.[610] Diese

---

[605] Im Rahmen der Bereinigung sind die vier (vermuteten bzw. bewiesenen) Betrugsfälle mit EUR 88 Mio. aus dem Gesamtvolumen von EUR 326,5 Mio. herauszurechnen. Zwei der vier (vermuteten bzw. bewiesenen) Betrugsfälle sind identifizierte Mehrfachteilnehmer.

[606] Auch für die 14 namentlich bekannten Ausfälle kann mit einem durchschnittlichen Nominalvolumen von EUR 8,714 Mio. bei einem Gesamtvolumen von EUR 122 Mio. ein ähnlicher Wert ermittelt werden.

[607] Insgesamt stellen die 90 Mehrfachteilnehmer R 16,2% der 557 Unternehmen für N_R.

[608] Somit haben die (bereinigten) ausgefallenen Mehrfachteilnehmer durchschnittlich geringere Volumina als die Mehrfachteilnehmer R_I mit EUR 15,328 Mio. erhalten.

[609] Dieses Volumen liegt unter dem durchschnittlich aufgenommenen Nominalvolumen von EUR 7,705 Mio. für N_{RIK}, aber über dem von EUR 6,578 Mio. für N_{RI}. Bei Vergleich der ausgefallenen Unternehmen mit N_R sind Abweichungen festzustellen, die Tendenzen bleiben aber zumeist erhalten. Um die Bedeutung der (vermuteten bzw. bewiesenen) Betrugsfälle und deren Volumina zu verdeutlichen, werden nachrichtlich auch diese Daten aufgeführt. So ergibt sich unter Berücksichtigung der (vermuteten bzw. bewiesenen) Betrugsfälle ein durchschnittlich ausgefallenes Volumen von EUR 10,203 Mio. Die neun Mehrfachteilnehmer haben hierbei durchschnittlich EUR 19,0 Mio. bei einem Gesamtvolumen von EUR 171 Mio. aufgenommen und vereinen mit 52,4% somit mehr als die Hälfte des ausgefallenen Volumens auf sich.

[610] So sind bspw. bei dem Programm CB MezzCap per 31.12.2008 ca. 21,6% des Nominalvolumens ausgefallen, wohingegen bei PREPS 2004-1 per 31.12.2008 noch keine Ausfälle festzustellen sind. In Anhang VI-126 erfolgt zusätzlich zur graphischen Darstellung aus Anhang VI-125 eine tabellarische Übersicht.

Heterogenität kann unter Bezugnahme auf Abbildung 4-48 wiederum zum Großteil auf die Mehrfachteilnehmer und deren höheren aufgenommenen mezzaninen Volumina zurückgeführt werden.[611] Da die Mehrfachteilnehmer R_{IK} gemessen an den untersuchten Kennzahlen tendenziell schlechter als die Unternehmen für N_{RIK} sind, ist somit nicht überraschend, dass die Mehrfachteilnehmer auch einen höheren Anteil an den Ausfällen im Vergleich zum Anteil an der Grundgesamtheit darstellen.[612] Dies stützt im Umkehrschluss wiederum die These einer ‚Adverse Selection' bei den Mehrfachteilnehmern aus Abschnitt 4.3.7. im Hinblick auf die höheren Volumina dieser Unternehmen.

Durchschnittlich sind per 31.12.2008 mit einem bereinigten Volumen von EUR 238,5 Mio. auf das Gesamtvolumen von EUR 3,881 Mrd.[613] ca. 6,15% des Volumens bei einer durchschnittlichen Transaktionslaufzeit von 2,88 Jahren der 13 betrachteten Mezzanine-Programme ausgefallen. Dies bedeutet ein durchschnittlich ausgefallenes Nominalvolumen von 2,13% pro Jahr. Bei Bezug der bereinigten Anzahl ausgefallener Unternehmen von 28 auf die Grundgesamtheit N_{RI} sind per 31.12.2008 insgesamt 4,75% der Unternehmen bzw. 1,65% der Unternehmen pro Jahr ausgefallen.[614] In diesem Zusammenhang stellt sich die Frage, ob diese Höhe der Ausfälle hätte erwartet werden können. Um eine Einschätzung über die Höhe der Ausfälle in den Mezzanine-Programmen abgeben zu können, kann als Näherung in einem ersten Schritt auf die 5-Jahres-Ratings gemäß Moody's KMV zurückgegriffen werden. In dieser ersten, näherungsweisen Analyse der Ratingverteilung gemäß Abbildung 4-49 der Grundgesamtheit N_{RI} kann ein Median-Rating von Baa2.edf[615] ermittelt werden. Hierbei bedeutet laut Anhang VI-88 ein 5-Jahres-Rating von Baa2.edf, dass

---

[611] Denn bspw. bei CB MezzCap sind EUR 31 Mio. des ausgefallenen Gesamtvolumens von EUR 43 Mio. von den Mehrfachteilnehmern Nici AG, Erich Rohde KG und ODS Optical Service GmbH aufgenommen worden und stellen somit einen Anteil von 72,1% dar. Auch hier sind die (vermuteten bzw. bewiesenen) Betrugsfälle zu beachten.

[612] Hierbei generieren die Mehrfachteilnehmer vor Aufnahme des Mezzanine-Kapitals weniger Cash Flow und weisen eine geringere Produktivität und einen höheren Anteil des nicht durch liquide Mittel gedeckten kurzfristigen Fremdkapitals sowie insbesondere eine deutlich geringere EKQ auf.

[613] Auf eine Bereinigung des Gesamtvolumens sowie der Grundgesamtheit N_{RI} bzw. N_R um die Daten der (vermuteten bzw. bewiesenen) Betrugsfälle wird vor dem Hintergrund der geringen Anteile und der damit verbundenen nur geringen Änderungen aus Vereinfachungsgründen verzichtet.

[614] Bei Berücksichtigung der vier (vermuteten bzw. bewiesenen) Betrugsfälle sind 32 Unternehmen bzw. 5,42% der Unternehmen N_{RI} insgesamt bzw. 1,89% pro Jahr ausgefallen. Volumenbezogen sind mit EUR 326,5 Mio. auf das Gesamtvolumen von EUR 3,881 Mrd. insgesamt 8,41% an Volumen per 31.12.2008 ausgefallen, was einem durchschnittlichen, jährlichen Ausfall von 2,92% entspricht. Bei Bezug auf die Grundgesamtheit N_R mit $n_{N(R)} = 557$ sind durchschnittlich 1,99% der Unternehmen pro Jahr ausgefallen.

[615] Da die Ausfallwahrscheinlichkeiten (EDFs) nicht zu allen Unternehmen vorliegen, werden zur Ermittlung einer näherungsweisen Lösung des Median-Ratings die Ratingkategorien aufsteigend nummeriert.

erwartungsgemäß zwischen 1,38% und 2,08% der Unternehmen innerhalb der nächsten fünf Jahre ausfallen können. Da aber per 31.12.2008 insgesamt 4,75% der Unternehmen nach einer durchschnittlichen Laufzeit von nur 2,88 Jahren bereits ausgefallen sind, liegen diese Werte über den erwarteten Werten gemäß Moody's KMV.[616]

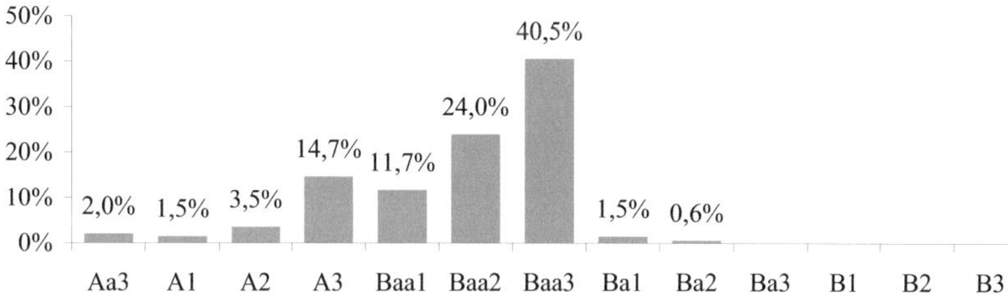

Quelle: Eigene Darstellung. $n_{N(RI)} = 538$*

* Ohne die 51 Unternehmen der Transaktion StaGe Mezzanine (inkl. drei Mehrfachteilnehmer), da für diese Unternehmen nur 1-Jahres-Ratings vorliegen, sowie ohne die vier Unternehmen, bei denen Betrug vorliegt bzw. vorliegen soll.

Abbildung 4-49: Verteilung der 5-Jahres-Ratings (.edf) gemäß Moody's KMV für N_{RI} vor Aufnahme[617]

Besondere Bedeutung gewinnt die Ausfallquote, da sich die Unternehmen in den Jahren ab 2004 bzw. vor allem in 2006 und 2007 in einem konjunkturell günstigen Umfeld befanden und sich erst ab 2008 die Wirtschaftskrise abzeichnete. Somit hätten eher geringere und nicht höhere Ausfallquoten erwartet werden können. Darüber hinaus ist insbesondere verwunderlich, dass die Unternehmen trotz der teilweise massiv zur Verfügung gestellten liquiden Mittel vereinzelt zum Teil relativ zeitnah nach Aufnahme von (weiterem) Mezzanine-Kapital ausgefallen sind. Denn mit Aufnahme des Mezzanine-Kapitals bzw. Auszah-

---

[616] Bei Berücksichtigung der Werte aus Fn. 614 unter Berücksichtigung der (vermuteten bzw. bewiesenen) Betrugsfälle wird der Unterschied zwischen erwarteter und tatsächlicher Ausfallquote noch deutlicher. Wie bereits ausgeführt, stellt diese Analyse nur eine erste Näherung dar. Ob die tatsächliche Ausfallquote signifikant von der erwarteten Quote abweicht, kann Gegenstand weiterer Forschungen sein. In diesem Zusammenhang gilt es neben der erwarteten Ausfallwahrscheinlichkeit auch den erwarteten Verlust bei Ausfall zu berücksichtigen. So wären eventuelle Erlöse aus Weiterverkäufen, Debt-Equity-Swaps, Verzichtserklärungen und Befriedigungen aus der Insolvenzmasse zu berücksichtigen. Hierbei wurde bspw. das Genussrecht der (unmittelbar nach Auszahlung) ausgefallenen Nici AG zu 85% des Nominalvolumens an eine Drittpartei verkauft und mindert so die Höhe des Ausfalls im Programm CB MezzCap. Vgl. CB MezzCap (2006), S. 17. Von den Ratingagenturen Moody's und Fitch wird auf Basis der Unbesichertheit und Nachrangigkeit des Standard-Mezzanine-Kapitals eine sehr niedrige Erlösquote (Recovery Rate) von häufig sogar 0% angenommen. Vgl. Presale Reports gemäß Fn. 866 zu Anhang VI-48.

[617] Die Verteilung basiert auf den Daten im Jahr vor Aufnahme bzw. im Jahr, das dem Auswahlprozess zugrunde liegt. Siehe hierzu die einschränkenden Anmerkungen der Fn. 336. Der Zusatz ‚.edf' bedeutet, dass es sich um erwartete Ausfallwahrscheinlichkeiten im Rahmen des Finanzratingtools Moody's KMV handelt. Anhang VI-113 basiert dagegen auf 542 Unternehmen und demnach inklusive der (vermuteten bzw. bewiesenen) Betrugsfälle.

lung der liquiden Mittel sollte auf kurze Sicht gesehen die Gefahr einer Insolvenz aufgrund von Zahlungsunfähigkeit u. a. vor dem Hintergrund der endfälligen Tilgung verringert werden können. Erst auf längere Sicht gesehen gilt es (im Normalfall), dem vierteljährlichen, zum Großteil gewinnunabhängigen und im Vergleich zu vorrangigem Fremdkapital höheren Kapitaldienst eine stärkere Bedeutung beizumessen.[618]

4.3.8.2. Unternehmenssituation vor Aufnahme

Für eine Analyse wird in einem nächsten Schritt auf die Kennzahlen gemäß Moody's KMV der ausgefallenen Unternehmen vor bzw. bei Aufnahme des Mezzanine-Kapitals und somit für t_{-1} und t_0 eingegangen.[619] Um die Kennzahlen der ausgefallenen Unternehmen nicht nur separat, sondern auch im Vergleich zu anderen MFU zu analysieren, gilt es zunächst, eine Gruppe zusammenzustellen, mit der die Daten der ausgefallenen Unternehmen verglichen werden soll. Hierfür könnten die gesamten 281 Unternehmen der Kennzahlenanalyse N_{RIK} herangezogen werden. Da sich aber die Branchenverteilung für N_{RIK} und $N_{RI(AUSFALL)}$ deutlich voneinander unterscheiden, erscheint dies nicht sinnvoll.[620] Ebenso ist ein Matching, bei dem Branchen- und Größenverhältnisse beachtet würden, auf Basis von N_{RIK} nicht durchzuführen, da erstens nicht bei allen der 32 ausgefallenen Unternehmen die Namen zugeordnet werden können und zweitens die Daten von N_{RIK} anonymisiert sind. Vor diesem Hintergrund und im Hinblick auf eine einheitliche Vorgehensweise bei der Auswahl der MFU, die mit den ausgefallenen Unternehmen verglichen werden sollen, wird eine zufällige Stichprobe gezogen (Ziehen ohne Zurücklegen). Diese Stichprobe $N_{RIK(ZUFALL)}$ besteht aus 21 Unternehmen aus N_{RIK}.[621] Da bei Nutzung einer Zufallsstichprobe ein direkter Vergleich mit den Werten der ausgefallenen Unternehmen nur eingeschränkt möglich ist, gilt es, Tendenzen aufzuzeigen.

---

[618] Auch eine Studie von Mercer Oliver Wyman geht auf kurze Sicht von einer Stärkung der finanziellen Situation mit Aufnahme des Mezzanine-Kapitals bzw. mit Auszahlung der mezzaninen, liquiden Mittel aus. Erst auf längere Sicht treten unter dem Gesichtspunkt der Solvenz die vierteljährlichen Zinszahlungen mehr in den Vordergrund. Vgl. Mercer Oliver Wyman (2006), S. 4-18.

[619] Eine auf längere Sicht bezogene Analyse der Entwicklung seit Aufnahme des Mezzanine-Kapitals ist vor dem Hintergrund des Ausfalls der Unternehmen nicht sinnvoll.

[620] Siehe Fn. 603 sowie Anhang VI-124 zur Branchenverteilung der beiden Gruppen.

[621] Es werden nur zu 21 der 32 ausgefallenen Unternehmen Kennzahlen ausgewertet, denn zum einen liegen zu sieben Ausfällen nur die Ratingstufen, aber keine Kennzahlen gemäß Moody's KMV vor. Siehe hierzu Abschnitt 4.3.2. und Anhang VI-53. Zum anderen werden die vier (vermuteten bzw. bewiesenen) Betrugsfälle herausgenommen.

Gemäß Abbildung 4-50 sind zum Zeitpunkt t_{-1} bei einem Vergleich der ausgefallenen Unternehmen $N_{RI(AUSFALL)}$ mit $N_{RIK(ZUFALL)}$ zum Großteil deutliche Unterschiede in den Kennzahlenausprägungen zu erkennen. So können auf der einen Seite bei der FINK und dem EBITD-ROI sowie insbesondere bei der UR schlechtere Werte für die ausgefallenen Unternehmen ermittelt werden. Auch die NVQ sowie insbesondere die KBD und FKS sind bei den ausgefallenen Unternehmen deutlich höher als bei der Stichprobe. Andererseits weisen die ausgefallenen Unternehmen eine höhere EKQ sowie vor allem ein deutlich höheres UW und bessere Produktivität in Form deutlich niedrigerer Werte für die PAQ auf.[622] Insgesamt sind die schlechteren Werte der ausgefallenen Unternehmen zwar als negativ einzustufen, ein definitiver Ausschluss von Unternehmen mit dieser Kennzahlenausprägung ist aber grundsätzlich nicht zwingend vorzunehmen.[623]

In t_0 bzw. bis zum Zeitpunkt t_0 sind dagegen größtenteils unterschiedliche Entwicklungen der beiden Gruppen festzustellen. Während sich die Höhe der Kennzahlenausprägung der Zufallsstichprobe $N_{RIK(ZUFALL)}$ bspw. im Vergleich zu den Unternehmen der Kennzahlenanalyse N_{RIK} zum Teil deutlich unterscheidet, ähneln sich aber die Tendenzen in der Entwicklung. So sind einerseits rückläufige Rentabilitätswerte sowie andererseits eine sich verbessernde Verschuldung und Wachstumsimpulse für die Zufallsstichprobe ähnlich wie bei N_{RIK} auszumachen.[624] Für die ausgefallenen Unternehmen ist diese Entwicklung dagegen nur bedingt ersichtlich. So kann zwar einerseits die NVQ sowie vor allem die FKS deutlich gesenkt werden. Andererseits ist dagegen aber insbesondere die stark rückläufige FINK bzw. im Fall der UR sogar negativen Werte (bedingt durch ein negatives, ordentliches Betriebsergebnis) bei den ausgefallenen Unternehmen auffällig, die weit über das Maß der Zufallsstichprobe sowie der anderen untersuchten MFU hinausgehen. Auch das Wegbrechen des in t_0 absolut betrachtet rückläufigen Umsatzes sowie die deutlich gestie-

---

622 Hierbei deutet das hohe UW darauf hin, dass die ausgefallenen Unternehmen vor Aufnahme vermehrt Investitionen getätigt haben.

623 Denn für die ausgefallenen Unternehmen kann mit einem 5-Jahres-Median-Rating von Baa3.edf nach wie vor ein „Investment Grade"-Rating gemäß Moody's KMV im Jahr vor Aufnahme bzw. im Jahr, das dem Auswahlprozess zugrunde liegt, bestimmt werden. Die näherungsweise Berechnung basiert auf den 5-Jahres-Ratings von nur 27 der 32 ausgefallenen Unternehmen, da zum einen die vier (vermuteten bzw. bewiesenen) Betrugsfälle herausgenommen sind sowie zum anderen zu einem Unternehmen der Transaktion StaGe Mezzanine nur das 1-Jahres-Rating vorliegt. Siehe Fn. 561 zur Berechnung des Median-Ratings, Anhang VI-53 für die zur Verfügung stehenden Daten je Transaktion sowie die einschränkenden Anmerkungen der Fn. 591.

624 Auch im Vergleich zu den am Nominalvolumen gemessen großen und kleinen Unternehmen gemäß der Untersuchungen des Abschnitts 4.3.6. oder den Mehrfachteilnehmern aus Abschnitt 4.3.7. sind die Entwicklung sowie die Tendenzen der Kennzahlen der Unternehmen der Zufallsstichprobe ähnlich.

gene PAQ bzw. rückläufige Produktivität bei sich verbessernden Werten der Stichprobe sind hervorzuheben. Ferner ist ein nur geringer Anstieg der EKQ bei den ausgefallenen Unternehmen auszumachen, wohingegen die in t_{-1} noch niedrigere EKQ der Zufallsstichprobe deutlich zulegt und in t_0 über der EKQ der ausgefallenen Unternehmen liegt. Hier hätte ein deutlicherer Anstieg vor dem Hintergrund der Eigenkapitalähnlichkeit der mezzaninen Mittel bei den ausgefallenen Unternehmen erwartet werden können, da diese Unternehmen absolut und relativ betrachtet mehr Mezzanine-Kapital als die Unternehmen für N_{RIK} und N_R aufgenommen haben. Verstärkt wird diese Auffälligkeit dadurch, dass die FKS stark rückläufig ist, was auf eine stärkere Ablösung von Bank- und Lieferantenverbindlichkeiten hindeutet. Bei stärkerer Ablösung von Verbindlichkeiten, d. h. einem (anteiligen) Passivtausch, würde im Gegenzug die Bilanzsumme des Unternehmens aber weniger steigen, so dass ceteris paribus eine höhere EKQ vor dem Hintergrund der hälftigen Anrechnung als Eigenkapital zu erwarten gewesen wäre.[625] Da aber die UR in t_0 erstens sehr stark rückläufig sowie zweitens negativ ist, lässt sich ableiten, dass die ausgefallenen Unternehmen in t_0 Verluste erwirtschaftet haben, die das Eigenkapital mindern. Demnach scheinen (geplante) Investitionen nicht oder nicht erfolgreich umgesetzt worden zu sein bzw. die getätigten Investitionen nicht die Rückflüsse zu erbringen, die erwartet worden waren. Auch wenn grundsätzlich bspw. bei ausreichender EKQ eine (vorübergehende) negative UR bis zum einem gewissen Grad als nicht äußerst kritisch anzusehen ist, überrascht die insgesamt deutlich schlechtere Entwicklung sowie insbesondere die bereits in t_0 negative UR. Der rückläufige Umsatz und die stark rückläufige FINK in t_0, deren Rückgang weit über die ebenfalls festzustellende Reduzierung bei der Zufallsstichprobe hinausgeht, verstärken den Eindruck einer besonders negativen Entwicklung.[626]

[625] Die starke Verbesserung der FKS der ausgefallenen Unternehmen kann einerseits auf die verhältnismäßig hohen mezzaninen Mittel, die vor dem Hintergrund der zumeist nur anteiligen Anrechnung als Eigenkapital die Verbindlichkeiten insgesamt erhöhen und damit die FKS senken. Darüber hinaus könnte diese starke Senkung der insgesamt hohen FKS der ausgefallenen Unternehmen auch darauf hindeuten, dass diese Unternehmen eine vermehrte Ablösung von Verbindlichkeiten vorgenommen haben. Auf Basis der hohen FKS sowie vor dem Hintergrund des späteren Ausfalls könnte dies bereits als Anzeichen für Finanzierungsprobleme gewertet werden. Allgemein ist eine Ablösung von Bank- und Lieferantenverbindlichkeiten durch Mezzanine-Kapital differenziert insbesondere im Hinblick auf die Generierung zusätzlicher positiver, zukünftiger Cash Flows zu betrachten. Siehe hierzu Abschnitt 4.3.4.4.

[626] Ergänzend kommt hinzu, dass sich die Unternehmen in den Jahren ab 2004 sowie insbesondere in 2006 und 2007 in einem konjunkturell sehr günstigen Umfeld befanden.

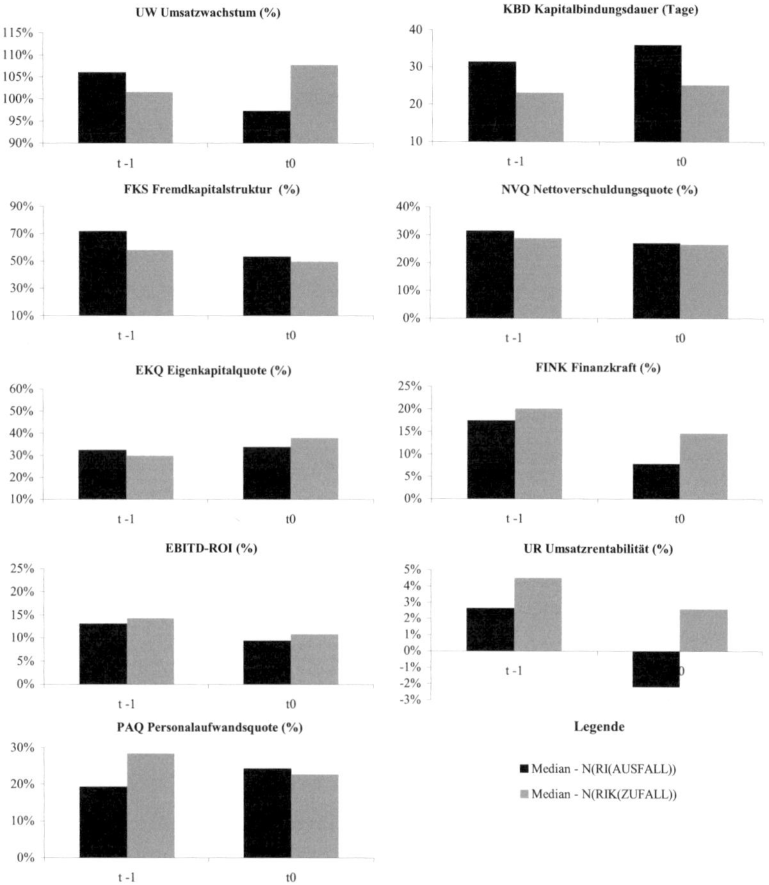

Quelle: Eigene Darstellung. $n_{N(RI(AUSFALL))} = 21$ in t_{-1}, $n_{N(RI(AUSFALL))} = 20$ in t_0, $n_{N(RIK(ZUFALL))} = 21$

Abbildung 4-50: Kennzahlenübersicht der ausgefallenen Unternehmen $N_{RI(AUSFALL)}$ und einer Zufallstichprobe $N_{RIK(ZUFALL)}$ für t_{-1} und t_0[627]

4.3.8.3. Wertung und Implikationen

Im Rahmen einer Wertung der Kennzahlen sind vor dem Hintergrund des späteren Ausfalls die aufgezeigten Verschlechterungen bei den ausgefallenen Unternehmen bis zu einem gewissen Grad sogar zu erwarten. Die Frage ist demnach nicht so sehr nach dem ‚Warum',

[627] In t_0 liegen nur noch Daten über 20 ausgefallene Unternehmen vor. Die Kennzahlen sind aber auch bei Löschung dieses 21. Unternehmens in t_{-1} nahezu identisch. In Anhang VI-127 sind zusätzlich die 25%- und 75%-Quantile angegeben.

sondern vielmehr danach, ob diese Unternehmen überhaupt das Mezzanine-Kapital hätten erhalten dürfen. Im Nachhinein ist die Beantwortung vor dem Hintergrund des Ausfalls dieser Unternehmen sehr einfach, eine längerfristige Betrachtung somit nicht sinnvoll. Demnach gilt es, das Hauptaugenmerk auf die Zeit (direkt) vor Aufnahme des Mezzanine-Kapitals zu legen.[628] Hierbei sollte aber nicht nur entweder der Zeitpunkt t_{-1} oder t_0 separat, sondern die Entwicklung bis zum Zeitpunkt t_0 betrachtet werden. Denn – bis auf mögliche Ausnahmen – kann angenommen werden, dass die Tendenz einer sich deutlich verschlechternden Gesamtsituation der ausgefallenen Unternehmen sich bereits vor Aufnahme des Mezzanine-Kapitals hätte abzeichnen müssen und demnach bis zu einem gewissen Grad hätte erkannt werden können.

Wird somit die Annahme getroffen, dass sich diese negativen Tendenzen bereits vor Aufnahme abzeichnen, ergibt sich hieraus wiederum die Frage, warum diese negativen Tendenzen nicht erkannt wurden. Um mögliche Gründe hierfür zu finden, gilt es den Auswahlprozess näher zu beleuchten. So umfasst er transaktionsspezifisch zumeist mehrere Schritte, wobei als Voraussetzung einer Teilnahme zum überwiegenden Großteil ein „Investment Grade"-Rating gemäß Moody's KMV für das letzte abgelaufene Geschäftsjahr gilt.[629] Demnach könnte zunächst vermutet werden, dass das Ratingtool die Schwachstelle in dem Auswahlprozess darstellt und systematisch zu geringe Ausfallwahrscheinlichkeiten berechnen würde. Denn die tatsächlichen Ausfallquoten in den Mezzanine-Programmen scheinen über den gemäß Moody's KMV erwarteten Ausfallwahrscheinlichkeiten zu liegen.[630] Diese Sichtweise greift aber zu kurz.[631] Denn es gilt, die Aufgabe eines Finanzra-

---

[628] Die Gründe für die Insolvenz der einzelnen Unternehmen können hierbei sehr unterschiedlich sein und kaum pauschal beantwortet werden. Es wären Einzelanalysen notwendig, um die unternehmensindividuellen Probleme herauszuarbeiten und mögliche Gründe für den Ausfall zu finden.

[629] Siehe hierzu Abschnitt 3.3.2.

[630] Dass Unterschiede in Ratings und Ausfallwahrscheinlichkeiten verschiedener Ratingtools vorliegen können, wurde bereits im Rahmen der Szenarioanalysen des Abschnitts 3.1.7. sowie der Ratingverteilung und -migration in Abschnitt 4.3.5. aufgezeigt. Mögliche Gründe für diese Unterschiede wie eine unterschiedliche A-priori-Wahrscheinlichkeit, zugrunde liegende Diskriminanzfunktionen sowie verwendete Kennzahlen wurden vorgestellt. In diesem Zusammenhang könnten in einer sich anschließenden Forschungsarbeit die MFU der 13 Transaktionen über andere Finanzratingtools wie Creditreform Bilanzrating, Euler Hermes Rating oder DATEV-Bilanzrating beurteilt werden. Hierfür müssten die Jahresabschlussdaten direkt in das jeweilige Ratingtool gemäß den spezifischen Erfassungsvorschriften eingegeben werden, da ein Mapping die Unterschiede in den Ratingtools nur bedingt abbildet, wie in Abschnitt 3.1.7. aufgezeigt. Interessant wäre in diesem Zusammenhang, welche Unterschiede in den Ratingtools vorliegen und ob auch die anderen Ratingtools zum überwiegenden Großteil ein „Investment Grade"-Rating vergeben hätten, so dass die MFU auch gemäß dieser Ratingtools in die Portfolien aufgenommen worden wären.

[631] Anzumerken ist, dass einerseits ca. 5,4% der MFU börsennotierte AGs sind, das hier genutzte Tool aber für die Beurteilung mittelständischer, nicht börsennotierter Unternehmen konzipiert ist. Andererseits dürf-

tingtools zu konkretisieren. So trifft ein Finanzratingtool eine Aussage auf Basis vergangenheitsorientierter sowie ausschließlich auf dem Jahresabschluss basierender Kennzahlen.[632] In diese Analyse fließen demnach keine qualitativen Faktoren wie die Einschätzung der Zukunftsfähigkeit des Unternehmens, Marktstellung oder Management- und Controllingqualität mit ein.[633] Auch gilt es zu berücksichtigen, dass die Jahresabschlussdaten der MFU, die Moody's KMV und dem Auswahlprozess an sich zugrunde gelegt werden, zwischen mehreren Monaten und teilweise mehr als ein Jahr alt sind bzw. sein können, so dass das Tool unterjährige Entwicklungen nicht abbildet.

Insgesamt ist aus den aufgezeigten Besonderheiten der Entwicklung der ausgefallenen Unternehmen abzuleiten, dass sich der Auswahlprozess an sich zu sehr auf das Urteil eines Ratingtools verlässt, das diesem Anspruch nur bedingt gerecht werden kann, da es nur vergangenheitsorientierte und kennzahlenbasierte Vergleiche auf Basis des letztgültigen Jahresabschlusses zieht.[634] Hierdurch ist die stark negative Entwicklung der ausgefallenen Unternehmen in der Zeit zwischen letztgültigem Jahresabschluss und Aufnahme entweder nicht aufgedeckt oder nicht ausreichend berücksichtigt worden. Wäre diese ‚Zwischenzeit' intensiver geprüft worden, wäre gegebenenfalls die Vergabe der mezzaninen Mittel an diese Unternehmen nicht erfolgt. Demnach sind zusätzliche Analysen aktueller bzw. zeitnaher Unternehmensdaten notwendig, um unterjährige Fehlentwicklungen in der Zeit zwischen letztgültigem Jahresabschluss und der Aufnahme aufzudecken. Rein vergangenheitsorientierten und kennzahlenbasierten Finanzratingtools darf somit nicht das Gewicht beigemessen werden, das ihnen anscheinend im Auswahlprozess beigemessen wurde.

In diesem Zusammenhang gilt es ebenso die Tätigkeit der Ratingagenturen kritisch zu hinterfragen. Denn auch die Ratingagenturen betraten mit der Produktinnovation des Stan-

---

te der Anteil von 5,4% börsennotierter AGs als eher gering erachtet werden. Siehe Fn. 381. Auch wenn mit zwei der ausgefallenen, namentlich bekannten Unternehmen 14,3% der ausgefallenen Unternehmen börsennotiert waren, darf dieser Anteil vor dem Hintergrund der mit 14 Unternehmen sehr geringen Anzahl auswertbarer Daten nicht überbewertet werden.

[632] Es wird ermittelt, wie viel Prozent der Unternehmen, die in einer bestimmten Branche tätig sind eine bestimmte Kennzahlenausprägung aufweisen, erwartungsgemäß ausfallen können.

[633] Siehe Anhang VI-16 für quantitative und qualitative Bewertungsaspekte im Ratingverfahren.

[634] Im Zusammenhang mit den (vermuteten bzw. bewiesenen) Betrugsfällen (siehe Fn. 601) kann dem Auswahlprozess einerseits nur bedingt Schuld zugesprochen werden, denn bspw. im Fall der Nici AG scheint dieser (vermutete bzw. bewiesene) Betrug auch im Rahmen einer „klassischen" Kreditprüfung nicht aufgedeckt worden zu sein. Vgl. Natusch, I. (2007), S. 44-45. Nichtsdestotrotz ist andererseits erstens die Höhe der vergebenen mezzaninen Mittel von EUR 40 Mio. an die beiden Mehrfachteilnehmer mit Be-

dard-Mezzanine-Kapitals Neuland, so dass insbesondere fehlende historische Daten zu einer solchen Produktart eine Einschätzung der Güte dieser Art von Transaktionen erschweren.[635] Darüber hinaus sollte ebenfalls der Prüfungsprozess für ein Investment durch die Investoren einer kritischen Überprüfung unterzogen werden. Denn auf der einen Seite haben die Investoren trotz geringer Granularität in den Portfolien und der veranschlagten Risikoprämien in Zeiten, in denen Verbriefungsvehikel im Allgemeinen intensiv genutzt wurden, diese verbrieften mezzaninen Produkte gekauft. Dies lässt den Schluss zu, dass sich auch die Investoren zu sehr auf die Beurteilung dieser neuartigen Mezzanine-Kapital-Transaktionen durch die Ratingagenturen verlassen haben. Auf der anderen Seite gilt es aber herauszustellen, dass sich die Prüfung eines Investments aufgrund fehlender Detaillierung und Anonymisierung in den veröffentlichten Daten insbesondere auf Cash-Flow-Stresstests[636] unter Berücksichtigung der Einzelkredite, historischer Ausfallraten und etwaiger Klumpenrisiken konzentrieren musste.[637] Ferner ist vor dem Hintergrund der aufgezeigten Ausfälle zu klären, ob das Risiko einer unbesicherten Vergabe mezzaniner Mittel durch die bei Aufnahme veranschlagten Zinskosten, die von den Unternehmen zu zahlen sind, angemessen vergütet wird.

4.4. Diskussion der Ergebnisse, Fazit und zu implementierende Maßnahmen

Im Rahmen der quantitativ-empirischen Kennzahlenanalyse wurde eine Grundgesamtheit aus 557 Unternehmen untersucht, die über 13 verschiedene Transaktionen insgesamt EUR 3,881 Mrd. an Standard-Mezzanine-Kapital aufgenommen haben.[638] Insgesamt haben

---

trugsvorwurf kritisch zu hinterfragen sowie zweitens auffällig, dass mit vier von 557 Unternehmen demnach bei 0,72% der MFU Betrug vorliegt bzw. vorliegen soll.

[635] Vgl. Rother, S. (2006), S. 1063. Eine anschließende Forschungsarbeit könnte sich demnach mit dem Ratingprozess der Ratingagenturen befassen. Dies wäre nicht nur im Hinblick auf die Verbriefung von Mezzanine-Kapital, sondern auch auf andere Underlyings wie Wohnungsbaukredite vor dem Hintergrund der u. a. durch die exzessive Nutzung von Verbriefungsvehikeln ausgelösten weltweiten Finanz- und Wirtschaftskrise von außerordentlichem Interesse. Siehe hierzu Abschnitt 2.4.2.

[636] Stresstests bezeichnen die auf bestimmten Annahmen und Szenarien beruhende Fortschreibung der Vergangenheitsstatistik als Prognose, in der alle Parameter eines Portfolios zu berücksichtigen sind, die zu Ein- und Auszahlungen führen bzw. Einfluss darauf ausüben Vgl. Schneck, O. (2006), S. 327; Braun, H./Schmidt, D. (2005), S. 200-208; Beck, M. et al. (2006), S. 64-66.

[637] Vgl. Rother, S. (2006), S. 1062-1064.

[638] Hierbei sind Durchschnittswerte für die Umsatzerlöse von EUR 88,257 Mio. sowie für die Bilanzsumme von EUR 52,896 Mio. vor Aufnahme aufzumachen. Ferner nehmen zum überwiegenden Großteil etablierte Unternehmen mit mehrjähriger Marktpräsenz Mezzanine-Kapital auf, wobei ein hoher Anteil an Unternehmen in der Rechtsform der AG auszumachen ist, der auf die Kapitalmarktrefinanzierung und die damit einhergehenden Pflichten zurückzuführen sein sollte.

die Analysen gezeigt, dass die MFU stark exportorientiert sind und mit 49,2% knapp die Hälfte der Unternehmen in der Branche des Verarbeitenden Gewerbes tätig ist, wohingegen sich 29,1% im Dienstleistungssektor und 16,9% im Handelsbereich betätigen. Durchschnittlich haben die MFU ein Volumen von EUR 6,968 Mio. aufgenommen. Unter den 557 MFU befinden sich 90 Unternehmen, die mehrfach Mezzanine-Kapital über eines der untersuchten Mezzanine-Programme aufgenommen haben. Für diese Mehrfachteilnehmer R bzw. R_I kann festgestellt werden, dass sie grundsätzlich den Unternehmen der Grundgesamtheit N_R bzw. N_{RI} in ihren Eigenschaften entsprechen.[639] Diesbezüglich wird von den Mehrfachteilnehmern mit durchschnittlichen Volumina von EUR 15,237 Mio. deutlich mehr Mezzanine-Kapital (118,7%) aufgenommen, auch wenn sie am Umsatz (15,6%) und der Bilanzsumme (23,4%) gemessen durchschnittlich nicht wesentlich größer sind als die MFU insgesamt.

Vor Aufnahme des Mezzanine-Kapitals weisen die untersuchten MFU der Kennzahlenanalyse[640] durchschnittlich einerseits ein höheres UW[641] sowie bessere Rentabilitätswerte in Form eines höheren EBITD-ROI und einer zumeist höheren UR sowie eine höhere FINK als die Vergleichs- bzw. Kontrollgruppe ausschließlich klassisch-finanzierter Unternehmen[642] auf. Andererseits sind für die MFU eine höhere KBD und PAQ sowie eine schlechtere Verschuldung auszumachen, wobei die schlechtere Verschuldung durch eine geringere EKQ, höhere NVQ sowie insbesondere eine deutlich höhere FKS bestimmt wird. Diese schlechtere Verschuldung kann zum Teil erwartet werden, da insbesondere für Unternehmen mit einer geringeren EKQ und höheren FKS und NVQ die Aufnahme von langfristigem Mezzanine-Kapital vor dem Hintergrund der Eigenkapitalähnlichkeit eine interessante Option darstellt. Auch getätigte Investitionen im Rahmen des bereits vor Aufnahme höhe-

---

[639] So sind eine ähnliche Branchen- und regionale Verteilung sowie eine vergleichbare Angestelltenanzahl, Exportorientierung und Altersstruktur auszumachen.

[640] Die Analyse wurde für eine bereinigte Grundgesamtheit von 281 MFU anhand der Kennzahlen der Bereiche Verschuldung, Rentabilität und Wachstum durchgeführt. Insgesamt erfolgte sowohl eine kalenderjahrbasierte Analyse als auch eine laufzeitabhängige Untersuchung gewichteter Kennzahlen, in der unterschiedliche Auszahlungszeitpunkte berücksichtigt wurden. Die Bereinigung der Grundgesamtheit erfolgte dahingehend, dass Unternehmen herausgenommen wurden, über die erstens keine vollständigen Daten, die zweitens per 31.12.2008 das Kapital bereits zurückgezahlt hatten oder die drittens aufgrund einer Insolvenz oder eines PDL-Events per 31.12.2008 bereits ausgefallen waren. Grundsätzlich kann dies zu einer Positivauslese führen und die Ergebnisse verzerren. Insgesamt ist trotz Abweichungen eine gute Repräsentativität der MFU der Kennzahlenanalyse für die Grundgesamtheit festzustellen.

[641] Für eine Definition der Kennzahlen siehe Abschnitt 4.3.1. sowie Abbildung 4-14.

ren UW, die mit (kurzfristigem) Fremdkapital vorfinanziert und durch das Mezzanine-Kapitals zum Teil abgelöst werden, können als Grund für die höhere Verschuldung genannt werden. Dennoch ist die Höhe des Unterschiedes bei der Verschuldung auffällig. Vor allem die deutlich höhere FKS könnte als negatives Signal dahingehend gewertet werden, dass die MFU das Mezzanine-Kapital mangels Alternativen nutzen. Diese Unterstellung würde bedeuten, dass eine ‚Adverse Selection' vorliegt, nach der insbesondere wirtschaftlich schwächere Unternehmen an den Mezzanine-Transaktionen teilnehmen würden. Auch wenn die MFU vor Aufnahme eine schlechtere Verschuldung mit geringerer EKQ und höherer NVQ und FKS aufweisen, sind im Gegenzug dafür aber eine teilweise deutlich bessere Rentabilität sowie ein höheres UW zu erkennen. Somit ist diese Hypothese für die untersuchten MFU der Kennzahlenanalyse insgesamt nicht haltbar.

Die Analysen haben gezeigt, dass mit Aufnahme des Mezzanine-Kapitals sowohl positive Kapitalstruktur- als auch negative Zinseffekte festzustellen sind. Im Zeitablauf betrachtet können darüber hinaus zusätzliche Umsatzwachstumseffekte sowie zunächst rückläufige Rentabilitätskennzahlen, die erst zeitverzögert wieder zunehmen, ermittelt werden.

1. Kapitalstruktureffekt: Für die EKQ ist aufgrund der anteiligen Anrechnung des Mezzanine-Kapitals als Eigenkapital ein positiver Kapitalstruktureffekt in Form einer Verbesserung der EKQ auszumachen. Darüber hinaus können die MFU in der Tendenz ihre FKS zum Teil um mehr als 10% verbessern. Dieser positive Kapitalstruktureffekt ist darauf zurückzuführen, dass das Mezzanine-Kapital aufgrund der zumeist nur anteiligen Anrechnung als Eigenkapital die Verbindlichkeiten insgesamt erhöht und damit den Anteil der Bank- und Lieferantenverbindlichkeiten senkt. Andererseits kann auch eine zumindest teilweise Ablösung von Bank- und Lieferantenverbindlichkeiten unterstellt werden. Auch die NVQ reduziert sich mit Aufnahme des langfristigen Mezzanine-Kapitals nachhaltig. Dieser positive Kapitalstruktureffekt in Form der Verbesserung der NVQ ist sowohl auf den langfristigen Charakter des Mezzanine-Kapital als auch auf eine zumindest anteilige Ablösung kurzfristiger Verbindlichkeiten zurückzuführen.[643] Insgesamt weisen die MFU

[642] Vergleichsunternehmen wurden aus einer Datenbank mit 2.052 Unternehmen über ein Matching herausgefiltert, bei dem Branchenzugehörigkeit und Höhe der Umsatzerlöse berücksichtigt wurden. Siehe Abschnitt 4.3.3.

[643] In diesem Zusammenhang gilt es, eine Ablösung von (Fremd-)Kapital durch Mezzanine-Kapital differenziert zu betrachten. Für den Fall, dass die Kosten des abzulösenden Kapitals höher sind als die des Mezzanine-Kapitals oder bisher nicht ausgenutzte Skontierträge genutzt werden können, kann eine Ablösung unter ökonomischen Gesichtspunkten sinnvoll sein. Sind dagegen die Kosten des abzulösenden Kapitals

aber nach wie vor durchschnittlich schlechtere Werte für die FKS, NVQ und größtenteils für die EKQ auf, wobei sich die Abstände zu den Vergleichsunternehmen zum Teil deutlich verringern.

2. Zinseffekt: Mit Aufnahme des Mezzanine-Kapitals können rückläufige Werte sowohl für die FINK als auch für den EBITD-ROI und die UR festgestellt werden. Dies ist auf die zumeist fixe und im Vergleich zu klassischem Fremdkapital höhere Vergütung für das Mezzanine-Kapital mit nur anteiligen zusätzlichen gewinnabhängigen Komponenten zurückzuführen, denn die höhere Vergütung belastet die finanzielle Situation des Unternehmens. Im Zeitablauf verbessern sich aber die Rentabilitätswerte sowohl absolut als auch relativ gegenüber den Vergleichsunternehmen ab dem ersten oder zweiten Laufzeitjahr, so dass es weitere Effekte zu beachten gilt.

3. Umsatzwachstum: Sowohl vor als auch seit Aufnahme des Mezzanine-Kapitals weisen die MFU ein zum Großteil deutlich höheres UW auf. Demnach wurde das Mezzanine-Kapital an stärker wachsende Unternehmen vergeben, die dieses UW im Rahmen der Aufnahme des Mezzanine-Kapitals weiter ausbauen können. Hieraus lässt sich ableiten, dass die MFU vermehrt Investitionen getätigt und dies u. a. mit Mezzanine-Kapital finanziert haben. Denn die Analysen haben gezeigt, dass in Ergänzung zum bereits vor Aufnahme hohen UW ein zusätzlicher Umsatzwachstumseffekt bzw. zusätzliche Wachstumsimpulse ab dem ersten bzw. insbesondere dem zweiten Jahr nach Aufnahme auszumachen sind.

4. Rentabilität: In Ergänzung zum Zinseffekt sind nach anfänglich rückläufigen Rentabilitätswerten ab dem ersten oder zweiten Jahr nach Aufnahme sowohl absolut als auch relativ gegenüber den Vergleichsunternehmen stärkere Zunahmen in den Rentabilitätskennzahlen EBITD-ROI und UR sowie in der FINK zu erkennen. Dies ist vor dem Hintergrund der ebenfalls im gleichen Zeitraum festzustellenden zusätzlichen Umsatzwachstumsimpulse auf die getätigten Investitionen zurückzuführen. So wird die Rentabilität in t_0 und t_1 durch höhere Kosten belastet, die im Rahmen von getätigten Investitionen verursacht werden, ohne dass den höheren Kosten entsprechende Rückflüsse aus den Investitionen zunächst

niedriger, sind die weiteren, dem Mezzanine-Kapital zugesprochenen Vorteile wie Langfristigkeit, Eigenkapitalähnlichkeit, freie Verwendung und unbesicherte Vergabe gegen die höheren Kosten abzuwägen. Insbesondere für den Fall von höheren Kosten für das Mezzanine-Kapital gilt es zu beachten, dass das Mezzanine-Kapital nicht in Investitionsobjekte und damit nicht zur Generierung zusätzlicher positiver, zukünftiger Cash Flows bzw. Einnahmenüberschüsse investiert werden würde. Dies könnte den Kapitaldienst während sowie die Rückzahlung des Mezzanine-Kapitals am Ende der Laufzeit beeinträchtigen.

entgegenstehen.[644] Erst im Laufe der Zeit können u. a. durch Lernkurveneffekte und gemäß dem Konzept der Erfahrungskurve Kosteneinsparungen genutzt und höheres, zusätzliches UW erwirtschaftet werden. Demnach ergeben sich die Rückflüsse aus den getätigten Investitionen erst zeitverzögert in Form einer Verbesserung der Rentabilitätswerte sowie der FINK bzw. zusätzlicher positiver Cash Flows ab t_1 oder t_2. Die MFU müssen erst in eine Art Vorleistung treten, bis Rückflüsse aus den getätigten Investitionen zur Deckung der Investitionskosten sowie der höheren Kosten des Mezzanine-Kapitals vereinnahmt und zusätzliche, positive Cash Flows generiert werden können. Hierbei dürfen der Anstieg der Rentabilitäten und der FINK sowie das UW aber nicht allein auf die Aufnahme des Mezzanine-Kapitals zurückgeführt werden. Denn es gilt das UW und die Rückflüsse aus Investitionen, die mit Mezzanine-Kapital mitfinanziert werden, vor dem Hintergrund eines weltweit konjunkturell günstigen Umfeldes der Jahre bis 2007 zu sehen, von dem insbesondere die exportorientierten MFU profitiert haben sollten. Insgesamt weisen die MFU durchweg höhere Werte für die FINK und den EBITD-ROI als die Vergleichsunternehmen auf. Die UR kann dagegen nur im gleichen Maße wie bei den MFU im Rahmen der zeitverzögert einsetzenden Rückflüsse gesteigert werden, was u. a. auf die höheren Abschreibungen im Rahmen der getätigten Investitionen und die höheren Zinskosten für das Mezzanine-Kapital zurückzuführen sein kann.[645] Für die Produktivität in Form der PAQ ist festzustellen, dass die MFU ihre PAQ zumeist erst ab t_1 bzw. t_2 verbessern können, was auf Lernkurveneffekte vor dem Hintergrund des Anwerbens und Anlernens von Mitarbeitern im Rahmen getätigter Investitionen zurückgeführt werden kann.[646]

[644] Hierbei können im Rahmen einer Investition bspw. Beschaffungs- und Anlaufkosten für Maschinen, Kosten für das Einstellen und Anlernen von Mitarbeitern, Werbungskosten bei Produkteinführungen oder die Kosten der Integration eines Wettbewerbers im Rahmen einer Übernahme entstehen.

[645] Wie gezeigt werden konnte, geht mit Aufnahme des Mezzanine-Kapitals eine vermehrte Investitionstätigkeit einher, so dass die MFU zunächst in Vorleistung treten, was anfänglich rückläufige Rentabilitäten bedingt. Somit sollte in einer sich anschließenden Forschungsarbeit geprüft werden, ob diese verstärkte Investitionstätigkeit und die damit einhergehenden Chancen und Risiken in Finanzratingtools ausreichend abgebildet sind bzw. durch Anpassungen in den Ratingtools abgebildet werden müssten.

[646] Auch eine Studie der IKB kommt gemäß Abschnitt 4.1. zum Teil zu ähnlichen Ergebnissen. Gemäß der IKB-Studie können ein positiver Kapitalstruktureffekt für die EKQ sowie stärkeres Umsatzwachstum, vermehrte Investitionstätigkeit sowie ein (sofortiger) Anstieg der EBITDA-Quote und des Cash Flows der MFU festgestellt werden. In gleicher Weise belegt die Studie von Ernst & Young ein höheres Umsatzwachstum der sich innovativ finanzierenden Unternehmen. Dagegen sind die erst zeitverzögert einsetzenden Rückflüsse sowie die zunächst rückläufigen Rentabilitäten im Rahmen der vermehrten Investitionstätigkeit in den betrachteten Studien nicht aufgezeigt worden bzw. gegebenenfalls anhand des Datenmaterials sowie der untersuchten Kennzahlen und Zeiträume nicht zu erkennen gewesen. Gegenstand weiterer wissenschaftlicher Forschungen könnte am Ende der Laufzeit die Überprüfung der aufgezeigten Zusam-

Das Jahr 2008 – Die beginnende Wirtschaftskrise: Im Jahr 2008 sind sowohl im UW als auch in den Rentabilitätskennzahlen EBITD-ROI und UR sowie der FINK deutliche Rückgänge bei den Vergleichsunternehmen sowie insbesondere bei den MFU festzustellen. Diese Rückgänge sind bei den MFU zum Teil so ausgeprägt, dass sie nach vormals deutlich höheren Werten auf oder wie im Fall der UR sogar unter das Niveau der Vergleichsunternehmen zurückfallen. Auch für die KBD ist insbesondere im Kalenderjahr 2008 ein starker Rückgang der KBD vor allem bei den MFU zu erkennen, der auf Auftragseinbrüche und -stornierungen im Rahmen der sich abzeichnenden weltweiten Wirtschaftskrise zurückgeführt werden kann. Hieraus lässt sich ableiten, dass die stark exportorientierten MFU von der sich anbahnenden Wirtschaftskrise, die sich vor allem auf die exportorientierten Industriezweige des verarbeitenden Gewerbes negativ auswirkt, stärker als die Vergleichsunternehmen betroffen sind.

Große vs. kleine Unternehmen: In Bezug auf am Nominalvolumen gemessen große und kleine Unternehmen können die zuvor aufgezeigten Entwicklungen im Trend für beide Gruppen bestätigt werden. Diesbezüglich weisen die großen Unternehmen vor Aufnahme einerseits schlechtere Werte in Bezug auf KBD, FKS, FINK, EBITD-ROI sowie PAQ im Vergleich zu den kleinen Unternehmen auf. Andererseits sind für die großen Unternehmen auch bessere Werte der EKQ, NVQ und UR sowie für das UW zu erkennen. In Bezug auf die Entwicklung der Unternehmen in den Jahren 2006 bis 2008 sind zwei Aspekte herauszustellen. So kann erstens der Trend der anfänglich geringeren Rentabilitäten vor dem Hintergrund getätigter Investitionen sowie der erst zeitverzögert einsetzenden positiven Rückflüsse bis zu einem gewissen Grad bestätigt werden. Denn die großen Unternehmen, die das Mezzanine-Kapital zumeist früher aufgenommen haben, können neben einem höheren UW nach geringerer FINK und niedrigerem EBITD-ROI vor Aufnahme leicht höhere Werte in 2006 und 2007 aufweisen. Aber auch hier gilt es, diese Verbesserungen vor dem Hintergrund eines konjunkturell günstigen Umfeldes zu sehen. Der zweite Aspekt ist, dass insbesondere für die großen Unternehmen teilweise drastische Einbrüche der Kennzahlen in 2008 zu verzeichnen sind, so dass sich die anfänglich besseren Kennzahlen der großen Unternehmen zum Teil so stark verschlechtern, dass diese Unternehmen hinter die kleinen

menhänge auf ausschließlicher Basis von Konzerndaten sein. Siehe hierzu die einschränkenden Anmerkungen am Ende von Abschnitt 4.2.1.

Unternehmen zurückfallen. Demnach sind insbesondere die großen Unternehmen von der sich ab dem Jahr 2008 abzeichnenden Wirtschaftskrise betroffen.

Mehrfach teilnehmende Unternehmen: Vor Aufnahme des Mezzanine-Kapitals weisen die Mehrfachteilnehmer sowohl eine geringere Produktivität gemessen an der PAQ und eine höhere NVQ als auch insbesondere eine deutlich geringere EKQ als die Unternehmen für N_{RIK} auf. Darüber hinaus generieren die Mehrfachteilnehmer durchschnittlich weniger Cash Flow.[647] Vor diesem Hintergrund ist es kritisch zu hinterfragen, dass die tendenziell schlechteren Mehrfachteilnehmer, die sich von der Größe her nur geringfügig von den Unternehmen der Kennzahlenanalyse N_{RIK} unterscheiden, deutlich höhere Nominalvolumina zugesprochen bekommen haben. Zwar könnte auf der einen Seite die geringere EKQ als Grund für die Mehrfachteilnahme sowie die höheren Volumina angesehen werden. Im Gegenzug für die deutlich geringere EKQ und die insgesamt schlechtere Verschuldung wären aber auf der anderen Seite bspw. eine höhere Cash Flow-Generierung sowie höhere Rentabilitätswerte zu erwarten gewesen. Denn dies, d. h. höhere Verschuldung bei höheren Rentabilitäten, kann für die MFU insgesamt im Vergleich zu den Vergleichsunternehmen festgestellt werden. Mit Aufnahme der (höheren) mezzaninen Volumina schaffen es die Mehrfachteilnehmer nur bedingt, zusätzliche positive Effekte zu generieren.[648] Insbesondere in konjunkturell schlechteren Zeiten wie dem Jahr 2008 scheint das Unternehmensergebnis schließlich im Rahmen der sich anbahnenden Wirtschaftskrise u. a. durch die höheren gewinnunabhängigen Zinsbelastungen auf den absolut und relativ betrachtet höheren Mezzanine-Kapital-Anteil sowie durch die Abschreibungen auf die getätigten Investitionen aufgezehrt zu werden.[649] Nicht die Vergabe der mezzaninen Mittel an diese Unternehmen an sich ist als kritisch anzusehen, sondern die Höhe der mezzaninen Mittel an Unternehmen dieser Bonität und Größe scheint auf Basis der vorliegenden Kennzahlen und Größenverhältnisse nicht gerechtfertigt zu sein. So hätte eine bessere Kontrolle durch die Anbieter

---

[647] Insgesamt sind die schlechteren Werte der Mehrfachteilnehmer zwar als negativ einzustufen, ein definitiver Ausschluss von Unternehmen mit dieser Kennzahlenausprägung ist grundsätzlich aber nicht zwingend vorzunehmen.

[648] Zwar weisen die Mehrfachteilnehmer eine höhere UR im Vergleich zu den Unternehmen N_{RIK} in 2006 und 2007 aus, die übrigen Kennzahlen sind aber ab 2006 trotz eines nach wie vor insgesamt auch in 2007 konjunkturell günstigen Umfeldes rückläufig.

[649] Eine stärkere Beeinträchtigung der Mehrfachteilnehmer durch die sich abzeichnende Wirtschaftskrise zu unterstellen, erscheint nur bedingt plausibel. Denn die Mehrfachteilnehmer weisen eine ungefähr gleiche Branchen- und regionale Verteilung sowie eine ähnliche Exportorientierung im Vergleich zu den anderen MFU aus. Gemäß diesen Werten müssten sich die Mehrfachteilnehmer und die übrigen MFU ungefähr gleich entwickeln und gleich stark von der Krise betroffen sein.

der Mezzanine-Programme im Rahmen des Auswahlprozesses durchgeführt werden müssen. Hierdurch hätten die hohen mezzaninen Volumina dieser Unternehmen reduziert und Programmüberschneidungen vermieden werden können. Vor diesem Hintergrund kann einer ‚Adverse Selection' in Bezug auf die Mehrfachteilnehmer bzw. im Hinblick auf die hohen mezzaninen Volumina dieser Unternehmen nicht eindeutig widersprochen werden.

Ausgefallene Unternehmen: Per 31.12.2008 sind in den 13 untersuchten Standard-Mezzanine-Programmen 32 Unternehmen mit einem Volumen von EUR 326,5 Mio. ausgefallen. Hierbei haben neun ausgefallene Unternehmen mehrfach Mezzanine-Kapital aufgenommen. Insgesamt haben die ausgefallenen Unternehmen trotz geringerer Größe nicht nur absolut, sondern auch relativ betrachtet mehr Mezzanine-Kapital aufgenommen.[650] Dies ist auf den verhältnismäßig hohen Anteil der Mehrfachteilnehmer an den ausgefallenen Unternehmen zurückzuführen.[651] Bei Analyse der Kennzahlen vor Aufnahme des Mezzanine-Kapitals in t_{-1} sind zwar zumeist schlechtere Werte der ausgefallenen Unternehmen festzustellen, dies allein spricht aber grundsätzlich nicht gegen eine Aufnahme dieser Unternehmen. Somit gilt es, das Hauptaugenmerk auf die Zeit (direkt) vor Aufnahme des Mezzanine-Kapitals zu legen. Denn erst bei Analyse der Zeit zwischen dem letztgültigen Jahresabschluss, der dem Auswahlprozess bzw. dem Finanzrating gemäß Moody's KMV zugrunde liegt, und der Aufnahme des Mezzanine-Kapitals in t_0 werden Besonderheiten dieser ausgefallenen Unternehmen offenbar.[652] So können zwar in t_0 die NVQ sowie vor allem die FKS deutlich gesenkt werden, insbesondere eine stark rückläufige FINK sowie eine negative UR bei den ausgefallenen Unternehmen in t_0 sind dagegen auffällig. Auch das Wegbrechen des in t_0 absolut betrachtet rückläufigen Umsatzes überrascht. Darüber hinaus sind die deutlich rückläufige Produktivität sowie die trotz der hohen mezzaninen Volumina nur gering steigende EKQ bei den ausgefallenen Unternehmen hervorzuheben. In diesem Zusammenhang kann – bis auf mögliche Ausnahmen – angenommen werden, dass die Tendenz einer sich deutlich verschlechternden Gesamtsituation der ausge-

[650] Da bei vier ausgefallenen Unternehmen Bilanzbetrug vorliegt bzw. vorliegen soll, wurden die Analysen zum Großteil ohne Berücksichtigung dieser vier Unternehmen, die ein Volumen von EUR 88 Mio. aufgenommen haben, durchgeführt.

[651] Denn die (um die unterstellten sowie bewiesenen Betrugsfälle bereinigten) identifizierten und ausgefallenen Mehrfachteilnehmer stellen 25% der ausgefallenen Unternehmen dar und vereinen 38,2% des ausgefallenen Volumens auf sich, obwohl die Mehrfachteilnehmer nur ca. 10% aller Unternehmen N_{RI} stellen.

[652] Eine auf längere Sicht bezogene Analyse der Entwicklung seit Aufnahme des Mezzanine-Kapitals ist vor dem Hintergrund des Ausfalls der Unternehmen nicht sinnvoll.

fallenen Unternehmen sich bereits vor Aufnahme des Mezzanine-Kapitals hätte abzeichnen müssen und demnach bis zu einem gewissen Grad hätte erkannt werden können.[653]

Wird der Frage nachgegangen werden, warum diese negativen Tendenzen nicht erkannt wurden, ist der Auswahlprozess näher zu betrachten. So umfasst er transaktionsspezifisch zumeist mehrere Schritte, wobei als Voraussetzung einer Teilnahme zumeist ein „Investment Grade"-Rating gemäß Moody's KMV für das letzte abgelaufene Geschäftsjahr gilt. Demnach könnte zunächst vermutet werden, dass das Ratingtool die Schwachstelle in dem Auswahlprozess darstellt.[654] Diese Sichtweise greift aber zu kurz, denn es gilt, die Aufgabe eines Finanzratingtools zu konkretisieren.[655] So trifft ein Finanzratingtool eine Aussage auf Basis statistischer Modelle vor dem Hintergrund vergangenheitsorientierter sowie ausschließlich auf dem Jahresabschluss basierender Kennzahlen.[656] In diese Analyse fließen demnach keine qualitativen Faktoren wie die Einschätzung der Zukunftsfähigkeit, Marktstellung oder Management- und Controllingqualität mit ein. Auch gilt es zu berücksichtigen, dass die Jahresabschlussdaten der MFU, die Moody's KMV und dem Auswahlprozess an sich zugrunde gelegt werden, zwischen mehreren Monaten und teilweise mehr als ein Jahr alt sind bzw. sein können. Somit bildet das Tool unterjährige Entwicklungen nicht ab.

Insgesamt ist aus den aufgezeigten Besonderheiten der Entwicklung der ausgefallenen Unternehmen bis zur Aufnahme des Mezzanine-Kapitals abzuleiten, dass sich der Auswahlprozess an sich zu sehr auf das Urteil eines Ratingtools verlässt, das diesem Anspruch nur bedingt gerecht werden kann, da es nur vergangenheitsorientierte und kennzahlenbasierte Vergleiche auf Basis des letztgültigen Jahresabschlusses zieht. Hierdurch ist die stark negative Entwicklung der ausgefallenen Unternehmen in der Zeit zwischen letztgültigem Jahresabschluss und der Aufnahme entweder nicht aufgedeckt oder nicht ausreichend be-

---

[653] Darüber hinaus kann die starke Reduzierung der insgesamt hohen FKS der ausgefallenen Unternehmen darauf hindeuten, dass diese Unternehmen eine vermehrte Ablösung von Verbindlichkeiten vorgenommen haben. Auf Basis der hohen FKS sowie vor dem Hintergrund des späteren Ausfalls könnte dies bereits als Anzeichen von Finanzierungsproblemen gewertet werden.

[654] Denn die tatsächlichen Ausfallquoten in den Mezzanine-Programmen scheinen gemäß ersten, näherungsweisen Analysen über den gemäß Moody's KMV erwarteten Ausfallwahrscheinlichkeiten zu liegen, so dass vermutet werden könnte, dass systematisch zu geringe Ausfallwahrscheinlichkeiten berechnet werden würden.

[655] In einer sich anschließenden Untersuchung ist zu überprüfen, ob andere Finanzratingtools zum überwiegenden Großteil ebenfalls ein „Investment Grade"-Rating vergeben hätten und somit die MFU auch gemäß dieser Ratingtools in die Portfolien aufgenommen worden wären.

[656] Es wird ermittelt, mit welcher Wahrscheinlichkeit ein Unternehmen einer bestimmten Branche und mit dieser Kennzahlenausprägung innerhalb einer bestimmten Zeit erwartungsgemäß ausfallen kann.

rücksichtigt worden. Hätte eine intensivere Prüfung dieser ‚Zwischenzeit' stattgefunden, wäre gegebenenfalls von der Vergabe der mezzaninen Mittel an diese Unternehmen abgesehen worden. Rein vergangenheitsorientierten und kennzahlenbasierten Finanzratingtools darf somit nicht das Gewicht beigemessen werden, das ihnen anscheinend im Auswahlprozess zuteil wurde. Vor dem Hintergrund der aufgezeigten Besonderheiten in der Entwicklung der ausgefallenen Unternehmen kann einer ‚Adverse Selection' nicht eindeutig widersprochen werden. Darüber hinaus stützt der hohe Anteil der Mehrfachteilnehmer an den ausgefallenen Unternehmen im Umkehrschluss wiederum die These einer ‚Adverse Selection' bei den Mehrfachteilnehmern.

Notwendige, zu implementierende Maßnahmen: Auf Basis der aufgezeigten Entwicklungen der MFU, der Besonderheiten der mehrfach teilnehmenden und der ausgefallenen Unternehmen sowie im Hinblick auf eine mögliche Renaissance des Marktes für Standard-Mezzanine-Kapital sind sowohl im Rahmen des Auswahlprozesses als auch nach Aufnahme des Mezzanine-Kapitals die im Folgenden genannten Anpassungen zu empfehlen. Hierbei sind diese Anpassungen vom Originator umzusetzen, aber auch von den Ratingagenturen bei der Beurteilung der Mezzanine-Programme deutlicher zu berücksichtigen und von den Investoren stärker einzufordern:[657]

1. Intensivierung des Auswahlprozesses vor Aufnahme:
   - **Unterjährige Entwicklung:** Intensivere Prüfung der Zeit zwischen letztgültigem Jahresabschluss und Aufnahme, um unterjährige Fehlentwicklungen rechtzeitig zu erkennen und diesbezügliche Informationsasymmetrien zwischen Unternehmen und Kapitalgeber zu reduzieren.[658]
   - **Verhältnismäßigkeit:** Stärkere, unternehmensindividuelle Analyse der Verhältnismäßigkeit der mezzaninen Mittel gegenüber sowohl dem Eigenkapital und anderen Finanzierungsquellen als auch der Finanzkraft des Unternehmens unter Berücksichtigung der Mittelverwendung insbesondere im Hinblick auf die Mehrfachteilnahme von Unternehmen. In diesem Zusammenhang ist zu untersuchen, ob das Unternehmen die Zinslast auf die mezzaninen Mittel in der Höhe, in der das Unter-

[657] Anzumerken ist, dass eine strikte Trennung der vorzunehmenden Anpassungen kaum möglich ist und Überschneidungen einzelner Maßnahmen auftreten.

[658] Hierdurch kann einer ‚Adverse Selection' von Unternehmen entgegengewirkt werden, die das Mezzanine-Kapital zwar auf Basis des letztgültigen Jahresabschlusses gegebenenfalls noch erhalten hätten, aber unterjährig so starke Verschlechterungen aufweisen, dass größere Probleme vermutet werden können und die Vergabe mezzaniner Mittel kaum noch gerechtfertigt wäre.

nehmen sie aufnehmen möchte, ausreichend und langfristig tragen kann. Hierbei sind mezzanine Mittel, die über andere Finanzierungsquellen bereits ausgezahlt oder in Aussicht gestellt sind, explizit zu berücksichtigen.

- **Kapitalverwendung:** Umfassendere Prüfung der Verwendung und Erfolgswahrscheinlichkeit des Einsatzes der Mittel im Rahmen der Beurteilung der Zukunftsfähigkeit des Unternehmens vor allem im Hinblick auf eine ausreichende Cash Flow-Generierung. Etwaige Planänderungen und -verzögerungen sind angemessen zu berücksichtigen und ergänzende Szenarioanalysen durchzuführen.[659]
- **Ausreichende Rentabilität:** Auswahl finanzstarker und rentabler Unternehmen mit hoher Cash Flow-Generierung, um den Kapitaldienst des unbesicherten Mezzanine-Kapitals langfristig zu sichern. Da mit Aufnahme des Mezzanine-Kapitals eine vermehrte Investitionstätigkeit einhergeht, erhöht sich sowohl die Chance auf zusätzliche Wachstumsimpulse und Rückflüsse als auch das Misserfolgsrisiko.[660]
- **Qualitative Faktoren:** Stärkere Berücksichtigung qualitativer Faktoren wie Unternehmensstrategie, Management- und Controllingqualität, Zukunftsaussichten, Marktstellung oder Bankbeziehung.[661]

2. Engere Betreuung nach Aufnahme bzw. während der Laufzeit:
   - **Kapitalverwendung:** Prüfung des Einsatzes des Mezzanine-Kapitals entsprechend der vor Auszahlung vereinbarten Verwendung sowie Kontrolle des Fortschritts der getätigten Investitionen und der daraus zu vereinnahmenden Rückflüsse.
   - **Unterjährige Entwicklungen:** Engere Betreuung und zeitnahes Monitoring zur Prüfung der unterjährigen Entwicklung anhand aktuellerer Daten, um frühzeitig Fehlentwicklungen aufzudecken und notwendige Maßnahmen einzuleiten.
   - **Managementgespräche:** Einführung bzw. Intensivierung von Managementgesprächen und Unternehmensbesuchen im Rahmen der Portfolio-Betreuung.[662]

---

[659] Vor allem bei Verwendung des Mezzanine-Kapitals zur Ablösung ist eine ausreichende Cash Flow-Generierung zu beachten. Auch gilt es, die Gründe für eine Ablösung zu prüfen, um etwaige Anzeichen für Finanzierungsengpässe aufzudecken.

[660] Im Rahmen einer vermehrten Investitionstätigkeit treten die MFU zunächst in Vorleistung, ohne dass den höheren Kosten entsprechende Rückflüsse aus den Investitionen entgegenstehen. Rückflüsse zur Deckung der Investitionskosten und der höheren Kosten des Mezzanine-Kapitals sowie zusätzliche, positive Cash Flows können erst zeitverzögert vereinnahmt werden. Auch hier sind Änderungen und Verzögerungen angemessen in der Beurteilung zu berücksichtigen.

[661] Siehe Anhang VI-16 für eine Übersicht zu qualitativen Bewertungsaspekten im Ratingverfahren.

[662] Hierdurch kann einerseits das quantitative Bild der Kennzahlen um qualitative Eindrücke ergänzt und eine verbesserte Kontrolle des Unternehmens ausgeübt werden. Diese Kontrolle kann bspw. über einen Vertre-

- **Stärkere Einflussnahme durch den Kapitalgeber** insbesondere in einer Unternehmenskrise, um frühzeitig auf Basis fundierter Analysen notwendige Maßnahmen auch gegebenenfalls gegen den Willen des Unternehmens umzusetzen.
- **Reportingpflichten:** Intensivierung und stärkere Detaillierung der einzureichenden Unternehmensdaten.

3. Weitere Maßnahmen:
   - **Einführung eines bonitätsabhängigen Zinsaufschlags** (Credit Spread) **unter Berücksichtigung einer risikoadäquaten Bewertung** der Unternehmen.[663]
   - **Transparenz:** Stärkere Offenlegung von Unternehmensdaten gegenüber Investoren im Hinblick auf eine detailliertere Überprüfung eines Investments sowohl vor Aufnahme als auch während der Laufzeit.[664]
   - **Höherer Anteil am Equity Piece**[665] bis hin zum kompletten Halten dieser Tranche **durch den Originator**, um den Erfolg und die Vergütung des Originators stärker an der Performance der verbrieften und strukturierten Portfolien auszurichten.
   - **Strikte Funktionstrennung** der Bereiche ‚Akquisition & Origination' und ‚Portfolio-Betreuung' von den Bereichen ‚Monitoring[666]' und insbesondere ‚Entscheidung über die Mittelvergabe', um Interessenkonflikte zu vermeiden.[667]
   - **Einführung** der Möglichkeit einer **regelmäßigen, zumindest anteiligen Tilgung** zur Minderung des Risikos einer ausschließlich endfälligen Rückzahlung.

---

ter der Mezzanine-Kapitalgeber im sog. Aufsichts- oder Beirat des Unternehmens erfolgen. Andererseits kann gegebenenfalls eine stärkere Vertrauensbasis geschaffen werden, in der auch das Unternehmen bei Problemen frühzeitig auf die Kapitalgeber zugeht und gemeinsam eine Lösung erarbeitet werden kann.

[663] So könnte bspw. ähnlich wie bei HEAT I-2007 ein bonitätsabhängiger, jährlich zu überprüfender und anzupassender Zinsaufschlag eingeführt werden. Siehe die Ausführungen zur Fn. 299.

[664] Durch diese Maßnahme kann das Interesse und Vertrauen von Investoren, das vor dem Hintergrund der Finanzmarktkrise verloren gegangen ist und für den Zusammenbruch des Standard-Mezzanine-Kapital-Marktes sorgte, im Hinblick auf die Refinanzierung möglicher neuer Mezzanine-Programme gegebenenfalls wieder gesteigert werden. Hierbei kann bspw. auf Basis von Vertraulichkeitserklärungen die für Unternehmen notwendige Verschwiegenheit ermöglicht werden.

[665] Siehe Abschnitt 3.2.4.

[666] Im Sinne der Überwachung fälliger Zinszahlungen und der Einhaltung von Informations- und Berichtspflichten. Siehe die Ausführungen zur Fn. 258.

[667] Diese Funktionstrennung kann in Anlehnung an die strikte Funktionstrennung im Kreditgeschäft von Kreditinstituten der Bereiche ‚Kreditakquisition und -betreuung' („Markt") von der ‚Kreditentscheidung und -abwicklung' („Marktfolge") als Teil der MaK bzw. MaRisk im Rahmen von Basel II gesehen werden. Siehe Fn. 58.

- **Schaffung einer einheitlichen Verbriefungsplattform**, um die Refinanzierungsseite zu vereinheitlichen, die Prüfung eines Investments für Investoren zu vereinfachen und Kostensenkungspotenziale zu nutzen.
- **Zusammenschluss von Anbietern**, um höhere, zu verbriefende Volumina zu generieren und die Granularität und Diversifikation innerhalb der Portfolien zu erhöhen. Dies würde zusätzlich die Transparenz verbessern und den Aufwand in der Struktur- und Vertragsanalyse vor dem Hintergrund einer Vereinheitlichung der Mezzanine-Verträge und Auswahlprozesse für die Unternehmen reduzieren.[668]

Insbesondere die in Bezug auf den Auswahlprozess sowie die Betreuung während der Laufzeit des Mezzanine-Kapitals erarbeiteten Maßnahmen der Punkte 1 und 2 sind zu implementieren.[669] Aber auch die ‚Weiteren Maßnahmen' vor allem in Bezug auf bonitätsabhängige Zinsaufschläge, Transparenz, Equity Piece und Funktionstrennung sind umzusetzen. Eine Bewertung dieser notwendigen Maßnahmen durch die Unternehmen erfolgt im Rahmen der Unternehmensbefragung in Abschnitt 5.4.2.7. und der Ergebniszusammenführung aus Kapitel 4 und 5 in Abschnitt 5.7.

[668] Einige der vorstehenden, unter ‚weitere Maßnahmen' genannten Optionen wie bspw. der Zusammenschluss von Anbietern oder die Einführung einer anteiligen Tilgung sind bereits zum Teil bis zu einem gewissen Grad in „neueren" Mezzanine-Programmen umgesetzt worden. Dennoch konnten diese angepassten Mezzanine-Programme aber aufgrund der allgemein starken Verwerfungen und Unsicherheit an den Kapitalmärkten in der Zeit zwischen Mitte 2007 und Mitte 2008 nicht platziert werden. Siehe hierzu die Ausführungen der Fn. 299 und Fn. 300 und Abschnitt 3.4.

[669] Hierbei handelt es sich auf Basis der gewonnenen Erkenntnisse um die Einschätzung des Autors, die Gegenstand weiterer wissenschaftlicher Diskussionen sein kann.

5. Unternehmensbefragung zur Bewertung qualitativer Aspekte von Mezzanine-Kapital

5.1. Ziele

Die im vorherigen Kapitel erarbeiteten, objektiven und rein quantitativen Ergebnisse zur Entwicklung der mezzanine-finanzierten Unternehmen (MFU) sollen anhand der Ergebnisse der Befragung überprüft und um qualitative Eindrücke und Erfahrungen der Unternehmen ergänzt werden.[670] Ziel der Befragung ist die Ermittlung, welche Eigenschaften von Mezzanine-Kapital bzw. Standard-Mezzanine-Kapital den Unternehmen wichtig sind und welche Vorteilhaftigkeit Mezzanine-Kapital aus Unternehmenssicht aufweist. So sollen Mittelverwendung, Finanzierungsalternativen sowie der Einfluss von Mezzanine-Kapital auf die Entwicklung der MFU differenziert untersucht werden. Ebenso werden mögliche Auswirkungen einer Aufnahme vor dem Hintergrund der Mitte 2007 ausgebrochenen Finanz- und der sich anschließenden Wirtschaftskrise analysiert, so dass sich einzelne Fragen auf die Zeit sowohl vor als auch seit Ausbruch der aktuellen Krise beziehen. Abschließend ist der Stand der Planungen zur Rückzahlung des Mezzanine-Kapitals sowie die Bewertung der Ausgestaltung möglicher neu zu entwickelnder Standard-Mezzanine-Programme in Zeiten sich verändernder Finanzmärkte Gegenstand der Befragung.

5.2. Aufbau und Konzeption des Fragebogens

Zur qualitativen Einschätzung von Mezzanine-Kapital aus Unternehmenssicht wird der in Anhang VI-128 dargestellte Fragebogen genutzt. In diesem Zusammenhang erfolgt ein Rückgriff u. a. auf ordinalskalierte Werte[671], die über eine sog. Likert-Skala erfasst werden, um die Werthaltigkeit der ermittelten Antworten quantifizieren zu können. Somit werden entweder eine vierstufige Antwortskala oder eine drei- bzw. fünfstufige Skala vorgegeben und den (aufsteigend sortierten) Antwortmöglichkeiten der vier- oder drei- bzw. fünfstufigen Antwortskalen Werte von eins bis vier oder eins bis drei bzw. fünf zugeordnet. Bei Fragen, bei denen eine Aussage über die Wichtigkeit (‚sehr wichtig' bis ‚unwichtig'), die Nachteiligkeit (‚sehr nachteilig' bis ‚nicht nachteilig') sowie den Grad der Zu-

---

[670] Denn in subjektiven Eindrücken der Geschäftsführung der finanzierten Unternehmen können auch Informationen eine Rolle spielen, die von den bislang ermittelten objektiven Kennzahlen nicht erfasst worden sind. Hierdurch wird ein Beitrag für ein umfassenderes, belastbareres Bild über die tatsächliche Performance der Unternehmen geleistet. Vgl. PricewaterhouseCoopers (2005), S. 11.

[671] Da sich ordinalskalierte Werte in ihrer Intensität unterscheiden, lassen sich diese Werte nach der Stärke der Intensität ordnen, so dass Rangfolgen bestimmt werden können. Vgl. Hartung, J. (1998), S. 27.

stimmung (‚in vollem Umfang' bis ‚überhaupt nicht') zu treffen ist, wird eine vierstufige Antwortskala verwendet.[672] Durch den Verzicht auf eine mittlere Antwortkategorie ‚Neutral' wird Antworttendenzen entgegengewirkt und die Bildung eines Durchschnittstrends aufgrund eventueller Unentschlossenheit zwischen zwei mittleren Werten vermieden. Somit werden die Unternehmen quasi zu einer Entscheidung „gezwungen", ob ein Punkt wichtig (‚wichtig' bzw. ‚sehr wichtig') oder nicht wichtig (‚weniger wichtig' bzw. ‚unwichtig') ist. Bei anderen Fragen wie bspw. nach der Entwicklung einzelner Kennzahlen wird dagegen eine Drei- (‚höher', ‚gleich' und ‚niedriger') bzw. Fünf-Werte-Skala (‚positiv', ‚eher positiv', ‚neutral', ‚eher negativ' und ‚negativ') verwendet, um den Unternehmen die Möglichkeit der Wahl der Antwortkategorie ‚gleich' bzw. ‚neutral' zu geben.[673]

Insgesamt umfasst der Fragebogen 23 Fragestellungen, die in vier Schritte untergliedert sind. Hierbei können einzelne Fragestellungen mehrere Unter- & Nebenaspekte umfassen bzw. abfragen. In einer Voranmerkung wird vor jedem neuen Schritt kurz über den Zweck dieses Schrittes informiert. Im ersten Schritt (Frage 1 bis Frage 4) erfolgt die Abfrage allgemeiner Angaben zur Gruppierung der befragten Unternehmen gemäß Branche, Umsatzerlöse, Rechtsform und Mitarbeiteranzahl. Hierdurch soll eine Vergleichbarkeit mit der Zusammensetzung der im vierten Kapitel untersuchten Grundgesamtheit ermöglicht und eine Aussage über die Repräsentativität der befragten Unternehmen getroffen werden. Abbildung 5-1 gibt den Text der ersten vier Fragen wieder, wobei das Symbol ‚#'die laufende Nummer der Frage bezeichnet.

Frage	Fragentext
#1	**In welcher Branche ist Ihr Unternehmen (überwiegend) tätig?**
#2	**Welche Rechtsform hat Ihr Unternehmen?**
#3	**Welche Umsatzerlöse wies Ihr Unternehmen im letzten Geschäftsjahr auf?**
#4	**Wie viele Mitarbeiter beschäftigte Ihr Unternehmen im Jahresdurchschnitt des letzten Geschäftsjahres?**

Quelle: Eigene Darstellung.

Abbildung 5-1: Übersicht über Fragestellungen 1 bis 4 –Schritt 1–

[672] So wird bspw. bei der Skala (‚sehr wichtig', ‚wichtig', ‚weniger wichtig' bis ‚unwichtig') auf eine mittlere Antwortkategorie ‚neutral' bzw. ‚weder-noch' verzichtet.

[673] Vgl. Bühner, M. (2006), S. 55-56; Küpker, M. (2007), S. 24-25.

Im zweiten Schritt (Frage 5 bis 11) tätigen die Unternehmen Aussagen zu Finanzierungsalternativen, Volumina und Verwendungszwecken. Zusätzlich geben sie Einschätzungen zu Vor- und Nachteilen von Mezzanine-Kapital bzw. Standard-Mezzanine-Kapital ab. In nachstehender Abbildung 5-2 sind neben dem Fragetext bei einigen Fragen die jeweiligen Neben-/ Unteraspekte einer Frage aufgeführt und durchnummeriert sowie mit Abkürzungen gekennzeichnet.[674]

Frage	Abkürzung	Fragentext
#5		**An welchem Standard-Mezzanine-Kapital-Programm nehmen Sie teil?**
#6		**Mit welchem (Gesamt-)Nominalvolumen nehmen Sie an dem Standard-Mezzanine-Kapital-Programm teil?**
#7		**Wofür wurde das Mezzanine-Kapital verwendet?**
#8		**Wie wichtig sind Ihnen die folgenden Eigenschaften des aufgenommenen Mezzanine-Kapitals bzw. welche Vorteile waren für Sie für die Aufnahme von Mezzanine-Kapital im Allgemeinen entscheidend?**
#8 1	bil.Ek	Erhöhung des bilanziellen Eigenkapitals
#8 2	wirt.Ek	Erhöhung des wirtschaftlichen Eigenkapitals
#8 3	Rating	Verbesserung des Ratings / der Bonität
#8 4	gün.Zins	Durch Erhöhung der Haftkapitalbasis günstigere Konditionen für zukünftige Finanzierungen
#8 5	Fin.raum	Die Aufnahme von Mezzanine-Kapital erweitert den Finanzierungsspielraum
#8 6	Sicherh.	Keine Bereitstellung von Sicherheiten notwendig
#8 7	Langfr.	Langfristige Finanzierung
#8 8	Stimmr.	Keine Veränderung der Stimmrechts- & Eigentumsverhältnisse
#8 9	Flexibil.	Flexibilität in der Vertragsgestaltung
#8 10	St.Abzug	Steuerliche Abzugsfähigkeit der Finanzierungskosten
#8 11	Divers.	Diversifizierung Finanzierungsstruktur (Reduzierung der Abhängigkeit von der Hausbank)
#8 12	Fr.Vwz.	Freie / nicht zweckgebundene Verfügung über das Mezzanine-Kapital
#8 13	Ext.KapG	Umgang mit „externen“ Kapitalgebern kann geübt werden
#9		**In Erweiterung zu Frage 8: Warum haben Sie sich für Standard-Mezzanine-Kapital entschieden? Wie wichtig sind Ihnen einige der häufig mit Standard-Mezzanine-Kapital im Speziellen in Verbindung gebrachten Vorteile?**
#9 1	gün.Zins	Günstigere Finanzierungskonditionen als bei individuellem Mezzanine-Kapital
#9 2	Anr.wirt.Ek	Anrechnung als wirtschaftliches Eigenkapital
#9 3	Ausw.pro.	Standardisierter und nachvollziehbarer Auswahlprozess
#9 4	Endf.Tilg.	Endfällige Tilgung
#9 5	Langfr.	Langfristige Finanzierung
#9 6	KapM.Bek.	Indirekter Kapitalmarktzugang erhöht Bekanntheitsgrad des Unternehmens
#9 7	KapM.Inv.	Indirekter Kapitalmarktzugang eröffnet neue Investorenkreise
#9 8	Vor.KapM	Transaktion dient der Vorbereitung weiterer Kapitalmarkttransaktionen
#9 9	Kost.trans.	Übersichtliche und transparente Kostenstruktur für die Unternehmen

[674] Bei einigen Fragen wurde den Unternehmen die Möglichkeit gegeben, zusätzlich eigene Aspekte zu ergänzen. Da hiervon aber nur sehr vereinzelt Gebrauch gemacht wurde, werden etwaig genannte Punkte zwar in den Analysen genannt, aber in den Grafiken bzw. Übersichten nicht weiter berücksichtigt.

#10		**Welche Bedeutung messen Sie den Nachteilen bei, die häufig mit Mezzanine-Kapital in Verbindung gebracht werden?**
#10 1	Höh.Zins	Höhere Finanzierungskosten als bei klassischem Fremdkapital
#10 2	Anf.Wachs.	Hohe Anforderungen an Wachstum
#10 3	Anf.Transp.	Hohe Transparenzanforderungen/ Datenoffenlegung vor & während Laufzeit des Vertrags
#10 4	zeitl.Befr.	Zeitliche Befristung des Mezzanine-Kapitals
#10 5	Ausw.pro.	Ggf. aufwendigerer Auswahlprozess als bei klassischem Fremdkapital
#10 6	Einfl.KapG	Einflussnahme durch Mezzanine-Kapital-Geber in einer Unternehmenskrise möglich

#11	**Welche Alternativen zur Finanzierung über Standard-Mezzanine-Kapital bestanden?**
	Eigenkapitalerhöhung durch Einlage bisheriger Gesellschafter
	Aufnahme neuer Gesellschafter
	Andere Mezzanine-Finanzierung (z. B. (a)typisch stille Beteiligung, Wandel- oder Optionsanleihen, Verkäufer- oder Nachrangdarlehen, Genussrechte, etc.)
	„Klassische" Fremdkapitalfinanzierung über Hausbank (z. B. Investitionsdarlehen, Betriebsmittelkredit, etc.)
	Teilnahme an öffentlichem Förderprogramm (staatl. Förderkredite)
	Fremdkapitalfinanzierung über den Kapitalmarkt (z. B. über Ausgabe von Anleihen)
	Finanzierung über andere Fremdkapitalgeber (z. B. Lieferantenkredite, etc.)
	Finanzierung über Leasing oder Factoring
	Sonstige
	Es bestanden keine Finanzierungsalternativen

Quelle: Eigene Darstellung.

Abbildung 5-2: Übersicht über Fragestellungen 5 bis 11 –Schritt 2–

Im dritten Schritt (Frage 12 bis Frage 19) werden Aussagen zu Mezzanine-Kapital und dessen Einfluss auf die Unternehmensentwicklung getroffen. Diesbezüglich beziehen sich die Fragen sowohl auf die Zeit vor (‚VOR der Krise' bzw. VdK) als auch seit Ausbruch der Finanzmarktkrise (‚SEIT der Krise' bzw. SdK) im Sommer 2007. Hierdurch soll herausgefiltert werden, wie sich ein möglicher Einfluss von Mezzanine-Kapital auf die Unternehmensentwicklung vor der Krise von einem Einfluss seit Ausbruch der Krise unterscheidet. Frage 12 bis 19 sind in Abbildung 5-3 zusammenfassend dargestellt.

Frage	Abkürzung	Fragentext
#12		**In welchem Maße stimmen Sie der folgenden Aussage zu?**
VdK (#12 1)		Bedeutung von Mezzanine-Kapital für das Wachstum des Unternehmens insgesamt ist …
SdK (#12 2)		Bedeutung von Mezzanine-Kapital für das Wachstum des Unternehmens insgesamt ist …
#13		**Wie hätte sich das Unternehmen nach Ihrer Einschätzung ohne die Aufnahme von Standard-Mezzanine-Kapital entwickelt?**
VdK (#13 1)		Entwicklung des Unternehmens insgesamt wäre ohne (Standard-)Mezzanine-Kapital …
SdK (#13 2)		Entwicklung des Unternehmens insgesamt wäre ohne (Standard-)Mezzanine-Kapital …
#14		**Wie hätten sich die Kennzahlen „Umsatzerlöse", „Investitionsvolumen", „Höhe der Aufwendungen für Forschung & Entwicklung" sowie „Anzahl der Beschäftigten" ohne die Aufnahme von Standard-Mezzanine-Kapital entwickelt?**
VdK (#14 1)	Umsatz	Umsatzerlöse wären ohne Standard-Mezzanine-Kapital …
VdK (#14 2)	F&E	Aufwendungen für Forschung & Entwicklung wären ohne Standard-Mezzanine-Kapital …
VdK (#14 3)	Invest.	Investitionsvolumen wäre ohne Standard-Mezzanine-Kapital …
VdK (#14 4)	Beschäft.	Anzahl der Beschäftigten wäre ohne Standard-Mezzanine-Kapital …
SdK (#14 5)	Umsatz	Umsatzerlöse wären ohne Standard-Mezzanine-Kapital …
SdK (#14 6)	F&E	Aufwendungen für Forschung & Entwicklung wären ohne Standard-Mezzanine-Kapital …
SdK (#14 7)	Invest.	Investitionsvolumen wäre ohne Standard-Mezzanine-Kapital …
SdK (#14 8)	Beschäft.	Anzahl der Beschäftigten wäre ohne Standard-Mezzanine-Kapital …
#15		**In welchem Maße stimmen Sie der folgenden Aussage zu?**
VdK (#15 1)		Die Ausstattung mit (wirtschaftlichem) Eigenkapital kann neben einer (möglichen) quantitativen Verbesserung der Bonität auch die qualitative Ratingeinschätzung verbessern
SdK (#15 2)		Die Ausstattung mit (wirtschaftlichem) Eigenkapital kann neben einer (möglichen) quantitativen Verbesserung der Bonität auch die qualitative Ratingeinschätzung verbessern
#16		**In welchem Maße stimmen Sie der folgenden Aussage zu?**
VdK (#16 1)		Aufnahme von Mezzanine-Kapital ist für die finanzielle Stabilität des Unternehmens …
SdK (#16 2)		Aufnahme von Mezzanine-Kapital ist für die finanzielle Stabilität des Unternehmens …
#17		**In welchem Maße stimmen Sie der folgenden Aussage zu?**
VdK (#17 1)		Im Vergleich zum Wettbewerb fühle ich mich durch das Mezzanine-Kapital finanziell besser aufgestellt
SdK (#17 2)		Im Vergleich zum Wettbewerb fühle ich mich durch das Mezzanine-Kapital finanziell besser aufgestellt
#18		**Wie wird die Aufnahme des Mezzanine-Kapitals von Ihrer Hausbank bzw. Ihren Hausbanken gesehen?**
VdK (#18 1)		Aufnahme des Mezzanine-Kapitals wird von Ihrer Hausbank gesehen als …
SdK (#18 2)		Aufnahme des Mezzanine-Kapitals wird von Ihrer Hausbank gesehen als …
#19		**In welchem Maße stimmen Sie der folgenden Aussage zu?**
VdK (#19 1)	Zinskond.	Durch die Auszahlung des Mezzanine-Kapitals haben sich die Zinskonditionen für Fremdkapitalfinanzierungen ...
VdK (#19 2)	Prolong.	Die Prolongation bestehender Kredite / Aufnahme von neuem Kapital hat sich durch die Aufnahme des Mezzanine-Kapitals …
VdK (#19 3)	Hausbank	Durch die Aufnahme des Mezzanine-Kapitals hat sich die Geschäftsbeziehung zu meiner Hausbank …
SdK (#19 4)	Zinskond.	Durch die Auszahlung des Mezzanine-Kapitals haben sich die Zinskonditionen für Fremdkapitalfinanzierungen ...
SdK (#19 5)	Prolong.	Die Prolongation bestehender Kredite / Aufnahme von neuem Kapital hat sich durch die Aufnahme des Mezzanine-Kapitals …
SdK (#19 6)	Hausbank	Durch die Aufnahme des Mezzanine-Kapitals hat sich die Geschäftsbeziehung zu meiner Hausbank …

Quelle: Eigene Darstellung.

Abbildung 5-3: Übersicht über Fragestellungen 12 bis 19 –Schritt 3–

Im vierten und letzten Schritt (Frage 20 bis Frage 23) sind durch die Unternehmen einerseits Informationen zur am Ende der Laufzeit anstehenden Rückzahlung des aufgenommenen Mezzanine-Kapitals sowie andererseits Bewertungen zu Optionen im Rahmen der Weiterentwicklung potenziell neuer Standard-Mezzanine-Kapitalmarktprogramme vor dem Hintergrund der Auswirkungen der Finanzmarktkrise abzugeben. Abbildung 5-4 fasst Frage 20 bis 23 zusammen.

Frage	Abkürzung	Fragentext
#20		**Wie weit sind Sie in Ihren Überlegungen bzw. Ihren Vorbereitungen im Hinblick auf die Rückzahlung des Mezzanine-Kapitals?**
#21		**Wie sehen Ihre Pläne für die Rückzahlung des Mezzanine-Kapitals im Detail aus? Rückzahlung erfolgt durch…**
		den laufenden Geschäftsbetrieb / die laufenden Einnahmen
		Erhöhung der Einlage der Gesellschafter
		Börsengang
		Einstieg strateg. Investoren
		Anschlussfinanzierung über Standard-Mezzanine-Kapital
		Anschlussfinanzierung über Individual-Mezzanine-Kapital
		„Klassische" Fremdkapitalfinanzierung über Hausbank
		Fremdkapitalfinanzierung über den Kapitalmarkt
		Finanzierung über andere Fremdkapitalgeber (z. B. Lieferantenkredite, etc.)
		Teilnahme an öffentlichem Förderprogramm (staatl. Förderkredite)
		einen noch zu beginnenden Ansparplan
		einen aktuell bereits bestehenden Ansparplan
		Finanzierung über Leasing oder Factoring
		Sonstige
#22		**Inwiefern soll am Ende der Laufzeit das aufgenommene Mezzanine-Kapital durch Kapital von zumindest gleicher Eigenkapitalqualität ersetzt werden?**
#23		**Wie nachteilig würde sich eine Verschärfung verschiedener Bedingungen auf Ihre Entscheidung auswirken, erneut an einem Standard-Mezzanine-Programm teilzunehmen?**
#23 1	Ausw.pro.	Strengerer Auswahlprozess / strengere Auswahlkriterien
#23 2	Höh.Zins	Höhere Zinskonditionen / Risikoprämie für das Unternehmen
#23 3	Boni.Zins	Bonitätsabhängige Veränderung der Zinskonditionen WÄHREND der Laufzeit
#23 4	Anf.Transp.	Erhöhte Anforderungen an die Transparenz / Offenlegung von Daten
#23 5	Anf.Moni.	Strengeres Monitoring der Unternehmen während der Laufzeit
#23 6	Sparpläne	Einführung von Ansparplänen zur Sicherstellung der Rückzahlung
#23 7	Regel.Tilg.	Einführung regelmäßiger Tilgung während der Laufzeit (Abkehr von endfälliger Tilgung)
#23 8	Swap	Debt-Equity-Swap
#23 9	Koop.Anb.	Zusammenschluss verschiedener Anbieter im Bereich Standard-Mezzanine-Kapital

Quelle: Eigene Darstellung.

Abbildung 5-4: Übersicht über Fragestellungen 20 bis 23 –Schritt 4–

Weitere Themengebiete, die im Rahmen der Unternehmensbefragung hätten geprüft werden können, wären Fragen zum Ratingprozess, der Kommunikation innerhalb dieses Ratingprozesses mit der Hausbank sowie konkrete Fragen zur Anrechnung von Mezzanine-Kapital in der Praxis gewesen. Hierdurch könnte sich einerseits ein Überblick ergeben, welche Einflussfaktoren den Kapitalgebern bzw. denjenigen Unternehmen, die die mit

MFU bonitätsmäßig beurteilen[675], zur Anrechnung von Mezzanine-Kapital als wirtschaftliches Eigenkapital wichtig sind. Andererseits würde dies Informationen liefern, inwiefern die Unternehmen über Unterschiede in der Anrechnung von Mezzanine-Kapital als wirtschaftliches Eigenkapital informiert sind und wie der Stellenwert dieser Eigenschaft von Mezzanine-Kapital bei den Unternehmen ist. Um diesbezüglich Fehler und Ungenauigkeiten zu vermeiden, müsste zusätzlich eine Befragung von den, die MFU bonitätsmäßig beurteilenden Partnerunternehmen erfolgen.[676]

5.3. Ablauf

Nach Erstellung einer Erstversion wurde der Fragebogen hinsichtlich Verständlichkeit der Fragestellungen, der durchzuführenden Aufgaben und weiterer Aspekte überprüft. Hierfür wurde der Fragebogen neben Personen aus dem Tätigkeitsbereich ‚Standard-Mezzanine-Kapital' im Hause HSBC Trinkaus und wissenschaftlich tätigen Personen der akademischen Lehre auch an zwei Unternehmer als Testpersonen im Rahmen eines Vorab-Tests versandt. Auf Basis der Rückmeldungen umfasste die Erstellung der finalen Version des Fragebogens kleine Formulierungs- und Formatierungsänderungen vor Versand.

Anschließend erfolgte der postalische Versand der Fragebögen Anfang August 2009 an insgesamt 508 Unternehmen aus Deutschland, Österreich und der Schweiz.[677] Hierbei wurden die (per 31.12.2008 namentlich bekannten) insolventen Unternehmen nicht angeschrieben. Dies stellt eine Positivauslese dar, da analog zur quantitativen Untersuchung nur diejenigen Unternehmen befragt wurden, die zum Zeitpunkt der Befragung nicht bereits Insolvenz angemeldet hatten.[678]

---

675 Bonitätsbeurteilungen können bspw. durch Sparkassen, Landes-, Genossenschafts- oder privatwirtschaftliche Kreditbanken sowie durch Lieferanten, Versicherungen, Ratingagenturen und Factoring-, Leasing- oder Beteiligungsgesellschaften durchgeführt werden.

676 Hier sei auf die Ausführungen zur Studie zum Mezzanine-Kapital von der DVFA (Deutsche Vereinigung für Finanzanalyse und Asset Management; siehe Fn. 151) aus Abschnitt 3.1.6. sowie beispielhaft auf die Ergebnisse der Unternehmensbefragung der Kreditanstalt für Wiederaufbau KfW aus 2008 verwiesen.

677 Dem Anschreiben wurde ein Antwortfax beigefügt, damit sich die Unternehmen für das Zusenden der Ergebnisse der Befragung an- oder von der Teilnahme abmelden können. Das Antwortfax ist notwendig geworden, da die ausgefüllten Fragebögen im Hinblick auf die Wahrung der den Unternehmen zugesicherten Anonymität nicht einzelnen Unternehmen zugeordnet werden konnten und somit ein erneutes Anschreiben dieser Unternehmen im Rahmen der zweiten Befragungsrunde vermieden werden sollte.

678 Neben diesen insolventen Unternehmen erfolgte ebenfalls keine Zusendung der Fragebögen an diejenigen Unternehmen, die über das Programm HEAT Mezzanine-Kapital aufgenommen hatten und entweder Insolvenz angemeldet, ein PDL-Event (PDL = Principal Deficiency Ledger; siehe Fn. 251 und Fn. 252)

Im Rahmen dieser ersten Befragungsrunde, in der der 30. August 2009 als Rücklaufdatum galt, wurden 98 Fragebögen zurückgesandt, von denen 93 auswertbar waren. Dies entspricht einer Rücklaufquote von 18,3%. Ferner meldeten sich 77 Unternehmen für die Zusendung der Befragungsergebnisse mit beigefügtem Antwortfax an, 39 Unternehmen von der Befragung ab.[679] Infolge dieser Differenz kam es im Rahmen der zweiten Befragung zu Überschneidungen, so dass Unternehmen teilweise erneut angeschrieben wurden, die bereits (anonymisiert) teilgenommen haben. So erfolgte im Anschreiben der zweiten Befragungsrunde ein ausdrücklicher Hinweis, nicht erneut an der Befragung teilzunehmen. In dieser zweiten Runde Anfang Oktober 2009 wurden alle 392 Unternehmen erneut angeschrieben, die sich nicht an- bzw. abgemeldet hatten. Die zweite Runde wurde durchgeführt, um die Rücklaufquote und damit die Anzahl auswertbarer Fragebögen zu erhöhen. Als Rücklaufdatum für diese zweite Runde galt der 30. Oktober 2009.[680] Im Rahmen der zweiten Befragungsrunde wurden nochmals 40 Fragebögen zurückgesandt, von denen 39 auswertbar waren. Somit betrug die Rücklaufquote aus beiden Befragungsrunden bei 132 auswertbaren Fragebögen zusammen 26%.[681] Insgesamt meldeten sich 62 Unternehmen von der Befragung ab und 107 Unternehmen für den Versand der Studienergebnisse an.

5.4. Analyse und Erörterung

5.4.1. Generelle Auffälligkeiten im Antwortverhalten

In Anhang VI-129 ist die Antworthäufigkeit je Frage sowie die jeweiligen Mittelwerte, Max- und Minimum und die Varianz auf Basis der Unternehmensangaben angegeben.[682]

---

ausgelöst oder die mezzaninen Mittel bereits vorzeitig zurückgezahlt haben und namentlich bekannt waren.

[679] Gründe für ein Abmelden von bzw. die Nicht-Teilnahme an der Befragung können neben terminlichen Engpässen bzw. dem reinen zeitlichen Aufwand für die Befragung auch die Tatsache sein, dass Unternehmen die Notwendigkeit einer Teilnahme vor dem Hintergrund einer bereits geregelten Anschlussfinanzierung nicht sahen bzw. aus Wettbewerbsgründen von einer Teilnahme Abstand nahmen.

[680] Mögliche Änderungen im Antwortverhalten der Unternehmen in der Zeit zwischen den beiden Befragungsrunden werden vor dem Hintergrund, dass sich nur zwei Monate zwischen den beiden Runden befinden, vernachlässigt.

[681] Diese als relativ hoch zu bezeichnende Rücklaufquote kann u. a. darauf zurückzuführen sein, dass die Unternehmen insbesondere in Zeiten der Finanz- und Wirtschaftskrise und einer reduzierten Kreditvergabe sowie im Hinblick auf die Rückzahlung des Standard-Mezzanine-Kapitals ein besonderes Interesse an dieser Thematik zu haben scheinen. Zu Rücklaufquoten bei empirischen Befragungen allgemein siehe Eckhardt, H. (1969) und van Koolwijk, J./Wieken-Mayser, M. (1974).

[682] Ferner sind bereits hier die Werte für die beiden später noch zu untersuchenden Gruppen angegeben, die gemessen an ihrer jeweiligen Umsatzhöhe entweder der Gruppe der kleinen Unternehmen (gekennzeichnet mit ‚I') oder der Gruppe der großen Unternehmen (gekennzeichnet mit ‚II') zugeschlüsselt werden. Die genauen Zuordnungskriterien werden im Rahmen von Frage 3 in Abschnitt 5.4.2.1. erläutert.

Es wird deutlich, dass der überwiegende Teil der Fragen von mindestens 90% der Unternehmen beantwortet wurde. Auffällig sind #14 2 (VdK) bzw. #14 6 (SdK) mit einer Antworthäufigkeit von 75% bzw. 73,5% sowie #23 8 mit ca. 76,5% Antworthäufigkeit.[683] Hierbei beziehen sich #14 2 und #14 6 auf die Einschätzung der Entwicklung der Aufwendungen für Forschung & Entwicklung (F & E) ohne Standard-Mezzanine-Kapital vor und seit Ausbruch der Krise. Somit haben ca. 25% der MFU keine Einschätzung abgegeben, was darauf zurückzuführen sein kann, dass diese MFU keine Aufwendungen für F & E haben, aus Konkurrenzgründen keine Angaben machen wollen oder aufgrund fehlender Detaillierung des Controllings nicht geben können. Bei #23 8 soll eine Einschätzung über die Nachteiligkeit der Einführung eines Debt-Equity-Swap[684] abgegeben werden.[685] Insgesamt gilt es bei der Analyse, die Befragungsergebnisse vor dem Hintergrund eines angespannten Finanzierungsumfeldes in Zeiten der größten Finanz- und Wirtschaftskrise seit 80 Jahren zu sehen, so dass Verzerrungen im Antwortverhalten auftreten können.

5.4.2. Detailanalyse

5.4.2.1. Eigenschaften der teilnehmenden Unternehmen

Wie Abbildung 5-5 zu entnehmen ist, sind 54,1% der an der Befragung teilnehmenden Unternehmen (überwiegend) im Verarbeitenden Gewerbe, 21,3% im Bereich Dienstleistungen, 11,5% im Handel, 4,1% im Baugewerbe und 9% in sonstigen Branchen tätig. Somit haben im Vergleich zur Grundgesamtheit N_R aus Abbildung 4-6 verhältnismäßig mehr

[683] Frage #19 5 (SdK) weist mit ca. 88,6% einen Wert leicht unterhalb von 90%. Auf weitere Ausführungen hierzu wird aber vor dem Hintergrund, dass bei Frage 19 auch für die anderen beiden SdK-Teilfragen (#19 4 und #19 6) nur eine knapp über 90% liegende Antworthäufigkeit festgestellt werden konnte und dies bspw. darauf zurückzuführen sein kann, dass diese SdK-Fragen in Zeiten der Finanz- und Wirtschaftskrise gegebenenfalls nur schwierig zu beantworten sind, verzichtet.

[684] Hierunter ist bspw. im Sanierungsfall die Einbringung von Darlehensforderungen im Gegenzug für Eigenkapitalanteile an der Schuldner-Gesellschaft zu verstehen. Demnach „bezahlt" der Gläubiger seinen Geschäftsanteil mit der eingebrachten Darlehensforderung und bringt im Rahmen einer Kapitalerhöhung seine Forderungen ganz oder teilweise in das Eigenkapital des zu sanierenden Unternehmens ein, wodurch eine bestehende oder drohende Überschuldung gemindert bzw. beseitigt werden kann. Vgl. Hass, D. et al. (2006), S. 843.

[685] Auch wenn in Vorab-Tests der Fragebogen auf die Verständlichkeit der Frage- und Antwortstellungen neben Personen aus dem Tätigkeitsbereich ‚Standard-Mezzanine-Kapital' aus dem Hause HSBC Trinkaus und wissenschaftlich tätigen Personen der akademischen Lehre ebenfalls von zwei Unternehmern geprüft wurde, hätten gegebenenfalls zusätzliche Vorab-Tests durch weitere Unternehmer und sowie eine Definition zur Bedeutung und Funktionsweise eines Debt-Equity-Swap eingefügt werden können.

Unternehmen aus dem Verarbeitenden Gewerbe an der Befragung teilgenommen.[686] Relevanz gewinnt dieser Unterschied dahingehend, dass insbesondere die exportorientierte Industrie des Verarbeitenden Gewerbes von der weltweiten Wirtschaftskrise betroffen ist.[687]

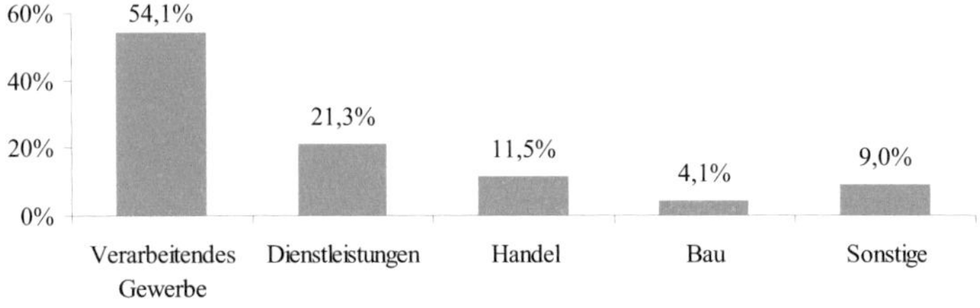

Quelle: Eigene Darstellung.

Abbildung 5-5: Branchenverteilung –Frage 1–

Bei Analyse der im Rahmen von Frage 2 in Abbildung 5-6 dargestellten Verteilung der Rechtsformen der teilnehmenden Unternehmen im Vergleich zur Grundgesamtheit aus Abbildung 4-7 können nur geringe Abweichungen festgestellt werden.[688]

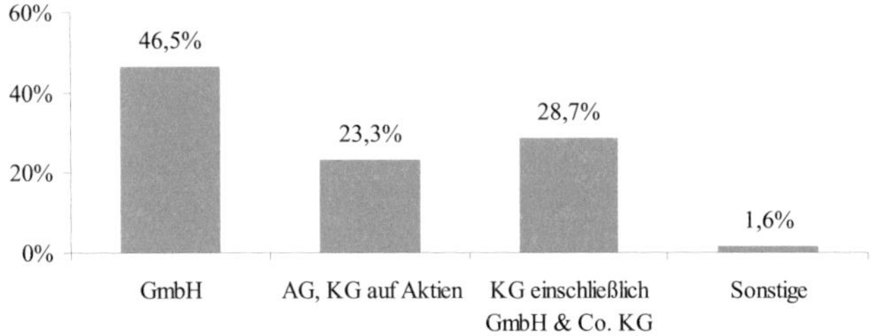

Quelle: Eigene Darstellung.

Abbildung 5-6: Verteilung der Rechtsformen –Frage 2–

Für die Umsatzerlöse können gemäß Abbildung 5-7 stärkere Abweichungen im Vergleich zur Grundgesamtheit N_R aus Abbildung 4-1 ausgemacht werden, so dass insgesamt umsatzbezogen verhältnismäßig größere Unternehmen an der Befragung teilgenommen ha-

---

[686] Auch die in Anhang VI-130 dargestellten Ergebnisse eines χ^2-Anpassungstests der Branchenverteilung der an der Befragung teilnehmenden Unternehmen und der Grundgesamtheit N_R aus Abbildung 4-6 deuten mit $p = 0{,}000$ nicht auf eine Gleichverteilung der beiden Verteilungen an.

[687] Vgl. Sachverständigenrat (2009), S. 51.

[688] Gemäß der Ergebnisse des χ^2-Anpassungstests aus Anhang VI-131 besteht mit $p = 0{,}690$ kein Anlass dazu, die Gleichverteilungshypothese der Rechtsformen zu verwerfen, was für eine diesbezüglich hohe Anpassungsgüte und Repräsentativität der befragten Unternehmen für die Grundgesamtheit spricht.

ben.[689] Ein Grund hierfür kann neben der Inflation auch das in den Untersuchungen aus Abschnitt 4.3.4.2. festgestellte starke Umsatzwachstum der MFU sein. Ferner werden im Fragebogen die Umsatzerlöse des letzten Geschäftsjahres 2008[690] mit den Umsatzerlösen vor Aufnahme des Kapitals in den Jahren 2003 bis 2006 und somit Werte aus unterschiedlichen Jahren miteinander verglichen, was das Bild verzerrt. Der gemäß χ^2-Anpassungstest festgestellte signifikante Unterschied wäre somit nicht unbedingt als ein Anzeichen für eine nicht repräsentative Stichprobe zu interpretieren. Es gilt aber auch zu beachten, dass zum einen laut Abbildung 5-5 mehr Unternehmen im von der Wirtschaftskrise besonders hart getroffenen Verarbeitenden Gewerbe tätig sind und zum anderen laut ifo Konjunkturtest insbesondere größere Unternehmen seit Mitte 2008 über eine restriktivere Kreditvergabe der Banken im Vergleich zu den mittleren und kleinen bzw. kleinsten Unternehmen klagen.[691] Vor diesem Hintergrund kann gegebenenfalls ein vermehrtes Interesse größerer und im Verarbeitenden Gewerbe tätiger Unternehmen an der Unternehmensbefragung unterstellt werden. Um somit im Rahmen der Analyse des Fragebogens u. a. der Frage nachzugehen, ob umsatzbezogen kleinere Unternehmen ein anderes Antwortverhalten als größere Unternehmen zeigen, werden die Unternehmen in zwei Gruppen aufgeteilt. Die umsatzbezogen kleineren Unternehmen werden der Umsatzgruppe 1, die größeren der Umsatzgruppe 2 zugeschlüsselt. Da im Fragebogen aus Gründen der Anonymität eine umsatzmäßige Einordnung von Unternehmen anhand von Umsatzklassen (bspw. ‚Umsatz > EUR 25 und ≤ EUR 50 Mio.') und nicht anhand exakter Umsatzwerte (bspw. EUR 38,5 Mio.) vorgenommen wird, ist ein sog. Mediansplit[692] nicht möglich. Die Zuordnung von Unternehmen zur Umsatzgruppe 1 oder 2 erfolgt deswegen dahingehend, dass die Differenz zwischen der Anzahl der jeweils in einer der beiden Umsatzgruppen enthaltenen Unternehmen minimiert wird. Diese Differenz wird bei Aufteilen der Unternehmen in die Gruppe kleiner Unternehmen (bis einschließlich Umsatzklasse ‚> 50 und ≤ 100') und großer Unternehmen (ab Umsatzklasse ‚> 100 und ≤ 250') mit einer Differenz von 28 minimiert. Erfolgt der „Schnitt" demnach bei einem Umsatz von EUR 100 Mio. bzw. nach der

---

[689] Auch die Ergebnisse des χ^2-Anpassungstests gemäß Anhang VI-132 deuten mit p = 0,000 nicht auf eine Gleichverteilung hin.

[690] Im Rahmen der Befragung wird angenommen, dass die Angaben der Unternehmen zumeist auf den Jahresabschlussdaten per 31.12.2008 der im August und Oktober 2009 durchgeführten Befragung vor dem Hintergrund der gesetzlichen Frist zur Erstellung eines Jahresabschlusses innerhalb von sechs Monaten nach Geschäftsjahresende (siehe Fn. 259) basieren.

[691] Siehe Anhang VI-112 zur Einschätzung der Kredithürde im verarbeitenden Gewerbe nach Größenklassen.

[692] Siehe Fn. 575.

Umsatzklasse ‚> 50 und ≤ 100', werden 80 Unternehmen der ersten und 52 Unternehmen der zweiten Umsatzgruppe zugeordnet.[693]

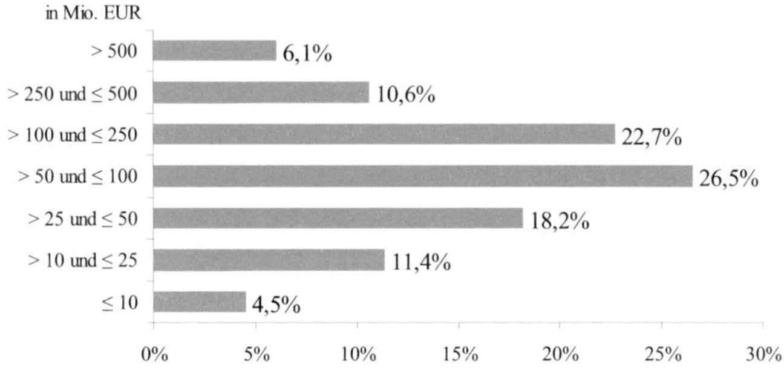

Quelle: Eigene Darstellung.

Abbildung 5-7: Verteilung der Umsatzerlöse –Frage 3–

Das gleiche Bild wie bei den Umsatzerlösen zeichnet sich auch bei der Verteilung der Angestelltenanzahl gemäß Abbildung 5-8 ab. Hiernach nehmen ebenfalls verhältnismäßig größere Unternehmen im Vergleich zur Grundgesamtheit N_R aus Abbildung 4-3 an der Befragung teil.[694] Dies kann wiederum zum einen auf das Wachstum der Angestelltenanzahl gemäß Abschnitt 4.3.4.10. zurückzuführen sein. Zum anderen kann jedoch wie bei den Umsatzerlösen ebenfalls ein vermehrtes Interesse größerer Unternehmen aus dem Verarbeitenden Gewerbe unterstellt werden und den Größenunterschied bedingen.

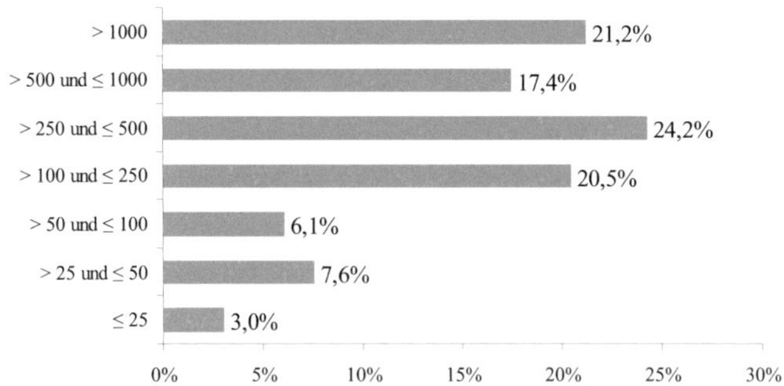

Quelle: Eigene Darstellung.

Abbildung 5-8: Verteilung der Anzahl der Angestellten –Frage 4–

693 Würde der „Schnitt" nach Umsatzklasse ‚> 25 und ≤ 50' gesetzt und damit der Definition für Mittelstand des IfM Bonn entsprochen werden, würden 45 Unternehmen der ersten und 87 Unternehmen der zweiten Gruppe zusortiert werden, so dass die Differenz 42 betragen und demnach nicht minimiert würde.

694 Auch die Ergebnisse des χ^2-Anpassungstests gemäß Anhang VI-133 belegen mit p = 0,000, die Gleichverteilungshypothese zu verwerfen.

Bei der in Abbildung 5-9 dargestellten Anzahl der Teilnahmen der Unternehmen an einem der untersuchten Standard-Mezzanine-Programme sind im Rahmen von Frage 5 dagegen im Vergleich zur Grundgesamtheit N_R aus Anhang VI-55 wiederum nur geringe Abweichungen festzustellen. So stellen mit 82% die Unternehmen einen überwiegenden Großteil der Befragungsteilnehmer dar, die nur einmalig teilgenommen haben.[695]

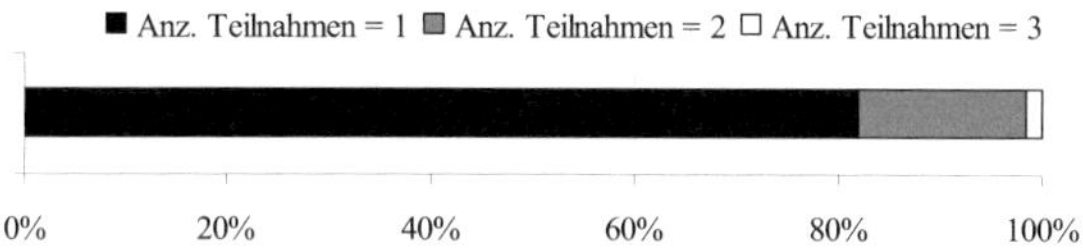

	Anz. Teilnahmen = 1	Anz. Teilnahmen = 2	Anz. Teilnahmen = 3
Anz. Teilnahmen	82,03%	16,41%	1,56%

Quelle: Eigene Darstellung.

Abbildung 5-9: Anzahl der Teilnahmen –Frage 5–

In Anhang VI-135 ist die Verteilung der 153 Teilnahmen der 132 Unternehmen an den einzelnen Programmen aufgeschlüsselt. Hiernach liegen die Anteile der einzelnen Programme zwischen 2,6% und 13,7%. Wird dagegen sowohl die ursprüngliche Anzahl an Unternehmen als auch die Anzahl an Ausfällen und Rückzahlungen per 31.12.2008 in den jeweiligen Programmen berücksichtigt, haben gemäß Abbildung 5-10 insbesondere die Unternehmen der PREPS-Plattformen verhältnismäßig weniger häufig an der Befragung teilgenommen. Um eine Aussage darüber zu treffen, ob die Unternehmen der zeitlich früheren Programme häufiger teilgenommen haben, werden die Unternehmen gemäß ihren Teilnahmen in zwei ‚Programm-Gruppen' aufgeteilt.[696] Zu erwarten ist eine höhere Teilnahmequote der ersten Programm-Gruppe, da für sie die Rückzahlung bereits in den Jahren 2011 und 2012 und damit früher ansteht. Demnach könnten diese Unternehmen gegebenenfalls ein vermehrtes Interesse an der Thematik Standard-Mezzanine-Kapital aufweisen. Diese Erwartung kann aber nicht bestätigt werden, da sich auf Basis der verhältnismäßig geringeren Teilnahme der ersten PREPS-Transaktionen eine geringere Teilnahmequote der ersten Programm-Gruppe im Vergleich zur zweiten Gruppe ergibt.[697]

---

[695] Auch die Ergebnisse des χ^2-Anpassungstests aus Anhang VI-134 deuten mit $p = 0{,}647$ auf eine hohe Anpassungsgüte und Repräsentativität der beobachteten Werte der Befragung für die Grundgesamtheit hin.

[696] Hierbei bilden 60 Teilnahmen der Mezzanine-Programme der Jahre 2004 und 2005 die erste Programm-Gruppe und 93 Teilnahmen der Programme aus 2006 und 2007 die zweite Programm-Gruppe. Mehrfach teilnehmende Unternehmen werden mehrfach gemäß ihrer Teilnahmen gezählt.

[697] Da auch bei Verteilung der Programm-Teilnahmen die Mehrfachteilnehmer entsprechend ihrer mehrfachen Teilnahmen gezählt werden, hat die Durchschnittsbildung auf Basis der 657 Teilnahmen der 557

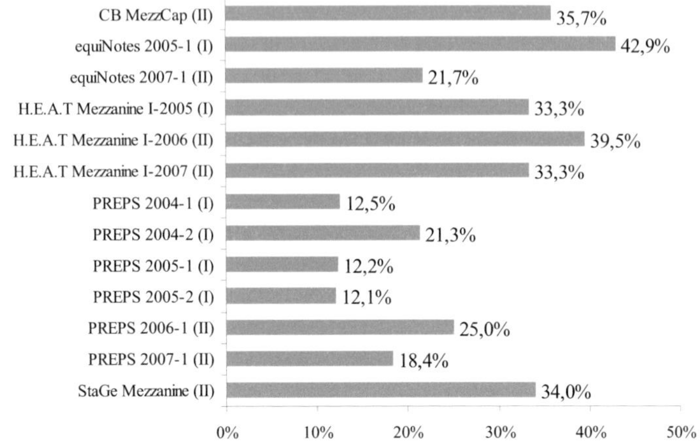

Quelle: Eigene Darstellung; Mehrfachnennungen möglich.

Abbildung 5-10: Verteilung der Teilnahmen auf die Programme unter Berücksichtigung von Gesamtanzahl, Ausfällen und Rückzahlungen –Frage 5–[698]

Für das (Gesamt-)Nominalvolumen an Standard-Mezzanine-Kapital, das die Unternehmen (gegebenenfalls in mehreren Transaktionen) aufgenommen haben, ergibt sich im Rahmen von Frage 6 die in Abbildung 5-11 dargestellte Verteilung, wobei Abweichungen im Vergleich zur Grundgesamtheit aus Anhang VI-136 festzustellen.[699]

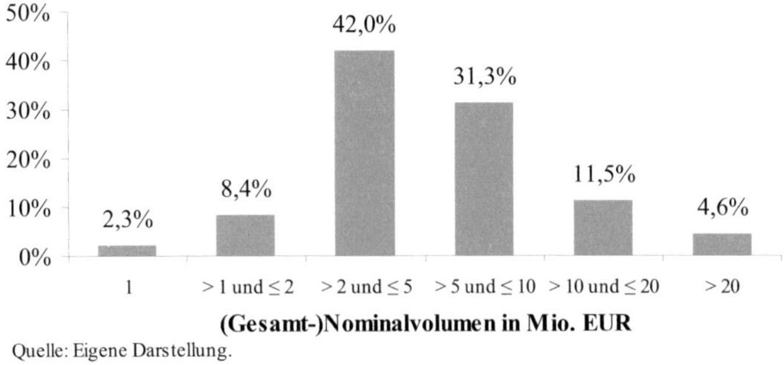

Quelle: Eigene Darstellung.

Abbildung 5-11: Verteilung der Nominalvolumina -Frage 6-

Unternehmen unter Abzug der 44 Teilnahmen der 32 ausgefallenen Unternehmen und 16 Rückzahlungen per 31.12.2008 zu erfolgen. Demnach kann eine durchschnittliche Teilnahmequote von 25,6% für die 153 Teilnahmen der 132 Unternehmen berechnet werden. Diese Quote teilt sich in eine Quote von 21,7% für Programm-Gruppe 1 und 29,0% bei Programm-Gruppe 2 auf.

[698] Der Zusatz (I) bzw. (II) klassifiziert die Zuordnung zur ersten oder zweiten Programm-Gruppe.

[699] Trotz dieser Abweichungen lassen die Ergebnisse des χ^2-Anpassungstests gemäß Anhang VI-137 mit $p = 0{,}197$ bei einem Signifikanzniveau von bspw. $\alpha = 0{,}10$ eine Gleichverteilung der Verteilung der beobachteten Werte aus der Befragung an die Verteilung der Grundgesamtheit aus Anhang VI-136 vermuten.

5.4.2.2. Verwendung des Mezzanine-Kapitals

In Bezug auf die Mittelverwendung können gemäß Frage 7 sowohl die Anzahl der Verwendungszwecke (Vwz.) als auch die Art des Verwendungszweckes selbst untersucht werden. So wird das Mezzanine-Kapital gemäß Abbildung 5-12 in 86,4% der Fälle für nur einen oder zwei Zwecke verwendet.

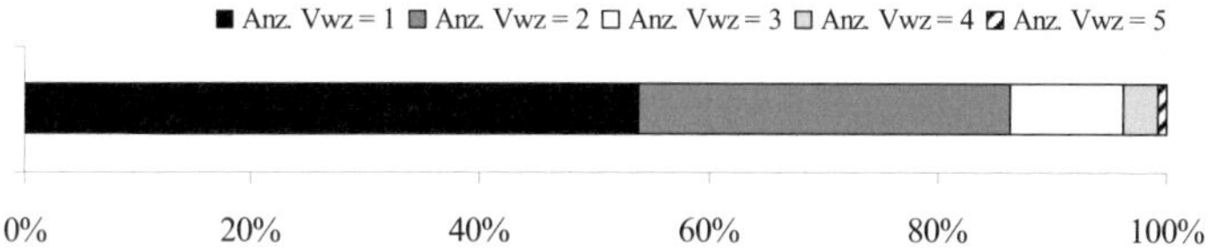

	Anz. Vwz = 1	Anz. Vwz = 2	Anz. Vwz = 3	Anz. Vwz = 4	Anz. Vwz = 5
Anz. Vwz.	53,79%	32,58%	9,85%	3,03%	0,76%

Quelle: Eigene Darstellung; Mehrfachnennungen möglich.

Abbildung 5-12: Anzahl der Verwendungszwecke -Frage 7-

Hierbei wird das Kapital laut Abbildung 5-13 von Umsatzgruppe 2 weniger häufig für nur einen Zweck, aber dafür häufiger für zwei Zwecke im Vergleich zu Umsatzgruppe 1 genutzt. Ferner verwendet Umsatzgruppe 1 in mehr als 6% der Fälle das Kapital für mehr als drei Zwecke, wohingegen Umsatzgruppe 2 das Kapital für maximal drei Zwecke nutzt.

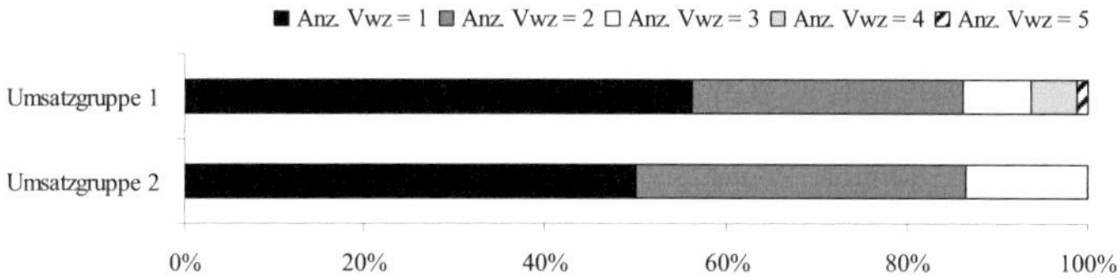

	Anz. Vwz = 1	Anz. Vwz = 2	Anz. Vwz = 3	Anz. Vwz = 4	Anz. Vwz = 5
Umsatzgruppe 1	56,25%	30,00%	7,50%	5,00%	1,25%
Umsatzgruppe 2	50,00%	36,54%	13,46%	0,00%	0,00%

Quelle: Eigene Darstellung; Mehrfachnennungen möglich.

Abbildung 5-13: Anzahl der Verwendungszwecke nach Umsatzgruppen -Frage 7-

Das Mezzanine-Kapital wird gemäß Abbildung 5-14 zu 44,2% zur Wachstumsfinanzierung herangezogen. Wird die Akquisitionsfinanzierung als Finanzierung (externen) Wachstums gemäß Abschnitt 3.1.3. hinzugezogen, steigt der Anteil der Finanzierung (intern und extern generierten) Wachstums auf 58,5%. Die restlichen ca. 40% verteilen sich zu 16,6% auf die Ablösung kurzfristiger bzw. zu 24% auf die Ablösung kurz- und langfristiger Verbindlichkeiten. Ferner wird das Kapital zu 7,4% zur Finanzierung der Nachfolge, eines MBO/

LBO[700] oder zur Bereinigung der Gesellschafterstruktur sowie zu 6,5% zur Innovationsfinanzierung verwendet. ‚Sonstige Finanzierungsanlässe' wie (laut Unternehmensangabe) die Finanzierung von Ersatzinvestitionen, Restrukturierung (im Sinne einer Sanierung) sowie Vorhalten einer Liquiditätsreserve spielen mit 3,7% eine eher untergeordnete Rolle.

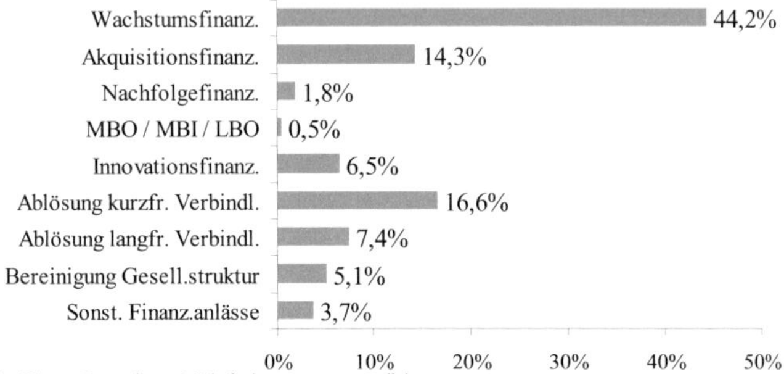

Quelle: Eigene Darstellung; Mehrfachnennungen möglich.

Abbildung 5-14: Verwendungszweck -Frage 7-[701]

Bei Vergleich dieser Ergebnisse mit den in Anhang VI-138 dargestellten Ergebnissen des Mezzanine-Panels[702] sind zum Teil stärkere Abweichungen festzustellen. Gemäß Mezzanine-Panel wird in nur 29% der Fälle das Mezzanine-Kapital für die Wachstumsfinanzierung, dagegen aber in ca. ¼ der Fälle zur Finanzierung der Nachfolge bzw. eines MBO/ LBO verwendet. Ferner wird das Mezzanine-Kapital gemäß Mezzanine-Panel mit 15% mehr als doppelt so häufig zur Innovationsfinanzierung und zu 8% zur Finanzierung von Start-Ups genutzt, wohingegen gemäß Befragung das Mezzanine-Kapital für den letzteren Finanzierungsanlass gar nicht verwendet wird.[703] Ferner wird das Mezzanine-Kapital gemäß Fragebogen zu 24% und somit doppelt so häufig im Vergleich zum Mezzanine-Panel mit ca. 11% zur Restrukturierung genutzt, insofern hierunter ebenfalls die Restrukturierung

---

[700] Siehe Abschnitt 3.1.3.

[701] Die Anzahl an Nennungen des jeweiligen Finanzierungsanlasses wurde unabhängig von der unternehmensindividuellen prozentualen Gewichtung in Bezug zur Gesamtanzahl genannter Finanzierungsanlässe gesetzt. Erste Analysen unter Berücksichtigung der prozentualen Gewichtung zeigen keine nennenswerten Abweichungen zu den hier dargestellten Analysen.

[702] Siehe hierzu Fn. 295. Für die Durchschnittsberechnung in Anhang VI-138 wird das arithmetische Mittel der Werte der Jahre 2006 und 2007 herangezogen, da auch im Rahmen des Fragebogens über alle Transaktionen gemittelt wurde, wobei im Fragebogen Unternehmen betrachtet werden, die das Mezzanine-Kapital in den Jahren 2004 bis 2007 aufgenommen haben.

[703] Dies ist darauf zurückzuführen, dass bei Standard-Mezzanine-Kapital keine Start-Ups, sondern fast ausschließlich Unternehmen mit mehrjähriger Marktpräsenz finanziert wurden. Siehe Abschnitt 4.2.2.

der Passivseite durch Ablösung von (anderen) Verbindlichkeiten verstanden wird. Hierbei gilt es zu beachten, dass sich das Mezzanine-Panel mit der Anbieter- und nicht direkt mit der Unternehmensseite befasst. So können Änderungen in der Verwendung beim Unternehmen in der Zeit zwischen dem Gespräch mit dem Anbieter und der Auszahlung der Mittel gegebenenfalls aufgetreten sein. Ein weiterer Grund kann darin liegen, dass im Rahmen der Befragung ausschließlich mit Standard-Mezzanine-Kapital finanzierte Unternehmen befragt wurden, wohingegen am Mezzanine-Panel neben der KfW die Anbieter sowohl von Standard- als auch von Individual-Mezzanine-Kapital teilgenommen haben.

Bei Aufschlüsselung der Daten nach Unternehmen, die das Kapital für ausschließlich einen Anlass nutzen, und nach Unternehmen mit mehreren Verwendungszwecken ergibt sich die in Abbildung 5-15 dargestellte Verteilung.[704] Hiernach ist für erstgenannte Unternehmen mit 74,7% eine noch stärkere Nutzung des Mezzanine-Kapitals für die (aufsummierte) Wachstumsfinanzierung festzustellen. Bei den Unternehmen mit mehreren Verwendungszwecken ist dagegen ein Anstieg anderer Verwendungszwecke wie Innovationsfinanzierung oder Restrukturierung zu Lasten der Wachstumsfinanzierung auszumachen.

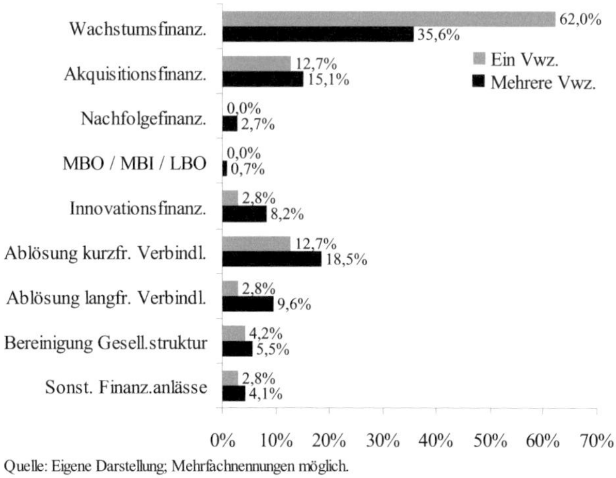

Quelle: Eigene Darstellung; Mehrfachnennungen möglich.

Abbildung 5-15: Verteilung bei einem oder mehreren Verwendungszwecken -Frage 7-

[704] Somit werden 71 Unternehmen (bzw. 53,8%), die das Kapital für nur einen einzigen Zweck nutzen, und 61 Unternehmen untersucht, die das Kapital für mehr als einen Zweck verwenden.

Eine ähnliche Verwendung wie für die Unternehmen, die das Kapital für mehrere Zwecke verwenden, ist für die Umsatzgruppe 1 in Abbildung 5-16 zu erkennen. Ebenso geht hier der Anteil der Wachstumsfinanzierung zurück, wohingegen die umsatzbezogen größeren Unternehmen (Umsatzgruppe 2) vermehrt das Kapital zur Wachstumsfinanzierung nutzen.

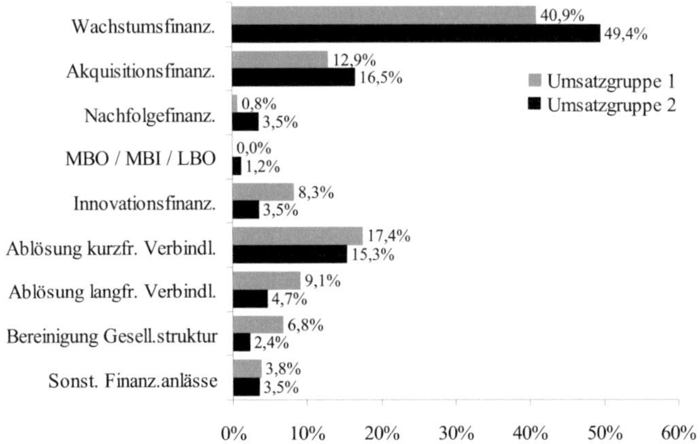

Quelle: Eigene Darstellung; Mehrfachnennungen möglich.

Abbildung 5-16: Verteilung der Verwendungszwecke für Umsatzgruppe 1 und 2 -Frage 7-

5.4.2.3. Bewertung der Vor- und Nachteile von Mezzanine-Kapital

Gegenstand von Frage 8 ist, welche der Vorteile, die mit einer Aufnahme von Mezzanine-Kapital im Allgemeinen verbunden werden, aus Unternehmenssicht entscheidend sind.[705] Bei Analyse der Bewertung der einzelnen Vorteile aus Unternehmenssicht fallen gemäß Abbildung 5-17 die Teilfragen #8 4 (Günstigere Konditionen für zukünftige Finanzierungen), #8 9 (Flexibilität in der Vertragsgestaltung), #8 10 (Steuerliche Abzugsfähigkeit der Finanzierungskosten) sowie insbesondere #8 13 (Umgang mit „externen" Kapitalgebern) dahingehend auf, dass bei ihnen der Anteil ‚sehr wichtig' mit teilweise deutlich weniger als 20% eher gering ausfällt. Insbesondere bei #8 13 (Umgang mit „externen" Kapitalgebern) ist zusätzlich noch ein geringer Anteil ‚wichtig' festzustellen, wohingegen bei allen anderen Aspekten der Anteil dieser Kategorie bei (teilweise weit) über 30% liegt.

[705] Anzumerken ist, dass die im Folgenden aufgelisteten Vor- und Nachteile nicht alle ausschließlich dem Mezzanine-Kapital zugesprochen werden, sondern auch für andere Finanzierungsarten gelten können.

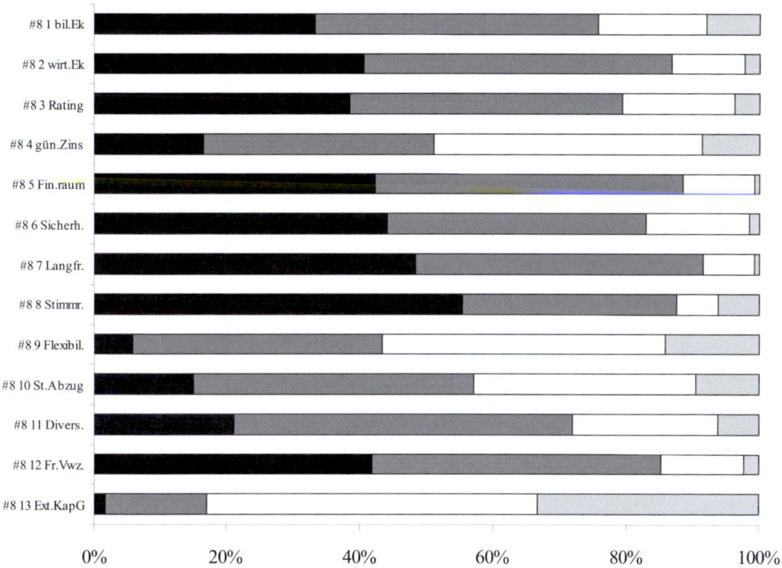

Angaben in %	#8 1	#8 2	#8 3	#8 4	#8 5	#8 6	#8 7	#8 8	#8 9	#8 10	#8 11	#8 12	#8 13
■ sehr wichtig	33,3	40,6	38,5	16,5	42,3	44,2	48,5	55,5	5,8	15,1	21,1	41,9	1,6
■ wichtig	42,3	46,1	40,8	34,6	46,2	38,8	43,1	32,0	37,5	42,1	50,8	43,4	15,4
□ weniger wichtig	16,3	10,9	16,9	40,2	10,8	15,5	7,7	6,3	42,5	33,3	21,9	12,4	49,6
□ unwichtig	8,1	2,3	3,8	8,7	0,8	1,6	0,8	6,3	14,2	9,5	6,3	2,3	33,3

Quelle: Eigene Darstellung; Rundungsdifferenzen möglich.

Abbildung 5-17: Beurteilung der Vorteile von Mezzanine-Kapital -Frage 8-

Um die Frage zu beantworten, welche der Vorteile von Mezzanine-Kapital die entscheidenden sind, wird die in Abbildung 5-18 veranschaulichte Rangfolge untersucht.[706] Zu erwarten wäre, dass vor dem Hintergrund der geringen Eigenkapitalausstattung mittelständischer Unternehmen in Deutschland[707] insbesondere die Eigenkapitalähnlichkeit bzw. die Anrechnung als wirtschaftliches Eigenkapital (#8 2) eines der wichtigsten Kriterien – wenn nicht sogar das wichtigste – ist. Diese Erwartung kann aber nur bedingt bestätigt werden, denn insbesondere die Langfristigkeit der Finanzierung (#8 7) ist das für die Unternehmen

[706] Für die Ermittlung der Rangfolge werden die Anteile der ersten beiden Kategorien (‚wichtig' und ‚sehr wichtig') aufsummiert und in eine Reihenfolge gebracht. Wird die Rangfolge auf Basis der Kategorie ‚sehr wichtig' vorgenommen, sind nur geringfügige Änderungen auszumachen. Alternativ könnte der in Anhang VI-129 nachrichtlich aufgeführte Mittelwert als Rangfolgekriterium herangezogen werden.

[707] Siehe die Analyse der Eigenkapitalsituation mittelständischer deutscher Unternehmen in Abschnitt 2.3.

am meisten entscheidende Kriterium.[708] Neben der Langfristigkeit wird auch der Erweiterung des Finanzierungsspielraums (#8 5) und der Beibehaltung der Stimmrechts- & Eigentumsverhältnisse (#8 8) eine hohe Bedeutung durch die Unternehmen attestiert. Die Eigenkapitalähnlichkeit befindet sich auf einem, bis zum einem gewissen Grad unerwarteten vierten Platz.[709] Denn vor allem aufgrund der Nachrangigkeit und der damit verbundenen Eigenkapitalähnlichkeit ist Mezzanine-Kapital teurer als klassisches Fremdkapital. Die reine Langfristigkeit würde dagegen auch klassisches und damit zumeist günstigeres Fremdkapital bieten, insofern Banken dieses günstigere Fremdkapital als Alternative sowohl in der langen Frist als auch in ausreichendem Maße zur Verfügung gestellt hätten.[710] Die Unternehmen „erkaufen“ sich mit dem höheren Zins sozusagen die Eigenkapitalähnlichkeit „auf Zeit“. Diese nicht höchste Priorität wird bei Analyse der Rangfolge gemäß der Kategorie ‚sehr wichtig’ aus Abbildung 5-17 nochmals dadurch unterstrichen, dass die wirtschaftliche Eigenkapitalähnlichkeit hiernach nur auf dem sechsten Platz liegen würde.[711] Neben der (einfachen) Möglichkeit, dass die Eigenkapitalähnlichkeit nicht die oberste Priorität hat, können als Gründe für den vierten bzw. sechsten Platz auch die Intransparenz und die damit einhergehende unterschiedliche Anrechnung von wirtschaftlichem Eigenkapital in Ratingprozessen angeführt werden.[712] Zusätzlich kann diese geringere Priorität vor allem im Vergleich zur Langfristigkeit aber auch auf die laut ifo Konjunkturtest von den Unternehmen beklagte restriktivere Kreditvergabe der Banken seit Mitte 2008 zurückzuführen sein. So können Verzerrungen dadurch auftreten, dass die Langfristigkeit in Zeiten restriktiverer Kreditvergabe an Bedeutung gewinnt, während die Anrechnung als wirtschaftliches Eigenkapital im Vergleich zur Bedeutung bei Aufnahme des Mezzanine-Kapitals in den Hintergrund tritt.[713] Das gleiche kann auch auf die Erweiterung des Finan-

---

[708] Dies belegt auch die im Rahmen von Frage 8 laut Anhang VI-129 verhältnismäßig geringste Varianz für die Langfristigkeit mit einem Wert von 0,44.

[709] Anzumerken ist, dass die Plätze 2 bis 6 in einer Bandbreite von nur 6% liegen und somit diese Punkte auch als „fast“ gleichrangig angesehen werden könnten.

[710] Dies gilt insbesondere vor dem Hintergrund eines Rückgangs der Kreditvergabe in der Zeit seit Ende 2007 bzw. Anfang 2008. Siehe Sachverständigenrat (2009), S. 53 für die Entwicklung der Kredite an inländische Unternehmen und Selbstständige.

[711] Diesbezüglich würde der Abstand zwischen Platz 1 und dem sechsten Platz ca. 15% betragen, wohingegen gemäß Abbildung 5-18 der Abstand zwischen Platz 1 und dem vierten Platz nur ca. 5% beträgt. Bei ausschließlicher Betrachtung der Kategorie ‚sehr wichtig’ liegt die Beibehaltung der Stimmrechts- und Eigentumsverhältnisse (#8 8) auf Platz 1 und die Langfristigkeit (#8 7) auf Platz 2.

[712] Siehe Abschnitt 3.1.6.

[713] Die Einschätzung der Kredithürde in der gewerblichen Wirtschaft ist in Anhang VI-139 veranschaulicht.

zierungsspielraums (#8 5) und die Beibehaltung der Stimmrechts- & Eigentumsverhältnisse (#8 8) zutreffen.

In Bezug auf die Relevanz einer Aufnahme von bilanziellem Eigenkapital (#8 1) kann festgestellt werden, dass den Unternehmen die Aufnahme von wirtschaftlichem Eigenkapital (#8 2) wichtiger ist. Denn insbesondere die wirtschaftliche Eigenkapitalähnlichkeit und nicht die Ausgestaltung als bilanzielles Eigenkapital ist für die Anrechnung in Ratingprozessen entscheidend, was den Unternehmen zumeist bewusst zu sein scheint.[714] So wurde das Standard-Mezzanine-Kapital in den meisten Programmen als wirtschaftliches Eigenkapital vertrieben und kann nur in den Programmen CB MezzCap und equiNotes 2005-1 und 2007-1 auch bilanzielles Eigenkapital darstellen.[715]

Noch vor der bilanziellen Einordnung (#8 1) rangiert die freie Verfügung über das Kapital (#8 12), der Verzicht auf die Bereitstellung von Sicherheiten (#8 6) sowie die Verbesserung des Ratings bzw. der Bonität (#8 3). Insbesondere zu letztgenanntem Punkt hätte eine höhere Relevanz erwartet werden können. Dass sich die Ratingverbesserung (#8 3) gemäß Abbildung 5-18 „nur“ im Mittelfeld befindet, könnte wiederum auf die Unsicherheit und Intransparenz über die unterschiedliche Anrechnung von Mezzanine-Kapital im Ratingprozess bonitätsbeurteilender Partnerunternehmen zurückzuführen sein. Aber auch die im Rahmen eines konjunkturell schwierigeren Umfeldes zu erwartenden Herabstufungen der Unternehmensratings[716] können diese Einschätzung beeinflusst haben. Auffällig ist ebenso Platz 10 für die Wichtigkeit der steuerlichen Abzugsfähigkeit der Finanzierungskosten (#8 10).[717] Hier hätte einer der vorderen Plätze vermutet werden können, senkt doch diese Abzugsfähigkeit die Finanzierungskosten insgesamt.[718] Als Grund ist denkbar, dass die Abzugsfähigkeit hinsichtlich der im Rahmen der Unternehmensteuerreform 2008 eingeführten Zinsschranke und der Begrenzung der vollständigen Abzugsfähigkeit eines Netto-

[714] Siehe die Ausführungen zur Fn. 184.

[715] Siehe Anhang VI-48 sowie Abschnitt 4.3.4.6. Hervorzuheben ist hierbei, dass wenn die Möglichkeit einer Aufnahme von bilanziellem Eigenkapital gegeben wurde, diese auch insbesondere bei equiNotes 2005-1 und CB MezzCap von den meisten Unternehmen wahrgenommen wurde. Hierbei belegt die im Rahmen von Frage 8 gemäß Anhang VI-129 relativ gesehen höchste Varianz einer Aufnahme von bilanziellem Eigenkapital (#8 1) die Uneinigkeit der Unternehmen über diesen Punkt.

[716] Vgl. Sachverständigenrat (2009), S. 57.

[717] Ferner belegt eine gemäß Anhang VI-129 verhältnismäßig hohe Varianz die diesbezügliche Uneinigkeit der Unternehmen.

[718] In diesem Zusammenhang sei auf die Ausführungen der Fn. 136 und Fn. 137 verwiesen, wobei die Zinsschranke von EUR 1 Mio. bzw. die erhöhte Freigrenze von EUR 3 Mio. zu beachten ist.

zinsaufwands eine früher möglicherweise höhere Bedeutung eingebüßt hat. Der vorletzte Platz für die Flexibilität in der Vertragsgestaltung (#8 9) ist dagegen nicht unerwartet, da Standard-Mezzanine-Kapital einen hohen Grad an Standardisierung aufweist und alle Unternehmen diese Standardisierung in Kauf genommen haben. Insbesondere der ‚Umgang mit „externen" Kapitalgebern' (#8 13) spielte bei der Entscheidung einer Aufnahme von Mezzanine-Kapital für die Unternehmen anscheinend kaum eine Rolle.[719]

Rang	Bedeutung 'sehr wichtig' & 'wichtig'		∑ Anteil
1	#8 7	Langfristige Finanzierung	91,54%
2	#8 5	Die Aufnahme von Mezzanine-Kapital erweitert den Finanzierungsspielraum	88,46%
3	#8 8	Keine Veränderung der Stimmrechts- & Eigentumsverhältnisse	87,50%
4	#8 2	Erhöhung des wirtschaftlichen Eigenkapitals	86,72%
5	#8 12	Freie / nicht zweckgebundene Verfügung über das Mezzanine-Kapital	85,27%
6	#8 6	Keine Bereitstellung von Sicherheiten notwendig	82,95%
7	#8 3	Verbesserung des Ratings / der Bonität	79,23%
8	#8 1	Erhöhung des bilanziellen Eigenkapitals	75,61%
9	#8 11	Diversifizierung der Finanzierungsstruktur (Reduzierung der Abhängigkeit von der Hausbank)	71,88%
10	#8 10	Steuerliche Abzugsfähigkeit der Finanzierungskosten	57,14%
11	#8 4	Durch Erhöhung der Haftkapitalbasis günstigere Konditionen für zukünftige Finanzierungen	51,18%
12	#8 9	Flexibilität in der Vertragsgestaltung	43,33%
13	#8 13	Umgang mit „externen" Kapitalgebern kann geübt werden	17,07%

Quelle: Eigene Darstellung.

Abbildung 5-18: Rangfolge der Vorteile von Mezzanine-Kapital -Frage 8-

Bei Vergleich des Antwortverhaltens der umsatzbezogen kleinen Unternehmen der Umsatzgruppe 1 (gekennzeichnet mit I) mit den großen Unternehmen der Umsatzgruppe 2 (gekennzeichnet mit II) können gemäß Abbildung 5-19 die Tendenzen aus Abbildung 5-17 bestätigt werden. #8 4 (Günstigere Konditionen für zukünftige Finanzierungen), #8 9 (Flexibilität in der Vertragsgestaltung), #8 10 (Steuerliche Abzugsfähigkeit der Finanzierungskosten) sowie insbesondere #8 13 (Umgang mit „externen" Kapitalgebern) fallen mit Anteilen der Kategorie ‚sehr wichtig' von (teilweise deutlich) weniger als 20% auf.

[719] Als weiterer Vorteil wird vereinzelt genannt, dass das Mezzanine-Kapital das Gegengewicht zu den Senior Lendern, also den klassischen, vorrangigen Fremdkapitalgläubigern, darstellt.

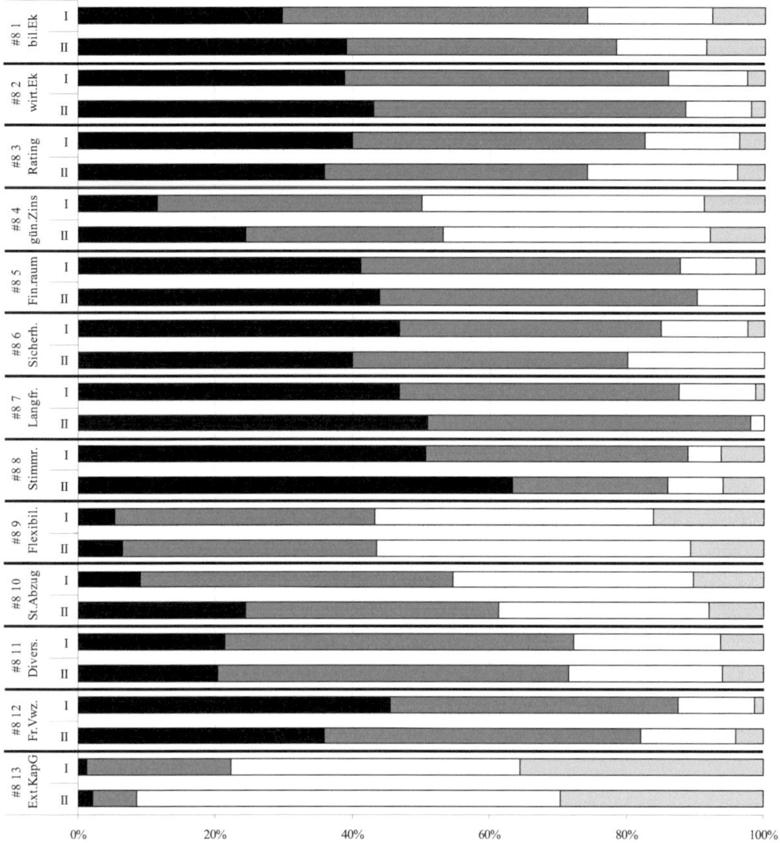

Angaben in %	#8 1		#8 2		#8 3		#8 4		#8 5		#8 6		#8 7		#8 8		#8 9		#8 10		#8 11		#8 12		#8 13	
	I	II	I	II	I	II	I	II	I	II	I	II	I	II	I	II	I	II	I	II	I	II	I	II	I	II
■ sehr wichtig	29,9	39,1	39,0	43,1	40,0	36,0	11,5	24,5	41,3	44,0	46,8	40,0	46,8	51,0	50,6	63,3	5,4	6,5	9,1	24,5	21,5	20,4	45,6	36,0	1,3	2,1
▩ wichtig	44,2	39,1	46,8	45,1	42,5	38,0	38,5	28,6	46,3	46,0	38,0	40,0	40,5	47,1	38,0	22,4	37,8	37,0	45,5	36,7	50,6	51,0	41,8	46,0	21,1	6,4
□ weniger wichtig	18,2	13,0	11,7	9,8	13,8	22,0	41,0	38,8	11,3	10,0	12,7	20,0	11,4	2,0	5,1	8,2	40,5	45,7	35,1	30,6	21,5	22,4	11,4	14,0	42,1	61,7
▢ unwichtig	7,8	8,7	2,6	2,0	3,8	4,0	9,0	8,2	1,3	0,0	2,5	0,0	1,3	0,0	6,3	6,1	16,2	10,9	10,4	8,2	6,3	6,1	1,3	4,0	35,5	29,8

Quelle: Eigene Darstellung. Rundungsdifferenzen möglich.

Abbildung 5-19: Beurteilung der Vorteile von Mezzanine-Kapital für Umsatzgruppe 1 und 2 -Frage 8-

Für die großen Unternehmen ist gemäß Abbildung 5-20 die Langfristigkeit der Finanzierung (#8 7) mit über 98% das absolut entscheidende Kriterium.[720] Dies kann darauf zurückzuführen sein, dass insbesondere große Unternehmen laut ifo Konjunkturtest seit Mitte 2008 über eine restriktivere Kreditvergabe der Banken klagen, wodurch die Langfristigkeit

[720] Dies wird durch die niedrigste Varianz innerhalb von Frage 8 gemäß Anhang VI-129 untermauert.

vor allem für große Unternehmen an Bedeutung gewonnen haben kann.[721] Dagegen rangiert die Langfristigkeit (#8 7) bei den kleinen Unternehmen mit 87,3% auf Rang 3. Dass ‚Keine Veränderung der Stimmrechtsverhältnisse' (#8 8) bei den kleinen Unternehmen auf Platz 1 ist, bestätigt die Aussage aus Abschnitt 2.3., dass insbesondere kleinere Unternehmen die Meinung vertreten, dass Unternehmen typischerweise im Familienbesitz bleiben sollen und folglich eine Verwässerung der Unternehmensanteile oftmals ausgeschlossen wird.[722] Die Erweiterung des Finanzierungsspielraums (#8 5) ist mit annähernd gleichen Werten von 90,0% und 87,5% bei den großen und kleinen Unternehmen gleichermaßen auf dem zweiten Platz. Dagegen ist die Aufnahme von wirtschaftlichem Eigenkapital (#8 2) bei geringfügig höheren Werten von 88,2% für Umsatzgruppe 2 auf Platz 3 im Vergleich Platz 4 mit 85,7% bei Umsatzgruppe 1. So scheint die Anrechnung den großen Unternehmen geringfügig wichtiger zu sein. Denn das gleiche Bild zeichnet sich auch für die Rangfolge ausschließlich gemäß Kategorie ‚sehr wichtig' ab.[723] Dagegen ist die freie Kapitalverwendung (#8 12) den kleinen Unternehmen mit Platz 3 und 87,3% im Vergleich zu Platz 5 und 82,0% bei den großen Unternehmen vergleichsweise wichtiger. Wie bereits beschrieben, belegen die Punkte #8 4 (Günstigere Konditionen für zukünftige Finanzierungen), #8 9 (Flexibilität in der Vertragsgestaltung), #8 10 (Steuerliche Abzugsfähigkeit der Finanzierungskosten) sowie insbesondere #8 13 (Umgang mit „externen" Kapitalgebern) bei beiden Gruppen die letzten Ränge.[724]

---

[721] Siehe Anhang VI-112 zur Einschätzung der Kredithürde im verarbeitenden Gewerbe nach Größenklassen.

[722] Siehe hierzu die Ausführungen zu Fn. 45.

[723] Hiernach ist die Anrechnung als wirtschaftliches Eigenkapital (#8 2) bei den kleineren Unternehmen auf Platz 6 mit einem Abstand von ca. 12% zum ersten Platz, wohingegen bei den großen Unternehmen die Anrechnung (#8 2) zwar auf Platz 4 landet, hierbei aber einen Abstand von ca. 20% zum ersten Platz aufweist. Dies unterstreicht die diesbezügliche Uneinigkeit beider Unternehmensgruppen.

[724] Bei #8 13 ist eine Abweichung zwischen den Werten für Umsatzgruppe 1 und 2 von ca. 14% bei geringer Varianz gemäß Anhang VI-129 festzustellen, was die (erwartet) geringere Bedeutung des „Übens" für die großen Unternehmen hervorhebt. Denn diese Unternehmen können zumeist auf eine größere Anzahl an Finanzierungsquellen und Kapitalgeber sowie gegebenenfalls auf eine größere Erfahrung im Finanzierungsbereich zurückgreifen. Siehe hierzu auch die Ausführungen zur Fn. 30.

Umsatzgruppe 1			
Rang	**Bedeutung 'sehr wichtig' & 'wichtig'**		**∑ Anteil**
1	#8 8	Keine Veränderung der Stimmrechts- & Eigentumsverhältnisse	88,61%
2	#8 5	Die Aufnahme von Mezzanine-Kapital erweitert den Finanzierungsspielraum	87,50%
3	#8 7	Langfristige Finanzierung	87,34%
	#8 12	Freie / nicht zweckgebundene Verfügung über das Mezzanine-Kapital	
4	#8 2	Erhöhung des wirtschaftlichen Eigenkapitals	85,71%
5	#8 6	Keine Bereitstellung von Sicherheiten notwendig	84,81%
6	#8 3	Verbesserung des Ratings / der Bonität	82,50%
7	#8 1	Erhöhung des bilanziellen Eigenkapitals	74,03%
8	#8 11	Diversifizierung der Finanzierungsstruktur (Reduzierung der Abhängigkeit von der Hausbank)	72,15%
9	#8 10	Steuerliche Abzugsfähigkeit der Finanzierungskosten	54,55%
10	#8 4	Durch Erhöhung der Haftkapitalbasis günstigere Konditionen für zukünftige Finanzierungen	50,00%
11	#8 9	Flexibilität in der Vertragsgestaltung	43,24%
12	#8 13	Umgang mit „externen" Kapitalgebern kann geübt werden	22,37%

Umsatzgruppe 2			
Rang	**Bedeutung 'sehr wichtig' & 'wichtig'**		**∑ Anteil**
1	#8 7	Langfristige Finanzierung	98,04%
2	#8 5	Die Aufnahme von Mezzanine-Kapital erweitert den Finanzierungsspielraum	90,00%
3	#8 2	Erhöhung des wirtschaftlichen Eigenkapitals	88,24%
4	#8 8	Keine Veränderung der Stimmrechts- & Eigentumsverhältnisse	85,71%
5	#8 12	Freie / nicht zweckgebundene Verfügung über das Mezzanine-Kapital	82,00%
6	#8 6	Keine Bereitstellung von Sicherheiten notwendig	80,00%
7	#8 1	Erhöhung des bilanziellen Eigenkapitals	78,26%
8	#8 3	Verbesserung des Ratings / der Bonität	74,00%
9	#8 11	Diversifizierung der Finanzierungsstruktur (Reduzierung der Abhängigkeit von der Hausbank)	71,43%
10	#8 10	Steuerliche Abzugsfähigkeit der Finanzierungskosten	61,22%
11	#8 4	Durch Erhöhung der Haftkapitalbasis günstigere Konditionen für zukünftige Finanzierungen	53,06%
12	#8 9	Flexibilität in der Vertragsgestaltung	43,48%
13	#8 13	Umgang mit „externen" Kapitalgebern kann geübt werden	8,51%

Quelle: Eigene Darstellung.

Abbildung 5-20: Rangfolge der Vorteile von Mezzanine-Kapital Umsatzgruppe 1 und 2 -Frage 8-

Bei Analyse der Bedeutung der häufig mit Standard-Mezzanine-Kapital im Speziellen in Verbindung gebrachten Vorteile kann gemäß Frage 9 folgendes, in Abbildung 5-21 dargestellte Bild aufgezeigt werden. Hiernach kristallisieren sich gemessen an den %-Werten drei Gruppen heraus, wobei die erste Gruppe die für die Unternehmen wichtigsten Punkte, eine zweite Gruppe Punkte von mittlerer Relevanz sowie die dritte Gruppe Punkte umfasst, die kaum eine Relevanz aufweisen. In dieser dritten Gruppe befinden sich die Punkte #9 6 (Indirekter Kapitalmarktzugang erhöht Bekanntheitsgrad des Unternehmens), #9 7 (Indirekter Kapitalmarktzugang eröffnet neue Investorenkreise) und #9 8 (Transaktion dient der Vorbereitung weiterer Kapitalmarkttransaktionen), die sich allesamt mit dem Kapitalmarkt befassen und kaum eine Rolle für die Unternehmen zu spielen scheinen.

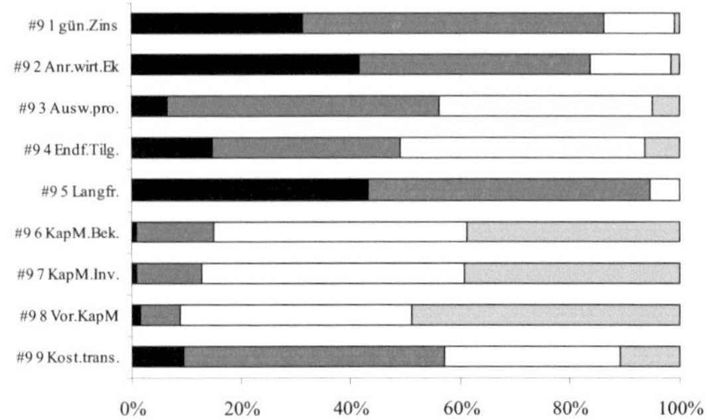

Angaben in %	#9 1	#9 2	#9 3	#9 4	#9 5	#9 6	#9 7	#9 8	#9 9
■ sehr wichtig	31,45	41,86	6,50	14,84	43,31	0,79	0,80	1,60	9,38
▣ wichtig	54,84	41,86	49,59	34,38	51,18	14,29	12,00	7,20	47,66
□ weniger wichtig	12,90	14,73	39,02	44,53	5,51	46,03	48,00	42,40	32,03
▢ unwichtig	0,81	1,55	4,88	6,25	0,00	38,89	39,20	48,80	10,94

Quelle: Eigene Darstellung; Rundungsdifferenzen möglich.

Abbildung 5-21: Beurteilung der Vorteile von Standard-Mezzanine-Kapital -Frage 9-

Wie Abbildung 5-22 zu entnehmen, ist der wichtigste Vorteil – wie schon bei Frage 8 – mit 94,5% nach wie vor die Langfristigkeit des Kapitals (#9 5), die durch die wiederum geringste Varianz im Rahmen von Frage 9 gemäß Anhang VI-129 gekennzeichnet ist. Auch die im Vergleich zum Individual-Mezzanine-Kapital günstigeren Finanzierungskosten (#9 1) spielen mit einem Wert von 86,3% eine wichtige Rolle für die Unternehmen. In Erweiterung zur zuvor geführten Diskussion um die Anrechnung als wirtschaftliches Eigenkapital (#9 2 bzw. #8 2) kann festgestellt werden, dass die Anrechnung (#9 2) auf dem dritten Platz landet. Hierbei liegt der Wert von 83,7% leicht unter dem Wert von 86,7% für #8 2 aus Abbildung 5-18. Das Schließen der Eigenkapitallücke durch zumindest wirtschaftliches Eigenkapital steht somit auch für Standard-Mezzanine-Kapital (immer noch) nicht an oberster Stelle.[725] Dies lässt den Schluss zu, dass sich die Anrechnung (#9 2) im Vergleich zu Frage 8 bzw. #8 2 zwar auf Plätzen weiter vorne befindet, dies aber nicht auf eine insgesamt höhere Priorisierung zurückzuführen ist. Denn vor dem Hintergrund ungefähr gleicher Werte für #8 2 und #9 2 kann die unterschiedliche Platzierung eher darauf zurückzuführen sein, dass sich Frage 9 mit einer geringeren Anzahl an Vorteilen befasst und so die vordere Platzierung von #9 2 „mangels Alternativen“ begründet sein könnte.

[725] Hierbei weist #9 2 einen Abstand von 10,8% zu Platz 1 auf. Dieser Abstand verringert sich auf nur noch ca. 1,5% bei Bestimmung der Rangfolge gemäß der Kategorie ‚sehr wichtig'. In diesem Fall rückt die Anrechnung (#9 2) auf Platz 2 bei ungefähr gleichen Werten von 41,9% für #9 2 und 40,6% für #8 2 vor.

Auffällig ist ferner, dass mit #9 4 die endfällige Tilgung nur im Mittelfeld rangiert. Hier hätte gegebenenfalls eine höhere Relevanz vor dem Hintergrund erwartet werden können, dass bei einer endfälligen Tilgung das aufgenommene Kapital vollständig bis zum Ende der Laufzeit zur Verfügung steht. Diesem Vorteil einer endfälligen Tilgung kann aber der Umstand entgegenstehen, dass keine laufende Tilgung erfolgt und somit das Kapital vollständig am Ende der Laufzeit zurückgezahlt werden muss. Dies stellt eine hohe finanzielle Belastung darstellt, was den Unternehmen durchaus bewusst zu sein scheint.[726] Ebenso die übersichtliche und transparente Kostenstruktur (#9 9) sowie der standardisierte Auswahlprozess (#9 3) sind den Unternehmen nicht besonders wichtig, wobei für #9 9 auf Basis einer verhältnismäßig hohen Varianz gemäß Anhang VI-129 keine Einigkeit besteht. Als weitere, von einzelnen Unternehmen genannte Vorteile von Standard-Mezzanine-Kapital werden neben einfachen Vertragsstrukturen auch die Transaktionskosten sowie ein einfacher (Prüfungs-)Prozess ohne Due Diligence[727] angeführt.

Rang	Bedeutung 'sehr wichtig' & 'wichtig'		∑ Anteil
1	#9 5	Langfristige Finanzierung	94,49%
2	#9 1	Günstigere Finanzierungskonditionen als bei individuellem Mezzanine-Kapital	86,29%
3	#9 2	Anrechnung als wirtschaftliches Eigenkapital	83,72%
4	#9 9	Übersichtliche und transparente Kostenstruktur für die Unternehmen	57,03%
5	#9 3	Standardisierter und nachvollziehbarer Auswahlprozess	56,10%
6	#9 4	Endfällige Tilgung	49,22%
7	#9 6	Indirekter Kapitalmarktzugang erhöht Bekanntheitsgrad des Unternehmens	15,08%
8	#9 7	Indirekter Kapitalmarktzugang eröffnet neue Investorenkreise	12,80%
9	#9 8	Transaktion dient der Vorbereitung weiterer Kapitalmarkttransaktionen	8,80%

Quelle: Eigene Darstellung.

Abbildung 5-22: Rangfolge der Vorteile von Standard-Mezzanine-Kapital -Frage 9-

Bei Aufschlüsselung der Beurteilung der Vorteile von Standard-Mezzanine-Kapital für die großen und kleinen Unternehmen in Anhang VI-140 ist für die Rangfolge anhand von Abbildung 5-23 zu erkennen, dass die ersten drei Plätze für beide Gruppen identisch sind. Dagegen scheint eine transparente Kostenstruktur (#9 9) bei ungefähr gleich hoher Varianz laut Anhang VI-129 mit einem Wert von 62% und Platz 4 für die kleinen Unternehmen wichtiger zu sein als für die großen mit einem Wert von 49% und Platz 6. Auch wenn die

[726] Eine diesbezügliche Uneinigkeit der Unternehmen wird durch die im Rahmen von Frage 9 verhältnismäßig höchste Varianz gemäß Anhang VI-129 bestätigt.

[727] Siehe Fn. 187.

endfällige Tilgung (#9 4) mit Platz 5 für die großen und Platz 6 für die kleinen Unternehmen fast identisch ist, weichen die Werte mit 57,1% für die großen und 44,3% für die kleinen Unternehmen stärker voneinander ab. Eine Ursache kann darin gesehen werden, dass insbesondere große Unternehmen laut des ifo Konjunkturtests seit Mitte 2008 über eine restriktivere Kreditvergabe der Banken klagen. Durch die endfällige Tilgung könnte somit das Thema ‚Rückzahlung' in Zeiten restriktiverer Kreditvergabe vor allem bei großen Unternehmen auf das Ende der Laufzeit mit der Hoffnung auf ein dann besseres Umfeld verschoben bzw. hinausgezögert werden.[728] Hinzukommt, dass den großen Unternehmen gegebenenfalls noch wichtiger ist, das gesamte Kapital während der Laufzeit für die laut Frage 7 häufiger genutzte Wachstumsfinanzierung verwenden zu können.[729]

Wird die Rangfolge der Vorteile anhand von Anhang VI-140 wiederum nur gemäß der Kategorie ‚sehr wichtig' aufgeschlüsselt, liegt die Anrechnung als wirtschaftliches Eigenkapital (#9 2) für die kleinen Unternehmen sogar auf dem ersten Platz, während sie sich bei den großen Unternehmen auf Platz 2 mit einem Abstand von ca. 7% zu Platz 1 befindet.[730] Gemäß dieser Rangfolge scheint Mezzanine-Kapital in Bezug auf die Anrechnung als wirtschaftliches Eigenkapital eine hohe Priorität insbesondere für die kleinen Unternehmen aufzuweisen. Beim Vergleich der Werte von #9 2 mit den Werten von #8 2 ist aber wie zuvor festzustellen, dass die Werte und damit die Priorität fast identisch sind.[731] Demnach scheint die Platzierung auch hier aufgrund „mangelnder Alternativen" zustande zu kommen. Alles in allem ist festzuhalten, dass Uneinigkeit der Unternehmen in Bezug auf die Priorität der Anrechnung als wirtschaftliches Eigenkapital vorzuliegen scheint.

---

[728] Siehe Anhang VI-112 zur Einschätzung der Kredithürde im verarbeitenden Gewerbe nach Größenklassen. Für weitere Informationen zur Entwicklung des Kreditzugangs siehe u. a. KfW Bankengruppe (2009b), S. 1-8.

[729] Dennoch herrscht bei beiden Unternehmensgruppen Uneinigkeit über die Bedeutung dieses Punktes, was anhand der für beide Gruppen verhältnismäßig hohen Varianz gemäß Anhang VI-129 deutlich wird.

[730] Anzumerken ist, dass die Plätze 2 und 3 in einer Bandbreite von unter 3% liegen und somit diese Punkte auch als fast gleichrangig angesehen werden könnten.

[731] So sind Werte von 39,7% für Umsatzgruppe 1 und 45,1% für Umsatzgruppe 2 bei #9 2 im Vergleich zu 39,0% für Umsatzgruppe 1 und 43,1% für Umsatzgruppe 2 bei #8 2 zu erkennen,

Umsatzgruppe 1			
Rang	**Bedeutung 'sehr wichtig' & 'wichtig'**		**∑ Anteil**
1	#9 5	Langfristige Finanzierung	92,21%
2	#9 1	Günstigere Finanzierungskonditionen als bei individuellem Mezzanine-Kapital	86,67%
3	#9 2	Anrechnung als wirtschaftliches Eigenkapital	83,33%
4	#9 9	Übersichtliche und transparente Kostenstruktur für die Unternehmen	62,03%
5	#9 3	Standardisierter und nachvollziehbarer Auswahlprozess	53,95%
6	#9 4	Endfällige Tilgung	44,30%
7	#9 6	Indirekter Kapitalmarktzugang erhöht Bekanntheitsgrad des Unternehmens	17,95%
8	#9 7	Indirekter Kapitalmarktzugang eröffnet neue Investorenkreise	15,38%
9	#9 8	Transaktion dient der Vorbereitung weiterer Kapitalmarkttransaktionen	7,59%

Umsatzgruppe 2			
Rang	**Bedeutung 'sehr wichtig' & 'wichtig'**		**∑ Anteil**
1	#9 5	Langfristige Finanzierung	98,00%
2	#9 1	Günstigere Finanzierungskonditionen als bei individuellem Mezzanine-Kapital	85,71%
3	#9 2	Anrechnung als wirtschaftliches Eigenkapital	84,31%
4	#9 3	Standardisierter und nachvollziehbarer Auswahlprozess	59,57%
5	#9 4	Endfällige Tilgung	57,14%
6	#9 9	Übersichtliche und transparente Kostenstruktur für die Unternehmen	48,98%
7	#9 8	Transaktion dient der Vorbereitung weiterer Kapitalmarkttransaktionen	10,87%
8	#9 6	Indirekter Kapitalmarktzugang erhöht Bekanntheitsgrad des Unternehmens	10,42%
9	#9 7	Indirekter Kapitalmarktzugang eröffnet neue Investorenkreise	8,51%

Quelle: Eigene Darstellung.

Abbildung 5-23: Rangfolge der Vorteile von Standard-Mezzanine-Kapital für Umsatzgruppe 1 und 2 -Frage 9-

Bei Analyse der Beurteilung der Nachteile, die im Allgemeinen mit Mezzanine-Kapital in Verbindung gebracht werden, ist im Rahmen von Frage 10 gemäß Abbildung 5-24 die sehr geringe Nachteiligkeit der Anforderungen an die Transparenz (#10 3) sowie insbesondere an das Wachstum (#10 2) bei jeweils geringer Varianz laut Anhang VI-129 auffällig. Die geringe Nachteiligkeit der Transparenzanforderungen überrascht auf der einen Seite, wird doch häufig von dem „Unwillen“ (insbesondere kleinerer) Mittelständler hin zu einer größeren Transparenz gesprochen.[732] Hierbei gilt es aber zu beachten, dass zum einen keine kleinen Unternehmen gemäß Definition des IfM Bonn aus Anhang VI-2 Standard-Mezzanine-Kapital aufgenommen haben und zum anderen bei größeren Unternehmen im Allgemeinen eine zunehmende Bereitschaft hin zu einer erhöhten Transparenz zu erkennen ist. Ferner sind im Vorfeld der Aufnahme des Standard-Mezzanine-Kapitals im Rahmen der mezzaninen Verträgen eindeutig die Berichts- bzw. Transparenzpflichten der Unternehmen geklärt gewesen. Somit haben die Unternehmen diese Anforderungen (bewusst) in Kauf genommen. Da fast 60% der Unternehmen laut Frage 7 das Kapital zur Finanzierung von (intern und extern generiertem) Wachstum genutzt haben, ist es nicht sonderlich überraschend, dass die Anforderung an das Wachstum (#10 2) als kaum nachteilig angesehen werden. Im Hinblick darauf, dass Wachstum ein essentielles Kriterium sowohl für die Vergabe als auch insbesondere für die Rückzahlung der unbesicherten mezzaninen Mittel zu

[732] Siehe hierzu Fn. 45.

sein scheint, ist diese sehr geringe Nachteiligkeit Wachstumsanforderungen aber zumindest anzumerken. Ferner scheint der aufwendigere Auswahlprozess (#10 5) für die Unternehmen nicht sonderlich nachteilig zu sein.

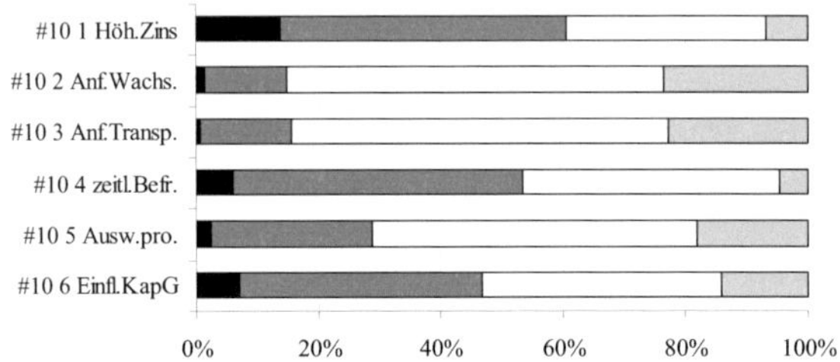

Angaben in %	#10 1	#10 2	#10 3	#10 4	#10 5	#10 6
■ sehr nachteilig	13,95	1,57	0,79	6,11	2,38	7,14
■ nachteilig	46,51	13,39	14,96	47,33	26,19	39,68
□ weniger nachteilig	32,56	61,42	61,42	41,98	53,17	38,89
□ nicht nachteilig	6,98	23,62	22,83	4,58	18,25	14,29

Quelle: Eigene Darstellung.

Abbildung 5-24: Beurteilung der Nachteile von Mezzanine-Kapital -Frage 10-

Der wichtigste Nachteil von Mezzanine-Kapital sind gemäß Abbildung 5-25 die höheren Finanzierungskosten als beim klassischen Fremdkapital (#10 1).[733] Dass die höheren Finanzierungskosten diesen hohen Stellenwert aufweisen, ist auf der einen Seite nicht verwunderlich. Vor dem Hintergrund dieses Stellenwertes ist auf der anderen Seite aber der (nur mittelmäßige) Stellenwert der Abzugsfähigkeit der Finanzierungskosten aus Frage 8 überraschend, senkt doch diese Abzugsfähigkeit die Finanzierungskosten insgesamt.[734] Auch die Platzierungen der Eigenkapitalähnlichkeit (#8 2 und #9 2) sind in diesem Zusammenhang umso bemerkenswerter, da sich die Unternehmen mit dem höheren Zins quasi wirtschaftliches Eigenkapital „auf Zeit erkaufen“. Dagegen ist die hohe Nachteiligkeit der zeitlichen Befristung (#10 4) im Hinblick darauf, dass die Langfristigkeit als wichtigster Vorteil genannt wurde, nicht überraschend. Neben diesen beiden Punkten ist auch die Einflussnahme durch den Kapitalgeber in der Unternehmenskrise (#10 6) einer der drei Punkte, die angabegemäß am Nachteiligsten für die Unternehmen sind. Zusätzlich wurden von einzelnen Unternehmen als Nachteil von Mezzanine-Kapital angegeben, dass es kei-

[733] Hierbei wartet dieser Punkt mit einer verhältnismäßig hohen Varianz gemäß Anhang VI-129 auf.

[734] Hierbei gilt es aber wiederum die im Rahmen der Unternehmensteuerreform 2008 eingeführte Zinsschranke und die damit einhergehende Begrenzung der vollständigen Abzugsfähigkeit der Finanzierungskosten zu berücksichtigen.

nen Ansprechpartner in einer Krisensituation gibt bzw. in einer Krisensituation ein standardisiertes Vorgehen der Mezzanine-Kapitalgeber angewandt wird. Ebenso wird die nicht vorhandene oder nur eingeschränkte Anrechnung des Mezzanine-Kapitals als wirtschaftliches Eigenkapital bemängelt.

Rang	Bedeutung 'sehr nachteilig' & 'nachteilig'		∑ Anteil
1	#10 1	Höhere Finanzierungskosten als bei klassischem Fremdkapital	60,47%
2	#10 4	Zeitliche Befristung des Mezzanine-Kapitals	53,44%
3	#10 6	Einflussnahme durch Mezzanine-Kapital-Geber in einer Unternehmenskrise möglich	46,83%
4	#10 5	Ggf. aufwendigerer Auswahlprozess als bei klassischem Fremdkapital	28,57%
5	#10 3	Hohe Anforderugen an die Transparenz / Offenlegung von Daten vor und während der Laufzeit des Vertrags	15,75%
6	#10 2	Hohe Anforderungen an Wachstum	14,96%

Quelle: Eigene Darstellung.

Abbildung 5-25: Rangfolge der Nachteile von Mezzanine-Kapital -Frage 10-

Bei separater Analyse der Beurteilung der Nachteile aus Sicht der beiden Umsatzgruppen kann das in Anhang VI-141 dargestellte Bild aufgezeigt werden. Bei Bestimmung der Rangfolge der Nachteile ist gemäß Abbildung 5-26 festzustellen, dass für beide Gruppen zwar die höheren Finanzierungskosten als wichtigster Nachteil gelten, dies aber bei den großen Unternehmen auf Basis einer geringeren Varianz laut Anhang VI-129 einheitlicher gesehen wird als bei den kleinen Unternehmen, bei denen die größte Varianz im Rahmen von Frage 10 auffällt. Während die Plätze zwei und drei bei den großen im Vergleich zu den kleinen Unternehmen vertauscht sind, ist zu erkennen, dass insbesondere die Einflussnahme durch die Mezzanine-Kapitalgeber (#10 6) für die großen Unternehmen mit einem Wert von 56,3% nachteiliger ist als für die kleinen Unternehmen mit 41%. Dieser Wert überrascht, wird doch im Allgemeinen den großen Unternehmen ein höherer Grad an Offenheit bspw. gegenüber neuen, alternativen Kapitalgebern, denen ebenso gegebenenfalls Einflussrechte zugesprochen werden müssten, unterstellt.[735] In Bezug auf die restlichen Nachteile sind keine deutlichen Unterschiede zwischen den beiden Gruppen festzustellen.

[735] Siehe Fn. 30 und Fn. 45.

Umsatzgruppe 1			
Rang	Bedeutung 'sehr nachteilig' & 'nachteilig'		∑ Anteil
1	#10 1	Höhere Finanzierungskosten als bei klassischem Fremdkapital	60,76%
2	#10 4	Zeitliche Befristung des Mezzanine-Kapitals	55,00%
3	#10 6	Einflussnahme durch Mezzanine-Kapital-Geber in einer Unternehmenskrise möglich	41,03%
4	#10 5	Ggf. aufwendigerer Auswahlprozess als bei klassischem Fremdkapital	28,21%
5	#10 3	Hohe Anforderugen an die Transparenz / Offenlegung von Daten vor und während der Laufzeit des Vertrags	16,46%
6	#10 2	Hohe Anforderungen an Wachstum	14,29%

Umsatzgruppe 2			
Rang	Bedeutung 'sehr nachteilig' & 'nachteilig'		∑ Anteil
1	#10 1	Höhere Finanzierungskosten als bei klassischem Fremdkapital	60,00%
2	#10 6	Einflussnahme durch Mezzanine-Kapital-Geber in einer Unternehmenskrise möglich	56,25%
3	#10 4	Zeitliche Befristung des Mezzanine-Kapitals	50,98%
4	#10 5	Ggf. aufwendigerer Auswahlprozess als bei klassischem Fremdkapital	29,17%
5	#10 2	Hohe Anforderungen an Wachstum	16,00%
6	#10 3	Hohe Anforderugen an die Transparenz / Offenlegung von Daten vor und während der Laufzeit des Vertrags	14,58%

Quelle: Eigene Darstellung.

Abbildung 5-26: Rangfolge der Nachteile von Mezzanine-Kapital für Umsatzgruppe 1 und 2 -Frage 10-

5.4.2.4. Finanzierungsalternativen vor Aufnahme

Bei Analyse der Art und Anzahl der Alternativen zur Aufnahme von Standard-Mezzanine-Kapital im Rahmen von Frage 11 ist für die Anzahl der Alternativen gemäß Abbildung 5-27 zu erkennen, dass nur 6,2% der Unternehmen keine Alternative gehabt haben.[736] 70% der Unternehmen hatten dagegen zwei oder mehr Alternativen. Dieses Ergebnis zeigt auf, dass laut Unternehmensangabe Standard-Mezzanine-Kapital nicht die einzige Finanzierungsmöglichkeit, aber aus deren Sicht offenbar die beste war.[737]

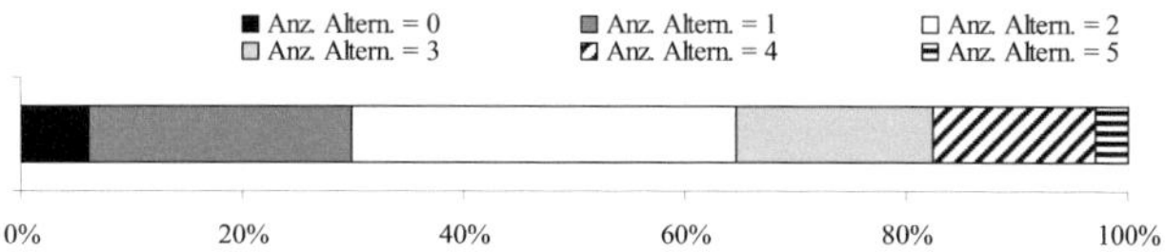

	Anz. Altern. = 0	Anz. Altern. = 1	Anz. Altern. = 2	Anz. Altern. = 3	Anz. Altern. = 4	Anz. Altern. = 5
Anz. Fin.Altern.	6,15%	23,85%	34,62%	17,69%	14,62%	3,08%

Quelle: Eigene Darstellung.

Abbildung 5-27: Anzahl an Finanzierungsalternativen –Frage 11–

Die umsatzmäßig kleineren Unternehmen weisen laut Abbildung 5-28 hierbei häufiger keine Alternative aber auch häufiger mehr als drei Alternativen auf. Insgesamt ist bei bei-

[736] Da die Unternehmen mehrere Finanzierungsalternativen angeben können, sind Mehrfachnennungen möglich sind, so dass insgesamt 294 Finanzierungsquellen genannt werden.

[737] Es bleibt aber anzumerken, dass einerseits zwar in der Fragestellung eindeutig nach den Finanzierungsalternativen, die bestanden, gefragt wurde und nicht nach den Alternativen, die theoretisch denkbar bzw. eventuell angedacht waren. Dennoch kann die Frage im Einzelfall auch als Frage nach den denkbaren Al-

den Umsatzgruppen festzustellen, dass ca. 70% der Unternehmen zwei oder mehr Alternativen zur Finanzierung über Standard-Mezzanine-Kapital hatten. Bei Analyse der durchschnittlichen Anzahl der Finanzierungsalternativen weist Umsatzgruppe 1 mit 2,30 Alternativen einen höheren Wert auf als Umsatzgruppe 2 mit 2,20 Alternativen. Auch wenn diese Werte dicht beieinander liegen und somit Zufall sein können, ist dieses Ergebnis sowie die Aussage, dass Unternehmen der Umsatzgruppe 1 im Vergleich zu den größeren Unternehmen häufiger mehr als drei Finanzierungsalternativen hatten, insbesondere im Vergleich zur allgemeinen Aussage hervorzuheben, dass die Anzahl an Finanzierungsalternativen mit der Unternehmensgröße zunimmt.[738]

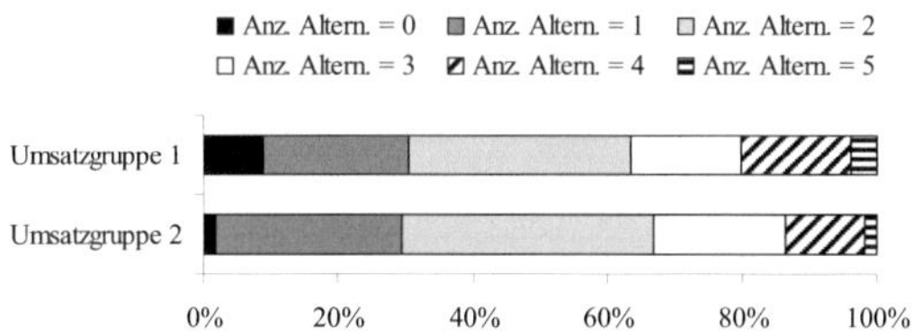

	Umsatzgruppe 1	Umsatzgruppe 2
■ Anz. Altern. = 0	8,86%	1,96%
▩ Anz. Altern. = 1	21,52%	27,45%
□ Anz. Altern. = 2	32,91%	37,25%
□ Anz. Altern. = 3	16,46%	19,61%
◪ Anz. Altern. = 4	16,46%	11,76%
⊟ Anz. Altern. = 5	3,80%	1,96%

Quelle: Eigene Darstellung.

Abbildung 5-28: Anzahl an Finanzierungsalternativen für Umsatzgruppe 1 und 2 –Frage 11–

Bei Analyse der Art der Alternativen zur Finanzierung über Standard-Mezzanine-Kapital kann Abbildung 5-29 entnommen werden, dass der klassischen Fremdkapitalfinanzierung über die Hausbank mit 31,6% eine bedeutende Rolle zuteil wurde. Aber auch andere mezzanine Finanzierungen (14,3%), Leasing/ Factoring (13,3%) sowie die Eigenkapitalerhöhung durch Alt- oder Neugesellschafter (8,2% bzw. 11,6%) werden als häufige Finanzierungsalternative genannt. Vor allem die Eigenkapitaleinbringung durch Alt- oder sogar durch Neugesellschafter mit einem Wert von zusammen annähernd 20% ist vor dem Hin-

ternativen verstanden worden sein. Auch wurde hier nicht danach gefragt, wie konkret diese Alternativen waren.

738 Siehe hierzu auch die Ausführungen zur Fn. 30. Neben dem Sachverhalt, dass in der gesamten Befragung eher größere Mittelständler auf Basis der Mittelstandsdefinition gemäß IfM Bonn aus Anhang VI-2 Gegenstand der Untersuchung sind, sollte vor dem Hintergrund des Wertes der Differenz von 0,1 diese Feststellung aber nicht überbewertet werden.

tergrund der Pecking-Order-Theorie[739] unerwartet. Insgesamt stellen diese als innovative Finanzierungsformen titulierten Alternativen[740] ‚Aufnahme neuer Gesellschafter' (bspw. über Private Equity), ‚andere Mezzanine-Finanzierungen' (wie stille Beteiligungen oder Wandel- und Optionsanleihen) und Leasing/ Factoring zusammen knapp 40% der Finanzierungsalternativen. Demnach übertreffen sie somit sogar die klassische Fremdkapitalfinanzierung über die Hausbank. Dies lässt den Schluss zu, dass die MFU grundsätzlich auch anderen innovativen Finanzierungsformen offen gegenüberzustehen.[741]

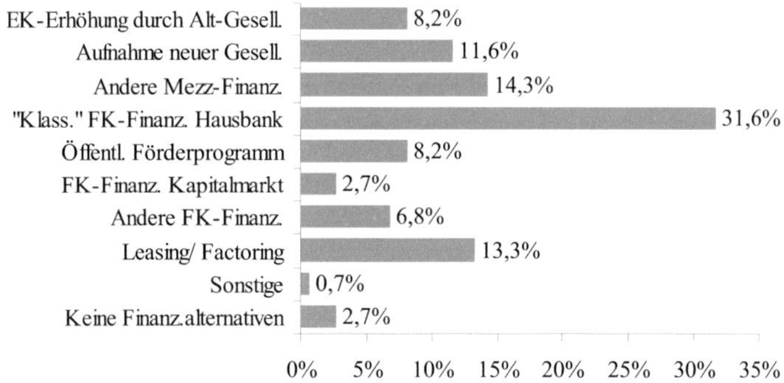

Quelle: Eigene Darstellung; Mehrfachnennungen möglich.

Abbildung 5-29: Finanzierungsalternativen –Frage 11–

Bei Aufschlüsselung der Finanzierungsalternativen für die beiden Umsatzgruppen können gemäß Abbildung 5-30 die zuvor dargestellten Ergebnisse für beide Gruppen bestätigt werden. Hervorzuheben ist jedoch, dass die klassische Fremdkapitalfinanzierung über die Hausbank für die größeren Unternehmen noch bedeutender ist, wohingegen die innovativen Finanzierungsformen ‚Aufnahme neuer Gesellschafter', ‚andere Mezzanine-Finanzierungen' und ‚Leasing/ Factoring' mit zusammen 41,2% bei den kleineren Unternehmen um 5,5% häufiger genannt wurden als bei den größeren Unternehmen mit 35,7%.[742] Zu erwarten gewesen wäre, dass nach allgemeiner Auffassung größere Unter-

---

[739] Siehe hierzu die Ausführungen zur Fn. 40.

[740] Siehe hierzu Anhang VI-10.

[741] Zusätzlich zu Fn. 738 können diese Angaben aber wiederum auf die derzeitige, von den Unternehmen empfundene restriktivere Kreditvergabe der Banken zurückzuführen bzw. hiervon beeinflusst sein.

[742] Dieses Ergebnis scheint demnach der Pecking-Order-Theorie, nach der die Finanzierungsentscheidungen kleiner und mittlerer Unternehmen vornehmlich aus dem Streben nach der Vermeidung sowohl von Informations- und Transparenzverpflichtungen als auch von Mitwirkungs- und Kontrollrechten Dritter bestehen, entgegenzustehen. Vgl. Ahrweiler, S. et al. (2007), S. 309-310. Hier sei aber nochmals darauf

nehmen relativ gesehen häufiger alternative bzw. innovative Finanzierungsformen wählen als kleinere Unternehmen.[743]

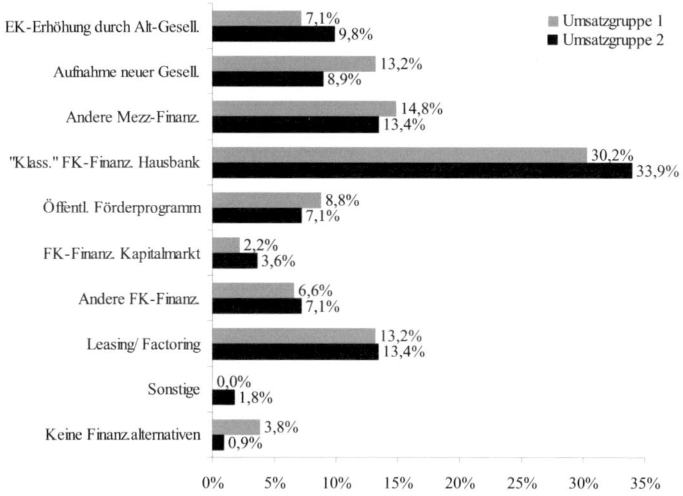

Quelle: Eigene Darstellung; Mehrfachnennungen möglich.

Abbildung 5-30: Finanzierungsalternativen für Umsatzgruppe 1 und 2 –Frage 11–

5.4.2.5. Einschätzung der Entwicklung seit Aufnahme vor dem Hintergrund der Finanzmarktkrise

Alle Fragen dieses Abschnitts beziehen sich sowohl auf die Zeit vor (‚VOR der Krise' bzw. VdK) als auch seit Ausbruch der Finanzmarktkrise (‚SEIT der Krise' bzw. SdK) im Sommer 2007.[744] In Abbildung 5-31 ist das Antwortverhalten der Unternehmen für Frage 12 aufgezeigt, welche Bedeutung die Aufnahme von Mezzanine-Kapital für das Wachs-

hingewiesen, dass ohnehin eher größere Mittelständler auf Basis der Definition von Mittelstand Gegenstand der Untersuchung sind, so dass dieses Ergebnis unter Vorbehalt zu betrachten ist.

[743] Siehe hierzu auch die Ausführungen zur Fn. 30.

[744] Hierbei gilt es zu beachten, dass von den Unternehmen erwartet wird, dass sie ihre Antworten ausschließlich vor dem Hintergrund der Aufnahme des Mezzanine-Kapitals sehen sollen. Es kann für die Unternehmen aber schwierig sein, Veränderungen ausschließlich auf die Aufnahme des Mezzanine-Kapitals zurückzuführen und nicht andere Einflüsse wie eine generell schlechtere Unternehmensentwicklung in das Antwortverhalten miteinfließen zu lassen. Neben Missmanagement und einer falschen Produktpalette gilt es in diesem Zusammenhang insbesondere die Markt- bzw. Konjunkturentwicklung in der größten Finanz- und Wirtschaftskrise seit 80 Jahren zu beachten. Gleichermaßen kann die Bedeutung bei bzw. kurz nach Aufnahme des Mezzanine-Kapitals höher sein und im Zeitablauf subjektiv an Bedeutung verlieren, da sich das Unternehmen vor und direkt nach der Aufnahme sehr intensiv mit der Thematik Mezzanine-Kapital befasst hat. Im Laufe der Zeit wendet sich das Unternehmen aber wieder mehr dem All-

tum des Unternehmens insgesamt hat. Sollten die Unternehmen überwiegend mit ‚unwichtig' antworten, würde dies darauf hindeuten, dass die Unternehmen zwar ein möglicherweise festzustellendes, objektiv höheres Wachstum erreicht hätten, dieses Wachstum von den Unternehmen jedoch nicht oder kaum auf die Aufnahme von Mezzanine-Kapital zurückzuführen wäre. Nach Auskunft der Unternehmen wird das Mezzanine-Kapital aber vor der Krise von ca. 84,5% der Unternehmen als ‚sehr wichtig' oder ‚wichtig' für das Wachstum des Unternehmens bezeichnet. Dies lässt den Schluss einer hohen Bedeutung von Mezzanine-Kapital für das Wachstum des Unternehmens zu. Auch wenn die Bedeutung seit Ausbruch der Krise mit einem Wert von 75,2% um 9,3% gesunken ist, wird auch in einer Krise dem Mezzanine-Kapital nach wie vor eine hohe Bedeutung zuteil. Hervorzuheben ist, dass für 27,1% der Unternehmen das Kapital seit der Krise ‚sehr wichtig' im Vergleich zu 22,5% vor der Krise ist. Die hohe Bedeutung von Mezzanine-Kapital aus Unternehmenssicht wird nochmals dadurch betont, dass nur 0,8% (VdK) bzw. 3,1% (SdK) der Unternehmen dem Mezzanine-Kapital in Bezug auf das Wachstum überhaupt keine Bedeutung beimessen.[745]

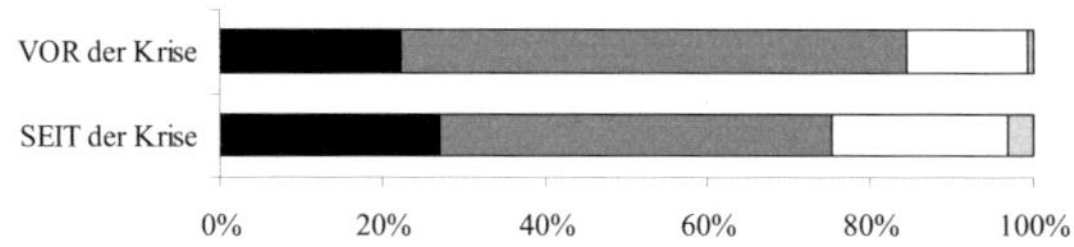

	VOR der Krise	SEIT der Krise
■ sehr wichtig	22,48%	27,13%
▩ wichtig	62,02%	48,06%
□ weniger wichtig	14,73%	21,71%
▫ unwichtig	0,78%	3,10%

Quelle: Eigene Darstellung.

Abbildung 5-31: Bedeutung von Mezzanine-Kapital für das Wachstum des Unternehmens –Frage 12–

Wird das in Abbildung 5-32 dargestellte Antwortverhalten für die großen und kleinen Unternehmen getrennt analysiert, kann folgendes, uneinheitliches Bild aufgezeigt werden. Insbesondere vor der Krise ist das Mezzanine-Kapital für die kleinen Unternehmen noch wichtiger als für die großen. Während für Umsatzgruppe 1 die Bedeutung von Mezzanine-Kapital bei aufsummierten Werten für ‚sehr wichtig' und ‚wichtig' von 87% (VdK) auf

tagsgeschäft zu, so dass das Mezzanine-Kapital in den Hintergrund tritt. Dies gilt es bei der Betrachtung der Ergebnisse dieses Abschnitts zu berücksichtigen.

[745] Insgesamt ist eine größere Uneinigkeit der Unternehmen bei der Beurteilung dieser Frage seit Ausbruch der Krise in Form einer deutlich erhöhten Varianz gemäß Anhang VI-129 im Vergleich zu der Beurteilung vor der Krise festzustellen.

73% (SdK) einen Rückgang erfährt, bleibt bei den größeren Unternehmen die Bedeutung mit Werten von 80,4% (VdK) und 78,4% (SdK) fast konstant. Hierbei ist für die größeren Unternehmen zu erkennen, dass ein Rückgang der Bedeutung ‚wichtig' mit einem Anstieg der Bedeutung ‚sehr wichtig' einhergeht. Bei den kleineren Unternehmen ist dagegen der Rückgang von 87,2% (VdK) auf 73,1% (SdK) ausschließlich auf einen Rückgang innerhalb der Kategorie ‚wichtig' zurückzuführen. Ferner ist festzustellen, dass sich für die kleineren Unternehmen der Anteil ‚weniger wichtig' von 12,8% auf 25,6% verdoppelt, wohingegen sich dieser Anteil bei den größeren Unternehmen von 17,7% (VdK) auf 15,7% (SdK) verringert. Im gleichen Zug hat sich der Anteil ‚unwichtig' für diese Unternehmen von 2% auf 5,9% verdreifacht.

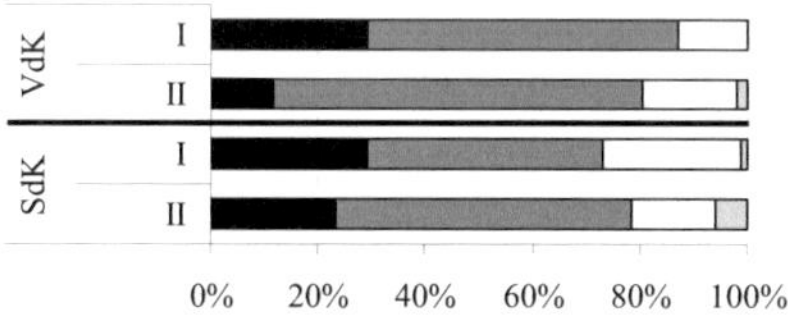

	VdK		SdK	
	I	II	I	II
■ sehr wichtig	29,49%	11,76%	29,49%	23,53%
▩ wichtig	57,69%	68,63%	43,59%	54,90%
□ weniger wichtig	12,82%	17,65%	25,64%	15,69%
▫ unwichtig	0,00%	1,96%	1,28%	5,88%

Quelle: Eigene Darstellung.

Abbildung 5-32: Bedeutung von Mezzanine-Kapital für das Wachstum des Unternehmens für Umsatzgruppe 1 und 2 –Frage 12–

Im Rahmen der Frage 13 nach der Einschätzung der Entwicklung ohne Mezzanine-Kapital kann Abbildung 5-33 entnommen werden, dass mit 54,3% (VdK) ca. die Hälfte der Unternehmen angeben, dass sie sich ohne die Aufnahme von Mezzanine-Kapital schlechter entwickelt hätten. Bei Betrachtung der SdK-Werte steigt dieser Wert auf 58,3%, so dass Mezzanine-Kapital gleichfalls bzw. insbesondere in Krisenzeiten für eine bessere Entwicklung mitverantwortlich gemacht wird. Auch wenn diese Werte für sich betrachtet nicht hoch sind, wird die Bedeutung von Mezzanine-Kapital für die Entwicklung des Unternehmens aber dadurch hervorgehoben, dass sowohl vor als auch seit der Krise nur 1,6% der Unternehmen angeben, dass sich das Unternehmen ohne die Aufnahme besser entwickelt hätte.

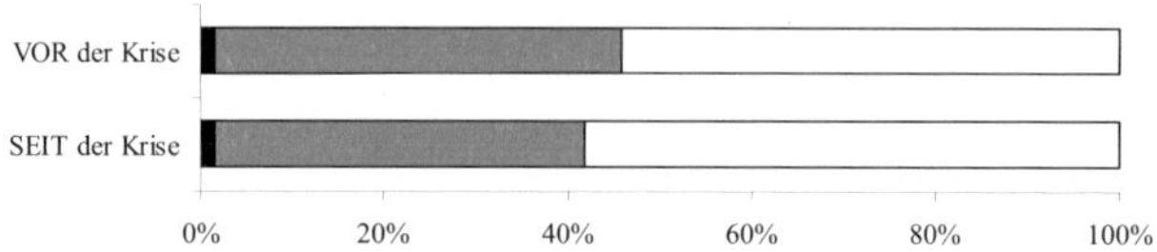

	VOR der Krise	SEIT der Krise
■ besser	1,55%	1,57%
▩ gleich	44,19%	40,16%
□ schlechter	54,26%	58,27%

Quelle: Eigene Darstellung.

Abbildung 5-33: Entwicklung des Unternehmens ohne Mezzanine-Kapital –Frage 13–

Bei Analyse der Einschätzung durch große und kleine Unternehmen können gemäß Abbildung 5-34 auf der einen Seite die zuvor aufgezeigten Entwicklungen bestätigt werden. So steigt der Anteil der Unternehmen, die angeben, dass sich das Unternehmen ohne die Aufnahme schlechter entwickelt hätte, für beide Gruppen um jeweils ca. 4% für die SdK-Werte im Vergleich zu den VdK-Werten an. Es ist aber auf der anderen Seite gleichfalls zu erkennen, dass sich nach Meinung der kleinen Unternehmen das Unternehmen mit Werten von 62,3% (VdK) bzw. 66,7% (SdK) ohne die Aufnahme häufiger schlechter entwickelt hätte als nach Meinung der großen Unternehmen, die mit Werten von 42,3% (VdK) bzw. 46,2% (SdK) aufwarten. Somit wird dem Mezzanine-Kapital für die Entwicklung des Unternehmens durch die kleinen Unternehmen eine höhere Bedeutung beigemessen. Selbst wenn die großen Unternehmen gemäß Frage 7 das Kapital häufiger (nur) für die Wachstumsfinanzierung einsetzen, können diese höheren Werte für die kleineren Unternehmen darauf zurückzuführen sein, dass die kleinen Unternehmen durchschnittlich mehr Mezzanine-Kapital aufgenommen haben und das Kapital somit einen insgesamt höheren Stellenwert für diese Unternehmen aufweist.

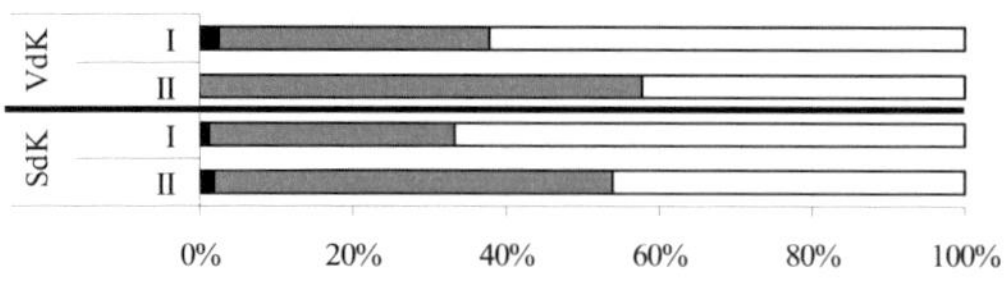

	VdK		SdK	
	I	II	I	II
■ besser	2,60%	0,00%	1,33%	1,92%
▩ gleich	35,06%	57,69%	32,00%	51,92%
□ schlechter	62,34%	42,31%	66,67%	46,15%

Quelle: Eigene Darstellung.

Abbildung 5-34: Entwicklung des Unternehmens ohne Mezzanine-Kapital für Umsatzgruppe 1 und 2 –Frage 13–

In Frage 14 wird die auf das gesamte Unternehmen bezogene allgemeine Aussage der vorstehenden Frage 13 anhand der Kennzahlen Umsatz (#14 1), Höhe der Aufwendungen für F & E (#14 2), Investitionsvolumen (#14 3) sowie der Anzahl der Beschäftigten (#14 4) in Abbildung 5-35 konkretisiert. Über alle Fragen hinweg ist zu erkennen, dass mit Werten von 0% bis 1,6% kein bzw. kaum ein Unternehmen eine Einschätzung dahingehend abgibt, dass die Entwicklung einer Kennzahl ohne Mezzanine-Kapital höher gewesen wäre. Denn mit Werten zwischen 34,3% und 74,0% für die Kategorie ‚niedriger' sehen die Unternehmen zumeist eine geringere Höhe der Kennzahlen ohne die Aufnahme von Mezzanine-Kapital. Da beim Umsatz (#14 1), der Anzahl der Beschäftigten (#14 4) sowie insbesondere beim Investitionsvolumen (#14 3) der Rückgang des Anteils ‚niedriger' mit einem Anstieg des Anteils ‚gleich' bei einem Vergleich der VdK- mit den SdK-Werten einhergeht, nimmt die Bedeutung von Mezzanine-Kapital für diese drei Wachstumsaspekte in Zeiten der Krise ab.[746] Die Aufwendungen für F & E (#14 2) verzeichnen dagegen einen Anstieg des Anteils ‚niedriger', was darauf hindeutet, dass Mezzanine-Kapital in einer Krise für F & E an Bedeutung gewinnt. Alles in allem wird insbesondere das Investitionsvolumen (#14 3) mit Werten von 74% (VdK) bzw. 65,3% (SdK) positiv von einer Aufnahme des Mezzanine-Kapitals beeinflusst, verzeichnet aber auch in Krisenzeiten die stärksten Rückgänge. Diese Bedeutung bestätigt die Angaben aus Frage 7, wonach das Mezzanine-Kapital insbesondere zur Wachstumsfinanzierung verwendet wird. Hierbei gewinnen diese Werte vor dem Hintergrund, dass insbesondere durch Investitionen die für den Kapitaldienst von Mezzanine-Kapital zusätzlichen zukünftigen, positiven Cash Flows generiert werden können, eine besondere Bedeutung. Dagegen profitieren die Ausgaben für F & E (#14 2) verhältnismäßig am wenigsten vom Mezzanine-Kapital, was sich mit den Erkenntnissen zur Abbildung 5-14 aus Frage 7 deckt, wonach das Kapital nur zu 6,5% zur Innovationsfinanzierung eingesetzt wird.

[746] In diesem Zusammenhang sei ausdrücklich auf die Anmerkungen aus Fn. 744 verwiesen.

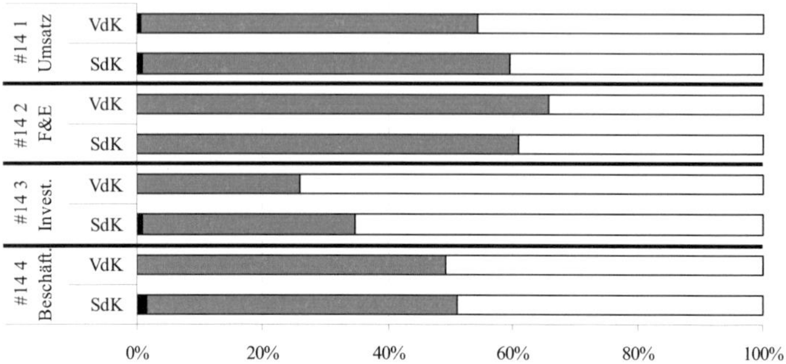

	#14 1 Umsatz		#14 2 F&E		#14 3 Invest.		#14 4 Beschäft.	
	VdK	SdK	VdK	SdK	VdK	SdK	VdK	SdK
■ höher	0,80%	0,83%	0,00%	0,00%	0,00%	0,83%	0,00%	1,63%
▣ gleich	53,60%	58,68%	65,66%	60,82%	26,02%	33,88%	49,21%	49,59%
□ niedriger	45,60%	40,50%	34,34%	39,18%	73,98%	65,29%	50,79%	48,78%

Quelle: Eigene Darstellung.

Abbildung 5-35: Entwicklung von Umsatz, Investitionsvolumen, Ausgaben für F & E und Mitarbeiteranzahl ohne Mezzanine-Kapital –Frage 14–

Bei separater Analyse des Antwortverhaltens der großen und kleinen Unternehmen kann anhand von Abbildung 5-36 für alle anderen Fragen bei beiden Umsatzgruppen das zuvor aufgezeigte Bild zumeist bestätigt werden. Einerseits geht bei Umsatz (#14 1), Investitionsvolumen (#14 3) und Anzahl der Beschäftigten (#14 4) der Rückgang des Anteils ‚niedriger' im Gegenzug für den Anstieg des Anteils ‚gleich' bei einem Vergleich der VdK- mit den SdK-Werten einher. Andererseits verzeichnen die Aufwendungen für F & E (#14 2) einen Anstieg des Anteils ‚niedriger'. Nur bei der Anzahl der Beschäftigten (#14 4) ist wie bei den Aufwendungen für F & E (#14 2) ein geringfügiger Anstieg des Anteils ‚niedriger' für die Umsatzgruppe 1 zu erkennen. Für Umsatzgruppe 2 kann eine im Verhältnis zu den übrigen Fragen sowie im Vergleich zu Umsatzgruppe 1 sehr geringe Varianz gemäß Anhang VI-129 festgestellt werden, was auf eine für diese Unternehmensgruppe einheitliche Beurteilung der Aufwendungen für F & E vor der Krise schließen lässt. Insgesamt ist ebenfalls ersichtlich, dass die Bedeutung von Mezzanine-Kapital für alle vier Bereiche für die kleinen Unternehmen höher ist. Dies bestätigt die bereits in Frage 13 festgestellte höhere Relevanz für die allgemeine Entwicklung des Unternehmens durch die kleineren Unternehmen. Ferner ist auffällig, dass sich beim Vergleich der VdK- und SdK-Werte die Bedeutung von Mezzanine-Kapital über alle vier Bereiche hinweg für die größeren Unternehmen deutlich stärker als für die kleinen Unternehmen verändert. Somit sind die Veränderungen bei Vergleich der VdK- mit den SdK-Werten aus Abbildung 5-35 insbesondere auf die sich verändernde Einschätzung durch die großen Unternehmen zurückzuführen.

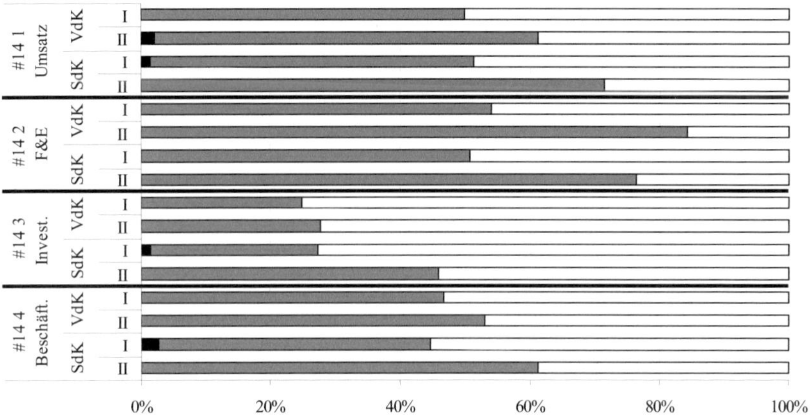

	#14 1 Umsatz				#14 2 F&E				#14 3 Invest.				#14 4 Beschäft.			
	VdK		SdK		VdK		SdK		VdK		SdK		VdK		SdK	
Angaben in %	I	II	I	II	I	II	I	II	I	II	I	II	I	II	I	II
■ höher	0,0	2,0	1,4	0,0	0,0	0,0	0,0	0,0	0,0	0,0	1,4	0,0	0,0	0,0	2,7	0,0
▨ gleich	50,0	59,2	50,0	71,4	54,1	84,2	50,8	76,3	25,0	27,7	26,0	45,8	46,8	53,1	41,9	61,2
□ niedriger	50,0	38,8	48,6	28,6	45,9	15,8	49,2	23,7	75,0	72,3	72,6	54,2	53,2	46,9	55,4	38,8

Quelle: Eigene Darstellung; Rundungsdifferenzen möglich.

Abbildung 5-36: Entwicklung von Umsatz, Investitionsvolumen, Ausgaben für F & E und Mitarbeiteranzahl ohne Mezzanine-Kapital für Umsatzgruppe 1 und 2 –Frage 14–

Gegenstand der Frage 15 ist die Zustimmung zur Aussage, dass die Ausstattung mit (wirtschaftlichem) Eigenkapital die qualitative Ratingeinschätzung verbessern kann.[747] Gemäß Abbildung 5-37 stimmen 28,8% der Unternehmen (VdK) dieser Aussage ‚in vollem Umfang' bzw. 84,8% der Unternehmen ‚in vollem Umfang' oder ‚überwiegend' zu. Bei den SdK-Werten steigt zwar der Anteil der Zustimmung ‚in vollem Umfang' auf 35,8%, dafür sinkt im Gegenzug aber der Anteil ‚überwiegend' um 12,1%. Dies bedingt einen Anstieg

[747] In diesem Zusammenhang wurde im Fragebogen auf den Co-Finanzierungseffekt des Mezzanine-Kapitals hingewiesen, nach dem die Ausstattung eines Unternehmens mit (wirtschaftlichem) Eigenkapital als wichtiges Signal für die Bereitschaft von Investoren gelten kann, zusätzliches – anteilig Verluste tragendes – Kapital zur Verfügung zu stellen. Dies könne neben einer (möglichen) Verbesserung der quantitativen auch eine Verbesserung der qualitativen Ratingeinschätzung bewirken. Siehe Fn. 181.

der Unternehmen, die dieser Aussage ‚überwiegend nicht' bzw. ‚überhaupt nicht' zustimmen von 15,2% auf 20,3%.[748]

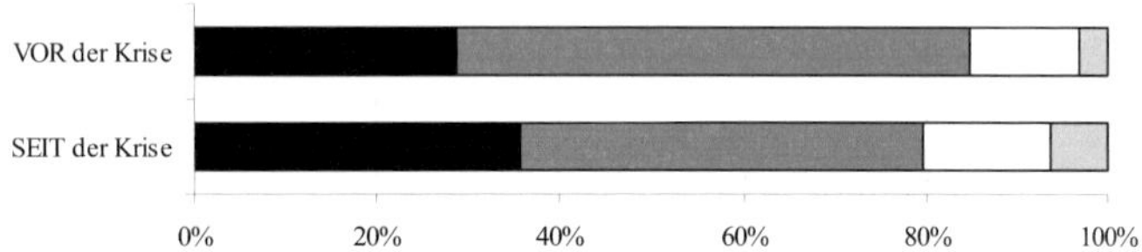

	VOR der Krise	SEIT der Krise
■ in vollem Umfang	28,80%	35,77%
■ überwiegend	56,00%	43,90%
□ überwiegend nicht	12,00%	13,82%
□ überhaupt nicht	3,20%	6,50%

Quelle: Eigene Darstellung.

Abbildung 5-37: Zustimmung zur Aussage ‚Ausstattung mit (wirtschaftlichem) Eigenkapital kann qualitative Ratingeinschätzung verbessern' –Frage 15–

Wird das Antwortverhalten für die beiden Umsatzgruppen aufgeschlüsselt, stimmen laut Abbildung 5-38 vor der Krise 92% der kleinen, aber nur 74% der großen Unternehmen dieser Aussage ‚in vollem Umfang' oder ‚überwiegend' bei ungefähr gleichen Werten von 28% und 29,3% für die Kategorie‚in vollem Umfang' zu. Bei Betrachtung der SdK-Werte ist festzustellen, dass die Zustimmung ‚in vollem Umfang' bei den großen Unternehmen nur um 2,6% gestiegen ist, wohingegen bei den kleinen Unternehmen ein Anstieg von 9,9% in dieser Kategorie zu verzeichnen ist. Dennoch sinkt bei den kleinen Unternehmen die Zustimmung ‚in vollem Umfang' und ‚überwiegend' von 92% (VdK) auf 82,4% (SdK), wohingegen bei den großen Unternehmen dieser Anteil von 74% (VdK) auf 75,5% (SdK) leicht steigt. Insgesamt stimmen insbesondere die kleinen Unternehmen der Aussage zu, dass die Ausstattung des Unternehmens mit (wirtschaftlichem) Eigenkapital die qualitative Ratingeinschätzung verbessern kann.

[748] Hierbei ist eine größere Uneinigkeit der Unternehmen bei Beurteilung dieser Frage in Form einer erhöhten Varianz gemäß Anhang VI-129 der SdK-Werte im Vergleich zu den VdK-Werten festzustellen.

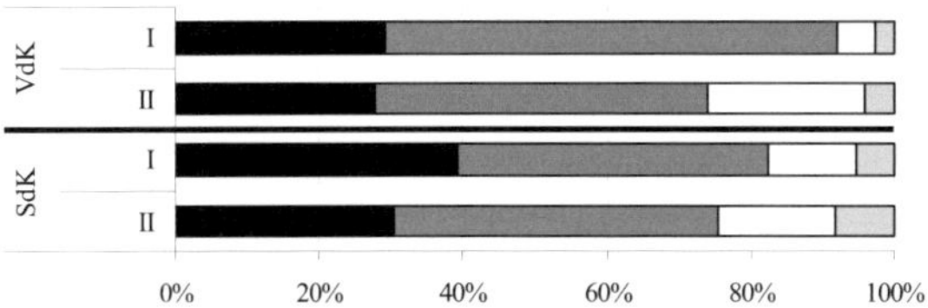

	VdK		SdK	
	I	II	I	II
■ in vollem Umfang	29,33%	28,00%	39,19%	30,61%
▨ überwiegend	62,67%	46,00%	43,24%	44,90%
□ überwiegend nicht	5,33%	22,00%	12,16%	16,33%
▫ überhaupt nicht	2,67%	4,00%	5,41%	8,16%

Quelle: Eigene Darstellung.

Abbildung 5-38: Zustimmung zur Aussage ‚Ausstattung mit (wirtschaftlichem) Eigenkapital kann qualitative Ratingeinschätzung verbessern' für Umsatzgruppe 1 und 2 –Frage 15–

Die Aufnahme von Mezzanine-Kapital ist für die finanzielle Stabilität des Unternehmens im Rahmen Frage 16 vor der Krise gemäß Abbildung 5-39 für 84,5% der Unternehmen ‚sehr wichtig' oder ‚wichtig'. Bei den SdK-Werten bleibt der Wert für diese Kategorien mit 85,3% zwar nahezu konstant, der Anteil der Unternehmen, für die das Mezzanine-Kapital ‚sehr wichtig' ist, verdoppelt sich aber fast von 17,0% auf 32,5%. Nur 15,5% (VdK) bzw. 14,7% (SdK) der Unternehmen geben an, dass das Mezzanine-Kapital ‚weniger wichtig' oder ‚unwichtig' für die finanzielle Stabilität sei. Insbesondere der in Zeiten der Krise stark gestiegene Anteil ‚sehr wichtig' hebt den Beitrag von Mezzanine-Kapital für die finanzielle Stabilität hervor.[749]

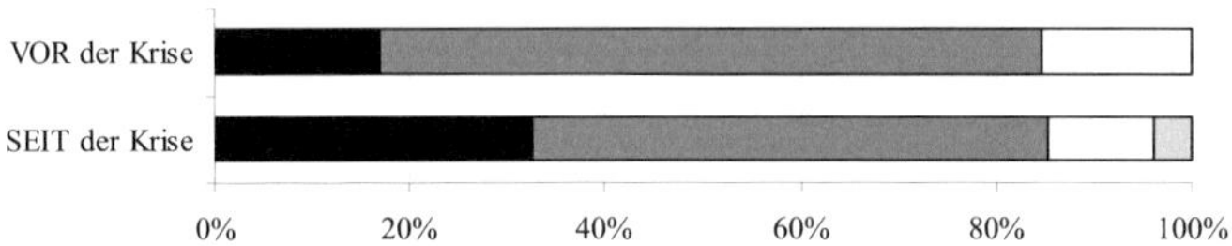

	VOR der Krise	SEIT der Krise
■ sehr wichtig	17,05%	32,56%
▨ wichtig	67,44%	52,71%
□ weniger wichtig	15,50%	10,85%
▫ unwichtig	0,00%	3,88%

Quelle: Eigene Darstellung.

Abbildung 5-39: Antwortverhalten zur Aussage ‚Die Aufnahme von Mezzanine-Kapital ist für die finanzielle Stabilität des Unternehmens …' –Frage 16–

[749] Dennoch ist eine größere Uneinigkeit der Unternehmen seit Ausbruch der Krise im Vergleich zu der Beurteilung vor der Krise in Form einer erhöhten Varianz gemäß Anhang VI-129 zu erkennen.

Gemäß Abbildung 5-40 wird deutlich, dass für 87,2% (VdK) der kleinen Unternehmen das Mezzanine-Kapital ‚sehr wichtig' bzw. ‚wichtig' für die finanzielle Stabilität des Unternehmens ist. Auch für 80,4% der großen Unternehmen ist eine ‚sehr wichtige' oder ‚wichtige' Relevanz festzustellen. Bei den SdK-Werten ist bei beiden Umsatzgruppen ein starker Anstieg des Anteils ‚sehr wichtig' von 18% (VdK) auf 32% (SdK) für die kleinen und von 15,7% (VdK) auf 33,3% (SdK) für die großen Unternehmen zu verzeichnen. Somit steigt der Anteil ‚sehr wichtig' und ‚wichtig' bei den großen Unternehmen von 80,4% (VdK) auf 86,3% (SdK), wohingegen bei den kleinen Unternehmen ein leichter Rückgang von 87,2% (VdK) auf 84,6% (SdK) festzustellen ist. Insbesondere der stark gestiegene Anteil ‚sehr wichtig' und die Zunahme der beiden Kategorien ‚sehr wichtig' und ‚wichtig' für die großen Unternehmen seit Ausbruch der Krise ist hinsichtlich der zumeist geringeren Bedeutung von Mezzanine-Kapital für die Entwicklung des Umsatzes (#14 1), der Aufwendungen für F & E (#14 2), des Investitionsvolumens (#14 3) und der Mitarbeiteranzahl (#14 4) für die großen Unternehmen hervorzuheben. Somit scheinen andere Aspekte wie die Langfristigkeit im Hinblick auf die finanzielle Stabilität diesen Unternehmen wichtiger zu sein.

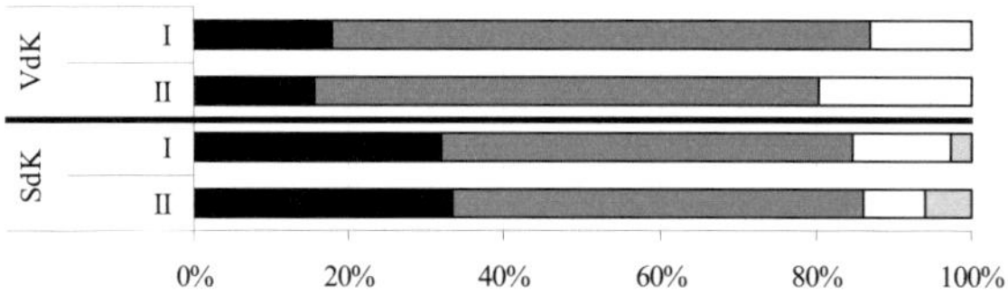

	VdK		SdK	
	I	II	I	II
■ sehr wichtig	17,95%	15,69%	32,05%	33,33%
■ wichtig	69,23%	64,71%	52,56%	52,94%
□ weniger wichtig	12,82%	19,61%	12,82%	7,84%
□ unwichtig	0,00%	0,00%	2,56%	5,88%

Quelle: Eigene Darstellung.

Abbildung 5-40: Antwortverhalten zur Aussage ‚Die Aufnahme von Mezzanine-Kapital ist für die finanzielle Stabilität des Unternehmens …' für Umsatzgruppe 1 und 2 –Frage 16–

Gemäß Abbildung 5-41 im Rahmen von Frage 17 stimmen 72% (VdK) der Aussage ‚in vollem Umfang' (14,4%) oder zumindest ‚überwiegend' (57,6%) zu, sich durch die Aufnahme des Mezzanine-Kapitals im Vergleich zum Wettbewerb finanziell besser aufgestellt zu fühlen. Nur 4% der Unternehmen stimmen dieser Aussage ‚überhaupt nicht' zu. Bei den SdK-Werten ist dagegen wie bei Frage 12 aus Abbildung 5-31 und Frage 15 aus Abbildung 5-37 ein Anstieg bei der obersten Kategorie (‚in vollem Umfang') im Gegenzug für einen Rückgang bei der Kategorie ‚überwiegend' zu erkennen, wobei der Rückgang in der zweiten Kategorie den Anstieg in der ersten überkompensiert. Dennoch lassen die Ergebnisse den Schluss zu, dass sich die Unternehmen insgesamt im Vergleich zum Wettbewerb finanziell besser aufgestellt fühlen.

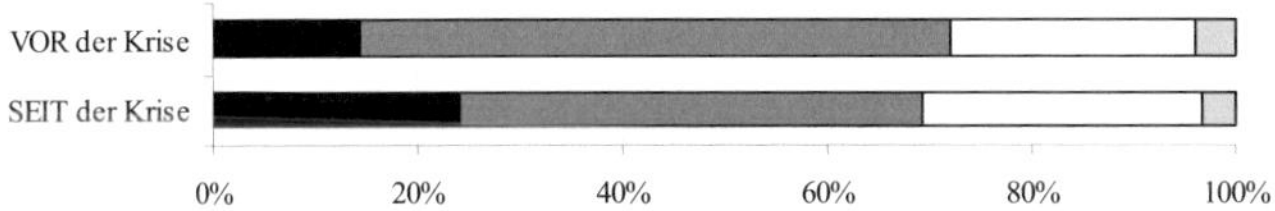

	VOR der Krise	SEIT der Krise
■ in vollem Umfang	14,40%	24,19%
■ überwiegend	57,60%	45,16%
□ überwiegend nicht	24,00%	27,42%
□ überhaupt nicht	4,00%	3,23%

Quelle: Eigene Darstellung.

Abbildung 5-41: Zustimmung zur Aussage ‚Im Vergleich zum Wettbewerb fühle ich mich durch das Mezzanine-Kapital finanziell besser aufgestellt' –Frage 17–

Bei der Zustimmung zur Aussage der Frage 17 durch die kleinen und großen Unternehmen ist anhand von Abbildung 5-42 die gleiche Entwicklung wie zuvor bei Abbildung 5-41 zu erkennen. Für beide Umsatzgruppen steigt demnach der Anteil ‚in vollem Umfang' im Gegenzug für einen stärkeren Rückgang des Anteils ‚überwiegend'. Hierbei fühlen sich die kleinen Unternehmen sowohl vor als auch seit Ausbruch der Krise im Vergleich zum Wettbewerb mit Werten von 73,3% (VdK) und 70% (SdK) für die ersten beiden Kategorien (geringfügig) besser aufgestellt als die großen Unternehmen mit Werten von 70,3% (VdK) und 68% (SdK). Hierbei steigt der Anteil ‚in vollem Umfang' bei den kleinen Unternehmen von 18,7% auf 27% sowie bei den großen Unternehmen von 8% auf 20%. Dies bedeutet eine im Vergleich zum Wettbewerb bessere finanzielle Aufstellung für beide Unternehmensgruppen insbesondere in Krisenzeiten.

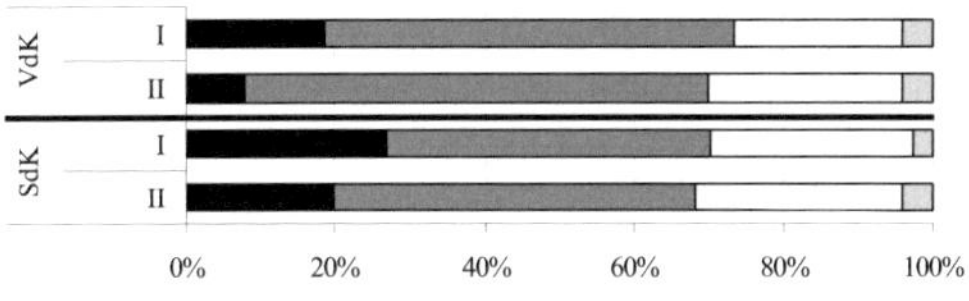

	VdK		SdK	
	I	II	I	II
■ in vollem Umfang	18,67%	8,00%	27,03%	20,00%
■ überwiegend	54,67%	62,00%	43,24%	48,00%
□ überwiegend nicht	22,67%	26,00%	27,03%	28,00%
□ überhaupt nicht	4,00%	4,00%	2,70%	4,00%

Quelle: Eigene Darstellung; Rundungsdifferenzen möglich.

Abbildung 5-42: Zustimmung zur Aussage ‚Im Vergleich zum Wettbewerb fühle ich mich durch das Mezzanine-Kapital finanziell besser aufgestellt' für Umsatzgruppe 1 und 2 –Frage 17–

Im Rahmen der Frage 18, wie die Aufnahme des Mezzanine-Kapitals von der Hausbank gesehen wird, ist Abbildung 5-43 zu entnehmen, dass laut Unternehmen 79% (VdK) der Hausbanken die Aufnahme als ‚positiv' (36,4%) bzw. ‚eher positiv' (42,6%) ansehen. Diese stark positive Einschätzung wird dadurch noch hervorgehoben, dass nur 2,3% (VdK) der Hausbanken laut Unternehmensaussage die Aufnahme des Mezzanine-Kapitals ‚eher negativ' oder ‚negativ' sehen. Bei Analyse der SdK-Werte verschiebt sich aber dieses Bild mit einer deutlich gestiegenen Varianz gemäß Anhang VI-129. So steigt zwar der Anteil ‚positiv' geringfügig auf 38,1% (SdK), dagegen sinkt aber der Anteil ‚eher positiv' auf 28,6% (SdK), so dass nur noch ca. $^2/_3$ der Hausbanken die Aufnahme ‚positiv' oder ‚eher positiv' sehen. Hinzukommt, dass der Anteil der Hausbanken, die die Aufnahme ‚eher negativ' oder ‚negativ' sehen, auf 10,3% steigt. Gleichermaßen nimmt der Anteil der Hausbanken, die die Aufnahme als ‚neutral' ansehen, von 18,6% (VdK) auf 23% (SdK) zu. Insgesamt ist eine Verschiebung hin zu einer verhalteneren Sicht der Hausbanken in Bezug auf das Mezzanine-Kapital zu erkennen. Dies kann einerseits mit der Unsicherheit in Bezug auf die Rückzahlung bzw. Anschlussfinanzierung der Standard-Mezzanine-Programme zusammenhängen. Andererseits kann dies ebenso auf die im Rahmen der Wirtschafts- und Finanzkrise ausgelöste Diskussion um Ratingbewertungen sowie auf die restriktivere Kreditvergabe der Banken seit Sommer 2008 aus Unternehmenssicht zurückzuführen sein.[750]

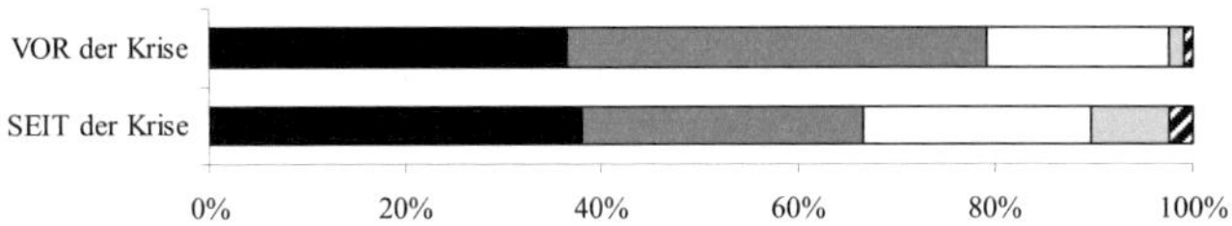

	VOR der Krise	SEIT der Krise
■ positiv	36,43%	38,10%
■ eher positiv	42,64%	28,57%
□ neutral	18,60%	23,02%
□ eher negativ	1,55%	7,94%
◪ negativ	0,78%	2,38%

Quelle: Eigene Darstellung.

Abbildung 5-43: Wie wird die Aufnahme von Mezzanine-Kapital von der Hausbank gesehen – Frage 18–

Werden die Antworten für die kleinen und großen Unternehmen in Abbildung 5-44 aufgeschlüsselt, wird gemäß Aussage der kleinen Unternehmen die Aufnahme von 80,8% (VdK) der Hausbanken als ‚positiv' (38,5%) oder ‚eher positiv' (42,3%) gesehen. Bei den großen

[750] Für nähere Informationen siehe Abschnitt 2.4.2. und Abschnitt 3.4.

Unternehmen ist dagegen mit Werten von 33,3% (VdK) für ‚positiv' und 43,1% (VdK) für ‚eher positiv' eine leicht verhaltenere, positive Sichtweise unter den Hausbanken von zusammen 76,5% (VdK) zu verzeichnen. Bei den SdK-Werten sinken dagegen zwar auf der einen Seite für beide Umsatzgruppen die aufsummierten ersten beiden Kategorien ‚positiv' oder ‚eher positiv' auf 65,8% (SdK) für die kleinen und 68% (SdK) für die großen Unternehmen. Da bei den kleinen Unternehmen aber ein Rückgang um 15% zwischen VdK- und SdK-Werten im Vergleich zu einem Rückgang um 8,5% bei den großen Unternehmen festzustellen ist, kann hieraus auf der anderen Seite abgeleitet werden, dass das Mezzanine-Kapital von den Hausbanken der großen Unternehmen in der Krise positiver gesehen wird als von den Hausbanken der kleinen Unternehmen. Dennoch ist hervorzuheben, dass zwar einerseits bei den großen Unternehmen mit 3,9% (VdK) und 12% (SdK) im Vergleich zu 1,3% (VdK) und 9,2% (SdK) bei den kleinen Unternehmen die unteren beiden Kategorien ‚eher negativ' und ‚negativ' häufiger vertreten sind. Andererseits finden bei den großen Unternehmen keine Hausbanken die Aufnahme nur ‚negativ', wohingegen dies 1,3% (VdK) und 3,9% (SdK) der Hausbanken der kleinen Unternehmen so sehen. Alles in allem zeichnet sich ebenso bei Aufschlüsselung der Antworten für große und kleine Unternehmen die gleiche Tendenz wie zuvor bei Abbildung 5-43 ab.

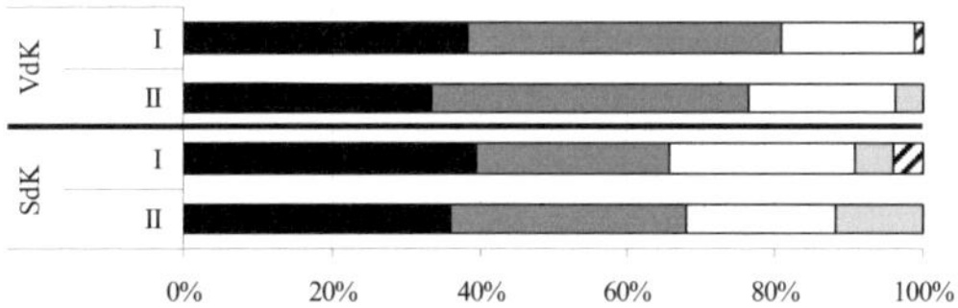

	VdK		SdK	
	I	II	I	II
■ positiv	38,46%	33,33%	39,47%	36,00%
■ eher positiv	42,31%	43,14%	26,32%	32,00%
□ neutral	17,95%	19,61%	25,00%	20,00%
□ eher negativ	0,00%	3,92%	5,26%	12,00%
▨ negativ	1,28%	0,00%	3,95%	0,00%

Quelle: Eigene Darstellung.

Abbildung 5-44: Wie wird die Aufnahme von Mezzanine-Kapital von der Hausbank gesehen für Umsatzgruppe 1 und 2 –Frage 18–

Bei Frage 19 als letzter Frage des dritten Schrittes wird gemäß Abbildung 5-45 den drei Fragen nachgegangen, wie sich durch die Auszahlung des Mezzanine-Kapitals die Zinskonditionen für Fremdkapitalfinanzierungen (#19 1), die Prolongation bestehender Kredite bzw. die Aufnahme von neuem Kapital (#19 2) sowie die Geschäftsbeziehung zur Hausbank (#19 3) verändert hat. Über alle drei Fragen hinweg ist zu erkennen, dass die Werte der ersten beiden Kategorien ‚deutlich verbessert' und ‚verbessert' immer deutlich über den (sehr geringen) Werten für die Kategorien ‚deutlich verschlechtert' und ‚verschlechtert' liegen. Somit hat Mezzanine-Kapital (unabhängig von Wirtschaftskrisen) eine positive Wirkung auf diese drei Bereiche, denn die Kategorien ‚deutlich verschlechtert' und ‚verschlechtert' weisen nur Werte zwischen 0,8% und 3,2% (VdK) bzw. 4% und 6,8% (SdK) auf. Beim Vergleich der VdK- mit den SdK-Werten ist wiederum über alle drei Fragen hinweg festzustellen, dass seit Ausbruch der Krise zum einen die Varianz für das Antwortverhalten aller drei Fragen gemäß Anhang VI-129 steigt sowie zum anderen die Aufnahme zwar immer noch einen positiven Einfluss hat, dieser Einfluss aber (geringfügig) zurückgeht. So wächst der Bereich ‚neutral' zu Lasten der ersten beiden Kategorien beim Vergleich der VdK- mit den SdK-Werten.

Bei den Zinskonditionen für Fremdkapitalfinanzierungen (#19 1) kann festgestellt werden, dass auf der einen Seite 61,9% der Unternehmen angeben, dass sich die Zinskonditionen seit Aufnahme des Mezzanine-Kapitals nicht verändert haben. Auf der anderen Seite geben 34,9% der Unternehmen an, dass sich die Zinskonditionen ‚deutlich verbessert' (4%) oder ‚verbessert' (31%) haben. Somit sagen 96,8% der Unternehmen, dass sich die Konditionen entweder verbessert oder nicht verändert haben, wohingegen nur 3,2% der Unternehmen angeben, dass sich die Konditionen durch die Aufnahme verschlechtert haben.[751] Bei den SdK-Werten für #19 1 kann zwar prinzipiell das gleiche Ergebnis festgestellt werden, wobei aber der Anteil ‚deutlich verbessert' (3,3%) und ‚verbessert' (20%) auf zusammen 23,3% gesunken ist. Ferner ist ein Anstieg sowohl der Einschätzung ‚nicht verändert' von 61,9% (VdK) auf 70% (SdK) als auch der Einschätzung ‚verschlechtert' (3,3%) und ‚deutlich verschlechtert' (3,3%) seit Ausbruch der Krise zu erkennen. Trotzdem geben immer noch 93,3% (SdK) der Unternehmen an, dass sich die Konditionen durch die Aufnahme verbessert bzw. nicht verändert und damit nicht verschlechtert haben.

Bei der Einschätzung der Prolongation bestehender Kredite bzw. der Aufnahme von neuem Kapital (#19 2) ergibt sich ein ähnliches Bild wie bei #19 1. Hier geben mit VdK-Werten von 4% für ‚deutlich verbessert' und 36,5% für ‚verbessert' 40,5% der Unternehmen eine

[751] Hierbei gilt es wiederum zu beachten, dass sich die Unternehmen seit Aufnahme des Mezzanine-Kapitals insbesondere in den Jahren 2004 bis 2007 in einem konjunkturell günstigen Marktumfeld bewegten, was mit sinkenden Risikoprämien und gegebenenfalls günstigeren Zinskonditionen einherging. Vgl. KfW Bankengruppe (2008a), S. 22-23. So könnte diese allgemeine Entwicklung fälschlicherweise von den Unternehmen auf die Aufnahme von Mezzanine-Kapital zurückgeführt worden sein.

Verbesserung der Prolongation bestehender Kredite vor dem Hintergrund der Aufnahme des Mezzanine-Kapitals an. Ebenso ist bei den SdK-Werten ein Rückgang für die ersten beiden Kategorien zusammen festzustellen, selbst wenn ein leichter Anstieg von 4% (VdK) auf 6,8% (SdK) für ‚deutlich verbessert' stattfindet. Hierbei scheint die Aufnahme des Mezzanine-Kapitals im Vergleich der drei, im Rahmen von Frage 19 behandelten Punkte den positivsten Einfluss auf die Prolongation bestehender Kredite bzw. die Aufnahme von neuem Kapital (#19 2) zu haben. Wird die Prolongation bestehender Kredite bzw. die Aufnahme von neuem Kapital als Erweiterung des Finanzierungsspielraums aufgefasst, bestätigt diese Einschätzung der Unternehmen aus #19 2 die Ergebnisse der Analyse aus Frage 8. Denn gemäß Frage 8 bzw. Abbildung 5-18 ist die Erweiterung des Finanzierungsspielraums der zweitwichtigste Vorteil für die Unternehmen. Ferner gilt es in Bezug auf den Rückgang innerhalb der ersten beiden Kategorien seit Ausbruch der Krise auch auf eine allgemeine Erhöhung der Kreditvergabestandards seit Ausbruch der Krise zu berücksichtigen. Denn laut des ifo Konjunkturtests beklagen sich die Unternehmen über eine restriktivere Kreditvergabe der Banken seit Ausbruch der Krise.[752]

Die Geschäftsbeziehung zur Hausbank (#19 3) wird dagegen mit VdK-Werten von 0,8% für ‚deutlich verbessert' und 25% für ‚verbessert' sowohl am wenigsten positiv als auch mit einem aufsummierten Wert von 0,8% für ‚verschlechtert' und ‚deutlich verschlechtert' am wenigsten negativ von der Aufnahme des Mezzanine-Kapitals laut Unternehmensangaben beeinflusst. Ebenso wie bei #19 1 #19 2 ist für die Hausbankbeziehung (#19 3) ein Rückgang bei den SdK-Werten für die ersten beiden Kategorien zu erkennen, wobei gleichfalls das Gesamtniveau für die ersten beiden Kategorien von #19 3 zusammen mit Werten von 1,6% für ‚deutlich verbessert' und 19,4% für ‚verbessert' am niedrigsten ist.

[752] Die Einschätzung der Kredithürde für die gewerbliche Wirtschaft ist in Anhang VI-139 veranschaulicht.

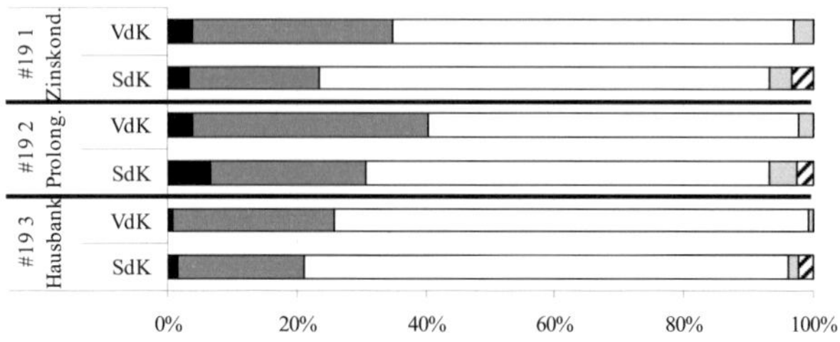

	#19 1 Zinskond.		#19 2 Prolong.		#19 3 Hausbank	
	VdK	SdK	VdK	SdK	VdK	SdK
■ deutlich verbessert	3,97%	3,33%	3,97%	6,84%	0,78%	1,61%
▩ verbessert	30,95%	20,00%	36,51%	23,93%	25,00%	19,35%
□ nicht verändert	61,90%	70,00%	57,14%	62,39%	73,44%	75,00%
▫ verschlechtert	3,17%	3,33%	2,38%	4,27%	0,78%	1,61%
▨ deutlich verschlechtert	0,00%	3,33%	0,00%	2,56%	0,00%	2,42%

Quelle: Eigene Darstellung; Rundungsdifferenzen möglich.

Abbildung 5-45: Veränderung der Zinskonditionen, Prolongationen und Geschäftsbeziehung zur Hausbank durch Aufnahme von Mezzanine-Kapital –Frage 19–

Wird die Einschätzung für die kleinen und großen Unternehmen getrennt betrachtet, kann gemäß Abbildung 5-46 das zuvor aufgezeigte Bild bestätigt werden, denn die SdK-Werte liegen unterhalb der VdK-Werte und die Prolongation bzw. Aufnahme von Kapital (#19 2) scheint sowohl den großen als auch den kleinen Unternehmen am positivsten durch die Aufnahme von Mezzanine-Kapital beeinflusst zu werden. Darüber hinaus ist festzustellen, dass sowohl für die Zinskonditionen (#19 1) als auch für die Prolongation (#19 2) die Werte der Kategorien für die großen und kleinen Unternehmen nur geringfügig voneinander abweichen und somit Mezzanine-Kapital größenunabhängig Einfluss auf diese beiden Bereiche ausübt. Bei der Einschätzung der Veränderung der Geschäftsbeziehung zur Hausbank (#19 3) ist dagegen ein größenbezogener Unterschied zu erkennen. So schätzen die großen Unternehmen mit Werten von 17,7% (VdK) und 16% (SdK) für die ersten beiden Kategorien zusammen die positive Wirkung von Mezzanine-Kapital geringer ein als die kleinen Unternehmen mit Werten von 31,2% (VdK) und 24,3% (SdK).

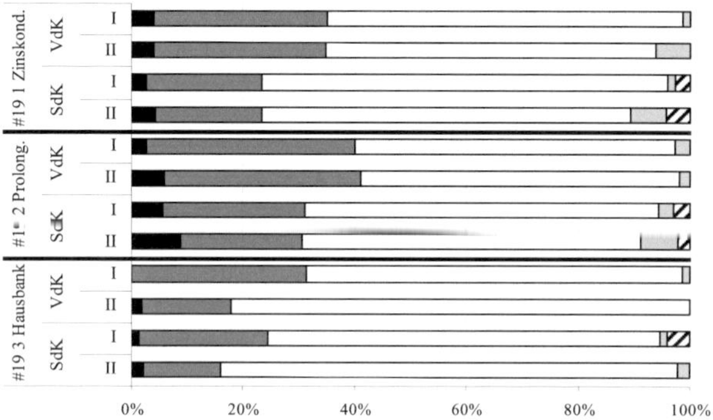

Angaben in %	#19 1 Zinskond.				#19 2 Prolong.				#19 3 Hausbank			
	VdK		SdK		VdK		SdK		VdK		SdK	
	I	II	I	II	I	II	I	II	I	II	I	II
■ deutlich verbessert	3,90	4,08	2,74	4,26	2,67	5,88	5,63	8,70	0,00	1,96	1,35	2,00
▩ verbessert	31,17	30,61	20,55	19,15	37,33	35,29	25,35	21,74	31,17	15,69	22,97	14,00
□ nicht verändert	63,64	59,18	72,60	65,96	57,33	56,86	63,38	60,87	67,53	82,35	70,27	82,00
□ verschlechtert	1,30	6,12	1,37	6,38	2,67	1,96	2,82	6,52	1,30	0,00	1,35	2,00
▨ deutlich verschlechtert	0,00	0,00	2,74	4,26	0,00	0,00	2,82	2,17	0,00	0,00	4,05	0,00

Quelle: Eigene Darstellung; Rundungsdifferenzen möglich.

Abbildung 5-46: Veränderung der Zinskonditionen, Prolongationen und Geschäftsbeziehung zur Hausbank durch Aufnahme von Mezzanine-Kapital für Umsatzgruppe 1 und 2 -Frage 19–

5.4.2.6. Refinanzierung – Stand der Planungen zur Rückzahlung

Der Aspekt der Planungen ist insbesondere im Hinblick auf die ab dem Jahr 2011 anstehenden Rückzahlungen und der damit etwaig notwendigen Anschlussfinanzierungen von Interesse.[753] Im Rahmen von Frage 20 nach dem Stand der Rückzahlung haben gemäß Abbildung 5-47 einerseits mehr als die Hälfte der Unternehmen (54,8%) ihre Überlegungen abgeschlossen, wie sie die Rückzahlung darstellen wollen. Von diesen 54,8% befinden sich 16,1% in Gesprächen mit Kapitalgebern und 8,9% haben die Rückzahlung bereits komplett geregelt. Andererseits sind 45,2% der Unternehmen mit ihren Überlegungen noch nicht zum Ende gekommen. Ein Grund für diesen Anteil, wobei sich 4% der Unternehmen noch keine Gedanken gemacht haben und 41,2% sich noch in der Überlegungsphase befinden, kann wiederum auf die aktuell restriktivere Kreditvergabesituation der Banken laut ifo

[753] Besondere Relevanz gewinnt das Thema der Rückzahlung vor dem Hintergrund, dass davon auszugehen ist, dass der Finanzsektor in den nächsten Jahren größeren Restriktionen bei der Ausweitung der Kreditvergabe unterliegen dürfte. Vgl. Sachverständigenrat (2009), S. 26.

Konjunkturtest zurückgeführt werden. Aber auch eine fehlende Notwendigkeit ist zu berücksichtigen, wenn das Kapital erst in 2013 oder 2014 zur Rückzahlung ansteht.

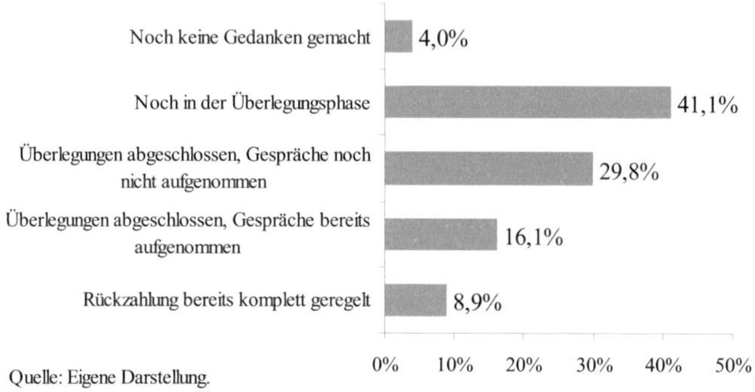

Quelle: Eigene Darstellung.

Abbildung 5-47: Stand der Rückzahlung –Frage 20–

Bei Aufschlüsselung des Antwortverhaltens für die großen und kleinen Unternehmen ist anhand von Abbildung 5-48 auffällig, dass die kleinen Unternehmen angabegemäß bereits konkreter in den Planungen ihrer Rückzahlung sind. Denn bei den kleinen Unternehmen haben nur 35,6% der Unternehmen die Überlegungsphase im Vergleich zu 58,8% bei den großen Unternehmen noch nicht abgeschlossen. Ein Grund hierfür kann erneut sein, dass insbesondere große Unternehmen laut des ifo Konjunkturtests seit Mitte 2008 über eine restriktivere Kreditvergabe der Banken im Vergleich zu den mittleren und kleinen bzw. kleinsten Unternehmen klagen und vor diesem Hintergrund ihre Überlegungen zur Rückzahlung noch nicht abschließen können.[754]

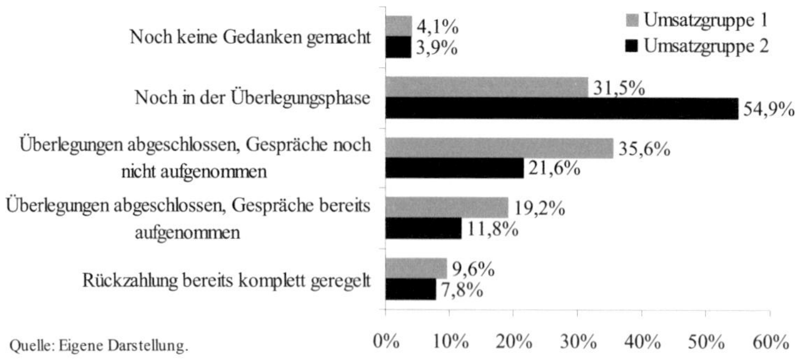

Quelle: Eigene Darstellung.

Abbildung 5-48: Stand der Rückzahlung für Umsatzgruppe 1 und 2 –Frage 20–

---

[754] Siehe Anhang VI-112 zur Einschätzung der Kredithürde im verarbeitenden Gewerbe nach Größenklassen.

Um eine Aussage darüber zu treffen, ob die Unternehmen, bei denen die Rückzahlung bereits in den Jahren 2011 und 2012 ansteht, in ihren Überlegungen und Vorbereitungen zur Rückzahlung bereits weiter fortgeschritten sind, wird zusätzlich eine Aufteilung nach den in Frage 5 bereits vorgestellten Programm-Gruppen vorgenommen.[755] Gemäß Abbildung 5-49 befinden sich mit 45,3% für Programm-Gruppe 1 und 44,1% für Programm-Gruppe 2 noch annähernd gleich viele Unternehmen in der Überlegungsphase. Sind die Überlegungen allerdings abgeschlossen, können bei den Unternehmen der ersten Programm-Gruppe, erwartungsgemäß konkretere Pläne zur Rückzahlung festgestellt werden. Denn bereits 30,2% der Unternehmen der Programm-Gruppe 1 befinden sich entweder in Gesprächen (18,9%) oder haben ihre Rückzahlung bereits geregelt (11,3%), wohingegen sich nur 14,7% der Unternehmen der Programm-Gruppe 2 in Gesprächen befinden und nur 7,4% die Rückzahlung bereits geregelt haben.

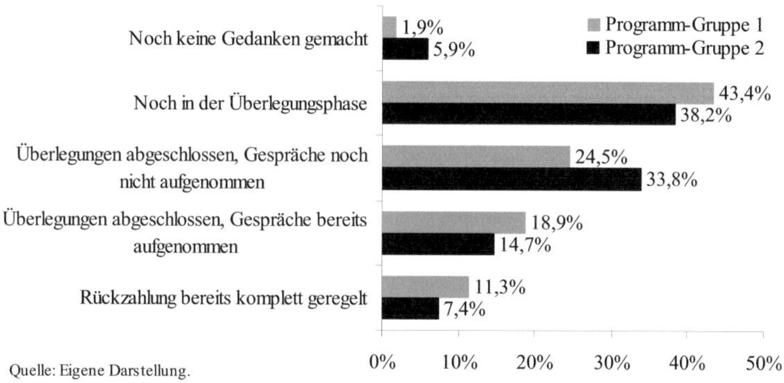

Quelle: Eigene Darstellung.

Abbildung 5-49: Stand der Rückzahlung für Programm-Gruppe 1 und 2 –Frage 20–

Bei Analyse der Art und der Anzahl der Alternativen zur Finanzierung der Rückzahlung im Rahmen von Frage 21 ist anhand von Abbildung 5-50 zu erkennen, dass alle Unternehmen zumindest eine Quelle zur Finanzierung der Rückzahlung haben. Es geben 17,1% der Unternehmen an, nur eine Quelle zur Finanzierung der Rückzahlung zu haben, wohingegen 82,9% der Unternehmen zwei und mehr Alternativen bzw. 29,3% der Unternehmen vier oder mehr Alternativen angabegemäß haben bzw. haben werden.

---

[755] Hierbei bilden 53 Unternehmen, die an den Mezzanine-Programmen in 2004 und 2005 teilnehmen, die erste Programm-Gruppe und 68 Unternehmen der Programme aus 2006 und 2007 die zweite Gruppe. Mehrfach teilnehmende Unternehmen werden einmalig gemäß ihrer ersten Teilnahme gezählt. Aufgrund des Antwortverhaltens bei #5 (Programmteilnahmen) und #20 (Stand der Rückzahlung) in Bezug auf ‚keine Angabe' sind hier nicht 132, sondern nur 121 Antworten auswertbar.

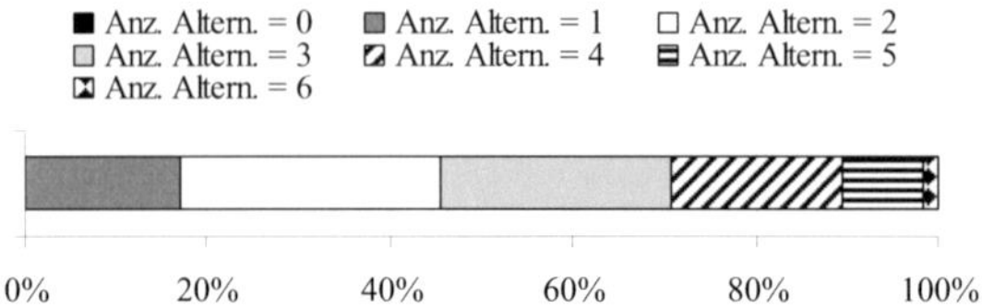

	Anz. Altern. = 0	Anz. Altern. = 1	Anz. Altern. = 2	Anz. Altern. = 3	Anz. Altern. = 4	Anz. Altern. = 5	Anz. Altern. = 6
Anz. Altern.	0,00%	17,07%	28,46%	25,20%	18,70%	8,94%	1,63%

Quelle: Eigene Darstellung; Mehrfachnennungen möglich.

Abbildung 5-50: Anzahl an Alternativen zur Finanzierung der Rückzahlung –Frage 21–

Hierbei können folgende, in Abbildung 5-51 dargestellte unterschiedliche Quellen festgestellt werden. So wollen 25,7% Unternehmen die Rückzahlung (zumindest teilweise) aus dem laufenden Geschäftsbetrieb tätigen.[756] Für immerhin 8,9% der Unternehmen ist der laufende Geschäftsbetrieb sogar die (bisher) einzige Quelle der Rückzahlung. So kann vermutet werden, dass diese Unternehmen entweder aufgrund des Wachstums des Unternehmens kein neues Kapital benötigen und die Rückzahlung aus dem Geschäftsbetrieb tätigen können, oder im schlechteren Fall diese Unternehmen in Zeiten restriktiverer Kreditvergabe keine Anschlussfinanzierung bekommen, so dass dies die einzige Finanzierungsmöglichkeit wäre. Neben der Rückzahlung aus dem laufenden Geschäftsbetrieb ist auch die klassische Fremdkapitalfinanzierung über die Hausbank wie schon bei den Alternativen vor Aufnahme aus Abbildung 5-29 eine von vielen Unternehmen häufig gewählte Alternative und betont die nach wie vor hohe Bedeutung dieser Finanzierungsform. Hinsichtlich der Problematik der Anschlussfinanzierung für die Standard-Mezzanine-Programme sowie insbesondere vor dem Hintergrund des Zusammenbruchs des Marktes für Standard-Mezzanine-Kapital seit Sommer 2007 überrascht es, dass von 14% der Unternehmen Standard-Mezzanine-Kapital als Möglichkeit der (teilweisen) Anschlussfinanzierung angegeben wird. Aber auch Individual-Mezzanine-Kapital wird von immerhin 8,2% der Unternehmen als Alternative genannt. Ebenso soll von 8,2% der Unternehmen ein Ansparplan zur Finanzierung der Rückzahlung genutzt werden. Hierbei haben 5% der Unternehmen den Sparplan bereits begonnen, 3,2% der Unternehmen müssen ihn noch beginnen. Diese Unternehmen würden demnach keine bzw. keine vollständige Anschlussfinanzierung mehr benötigen. Darüber hinaus wurde von 10,8% der Unternehmen die Einbrin-

[756] Da mehrere Finanzierungsalternativen angeben werden können, sind Mehrfachnennungen möglich, so dass von den 123 antwortenden Unternehmen insgesamt 343 Finanzierungsquellen genannt werden.

gung von echtem Eigenkapital in Form der Erhöhung eigener Einlagen, eines Börsengangs oder der Aufnahme neuer Gesellschafter bzw. strategischer Investoren genannt. Eine öffentliche Finanzierung in Form von staatlichen Förderkrediten scheint für 7% der Unternehmen eine Alternative zu sein.[757] In diesem Zusammenhang gilt es zu beachten, dass in der größten Wirtschaftskrise seit 80 Jahren bspw. die durch die Bundesregierung aufgelegten Wachstumsförderungsprogramme zwar eine Möglichkeit darstellen, aber die Refinanzierung für die meisten Unternehmen nicht unmittelbar ansteht. Auch gilt es zu beachten, dass auf absehbare Zeit ein sukzessiver Ausstieg aus den expansiven wirtschaftspolitischen Maßnahmen vor dem Hintergrund des zukünftigen Konsolidierungsbedarfs in den öffentlichen Haushalten unumgänglich erscheint[758], so dass Wachstumsförderungsprogramme wie der bis Ende 2010 befristete Wirtschaftsfonds Deutschland[759] nur begrenzt zur Finanzierung der Rückzahlung zum Einsatz kommen könnten. Die Möglichkeit der Kapitalaufnahme über den Kapitalmarkt wird – wie schon in Frage 11 bzw. Abbildung 5-29 dargestellt – verhältnismäßig selten genutzt werden. Bemerkenswert ist aber die geringe Nutzung von Leasing und Factoring als mögliche Quelle zur Refinanzierung. Denn Leasing und Factoring wird nur von 3,2% der Unternehmen als Quelle angegeben, wohingegen gemäß Frage 11 bzw. Abbildung 5-29 diese Möglichkeit noch von 13,3% der Unternehmen als Alternative vor Aufnahme genannt wurde.[760]

[757] Dies entspricht ungefähr dem Wert von 8,2% aus Frage 11.

[758] Für weiterführende Informationen siehe bspw. Sachverständigenrat (2009), S. 73-162.

[759] Siehe hierzu auch Fn. 76.

[760] Hierbei ist in 2009 für das Leasinggeschäft insgesamt eine verminderte Nachfrage festzustellen, wohingegen für das Factoring eine Zunahme in der Anzahl der Kunden zu verzeichnen ist. Siehe hierzu die Ausführungen zur Fn. 84 und Fn. 86.

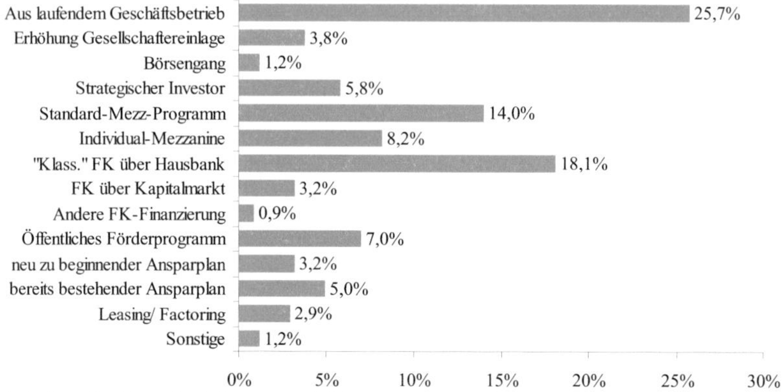

Quelle: Eigene Darstellung; Mehrfachnennungen möglich.

Abbildung 5-51: Alternativen zur Finanzierung der Rückzahlung –Frage 21–

Bei getrennter Analyse der Art und Anzahl der Finanzierungsalternativen für die großen und kleinen Unternehmen ergibt sich für die Anzahl die in Abbildung 5-52 dargestellte Verteilung. Hiernach haben 35,3% der großen, aber nur 25% der kleinen Unternehmen vier oder mehr Alternativen. Insgesamt geben die großen Unternehmen mit durchschnittlich 2,94 Alternativen mehr Quellen für die Refinanzierung des Mezzanine-Kapitals als die kleinen Unternehmen an, die durchschnittlich 2,68 Alternativen aufweisen.[761] Im Gegensatz zu Frage 11, bei der die kleinen Unternehmen noch mehr Finanzierungsalternativen genannt haben, ist die höhere Anzahl bei den großen Unternehmen im Rahmen von Frage 21 nicht unerwartet.[762]

[761] In diesem Zusammenhang sei nochmals darauf hingewiesen, dass die Rückzahlungspläne bei den kleinen Unternehmen konkreter zu sein scheinen.

[762] Siehe u. a. Fn. 30.

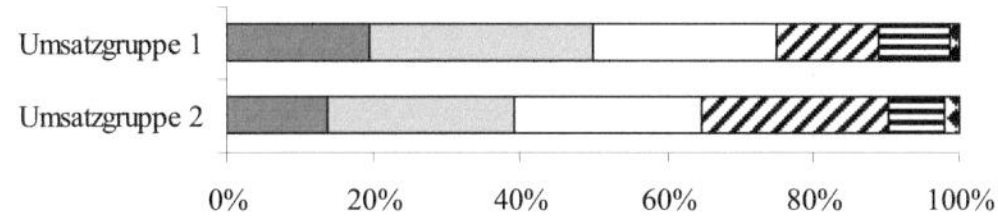

	Umsatzgruppe 1	Umsatzgruppe 2
Anz. Altern. = 0	0,00%	0,00%
Anz. Altern. = 1	19,44%	13,73%
Anz. Altern. = 2	30,56%	25,49%
Anz. Altern. = 3	25,00%	25,49%
Anz. Altern. = 4	13,89%	25,49%
Anz. Altern. = 5	9,72%	7,84%
Anz. Altern. = 6	1,39%	1,96%

Quelle: Eigene Darstellung; Mehrfachnennungen möglich.

Abbildung 5-52: Anzahl an Alternativen zur Finanzierung der Rückzahlung für Umsatzgruppe 1 und 2 –Frage 21–

Für die Art der Finanzierungsalternativen ist gemäß Abbildung 5-53 eine ungefähr gleich häufige Nutzung der Quellen zu ermitteln. Hervorzuheben ist, dass die kleinen Unternehmen häufiger aus dem laufenden Geschäftsbetrieb zurückzahlen, während die großen Unternehmen vermehrt Individual-Mezzanine-Kapital in Anspruch nehmen wollen. Ferner werden angabegemäß mehr große Unternehmen öffentliche Förderprogramme nutzen, wohingegen kleine Unternehmen die Gesellschaftereinlage erhöhen wollen.

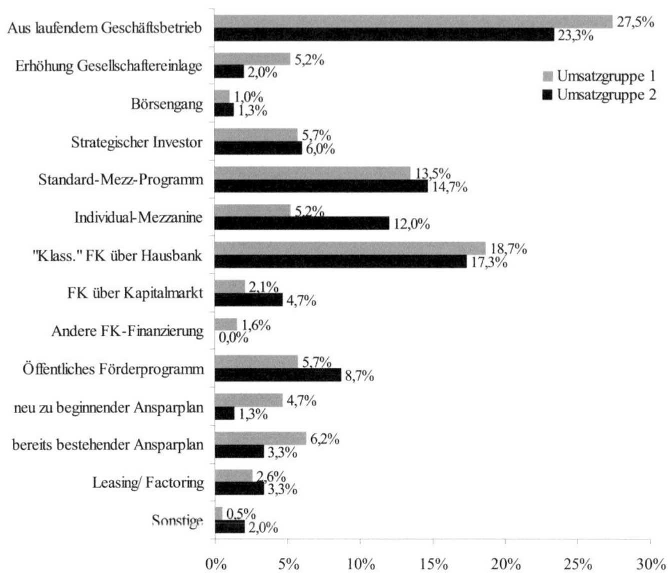

Quelle: Eigene Darstellung; Mehrfachnennungen möglich.

Abbildung 5-53: Alternativen zur Finanzierung der Rückzahlung für Umsatzgruppe 1 und 2 -Frage 21–

Gegenstand von Frage 22 ist, inwiefern das aufgenommene Mezzanine-Kapital am Ende der Laufzeit durch Kapital von zumindest gleicher Eigenkapitalqualität ersetzt werden soll. So ist gemäß Abbildung 5-54 zu erkennen, dass mit 63,3% fast $^2/_3$ der Unternehmen der Ersatz des aufgenommenen Standard-Mezzanine-Kapitals durch Kapital von zumindest gleicher Eigenkapitalqualität ‚sehr wichtig' (15,6%) bzw. ‚wichtig' (47,7%) ist. Dieser hohe Anteil überrascht dahingehend, dass hierfür entweder wirtschaftliches oder sogar bilanzielles Eigenkapital aufgenommen werden müsste, um das als wirtschaftliches Eigenkapital geltende Standard-Mezzanine-Kapital abzulösen. Denn laut Frage 21 (Art der Rückzahlungsalternativen) denken insgesamt nur 33% der Unternehmen darüber nach, die Rückzahlung des Standard-Mezzanine-Kapitals auf der einen Seite durch echtes Eigenkapital in Form der Erhöhung eigener Einlagen der Gesellschafter (3,8%), eines Börsengangs (1,2%) oder der Aufnahme strategischer Investoren (5,8%) oder auf der anderen Seite durch wirtschaftliches Eigenkapital in Form von Standard-Mezzanine-Kapital (14%) und Individual-Mezzanine-Kapital (8,2%) darzustellen.

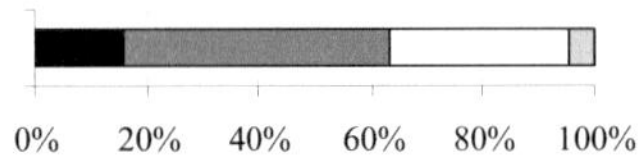

	Frage 22
■ sehr wichtig	15,63%
■ wichtig	47,66%
□ weniger wichtig	32,03%
□ unwichtig	4,69%

Quelle: Eigene Darstellung; Rundungsdifferenzen möglich.

Abbildung 5-54: Antwortverhalten zur Frage das Ersatzes des Mezzanine-Kapitals durch Kapital von gleicher Eigenkapitalqualität –Frage 22–

Bei Aufschlüsselung des Antwortverhaltens für große und kleine Unternehmen ist gemäß Abbildung 5-55 zu erkennen, dass die beiden Gruppen prinzipiell ähnliche Antworten geben und den Unternehmen mit Werten von 62,8% für die kleinen und 64% für die großen Unternehmen der Ersatz des aufgenommenen Standard-Mezzanine-Kapitals durch Kapital von zumindest gleicher Eigenkapitalqualität ‚sehr wichtig' bis ‚wichtig' ist. Hierbei scheint den großen Unternehmen mit einem Wert von 20% für ‚sehr wichtig' im Vergleich zu 12,8% für die kleinen Unternehmen der Ersatz durch gleichwertiges Kapital noch wichtiger zu sein. Dies deckt sich mit den Ergebnissen aus Frage 8 und 9, wonach die Erhöhung des wirtschaftlichen Eigenkapitals den großen Unternehmen (geringfügig) wichtiger ist.

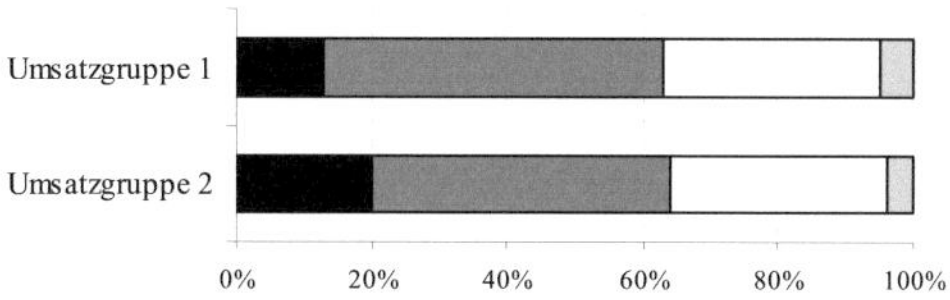

	Umsatzgruppe 1	Umsatzgruppe 2
■ sehr wichtig	12,82%	20,00%
▨ wichtig	50,00%	44,00%
□ weniger wichtig	32,05%	32,00%
▫ unwichtig	5,13%	4,00%

Quelle: Eigene Darstellung; Rundungsdifferenzen möglich.

Abbildung 5-55: Antwortverhalten zur Frage das Ersatzes des Mezzanine-Kapitals durch Kapital von gleicher Eigenkapitalqualität für Umsatzgruppe 1 und 2 –Frage 22–

5.4.2.7. Bewertung der Optionen zur Weiterentwicklung der Standard-Mezzanine-Programme

Der Fragebogen schließt mit der Frage 23 ab. Im Rahmen dieser Frage wird nach der Beurteilung der Unternehmen gefragt, inwieweit die Entscheidung, erneut an einem Standard-Mezzanine-Programm teilzunehmen, durch eine Verschärfung verschiedener Bedingungen beeinflusst werden würde. Gemäß Abbildung 5-56 ist die Verschärfung einiger Bedingungen für die Unternehmen mehr, andere Verschärfungen dagegen weniger nachteilig.

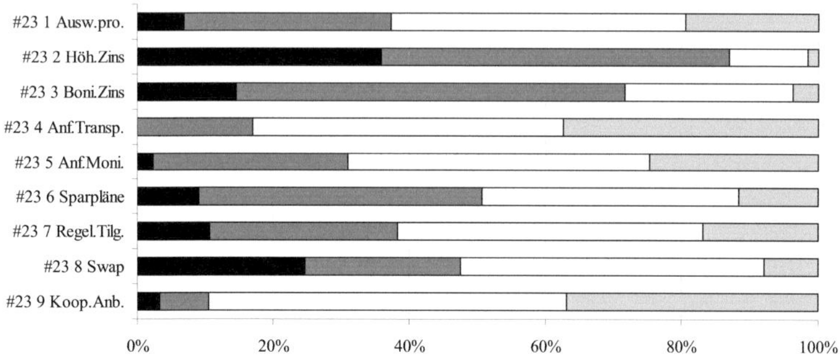

	#23 1	#23 2	#23 3	#23 4	#23 5	#23 6	#23 7	#23 8	#23 9
■ sehr nachteilig	6,98%	35,88%	14,62%	0,00%	2,33%	9,23%	10,69%	24,75%	3,28%
▨ nachteilig	30,23%	51,15%	56,92%	17,05%	28,68%	41,54%	27,48%	22,77%	7,38%
□ weniger nachteilig	43,41%	11,45%	24,62%	45,74%	44,19%	37,69%	45,04%	44,55%	52,46%
▫ nicht nachteilig	19,38%	1,53%	3,85%	37,21%	24,81%	11,54%	16,79%	7,92%	36,89%

Quelle: Eigene Darstellung; Rundungsdifferenzen möglich.

Abbildung 5-56: Beurteilung der Verschärfung verschiedener Bedingungen der Standard-Mezzanine-Programme -Frage 23-

Zur besseren Übersicht ist in Abbildung 5-57 die Rangfolge der einzelnen Bedingungen für die aufsummierten Kategorien ‚sehr nachteilig' und ‚nachteilig' dargestellt. Hiernach geben 87% der Unternehmen an, dass für sie eine Erhöhung der Zinskonditionen (#23 2) ‚sehr nachteilig' bzw. ‚nachteilig' wäre. Dies ist nicht überraschend, da die Zinskosten sowohl im Vergleich zum Individual-Mezzanine-Kapital einer der wichtigsten Vorteile (#9 1) als auch im Vergleich zum klassischen Fremdkapital sogar der wichtigste Nachteil (#10 1) sind.[763] Auf Rang 2 befindet sich die Einführung einer bonitätsabhängigen Verzinsung während der Laufzeit (#23 3) wie sie bspw. bei HEAT Mezzanine I-2007 zum Einsatz kommt. Hier scheint den Unternehmen eine konstante/ planbare Verzinsung wichtiger zu sein, als die Möglichkeit, sich im Laufe der Zeit bonitätsmäßig zu verbessern und damit die Zinslast zu senken. Dies lässt in Zeiten der Krise auf eine Risikoaversion der Unternehmen schließen. Denn die Beurteilung der Einführung einer bonitätsabhängigen Verzinsung scheint u. a. durch das derzeit schwierige konjunkturelle Umfeld und der damit einhergehenden bzw. von den Unternehmen gegebenenfalls erwarteten Verschlechterung ihrer Bonität so stark negativ beeinflusst zu sein, dass die Unternehmen den möglichen positiven Effekt aus einer bonitätsabhängigen Verzinsung (derzeit bzw. auf absehbare Zeit) nicht sehen. Ebenso werden die Einführung von Ansparplänen (#23 6) zur Sicherstellung der Rückzahlung sowie die Nutzung von Debt-Equity-Swaps (#23 8) von ca. der Hälfte der Unternehmen als ‚sehr nachteilig' oder ‚nachteilig' angesehen, wobei vor allem zu #23 8 eine hohe Uneinigkeit in Form der im Rahmen von Frage 23 höchsten Varianz gemäß Anhang VI-129 auszumachen ist. Dass die Einführung von Ansparplänen (#23 6) nachteiliger gesehen wird als die Einführung einer regelmäßigen Tilgung (#23 7), ist dahingehend nachvollziehbar, dass bei einer Tilgung die Zinslast sukzessive sinkt, wohingegen bei einem Ansparplan die Guthabenzinsen geringer als die immer noch auf das komplette Kapital zu zahlenden Fremdkapitalzinsen sind. Somit würde der positive Effekt des Sinkens der zu zahlenden Zinslast durch die Tilgung bei Einführung von Ansparplänen (#23 6) nicht ausgenutzt werden. Die Einführung einer regelmäßigen Tilgung bedeutet für die Unternehmen zwar einerseits, dass das Mezzanine-Kapital nicht mehr vollständig bis zur Rückzahlung genutzt werden kann. Andererseits lässt die nur mittlere Nachteiligkeit der Einführung einer regelmäßigen Tilgung von 38,2% den Schluss zu, dass den Unternehmen vor dem Hintergrund eines angespannten Finanzierungsumfeldes in Zeiten der größten Finanz- und Wirtschaftskrise seit 80 Jahren, die Rückzahlungsproblematik durchaus bewusst zu

---

[763] Anzumerken ist, dass nach historischen Tiefstständen der Leitzinsen generell von langfristig steigenden Zinsen ausgegangen werden kann. Vgl. Sachverständigenrat (2009), S. 25 sowie Abschnitt 2.4.2.

sein scheint.[764] Ein strengerer Auswahlprozess bzw. strengere Auswahlkriterien (#23 1) sowie ein strengeres Monitoring (#23 5) werden von 37,2% bzw. 31% der Unternehmen als ‚sehr nachteilig' bzw. ‚nachteilig' empfunden. Kaum nachteilig scheint für die Unternehmen mit einem Wert von 17% die Erhöhung der Transparenz (#23 4) zu sein.[765] Der in der Öffentlichkeit erwartete bzw. geforderte Zusammenschluss von Anbietern (#23 9) im Rahmen der Konsolidierung im Bereich des Standard-Mezzanine-Kapitals[766] wird von nur 10,7% der Unternehmen als ‚sehr nachteilig' bzw. ‚nachteilig' angesehen. Somit scheinen eine bessere Übersichtlichkeit und Vergleichbarkeit der Angebote durch eine geringere Anzahl an Anbietern als wichtiger erachtet zu werden als das Risiko, dass ein Zusammenschluss von Anbietern zu einer Ausnutzung der Marktmachtstellung durch die dann geringere Anzahl an Anbietern führen könnte.[767]

Rang	Bedeutung 'sehr nachteilig' & 'nachteilig'		∑ Anteil
1	#23 2	Höhere Zinskonditionen / Risikoprämie für das Unternehmen	87,02%
2	#23 3	Bonitätsabhängige Veränderung der Zinskonditionen WÄHREND der Laufzeit	71,54%
3	#23 6	Einführung von Ansparplänen zur Sicherstellung der Rückzahlung	50,77%
4	#23 8	Debt-Equity-Swap	47,52%
5	#23 7	Einführung einer regelmäßigen Tilgung während der Laufzeit (Abkehr von einer endfälligen Tilgung)	38,17%
6	#23 1	Strengerer Auswahlprozess / strengere Auswahlkriterien	37,21%
7	#23 5	Strengeres Monitoring der Unternehmen während der Laufzeit	31,01%
8	#23 4	Erhöhte Anforderungen an die Transparenz / Offenlegung von Daten	17,05%
9	#23 9	Zusammenschluss verschiedener Anbieter im Bereich Standard-Mezzanine-Kapital	10,66%

Quelle: Eigene Darstellung.

Abbildung 5-57: Rangfolge bei Verschärfung verschiedener Bedingungen der Standard-Mezzanine-Programme -Frage 23-

[764] In diesem Zusammenhang sei auf die Ausführungen zu #9 4 (Endfällige Tilgung) bzw. #9 5 (Langfristige Finanzierung) verwiesen.

[765] Siehe hierzu die Ausführungen zu #10 3 (Transparenzanforderungen) und #10 5 (Aufwendigerer Aufnahmeprozess).

[766] Vgl. Ricken, S. (2008), S. 98; Piaskowski, W./Kaczmarczyk, J. (2008), S. 22; Fleischhauer, U./Kaluza, A. (2008), S. 51; Altenburg, M. (2009), S. 961.

[767] Anders ausgedrückt, scheint der Markt für Standard-Mezzanine-Kapital nach einem möglichen Zusammenschluss im Hinblick darauf, dass Standard-Mezzanine-Kapital immer noch in Konkurrenz zu anderen Finanzierungsformen wie Private Equity, Leasing/Factoring, Individual-Mezzanine-Kapital sowie insbesondere dem klassischen Fremdkapital steht, von den Unternehmen als nach wie vor funktionsfähig eingestuft zu werden. Diesbezüglich gilt es aber zu beachten, dass das Antwortverhalten auf Frage 23 vor dem Hintergrund des Zusammenbruchs des Marktes für Standard-Mezzanine-Kapital zu sehen ist und hierbei nur bedingt von einem „Wiederaufleben" dieses Marktes insbesondere in seiner bisherigen Form ausgegangen werden kann.

Bei separater Analyse der in Abbildung 5-58 dargestellten Beurteilung der Verschärfung verschiedener Bedingungen für die großen und kleinen Unternehmen sind zum einen tendenziell die gleichen Antworten wie in Abbildung 5-56, zum anderen aber auch vereinzelt stärkere Abweichungen in den beiden Gruppen zu erkennen.

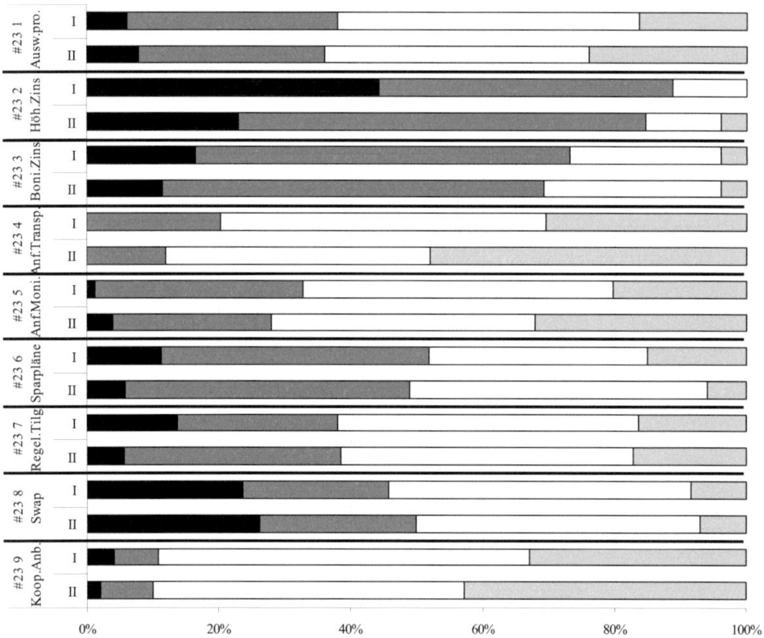

Angaben in %	#23 1		#23 2		#23 3		#23 4		#23 5		#23 6		#23 7		#23 8		#23 9	
	I	II	I	II	I	II	I	II	I	II	I	II	I	II	I	II	I	II
■ sehr nachteilig	6,3	8,0	44,3	23,1	16,7	11,5	0,0	0,0	1,3	4,0	11,4	5,9	13,9	5,8	23,7	26,2	4,1	2,0
■ nachteilig	31,6	28,0	44,3	61,5	56,4	57,7	20,3	12,0	31,6	24,0	40,5	43,1	24,1	32,7	22,0	23,8	6,8	8,2
□ weniger nachteilig	45,6	40,0	11,4	11,5	23,1	26,9	49,4	40,0	46,8	40,0	32,9	45,1	45,6	44,2	45,8	42,9	56,2	46,9
□ nicht nachteilig	16,5	24,0	0,0	3,8	3,8	3,8	30,4	48,0	20,3	32,0	15,2	5,9	16,5	17,3	8,5	7,1	32,9	42,9

Quelle: Eigene Darstellung; Rundungsdifferenzen möglich.

Abbildung 5-58: Beurteilung der Verschärfung verschiedener Bedingungen der Standard-Mezzanine-Programme für Umsatzgruppe 1 und 2 -Frage 23-

Wie Abbildung 5-59 zu entnehmen ist, sind die höheren Zinskonditionen (#23 2) sowie eine bonitätsabhängige Verzinsung (#23 3) für die kleinen Unternehmen noch nachteiliger als für die großen. Dagegen ist die Einführung eines Debt-Equity-Swap (#23 8) für die großen Unternehmen verhältnismäßig mehr von Nachteil. Dies verwundert einerseits, wird doch laut Frage 8 bzw. Abbildung 5-20 die Beibehaltung der Stimmrechts- und Eigentumsverhältnisse von großen Unternehmen als weniger wichtig und damit die Aufnahme neuer Gesellschafter, was prinzipiell die Folge eines Debt-Equity-Swaps wäre, als weniger problematisch gesehen. Andererseits ist diese Einschätzung durch die großen Unternehmen im Hinblick auf die höhere Nachteiligkeit einer Einflussnahme der Mezzanine-Kapitalgeber in der Krise laut #10 6 bzw. Abbildung 5-26 nachvollziehbar. Die für die großen Unternehmen geringere Nachteiligkeit einer Verschärfung des Monitorings (#23 5) sowie insbesondere der Transparenzanforderungen (#23 4) ist wiederum nicht unerwartet, kann für diese Unternehmen im Allgemeinen bspw. ein detaillierteres, standardisiertes Controlling unterstellt werden.[768]

Umsatzgruppe 1

Rang	Bedeutung 'sehr nachteilig' & 'nachteilig'		∑ Anteil
1	#23 2	Höhere Zinskonditionen / Risikoprämie für das Unternehmen	88,61%
2	#23 3	Bonitätsabhängige Veränderung der Zinskonditionen WÄHREND der	73,08%
3	#23 6	Einführung von Ansparplänen zur Sicherstellung der Rückzahlung	51,90%
4	#23 8	Debt-Equity-Swap	45,76%
5	#23 1	Strengerer Auswahlprozess / strengere Auswahlkriterien	37,97%
	#23 7	Einführung einer regelmäßigen Tilgung während der Laufzeit (Abkehr von einer	
6	#23 5	Strengeres Monitoring der Unternehmen während der Laufzeit	32,91%
7	#23 4	Erhöhte Anforderungen an die Transparenz / Offenlegung von Daten	20,25%
8	#23 9	Zusammenschluss verschiedener Anbieter im Bereich Standard-	10,96%

Umsatzgruppe 2

Rang	Bedeutung 'sehr nachteilig' & 'nachteilig'		∑ Anteil
1	#23 2	Höhere Zinskonditionen / Risikoprämie für das Unternehmen	84,62%
2	#23 3	Bonitätsabhängige Veränderung der Zinskonditionen WÄHREND der	69,23%
3	#23 8	Debt-Equity-Swap	50,00%
4	#23 6	Einführung von Ansparplänen zur Sicherstellung der Rückzahlung	49,02%
5	#23 7	Einführung einer regelmäßigen Tilgung während der Laufzeit (Abkehr von einer endfälligen Tilgung)	38,46%
6	#23 1	Strengerer Auswahlprozess / strengere Auswahlkriterien	36,00%
7	#23 5	Strengeres Monitoring der Unternehmen während der Laufzeit	28,00%
8	#23 4	Erhöhte Anforderungen an die Transparenz / Offenlegung von Daten	12,00%
9	#23 9	Zusammenschluss verschiedener Anbieter im Bereich Standard-	10,20%

Quelle: Eigene Darstellung.

Abbildung 5-59: Rangfolge bei Verschärfung verschiedener Bedingungen der Standard-Mezzanine-Programme für Umsatzgruppe 1 und 2 -Frage 23-

5.5. Faktorenanalyse der Vorteile von Mezzanine-Kapital

5.5.1. Definition und Grundprinzip

Unter dem Begriff der ‚Faktorenanalyse' werden multivariate Analyseverfahren zusammengefasst, mit denen sowohl die Anzahl von Daten bzw. Variablen reduziert als auch die Konstruktvalidität von Fragebögen oder Tests überprüft werden sollen. Diesbezüglich kann zwischen der exploratorischen Faktorenanalyse als hypothesengenerierendes Verfahren und der konfirmatorischen Faktorenanalyse als hypothesenprüfendes Verfahren unter-

[768] Siehe hierzu u. a. Fn. 48 und Fn. 352.

schieden werden.[769] Es sollen Zusammenhänge zwischen beobachtbaren (manifesten) Variablen bzw. Items aufgedeckt, der Datenbestand unter möglichst geringem Informationsverlust in wenige voneinander unabhängige, sog. Faktoren zusammengefasst und einem größeren Datensatz eine Struktur gegeben werden. Hintergrund des Zusammenfassens einzelner Variablen zu sog. Faktoren ist die Vermutung, dass jene Variablen, die miteinander korrelieren, sachlich zusammengehören und somit zusammengefasst werden können. Ein Beziehungszusammenhang kann hierbei in Form der Korrelationskoeffizienten quantifiziert werden. Diese Faktoren stellen demnach sozusagen latente (nicht direkt beobachtbare) bzw. synthetische Variablen dar. Hierdurch wird ersichtlich, welche Variablen gemeinsame und welche Variablen verschiedene Informationen zu einzelnen Faktoren beitragen. So soll über die Reduktion der Anzahl manifester Variablen X_j ($j = 1, 2, \ldots, m$) einer Datenmatrix Y zu Hilfsvariablen, d. h. den Faktoren, ein möglichst einfaches Erklärungsmodell für die wechselseitigen Beziehungen dieser korrelierenden Variablen X_j mit einer dann geringeren Anzahl $p < m$ unabhängiger Einflussgrößen, d. h. den Faktoren, F_k ($k = 1, 2, \ldots, p$) gefunden werden.[770] Jedes Element der Datenmatrix Y[771] ist eine Linearkombination von Realisationen von p unbekannten Faktoren, wobei die Koeffizienten l_{jk} den Einfluss oder die „Ladung“ des k-ten Faktors in der Variablen X_j beschreiben. Die auch als Faktorladungen zu bezeichnenden Koeffizienten l_{jk} können als Maßkorrelationskoeffizienten zwischen der Variablen X_j und dem jeweiligen Faktor F_k gedeutet werden und nehmen Werte zwischen -1 und +1 an. Diese Maßkorrelationskoeffizienten können in einer empirischen ($m \cdot m$)-Korrelationsmatrix, d. h. der Ladungsmatrix, zusammengefasst werden. Anschließend werden für alle Variablen X_j die zugehörigen Eigenwerte und Eigenvektoren bestimmt. Diese Eigenwerte bilden die Basis der durchzuführenden Faktoren-Extraktion. Diesbezüglich gibt der Eigenwert, der als eine varianzerklärende Maßzahl eines extrahierten Faktors F_k gedeutet werden kann, an, wie viel von der Gesamtvarianz aller m Variablen X_j durch den k-ten Faktor F_k erfasst bzw. statistisch erklärt werden kann. Es wird also ver-

---

[769] Vgl. Moosburger, H./Schermelleh-Engel, K. (2007), S. 308.

[770] Vgl. Bülow, R. (1996), S. 3; Küpker, M. (2007), S. 98; Eckstein, P. (2006), S. 308-309; Geiser, C. (2003), S. 2-6; Fromm, S. (2008), S. 330-331. Da die Faktorenanalyse nur ein weiteres Element der durchzuführenden Analysen ist, wird für weitere inhaltliche Ausführungen sowie theoretisches Hintergrundwissen auf Bülow, R. (1996), S. 3-23; Moosburger, H./Schermelleh-Engel, K. (2007), S. 307-324 verwiesen.

[771] Hierbei kann es vorteilhaft sein, die m originären Variablen X_j der Datenmatrix Y vor dem Hintergrund, dass sie in praxi nicht immer gleichartig und daher unterschiedlich dimensionsgeladen sind und auf unterschiedlichen Skalen gemessen werden können, zu transformieren und eine Datenmatrix mit standardisierten Variablen Z_j ($j = 1,2,\ldots,m$) via $Z_j = (Xj - \mu_j)/\sigma_j$ zu schaffen. Diese Datenmatrix ist nach der Transfor-

sucht, aus m Variablen X_j so viele Faktoren F_k $p < m$ zu extrahieren, wie statistisch bedeutsame Eigenwerte vorhanden sind, wobei die zu diesen Eigenwerten gehörenden Eigenvektoren die extrahierten Faktoren bilden. Die Elemente der Eigenvektoren kennzeichnen die Faktorladungen l_{jk}. Rechnerisch ist der Eigenwert eines Faktors die Summe über die quadrierten Faktorladungen bei einem Faktor.[772]

5.5.2. Anwendung am Praxisbeispiel

5.5.2.1. Variablenauswahl und Stichprobeneignung

Zunächst gilt es zu klären, auf Basis welcher Daten bzw. Variablen eine Faktorenanalyse durchgeführt wird. So werden sowohl aus statistischen (Wahl der geeigneten Analysemethode) als auch aus sachlogischen Gründen (Auswahl sachorientierter Fragen) die Daten der Fragen 8 und 9 in die Faktorenanalyse aufgenommen. Diese beiden Fragestellungen befassen sich in insgesamt 22 Teilfragen mit den Vorteilen von Mezzanine-Kapital im Allgemeinen bzw. Standard-Mezzanine-Kapital im Speziellen, wobei die einzelnen Teilfragen bzw. Teilaspekte, d. h. Variablen, Anhang VI-128 entnommen werden können. In einer Faktorenanalyse sollen Strukturen innerhalb des Datensatzes dieser 22 Variablen aufgedeckt und der Datenbestand vor dem Hintergrund der Vermutung, dass jene Variablen, die miteinander korrelieren und sachlich zusammengehören, zusammengefasst werden.

Bevor eine Faktorenanalyse durchgeführt werden kann, ist ein Test auf Eignung der Stichprobe durchzuführen. Zum Test der Eignung der Stichprobe bzw. Korrelationsmatrix dieser Stichprobe kann auf das Kaiser-Meyer-Olkin-Kriterium (KMO) zurückgegriffen werden. Dieses Kriterium zeigt an, in welchem Umfang die Ausgangsvariablen zusammengehören und dient somit als Indikator, ob die Durchführung einer Faktorenanalyse sinnvoll ist. Der Test basiert auf den sog. partiellen Korrelationen zwischen den Variablenpaaren, also den Korrelationen, aus denen die Einflüsse der anderen Variablen eliminiert wurden. Hierbei können die Werte und Beurteilungen ($KMO < 0{,}5$: inakzeptabel; $KMO \geq 0{,}5$: schlecht; $KMO \geq 0{,}6$: mäßig; $KMO \geq 0{,}7$: mittel; $KMO \geq 0{,}8$: gut; $KMO \geq 0{,}9$: hervorra-

mation dimensionslos und weist den Mittelwert $\mu = 0$ und die Standardabweichung $\sigma = 1$ auf. Vgl. Bülow, R. (1996), S. 3; Küpker, M. (2007), S. 98; Eckstein, P. (2006), S. 308-309; Geiser, C. (2003), S. 2-6.

[772] Vgl. Eckstein, P. (2006), S. 308-309; Hirsig, R. (2000), S. 11.1-11.2; Küpker, M. (2007), S. 98-104; Leyer, I./Wesche, K. (2008), S. 118.

gend) als Gütemaß angenommen werden.[773] Gemäß Abbildung 5-60 weist der KMO-Koeffizient als Maß für die Eignung der Stichprobe der Variablen der Frage 8 und 9 einen Wert von 0,724 auf. Da der Wert des KMO auf eine mittlere Eignung der Daten für die Durchführung einer Faktorenanalyse hindeutet, kann die Faktorenanalyse in der vorliegenden Form als geeignet angesehen werden.

KMO- und Bartlett-Test

Maß der Stichprobeneignung nach Kaiser-Meyer-Olkin.		0,724
Bartlett's Test auf Sphärizität	Ungefähres Chi-Quadrat	717,855
	df (Anzahl Freiheitsgrade)	231
	Signifikanz nach Bartlett	0,000

Quelle: Eigene Darstellung.

Abbildung 5-60: KMO- und Bartlett-Test

Zusätzlich sind in Abbildung 5-60 die Daten des Bartlett-Tests auf Sphärizität angegeben, denn es gilt auch zu prüfen, ob die bei der sog. Hauptkomponentenanalyse zu betrachtenden Korrelationen im Hinblick auf die Interpretierbarkeit der Ergebnisse signifikant von Null verschieden sind. Beim Bartlett-Test auf Sphärizität wird demnach die Nullhypothese geprüft, ob alle Korrelationen zwischen den einzelnen Variablen (in der Korrelationsmatrix) gleich Null und die Variablen damit unkorreliert sind. Bei einem p-Wert $\geq 0{,}05$ kann diese Nullhypothese nicht verworfen und damit die Hauptkomponentenanalyse nicht durchgeführt werden.[774] Die Prüfgröße des Bartlett-Tests gemäß Abbildung 5-60 ist χ^2-verteilt, der χ^2-Wert beträgt 717,86 bei 231 Freiheitsgraden und ist damit signifikant ($p = 0{,}000$), so dass die Korrelationen signifikant von null abweichen und eine Faktorenanalyse durchgeführt werden kann.

Da es Rahmen dieser Arbeit gilt, eine Struktur in den Variablen aufzudecken bzw. eine möglichst geringe Anzahl wechselseitig unabhängiger Faktoren, welche die Zusammenhänge zwischen den erhobenen Variablen zu erklären vermögen, zu finden, wird die in der Praxis häufig applizierte, explorative Hauptkomponentenanalyse als strukturentdeckendes bzw. hypothesengenerierendes Verfahren angewandt.[775] Hierbei setzt sich eine Faktoren-

[773] Vgl. Norušis, M. J. (1993), S. 52-53; Fromm, S. (2008), S. 325; Küpker, M. (2007), S. 103; Bülow, R. (1996), S. 10-11; Bühner, M. (2006), S. 207.

[774] Vgl. Fromm, S. (2008), S. 325.

[775] Hierbei stellen die Hauptkomponenten das Pendant zu den zuvor bereits vorgestellten Faktoren dar und ergeben sich aus der gemeinsamen Varianz mehrerer Variablen. Der erste Faktor bzw. die erste Hauptkomponente besitzt den größten Varianzanteil, die darauf folgenden Faktoren erklären sukzessiv kleinere Anteile der Gesamtvarianz. Vgl. Bülow, R. (1996), S. 4-11; Geiser, C. (2003), S. 5-6; Küpker, M. (2007), S. 104; Hirsig, R. (2000), S. 11.2. Für weiterführende Diskussionen zur Hauptkomponentenanalyse bspw.

analyse im Allgemeinen aus der Faktoren-Extraktion, -Rotation sowie der Berechnung der Faktorwerte zusammen.

5.5.2.2. Faktoren-Extraktion

Im Rahmen der Faktoren-Extraktion gilt es, die Anzahl der zu extrahierenden Faktoren zu bestimmen.[776] Hierzu kann u. a. auf das sog. Scree-Diagramm[777] zurückgegriffen werden. Dieses Diagramm enthält den Eigenwerteverlauf aller anfänglich extrahierten Faktoren, geordnet in abfallender Reihenfolge. Diesbezüglich nimmt die Erklärungsgüte der Hauptkomponenten sukzessive ab. Zur Bestimmung der Anzahl der Faktoren werden im Rahmen der Analyse eines Scree-Diagramms diejenigen Faktoren als bedeutsam klassifiziert, die numerisch durch vergleichsweise große Eigenwerte und grafisch durch einen sog. Polygonzug als eine Art Linien- oder Streckenzug mit einem vergleichsweise starken (negativen) Anstieg gekennzeichnet sind. Dies sollte sich i. d. R. im Diagramm anhand einer Krümmung bzw. eines Knicks zeigen. Somit werden die restlichen, die gemäß der Allegorie von einem „Geröllhang“ im degressiv fallenden Eigenwert-Faktor-Polygonzug durch Polygonzugglieder mit einem geringeren (negativen) Anstieg gekennzeichnet sind, als unbedeutend klassifiziert. Diese Faktoren weisen häufig einen Eigenwert von kleiner als eins auf.[778] Ein Scree-Diagramm ist beispielhaft in Anhang VI-143 im Rahmen der später noch vorzustellenden Parallelanalyse aufgeführt.

Zusätzlich zu dieser Art der optischen Einschätzung der Anzahl der zu extrahierenden Faktoren kann sich auch der exakteren Rechenmethode des Kaiser-Kriteriums bedient werden.

---

im Vergleich zur Hauptfaktorenanalyse, bei der vermutet wird, dass ein Datensatz über eine bestimmte, aus theoretischen Überlegungen abgeleitete Struktur verfügt, die mit Hilfe der Faktorenanalyse überprüft (und nicht hergeleitet) werden soll, siehe Moosburger, H./Schermelleh-Engel, K. (2007), S. 308-310 und S. 322-323; Steinhauser, U. (1998), S. 20-31; Bülow, R. (1996), S. 3-4.

[776] Hierbei setzt die Hauptkomponentenanalyse voraus, dass alle ursprünglichen m Variablenachsen zu p wechselseitig unabhängigen Faktoren rotiert werden, die sukzessiv maximale Varianz aufklären. Dies kann dazu führen, dass die Gesamtvarianz aller m Variablen durch p Faktoren nur teilweise aufgeklärt werden und demnach ein gewisser Informationsverlust auftreten kann. Hierbei gilt aber, dass bei den meisten empirischen Untersuchungen die Gesamtvarianz aller Variablen durch die Faktorenanzahl hinreichend gut erfasst werden kann. Vgl. Franke, J. et al. (2004), S. 381; Eckstein, P. (2006), S. 312; Geiser, C. (2003), S. 7-8; Küpker, M. (2007), S. 106-107; Bülow, R. (1996), S. 13-14.

[777] Scree (engl.) für Geröll.

[778] Vgl. Franke, J. et al. (2004), S. 381; Eckstein, P. (2006), S. 312; Geiser, C. (2003), S. 7-8; Küpker, M. (2007), S. 106-107; Bülow, R. (1996), S. 13-14; Janssen, J./Laatz, W. (2005), S. 540. Diese Krümmung kann auch als „Ellenbogen-Kriterium“ bezeichnet werden und stellt sozusagen den „Fuß des Eigenwerteberges“ dar, i e. die Hinzunahme von weiteren Faktoren nach dem „Knick“ erhöht nur wenig die Erklärungskraft des Modells. Vgl. Franke, J. et al. (2004), S. 381; Eckstein, P. (2006), S. 312; Geiser, C. (2003), S. 7-8; Küpker, M. (2007), S. 106-107; Bülow, R. (1996), S. 13-14.

Hiernach werden Eigenwerte in dem Maße standardisiert, dass der Wert eins stets das arithmetische Mittel aller Eigenwerte darstellt. Anschließend werden die Eigenwerte in absteigender Reihenfolge sortiert, woraufhin diejenigen Faktoren extrahiert werden, deren Eigenwert > 1 sind und somit über dem Durchschnitt liegen.[779]

Beide Verfahren sind aber zur Bestimmung der Anzahl der zu extrahierenden Faktoren nur bedingt geeignet. Auf der einen Seite erfolgt im Fall des Scree-Diagramms insbesondere bei nicht eindeutigem Verlauf der Eigenwerte (bzw. bei Fehlen eines eindeutigen „Knicks") die Wahl der Anzahl auf Basis subjektiver Einschätzungen und lässt Raum für Ungenauigkeiten. Auf der anderen Seite kann das auch als Eigenwert-Kriterium bezeichnete Kaiser-Kriterium insbesondere bei sehr vielen beobachteten Variablen zu einer (teilweise deutlichen) Überschätzung der Anzahl der Faktoren führen.[780]

Vor diesem Hintergrund wird zur Bestimmung der Anzahl der zu extrahierenden Faktoren auf die Parallelanalyse nach Horn abgestellt. Denn dieses Verfahren zielt ausdrücklich auf die Problematik des Kaiser-Kriteriums ab, d. h. dass einige Eigenwerte eine inhaltliche Relevanz nur vortäuschen und per Zufall Werte > 1 aufweisen, obwohl die Variablen in Wahrheit unkorreliert sind. Bei Parallelanalyse wird der Eigenwerteverlauf der empirisch ermittelten Korrelationsmatrix mit dem Eigenwerteverlauf der Korrelationen normalverteilter Zufallsvariablen verglichen. Hierzu werden zufällig generierte Datensätze bzw. deren zufällig korrelierende Variablen einer Faktorenanalyse unterzogen und die so gewonnenen Faktoren pro Faktor gemittelt. Als bedeutsam werden all diejenigen Faktoren erachtet, deren Eigenwerte größer sind als die gemittelten Eigenwerte der Parallelanalyse.[781] In Anhang VI-142 ist die Syntax-Ausgabe einer Parallelanalyse abgebildet, die nicht über die normale visuelle SPSS-Oberfläche zu erhalten ist, sondern mit Hilfe der SPSS-Syntax manuell erstellt wird. Im Rahmen einer Parallelanalyse werden die Komponenten bzw. Faktoren extrahiert, deren empirischer Eigenwertverlauf über dem zufälligen Eigenwertverlauf

[779] Vgl. Franke, J. et al. (2004), S. 381; Eckstein, P. (2006), S. 312; Geiser, C. (2003), S. 7-8; Küpker, M. (2007), S. 106-107; Bülow, R. (1996), S. 13-14. Ein Eigenwert < 1 eines Faktors bedeutet, dass der jeweilige Faktor weniger Varianz als eine einzelne Variable erklärt. Vgl. Fromm, S. (2008), S. 331-332.

[780] Vgl. Moosburger, H./Schermelleh-Engel, K. (2007), S. 321; Geiser, C. (2003), S. 8-9. Dies ist darauf zurückzuführen, dass einige der extrahierten Faktoren per Zufall Eigenwerte > 1 aufweisen können, auch wenn die Variablen unkorreliert sind. Vgl. Moosburger, H./Schermelleh-Engel, K. (2007), S. 321; Geiser, C. (2003), S. 8-9.

[781] Vgl. Moosburger, H./Schermelleh-Engel, K. (2007), S. 312-313; Bortz, J. (2006), S. 545; Geiser, C. (2003), S. 8-10; Janker, C. G. (2008), S. 200; Moosburger, H./Hartig, J. (2002), S. 144.

liegt. Somit liegt der empirisch beobachtbare Eigenwert für die ersten drei Komponenten über der Grenze von 95% der zufällig erzeugten Eigenwerte, wie sowohl Anhang VI-142 als auch der graphischen Darstellung der Eigenwertverläufe der empirischen Variablen und der 95%-Perzentil der Verteilung der zufällig erzeugten Eigenwerte gemäß Anhang VI-143 entnommen werden kann.[782] Demnach werden diese ersten drei Komponenten bzw. Faktoren als statistisch bedeutsam erachtet und im Rahmen der Faktorenanalyse extrahiert. In Abbildung 5-61 sind die Eigenwerte und Varianzanteile der Faktoren vor (links), d. h. anfängliche[783] Eigenwertverlauf aller Variablen, und nach der Extraktion (Mitte) der drei Faktoren sowie nach der noch durchzuführenden Faktorenrotation (rechts) wiedergegeben. Gemäß Abbildung 5-61 bildet die erste Hauptkomponente ca. 20,2%, die zweite 11,7% und die dritte ca. 9,7% der Gesamtvarianz ab, so dass diese drei Faktoren 41,5% der Gesamtvarianz zusammen abbilden. Die Beschränkung auf drei Faktoren geht also mit einem Verzicht auf Varianzaufklärung einher.[784]

	Anfängliche Eigenwerte			Summen von quadrierten Faktorladungen für Extraktion			Rotierte Summe der quadrierten Ladungen		
Faktor	Gesamt	% der Varianz	Kumulierte %	Gesamt	% der Varianz	Kumulierte %	Gesamt	% der Varianz	Kumulierte %
1	4,440	20,181	20,181	4,440	20,181	20,181	3,536	16,073	16,073
2	2,569	11,677	31,858	2,569	11,677	31,858	2,950	13,411	29,484
3	2,126	9,665	41,522	2,126	9,665	41,522	2,648	12,038	41,522
4	1,416	6,438	47,960						
5	1,150	5,228	53,188						
6	1,064	4,835	58,023						
7	1,007	4,579	62,602						
8	0,961	4,369	66,971						
9	0,870	3,954	70,925						
10	0,789	3,588	74,513						
11	0,770	3,499	78,012						
12	0,685	3,114	81,126						
13	0,642	2,918	84,044						
14	0,588	2,671	86,716						
15	0,552	2,511	89,226						
16	0,485	2,203	91,430						
17	0,430	1,953	93,383						
18	0,392	1,780	95,164						
19	0,343	1,561	96,725						
20	0,319	1,452	98,176						
21	0,240	1,093	99,270						
22	0,161	0,730	100,000						

Extraktionsmethode: Hauptkomponentenanalyse.

Quelle: Eigene Darstellung.

Abbildung 5-61: Erklärte Gesamtvarianz

Insgesamt wird bei der Hauptkomponentenanalyse die Varianz der Faktoren über alle Variablen nacheinander maximiert, so dass die Faktoren mit allen Variablen möglichst hoch

[782] Vgl. Bühner, M. (2006), S. 221-223.

[783] Mit ‚anfänglich' ist die Situation gemeint, in der ebenso viele Faktoren wie Variablen existieren. Fromm, S. (2008), S. 330.

[784] Vgl. Geiser, C. (2003), S. 13-14; Janssen, J./Laatz, W. (2005), S. 539; Fromm, S. (2008), S. 334.

korrelieren. Hierdurch tendiert der erste Faktor dazu, auf jeder Variablen signifikant bzw. hoch zu laden und somit ein genereller Faktor zu sein.[785] Die Ladungsmatrix zeigt, wie stark die Variablen auf den ersten (unrotierten) Faktor „laden", d. h. in welchem Ausmaß sie etwas Ähnliches messen. Denn Faktorladungen geben Aufschluss über die Beziehung zwischen den Variablen und den Faktoren. Um einen Faktor inhaltlich zu interpretieren, wird für die Variablen, die auf diesen Faktor hoch „laden", der gemeinsame inhaltliche Nenner zu bestimmen versucht. In Anhang VI-144 ist die (unrotierte) Faktoren- bzw. Komponentenmatrix aufgeführt. Hierbei stehen die Faktoren bzw. Komponenten in den Spalten der Matrix, die Variablen in den Zeilen. Eine spaltenweise Betrachtung verdeutlicht, durch welche Variablen der jeweilige Faktor bestimmt wird. Bei zeilenweiser Betrachtung ist zu erkennen, auf welche Faktoren die jeweils betrachtete Variable hoch lädt. Ideal wäre einer sog. Einfachstruktur, bei der jede Variable nur auf einem einzigen Faktor eine hohe Ladung (Primärladung) und auf den übrigen Faktoren keine oder nur geringe Ladungen (Sekundärladungen) aufweist, möglichst nahe zu kommen. Denn eine Einfachstruktur ist Voraussetzung für eine sinnvolle Interpretation.[786] Gemäß Anhang VI-144 zeichnet sich aber kein deutliches Ladungsmuster ab und viele Items laden auf mehrere Faktoren hoch.

5.5.2.3. Faktoren-Rotation

Im Hinblick auf eine einfachere Interpretierbarkeit kann eine bessere Aufteilung der Faktorladungen auf die drei Faktoren mit einer Rotation (bzw. Transformation) der Faktoren erreicht werden. Ziel ist es, für die im Zuge der Faktorenanalyse extrahierten bedeutsamen Faktoren eine möglichst einfache und sachlogisch plausibel interpretierbare Struktur für eine angestrebte „Faktorentaufe" als treffende Bezeichnung für denjenigen gemeinsamen Faktor bzw. eine Zusammenfassung für die auf einen gemeinsamen Faktor hoch ladenden Variablen zu finden. So werden durch eine Rotation sowohl die Faktorladungen als auch die Eigenwerte der rotierten Faktoren verändert und zugleich die Varianz der Faktorladungen eines rotierten Faktors bei gleich bleibender Gesamtvarianz aller extrahierten Faktoren vergrößert. Demnach wird nur die Struktur der Verteilung der Gesamtvarianz auf die ext-

---

[785] Vgl. Janssen, J./Laatz, W. (2005), S. 542; Bühner, M. (2006), S. 186.

[786] Vgl. Fromm, S. (2008), S. 327-328; Bühner, M. (2006), S. 228; Moosburger, H./Schermelleh-Engel, K. (2007), S. 313-314; Küpker, M. (2007), S. 109-110; Leyer, I./Wesche, K. (2008), S. 110. Für weiterführende Informationen siehe Überla, K. (1971), S. 175-187.

rahierten Faktoren mit dem Ziel einer Einfachstruktur verändert, so dass die Variablenstruktur, aus denen sich ein Faktor zusammensetzt, klarer wird.[787]

Als Rotationsverfahren bieten sich einerseits Rotationen in rechtwinkliger (orthogonaler) sowie andererseits in schiefwinkliger (obliquer) Art und Weise an. Da für die hier durchgeführte Faktorenanalyse die Annahme getroffen wird, dass die Faktoren unkorreliert sind, wird auf ein orthogonales Verfahren zurückgegriffen, d. h. auf das in der Praxis häufig genutzte VARIMAX-Verfahren nach Kaiser. Ziel dieses Verfahrens ist es, zum einen die VARIanz der Faktorladungen zu MAXimieren und zum anderen die Anzahl extrahierter Faktoren zu minimieren. Die angenommene Unkorreliertheit der Faktoren bleibt in diesem Zusammenhang erhalten.[788]

Grundlage für die Interpretation der Faktoren ist in praxi demnach nicht die (unrotierte) Komponentenmatrix, sondern die in Abbildung 5-62 dargestellte rotierte Komponentenmatrix. Als Kriterium für die Zuordnung von Variablen zu einem Faktor wird häufig eine Faktorladung von $\geq 0{,}5$ angesehen. Da es sich in diesem Fall aber um einen Richtwert handelt, werden auch Variablen mit niedrigeren Faktorladungen einem Faktor zugeordnet, insofern dies inhaltlich sinnvoll erscheint. So werden im Rahmen dieser Arbeit auch Faktorladungen von mindestens 0,3 als ausreichend angesehen, um sinnvoll interpretiert werden zu können. Hierbei wird eine Variable i. d. R. dem Faktor zugewiesen, auf dem es am höchsten lädt, wobei es aber zu beachten gilt, dass statistische Bedeutsamkeit nicht immer

[787] Graphisch stellt diese Transformation eine Rotation des Achsenkreuzes dar, bei die extrahierten Faktoren durch Achsen dargestellt und die Punkte im Raum durch die Faktorladungen bestimmt sind. Insgesamt ist somit die Position der Achsen gesucht, bei der die Varianz der (quadrierten) Ladungen pro Faktor bzw. Achse maximiert wird. Anders ausgedrückt sollen möglichst viele Punkte (d. h. Variablen) durch die gedrehten Achsen repräsentiert werden. Durch die Rotation soll erreicht werden, dass sich Gruppen von Variablen bilden, deren Punkte entweder nahe an und weit entfernt vom Nullpunkt der Achse liegen – und damit auf diesen Faktor hochladen – oder aber nahe am Schnittpunkt der Achsen liegen und damit auf beiden Faktoren geringe Ladungen aufweisen. Liegen die Variablen dagegen nicht nahe den Achsen, werden sie mit beiden Faktoren erklärt. Ferner sollten Variablen nur hohe Ladungen auf einem Faktor besitzen und somit nicht in den „Ecken" der Grafik liegen. Vgl. Eckstein, P. (2006), S. 315-316; Moosburger, H./Schermelleh-Engel, K. (2007), S. 314; Geiser, C. (2003), S. 10-11; Steinhauser, U. (1998), S. 30-32; Bülow, R. (1996), S. 17-18.

[788] Weitere Verfahren werden bei Janker, C. G. (2008) S. 206-207 vorgestellt. Bei einer obliquen Rotation wie der Oblimin-Rotation werden dagegen Korrelationen zwischen den Faktoren zugelassen, was aber die Interpretierbarkeit mit steigender Korrelation umso schwerer werden lässt. Ist das Ziel der Faktorenanalyse einerseits die Datenreduktion und liegen andererseits keine theoretisch fundierten Annahmen über die Dimensionalität der Variablen vor, sollte auf ein orthogonales Rotationsverfahren abgestellt werden. Liegen dagegen theoretische Hinweise auf Korreliertheit der Faktoren vor, sollten oblique Rotationsverfahren zum Einsatz kommen. Siehe ebenda.

mit inhaltlicher Bedeutsamkeit einhergeht.[789] Für die inhaltliche Interpretation der Faktoren werden gewöhnlich Leitvariablen oder Markierungsvariablen herangezogen, die besonders hoch auf diesen Faktor laden. Anhand dieser Variablen ist die Bedeutung des Faktors am ehesten zu erkennen.[790] Wird eine Zuordnung der Variablen zu den drei extrahierten Faktoren vorgenommen, können die in Abbildung 5-62 grau unterlegten Variablen in der rotierten Komponentenmatrix aufgrund ihrer hohen korrelativen Eigenschaften somit dem jeweiligen Faktor zugeordnet werden. Insgesamt ist für den größten Teil der Faktorladungen bzw. Variablen nach Rotation eine Einfachstruktur zu erkennen.

Rotierte Komponentenanalyse (Faktorladungen)[a]

	Komponente		
	1	2	3
9_2 Anrech_wirtsch_EK	0,810		
8_3 Verbesserung_Rating	0,760		
8_1 Erhöh_bil_EK	0,742		
8_2 Erhöh_wirtsch_EK	0,730		
8_4 Senkung_FK-Zinsen	0,642		
9_1 Geringerer_Zins_vs.Ind_Mezz.	0,428	0,349	
9_9 Transp_Kostenstruktur	0,378		0,370
8_10 Steuerl_Abzugsfähigkeit	0,375		
9_3 Stand_Auswahlprozess			
8_9 Vertragsflexibilität			
8_7 Langfr_Finanzierung		0,734	
9_5 Langfr_Finanzierung		0,682	
8_5 Erweit_Finanz.spielraum		0,638	
8_6 Keine_Sicherheiten		0,633	
8_8 Keine_Änd_Stimmrechte		0,504	
8_12 Freier_Vwz		0,502	
8_11 Diversi_Fin_Struktur		0,414	
9_4 Endf_Tilgung		0,391	
9_6 Ind_Kapitalmarkt_Bekanntheit			0,853
9_7 Ind_Kapitalmarkt_Investoren			0,846
9_8 Vorbereitung_Kapitalmarkt			0,714
8_13 Umgang_ext_Kap.geber			0,516

Extraktionsmethode: Hauptkomponentenanalyse.
Rotationsmethode: Varimax mit Kaiser-Normalisierung.
a. Die Rotation ist in 5 Iterationen konvergiert.

Quelle: Eigene Darstellung.

Abbildung 5-62: SPSS-Ausgabe der Faktorladungen der rotierten Komponentenmatrix[791]

So können die Variablen 9_2, 8_3, 8_1, 8_2, 8_4, und 8_10 dem Faktor 1 zugeordnet werden. Der inhaltliche Nenner der Variablen, die diesem Faktor 1 zugeordnet wurden, ist das

[789] Vgl. Kline, P. (1994), S. 53; Eckstein, P. (2006), S. 315-316; Moosburger, H./Schermelleh-Engel, K. (2007), S. 314; Geiser, C. (2003), S. 10-11; Steinhauser, U. (1998), S. 30-32; Bülow, R. (1996), S. 17-18; Bühner, M. (2006), S. 208.

[790] Vgl. Janssen, J./Laatz, W. (2005), S. 546.

[791] In der Abbildung sind die Faktorladungen < 0,3 zur besseren Übersichtlichkeit unterdrückt.

Thema ‚Eigenkapital bzw. Eigenkapitalähnlichkeit und seine unmittelbaren Auswirkungen' von Mezzanine-Kapital, so dass der Faktor 1 als Faktor ‚Eigenkapital(ähnlichkeit) und unmittelbare Folgen' bezeichnet wird. Die Auswirkungen dieser Eigenkapitalähnlichkeit können einerseits in Form der Ratingverbesserung (8_3) und der damit einhergehenden (möglichen) Senkung der Fremdkapitalzinsen (8_4) sein. Andererseits besteht auf Basis der Möglichkeit der Ausgestaltung als wirtschaftliches Eigenkapital eine gleichzeitige steuerliche Abzugsfähigkeit der Finanzierungskosten (8_10), so dass auch diese Variable als „unmittelbare" Folge des wirtschaftlichen Eigenkapitals angesehen und dem Faktor 1 zugeordnet werden kann.

Faktor 2 beinhaltet dagegen Variablen, die die sonstige Vorteilhaftigkeit von Mezzanine-Kapital insbesondere gegenüber klassischem Fremdkapital widerspiegelt. Somit können die Variablen 8_7, 9_5, 8_5, 8_6, 8_8, 8_12, 8_11 und 9_4 dem Faktor 2 zugeordnet werden. Der Faktor 2 selbst kann als ‚Sonstige Vorteilhaftigkeit' von Mezzanine-Kapital bzw. Standard-Mezzanine-Kapital bezeichnet werden.

Die Variablen 9_6, 9_7, und 9_8 befassen sich mit der Thematik des Kapitalmarktes als Kapitalgeber und (Re-)Finanzierungsquelle für das Standard-Mezzanine-Kapital bzw. 8_13 mit der Kapitalgeberseite im Allgemeinen, so dass dieser Faktor als ‚Kapitalmarkt' bezeichnet werden kann.

Nicht einem einzigen Faktor eindeutig zuzuordnen sind die Variablen 9_1 (Günstigere Finanzierungskonditionen als bei individuellem Mezzanine-Kapital) und 9_9 (Übersichtliche und transparente Kostenstruktur für die Unternehmen), die auf jeweils zwei Faktoren (hoch) laden. Variable 9_1 lädt auf den ersten beiden Faktoren, Variable 9_9 auf Faktor 1 und 3. Hierbei wird die Variable 9_1 trotz höherer Ladung auf Faktor 1 dem Faktor 2 ‚Sonstige Vorteilhaftigkeit' von (Standard-)Mezzanine-Kapital zugeordnet. Eine inhaltliche Zuordnung zu Faktor 1 ist nur nicht möglich, da die geringeren Zinskosten von Standard-Mezzanine-Kapital im Vergleich zum Individual-Mezzanine-Kapital auf die Standardisierung in den Verträgen und dem Auswahl- und Monitoringprozess zurückzuführen sind und nicht auf die Möglichkeit der Ausgestaltung als wirtschaftliches Eigenkapital. Denn diese Möglichkeit bietet sich auch bei Individual-Mezzanine-Kapital. Die Variable 9_9 kann dagegen inhaltlich gesehen keinem der beiden Faktoren 1 und 3 eindeutig zugeordnet werden. Ferner ist für die Variablen 9_3 (Standardisierter und nachvollziehbarer Auswahlprozess) sowie 8_9 (Flexibilität in der Vertragsgestaltung) festzustellen, dass sie auf keinen

Faktor hochladen. Diese beiden Variablen können keinem der hier benannten Faktoren zugeordnet werden, da sie nur einen relativ geringen Beitrag zur Erklärung der Faktoren leisten und auch inhaltlich kaum bzw. nur bedingt einem der drei Faktoren zugeordnet werden können. Insbesondere für die Variable 8_9 sind die geringen Faktorladungen aber nachvollziehbar, da im Rahmen der Untersuchung Unternehmen befragt wurden, die Standard-Mezzanine-Kapital mit einem hohen Grad an Standardisierung (und keiner Flexibilität) in der „Vertragsgestaltung" aufgenommen haben. Abbildung 5-63 gibt einen zusammenfassenden Überblick über die jedem Faktor zugeordneten Variablen sowie deren thematischen Inhalte.[792]

Hoch ladende Variablen		**Resultierender Faktor**	
Frage-Nr.	**Thematischer Bereich**	**Nr.**	**Thematische Einordnung**
9_2	Anrechnung als wirtschaftliches Eigenkapital	1	**Eigenkapital(ähnlichkeit) und unmittelbare Folgen**
8_3	Verbesserung des Ratings / der Bonität		
8_1	Erhöhung des bilanziellen Eigenkapitals		
8_2	Erhöhung des wirtschaftlichen Eigenkapitals		
8_4	Durch Erhöhung der Haftkapitalbasis günstigere Konditionen für zukünftige Finanzierungen		
8_10	Steuerliche Abzugsfähigkeit der Finanzierungskosten		
8_7	Langfristige Finanzierung	2	**Sonstige Vorteilhaftigkeit**
9_5	Langfristige Finanzierung		
8_5	Die Aufnahme von Mezzanine-Kapital erweitert den Finanzierungsspielraum		
8_6	Keine Bereitstellung von Sicherheiten notwendig		
8_8	Keine Veränderung der Stimmrechts- & Eigentumsverhältnisse		
8_12	Freie / nicht zweckgebundene Verfügung über das Mezzanine-Kapital		
8_11	Diversifizierung der Finanzierungsstruktur (Reduzierung der Abhängigkeit von der Hausbank)		
9_4	Endfällige Tilgung		
9_1	Günstigere Finanzierungskonditionen als bei individuellem Mezzanine-Kapital		
9_6	Indirekter Kapitalmarktzugang erhöht Bekanntheitsgrad des Unternehmens	3	**Kapitalmarkt**
9_7	Indirekter Kapitalmarktzugang eröffnet neue Investorenkreise		
9_8	Transaktion dient der Vorbereitung weiterer Kapitalmarkttransaktionen		
8_13	Umgang mit „externen" Kapitalgebern kann geübt werden		

Quelle: Eigene Darstellung in Anlehnung an Küpker, M. (2007), S. 113.

Abbildung 5-63: Übersicht über die thematische Einordnung der Faktoren

Im Rahmen der Zuordnung von Variablen zu Faktoren sowie im Zusammenhang mit Eigenwerten, Faktorladungen und Komponentenmatrizen ist auch auf die sog. Kommunalitäten einzugehen. Die Kommunalität gibt in diesem Zusammenhang an, mit wie vielen ext-

[792] Es aber darauf hingewiesen, dass bei der Analyse sowie insbesondere bei der Interpretation der Faktoren großer Spielraum besteht. Vgl. Rinkenburger, R. (2009), S. 476.

rahierten Faktoren wie viel Varianz der einzelnen beobachteten Variablen erklärt werden kann, d. h. sie gibt an, welcher Betrag der Streuung einer Variablen durch alle Faktoren gemeinsam erklärt wird. Die Kommunalität ist demnach die durch die Faktoren erklärte Varianz einer Variablen. Die Werte der Kommunalität liegen zwischen 0 und 1. Variablen mit niedriger Kommunalität werden durch die Faktorenlösung schlecht erfasst. Hierbei unterscheiden sich die Kommunalitäten der unrotierten und der rotierten Faktorlösung nicht, denn die durch die beiden Faktoren erklärten Varianzanteile werden lediglich umverteilt. In Anhang VI-145 ist die Höhe der Kommunalitäten vor und nach der Faktorenextraktion veranschaulicht.[793] Es ist zu erkennen, dass nach der Extraktion der drei Faktoren die Kommunalitäten der Variablen 8_9 (Flexibilität in der Vertragsgestaltung) mit einem Wert von 0,091 und der Variablen 9_3 (Standardisierter und nachvollziehbarer Auswahlprozess) mit einem Wert von 0,139 sehr gering sind, so dass der Anteil der aufgeklärten Varianz der beiden Variablen, die bereits gemäß Abbildung 5-62 geringe Faktorladungen aufgewiesen haben, durch die drei extrahierten Faktoren nur 9,1% bzw. 13,9% beträgt. Dies verdeutlicht, dass eine Zuordnung dieser beiden Variablen zu einem der drei Faktoren nicht sinnvoll wäre.

5.5.2.4. Berechnung der Faktorwerte

Nachdem in den ersten beiden Schritten die Faktoren extrahiert und rotiert wurden, werden im letzten Schritt die Faktorwerte für die drei extrahierten und rotierten Faktoren berechnet. Diesbezüglich handelt es sich um die Ausprägung der Faktoren bei den Merkmalsträgern. Letztlich gibt ein Faktorwert Auskunft darüber, wie stark die in einem Faktor zusammengefassten und empirisch beobachteten Variablen beim Merkmalsträger, d. h. Unternehmen, ausgeprägt sind.[794]

Im Rahmen der Hauptkomponentenanalyse können die Faktorwerte unter Verwendung der rotierten Faktorenmatrix für jeden Merkmalsträger genau berechnet werden, bei anderen Verfahren sind diese über multiple Regressionen zu schätzen. Hierfür bieten sich Verfahren wie die Regression, das sog. Bartlett-Verfahren oder das Anderson-Rubin-Verfahren an. Höhere Faktorwerte (bei Standardisierung der Faktorwerte positive Faktorwerte) deu-

---

[793] Vgl. Moosburger, H./Schermelleh-Engel, K. (2007), S. 311-316; Janssen, J./Laatz, W. (2005), S. 536; Janker, C. G. (2008), S. 191.

[794] In Anhang VI-146 ist die Koeffizientenmatrix der Faktorwerte abgebildet.

ten hierbei auf eine überdurchschnittliche Ausprägung dieses Variablenkomplexes im Vergleich zu allen anderen Objekten et vice versa hin. Die so berechneten Faktorwerte der extrahierten Faktoren können in vielfältiger Art und Weise zur Konstruktion statistischer Modelle herangezogen werden und bspw. im Rahmen einer weiterführenden sog. Clusteranalyse verwendet werden.[795]

Nachdem für die Vorteile von Mezzanine-Kapital und Standard-Mezzanine-Kapital eine Faktorenanalyse mit dem Ergebnis einer dreifaktoriellen Lösung durchgeführt wurde, bietet sich eine Faktorenanalyse auch für die Nachteile von Mezzanine-Kapital in Frage 10 (Nachteile von (Standard-)Mezzanine-Kapital) an. Darüber hinaus können auch die Variablen der Frage 23 (Einfluss einer Verschärfung verschiedener Bedingungen auf die Entscheidung einer erneuten Teilnahme an einem Standard-Mezzanine-Programm) Gegenstand einer Faktorenanalyse sein. Wird aber im ersten Schritt eine Prüfung dieser beiden Fragen bzw. Stichproben hinsichtlich der Eignung dieser Stichproben, Basis einer Faktorenanalyse zu sein, durchgeführt, ergeben sich folgende Ergebnisse. Gemäß dem Kaiser-Meyer-Olkin-Kriterium können bei einem Test auf Eignung der Stichprobe KMO-Koeffizienten von 0,527 für Frage 10 und von 0,569 für Frage 23 ermittelt werden. Diese beiden Koeffizienten weisen gemäß dem in Abschnitt 5.5.2.1. vorgestellten Gütemaßes auf eine schlechte Eignung der Stichprobe zur Durchführung einer Faktorenanalyse hin.

5.5.2.5. Reliabilitätsanalyse

Abschließend wird eine Reliabilitätsanalyse durchgeführt, um die Reliabilität bzw. Zuverlässigkeit der Faktoren und die Aussagekonsistenz des Fragebogens zu überprüfen. Die Reliabilität gibt den Anteil der Varianz der wahren Werte an der Varianz der beobachteten Werte an. Als Maß für diese Reliabilität wird das Cronbach's Alpha als das am häufigsten angewandte Reliabilitätsmaß verwendet. In diesem Zusammenhang wird ein Richt- bzw. Normwert von mindestens 0,6 angenommen, damit ein Faktor bzw. der ihm zugrunde liegende Itemkatalog als konsistent bzw. zuverlässig bezeichnet werden kann.[796]

---

[795] Vgl. Eckstein, P. (2006), S. 319; Janssen, J./Laatz, W. (2005), S. 517; Bülow, R. (1996), S. 19-20; Janker, C. G. (2008), S. 208.

[796] Vgl. Bühner, M. (2006), S. 124; Eckstein, P. (2006), S. 291-305. Hierbei wird in der praktischen statistischen Arbeit teilweise von Normwerten von mindestens 0,6 bis zu Normwerten von mindestens 0,8 ausgegangen. Vgl. Eckstein, P. (2006), S. 305; Bühner, M. (2006), S. 140.

Für die Überprüfung der Eindimensionalität der drei extrahierten Faktoren wird die Variable bzw. das Item 9_1, das in der Faktorenanalyse nicht eindeutig auf einen Faktor lädt, in einem ersten Schritt aus der Analyse ausgeschlossen. Die Variablen 9_9, 9_3 und 8_9, die nicht auf einen Faktor laden bzw. keinem Faktor zugeordnet werden können, werden von der Reliabilitätsanalyse komplett ausgeschlossen. Anschließend wird für jeden der drei Faktoren eine Reliabilitätsanalyse durchgeführt. Fehlende Werte werden bei dieser Analyse fallweise ausgeschlossen.

Für die Interpretation von Bedeutung sind hierbei insbesondere die Angabe zur ‚Korrigierte Item-Skala-Korrelation' und die Angabe zum ‚Cronbach's Alpha, wenn Item weggelassen'. Die ‚Korrigierte Item-Skala-Korrelation', der sog. Trennschärfekoeffizient, gibt an, wie stark die jeweilige Variable mit einem Punktwert, der aus allen anderen Variablen gebildet wird, korreliert bzw. wie gut es demnach zur Skala passt. Der Wert ‚Cronbach's Alpha, wenn Item weggelassen' zeigt dagegen an, wie sich der Wert des Cronbach's Alpha für die restlichen bzw. verbleibenden Variablen verändern würde, wenn die betreffende Variable bei der Analyse unberücksichtigt bliebe. Würde sich der Wert des Cronbach's Alpha bei einer Berechnung der Skala ohne diese Variable verbessern, ist das ein Hinweis auf mangelnde Eignung der Variablen.[797]

In Anhang VI-147 sowie insbesondere in Abbildung 5-64 und Abbildung 5-65 sind die Ergebnisse einer Reliabilitätsanalyse für Faktor 1 aufgeführt. Insgesamt ist gemäß Abbildung 5-64 für den Faktor 1 mit einem Wert von 0,784 für das Cronbach's Alpha eine gute Trennschärfe festzustellen.

Cronbach's Alpha	Anzahl der Items
0,784	6

Quelle: Eigene Darstellung.

Abbildung 5-64: Ausgabe der Reliabilitätsanalyse für Faktor 1 – Cronbach's Alpha

Bei Betrachtung der Ergebnisse gemäß Abbildung 5-65 fällt aber die geringe Trennschärfe der Variablen 8_10 (Steuerliche Abzugsfähigkeit der Finanzierungskosten) mit einer ‚Korrigierte Item-Skala-Korrelation' von 0,236 auf. Die Eliminierung dieser Variablen hätte eine Erhöhung der Reliabilität von 0,784 auf den Wert des ‚Cronbach's Alpha, wenn Item weggelassen' von 0,822 zur Folge. Demnach scheint diese Variable eher ungeeignet und

[797] Vgl. Fromm, S. (2008), S. 338-341; Bühner, M. (2006), S. 145-146.

nicht gut zur Skala zu passen. Als (inhaltlicher) Grund für diese geringe Trennschärfe kann angeführt werden, dass die steuerliche Abzugsfähigkeit nicht nur bei Mezzanine-Kapital, dass wirtschaftliches und nicht bilanzielles Eigenkapital darstellt, genutzt werden kann, sondern dies auch bei klassischen Fremdkapital möglich ist. Da die Variable aber inhaltlich gut zur Skala passt, wird diese Variable weiterhin dem Faktor 1 ‚Eigenkapital(ähnlichkeit) und unmittelbare Folgen' zugeordnet.[798]

	Skalenmittelwert, wenn Item weggelassen	Skalenvarianz, wenn Item weggelassen	Korrigierte Item-Skala-Korrelation	Cronbach's Alpha, wenn Item weggelassen
9_2 Anrech_wirtsch_EK	10,5043	8,494	0,662	0,723
8_3 Verbesserung_Rating	10,4188	8,246	0,630	0,727
8_1 Erhöh_bil_EK	10,2906	8,070	0,596	0,735
8_2 Erhöh_wirtsch_EK	10,5128	8,804	0,590	0,739
8_4 Senkung_FK-Zinsen	9,86320	8,585	0,537	0,750
8_10 Steuerl_Abzugsfähigkeit	9,90600	9,982	0,236	0,822

Quelle: Eigene Darstellung.

Abbildung 5-65: Item-Skala-Statistiken für Faktor 1 im Rahmen einer Reliabilitätsanalyse

Die Ergebnisse einer Reliabilitätsanalyse für den Faktor 2 in Anhang VI-148 sowie insbesondere in Abbildung 5-66 und Abbildung 5-67 deuten mit einem Cronbach's Alpha von 0,712 auf eine gute Trennschärfe hin.

Cronbach's Alpha	Anzahl der Items
0,712	8

Quelle: Eigene Darstellung.

Abbildung 5-66: Ausgabe der Reliabilitätsanalyse für Faktor 2 – Cronbach's Alpha

Gemäß Abbildung 5-67 ist aber eine geringe Trennschärfe der Variablen 9_4 (Endfällige Tilgung) mit einer ‚Korrigierte Item-Skala-Korrelation' von 0,265 zu erkennen. Auch hier würde die Eliminierung dieser Variablen die Realibilität von 0,712 auf 0,715 (marginal) erhöhen. Wie zuvor kann auch hier eine endfällige Tilgung nicht als ein nur dem Mezzanine-Kapital eigener Vorteil angesehen werden. Vor diesem Hintergrund und aufgrund der nur marginalen Erhöhung der Trennschärfe bei Eliminierung dieser Variablen, wird auch hier die Variable beibehalten.

[798] Würden diese nicht trennscharfe Variable aus dem Faktor herausgenommen werden, könnte bei einer erneuten Reliabilitätsanalyse das Alpha sukzessiv maximiert werden. Dieses Vorgehen der Reliabilitätssteigerung wird als Alpha-Maximierung bezeichnet. Vgl. Bühner, M. (2006), S. 146.

	Skalenmittelwert, wenn Item weggelassen	Skalenvarianz, wenn Item weggelassen	Korrigierte Item-Skala-Korrelation	Cronbach's Alpha, wenn Item weggelassen
8_7 Langfr_Finanzierung	12,9500	9,359	0,514	0,664
8_5 Erweit_Finanz.spielraum	12,8500	9,406	0,443	0,676
8_6 Keine_Sicherheiten	12,7917	9,208	0,433	0,677
8_8 Keine_Änd_Stimmrechte	12,9250	9,196	0,385	0,688
9_5 Langfr_Finanzierung	12,8917	9,476	0,540	0,662
8_11 Diversi_Fin_Struktur	12,4000	9,334	0,353	0,696
8_12 Freier_Vwz	12,7833	9,482	0,370	0,691
9_4 Endf_Tilgung	12,0833	9,775	0,265	0,715

Quelle: Eigene Darstellung.

Abbildung 5-67: Item-Skala-Statistiken für Faktor 2 im Rahmen einer Reliabilitätsanalyse

Wird in einem nächsten Schritt die Variable 9_1, die zuvor von der Reliabilitätsanalyse ausgeschlossen war, da sie sowohl auf Faktor 1 als auch auf Faktor 2 hoch lädt, zu der Reliabilitätsanalyse für den Faktor 2 hinzugenommen, können die in Anhang VI-149 sowie insbesondere in Abbildung 5-68 und Abbildung 5-69 dargestellten Ergebnisse festgestellt werden. Hiernach erhöht sich die Reliabilität von 0,712 gemäß Abbildung 5-66 auf 0,726 gemäß Abbildung 5-68.

Cronbach's Alpha	Anzahl der Items
0,726	9

Quelle: Eigene Darstellung.

Abbildung 5-68: Ausgabe der Reliabilitätsanalyse für Faktor 2 inkl. Variable 9_1 – Cronbach's Alpha

Hervorzuheben ist, dass gemäß Abbildung 5-69 durch die Hinzunahme der Variablen 9_1 eine Eliminierung (irgend)einer Variablen die Reliabilität nicht mehr erhöhen, sondern senken würde. Selbst Variable 9_4, dessen Eliminierung bei Herauslassen von Variable 9_1 die Reliabilität des Faktors 2 noch marginal erhöht hatte, weist nun ein ‚Cronbach's Alpha, wenn Item weggelassen' von 0,725 auf. Dieser Wert liegt unter dem Cronbach's Alpha von 0,726. Somit scheint die Hinzunahme von Variable 9_1 die Reliabilität von Faktor 2 insgesamt zu erhöhen und zu stabilisieren.

	Skalenmittelwert, wenn Item weggelassen	Skalenvarianz, wenn Item weggelassen	Korrigierte Item-Skala-Korrelation	Cronbach's Alpha, wenn Item weggelassen
8_7 Langfr_Finanzierung	14,7304	11,304	0,510	0,686
8_5 Erweit_Finanz.spielraum	14,6261	11,113	0,481	0,688
8_6 Keine_Sicherheiten	14,5739	11,071	0,448	0,693
8_8 Keine_Änd_Stimmrechte	14,6783	10,922	0,414	0,700
9_5 Langfr_Finanzierung	14,6696	11,486	0,505	0,688
8_11 Diversi_Fin_Struktur	14,1826	11,168	0,363	0,710
8_12 Freier_Vwz	14,5565	11,337	0,376	0,706
9_4 Endf_Tilgung	13,8696	11,658	0,281	0,725
9_1 Geringerer_Zins_vs.Ind_Mezz.	14,4783	12,129	0,292	0,719

Quelle: Eigene Darstellung.

Abbildung 5-69: Item-Skala-Statistiken für Faktor 2 inkl. Variable 9_1 im Rahmen einer Reliabilitätsanalyse

Die Reliabilitätsanalyse für Faktor 3 kann Anhang VI-150 sowie insbesondere Abbildung 5-70 und insbesondere Abbildung 5-71 entnommen werden. So kann ein Cronbach's Alpha von 0,770 und damit eine gute Zuverlässigkeit des Faktors 3 konstatiert werden.

Cronbach's Alpha	Anzahl der Items
0,770	4

Quelle: Eigene Darstellung.

Abbildung 5-70: Ausgabe der Reliabilitätsanalyse für Faktor 3 – Cronbach's Alpha

Aber auch hier kann für die Variable 8_13 (Umgang mit „externen" Kapitalgebern kann geübt werden) gemäß Abbildung 5-71 eine geringere Trennschärfe festgestellt werden. Die Eliminierung würde die Reliabilität von 0,770 auf 0,820 erhöhen. Als Grund für diese geringere Trennschärfe dieser Variablen kann angeführt werden, dass sich dieses Item nicht direkt mit dem Thema Kapitalmarkt, sondern mehr mit den Kapitalgebern und dem Umgang mit ihnen im Allgemeinen befasst. Da die Zahl der Variablen für diesen Faktor aber ohnehin schon eher gering ist und die Variable inhaltlich gut zur Skala passt, wird diese Variable weiterhin dem Faktor zugeordnet.

	Skalenmittelwert, wenn Item weggelassen	Skalenvarianz, wenn Item weggelassen	Korrigierte Item-Skala-Korrelation	Cronbach's Alpha, wenn Item weggelassen
9_6 Ind_Kapitalmarkt_Bekanntheit	9,7458	2,636	0,723	0,630
9_7 Ind_Kapitalmarkt_Investoren	9,7288	2,729	0,699	0,646
9_8 Vorbereitung_Kapitalmarkt	9,5932	3,047	0,530	0,736
8_13 Umgang_ext_Kap.geber	9,8305	3,304	0,367	0,820

Quelle: Eigene Darstellung.

Abbildung 5-71: Item-Skala-Statistiken für Faktor 3 im Rahmen einer Reliabilitätsanalyse

Insgesamt ist festzustellen, dass eine Faktorenanalyse der mit Mezzanine- bzw. Standard-Mezzanine-Kapital in Verbindung gebrachten Vorteile eine dreifaktorielle Lösung liefert. Die drei Faktoren ‚Eigenkapital(ähnlichkeit) und unmittelbare Folgen', ‚Sonstige Vorteilhaftigkeit' und ‚Kapitalmarkt' lassen inhaltlich gut interpretieren und sind sowohl auf Basis inhaltlicher wie auch statistischer Kriterien gerechtfertigt.

5.6. Diskussion der Ergebnisse und Fazit

Zusammenfassend ist festzuhalten, dass Mezzanine-Kapital laut Unternehmensangabe eine wichtige Rolle einnimmt. So sind gemäß Frage 8 und 9 laut Unternehmensangabe vor allem die Langfristigkeit der Kapitalüberlassung, gefolgt von der Erweiterung des Finanzierungsspielraums sowie der Beibehaltung der Stimmrechts- & und Eigentumsverhältnisse die wichtigsten Aspekte der Mezzanine-Kapital-Aufnahme. Insbesondere die nicht höchste

Priorität der wirtschaftlichen Eigenkapitalähnlichkeit (Platz 4) verwundert vor dem Hintergrund der Eigenkapitalschwäche mittelständischer Unternehmen. Denn vor allem aufgrund der Nachrangigkeit des Mezzanine-Kapitals und des damit einhergehenden höheren Risikos für die Kapitalgeber ist das Kapital teurer als klassisches Fremdkapital. Die Unternehmen „erkaufen“ sich somit quasi (wirtschaftliches) Eigenkapital „auf Zeit“, so dass die Eigenkapitalähnlichkeit bzw. die Anrechnung als wirtschaftliches Eigenkapital als wichtigste positive Eigenschaft von Mezzanine-Kapital erwartet worden wäre. Die reine Langfristigkeit würde dagegen auch klassisches und damit zumeist günstigeres Fremdkapital bieten – insofern Banken günstigeres Fremdkapital sowohl in der langen Frist als auch in ausreichendem Maße zur Verfügung gestellt hätten. Diese Erwartung wird aber nur bedingt erfüllt, denn die Anrechnung als wirtschaftliches Eigenkapital nimmt zwar einen der vorderen, aber nicht den vordersten Platz ein. Ein Grund hierfür kann die Intransparenz in Bezug auf die Anrechnung von wirtschaftlichem Eigenkapital bei Partnerunternehmen wie Banken, Lieferanten und Versicherungen sein. Aber auch eine laut ifo Konjunkturtest von Unternehmen seit Mitte 2008 beklagte, restriktivere Kreditvergabe der Banken lässt den Schluss zu, dass die Langfristigkeit und die Erweiterung des Finanzierungsspielraums an Bedeutung gewonnen hat, während die Anrechnung als wirtschaftliches Eigenkapital in den Hintergrund tritt. Neben der Erhöhung des wirtschaftlichen Eigenkapitals und einer unbesicherten Mittelvergabe ist den Unternehmen aber ebenfalls die freie Verwendung des Kapitals wichtig. Hierbei wird das Kapital laut Frage 7 hauptsächlich zur Finanzierung von Wachstum, aber auch zur Ablösung von Verbindlichkeiten genutzt. Weniger vorteilhaft werden die durch die Kapitalmarktrefinanzierung ermöglichten Chancen wie Steigerung der Bekanntheit oder Erschließung neuer Investorengruppen gesehen. In diesem Zusammenhang können die vielen, dem Mezzanine-Kapital im Allgemeinen bzw. dem Standard-Mezzanine-Kapital im Speziellen zugesprochenen Vorteile im Rahmen einer Faktorenanalyse und sich anschließenden Reliabilitätsanalyse zu den drei, wesentlichen Faktoren ‚Eigenkapital(ähnlichkeit) und unmittelbare Folgen‘, ‚Sonstige Vorteilhaftigkeit‘ und ‚Kapitalmarkt‘ zusammengefasst werden.

Werden die umsatzbezogen großen Unternehmen im Vergleich zu kleineren Unternehmen betrachtet, sind den großen Unternehmen die endfällige Tilgung und vor allem die Langfristigkeit außerordentlich wichtig, wohingegen die kleinen Unternehmen vor allem ihre Unabhängigkeit gewahrt wissen wollen. Auch hier kann eine restriktivere Kreditvergabe der Banken, die laut ifo Konjunkturtest vor allem von großen Unternehmen beklagt wird, das Bild verzerren. Besonders nachteilig sind laut Frage 10 die höheren Finanzierungskosten im Vergleich zum Fremdkapital, die zeitliche Befristung im Vergleich zum Eigenkapital sowie die Einflussnahme durch die Mezzanine-Kapitalgeber in einer Unternehmenskrise. Weniger nachteilig sind dagegen die Anforderungen an Transparenz und Wachstum.

Gleichfalls ist festzustellen, dass laut Frage 11 und 21 mehrere Finanzierungsalternativen sowohl bei Aufnahme zur Verfügung standen als auch zur Finanzierung der ab dem Jahr 2011 anstehenden Rückzahlung zur Verfügung stehen sollen. Hierbei wurde bei Aufnahme und wird bei Rückzahlung der klassischen Fremdkapitalfinanzierung über die Hausbank eine tragende Rolle beigemessen. Aber ebenso alternative Finanzierungsformen wie ‚Aufnahme neuer Gesellschafter', ‚andere Mezzanine-Finanzierungen' und ‚Leasing/ Factoring' bildeten häufig eine Alternative zu Standard-Mezzanine-Kapital. Insbesondere ‚Leasing/ Factoring' wird aber gemäß Unternehmensangabe zur Finanzierung der Rückzahlung nicht mehr so häufig in Betracht kommen wie bei Aufnahme. Die Quelle zur (teilweisen) Finanzierung der Rückzahlung, die am häufigsten angegeben wird, ist sowohl für große als auch für kleine Unternehmen die Finanzierung aus dem laufenden Geschäftsbetrieb. Dies kann einerseits auf fehlende Alternativen, andererseits aber auch darauf zurückzuführen sein, dass das Kapital vor dem Hintergrund der Finanzierung von Wachstum nachhaltig Cash Flows generieren konnte und somit die Rückzahlung anteilig aus dem laufenden Geschäftsbetrieb sichergestellt werden kann. In diesem Zusammenhang scheinen die kleinen Unternehmen innovativen Finanzierungsformen offener gegenüberzustehen als die großen Unternehmen. Alles in allem sind laut Frage 20 die großen Unternehmen in der Planung der Rückzahlung noch nicht so weit vorangeschritten wie die kleinen. Dies kann wiederum auf restriktivere Kredithürden insbesondere für große Unternehmen zurückzuführen sein, wobei diese Unternehmen laut Unternehmensangaben eine größere Anzahl an Finanzierungsalternativen nutzen werden bzw. könnten.

Die Studie ergab weiterhin, dass laut Frage 12 dem Mezzanine-Kapital vor und seit Ausbruch der Finanzkrise im Sommer 2007 eine hohe Bedeutung für das Unternehmen insgesamt beigemessen wird. Die Mehrheit der Unternehmen gibt an, dass sie sich ohne Mezzanine-Kapital laut Frage 13 insgesamt schlechter entwickelt hätten bzw. laut Frage 14 Umsatzerlöse, Aufwendungen für F & E, Mitarbeiteranzahl sowie insbesondere die Investitionsvolumina niedriger gewesen wären. Diesbezüglich ist das Kapital für die kleinen Unternehmen angabegemäß noch wichtiger als für die großen. Ferner konnte in Frage 15 der Co-Finanzierungseffekt von Mezzanine-Kapital, nach dem die Ausstattung eines Unternehmens mit (wirtschaftlichem) Eigenkapital als wichtiges Signal für Bereitschaft von Investoren gelten kann, zusätzliches – anteilig Verluste tragendes – Kapital zur Verfügung zu stellen, von vielen Unternehmen bestätigt werden. Die Aufnahme von Mezzanine-Kapital ist laut Frage 16 für die finanzielle Stabilität vieler Unternehmen von besonderer Bedeutung. Insbesondere kleinere Unternehmen fühlen sich laut Frage 17 durch das Mezzanine-Kapital im Vergleich zum Wettbewerb finanziell besser aufgestellt. Zusätzlich wird gemäß Frage 18 die Aufnahme von Mezzanine-Kapital von den Hausbanken alles in allem positiv gesehen, auch wenn in Zeiten der Krise ein Trend hin zu einer leicht schlechteren Einschätzung festzustellen ist. Laut Frage 19 haben sich die Zinskonditionen, die Geschäftsbeziehung zur Hausbank sowie insbesondere die Prolongation bestehender Kreditlinien durch die Aufnahme des Mezzanine-Kapitals verbessert. Diese in der Summe sehr positiven Einschätzungen gelten sowohl vor als auch seit Ausbruch der Krise, wobei teilweise größenabhängige Unterschiede dahingehend festzustellen sind, dass die kleineren Unternehmen zumeist eine positivere Einschätzung abgeben. Darüber hinaus ist einerseits zu erkennen, dass die Beurteilung von Mezzanine-Kapital vor der Krise zum Teil (noch) besser ausfällt als seit Ausbruch der Krise. Andererseits gewinnt Mezzanine-Kapital im Hinblick auf die finanzielle Stabilität insgesamt sowie im Vergleich zum Wettbewerb seit Ausbruch der Krise noch an Bedeutung.[799]

Gemäß der Bewertung der Optionen zur Weiterentwicklung der Mezzanine-Programme im Hinblick auf die anstehende Rückzahlung vor dem Hintergrund der Finanz- und Wirtschaftskrise sind gemäß Frage 23 insbesondere höhere Zinskonditionen sowie eine bonitätsabhängige Zinsgestaltung angabegemäß von Nachteil. Ebenso wird die Einführung von Ansparplänen oder Debt-Equity-Swaps von vielen Unternehmen kritisch gesehen. Hierbei sind die höheren Zinskonditionen sowie eine bonitätsabhängige Verzinsung für die kleinen Unternehmen noch nachteiliger als für die großen. Weniger nachteilig werden dagegen von beiden Gruppen der Zusammenschluss von Anbietern, die Einführung einer regelmäßigen Tilgung sowie die Erhöhung der Transparenz- und Monitoringanforderungen gesehen.

Die Ergebnisse der durchgeführten Befragung deuten eine auf hohe Bedeutung von Mezzanine-Kapital aus Unternehmenssicht hin. Laut Unternehmensangaben kann Mezzanine-

---

[799] Insgesamt gilt es, die Ergebnisse der Mitte 2009 durchgeführten Befragung vor dem Hintergrund eines angespannten Finanzierungsumfeldes in Zeiten der größten Finanz- und Wirtschaftskrise seit 80 Jahren zu sehen, so dass Verzerrungen auftreten können.

Kapital Wachstum ermöglichen und die finanzielle Stabilität fördern, so dass sich die Unternehmen im Vergleich zum Wettbewerb finanziell besser aufgestellt fühlen. Diese positive Einschätzung durch die Unternehmen gilt es aber vor dem Hintergrund der derzeitigen Risiken für die Mittelstandsfinanzierung im Hinblick auf die zu erwartenden Bonitätsherabstufungen der Unternehmen in Zeiten eines realwirtschaftlichen Abschwungs und der gestiegenen Insolvenzzahlen auch kritisch zu hinterfragen. Denn einerseits muss bisweilen die Gefahr einer Kreditklemme vor dem Hintergrund von weiterem, erwartetem Abschreibungsbedarf bei Banken im Rahmen der Finanzmarktkrise und höheren Eigenkapitalanforderungen an Banken berücksichtigt werden. Andererseits kommt erschwerend für die Unternehmen hinzu, dass auch die derzeitig nur eingeschränkte Verfügbarkeit alternativer Finanzierungsformen wie Leasing, Private Equity oder Mezzanine-Kapital die (Re-)Finanzierungsmöglichkeiten der Rückzahlung einschränken.[800] Vor diesem Hintergrund könnte unterstellt werden, dass die Unternehmen ein vermehrtes Interesse an einem positiven Bild von Mezzanine-Kapital haben und den Einfluss von Mezzanine-Kapital überzeichnen könnten, um so gegebenenfalls eine weitere Quelle zur Finanzierung der Rückzahlung zu schaffen. Die erhöhte Teilnahme von Unternehmen aus dem von der Wirtschaftskrise besonders stark betroffenen, exportorientierten industriellen Sektor widerspricht dieser Vermutung nicht. Verstärkend kommt hinzu, dass die teilgenommenen Unternehmen größer sind als die Unternehmen der Kennzahlenanalyse, insofern ein zu berücksichtigendes Umsatzwachstum in den letzten Jahren nicht vollständig zur Erklärung des Größenunterschiedes herangezogen wird.

5.7. Ergebniszusammenführung der Kennzahlenanalyse und der Unternehmensbefragung – empirische Hypothesenbestätigung

Auf den bisherigen Untersuchungen der Kapitel 4 und 5 aufbauend, werden im Folgenden die in der empirisch-quantitativen Kennzahlenanalyse und in der Unternehmensbefragung aufgestellten wesentlichen Hypothesen im Rahmen der Ergebniszusammenführung dieser beiden Kapitel überprüft.

Laut Befragung geben die Unternehmen an, die aufgenommenen mezzaninen Mittel zu fast 60% zur Finanzierung von Wachstum genutzt zu haben. Ferner wäre die Entwicklung der Unternehmen insgesamt sowie der Umsatzerlöse, Mitarbeiteranzahl und insbesondere der

[800] Siehe Abschnitt 2.4.2. für eine Analyse der aktuellen Unternehmensfinanzierungssituation.

Investitionen laut Unternehmensangabe ohne die Aufnahme des Mezzanine-Kapitals niedriger gewesen. Diese Angaben decken sich mit den Ergebnissen der quantitativen Kennzahlenanalyse. Denn zum einen kann ein deutlich höheres Umsatzwachstum, das auf Basis getätigter Investitionen insbesondere im ersten und zweiten Jahr nach Aufnahme zusätzliche Wachstumsimpulse verzeichnet, ermittelt und zum anderen das Mitarbeiterwachstum unmittelbar nach Aufnahme durch das Anwerben von Mitarbeitern im Rahmen getätigter Investitionen bestätigt werden. Im Umkehrschluss bestätigen die Befragungsergebnisse ebenso die Hypothese einer verstärkten Investitionstätigkeit sowie eines stärkeren Unternehmenswachstums. Hierbei führen die Unternehmen das Wachstum des Unternehmens insgesamt auf die Aufnahme von Mezzanine-Kapital zurück. Auch der laut Angabe der großen Unternehmen stärkere Einsatz des Mezzanine-Kapitals zur Wachstumsfinanzierung kann in Form des höheren UW der großen im Vergleich zu den kleinen Unternehmen empirisch belegt werden. Ferner ist im Rahmen der Befragung festzustellen, dass den kleinen Unternehmen das Mezzanine-Kapital noch wichtiger ist als den großen Unternehmen, das dahingehend plausibel erscheint, dass die kleinen Unternehmen laut Kennzahlenanalyse verhältnismäßig mehr Mezzanine-Kapital aufgenommen haben.[801]

Darüber hinaus wurde das Kapital laut Unternehmensangaben zu ca. 24% zur Ablösung von kurz- und langfristigen Verbindlichkeiten genutzt. Dies erklärt die stärkeren Rückgänge der Bank- und Lieferantenverbindlichkeiten (FKS) sowie des Anteils des kurzfristigen Fremdkapitals an den gesamten Verbindlichkeiten (NVQ), die über den Rückgang hinausgehen, der allein auf Basis der hälftigen Anrechnung als Eigenkapital zu erwarten gewesen wäre. Eine vermutete stärkere Nutzung der mezzaninen Mittel zur Ablösung von kurzfristigen Verbindlichkeiten durch die großen Unternehmen kann dagegen nicht bestätigt werden. Denn laut Angabe haben die großen Unternehmen das Kapital weniger häufig zur Ablösung sowohl von kurz- als auch langfristigen Verbindlichkeiten genutzt.[802]

Ferner attestieren die Unternehmen dem Mezzanine-Kapital eine Erhöhung der finanziellen Stabilität insbesondere im Vergleich zum Wettbewerb, was vor allem auf den positiven Kapitalstruktureffekt in Form einer erhöhten Eigenkapitalquote und einer verbesserten

---

[801] So geben mehr kleine Unternehmen an, dass sich das Unternehmen insgesamt ohne das Mezzanine-Kapital schlechter entwickelt hätte, insbesondere bei Größen wie Umsatzerlöse, Ausgaben für F & E und Beschäftigung.

[802] Dies verdeutlicht, dass es bei einem Vergleich empirischer Daten wie der Kennzahlenanalyse mit den teilweise subjektiven Wahrnehmungen und Angaben einer Befragung zu Abweichungen kommen kann.

NVQ und FKS auf Basis der Langfristigkeit und Eigenkapitalähnlichkeit zurückzuführen sein sollte. Interessant ist in diesem Zusammenhang, dass die rückläufigen Rentabilitäten, die im Rahmen der vermehrten Investitionstätigkeit zunächst auszumachen sind, von den Unternehmen anscheinend als weniger kritisch erachtet werden als die verbesserte Verschuldung in Form einer höheren EKQ und geringerer FKS und NVQ. Dies kann darauf zurückzuführen sein, dass die Befragung Mitte 2009 durchgeführt wurde und somit zusätzliche Rückflüsse und Wachstumsimpulse auf Basis der getätigten Investitionen bereits zum Teil (vor der Krise) vereinnahmt worden sind. Hierbei kann eine höhere Eigenkapitalquote für die Unternehmen insbesondere in Krisenzeiten an Bedeutung gewonnen haben. Dies wird u. a. anhand der höheren Bedeutung von Mezzanine-Kapital für die finanzielle Stabilität des Unternehmens seit Ausbruch der Krise laut Unternehmen deutlich. Demnach scheinen die Unternehmen zwischen den direkten positiven Kapitalstruktureffekten einer Aufnahme von Mezzanine-Kapital und den sozusagen indirekten Effekten im Rahmen der mit Mezzanine-Kapital (mit-)finanzierten Investitionen zu trennen.

Auf Basis einer Rücklaufquote von über 25% sowie der erhöhten Teilnahme von Unternehmen aus dem Verarbeitenden Gewerbe, wobei die teilnehmenden Unternehmen insgesamt größer als die Unternehmen der Kennzahlenanalyse sind[803], wurde ein erhöhtes Interesse an Mezzanine-Kapital unterstellt. Diese Vermutung findet Unterstützung dadurch, dass insbesondere die großen Unternehmen laut Kennzahlenanalyse von der Wirtschaftskrise in Form stark rückläufiger Rentabilitäts- und Wachstumswerte in 2008 betroffen sind. Da auch die Mehrfachteilnehmer laut Kennzahlenanalyse stark rückläufige Werte in 2008 erkennen lassen, hätte auch für diese Unternehmensgruppe eine vermehrte Teilnahme an der Befragung erwartet werden können. Diese Erwartung kann aber nicht bestätigt werden, da die Mehrfachteilnehmer im Vergleich nicht häufiger an der Befragung teilgenommen haben.

Im Hinblick auf die Weiterentwicklung bzw. eine mögliche Renaissance der Mezzanine-Programme und die diesbezüglich vorgeschlagenen, zu implementierenden Maßnahmen am Ende von Abschnitt 4.4. kann Folgendes im Rahmen der Ergebniszusammenführung festgestellt werden. Eine Intensivierung des Auswahlprozesses scheint aus Unternehmens-

---

[803] Es kann angenommen werden, dass die teilnehmenden Unternehmen größer sind als die Unternehmen der Kennzahlenanalyse. Insofern wird ein zu berücksichtigendes Umsatzwachstum in den letzten Jahren nicht vollständig zur Erklärung des Größenunterschiedes herangezogen.

sicht als eher unkritisch eingestuft zu werden, was darauf zurückzuführen sein dürfte, dass die Unternehmen den Auswahlprozess bisher als nicht ausgesprochen intensiv empfunden haben. Dies wird neben Frage 9, bei dem der standardisierte Auswahlprozess mittelmäßig vorteilhaft aus Unternehmenssicht ist, vor allem anhand von Frage 23 und Frage 10 in Form einer allenfalls mittleren Nachteiligkeit eines strengeren Auswahlprozesses deutlich. Auch der Zusammenschluss von Anbietern und die Einführung einer regelmäßigen Tilgung sowie die Implementierung erhöhter Reporting-, Monitoring- und Transparenzpflichten sowohl vor als auch nach Aufnahme der mezzaninen Mittel scheinen von den Unternehmen als nicht besonders kritisch angesehen zu werden. Denn laut Frage 10 weisen die Transparenzanforderungen eine sehr geringe Nachteiligkeit für die Unternehmen auf. Aber auch die laut Frage 23 nur begrenzte Nachteiligkeit eines intensiveren Auswahlprozesses, einer regelmäßigen Tilgung sowie erhöhter Transparenz- bzw. Offenlegungspflichten und Monitoringanforderungen unterstützt diese Sichtweise. Im Gegensatz zu den zuvor eher unkritischen Punkten dürfte die Implementierung einer stärkeren Prüfung der Verwendung bzw. des Einsatzes des Mezzanine-Kapitals sowohl vor als auch nach Aufnahme nicht auf starke Zustimmung treffen. Denn die freie und nicht zweckgebundene Verfügung über das Mezzanine-Kapital ist laut Frage 8 einer der wichtigsten Vorteile für die Unternehmen. Darüber hinaus wird auch die erhöhte Einflussnahme der Mezzanine-Kapitalgeber insbesondere für den Fall einer Unternehmenskrise kritisch beurteilt. Denn zusätzlich zur ausgesprochenen Vorteilhaftigkeit der freien Verwendung wird die Einführung von Debt-Equity-Swaps laut Frage 23 sowie vor allem eine Einflussnahme durch den Kapitalgeber von den Unternehmen laut Frage 10 als negativ angesehen. Der größte Nachteil wird von den Unternehmen neben der Einführung einer bonitätsabhängigen Verzinsung insbesondere in der Erhöhung der Zinskonditionen gesehen.

Alles in allem ist festzuhalten, dass die MFU stärker wachsen und positive, zusätzliche Rückflüsse generieren können, was die Unternehmen auf die Aufnahme des Mezzanine-Kapitals zurückführen. Dennoch ist der Markt für Standard-Mezzanine-Kapital im Rahmen der globalen Finanzmarktkrise durch nachfrageseitige Einflussfaktoren seitens der Investoren vollständig zum Erliegen gekommen. Standard-Mezzanine-Kapital in seiner kapitalmarktrefinanzierten Form wird – wenn überhaupt – nur eine Wiederbelebung erfahren, wenn Anpassungen vorgenommen werden. Hierbei wird neben intensiveren Auswahl- und Monitoringprozessen auch den von den Unternehmen als kritisch eingestuften Maßnahmen wie eine Konditionenerhöhung eine besondere Bedeutung zukommen.

6. Schlussbetrachtung

In der vorliegenden Arbeit wurde untersucht, ob die Aufnahme von Mezzanine-Kapital aus Unternehmenssicht vorteilhaft ist. Grundsätzlich ist diese Frage aus Unternehmenssicht zu bejahen, auch wenn es einer differenzierten Betrachtung bedarf. Hierfür wurden sowohl eine empirisch-quantitative Kennzahlenanalyse als auch eine Unternehmensbefragung zu qualitativen Aspekten von Mezzanine-Kapital durchgeführt.

Die durchgeführten Analysen haben gezeigt, dass die Aufnahme von Mezzanine-Kapital zum einen positive Kapitalstruktureffekte im Vergleich zu ausschließlich klassisch-finanzierten Unternehmen auf Basis der Eigenkapitalähnlichkeit und Langfristigkeit der mezzaninen Mittel bewirkt. Zum anderen sind vor dem Hintergrund der größtenteils gewinnunabhängigen sowie im Vergleich zu klassischem Fremdkapital höheren Verzinsung negative Zinseffekte in der GuV auszumachen. Darüber hinaus geht mit Aufnahme des Mezzanine-Kapitals eine vermehrte Investitionstätigkeit einher, wodurch die Rentabilität der Unternehmen anfänglich durch höhere Kosten im Rahmen der getätigten Investitionen belastet wird. Erst im Laufe der Zeit können Kosteneinsparungen genutzt sowie zusätzliches Umsatzwachstum und positive, zusätzliche Rückflüsse generiert werden, die über das Wachstum bzw. die Zunahme bei der Vergleichsgruppe hinausgehen. Diese aufgezeigten Effekte sind grundsätzlich auch für die beiden Gruppen der großen und kleinen Unternehmen festzustellen. Hierbei weisen die großen Unternehmen bessere Werte für die Eigenkapitalquote und Umsatzrentabilität auf, wohingegen die kleinen Unternehmen eine bessere Produktivität sowie leicht höhere Werte für Finanzkraft und EBITD-ROI erkennen lassen. Ferner ist für die großen Unternehmen ein durchweg höheres Umsatzwachstum festzustellen, während die kleinen Unternehmen stärkere Zuwachsraten im Umsatzwachstum verzeichnen. Auch wenn sich die beiden Unternehmensgruppen tendenziell gleich entwickeln, können die großen Unternehmen, die das Mezzanine-Kapital zumeist früher aufgenommen haben, auch früher zusätzliche Rückflüsse vereinnahmen. Hierbei führen die Unternehmen das Unternehmenswachstum insgesamt auf das Mezzanine-Kapital zurück. Denn neben den großen Unternehmen geben vor allem kleinere Unternehmen, die verhältnismäßig mehr Mezzanine-Kapital aufgenommen haben, an, dass sie sich ohne Mezzanine-Kapital insgesamt schlechter entwickelt und niedrigere Umsatzerlöse, Aufwendungen für Forschung & Entwicklung, Mitarbeiterzahlen sowie insbesondere Investitionsvolumina verzeichnet hätten. Auch wird laut Unternehmen die finanzielle Stabilität gefördert, so dass sich die MFU im Vergleich zum Wettbewerb finanziell besser aufgestellt fühlen. Ferner konnten die Zinskonditionen, die Geschäftsbeziehung zur Hausbank sowie insbesondere die Prolongation bestehender Kreditlinien durch die Aufnahme des Mezzanine-Kapitals verbessert werden.

Im Rahmen der sich in 2008 abzeichnenden Wirtschaftskrise sind deutlichere Rückgänge in den Kennzahlen der MFU gegenüber den Vergleichsunternehmen auszumachen, so dass die stark exportorientierten MFU von der sich anbahnenden Wirtschaftskrise besonders stark betroffen sind. In diesem Zusammenhang konnten die Unternehmen der jüngeren Mezzanine-Programme nur sehr eingeschränkt zusätzliche, positive Rückflüsse aus den getätigten Investitionen bis zur sich abzeichnenden Wirtschaftskrise in 2008 vereinnahmen. Darüber hinaus hat die Analyse gezeigt, dass vor allem die Rentabilitäts- und Wachstumswerte der großen Unternehmen noch stärker einbrechen als die der kleinen. Diesbezüglich sind bei Auswertung der Unternehmensbefragung für die Zeit seit Ausbruch der Krise zwar einerseits zum Teil Rückgänge in der sehr positiven Einschätzung und Bedeutung von Mezzanine-Kapital festzustellen. Andererseits gewinnt Mezzanine-Kapital im Hinblick auf die finanzielle Stabilität sowohl insgesamt als auch im Vergleich zum Wettbewerb seit Ausbruch der Krise noch an Bedeutung. Demnach wird dem Mezzanine-Kapital auch bzw. insbesondere in Krisenzeiten eine nach wie vor hohe und positive Bedeutung beigemessen. Diese in der Summe sehr positiven Einschätzungen gelten sowohl vor als auch seit Ausbruch der Krise, wobei zum Teil größenabhängige Unterschiede dahingehend festzustellen sind, dass die kleineren Unternehmen zumeist eine positivere Einschätzung abgeben.[804]

Auf Basis der Ergebnisse der Unternehmensbefragung ist vor allem die Langfristigkeit, gefolgt von der Erweiterung des Finanzierungsspielraums, den verhältnismäßig günstigeren Finanzierungskonditionen und der Unabhängigkeit für die Unternehmen von hoher Bedeutung. Aber auch die Eigenkapitalähnlichkeit im Hinblick auf eine Ratingverbesserung, freie Verfügung und Unbesichertheit werden als wichtig erachtet. Eine nur geringe Bedeutung wird dagegen dem Kapitalmarkt und der Chance auf neue Investoren und Erhöhung des Bekanntheitsgrades beigemessen. Hierbei können die vielen verschiedenen Vor-

[804] Insgesamt gilt es, die Ergebnisse der Mitte 2009 durchgeführten Befragung vor dem Hintergrund eines angespannten Finanzierungsumfeldes in Zeiten der größten Finanz- und Wirtschaftskrise seit 80 Jahren zu sehen, so dass Verzerrungen auftreten können.

teile von Mezzanine-Kapital bzw. Standard-Mezzanine-Kapital zu den drei, wesentlichen Faktoren:

- ‚Eigenkapital(ähnlichkeit) und unmittelbare Folgen',
- ‚Sonstige Vorteilhaftigkeit' und
- ‚Kapitalmarkt'

gemäß der durchgeführten Faktoren- und Reliabilitätsanalyse statistisch fundiert zusammengefasst werden. Nachteilig sind aus Unternehmenssicht die zeitliche Befristung und eine Einflussnahme der Kapitalgeber in einer Unternehmenskrise sowie vor allem die höheren Finanzierungskosten im Vergleich zum Fremdkapital. Als kaum nachteilig werden dagegen die Transparenz- und Wachstumsanforderungen angesehen.[805]

Die Untersuchungen haben gezeigt, dass das Mezzanine-Kapital an einerseits stärker wachsende und rentablere Unternehmen vergeben wurde, die andererseits eine schlechtere Verschuldung wie eine niedrigere Eigenkapitalquote und höhere Bank- und Lieferantenverbindlichkeiten vor Aufnahme aufweisen. Mit Aufnahme können die MFU das Umsatzwachstum weiter ausbauen und zeitverzögert positive, zusätzliche Rückflüsse vereinnahmen. Demnach kann für die untersuchten MFU insgesamt nicht von einer ‚Adverse Selection' ausgegangen werden, nach der systematisch wirtschaftlich schwächere Unternehmen Mezzanine-Kapital aufgenommen haben. Dergleichen ist dagegen bei den mehrfach teilnehmenden Unternehmen nicht unbedingt auszuschließen. Nicht die Vergabe der mezzaninen Mittel an diese Unternehmen an sich, sondern die deutlich höheren mezzaninen Volumina an die tendenziell schlechteren Mehrfachteilnehmer mit deutlich geringerer Eigenkapitalquote sind als kritisch anzusehen. Denn die Mehrfachteilnehmer können trotz oder gerade wegen des wesentlich höheren Anteils an Mezzanine-Kapital aus den Investitionen nur bedingt höhere, zusätzlich Rückflüsse generieren. Insbesondere in konjunkturell schlechteren Zeiten wie dem Jahr 2008 wird das Unternehmensergebnis durch die höheren gewinnunabhängigen Zinsbelastungen aus dem Mezzanine-Kapital sowie durch die Abschreibungen auf die getätigten Investitionen aufgezehrt.

Vor allem im Zusammenhang mit den Ausfällen innerhalb der Mezzanine-Programme ist ein auffällig hoher Anteil der mehrfach teilnehmenden Unternehmen auszumachen. Somit ist die schlechte Performance der Mezzanine-Programme vor allem auf die mehrfach teilnehmenden Unternehmen zurückzuführen, denn die tatsächlich eingetretenen Ausfallquoten scheinen über dem Erwartungswert zu liegen. Ferner haben die Analysen gezeigt, dass bei den ausgefallenen Unternehmen bereits (direkt) vor Aufnahme eine deutliche Verschlechterung der Unternehmenssituation auszumachen war, die nicht erkannt wurde. Hier verlässt sich der Auswahlprozess an sich zu sehr auf das Urteil eines Ratingtools, das diesem Anspruch nur bedingt gerecht werden kann. Denn das Ratingtool zieht nur vergangenheitsorientierte und kennzahlenbasierte Vergleiche auf Basis des letztgültigen Jahresabschlusses. Demnach kann für die ausgefallenen Unternehmen vor Aufnahme des Mezzanine-Kapitals einer ‚Adverse Selection' nicht eindeutig widersprochen werden. Dass die mehrfach teilnehmenden Unternehmen einen Großteil der Ausfälle darstellen, stützt im Umkehrschluss wiederum die These einer ‚Adverse Selection' im Hinblick auf die hohen mezzaninen Volumina dieser Unternehmen.

Die durchgeführten Analysen lassen somit den Schluss zu, dass die Standardisierung der Verträge und des Auswahlprozesse von Unternehmensseite eher unkritisch gesehen wird. Da das Mezzanine-Kapital zumeist an stärker wachsende und rentablere Unternehmen vergeben wurde, ist somit nicht die Unternehmensseite, sondern der Auswahlprozess als Schwachstelle von Standard-Mezzanine-Kapital zu identifizieren. Insbesondere die nicht aufgedeckten unterjährigen Fehlentwicklungen in der Zeit bis zur Aufnahme des Mezzanine-Kapitals sowie die höheren Volumina an mehrfach teilnehmende Unternehmen sind zu bemängeln. Somit bedarf es Anpassungen sowohl im Auswahlprozess vor als auch in der Betreuung nach Aufnahme des Mezzanine-Kapitals. Demnach ist eine intensivere Prüfung der unmittelbaren Zeit vor Aufnahme durchzuführen, um unterjährige Fehlentwicklungen aufzudecken und diesbezügliche Informationsasymmetrien zwischen Unternehmen und Kapitalgeber zu reduzieren. Eine Conditio sine qua non[806] ist ebenso eine striktere Prüfung der Verhältnismäßigkeit der mezzaninen Mittel gegenüber dem Eigenkapital und anderen Finanzierungsquellen sowie im Hinblick auf die Finanzkraft der Unternehmen. Insbesondere die Mehrfachteilnahme von Unternehmen bzw. die deutlich höheren Volumina dieser Unternehmen gilt es sehr genau zu prüfen. Darüber hinaus ist ebenso die Kapitalverwendung stärker auf ihre Erfolgswahrscheinlichkeit sowie im Hinblick auf eine ausreichende, zukünftige und zusätzliche Cash Flow-Generierung zu untersuchen. Insgesamt hat eine

805 Siehe Fn. 804.

806 Lateinisch für ‚notwendige, absolut unerlässliche Bedingung'.

Auswahl hin zu rentabilitätsstarken und wachsenden Unternehmen zu erfolgen, damit die MFU die zunächst rückläufigen Rentabilitätswerte im Rahmen einer vermehrten Investitionstätigkeit bis zur Generierung positiver, zusätzlicher Rückflüsse ausreichend und unter Berücksichtigung etwaiger Planänderungen und -verzögerungen tragen können. Nach Aufnahme der mezzaninen Mittel sind sowohl erhöhte Transparenz-, Reporting- und Monitoringpflichten sowie stärkere Mitspracherechte einzuführen, um Fehlentwicklungen frühzeitig aufdecken und effektiv entgegenwirken zu können. Hierbei werden eine Intensivierung des Auswahlprozesses und Einführung einer regelmäßigen Tilgung sowie vor allem erhöhte Transparenz-, Reporting- und Monitoringpflichten von den Unternehmen als nicht sonderlich kritisch eingestuft. Aus Unternehmenssicht problematisch sind dagegen die stärkere Kontrolle der Mittelverwendung, erhöhte Zinskosten sowie eine stärkere Einflussnahme der Mezzanine-Kapitalgeber.

Für 2009 sind weitere Rückgänge im Umsatz sowie den Rentabilitätskennzahlen der MFU zu erwarten. Denn die MFU sind stark exportorientiert und vielfach im von der Wirtschaftskrise besonders hart getroffenen Verarbeitenden Gewerbe tätig. Ferner kann in diesem Zusammenhang von weiteren Ausfällen in den Mezzanine-Programmen ausgegangen werden.[807] Seit Ende 2009 bzw. Anfang 2010 sind trotz weiter bestehender, zahlreicher konjunktureller Risiken erste Verbesserungen der weltwirtschaftlichen Gesamtsituation insbesondere in den Schwellenländern auszumachen.[808] Dies sollte vor allem den exportorientierten MFU zugute kommen.

In Bezug auf den Stand der Rückzahlung der mezzaninen Mittel ist festzuhalten, dass die kleineren Unternehmen in ihren Planungen weiter vorangeschritten sind als die großen. Hierbei kann festgestellt werden, dass als Finanzierungsalternative sowohl vor Aufnahme als auch im Hinblick auf die Rückzahlung der mezzaninen Mittel der Fremdkapitalfinanzierung über die Hausbank nach wie vor eine zentrale Rolle zukam bzw. zukommen wird. Die wichtigste Quelle zur Finanzierung der Rückzahlung ist aber laut Unternehmen eine (zumindest anteilige) Rückzahlung aus dem laufenden Geschäftsbetrieb. Auch wenn es in diesem Zusammenhang das aktuell schwierige Finanzierungsumfeld zu beachten gilt, ha-

---

[807] Siehe Köhler, P./Nagl, H. G./Osman, Y. (2010) für eine aktuelle Übersicht über die Ausfälle in verschiedenen Mezzanine-Programmen, wonach weitere Ausfälle seit dem 31.12.2008 auszumachen sind.

[808] Vgl. Gemeinschaftsdiagnose der Wirtschaftsforschungsinstitute (2010), S. 34-56.

ben die MFU demnach ausreichend zusätzliche Cash Flows generieren können, um die Rückzahlung nicht vollständig refinanzieren zu müssen.

Alles in allem kann konstatiert werden, dass Mezzanine-Kapital eine sinnvolle Finanzierungsalternative für Unternehmen sein kann, denn die MFU wachsen stärker, können positive, zusätzliche Rückflüsse generieren und fühlen sich insbesondere in Krisenzeiten durch das Mezzanine-Kapital auch im Vergleich zum Wettbewerb finanziell besser aufgestellt. Dennoch hat die Finanz- und Wirtschaftskrise den MFU stark zugesetzt bzw. wird diesen Unternehmen weiter zusetzen. In diesem Zusammenhang kommt insbesondere für die MFU der ersten Mezzanine-Programme erschwerend hinzu, dass sich eine Bonitätsanalyse im Rahmen einer Refinanzierung auf die Unternehmensdaten aus den Jahren 2009 und 2010 stützen wird. Diese Daten werden durch die Finanz- und Wirtschaftskrise gezeichnet sein, wie bereits die Daten aus 2008 belegen. Aber auch für die Unternehmen der jüngeren Transaktionen wird die Wirtschaftskrise die Rückzahlung erschweren. Denn durch die Krise konnten die getätigten Investitionen nicht in dem Ausmaß zu positiven, zusätzlichen Rückflüssen führen, wie dies erwartet wurde. Darüber hinaus muss den Unternehmen bewusst sein, dass sich die bisherigen positiven Effekte wie Eigenkapitalähnlichkeit und Langfristigkeit vor Fälligkeit ins Gegenteil umkehren, da das Mezzanine-Kapital ein bis zwei Jahre vor Fälligkeit dem kurzfristigen Fremdkapital zugerechnet wird. Diese beiden Aspekte werden für die Unternehmen im Zusammenhang mit dem derzeitig allgemein schwierigen Finanzierungsumfeld eine nicht zu unterschätzende Hürde sein und die Refinanzierung der in den Jahren 2011 bis 2014 fällig werdenden mezzaninen Volumina von bis zu EUR 5 Mrd. weiter erschweren und verteuern. In diesem Zusammenhang müssen die Unternehmen insbesondere vor dem Hintergrund der ausgefallenen Unternehmen in den Mezzanine-Programmen und dem (auch in naher Zukunft) angespannten Finanzierungsumfeld ihre Einschränkungen und Wertungen im Hinblick auf die zu implementierenden Maßnahmen und Optionen im Rahmen der Weiterentwicklung der Mezzanine-Programme gegebenenfalls zurückstellen. Denn nur bei Implementierung eines intensiveren Auswahl- und Betreuungsprozesses kann die Refinanzierung – wenn überhaupt – auch über kapitalmarktrefinanziertes Mezzanine-Kapital dargestellt werden. Andernfalls werden die Investoren nicht bereit sein, Kapital für die Refinanzierung zur Verfügung zu stellen. Von einer Renaissance von Standard-Mezzanine-Kapital in seiner alten Form ist ohne die Implementierung wesentlicher Punkte der erarbeiteten Verbesserungsvorschläge nicht auszugehen. Darüber hinaus wäre sie auf Basis der in dieser Arbeit gewonnenen Erkenntnisse ohne diese Anpassungen auch nicht zu befürworten.

Grundsätzlich ist eine finale Beurteilung von Mezzanine-Kapital aus Unternehmenssicht erst nach Rückzahlung bzw. Refinanzierung der mezzaninen Mittel vor dem Hintergrund der Finanz- und Wirtschaftskrise abschließend möglich. Es wird sich also noch zeigen müssen, ob Standard-Mezzanine-Kapital einen dauerhaften Beitrag zur Mittelstandsfinanzierung geleistet hat und in Zukunft leisten wird. Vor diesem Hintergrund bedarf es weiterer Forschungsanstrengungen in diesem bis dato eher weniger untersuchten Themengebiet ‚Mezzanine-Kapital aus Unternehmenssicht'.

V. Anhangsverzeichnis

Anhang VI-1: Definition von KMU durch die EU ... 314
Anhang VI-2: Quantitative Mittelstandsdefinition des IfM Bonn ... 314
Anhang VI-3: Rechtsformen mittelständischer Unternehmen ... 314
Anhang VI-4: Eigentümerstruktur im Mittelstand ... 315
Anhang VI-5: Mittelstand nach quantitativen und qualitativen Definitionsmerkmalen 315
Anhang VI-6: Systematisierung der Eigenkapitalfunktionen ... 316
Anhang VI-7: Charakteristika von Eigen- und Fremdkapital ... 316
Anhang VI-8: Einteilung der Finanzierungsformen nach den Kriterien Mittelherkunft und Rechtsstellung bzw. Kapitalhaftung ... 317
Anhang VI-9: Bedeutung von Finanzierungsquellen im Jahr 2006 ... 317
Anhang VI-10: Klassische und innovative Finanzierungsinstrumente ... 318
Anhang VI-11: Durchschnittliche Eigenkapitalquoten deutscher Unternehmen im internationalen Vergleich in 2003 ... 318
Anhang VI-12: Entwicklung der Eigenkapitalquoten von Unternehmen ... 319
Anhang VI-13: Insolvenzen und Insolvenzquote 1991 bis 2009 in Deutschland ... 319
Anhang VI-14: Anteil der Unternehmen mit und ohne Eigenkapital ... 320
Anhang VI-15: Quellen der Eigenkapitalbeschaffung ... 320
Anhang VI-16: Bewertungsaspekte bei Ratingverfahren ... 321
Anhang VI-17: Produktanbieter im Bereich des Invidividual-Mezzanine-Kapitals ... 321
Anhang VI-18: Einordnung gängiger mezzaniner Finanzierungen ... 321
Anhang VI-19: Favorisierte mezzanine Finanzierungsinstrumente in den Jahren 2006 bis 2008 ... 322
Anhang VI-20: Abgrenzung mezzaniner Finanzierungen ... 323
Anhang VI-21: Abgrenzung von Eigenkapital, Mezzanine-Kapital und Fremdkapital .. 324
Anhang VI-22: Beurteilung von Mezzanine-Kapital in internen Ratingverfahren der Kreditinstitute ... 324
Anhang VI-23: Eigenkapitalähnlichkeit gemäß DVFA-Kriterienmatrix am Beispiel PREPS 2004-1 ... 325
Anhang VI-24: Struktur der Bilanz und GuV bei schrittweiser Zurechnung des mezzaninen Kapitals zum Eigenkapital ... 326
Anhang VI-25: Veränderung der Ausfallwahrscheinlichkeit bei schrittweiser Zurechnung des mezzaninen Kapitals zum Eigenkapital ... 327
Anhang VI-26: Simulationsergebnisse bei schrittweiser Zurechnung des mezzaninen Kapitals zum Eigenkapital ... 327
Anhang VI-27: Struktur der Bilanz- und Gewinn- & Verlustrechnung für Szenario 1 bis 4 ... 328
Anhang VI-28: Simulationsergebnisse für Szenario 1 bis 4 ... 329
Anhang VI-29: Veränderung der Ausfallwahrscheinlichkeit für Szenario 1 bis 4 ... 329
Anhang VI-30: Kennzahlenübersicht für Szenario 1 bis 4 ... 330
Anhang VI-31: Struktur der Bilanz- und Gewinn- & Verlustrechnung für Szenario 1 bis 4 für das Unternehmen der DVFA-Studie ... 331
Anhang VI-32: Veränderung der Ausfallwahrscheinlichkeit für das Unternehmen der DVFA-Studie ... 332
Anhang VI-33: Simulationsergebnisse für Unternehmen der DVFA-Studie ... 332
Anhang VI-34: Kennzahlenübersicht für Unternehmen der DVFA-Studie ... 333
Anhang VI-35: Transaktionspartner einer ABS-Transaktion ... 334
Anhang VI-36: Ratingsymbole und deren Bedeutung ... 336

Anhang VI-37: Klassifizierung von ABS-Transaktionen nach den wichtigsten Wertpapierarten und Assetklassen ... 337
Anhang VI-38: Grundstruktur einer ABS-Transaktion am Beispiel einer True-Sale-Verbriefung von Unternehmensforderungen ... 337
Anhang VI-39: Grundstruktur einer ABS-Transaktion am Beispiel einer synthetischen Verbriefung (fully-funded) ... 338
Anhang VI-40: Grundstruktur einer ABS-Transaktion am Beispiel einer synthetischen Verbriefung (partially-funded) ... 338
Anhang VI-41: Übersicht über Credit Enhancements ... 338
Anhang VI-42: Verbrieftes Volumen von Standard-Mezzanine-Programmen seit 2004 339
Anhang VI-43: Anzahl der seit 2004 an Standard-Mezzanine-Programmen teilgenommenen Unternehmen ... 339
Anhang VI-44: Transaktionsstruktur von PREPS 2004-1 ... 340
Anhang VI-45: Kapitalstruktur im Rahmen von H.E.A.T Mezzanine I-2007 ... 340
Anhang VI-46: Vergütungsstruktur nach dem Wasserfallprinzip im Rahmen von H.E.A.T Mezzanine I-2007 ... 341
Anhang VI-47: Übersicht über die mit einer Kreditverbriefung verbundenen Risiken für Investoren ... 341
Anhang VI-48: Übersicht über Merkmale der Standard-Mezzanine-Programme ... 342
Anhang VI-49: Marktvolumen Mezzanine-Kapital in Deutschland in den Jahren 2006 bis 2008 ... 344
Anhang VI-50: Anzahl der mit Mezzanine-Kapital finanzierten Unternehmen in Deutschland in den Jahren 2006 bis 2008 ... 344
Anhang VI-51: Liste der mit Standard-Mezzanine-Kapital finanzierten Unternehmen . 345
Anhang VI-52: Übersicht über die Anzahl mehrfach teilnehmender Untenehmen je Transaktion ... 356
Anhang VI-53: Übersicht über die zur Verfügung stehenden Daten je Transaktion ... 356
Anhang VI-54: Übersicht über die im Rahmen der Kennzahlenanalyse verwendeten Abkürzungen ... 357
Anhang VI-55: Übersicht über die Berechnung der unterschiedlichen Anzahl an Unternehmen in der Grundgesamtheit ... 357
Anhang VI-56: χ^2-Anpassungstest ‚Umsatzerlöse' der Unternehmen mit Informationen über die Höhe der Exportquote und der Grundgesamtheit N_R ... 358
Anhang VI-57: Verteilung der Gründungsjahre der Grundgesamtheit N_R ... 358
Anhang VI-58: Industriesektoren gemäß Moody's der Grundgesamtheit N_R ... 359
Anhang VI-59: Zusammenfassung einzelner Wirtschaftszweige zu Branchengruppen . 359
Anhang VI-60: Bundesweite Verteilung der Rechtsformen der Unternehmen mit Umsatz von mehr als EUR 25 Mio. ... 360
Anhang VI-61: χ^2-Anpassungstest ‚Rechtsform' der Grundgesamtheit N_R und aller Unternehmen mit Umsatz von mehr als EUR 25 Mio. in 2005 ... 360
Anhang VI-62: Regionale Verteilung der Grundgesamtheit N_R und deren Nominalvolumina ... 360
Anhang VI-63: Regionale Verteilung der Grundgesamtheit N bzw. N_R und deren Nominalvolumina in Deutschland ... 361
Anhang VI-64: Verteilung der Nominalvolumina der Grundgesamtheit N ... 361
Anhang VI-65: Gewählte Gewichtung in den Simulationen für die Zuordnung unterschiedlicher Umsatzgrößenklassen ... 362
Anhang VI-66: Simulation 1 zum Zusammenhang von Umsatzerlösen und durchschnittlichem Nominalvolumina ... 362
Anhang VI-67: Durchschnittliches Volumen pro Unternehmen je Transaktion für die chronologisch sortierten Mezzanine-Programme ... 363

Anhang VI-68: Simulation zur Analyse des Anteils des Nominalvolumens an der Bilanzsumme ... 363
Anhang VI-69: χ^2-Anpassungstest ,Umsatzerlöse' der Mehrfachteilnehmer R und der Grundgesamtheit N_R ... 364
Anhang VI-70: χ^2-Anpassungstest ,Bilanzsumme' der Mehrfachteilnehmer R und der Grundgesamtheit N_R ... 364
Anhang VI-71: Verteilung der Anzahl der Angestellten der Mehrfachteilnehmer R und der Grundgesamt N_R vor Aufnahme ... 364
Anhang VI-72: χ^2-Anpassungstest ,Anzahl an Angestellten' der Mehrfachteilnehmer R und der Grundgesamtheit N_R vor Aufnahme ... 365
Anhang VI-73: Verteilung der Exportquote der Mehrfachteilnehmer R und der Grundgesamt N_R vor Aufnahme ... 365
Anhang VI-74: χ^2-Anpassungstest ,Exportquote' der Mehrfachteilnehmer R und der Grundgesamtheit N_R ... 365
Anhang VI-75: Alterstruktur der Mehrfachteilnehmer R im Jahr der Aufnahme des Mezzanine-Kapitals ... 366
Anhang VI-76: Verteilung der Gründungsjahre der Mehrfachteilnehmer R und der Grundgesamtheit N_R ... 366
Anhang VI-77: Branchenverteilung der Mehrfachteilnehmer R und der Grundgesamtheit N_R ... 367
Anhang VI-78: χ^2-Anpassungstest ,Branche' der Mehrfachteilnehmer R und der Grundgesamtheit N_R ... 367
Anhang VI-79: χ^2-Anpassungstest ,Rechtsform' der Mehrfachteilnehmer R und der Grundgesamtheit N_R ... 367
Anhang VI-80: Regionale Verteilung der Mehrfachteilnehmer R ... 368
Anhang VI-81: Regionale Verteilung der Mehrfachteilnehmer R in Deutschland ... 368
Anhang VI-82: χ^2-Anpassungstest ,Nominalvolumen' der identifizierten mehrfach teilnehmenden Unternehmen R_I und der Grundgesamtheit N_{RI} ... 369
Anhang VI-83: Verteilung der Nominalvolumina nach Volumenklassen der identifizierten Mehrfachteilnehmer R_I und der Grundgesamtheit N_{RI} ... 369
Anhang VI-84: Verteilung der Nominalvolumina der identifizierten Mehrfachteilnehmer R_I ... 370
Anhang VI-85: Ertragswirtschaftlicher Cash Flow im Rahmen von Moody's KMV RiskCalc™ ... 370
Anhang VI-86: Ordentliches Betriebsergebnis im Rahmen von Moody's KMV RiskCalc™ ... 371
Anhang VI-87: Relativer Einfluss der im Rahmen von Moody's KMV RiskCalc™ verwendeten Kennzahlen ... 371
Anhang VI-88: Schematischer Überblick über die grundlegende Funktionsweise von Moody's KMV RiskCalc™ ... 371
Anhang VI-89: Rückzahlungen innerhalb der Mezzanine-Programme per 31.12.2008 . 372
Anhang VI-90: Verteilung der Nominalvolumina der Unternehmen der Kennzahlenanalyse N_{RIK} und der Grundgesamtheit N_{RI} nach Volumenklassen ... 372
Anhang VI-91: χ^2-Anpassungstest ,Nominalvolumen' der Unternehmen der Kennzahlenanalyse N_{RIK} und der Grundgesamtheit N_R ... 372
Anhang VI-92: Verteilung der Umsatzerlöse der Unternehmen der Kennzahlenanalyse N_{RIK*} und der Grundgesamtheit N_R ... 373
Anhang VI-93: χ^2-Anpassungstest ,Umsatzerlöse' der Unternehmen der Kennzahlenanalyse N_{RIK*} und der Grundgesamtheit N_R ... 373

Anhang VI-94: Verteilung der Bilanzsumme der Unternehmen der Kennzahlenanalyse N_{RIK*} und der Grundgesamtheit N_R ... 374
Anhang VI-95: χ^2-Anpassungstest ‚Bilanzsumme' der Unternehmen der Kennzahlenanalyse N_{RIK*} und der Grundgesamtheit N_R ... 374
Anhang VI-96: Umsatzerlöse, Bilanzsumme und Nominalvolumen je Programmgruppe $N_{RIK2004}$ bis $N_{RIK2007}$ für N_{RIK*} ... 375
Anhang VI-97: Verteilung der Angestelltenanzahl der Unternehmen der Kennzahlenanalyse N_{RIK*} und der Grundgesamtheit N_R ... 375
Anhang VI-98: χ^2-Anpassungstest ‚Anzahl an Angestellten' der Unternehmen der Kennzahlenanalyse N_{RIK*} und der Grundgesamtheit N_R ... 376
Anhang VI-99: Verteilung der Exportquoten der Unternehmen der Kennzahlenanalyse N_{RIK*} und der Grundgesamtheit N_R ... 376
Anhang VI-100: χ^2-Anpassungstest ‚Exportquote' der Unternehmen der Kennzahlenanalyse N_{RIK*} und der Grundgesamtheit N_R ... 376
Anhang VI-101: Branchenverteilung der Unternehmen der Kennzahlenanalyse N_{RIK*} und N_R ... 377
Anhang VI-102: χ^2-Anpassungstest ‚Branche' der Unternehmen der Kennzahlenanalyse N_{RIK*} und der Grundgesamtheit N_R ... 377
Anhang VI-103: Verteilung der Umsatzerlöse der Unternehmen der Kennzahlenanalyse N_{RIK*} und der Vergleichsunternehmen VG ... 377
Anhang VI-104: χ^2-Anpassungstest ‚Umsatzerlöse' der Unternehmen der Kennzahlenanalyse N_{RIK*} und der Vergleichsunternehmen VG ... 378
Anhang VI-105: Verteilung der Bilanzsummen der Unternehmen der Kennzahlenanalyse N_{RIK*} und der Vergleichsunternehmen VG ... 378
Anhang VI-106: χ^2-Anpassungstest ‚Bilanzsumme' der Unternehmen der Kennzahlenanalyse N_{RIK*} und der Vergleichsunternehmen VG ... 378
Anhang VI-107: Überblick über die Entwicklung der Unternehmen im Zeitraum 2003 bis 2008 nach Programmgruppen ... 379
Anhang VI-108: Anzahl an Unternehmen je Programmgruppe und Kennzahl für den Zeitraum 2003 bis 2008 ... 380
Anhang VI-109: Anzahl an Werten für N_{RIK} je Kennzahl für den Zeitraum t_{-1} bis t_1 ... 380
Anhang VI-110: Anzahl an Unternehmen je Programmgruppe und Kennzahl für den Zeitraum t_{-1} bis t_4 ... 381
Anhang VI-111: Faktoren zur Ermittlung der laufzeitbedingten Werte ... 381
Anhang VI-112: Kredithürde im verarbeitenden Gewerbe nach Größenklassen ... 382
Anhang VI-113: Verteilung der 5-Jahres-Ratings (.edf) gemäß Moody's KMV für N_{RIK} und N_{RI} vor Aufnahme des Mezzanine-Kapitals ... 382
Anhang VI-114: χ^2-Anpassungstest ‚Ratingverteilung' der Unternehmen der Kennzahlenanalyse N_{RIK} und der Grundgesamtheit N_R ... 383
Anhang VI-115: Anzahl an kleinen und großen Unternehmen je Kennzahl für den Zeitraum t_{-1} bis t_1 ... 383
Anhang VI-116: Entwicklung der kleinen und großen Unternehmen für t_{-1} bis t_1 ... 384
Anhang VI-117: Anzahl an kleinen und großen Unternehmen je Kennzahl für 2006 bis 2008 ... 385
Anhang VI-118: Entwicklung der kleinen und großen Unternehmen für 2006 bis 2008 ... 386
Anhang VI-119: Verteilung der Nominalvolumina der Mehrfachteilnehmer der Kennzahlenanalyse R_{IK} sowie aller Mehrfachteilnehmer R_I ... 387
Anhang VI-120: χ^2-Anpassungstest ‚Nominalvolumen' der Mehrfachteilnehmer der Kennzahlenanalyse R_{IK} und aller Mehrfachteilnehmer R_I ... 387
Anhang VI-121: Entwicklung der Mehrfachteilnehmer R_{IK} für t_{-1} bis t_1 ... 388
Anhang VI-122: Entwicklung der Mehrfachteilnehmer R_{IK} für 2006 bis 2008 ... 389

Anhang VI-123: Branchenverteilung der ausgefallenen Unternehmen und der Unternehmen der Kennzahlenanalyse N_{RIK*} ... 390
Anhang VI-124: Alterstruktur der ausgefallenen Unternehmen bei Aufnahme ... 390
Anhang VI-125: Ausgefallenes Nominalvolumen in Abhängigkeit von der Laufzeit je Mezzanine-Programm ... 391
Anhang VI-126: Ausgefallenes Nominalvolumen in Abhängigkeit von der Laufzeit je Mezzanine-Programm ... 391
Anhang VI-127: Kennzahlenübersicht der ausgefallenen Unternehmen $N_{RI(AUSFALL)}$ und einer Zufallstichprobe $N_{RIK(ZUFALL)}$ für t_{-1} und t_0 ... 392
Anhang VI-128: Fragebogen ... 393
Anhang VI-129: Antworthäufigkeiten für die Fragen 1 bis 23 ... 407
Anhang VI-130: χ^2-Anpassungstest ‚Branche' der Unternehmen der Befragung an die Grundgesamtheit N_R ... 410
Anhang VI-131: χ^2-Anpassungstest ‚Rechtsform' der Unternehmen der Befragung an die Grundgesamtheit N_R ... 411
Anhang VI-132: χ^2-Anpassungstest ‚Umsatzerlöse' der Unternehmen der Befragung an die Grundgesamtheit N_R ... 411
Anhang VI-133: χ^2-Anpassungstest ‚Anzahl an Angestellten' der Unternehmen der Befragung an die Grundgesamtheit N_R ... 411
Anhang VI-134: χ^2-Anpassungstest ‚Anzahl der Teilnahmen' der Unternehmen der Befragung an die Grundgesamtheit N_R ... 412
Anhang VI-135: Verteilung der Teilnahmen auf die Programme –Frage 5– ... 412
Anhang VI-136: Zusammengefasste Verteilung der Nominalvolumina der Unternehmen der Grundgesamtheit N_{RI} ... 413
Anhang VI-137: χ^2-Anpassungstest ‚Nominalvolumen' der Unternehmen der Befragung an die Grundgesamtheit N_R ... 413
Anhang VI-138: Verwendungszwecke für Mezzanine-Kapital im Durchschnitt für die Jahre 2006 und 2007 aus Anbietersicht ... 414
Anhang VI-139: Kredithürde der gewerblichen Wirtschaft ... 414
Anhang VI-140: Beurteilung der Vorteile von Standard-Mezzanine-Kapital für Umsatzgruppe 1 und 2 -Frage 9- ... 415
Anhang VI-141: Beurteilung der Nachteile von Mezzanine-Kapital für Umsatzgruppe 1 und 2 -Frage 10- ... 416
Anhang VI-142: Ergebnis einer Parallelanalyse in SPSS ... 417
Anhang VI-143: Eigenwertverlauf der empirischen sowie der zufälligen Variablen in der Parallelanalyse ... 418
Anhang VI-144: Komponentenmatrix ... 418
Anhang VI-145: Kommunalitätenschätzung und anfängliche Kommunalitäten ... 419
Anhang VI-146: Koeffizientenmatrix der Faktorwerte ... 419
Anhang VI-147: Zusammenfassung der Fallverarbeitung für Faktor 1 im Rahmen einer Reliabilitätsanalyse ... 420
Anhang VI-148: Zusammenfassung der Fallverarbeitung für Faktor 2 im Rahmen einer Reliabilitätsanalyse ... 420
Anhang VI-149: Zusammenfassung der Fallverarbeitung für Faktor 2 inkl. Variable 9_1 im Rahmen einer Reliabilitätsanalyse ... 420
Anhang VI-150: Zusammenfassung der Fallverarbeitung für Faktor 3 im Rahmen einer Reliabilitätsanalyse ... 420

Anhang VI-1: Definition von KMU durch die EU[809]

Unternehmensgröße	Anzahl der Beschäftigten		Jahresumsatz in € Mio.		Bilanzsumme in € Mio.	
Kleinstunternehmen	0-9	UND	≤ 2	ODER	≤ 2	Mittelstand
Kleinunternehmen	10-49	UND	≤ 10	ODER	≤ 10	Mittelstand
Mittleres Unternehmen	50-249	UND	≤ 50	ODER	≤ 43	Mittelstand
Großes Unternehmen	≥ 250	UND	> 50	ODER	> 43	

Anhang VI-2: Quantitative Mittelstandsdefinition des IfM Bonn[810]

Unternehmensgröße	Anzahl der Beschäftigten		Jahresumsatz in € Mio.	
Klein	bis 9	UND	< 1	Mittelstand
Mittel	10 bis 499	UND	1 bis < 50	Mittelstand
Groß	500 und mehr	UND	≥ 50	

Anhang VI-3: Rechtsformen mittelständischer Unternehmen[811]

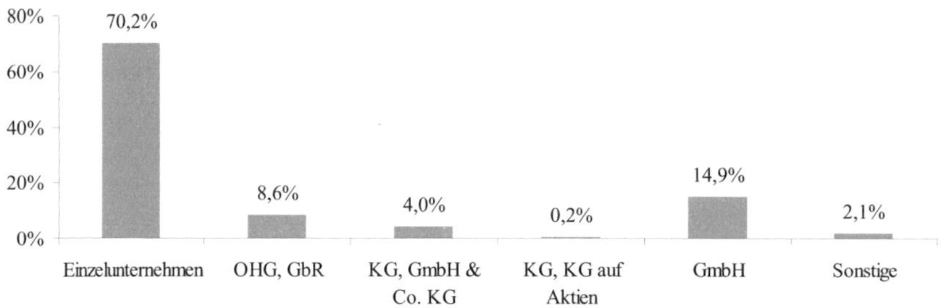

[809] Quelle: Eigene Darstellung in Anlehnung an Europäische Kommission (2003b), S. 39-41; Bundesministerium für Wirtschaft und Technologie (2007), S. 9; Achleitner, A.-K./Fingerle, C. H. (2004), S. 7.

[810] Quelle: Eigene Darstellung in Anlehnung an Institut für Mittelstandsforschung (2004), S. 3. Anzumerken ist, dass Unternehmen mit einem Umsatz von bis zu EUR 1 Mio. einen Anteil von ca. 90% stellen.

[811] Quelle: Eigene Darstellung auf Basis der Umsatzsteuerstatistik 2005. Vgl. Institut für Mittelstandsforschung (2009c), S. 3.

Anhang VI-4: Eigentümerstruktur im Mittelstand[812]

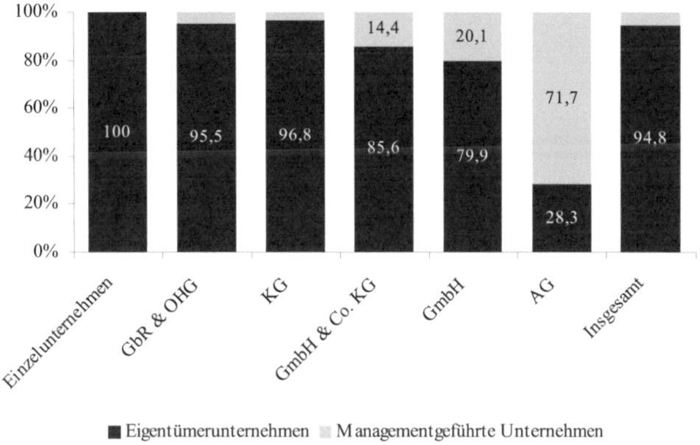

Anhang VI-5: Mittelstand nach quantitativen und qualitativen Definitionsmerkmalen[813]

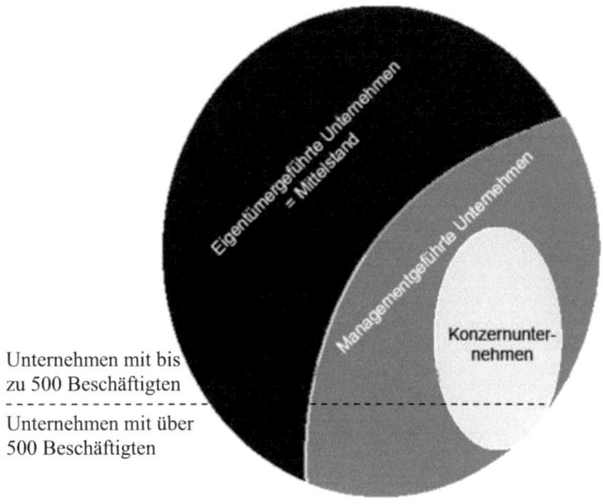

[812] Quelle: Kayser, G. (2003), S. 8.

[813] Quelle: Kayser, G. (2003), S. 7.

Anhang VI-6: Systematisierung der Eigenkapitalfunktionen[814]

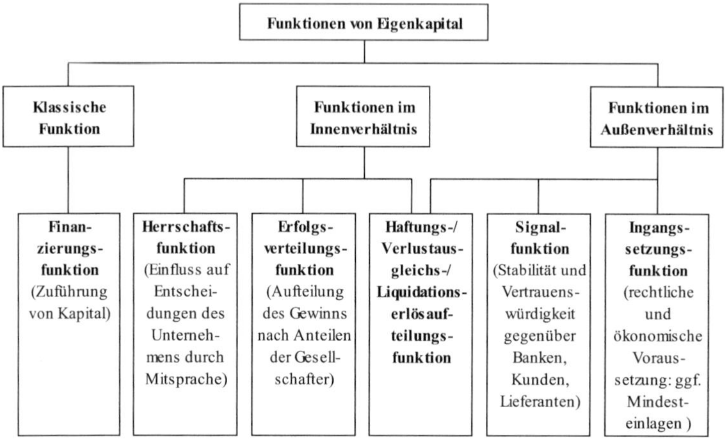

Anhang VI-7: Charakteristika von Eigen- und Fremdkapital[815]

Kapital / Kriterium	Eigenkapital	Fremdkapital
Rechtliche Stellung	Erwerb von Eigentum	Schuldrechtliche Gläubigerstellung
Zeitliche Verfügbarkeit	I. d. R. unbefristet	I. d. R. befristet
Ertragsanteil	Grundsätzlich volle Beteiligung an Gewinn und Verlust	Fester Zinsanspruch
Haftung	Mind. in Höhe der Einlage (rechtsformabhängig)	Keine Haftung, aber Kreditrisiko
Mitspracherechte/ Geschäftsführungs-befugnis	I. d. R. Mitsprache-, Stimm- und Kontrollrechte je nach Anteilsart; praktisch mitunter Begrenzung	Keine Mitspracherechte (ggf. möglich über bestimmte Bedingungen z. B. bei der Besicherung des Fremdkapitals)
Finanzierungsmöglichkeit	Einlagen der Alteigentümer oder Aufnahme neuer Anteilseigner; bei Kapitalgesellschaften Emission von Anteilsscheinen	Kredite und Darlehen in Abhängigkeit von der Marktsituation und der Besicherung
Steuerliche Aspekte	Gewinn wird besteuert; je nach Rechtsform unterschiedlich	Zinsen sind als Betriebsausgaben steuerwirksam absetzbar
Vermögensanspruch	Anteilig, sofern Liquiditationserlös > Schulden	Nominal und bevorrechtigt
Stellung von Sicherheiten	Nicht möglich	Normalfall

814 Quelle: Eigene Darstellung in Anlehnung an Müller, S. et al. (2006), S. 180-183.

815 Quelle: Eigene Darstellung in Anlehnung an Steiner, M./Schiffel, S. (2006), S. 5; Schneck, O. (2006), S. 48; Perridon, L./Steiner, M. (2007), S. 348.

Anhang VI-8: Einteilung der Finanzierungsformen nach den Kriterien Mittelherkunft und Rechtsstellung bzw. Kapitalhaftung[816]

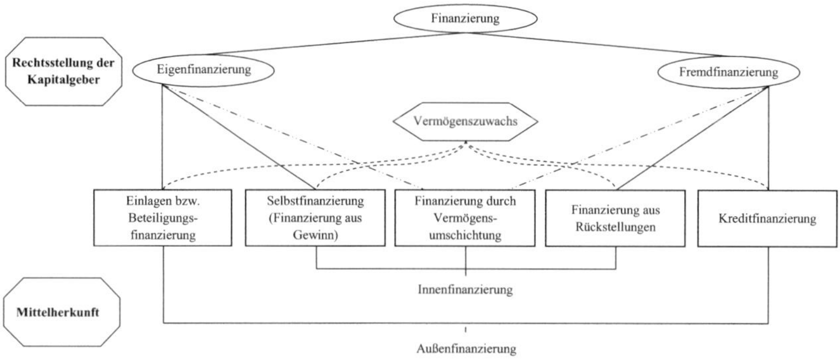

Anhang VI-9: Bedeutung von Finanzierungsquellen im Jahr 2006[817]

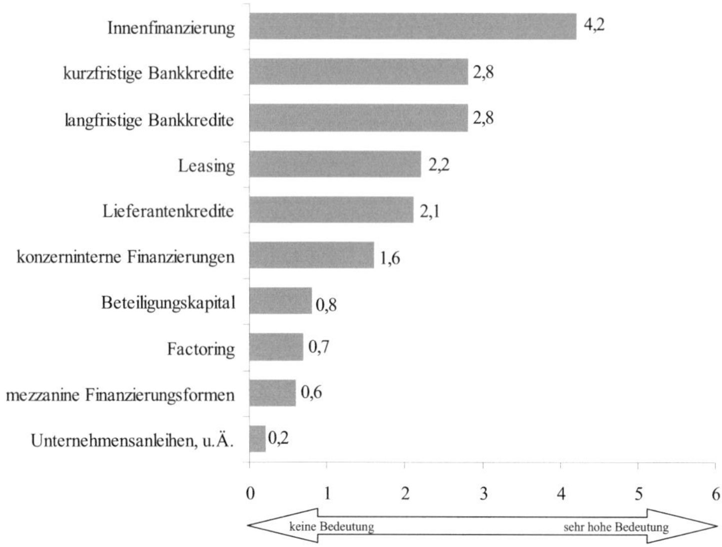

[816] Quelle: Eigene Darstellung in Anlehnung an Perridon, L./Steiner, M. (2007), S. 348; Wöhe, G./Bilstein, J. (2002), S. 13 und S. 19; Beecker, R. (2000), S. 587.

[817] Quelle: Eigene Darstellung in Anlehnung an KfW Bankengruppe (2006c), S. 69.

Anhang VI-10: Klassische und innovative Finanzierungsinstrumente[818]

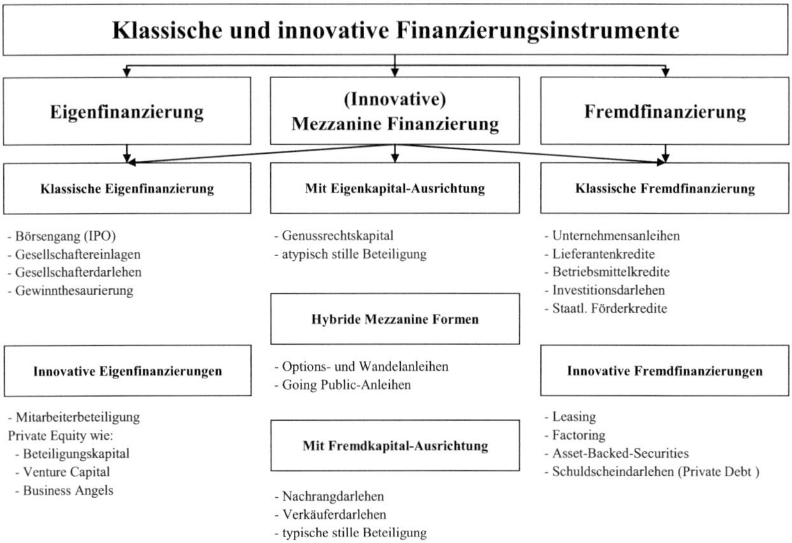

Anhang VI-11: Durchschnittliche Eigenkapitalquoten deutscher Unternehmen im internationalen Vergleich in 2003[819]

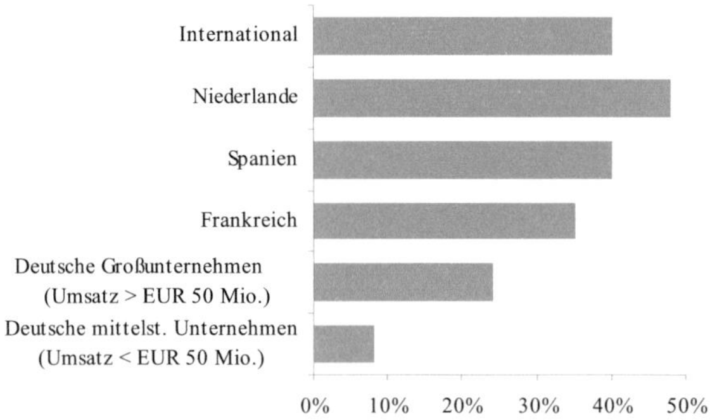

---

[818] Quelle: Eigene Darstellung in Anlehnung an Steiner, M./Schiffel, S. (2006), S. 6; Hansmann, K. et al. (2005), S. 7.

[819] Quelle: Eigene Darstellung. Die Werte entstammen der Grafik in Koop, F. (2005), S. 3 und stellen somit nur eine Näherung dar.

Anhang VI-12: Entwicklung der Eigenkapitalquoten von Unternehmen[820]

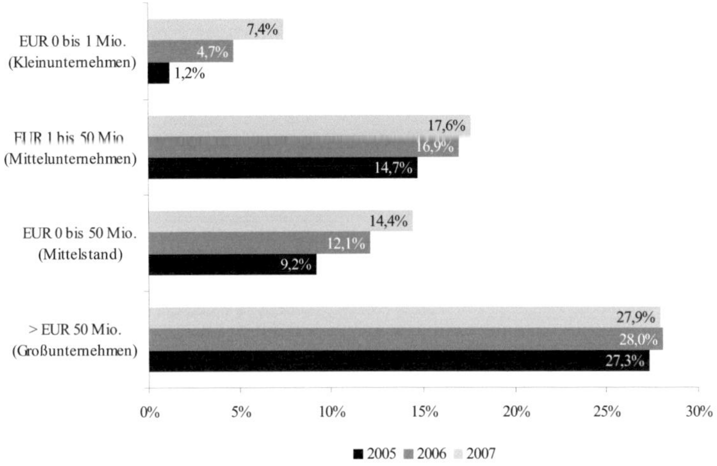

Anhang VI-13: Insolvenzen und Insolvenzquote 1991 bis 2009 in Deutschland[821]

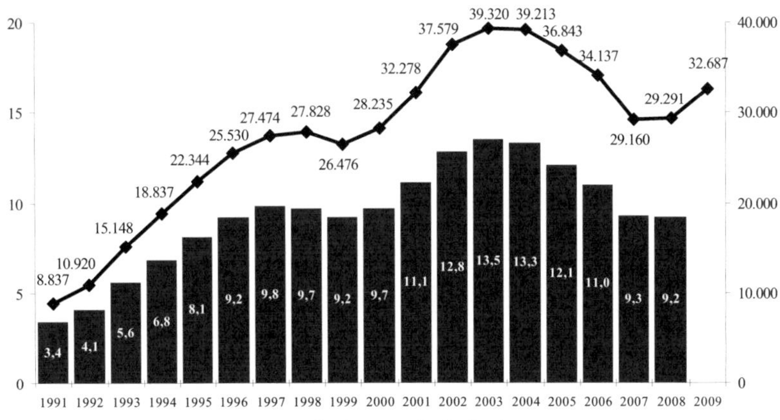

* Insolvenzquote = Insolvenzen je 1.000 Unternehmen (nach Umsatzsteuerstatistik). Insolvenzquote für 2009 per Ende März 2010 noch nicht verfügbar.

---

[820] Quelle: Eigene Darstellung in Anlehnung an DSGV (2009), S. 42. Für eine Übersicht über Eigenkapitalquoten deutscher Unternehmen im Zeitraum 1996 bis 2004 siehe KfW Bankengruppe (2006e), S. 159.

[821] Quelle: Statistisches Bundesamt (2010); Institut für Mittelstandsforschung (2009d).

Anhang VI-14: Anteil der Unternehmen mit und ohne Eigenkapital[822]

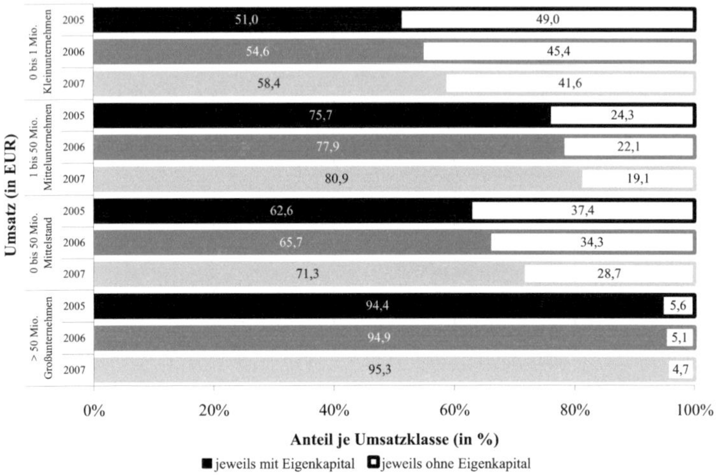

Anhang VI-15: Quellen der Eigenkapitalbeschaffung[823]

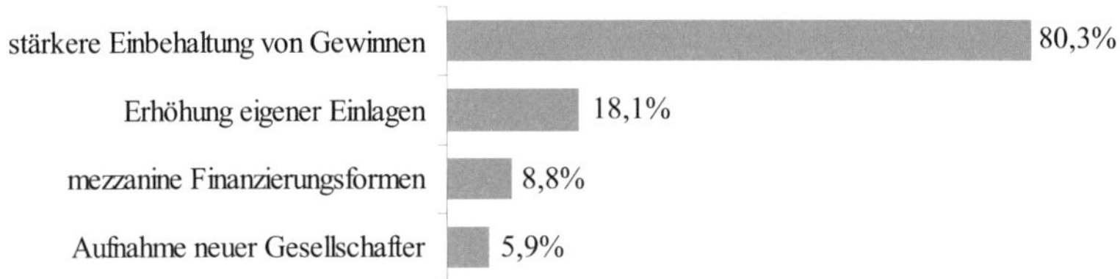

[822] Quelle: Eigene Darstellung in Anlehnung an DSGV (2009), S. 43.

[823] Quelle: Institut für Mittelstandsforschung (2007c), S. 7.

Anhang VI-16: Bewertungsaspekte bei Ratingverfahren[824]

Quantitative Faktoren	Qualitative Faktoren
Planungsunterlagen	Unternehmensstrategie
Jahresabschlüsse	Management
Betriebswirtschaftliche Auswertungen (BWAs)	Zukunftsaussichten/ Planrechnungen
Cash Flow	Marktstellung
Eigenkapitalquote	Bankbeziehung
Rentabilitätskennzahlen	Qualität des Finanz- & Rechnungswesens
Betriebsergebnis	Nachfolge- & Vertretungsregel
Liquidität	

Anhang VI-17: Produktanbieter im Bereich des Invidividual-Mezzanine-Kapitals[825]

Banken/ Sparkassen	MBGs	Unabhängige Anbieter
• Bayern Mezzanine Kapital	• Bayerische Beteiligungsgesellschaft	• Buchanan
• CBG Commerz Gruppe	• MBG Baden-Württemberg	• DAM Capital
• Dresdner Bank	• MBG Berlin Brandenburg	• M Cap Finance
• IKB Private Equity	• MBG Hessen	• MML Capital Partners
• L-Bank Baden-Württemberg	• MBG Niedersachsen	...
• NRW. Bank Mittelstands-Fonds	• MBG Sachsen	
• West LB	• MBG Schleswig Holstein	
• WGZ Investivkapital	• MBG Thüringen	
...	• Saarländische Beteiligungsgesellschaft	
	...	

Anhang VI-18: Einordnung gängiger mezzaniner Finanzierungen[826]

Equity-Mezzanine	Hybrid-Mezzanine	Debt-Mezzanine
atypisch stille Beteiligung	Options- und Wandelanleihen	typisch stille Beteiligung
Genussrechtskapital*	Going-Public-Anleihen	Genussrechtskapital*
		Nachrangdarlehen
		Verkäuferdarlehen
		Partiarisches Darlehen

* je nach Ausgestaltung

824 Quelle: Institut für Mittelstandsforschung (2005), S. 13.

825 Quelle: Fleischhauer, U./Kaluza, A. (2008), S. 43.

826 Quelle: Eigene Darstellung in Anlehnung an KfW Bankengruppe (2005b), S. 2; Natusch, I. (2007), S. 26-51; Steiner, M./Schiffel, S. (2006), S. 6.

Anhang VI-19: Favorisierte mezzanine Finanzierungsinstrumente in den Jahren 2006 bis 2008[827]

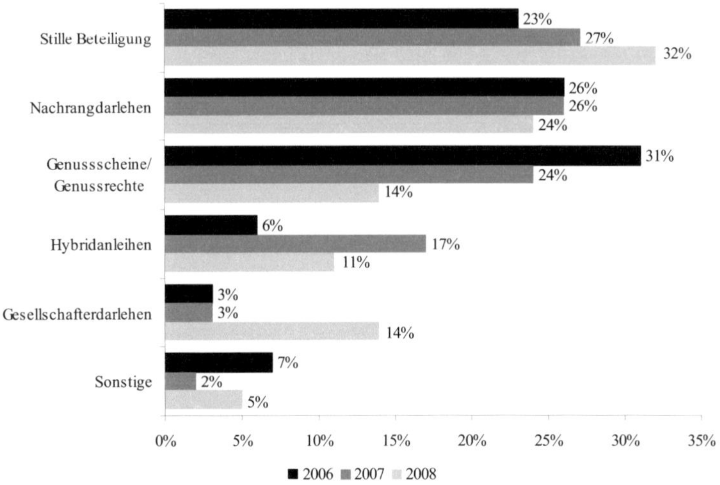

[827] Quelle: Eigene Darstellung in Anlehnung an Fleischhauer, U./Olkowski, M. (2009), S. 34; Fleischhauer, U./Kaluza, A. (2008), S. 48. Siehe hierzu auch Fn. 295.

Anhang VI-20: Abgrenzung mezzaniner Finanzierungen[828]

Kapital / Kriterium	Nachrangdarlehen	typisch stille Gesellschaft	Genussrecht	atypisch stille Gesellschaft
Vergütung der Kapitalgeber	Fix	Fix und variabel	Fix und variabel	Fix und variabel
Position des Kapitalgebers; Informations-/ und Zustimmungsrechte der Kapitalgeber	Gläubigerstellung; i. d. R. mit Vetorechten	Vertragliche Zustimmungs- und Kontrollrechte sowie gesetzliche Informations- und Kontrollrechte	Vertragliche Zustimmungs- und Kontrollrechte	Mitunternehmerstellung; vertragliche Zustimmungs-/ Kontrollrechte
Haftung im Insolvenzfall	Nein, aber Rangrücktritt ggü. Gläubigern	Nein, aber ggf. Rangrücktritt ggü. Gläubigern	Nein, aber ggf. Rangrücktritt ggü. Gläubigern	Ja
Bilanzielles Eigenkapital	Nein	Gestaltungsabhängig	Gestaltungsabhängig	Gestaltungsabhängig
Wirtschaftliches Eigenkapital im Rating-Prozess	Ja	Ja	Ja	Ja
Verlustteilnahme	Nein	Grundsätzlich ja, kann aber vertraglich ausgeschlossen werden	I. d. R. ja	I. d. R. ja

Debt-Mezzanine ← je nach Ausgestaltung → Equity-Mezzanine

[828] Quelle: Eigene Darstellung in Anlehnung an Natusch, I. (2007), S. 25; KfW Bankengruppe (2005b), S. 2; Nelles, M./Klusemann, M. (2003), S. 8.

Anhang VI-21: Abgrenzung von Eigenkapital, Mezzanine-Kapital und Fremdkapital[829]

Kriterium / Kapital	Eigenkapital	Mezzanine-Kapital	Fremdkapital
Rechtliche Stellung	Erwerb von Eigentum	Gestaltungsabhängig; i. d. R. schuldrechtliche Gläubigerstellung	Schuldrechtliche Gläubigerstellung
Zeitliche Verfügbarkeit	I. d. R. unbefristet	I. d. R. befristet	I. d. R. befristet
Ertragsanteil	Grundsätzlich volle Beteiligung an Gewinn und Verlust	Erfolgsabhängige Verzinsungsanteile	Fester Zinsanspruch
Haftung	Mind. in Höhe der Einlage (rechtsformabhängig)	Nachrangig ggü. Fremdkapital, vorrangig ggü Eigenkapital	Keine Haftung, aber Kreditrisiko
Mitspracherechte/ Geschäftsführungs-befugnis	I. d. R. Mitsprache-, Stimm- und Kontrollrechte je nach Anteilsart; praktisch mitunter Begrenzung	I. d. R. keine Stimm- und Kontrollrechte, aber möglich	Keine Mitspracherechte (ggf. möglich über bestimmte Bedingungen z. B. bei der Besicherung des Fremdkapitals)
Steuerliche Aspekte	Gewinn wird besteuert; je nach Rechtsform unterschiedlich	Zinsen sind i. d. R. steuerlich als Betriebsausgaben absetzbar	Zinsen sind als Betriebsausgaben steuerwirksam absetzbar
Vermögensanspruch	Anteilig, sofern Liquiditationserlös > Schulden	Ja, über Equity Kicker	Nominal und bevorrechtigt
Stellung von Sicherheiten	Nicht möglich	nicht möglich oder mit Rangrücktritt	Normalfall

Anhang VI-22: Beurteilung von Mezzanine-Kapital in internen Ratingverfahren der Kreditinstitute[830]

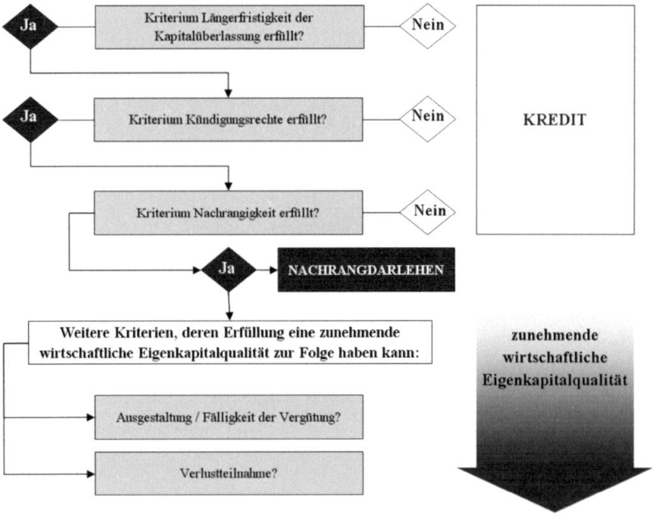

[829] Quelle: Eigene Darstellung in Anlehnung an Natusch, I. (2007), S. 24; Schneck, O. (2006), S. 48; Steiner, M./Schiffel, S. (2006), S. 5; Schneck, O. (2006), S. 48; Perridon, L./Steiner, M. (2007), S. 348.

[830] Quelle: KfW Bankengruppe (2007b), S. 3.

Anhang VI-23: Eigenkapitalähnlichkeit gemäß DVFA-Kriterienmatrix am Beispiel PREPS 2004-1[831]

(1) Rang	(2) Kriterium	(3) Art und Erfüllungsgrad des Kriteriums (in %)	(4) Gewicht des Kriteriums (in %)	(5) Multiplikation aus (3) und (4)
1.	**Nachrangabrede**	[ ] Kein Nachrang: [ ] Negativmerkmal 0% [X] Einfacher Nachrang oder qualifizierter Nachrang: 100%	20%	**20%**
2.	**Kapitalüberlassung/ Vergütung**	[ ] Feste Vergütung: [ ] Negativmerkmal 0% [X] Gewinnabhängige Vergütung: 100%	20%	**20%**
3.	**Laufende Jahresverlustbeteiligung**	[X] Keine Teilnahme an laufenden Verlusten: 0% [ ] (Partielle) Beteiligung an laufenden Verlusten, Rückzahlung des Kapitals nur aus dem freien Vermögen, finale Verlustbeteiligung am Emde der regulären Laufzeit: 100%	20%	**0%**
4.	**Kapitalgeber**	[ ] Kapitalgeber ist die Hausbank (senior lender): 0% [X] Kapitalgeber ist eine fremde Bank, der Kapitalmarkt, eine Beteiligungsgesellschaft oder sonstige Kapitalgeber, die keine Sicherheiten halten: 100%	2,5%	**2,5%**
5.	**Dauer der Kapitalüberlassung bzw. Restlaufzeit** (Bei befristeter Kapitalüberlassung ist die Restlaufzeit entscheidend)	[ ] Befristete Überlassung von weniger als fünf Jahren: [ ] Negativmerkmal 0% [X] Unbefristete oder befristete Überlassung von mindestens fünf Jahren und Restlaufzeit von mindestens zwei Jahren: 100%	15%	**15%**
6.	**Kündigungsabreden**	[ ] Ordentliche Kündigung für unbefristete Verträge mit Kündigungsfrist ≤ 24 Monate und keine Nachhaftung: 0% [X] Ordentliche Kündigung für unbefristete Verträge mit Kündigungsfrist > 24 Monate und/oder Nachhaftung mindestens 24 Monate; Möglichkeiten der außerordentlichen Kündigung wegen wesentlicher Pflichtverletzung des Emittenten, grundlegender Änderung des Geschäftszwecks oder Wechsels in der Kontrolle über das Unternehmen: 100%	10%	**10%**
7.	**Abänderungsrecht in Richtung Darlehen**	[ ] Abänderung möglich: [ ] Negativmerkmal 0% [X] Abänderung nicht möglich: 100%	10%	**10%**
6.	**Einsetzung eines Externen**	[X] Zur Sicherung der Rechte des Kapitalgebers: 0% [ ] Zur Mithilfe bei der Fortführung des Unternehmens: 100%	2,5%	**0%**
	Eigenkapitalähnlichkeit (in %)	Die prozentuale Gesamteigenkapitalähnlichkeit eines hybriden aus der Summe der Produkte des prozentualen Erfüllungsgrades für das jeweilige Kriterium mit dem Gewicht des jeweiligen Kriteriums. Bei Vorliegen auch nur eines Negativmerkmales ist das hybride Kapital als Fremdkapital zu werten!		**77,5%**

[831] Quelle: DVFA (2007), S. 13-22; HVB (2004a), S. 57-68; Moody's Investors Service (2004a). Einerseits wird Annahme getroffen, dass die im Rahmen von PREPS 2004-1 vereinbarte zusätzliche, gewinnabhängige Vergütung das Kriterium 2 ausreichend erfüllt. Andererseits wird unterstellt, dass das Unternehmen bisher keine Verbindung zur HVB als Originator von PREPS 2004-1 unterhielt und somit Kriterium 4 erfüllt wird. Weitere Informationen zu PREPS 2004-1 können Anhang VI-48 entnommen werden.

Anhang VI-24: Struktur der Bilanz und GuV bei schrittweiser Zurechnung des mezzaninen Kapitals zum Eigenkapital[832]

Kurzgliederungsschema		Grundfall	Schritt 1	Schritt 2	Schritt 3	Schritt 4
		31.12.2008	31.12.2008	31.12.2008	31.12.2008	31.12.2008
	Jahresabschlußinformationen					
Branche		2900	2900	2900	2900	2900
Rechtsform		GmbH	GmbH	GmbH	GmbH	GmbH
Mitarbeiter		200	200	200	200	200
Jahresabschlußart		Endgültige Bilanz	Endgültige Bilanz	Endgültige Bilanz	Endgültige Bilanz	Endgültige Bilanz
Rechnungslegung		HGB	HGB	HGB	HGB	HGB
Jahresabschlußumfang		Einzelbilanz	Einzelbilanz	Einzelbilanz	Einzelbilanz	Einzelbilanz
Jahresabschlußdauer (Monate)		12	12	12	12	12
GuV-Verfahren		GKV	GKV	GKV	GKV	GKV
Währung		EURO	EURO	EURO	EURO	EURO
Betragsangabe		Tsd	Tsd	Tsd	Tsd	Tsd
	Aktiva					
1101	Konzessionen & Rechte & Lizenzen	119	119	119	119	119
1102	Geschäfts- oder Firmenwert	0	0	0	0	0
1109	Immaterielle Vermögensgegenstände	0	0	0	0	0
1111	Grundstücke und Bauten	2 677	2 677	2 677	2 677	2 677
1229	Wertpapiere des Umlaufvermögens	0	0	0	0	0
1239	Schecks & Kassenbestand	4 433	4 433	4 433	4 433	4 433
3999	Bilanzsumme Aktiva	26 119	26 119	26 119	26 119	26 119
	Passiva					
3099	Haftendes Eigenkapital	4 212	4 712	5 212	5 712	6 212
3199	Sonderposten mit Rücklageanteil	0	0	0	0	0
3299	Rückstellungen	5 226	5 226	5 226	5 226	5 226
3302	Bankverbindlichkeiten	10 783	10 283	9 783	9 283	8 783
3402	- davon Restlaufzeit bis 1 Jahr	5 041	5 041	5 041	5 041	5 041
3303	Erhaltene Anzahlungen	0	0	0	0	0
3304	Verbindlichkeiten aus Lieferungen und Leistungen	1 589	1 589	1 589	1 589	1 589
3404	- davon Restlaufzeit bis 1 Jahr	1 589	1 589	1 589	1 589	1 589
3305	Akzepte (Wechselverbindlichkeiten)	0	0	0	0	0
3406	Verb. gegen verb. Unternehmen (RLZ bis 1 Jahr)	0	0	0	0	0
3407	Verb. gegen Beteiligungsunt. (RLZ bis 1 Jahr)	138	138	138	138	138
3409	Sonstige Verbindlichkeiten (RLZ bis 1 Jahr)	1 973	1 973	1 973	1 973	1 973
3499	Summe kurzfristige Verbindlichkeiten	0	0	0	0	0
3399	Summe Verbindlichkeiten	16 680	16 180	15 680	15 180	14 680
3999	Bilanzsumme Passiva	26 119	26 119	26 119	26 119	26 119
	Gewinn- und Verlustrechnung					
7001	Umsatz	27 204	27 204	27 204	27 204	27 204
7001a	Umsatz (Vorjahr)	29 015	29 015	29 015	29 015	29 015
7002	Bestandsveränderungen	366	366	366	366	366
7003	Andere aktivierte Eigenleistungen	28	28	28	28	28
7014	Herstellungskosten (UKV)	0	0	0	0	0
7015	Vertriebs- und Verwaltungskosten (UKV)	0	0	0	0	0
7008	Sonstige betriebliche Erträge	1 268	1 268	1 268	1 268	1 268
7011	Materialaufwand	9 103	9 103	9 103	9 103	9 103
7012	Personalaufwand	8 936	8 936	8 936	8 936	8 936
7013a	planmäßige Abschreibungen	1 168	1 168	1 168	1 168	1 168
7018	Sonstige betriebliche Aufwendungen	7 933	7 933	7 933	7 933	7 933
7102	Erträge aus Wertpapieren und Ausleihungen	0	0	0	0	0
7103	Zinserträge und ähnliche Erträge	132	132	132	132	132
7112	Zinsaufwendungen und ähnliche Aufwendungen	925	925	925	925	925
7501	Steuern vom Einkommen und Ertrag	114	114	114	114	114
7502	Sonstige Steuern	52	52	52	52	52
7022	Personalaufwand (UKV)	0	0	0	0	0
7023	Abschreibungen (UKV)	0	0	0	0	0
7999	Jahresüberschuß/-fehlbetrag	606	606	606	606	606
	Sonstige Kennzahlenbestandteile					
7299	Ordentliches Bertriebsergebnis	933	933	933	933	933
7899	Ertragswirtschaftlicher Cash Flow	2 101	2 101	2 101	2 101	2 101

[832] Quelle: Kurzgliederungsschema Moody's KMV RiskCalc v1.0.

Anhang VI-25: Veränderung der Ausfallwahrscheinlichkeit bei schrittweiser Zurechnung des mezzaninen Kapitals zum Eigenkapital[833]

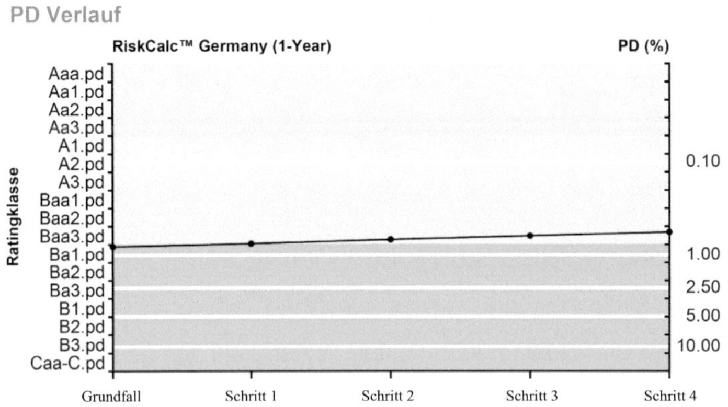

Anhang VI-26: Simulationsergebnisse bei schrittweiser Zurechnung des mezzaninen Kapitals zum Eigenkapital[834]

RiskCalc™ Germany (1-Year)

	Grundfall	Schritt 1	Schritt 2	Schritt 3	Schritt 4
PD (%)	0.76	0.71	0.65	0.60	0.56
Perzentil (%)	49.40	50.90	52.50	54.10	55.80
Mapping	Ba1.pd	Baa3.pd	Baa3.pd	Baa3.pd	Baa3.pd

[833] Quelle: Moody's KMV RiskCalc v1.0. PD = probability of default (Ausfallwahrscheinlichkeit).

[834] Quelle: Moody's KMV RiskCalc v1.0. PD = probability of default (Ausfallwahrscheinlichkeit). Ein Perzentil gibt an, wie viel Prozent aller Beobachtungen unterhalb eines bestimmten Wertes liegen. Als Beispiel kann das 50%-Perzentil in Form des Medians genannt werden, bei dem 50% der Werte unterhalb und 50% oberhalb dieses Wertes liegen.

Anhang VI-27: Struktur der Bilanz- und Gewinn- & Verlustrechnung für Szenario 1 bis 4[835]

Kurzgliederungsschema		Grundfall	Szenario 1	Szenario 2	Szenario 3	Szenario 4
		31.12.2008	31.12.2008	31.12.2008	31.12.2008	31.12.2008
	Jahresabschlußinformationen					
Branche		2900	2900	2900	2900	2900
Rechtsform		GmbH	GmbH	GmbH	GmbH	GmbH
Mitarbeiter		200	200	200	200	200
Jahresabschlußart		Endgültige Bilanz	Endgültige Bilanz	Endgültige Bilanz	Endgültige Bilanz	Endgültige Bilanz
Rechnungslegung		HGB	HGB	HGB	HGB	HGB
Jahresabschlußumfang		Einzelbilanz	Einzelbilanz	Einzelbilanz	Einzelbilanz	Einzelbilanz
Jahresabschlußdauer (Monate)		12	12	12	12	12
GuV-Verfahren		GKV	GKV	GKV	GKV	GKV
Währung		EURO	EURO	EURO	EURO	EURO
Betragsangabe		Tsd	Tsd	Tsd	Tsd	Tsd
	Aktiva					
1101	Konzessionen & Rechte & Lizenzen	119	119	119	119	119
1102	Geschäfts- oder Firmenwert	0	0	0	0	0
1109	Immaterielle Vermögensgegenstände	0	0	0	0	0
1111	Grundstücke und Bauten	2 677	2 677	2 677	2 677	2 677
1229	Wertpapiere des Umlaufvermögens	0	0	0	0	0
1239	Schecks & Kassenbestand	4 433	4 433	4 433	4 433	4 433
3999	Bilanzsumme Aktiva	26 119	26 119	26 119	26 119	26 119
	Passiva					
3099	Haftendes Eigenkapital	4 212	4 212	14 995	14 995	14 995
3199	Sonderposten mit Rücklageanteil	0	0	0	0	0
3299	Rückstellungen	5 226	5 226	5 226	5 226	5 226
3302	Bankverbindlichkeiten	10 783	10 783	0	0	0
3402	- davon Restlaufzeit bis 1 Jahr	5 041	0	0	0	0
3303	Erhaltene Anzahlungen	0	0	0	0	0
3304	Verbindlichkeiten aus Lieferungen und Leistungen	1 589	1 589	1 589	1 589	1 589
3404	- davon Restlaufzeit bis 1 Jahr	1 589	1 589	1 589	1 589	1 589
3305	Akzepte (Wechselverbindlichkeiten)	0	0	0	0	0
3406	Verb. gegen verb. Unternehmen (RLZ bis 1 Jahr)	0	0	0	0	0
3407	Verb. gegen Beteiligungsunt. (RLZ bis 1 Jahr)	138	138	138	138	138
3409	Sonstige Verbindlichkeiten (RLZ bis 1 Jahr)	1 973	1 973	1 973	1 973	1 973
3499	Summe kurzfristige Verbindlichkeiten	0	0	0	0	0
3399	Summe Verbindlichkeiten	16 680	16 680	5 897	5 897	5 897
3999	Bilanzsumme Passiva	26 119	26 119	26 119	26 119	26 119
	Gewinn- und Verlustrechnung					
7001	Umsatz	27 204	27 204	27 204	27 204	27 204
7001a	Umsatz (Vorjahr)	29 015	29 015	29 015	29 015	29 015
7002	Bestandsveränderungen	366	366	366	366	366
7003	Andere aktivierte Eigenleistungen	28	28	28	28	28
7014	Herstellungskosten (UKV)	0	0	0	0	0
7015	Vertriebs- und Verwaltungskosten (UKV)	0	0	0	0	0
7008	Sonstige betriebliche Erträge	1 268	1 268	1 268	1 268	1 268
7011	Materialaufwand	9 103	9 103	9 103	9 103	9 103
7012	Personalaufwand	8 936	8 936	8 936	8 936	8 936
7013a	planmäßige Abschreibungen	1 168	1 168	1 168	1 168	1 168
7018	Sonstige betriebliche Aufwendungen	7 933	7 933	7 933	7 933	7 933
7102	Erträge aus Wertpapieren und Ausleihungen	0	0	0	0	0
7103	Zinserträge und ähnliche Erträge	132	132	132	132	132
7112	Zinsaufwendungen und ähnliche Aufwendungen	925	925	925	1 186	0
7501	Steuern vom Einkommen und Ertrag	114	114	114	114	23
7502	Sonstige Steuern	52	52	52	52	52
7022	Personalaufwand (UKV)	0	0	0	0	0
7023	Abschreibungen (UKV)	0	0	0	0	0
7999	Jahresüberschuß/-fehlbetrag	606	606	606	345	1 622
	Sonstige Kennzahlenbestandteile					
7299	Ordentliches Bertriebsergebnis	933	933	933	672	1 858
7899	Ertragswirtschaftlicher Cash Flow	2 101	2 101	2 101	1 840	3 026

[835] Quelle: Kurzgliederungsschema Moody's KMV RiskCalc v1.0.

Anhang VI-28: Simulationsergebnisse für Szenario 1 bis 4[836]

RiskCalc™ Germany (1-Year)

	Grundfall	Szenario 1	Szenario 2	Szenario 3	Szenario 4
PD (%)	0.76	0.62	0.16	0.17	0.13
Perzentil (%)	49.40	53.70	80.70	79.40	84.80
Mapping	Ba1.pd	Baa3.pd	Baa1.pd	Baa1.pd	A3.pd

Anhang VI-29: Veränderung der Ausfallwahrscheinlichkeit für Szenario 1 bis 4[837]

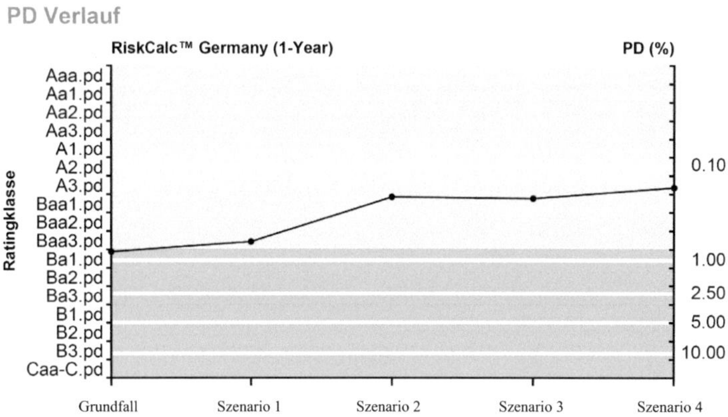

[836] Quelle: Moody's KMV RiskCalc v1.0.

[837] Quelle: Moody's KMV RiskCalc v1.0.

Anhang VI-30: Kennzahlenübersicht für Szenario 1 bis 4[838]

Kennzahlen		Grundfall	Szenario 1	Szenario 2	Szenario 3	Szenario 4
Signum		31.12.2008	31.12.2008	31.12.2008	31.12.2008	31.12.2008
KBD	(Tage)	21.03	21.03	21.03	21.03	21.03
FKS	(%)	56.48	56.48	14.29	14.29	14.29
NVQ	(%)	16.49	-2.81	-2.81	-2.81	-2.81
EKQ	(%)	21.67	21.67	78.75	78.75	78.75
FINK	(%)	9.35	9.35	18.42	16.07	26.74
EBITDR	(%)	10.77	10.77	10.77	10.77	10.77
UR	(%)	3.24	3.24	3.24	2.28	6.64
PAQ	(%)	32.85	32.85	32.85	32.85	32.85
UW	(%)	93.76	93.76	93.76	93.76	93.76

[838] Quelle: Moody's KMV RiskCalc v1.0. Anzumerken ist, dass durch das Mezzanine-Kapital aus dem Sinken der Ausfallwahrscheinlichkeit sowie gegebenenfalls der Veränderung der Ratingstufe nicht die Verbesserung aller Kennzahlen des Moody's KMV-Schemas folgt. Vgl. Baetge, J. et al. (2008), S. 317.

Anhang VI-31: Struktur der Bilanz- und Gewinn- & Verlustrechnung für Szenario 1 bis 4 für das Unternehmen der DVFA-Studie[839]

Kurzgliederungsschema		Grundfall	Szenario 1	Szenario 2	Szenario 3	Szenario 4
		31.12.2005	31.12.2005	31.12.2005	31.12.2005	31.12.2005
Jahresabschlußinformationen						
Branche		2900	2900	2900	2900	2900
Rechtsform		GmbH	GmbH	GmbH	GmbH	GmbH
Mitarbeiter		100	100	100	100	100
Jahresabschlußart		Endgültige Bilanz	Endgültige Bilanz	Endgültige Bilanz	Endgültige Bilanz	Endgültige Bilanz
Rechnungslegung		HGB	HGB	HGB	HGB	HGB
Jahresabschlußumfang		Konzernbilanz	Konzernbilanz	Konzernbilanz	Konzernbilanz	Konzernbilanz
Jahresabschlußdauer (Monate)		12	12	12	12	12
GuV-Verfahren		GKV	GKV	GKV	GKV	GKV
Währung		EURO	EURO	EURO	EURO	EURO
Betragsangabe		Tsd	Tsd	Tsd	Tsd	Tsd
	Aktiva					
1101	Konzessionen & Rechte & Lizenzen	42	42	42	42	42
1102	Geschäfts- oder Firmenwert	0	0	0	0	0
1109	Immaterielle Vermögensgegenstände	0	0	0	0	0
1111	Grundstücke und Bauten	5 354	5 354	5 354	5 354	5 354
1229	Wertpapiere des Umlaufvermögens	0	0	0	0	0
1239	Schecks & Kassenbestand	805	805	805	805	805
3999	Bilanzsumme Aktiva	20 527	20 527	20 527	20 527	20 527
	Passiva					
3099	Haftendes Eigenkapital	2 839	2 839	13 497	13 497	13 497
3199	Sonderposten mit Rücklageanteil	0	0	0	0	0
3299	Rückstellungen	704	704	704	704	704
3302	Bankverbindlichkeiten	10 658	10 658	0	0	0
3402	- davon Restlaufzeit bis 1 Jahr	10 658	0	0	0	0
3303	Erhaltene Anzahlungen	0	0	0	0	0
3304	Verbindlichkeiten aus Lieferungen und Leistungen	1 490	1 490	1 490	1 490	1 490
3404	- davon Restlaufzeit bis 1 Jahr	1 490	1 490	1 490	1 490	1 490
3305	Akzepte (Wechselverbindlichkeiten)	0	0	0	0	0
3406	Verb. gegen verb. Unternehmen (RLZ bis 1 Jahr)	0	0	0	0	0
3407	Verb. gegen Beteiligungsunt. (RLZ bis 1 Jahr)	0	0	0	0	0
3409	Sonstige Verbindlichkeiten (RLZ bis 1 Jahr)	1 324	1 324	1 324	1 324	1 324
3499	Summe kurzfristige Verbindlichkeiten	0	0	0	0	0
3399	Summe Verbindlichkeiten	16 984	16 984	6 326	6 326	6 326
3999	Bilanzsumme Passiva	20 527	20 527	20 527	20 527	20 527
	Gewinn- und Verlustrechnung					
7001	Umsatz	43 475	43 475	43 475	43 475	43 475
7001a	Umsatz (Vorjahr)	41 585	41 585	41 585	41 585	41 585
7002	Bestandsveränderungen	196	196	196	196	196
7003	Andere aktivierte Eigenleistungen	83	83	83	83	83
7014	Herstellungskosten (UKV)	0	0	0	0	0
7015	Vertriebs- und Verwaltungskosten (UKV)	0	0	0	0	0
7008	Sonstige betriebliche Erträge	30	30	30	30	30
7011	Materialaufwand	25 147	25 147	25 147	25 147	25 147
7012	Personalaufwand	11 258	11 258	11 258	11 258	11 258
7013a	planmäßige Abschreibungen	2 299	2 299	2 299	2 299	2 299
7018	Sonstige betriebliche Aufwendungen	3 104	3 104	3 104	3 104	3 104
7102	Erträge aus Wertpapieren und Ausleihungen	0	0	0	0	0
7103	Zinserträge und ähnliche Erträge	0	0	0	0	0
7112	Zinsaufwendungen und ähnliche Aufwendungen	787	787	787	1 066	0
7501	Steuern vom Einkommen und Ertrag	316	316	316	316	218
7502	Sonstige Steuern	13	13	13	13	13
7022	Personalaufwand (UKV)	0	0	0	0	0
7023	Abschreibungen (UKV)	0	0	0	0	0
7999	Jahresüberschuß/-fehlbetrag	1 020	1 020	1 020	741	1 905
	Sonstige Kennzahlenbestandteile					
7299	Ordentliches Bertriebsergebnis	1 189	1 189	1 189	910	1 976
7899	Ertragswirtschaftlicher Cash Flow	3 488	3 488	3 488	3 209	4 275

[839] Quelle: Kurzgliederungsschema Moody's KMV RiskCalc v1.0.

Anhang VI-32: Veränderung der Ausfallwahrscheinlichkeit für das Unternehmen der DVFA-Studie[840]

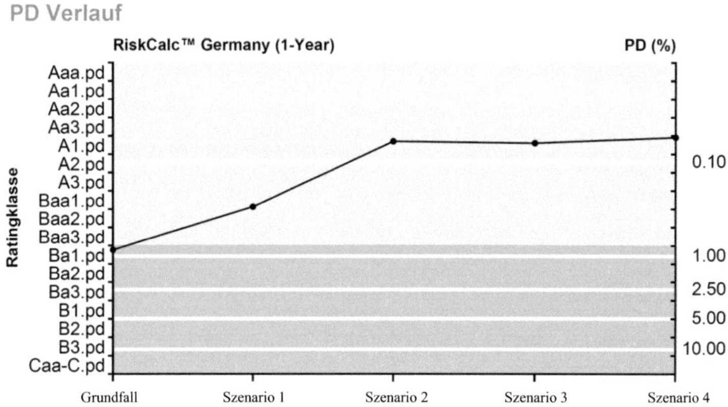

Anhang VI-33: Simulationsergebnisse für Unternehmen der DVFA-Studie[841]

RiskCalc™ Germany (1-Year)

PD	(%)	0.81	0.26	0.08	0.08	0.07
Perzentil	(%)	48.07	71.47	96.57	96.07	97.77
Mapping		Ba1.pd	Baa1.pd	A1.pd	A1.pd	A1.pd
		Grundfall	Szenario 1	Szenario 2	Szenario 3	Szenario 4

[840] Quelle: Moody's KMV RiskCalc v1.0.

[841] Quelle: Moody's KMV RiskCalc v1.0.

Anhang VI-34: Kennzahlenübersicht für Unternehmen der DVFA-Studie[842]

Kennzahlen		Grundfall	Szenario 1	Szenario 2	Szenario 3	Szenario 4
Signum		31.12.2005	31.12.2005	31.12.2005	31.12.2005	31.12.2005
KBD	(Tage)	12.34	12.34	12.34	12.34	12.34
FKS	(%)	68.68	68.68	21.19	21.19	21.19
NVQ	(%)	61.71	9.79	9.79	9.79	9.79
EKQ	(%)	19.52	19.52	93.92	93.92	93.92
FINK	(%)	19.65	19.65	49.43	45.46	60.63
EBITDR	(%)	21.54	21.54	21.54	21.54	21.54
UR	(%)	2.71	2.71	2.71	2.06	4.52
PAQ	(%)	25.90	25.90	25.90	25.90	25.90
UW	(%)	104.54	104.54	104.54	104.54	104.54

[842] Quelle: Moody's KMV RiskCalc v1.0.

Anhang VI-35: Transaktionspartner einer ABS-Transaktion

Originator	Ein Kreditinstitut oder Unternehmen tritt bei ABS-Transaktionen als Verkäufer der Forderungen resp. Assets auf. Er verkauft dabei ein zumeist im Vorfeld der Transaktion zusammengestelltes Portfolio an das SPV, plant zusammen mit dem Arrangeur die Transaktion und gründet die Zweckgesellschaft.[843]
SPV	Sie ist ein rechtlich selbständiges Gebilde und wird eigens für diese ABS-Transaktion gegründet. Ihre Geschäftstätigkeit ist auf den regresslosen Ankauf der Assets sowie die Emission der Wertpapiere beschränkt[844], wobei eine Gewinnerzielungsabsicht fehlt. Letztendlicher Eigentümer des SPV ist meist eine gemeinnützige Stiftung.[845] Das SPV ist notwendig, um einerseits eine strikte Trennung zwischen Originator und den Assets zu schaffen und andererseits eine unabhängige Bewertung zu ermöglichen.[846] Dadurch ist sichergestellt, dass die Assets ausschließlich zur Befriedigung der Ansprüche der Investoren zur Verfügung stehen und nicht mehr den Geschäfts- und Managementrisiken des Unternehmens unterliegen.[847] Auch wenn die Gründung eines SPV nach deutschem Recht möglich ist[848], erfolgt aus steuerlichen Gründen und geringerer rechtlicher Restriktionen häufig die Gründung nach anglo-amerikanischem Recht mit Sitzland in Offshore-Gebieten wie den Cayman-Islands, in Jersey oder auf den Bermudas. Die Verwaltung und Führung des SPV erfolgt durch Dritte im Ausland, da weder eine faktische Geschäftsführung aus dem Inland heraus vorliegen noch das SPV eine Betriebsstätte oder einen ständigen Vertreter im Inland haben darf.
ABS-Investoren	Hier treten zumeist institutionelle Anleger wie Versicherungen, Kreditinstitute, Pensionskassen und Fondsgesellschaften auf sowie im Einzelfall auch (vermögende) Privatkunden.[849]
Rating-agenturen[850]	Ihnen kommt eine herausragende Bedeutung innerhalb einer ABS-Transaktion zu, da sie eine externe, unabhängige Analyse der Transaktionsstruktur zugunsten der Investoren durchführen (sollen) und so die Informationsasymmetrien zwischen Originator und Investor reduzieren. Sie überprüfen dabei die Qualittät des Underlyings, die rechtliche Transaktionsstruktur u. a. im Hinblick auf die Gewährleistung der Isolierung der Risiken des Assetspools vom unternehmerischen Risiko des Originators, einzelne Strukturelemente sowie die beteiligten Parteien. Auf Basis dieser Analyse wird ein Rating für die Transaktion vergeben, welches anschließend einer laufenden Überwachung durch die Ratingagenturen unterliegt, um bei Überschreiten bestimmter Performancekriterien wie monatlicher Ausfallraten gegebenenfalls angepasst zu werden.[851]

[843] Vgl. Schneck, O. (2006), S. 328.

[844] Denkbar ist auch die Trennung des Ankaufs der Assets und der Emission der Wertpapiere durch Gründung einer separaten Ankaufs- und einer separaten Refinanzierungsgesellschaft. Vgl. Pfaue, M. (2003), S. 171-172; Koch-Weser, C. K. (2003), S. 624.

[845] Durch die Übertragung des Eigentums auf eine gemeinnützige Einrichtung wird erreicht, dass das SPV von keiner der an der Finanzierung beteiligten Parteien konsolidiert werden muss. Denn ansonsten würde der Zwang zur Konsolidierung des SPV die bilanzentlastenden Vorteile einer ABS-Transaktion ad absurdum zu führen. Häufig wird das Eigentum an dem SPV an drei Anteilseigner übertragen, damit kein Großkredit mit mehr als 50% der Anteile bei einem einzelnen Anteilseigner entsteht. Vgl. TSI (2009), S. 1-6; Tebroke, H.-J. (2004), S. 141; Ohl, H.-P. (1994), S. 71; TSI (a).

[846] Im Rahmen einer ABS-Transaktion ist insbesondere die Insolvenzfestigkeit des SPV, die sog. Bankruptcy Remoteness, durch den echten Forderungsübergang essentiell. Vgl. Schneider, T./Droste, M. (2002), S. 393-394.

[847] Vgl. Bär, H. P. (2000), S. 28-29; Ohl, H.-P. (1994), S. 32; Ebberg, J. (1997), S. 13.

[848] So wurden über die Verbriefungsplattform der TSI seit 2005 insgesamt 60 Transaktionen mit deutschen SPVs durchgeführt. Vgl. TSI (2009), S. 1.

[849] Vgl. Ohl, H.-P. (1994), S. 292; Ahrweiler/Börner (2003), S. 54; Schneider, T./Droste, M. (2002), S. 386-399.

[850] In den meisten Fällen werden eine oder mehrere der drei großen Ratingagenturen Fitch, Moody's und Standard & Poor's beauftragt. Vgl. Pfaue, M. (2003), S. 174.

Treuhänder	Er verwaltet treuhänderisch, d. h. in eigenem Namen und auf fremde Rechnung, für die Investoren den als Sicherheit dienenden Collateral Pool und bedient aus den Zins- und Tilgungsleistungen der Drittschuldner die Wertpapiere. Somit ist der Treuhänder (Trustee) als sog. Issuing- und Paying Agent für die physische Abwicklung der Zahlungsströme zwischen Investor und SPV zuständig. Da ihm und dem Servicer somit in Bezug auf Bonität und fachliches Know-How eine große Bedeutung im Ratingprozess der Agenturen zukommen, übernehmen zumeist große Wertpapier- und Treuhandgesellschaften diese Aufgabe.
Arrangeur	Zur Strukturierung der gesamten Transaktion wird neben der Ratingagentur zusätzlich ein Arrangeur benötigt. Er berät und unterstützt den Originator und ist verantwortlich für die Koordination der gesamten Strukturierung der Transaktion sowie die Anpassung der Risiken durch sog. Credit Enhancements. Er untersucht den Forderungspool insbesondere hinsichtlich der Eignung der Forderungen, des Umfangs, der Herkunft und der Spezifikation des Forderungspools, der Kreditwürdigkeit der Schuldner und der Sicherstellung der Trennung der verkauften Aktiva von den übrigen Forderungen des Originators.
Drittschuldner	Bei stiller Forderungsabtretung leistet ein Drittschuldner weiterhin mit schuldbefreiender Wirkung an den Originator.
Servicer	Bei der Verbriefung von Forderungen ist der Forderungsverwalter (Servicer) für das laufende Debitorenmanagement, das Mahnwesen sowie für das Inkassomanagement verantwortlich. Häufig ist der Originator zugleich Servicer, so dass die Drittschuldner den Forderungsverkauf nicht gewahr werden.
Administrator	Er ist für die ordnungsgemäße Abwicklung der Zahlungsströme verantwortlich, wobei diese Funktion aufgrund der Personalknappheit des SPV häufig durch den Arrangeur übernommen wird.[852]
Sicherungsgeber	Durch Sicherungsgeber werden Kreditverbesserungen (Credit Enhancements) bereitgestellt, die in Abschnitt 3.2.4. vorgestellt werden.
Swap-Provider	Der Swap-Provider ist Vertragspartner des SPV und steuert die Liquidität aus dem Forderungseingang so, dass Zins-, Währungs- oder Laufzeitinkongruenzen zwischen Forderungspool (bzw. dem Collateral) und den emittierten Wertpapieren abgesichert werden.[853]
Weitere Akteure	Rechtsanwälte, Steuerberater und Wirtschaftsprüfer geben (bzw. prüfen) den (steuer-)rechtlichen Rahmen der Transaktion vor.[854]

Quelle: Eigene Darstellung.

[851] Vgl. Pfaue, M. (2003), S. 174-175; Schneider, T./Droste, M. (2002), S. 395; Rother, S. (2006), S. 1063.

[852] Vgl. Schneider, T./Droste, M. (2002), S. 394-395; Pfaue, M. (2003), S. 173-176; Schneck, O. (2006), S. 330; Ahrweiler/Börner (2003), S. 54; Bundesaufsichtsamt für das Versicherungswesen (2002), S. 2-3. Meistens werden die Aufgaben des Arrangeurs von einer Bank übernommen, die auch als Sponsor des SPV auftritt und als Händler den Verkauf der Wertpapiere begleitet. Siehe Pfaue, M. (2003), S. 174.

[853] Um eine dem jeweiligen (Rest-)Risiko entsprechende Ausgestaltung der Swapvereinbarung zu gewährleisten, können amortisierende Strukturen, die vorzeitige Tilgungen oder Ausfälle berücksichtigen, vereinbart werden. Vgl. Braun, H./Schmidt, D. (2005), S. 200; Schneider, T./Droste, M. (2002), S. 393.

[854] Zur Bestätigung der Integrität der Struktur und Verträge sowie zur gerichtlichen Durchsetzbarkeit aller Ansprüche gegen Kreditnehmer geben Rechtsanwälte ein Rechtsgutachten (die sog. Legal Opinion) ab. Vgl. Pfaue, M. (2003), S. 177; Emmerstorfer, H. (2004), S. 135; Schneider, T./Droste, M. (2002), S. 395.

Anhang VI-36: Ratingsymbole und deren Bedeutung[855]

S & P	Moody's	Fitch	Rating-Definition / Beurteilung
Langfristiges Emissionsrating			
Investment Grade (Investmentqualität)			
AAA	Aaa	AAA	„Exceptional" / Extrem starke Fähigkeit zur vertragsgerechten Erfüllung der Zahlungsverpflichtungen, Ausfälle unwahrscheinlich
AA+ AA AA-	Aa1 Aa2 Aa3	AA+ AA AA-	„Excellent" / Sehr starke Fähigkeit zur vertragsgerechten Erfüllung der Zahlungsverpflichtungen, Ausfälle wenig wahrscheinlich
A+ A A-	A1 A2 A3	A+ A A-	„Good" / Starke Fähigkeit zur vertragsgerechten Erfüllung der Zahlungsverpflichtungen, jedoch sehr geringes Ausfallrisiko bei veränderter Wirtschaftslage
BBB+ BBB BBB-	Baa1 Baa2 Baa3	BBB+ BBB BBB-	„Adequate" / Gegenwärtig ausreichende Fähigkeit zur vertragsgerechten Erfüllung der Zahlungsverpflichtungen, jedoch geringes Ausfallrisiko bei veränderter Wirtschaftslage
Speculative Grade (Spekulativer Bereich)			
BB+ BB BB-	Ba1 Ba2 Ba3	BB+ BB BB-	„Questionable" / derzeit Kapitaldienstleistung, Ausfälle mittel- bis langfristig möglich
B+ B B-	B1 B2 B3	B+ B B-	„Poor" / Kapitaldienstleistungen gefährdet, insbesondere bei verschlechterter Wirtschaftslage
CCC+ CCC CCC-	Caa	CCC+ CCC CCC-	„Very Poor" / Spürbare Ausfallwahrscheinlichkeit, akute Gefährdung, erste Anzeichen von Verzug
CC C	Ca	CC C	„Extreme Poor" / Hohe Ausfallwahrscheinlichkeit, offenkundige Vertragsverletzungen „Lowest" / bei Moody's niedrigste Stufe, bereits im Zahlungsverzug
SD / D	-	DDD / DD / D	„Default" / Zahlungsverzug bzw. Zahlungsunfähigkeit
Kurzfristiges Emissionsrating			
Investment Grade (Investmentqualität)			
A-1+ / A-1	Prime-1	F1+ / F1	„Best" / Hervorragende Fähigkeit zur pünktlichen Rückzahlung („+" wenn außergewöhnlich hoch)
A-2	Prime-2	F2	„Good" / Starke Fähigkeit zur pünktlichen Rückzahlung
A-3	Prime-3	F3	„Adequate" / Zufriedenstellende Fähigkeit zur pünktlichen Rückzahlung
Speculative Grade (Spekulativer Bereich)			
B C D	Not Prime	B C D	„Questionable" / Unsicherheit über pünktliche Rückzahlung „Very Poor" / Hohes Risiko für Zahlungsunfähigkeit „Default" / Zahlungsverzug ist eingetreten

855 Vgl. Emse, C. (2005), S. 71.

Anhang VI-37: Klassifizierung von ABS-Transaktionen nach den wichtigsten Wertpapierarten und Assetklassen[856]

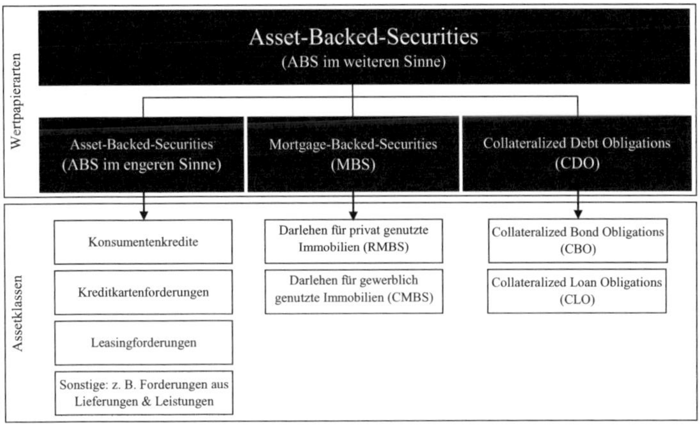

Anhang VI-38: Grundstruktur einer ABS-Transaktion am Beispiel einer True-Sale-Verbriefung von Unternehmensforderungen[857]

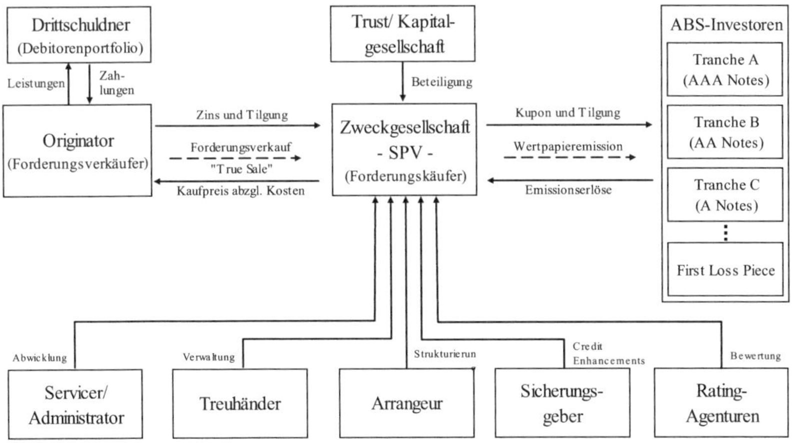

856 Quelle: Eigene Darstellung in Anlehnung an Schmeisser, W./Leonhardt, M. (2006), S. 36; TSI (b).

857 Quelle: Eigene Darstellung in Anlehnung an Achleitner, A.-K. (2002), S. 425; Perridon, L./Steiner, M. (2007), S. 440.

Anhang VI-39: Grundstruktur einer ABS-Transaktion am Beispiel einer synthetischen Verbriefung (fully-funded)[858]

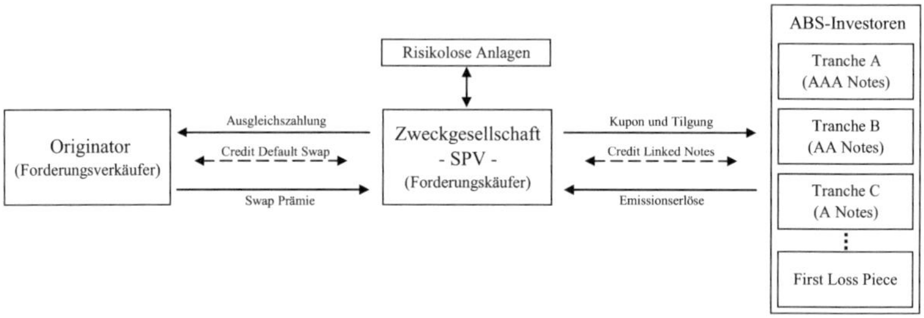

Anhang VI-40: Grundstruktur einer ABS-Transaktion am Beispiel einer synthetischen Verbriefung (partially-funded)[859]

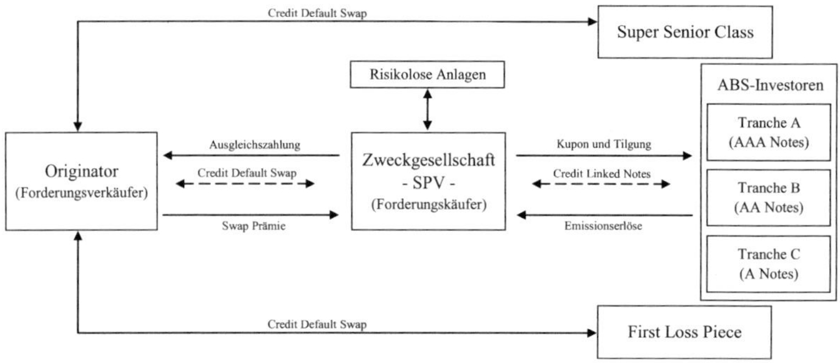

Anhang VI-41: Übersicht über Credit Enhancements

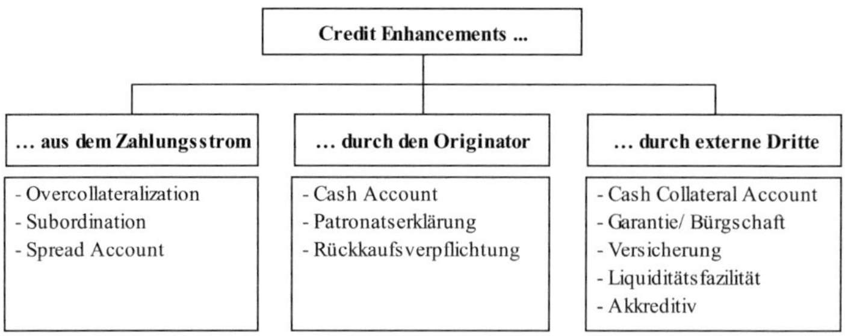

Quelle: Eigene Darstellung.

---

[858] Quelle: Eigene Darstellung in Anlehnung an Perridon, L./Steiner, M. (2007), S. 440.

[859] Quelle: Eigene Darstellung in Anlehnung an Perridon, L./Steiner, M. (2007), S. 440.

Anhang VI-42: Verbrieftes Volumen von Standard-Mezzanine-Programmen seit 2004[860]

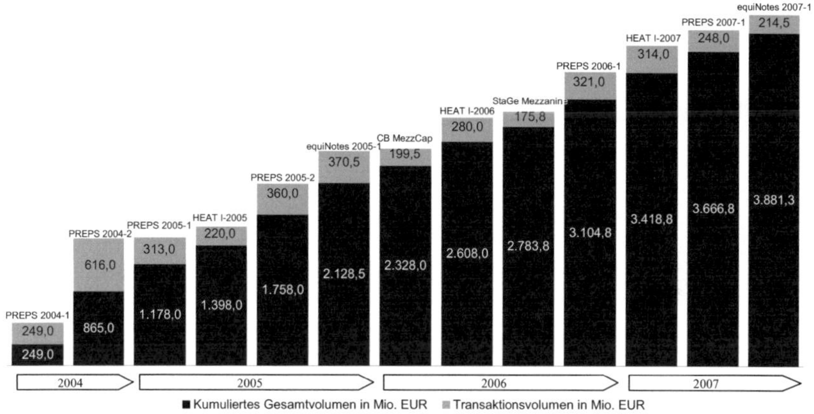

Anhang VI-43: Anzahl der seit 2004 an Standard-Mezzanine-Programmen teilgenommenen Unternehmen[861]

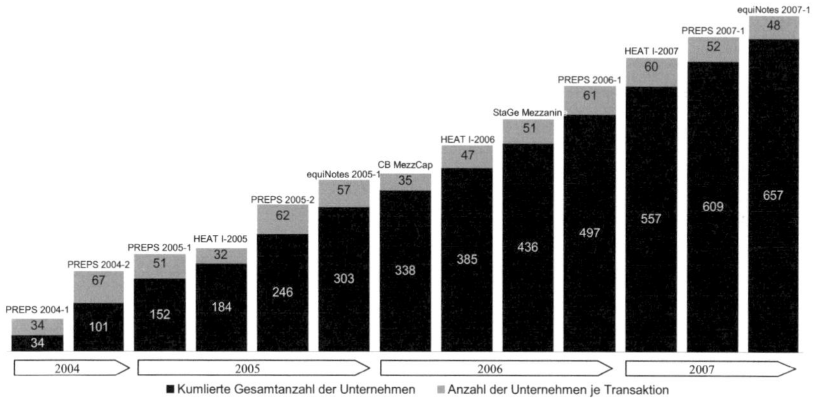

[860] Quelle: Eigene Darstellung in Anlehnung an Buchanan (2008), S. 3.

[861] Quelle: Eigene Darstellung in Anlehnung an Buchanan (2008), S. 3.

Anhang VI-44: Transaktionsstruktur von PREPS 2004-1[862]

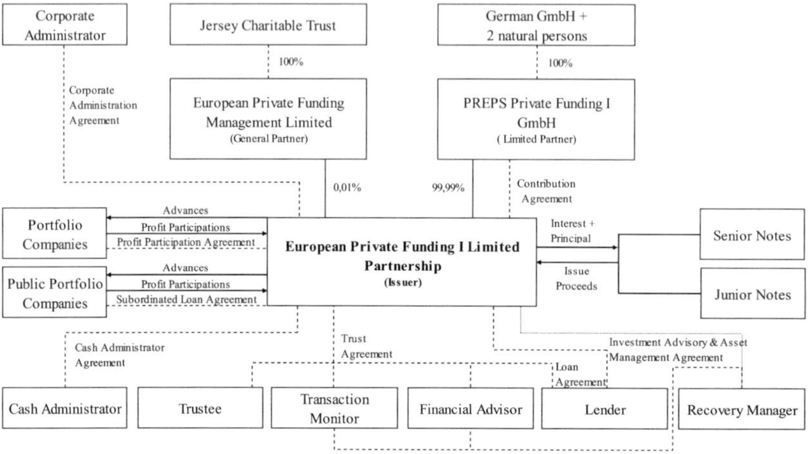

Anhang VI-45: Kapitalstruktur im Rahmen von H.E.A.T Mezzanine I-2007[863]

Tranche	Rating Moody's	Rating Fitch	Nominal EUR Mio.	Nominal in %	Subordination EUR Mio.	Subordination in %	Coupon	Amortisation	WAL in Jahren	Endfälligkeit
A	Aaa	AAA	233,0	74,2%	81	25,80%	6M-Euribor + 35 BP[1]	0,361% p.a.	6,91	Feb. 2014
B	Aa3	A	31,0	9,87%	50	15,92%	6M-Euribor + 83 BP[1]	0,0%	7,00	Feb. 2014
C	Baa1	BBB	25,5	8,12%	25	7,80%	6M-Euribor + 200 BP[1]	0,0%	7,00	Feb. 2014
Junior Note	/	/	24,5	7,80%			Strukt. Coupon[2]	0,0%	7,00	Feb. 2014

[1] 6M-Euribor = 6-Monats-Euribor; Ein Basispunkt (BP) entspricht 0,01%.

[2] Anfänglich 18,0% p.a. mit Anstieg von 30 BP p.a.; zusätzl. Zahlung an jedem Coupontermin i. H. v. 50% des nachrangigen Einkommens.

[862] Quelle: Eigene Darstellung in Anlehnung an HVB (2004a), S. 8.

[863] Quelle: HSBC Trinkaus (2007b), S. 11; Bloomberg-Informationssystem. Da nach Bedienung der Class C-Notes eine jährliche Amortisation der Tranche A von 0,361% p. a. des ausstehenden Nominalbetrags der Tranche A durchgeführt wird, verkürzt sich die durchschnittliche Kapitalbindungsdauer in Jahren (WAL – Weighted-Average-Life) für diese Tranche von sieben auf 6,91 Jahre.

Anhang VI-46: Vergütungsstruktur nach dem Wasserfallprinzip im Rahmen von H.E.A.T Mezzanine I-2007[864]

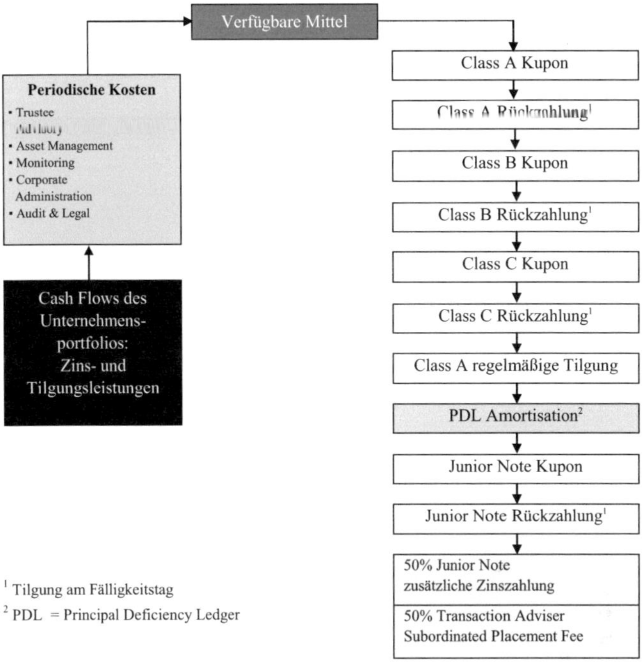

Anhang VI-47: Übersicht über die mit einer Kreditverbriefung verbundenen Risiken für Investoren[865]

Kredit-/ Ausfallrisiken	Strukturelle Risiken	Rechtliche Risiken
- Nichterfüllung von Zahlungsverpflichtungen (Höhe, Zeitpunkt) seitens der Kreditnehmer	- Marktrisiken (Zinsänderungsrisiken, Währungsrisiken)	- Grundsätzliche Behandlung (Handels-, Steuer- und Aufsichtsrecht)
- Ausfall sonstiger Transaktionspartner	- Liquiditätsrisiken (Risiko einer vorzeitigen Rückzahlung, marktbedingte Liquiditätsrisiken)	- Durchsetzbarkeit der Ansprüche (Gesellschafts-, Insolvenz- und Zivilrecht)
	- Operationelle Risiken (Adverse Selection, Moral Hazard, Prinicipal-Agent-Problematik)	- Datenverfügbarkeit (Datenschutz, Bankgeheimnis)

[864] Quelle: Eigene Darstellung in Anlehnung an HSBC Trinkaus (2007b), S. 22. Für weitergehende Ausführungen zur Vergütungsstruktur wird auf HSBC Trinkaus (2007a), S. 15-29 verwiesen.

[865] Quelle: Eigene Darstellung in Anlehnung an Ricken, S. (2008), S. 31; Jobst, A. (2005), S. 12.

Anhang VI-48: Übersicht über Merkmale der Standard-Mezzanine-Programme[866]

Transaktionsname	CB MezzCap	equiNotes 2005-1 (FORCE 2005-1)	equiNotes 2007-1 (FORCE TWO)	HEAT I-2005	HEAT I-2006	HEAT I-2007
Anbieter	Commerzbank	Deutsche Bank - IKB	Deutsche Bank - IKB	HSBC Trinkaus	HSBC Trinkaus	HSBC Trinkaus
Volumen in Mio. EUR	199,5	370,5	214,5	220	280	314
Anzahl der Unternehmen	35	57	48	32	47	60
Mindestumsatz in Mio. EUR	20	50	25	15	15	15
Einzeltranchen in Mio. EUR	2,5-15	2,5-15	1,5-12,5	3-18	2-12,5	1-12
Aufteilung in Vertragsvarianten	Typ A: 22 Typ B: 13	Typ A: 54 Typ B: 1 Typ A*: 2	Typ A: 14 Typ A*: 35[A]	-	-	-
Anzahl deutsche / ausländische Unternehmen	35/0	57/0	48/0	32/0	47/0	60/0
Produktart[I]	Standard GR	Standard GR	Standard GR	Standard GR & NRD	Standard GR & NRD	Standard GR & NRD
Closing date	11.04.2006	15.12.2005	21.05.2007	10.08.2005	13.04.2006	22.02.2007
Laufzeit in Jahren[J]	Typ A: 7 Jahre Typ B: 7 Jahre	Typ A: 7 Jahre Typ B: unbegrenzt Typ A*: 7 Jahre	Typ A: 7 Jahre Typ A*: 7 Jahre	7	7	7
Tilgung	endfällig	endfällig	endfällig	endfällig	endfällig	endfällig
Mindestbonität gemäß Moody's KMV RiskCalc™	Baa3.edf	Baa3.edf[K]	Baa3.edf[K]	Baa3.edf	Baa3.edf	Ba2.edf
Zinssatz	Typ A: erfolgsabhängig Typ B: fix + erfolgsabhängig	Typ A: erfolgsabhängig Typ B: freiwillig (fix + erfolgsabhängig) Typ A*: fix + erfolgsabhängig	Typ A: erfolgsabhängig Typ A*: fix + erfolgsabhängig	fix	fix	Fixer, jährlich zu überprüfender bonitätsabhängiger Zins
Bandbreite Zinsen p.a.[N]	6,65%-8,75%	7,00%-9,30%	6,75%-9,25%	7,27%	7,93%	7,75%-11,25%
Zinsstundung	Typ A[Q]: ja Typ B: nein	Typ A: ja Typ B: nein Typ A*: nein	Typ A: ja Typ A* nein	nein	nein	nein
Verlustteilnahme	Typ A: ja Typ B: nein	Typ A: ja Typ B: ja Typ A*: nein	Typ A: ja Typ A*: nein	nein	nein	nein
Nachrangerklärung/ Rangrücktritt…	bei Eröffnung des Insolvenzverfahrens	ggü. allen gegenwärtigen und zukünftigen Gläubigern	ggü. allen gegenwärtigen und zukünftigen Gläubigern	ggü. allen bestehenden und zukünftigen Gläubigern	ggü. allen bestehenden und zukünftigen Gläubigern	ggü. allen bestehenden und zukünftigen Gläubigern
Beteiligung am Liquidationserlös	nein	nein	nein	nein	nein	nein
Eigenkapitalcharakter	Typ A: bil. EK (HGB) Typ B: wirtsch. EK, bil. FK Typ A, B: steuerlich abzugsfähig	Typ A: Bil. EK (HGB) Typ B: Bil. EK (IFRS) Typ A*: Wirtsch. EK, bil. FK Typ A, B, A*: steuerlich abzugsfähig	Typ A: Bil. EK (HGB) Typ A*: Wirtsch. EK, bil. FK Typ A, A*: steuerlich abzugsfähig	Wirtsch. EK, bil. FK und steuerlich abzugsfähig	Wirtsch. EK, bil. FK und steuerlich abzugsfähig	Wirtsch. EK, bil. FK und steuerlich abzugsfähig

Stand: 12/2008

[866] Quelle: Eigene Darstellung in Anlehnung an DVFA (2007), S. 11-12; Natusch, I. (2007), S. 36-50; Kaserer, C./Achleitner, A.-K. (2007), S. 823-828; Hommel, U./Brockmann, M. (2007), S. 44-46; HSBC Trinkaus (2006b) sowie Offering Circulars (Commerzbank (2006); Deutsche Bank/IKB (2005); Deutsche Bank/IKB (2007); HSBC Trinkaus (2005), HSBC Trinkaus (2005); HSBC Trinkaus (2006a); HSBC Trinkaus (2007a); HVB (2004a); HVB (2004b); HVB (2005a); HVB (2005b); HVB (2006); UniCredit (2007); WestLB/BayernLB (2006)) und Presale-Reports (Moody's Investors Service (2004a); Moody's Investors Service (2004b); Moody's Investors Service (2005a); Moody's Investors Service (2005b); Moody's Investors Service (2006a); Moody's Investors Service (2006b); Moody's Investors Service (2006c); Moody's Investors Service (2006d); Moody's Investors Service (2007a); Moody's Investors Service (2007b); Fitch (2004); Fitch (2005a); Fitch (2005b); Fitch (2006a); Fitch (2006b); Fitch (2006c); Fitch (2006d); Fitch (2007a); Fitch (2007b); Fitch (2007c); Standard & Poor's (2005); Standard & Poor's (2006).

Transaktionsname	PREPS 2004-1	PREPS 2004-2	PREPS 2005-1	PREPS 2005-2	PREPS 2006-1	PREPS 2007-1	StaGe Mezzanine (S-Mezzanine/ STEM)
Anbieter	HVB - CEG	HVB - CEG	HVB - CEG	HVB - CEG	HVB - CEG	HVB - CEG	West LB - Bayern LB
Volumen in Mio. EUR	249	616	313	360	321	248	175,8
Anzahl der Unternehmen	34	67	51	62	61	52	51
Mindestumsatz in Mio. EUR	50	50	50	50	50	50	10
Einzeltranchen in Mio. EUR	1-10	3-18	2-12	1-13	1-12	1,5-9,5	1-10
Aufteilung in Vertragsvarianten	-	-	-	ja[B]	ja[C]	ja[D]	-
Anzahl deutsche / ausländische Unternehmen	34/0	66/1[E]	47/4[F]	47/15[F]	46/15[G]	35/17[H]	51/0
Produktart[I]	Standard GR; z. T. NRD	Standard GR; z. T. NRD	Standard GR; z. T. NRD	Standard GR; z. T. NRD	Standard GR; z. T. NRD	Standard GR; z. T. NRD	Standard GR
Closing date	12.05.2004	10.12.2004	04.08.2005	08.12.2005	18.07.2006	7.03.2007	28.06.2006
Laufzeit in Jahren[J]	7	7	7	7	7	7	6,5
Tilgung	endfällig	endfällig	endfällig	endfällig	endfällig	endfällig	endfällig
Mindestbonität gemäß Moody's KMV RiskCalc™	Baa3.edf	Baa3.edf	Baa3.edf	Baa3.edf	Baa3.edf	Baa3.edf	Baa3.edf
Zinssatz	Fix; zusätzlich erfolgsabhängig für GR (max. 2%)	Fix; zusätzlich erfolgsabhängig für GR (max. 2%)	Fix; zusätzlich erfolgsabhängig für GR (max. 2%)	Fix; zusätzlich erfolgsabhängig für GR (max. 2%)[L]	Fix; zusätzlich erfolgsabhängig für GR (max. 2%)	Fix; zusätzlich erfolgsabhängig für GR (max. 2%)[M]	Fix + erfolgsabhängig (max. 2%)
Bandbreite Zinsen p.a.[N]	7,90%	7,50%	6,80%	6,90%[O]	7,80%[P]	7,8[illegible]%	7,40%
Zinsstundung	nein	nein	nein	nein	nein	nein	nein
Verlustteilnahme	nein	nein	nein	nein	nein	nein	nein
Nachrangerklärung/ Rangrücktritt…	gegenüber anderen Gläubigern	gegenüber anderen Gläubigern	gegenüber anderen Gläubigern	gegenüber anderen Gläubigern	gegenüber anderen Gläubigern	gegenüber anderen Gläubigern	bei Vorliegen einer Überschuldung oder Zahlungsunfähigkeit
Beteiligung am Liquidationserlös	nein	nein	nein	-[R]	-[R]	-[R]	nein
Eigenkapitalcharakter	Wirtsch. EK, bil. FK und steuerlich abzugsfähig	Wirtsch. EK, bil. FK und steuerlich abzugsfähig	Wirtsch. EK, bil. FK und steuerlich abzugsfähig	Wirtsch. EK, bil. FK und steuerlich abzugsfähig	Wirtsch. EK, bil. FK und steuerlich abzugsfähig	Wirtsch. EK, bil. FK und steuerlich abzugsfähig	Wirtsch. EK, bil. FK und steuerlich abzugsfähig

Stand: 12/2008

A: Hier weicht die Anzahl der Unternehmen laut Presale Report Fitch (2007c) und Moody's Investors Service (2007c) mit 49 Unternehmen von der endgültigen Anzahl von 48 Unternehmen in der Transaktion ab.
B: Siehe Offering Circular der Transaktion PREPS 2005-2, S. 73.
C: Siehe Offering Circular der Transaktion PREPS 2006-1 S. 70.
D: Siehe Offering Circular der Transaktion PREPS 2007-1, S. 80.
E: Österreich.
F: Österreich, Italien, Schweiz, Belgien.
G: Österreich, Italien, Schweiz, Belgien, Luxemburg.
H: Österreich, Italien, Schweiz, Belgien, Luxemburg, Großbritannien, Niederlande.
I: Hierbei steht GR für Genussrecht und NRD für Nachrangdarlehen.
J: Zeitpunkt der vorgesehenen Rückzahlung. Weitere Verlängerung in Form der sog. Legal Maturity dient einer möglichen Verlustaufholung, soll hier aber nicht weiter betrachtet werden.
K: Sub-Investmentgrade Finanzierungen zu angepassten Konditionen und Volumina möglich.
L: Bei 5 Unternehmen nur fixer Zins.
M: Bei 2 Unternehmen nur fixer Zins.
N: Etwaige "Strafzinsaufschläge" wg. Vernachlässigung von Informationspflichten wurden hier nicht berücksichtigt.
O: Italienische Teilnehmer 7%.
P: Italienische Teilnehmer 7,61%.
Q: Zinsstundung bis zur Fälligkeit nach 7 Jahren.
R: Es liegen keine genaueren Informationen vor.

Anhang VI-49: Marktvolumen Mezzanine-Kapital in Deutschland in den Jahren 2006 bis 2008[867]

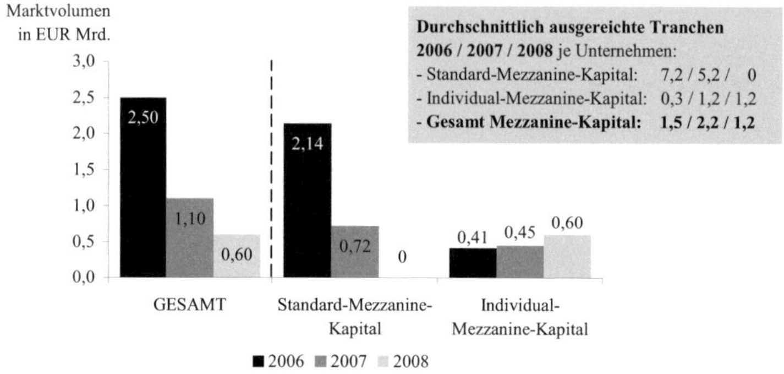

Anhang VI-50: Anzahl der mit Mezzanine-Kapital finanzierten Unternehmen in Deutschland in den Jahren 2006 bis 2008[868]

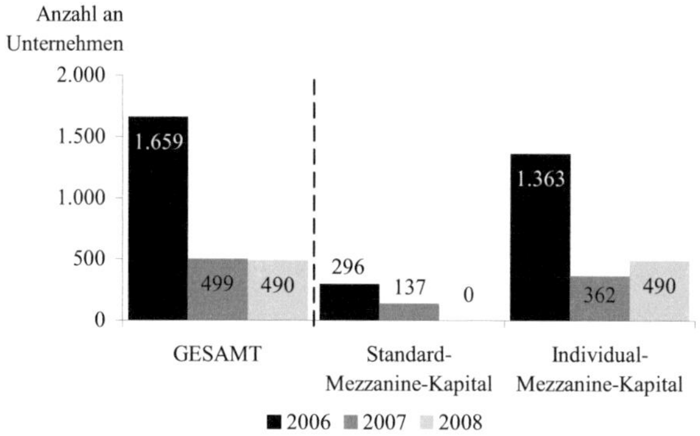

---

[867] Quelle: Eigene Darstellung in Anlehnung an Fleischhauer, U./Olkowski, M. (2009), S. 28; Fleischhauer, U./Kaluza, A. (2008), S. 43. Da einerseits die über die öffentliche Hand vergebenen mezzaninen Mittel nicht Gegenstand der empirischen Untersuchungen der Kapitel 4 und 5 sind und andererseits bei den zugrunde liegenden Quellen für Anhang VI-49 und Anhang VI-50 die über die KfW vergebenen mezzaninen Mittel mal dem Standard- und mal dem Individual-Mezzanine-Kapital zugerechnet wurden, werden die über die KfW vergebenen mezzaninen Mittel (2008: EUR 1,2 Mrd.; 2007: EUR 1,0 Mrd.; 2006: EUR 1,1 Mrd.) nicht berücksichtigt. Die Daten der Mittelständischen Beteiligungsgesellschaften (MBGs) als Anbieter von Individual-Mezzanine-Kapital werden dagegen in den Berechnungen berücksichtigt.

[868] Quelle: Eigene Darstellung in Anlehnung an Fleischhauer, U./Olkowski, M. (2009), S. 29; Fleischhauer, U./Kaluza, A. (2008), S. 44. Auch hier wurde die Anzahl der über die KfW mit Mezzanine-Kapital finanzierten Unternehmen (2008: 931; 2007: 649; 2006: 1.800) nicht berücksichtigt. Siehe Fn. 867.

Anhang VI-51: Liste der mit Standard-Mezzanine-Kapital finanzierten Unternehmen[869]

	Unternehmen	Transaktion
1	"Deutsche See" GmbH	equiNotes 2007-1
2	ABO Wind AG	PREPS 2005-1
3	Accel Instruments GmbH	equiNotes 2005-1
4	ACO Severin Ahlmann GmbH & Co. KG	CB Mezzcap I, equiNotes 2005-1
5	Acri.Tec Gesellschaft für Ophthalmologische Produkte mbH	HEAT I-2006
6	ACTech GmbH	PREPS 2006-1
7	Adalbert Pilipp GmbH	PREPS 2004-2
8	Adolf Präg GmbH & Co. KG	PREPS 2004-2, PREPS 2005-1
9	adsorb-med GmbH	PREPS 2007-1
10	Advanced Medien AG	PREPS 2007-1
11	ae group ag	PREPS 2005-2, PREPS 2006-1
12	AgriCapital GmbH	HEAT I-2007
13	AHP Merkle GmbH	PREPS 2007-1
14	ALD Vacuum Technologies GmbH	HEAT I-2005
15	Alfmeier Präzision AG Baugruppen und Systemlösungen	PREPS 2004-2
16	Allgeier Holding AG	PREPS 2004-2, PREPS 2005-2
17	Alloheim Senioren-Residenzen AG	HEAT I-2007
18	Alltrans Vermögensverwaltungsgesellschaft mbH	HEAT I-2007
19	Alpenland Pflege- und Altenheim Betriebsgesell. GmbH & Co. KG	StaGe Mezzanine
20	Aluminium Rheinfelden GmbH	HEAT I-2006
21	Aluminiumschmelzwerk Oetinger GmbH	equiNotes 2005-1
22	aluplast GmbH	PREPS 2004-2
23	AMBAU GmbH Stahl- und Anlagenbau	PREPS 2006-1
24	American Clothing Distribution NV	PREPS 2005-2
25	ante-holz GmbH	CB Mezzcap I
26	apt Hiller GmbH	PREPS 2004-2
27	Arnold Knipping Holding GmbH	CB Mezzcap I
28	Arntz GmbH & Co. KG	StaGe Mezzanine
29	Ascania Vliesstoffe GmbH	equiNotes 2007-1, PREPS 2007-1
30	Asetronics AG	PREPS 2007-1
31	Asklepios Kliniken GmbH	PREPS 2004-2
32	Asperger Metallhütte Bruch GmbH	HEAT I-2007
33	AsstrA Associated Traffic AG	PREPS 2006-1
34	Astroh Küchen GmbH & Co. KG	PREPS 2004-2, PREPS 2006-1
35	Atlantic Speditions AG	PREPS 2007-1
36	August Bünger Bob-Textilwerk GmbH & Co. KG	HEAT I-2006
37	Autohaus Sternpark GmbH & Co. KG	StaGe Mezzanine
38	Autokontor Bayern GmbH	PREPS 2005-2
39	Automobil-Verkaufs-Gesellschaft Joseph Brass GmbH & Co. KG	PREPS 2005-1
40	AVAG Holding AG	PREPS 2004-1, StaGe Mezzanine
41	AVANTAXX Innovation Beteiligung Verwaltung AG	PREPS 2007-1
42	b & d media NETWORK AG	HEAT I-2007
43	B + C Tönnies Holding GmbH & Co. KG	equiNotes 2005-1
44	Bäckerei Brinker GmbH	StaGe Mezzanine
45	Backstube Siebrecht GmbH & Co. oHG	StaGe Mezzanine
46	BAGR Berliner Aluminiumwerk GmbH	PREPS 2007-1
47	Bamag GmbH	equiNotes 2007-1
48	Bandolera Holding N.V.	PREPS 2007-1
49	BauKing AG	PREPS 2004-1

[869] Quelle: Offering Circulars gemäß Fn. 866 aus Anhang VI-48.

	Unternehmen	Transaktion
50	Bauwens GmbH & Co. KG	equiNotes 2007-1
51	bb sozietät Buchalik Brömmekamp	HEAT I-2007
52	BDE Beteiligungsgesell. für dezentrale Energieversorgung mbH	equiNotes 2005-1
53	BDT AG	PREPS 2005-2
54	Beckermann Küchen GmbH	PREPS 2005-2
55	Behr AG	PREPS 2006-1
56	BELUGA Chartering GmbH	HEAT I-2007
57	Bernhard Kessel GmbH & Co. KG	PREPS 2004-2
58	BESTAR Stahlhandelsgesellschaft Remscheid mbH	HEAT I-2007
59	BI-LOG Aktiengesellschaft für e-Logistics	equiNotes 2007-1
60	Bimo Italia S.p.A.	PREPS 2006-1
61	Biotest AG	CB Mezzcap I
62	Bitzer Kühlmschinenbau GmbH & Co. Holding KG	equiNotes 2005-1
63	BKN International AG	HEAT I-2007
64	Blechformwerke Bernsbach AG	HEAT I-2006
65	Bleistahl GmbH & Co. Holding KG	equiNotes 2005-1
66	Block House Restaurantbetriebe AG	equiNotes 2005-1
67	BMB Steering Innovation GmbH	equiNotes 2007-1
68	Bockholdt Gebäudedienste KG	PREPS 2005-2
69	Böhm Fertigungstechnik Suhl GmbH	CB Mezzcap I, PREPS 2006-1
70	Bonatti S.p.A.	PREPS 2007-1
71	Börner GmbH & Co. KG	PREPS 2005-1
72	Börner Verwaltungs- und Beteiligungs GmbH	equiNotes 2005-1
73	Böwe Systec AG	PREPS 2004-1, PREPS 2004-2, StaGe Mezzanine
74	Brinkhof Gruppe Deutschland GmbH	HEAT I-2006
75	Bröer Holding GmbH	CB Mezzcap I
76	Brüder Mannesmann AG	HEAT I-2006, HEAT I-2007
77	Brüder Schlau GmbH & Co. KG	PREPS 2004-2
78	btv holding gmbh	PREPS 2004-1
79	Büchel GmbH & Co. Fahrzeugteilefabrik KG	PREPS 2006-1
80	BUG Verkehrsbau AG	CB Mezzcap I, StaGe Mezzanine
81	Bürger Glas- und Fasertechnik GmbH & Co. KG	PREPS 2005-1
82	Büsing & Fasch GmbH & Co. KG	equiNotes 2007-1
83	Cancom IT Systeme AG	PREPS 2005-1, PREPS 2005-2
84	Capiton Piping System GmbH	HEAT I-2005
85	Carl Kittel Supplier GmbH	PREPS 2004-2
86	Carl Künkele zur SchapfenMühle GmbH & Co. KG	PREPS 2006-1
87	Carl Sülberg GmbH & Co. KG	HEAT I-2006
88	CD-Design GmbH	HEAT I-2007
89	CDS Crailsheimer Darmsortierbetrieb GmbH	PREPS 2004-2, PREPS 2006-1
90	CDV Software Entertainment AG	PREPS 2005-2
91	CEMAG Holding GmbH	HEAT I-2007
92	Centrosolar AG	PREPS 2007-1
93	Centrosolar Glas GmbH & Co. KG	PREPS 2006-1
94	CFT GmbH Compact Filter Technic	HEAT I-2007
95	CHEMA Prozeß- und Systemtechnik GmbH	PREPS 2007-1
96	Clinton Großhandels-GmbH	PREPS 2007-1
97	Cogeme Set S.p.A.	PREPS 2006-1, PREPS 2007-1
98	Colloseum Handels- und Beteiligungs GmbH	CB Mezzcap I, PREPS 2005-2
99	Combase AG Betriebs- und Beteiligungsgesellschaft	CB Mezzcap I

	Unternehmen	Transaktion
100	Common Market Fertilizers S.A.	PREPS 2007-1
101	Conrad Schulte GmbH & Co. KG	equiNotes 2007-1
102	Cooperativa Muratori & Cementisti - C.M.C. di Ravenna	PREPS 2006-1
103	Cordier Spezialpapier GmbH	HEAT I-2007
104	CRONIMET Holding GmbH	equiNotes 2005-1
105	CTD Innovations-Technologie im Dialog GmbH	StaGe Mezzanine
106	Curtis 1000 Europe AG	HEAT I-2005, HEAT I-2007
107	Cuylits Holding GmbH	equiNotes 2007-1
108	CWS Lackfabrik Conrad W. Schmidt GmbH & Co. KG	StaGe Mezzanine
109	D+S europe AG	equiNotes 2007-1
110	DATAGROUP GmbH	PREPS 2006-1
111	DBT Maschinenfabrik Scharf GmbH	HEAT I-2006
112	De Cronos Groep NV	PREPS 2007-1
113	Delbrouck GmbH	StaGe Mezzanine
114	DeltaSelect GmbH	equiNotes 2005-1
115	Demmel AG	PREPS 2005-2
116	Der Beck GmbH	equiNotes 2007-1
117	Dermapharm AG	PREPS 2004-2
118	Detlef Hegemann AG	PREPS 2007-1
119	deugro Carl E. Press Holding GmbH & Co. KG	equiNotes 2007-1
120	DIHAG Deutsche Giesserei- und Industrie Holding AG	PREPS 2004-2
121	Direct Home Corporation GmbH	PREPS 2006-1
122	Domäne Gruppe GmbH & Co. KG	PREPS 2004-2
123	Doppstadt Calbe GmbH	PREPS 2005-2
124	Dornieden Generalbau GmbH	StaGe Mezzanine
125	Drahtwerk und Stahlhandel Finsterwalde GmbH	PREPS 2005-1
126	Dresdner Herrenmode GmbH	PREPS 2005-1, PREPS 2005-2
127	DRH Deutsche Reihenhaus AG	HEAT I-2007
128	Dura Tufting GmbH	equiNotes 2005-1, PREPS 2005-2, PREPS 2007-1
129	E. Witte Verwaltungsgesellschaft mbH	HEAT I-2005
130	Ebert & Jacobi GmbH & Co. KG	PREPS 2004-2
131	Econcern B.V.	PREPS 2007-1
132	Econcern GmbH	PREPS 2005-2
133	Edgar Kittner GmbH & Co. KG	PREPS 2004-1
134	Eifeler Holding GmbH & Co. KG	PREPS 2006-1
135	EJOT Holding GmbH & Co. KG	PREPS 2004-2
136	ELDISY GmbH	PREPS 2006-1
137	Electrovac GesmbH	PREPS 2005-1
138	ELRO Beteiligungsgesellschaft mbH	HEAT I-2007
139	Elumatec GmbH & Co. KG	PREPS 2004-1, PREPS 2005-2
140	EMAG Maschinenfabrik GmbH	PREPS 2004-1
141	Emde Holding GmbH	HEAT I-2007
142	Emprise Management Consulting AG	HEAT I-2005, HEAT I-2006
143	E-M-S New Media AG	HEAT I-2005, HEAT I-2006
144	EnD-I AG	HEAT I-2007
145	Energy Financing Team (Switzerland) AG	PREPS 2006-1, PREPS 2007-1
146	ENOI S.p.A.	PREPS 2005-2, PREPS 2006-1
147	ENRO AG	HEAT I-2007
148	Ensinger Mineral-Heilquellen GmbH	PREPS 2004-2
149	Envirotherm GmbH	equiNotes 2007-1

	Unternehmen	Transaktion
150	Erbe Flachstahl GmbH	HEAT I-2006
151	Erich Rohde KG Schuhfabriken	CB Mezzcap I, PREPS 2004-2, PREPS 2005-2
152	Erismann & Cie GmbH	PREPS 2004-2
153	ES-Plastic GmbH & Co. KG	HEAT I-2007
154	ETM Engineering Technologie Marketing GmbH	PREPS 2005-1, PREPS 2005-2
155	ETO Beteiligungsgesellschaft mbH	equiNotes 2005-1
156	Europart Holding GmbH	CB Mezzcap I, equiNotes 2005-1
157	European Homecare GmbH	HEAT I-2007
158	European Windfarms Deutschland GmbH	PREPS 2006-1
159	EVB Energie AG	HEAT I-2006, HEAT I-2007
160	EZE Elektronik Zentrum Eberbach GmbH	PREPS 2005-1
161	EZH Elektronik Zentrum Hersfeld GmbH	PREPS 2004-2
162	F. Kirchhoff AG	HEAT I-2006
163	Falkenstein Spedition-Assekuranz Vermittlungsgesell. mbH	equiNotes 2005-1
164	FAM Magdeburger Förderanlagen und Baumaschinen GmbH	equiNotes 2005-1
165	famila Handels-Betriebe GmbH & Co. KG Rhein-Neckar	PREPS 2004-1
166	FELSS Holding GmbH	PREPS 2005-1
167	Ferd. Schmetz GmbH	HEAT I-2007
168	FFK Environment GmbH	HEAT I-2006
169	FGS Intercorpo Holding GmbH	PREPS 2004-2
170	Finkbeiner GmbH & Co. KG	PREPS 2006-1
171	FIRMA CRAS NV	PREPS 2007-1
172	fit GmbH	HEAT I-2005, PREPS 2006-1
173	Flexo-film GmbH	HEAT I-2007
174	FMD Möbel GmbH	PREPS 2005-2
175	Formteil- und Schraubenwerk Finsterwalde GmbH	HEAT I-2006
176	Franken Brunnen GmbH & Co. KG	equiNotes 2005-1
177	Franz Josef Haslberger GmbH & Co. Beteiligungs KG	PREPS 2004-2
178	Franz Kleine Vertriebs & Engineering GmbH	PREPS 2007-1
179	Franzen Holding GmbH & Co. KG	HEAT I-2007
180	FRENZEL-BAU GmbH & Co. KG	StaGe Mezzanine
181	Freshtex International Textile-Service GmbH	PREPS 2005-1, PREPS 2005-2
182	Friedberg Produktionsgesellschaft mbH	HEAT I-2007
183	Friedola Holding GmbH	PREPS 2004-2
184	FRIMO Huber Systemtechnik GmbH & Co. KG	PREPS 2006-1
185	FRISETTA Polymer GmbH	equiNotes 2005-1
186	Fritz & Macziol Software und Computervertrieb GmbH	PREPS 2004-2, PREPS 2005-2
187	Fritz Blanke GmbH & Co. KG	CB Mezzcap I
188	Fritz Rudolf Künker Münzenhandlung e. K.	StaGe Mezzanine
189	Funke Kunststoffe GmbH	StaGe Mezzanine
190	G.A.M. Holding GmbH	PREPS 2006-1
191	Garbe Investment KG	PREPS 2005-1
192	GD Gotha Druck und Verpackungs GmbH & Co. KG	PREPS 2004-2, PREPS 2005-2
193	Gebr. Müller Kerzenfabrik AG	equiNotes 2007-1
194	Gebrüder Götz GmbH & Co. KG	PREPS 2007-1
195	Gebrüder Trox GmbH	CB Mezzcap I, equiNotes 2005-1
196	Geiger technik GmbH	CB Mezzcap I
197	Gemüsering Stuttgart GmbH	PREPS 2004-1
198	Genuport Trade AG Marketing und Vertrieb internationaler Marken	PREPS 2005-1
199	Geomag SA	PREPS 2006-1

	Unternehmen	Transaktion
200	Georg Lemke GmbH & Co. KG	HEAT I-2007
201	Georgsmarienhütte GmbH	equiNotes 2005-1
202	German Hardcopy AG	HEAT I-2005, StaGe Mezzanine
203	GETEC AG	PREPS 2004-2, PREPS 2005-1
204	Getränkeland Heidebrecht GmbH & Co. KG	equiNotes 2007-1
205	Ghizzoni S.p.A.	PREPS 2007-1
206	GHP Direct Mail GmbH	PREPS 2004-1
207	GHP Holding GmbH	PREPS 2004-2
208	GIF Gesellschaft für Industrieforschung mbH	StaGe Mezzanine
209	Glas Trösch Euroholding AG & Co. KGaA	PREPS 2004-1
210	Glasid AG	HEAT I-2007
211	Gleichmann & Co. Electronics GmbH	PREPS 2004-1
212	GMT Gummi-Metall-Technik GmbH	PREPS 2005-2, PREPS 2007-1
213	Golfino AG	PREPS 2006-1
214	Gotec Gorschlüter GmbH	HEAT I-2006
215	GP Günter Papenburg AG	equiNotes 2007-1
216	Gravis Computervertriebsgesellschaft mbH	equiNotes 2005-1
217	Grebenstein Holding GmbH & Co. KG	PREPS 2005-1
218	GROFA Großhandel für Fahrradteile GmbH	StaGe Mezzanine
219	Großkelterei Rötha GmbH	HEAT I-2006
220	Günther Wirth Hartmetallwerkzeuge GmbH & Co. KG	PREPS 2005-2
221	Gustav Hensel GmbH & Co. KG	CB Mezzcap I
222	Gustav Wolf Seil- und Drahtwerke GmbH & Co. KG	equiNotes 2005-1, equiNotes 2007-1
223	Gütermann AG	equiNotes 2005-1
224	HAASE Energietechnik AG	HEAT I-2007
225	Hackforth Holding GmbH & Co. KG	CB Mezzcap I
226	hameln pharma group gmbh	equiNotes 2007-1
227	Hans Geis GmbH + Co. KG	PREPS 2006-1, PREPS 2005-2
228	Hans Riegelein & Sohn GmbH & Co. KG	equiNotes 2007-1
229	Hans Warner GmbH	CB Mezzcap I
230	Hansa Group AG	HEAT I-2007
231	Hansa-flex Hydraulik GmbH	equiNotes 2005-1
232	HANSETRANS Holding GmbH	equiNotes 2007-1
233	Härterei und Qualitätsmanagement GmbH	CB Mezzcap I
234	Hartmann und Partner Holding GmbH & Co. KG	PREPS 2006-1
235	Hatec GmbH	PREPS 2005-2
236	Hauhinco Maschinenfabrik G. Hausherr, Jochums GmbH & Co. KG	HEAT I-2005
237	Haupt Pharma AG	PREPS 2007-1
238	Hecker Glastechnik GmbH & Co. KG	HEAT I-2005
239	Heinrich Huhn GmbH & Co. KG	StaGe Mezzanine
240	Heinrich Strunz GmbH (LAMILUX)	PREPS 2005-1
241	HELBAKO GmbH	HEAT I-2007
242	Helma Eigenheimbau AG	HEAT I-2006
243	Hendricks Internationale Spedition GmbH & Co. KG	StaGe Mezzanine
244	Herbert Brandl Maschinenbau	PREPS 2007-1
245	Herbstreith & Fox KG Pektin-Fabrik Neuenbürg	equiNotes 2005-1, equiNotes 2007-1
246	Hermann Birk GmbH	PREPS 2004-2
247	Hesse & Knipps GmbH	StaGe Mezzanine
248	HI Hamburg International Luftverkehrsgesell. mbH + Co. Betriebs KG	PREPS 2006-1
249	HIT Holzindustrie Torgau GbR	PREPS 2007-1

	Unternehmen	Transaktion
250	HKL Baumaschinen GmbH	PREPS 2004-1, PREPS 2004-2
251	HMT Heldener Metalltechnik GmbH & Co. KG	StaGe Mezzanine
252	Hock Abpresstechnik, Abfallbeseitigung und Recycling GmbH	PREPS 2006-1
253	Holzma Plattenaufteiltechnik GmbH	PREPS 2005-2
254	HOMAG Holzbearbeitungssysteme AG	PREPS 2004-1, PREPS 2004-2
255	Homanit GmbH & Co. KG	equiNotes 2005-1
256	Hucke AG	HEAT I-2005
257	Huettemann GmbH	equiNotes 2007-1
258	Hugo Schmitz GmbH & Co. KG	StaGe Mezzanine
259	Huster GmbH & Co. Getränkegrosshandels KG	PREPS 2006-1
260	HVB Hoch-Vakuum-Beschichtungs GmbH & Co. KG	HEAT I-2006
261	HW Industries GmbH & Co. KG	PREPS 2005-1
262	Hydro Drilling International S.p.A.	PREPS 2005-2
263	IBYKUS AG für Informationstechnologie	PREPS 2007-1
264	IHG Holding GmbH & Co. KG	PREPS 2004-1
265	Impfstoffwerk Dessau-Tornau GmbH	PREPS 2007-1
266	Industriebau Wernigerode GmbH	CB Mezzcap I
267	Infastaub GmbH	HEAT I-2006
268	Internationale Fachspedition Alfons Greiwing GmbH	equiNotes 2007-1
269	Interstuhl Büromöbel GmbH & Co. KG	HEAT I-2005
270	ISE Innomotive Systems Europe GmbH	equiNotes 2005-1, StaGe Mezzanine
271	Iteco Oilfield Supply GmbH	HEAT I-2007
272	IVP Internationales Virtuelles Produktmanagement GmbH	StaGe Mezzanine
273	J & A Plastics GmbH	HEAT I-2006, HEAT I-2007
274	J.W. Ostendorf GmbH & Co. KG	PREPS 2006-1
275	Jäckering Mühlen- und Nährmittelwerke GmbH	PREPS 2004-1
276	Jacobi Ton- und Ziegeleibeteiligungswerke KG	CB Mezzcap I
277	Jacobi Tonwerke GmbH	PREPS 2004-1, PREPS 2005-2
278	Jahncke Fruchtsäfte-Konzentrate GmbH & Co. KG	equiNotes 2007-1
279	JCK Holding GmbH Textil KG	PREPS 2004-1, PREPS 2004-2
280	JKB Kunststoff-Beteiligungs-GmbH (Gizeh)	equiNotes 2005-1
281	JLW Holding AG	PREPS 2005-1, PREPS 2007-1
282	Johann Dettendorfer Spedition Ferntrans GmbH & Co. KG	PREPS 2007-1
283	Josef Seibel Schuhfabrik GmbH	equiNotes 2005-1
284	JOSTA GmbH	PREPS 2005-1
285	Julius Boos jr. GmbH & Co. KG	HEAT I-2006
286	K+L Ruppert Zentralverwaltung Stiftung & CO. KG	PREPS 2004-2
287	KAEFER Isoliertechnik GmbH & Co. KG	CB Mezzcap I, equiNotes 2005-1
288	KAHLA/Thüringen Porzellan GmbH	HEAT I-2007
289	Kapp GmbH & Co. KG	PREPS 2004-2
290	Kapp-Chemie GmbH	StaGe Mezzanine
291	Kapsch CarrierCom AG	PREPS 2005-2, PREPS 2006-1
292	KARE Reiter und Schönhofen OHG	equiNotes 2005-1
293	Karl Achenbach GmbH & Co. KG	StaGe Mezzanine
294	Karrena GmbH	equiNotes 2005-1
295	Kemmer Technology AG	CB Mezzcap I
296	Kliniken Schmieder (Stiftung und Co.) KG	PREPS 2005-1
297	Klocke Pharma-Service GmbH	PREPS 2004-1
298	KmB Technologie Gesellschaft für rationelle Fertigung mbH	equiNotes 2007-1, PREPS 2005-2
299	KMR Stainless AG	HEAT I-2005

	Unternehmen	Transaktion
300	Kohl Gruppe AG	equiNotes 2005-1
301	KOMSA Kommunikation Sachsen AG	equiNotes 2007-1, PREPS 2007-1
302	König & Cie. GmbH & Co. KG	PREPS 2007-1
303	Könitz Porzellan GmbH	HEAT I-2007
304	KONRAD KLEINER GmbH & Co. KG	equiNotes 2005-1, equiNotes 2007-1
305	Kraul und Wilkening u. Stelling Kommanditgesellschaft GmbH & Co. KG	PREPS 2006-1
306	Krystaltech Lynx Europe GmbH	HEAT I-2005
307	Kühn Holding GmbH	StaGe Mezzanine
308	Kurtz Holding GmbH & Co. KG	HEAT I-2005
309	L & S GmbH & Co. KG	HEAT I-2006
310	LADR GmbH Medizinisches Versorgungszentrum Dr. Kramer & Kollegen	PREPS 2006-1
311	Land- und Forstverwaltung Vanselow	HEAT I-2007
312	Lapp Insulator GmbH & Co. KG	PREPS 2005-2, PREPS 2007-1
313	LEAHG Lebensmittelaussenhandelsgesellschaft mbH	PREPS 2006-1
314	Lech-Stahlwerke GmbH	StaGe Mezzanine
315	Leichtmetallbau Schletter GmbH	equiNotes 2007-1
316	Leistritz AG	CB Mezzcap I
317	Liegenschaftsverwaltung Dr. Robert Eckert	PREPS 2005-1
318	LIMO Lissotschenko Mikrooptik GmbH	StaGe Mezzanine
319	Lindenmaier AG	PREPS 2006-1
320	Lisega AG	CB Mezzcap I
321	Lohmann & Co. AG	PREPS 2004-2
322	Losberger Intertent GmbH	PREPS 2004-2, PREPS 2005-1, PREPS 2007-1
323	Lux International AG	PREPS 2006-1
324	M. Dohmen GmbH	HEAT I-2006
325	Maas Baustoffhandels GmbH	PREPS 2005-1
326	Mäc Geiz Non Food Vertriebsgesellschaft mbH	CB Mezzcap I
327	Magirus AG	PREPS 2004-2
328	MAINPOL GmbH	PREPS 2004-1, PREPS 2005-1
329	Manuchar NV	PREPS 2006-1
330	Manufactum Hoof & Partner KG	HEAT I-2005
331	Maritim Hotelgesellschaft mbH	HEAT I-2005, PREPS 2004-1
332	Maschinenfabrik Hese GmbH	HEAT I-2007
333	Maschinenfabrik Mönninghoff GmbH & Co. KG	HEAT I-2007
334	Maschinenfabrik Spaichingen GmbH	PREPS 2005-1, PREPS 2005-2
335	Maske AG	PREPS 2004-2
336	Matthies GmbH & Co. Rauch-Fleisch KG	HEAT I-2006
337	Max Aicher GmbH & Co. KG	HEAT I-2006
338	Max Becker GmbH & Co. KG	CB Mezzcap I
339	Max Bögl Bauunternehmung GmbH & Co. KG	PREPS 2004-2
340	Max Schierer GmbH	PREPS 2007-1
341	Mayer-Kuvert-network GmbH	PREPS 2004-1
342	MDC Max Daetwyler AG	PREPS 2005-2
343	Meermann Bau- & Invest GmbH	HEAT I-2006
344	Megaflex Schaumstoff GmbH	HEAT I-2007
345	Melaplast Holding GmbH & Co. KG	PREPS 2006-1
346	Memmert GmbH & Co. KG	HEAT I-2007
347	Memorex Telex Communications AG	PREPS 2005-2, PREPS 2005-1
348	Metallwerke Kloß GmbH	equiNotes 2005-1
349	mfi Management für Immobilien AG	HEAT I-2006

	Unternehmen	Transaktion
350	MICROTRADE S.à.r.l.	PREPS 2007-1, PREPS 2006-1
351	Mineralquellen Bad Liebenwerda GmbH	PREPS 2005-1
352	MODUS Consult EDV- und Organisations GmbH & Co. KG	StaGe Mezzanine
353	MoellerGroup GmbH & Co. KG	CB Mezzcap I
354	Mr. Wash AG	PREPS 2004-2, PREPS 2005-1
355	MSC Microcomputer Systems Components Vertriebs GmbH	PREPS 2004-2
356	MTH Handels-Holding GmbH	PREPS 2006-1
357	Multipolster GmbH & Co. Handels KG	equiNotes 2007-1, PREPS 2004-2
358	Mürdter Metall- und Kunststoffverarbeitung GmbH	PREPS 2004-1
359	Muskator-Werke GmbH	HEAT I-2007
360	MUW Mitteldeutsche Umsterungswerke GmbH & Co. KG	PREPS 2005-1, PREPS 2005-2
361	MVB Beteiligungen AG	HEAT I-2007
362	Nabaltec GmbH	equiNotes 2005-1
363	Namli Feinkost GmbH	StaGe Mezzanine
364	Natursteinwerke Weiland GmbH	PREPS 2007-1
365	Nerlich & Lesser KG	equiNotes 2007-1
366	Neue ZWL Zahnradwerk Leipzig GmbH	PREPS 2007-1
367	NICI AG	CB Mezzcap I, equiNotes 2005-1, PREPS 2004-2, PREPS 2005-1
368	Niles-Simmons-Hegenscheidt GmbH	equiNotes 2005-1
369	NOE-Schaltechnik Georg Meyer-Keller GmbH & Co. KG	HEAT I-2006
370	Nölken Hygiene Products GmbH	StaGe Mezzanine
371	non ferrum Metallpulver Gesellschaft mbH & Co. KG	PREPS 2005-1, PREPS 2005-2
372	NORDSEE GmbH	PREPS 2004-1
373	Obst- und Gemüseverarbeitung Spreewaldkonserve Golssen GmbH	CB Mezzcap I
374	Odenwald Faserplatten GmbH	equiNotes 2005-1
375	ODS Optical Disc Service GmbH	CB Mezzcap I, PREPS 2005-2
376	Oettinger Brauerei GmbH	equiNotes 2007-1
377	Ortrander Eisenhütte GmbH	StaGe Mezzanine
378	ORWO Net GmbH	HEAT I-2006
379	Ospig Textil-GesellschaftW. Ahlers GmbH & Co. KG	HEAT I-2006
380	Otto Bechem & Co. KG	HEAT I-2007
381	Otto Nußbaum GmbH & Co. KG	equiNotes 2005-1
382	Ownership Emissionshaus GmbH	PREPS 2006-1
383	P. W. Lenzen GmbH & Co. KG	HEAT I-2005
384	Paion AG	HEAT I-2006
385	Palmberg Büroeinrichtungen + Service GmbH	equiNotes 2007-1
386	Paragon AG	equiNotes 2005-1, PREPS 2007-1
387	Paul Hildebrandt AG	PREPS 2006-1
388	Pauly Biskuit AG	StaGe Mezzanine
389	PCC AG	HEAT I-2005, HEAT I-2006, PREPS 2004-2, PREPS 2006-1, StaGe Mezzanine
390	PDV-Systeme GmbH	PREPS 2006-1
391	Pergan GmbH	HEAT I-2005
392	Perleberg Verlags GmbH	StaGe Mezzanine
393	Pfalz-Flugzeugwerke GmbH	PREPS 2004-2
394	Pharma Base S.A.	PREPS 2007-1
395	Phönix Verwaltungs- und Betriebsgesellschaft mbH	StaGe Mezzanine
396	Pixelpark AG	HEAT I-2007
397	Plasticos Holding AG	PREPS 2005-2, PREPS 2007-1
398	Plural Servicepool GmbH	PREPS 2004-2
399	Poelmeyer Holding GmbH	equiNotes 2007-1

	Unternehmen	Transaktion
400	Poli-Film Verwaltungs GmbH	PREPS 2004-2
401	Poligrat GmbH	HEAT I-2006
402	Polyplast Müller GmbH	equiNotes 2007-1
403	Pressol Schmiergeräte GmbH	PREPS 2005-2
404	Privatbrauerei Gaffel Becker & Co.	HEAT I-2007
405	Procar Automobile GmbH	HEAT I-2007
406	ProCurand AG	PREPS 2006-1
407	ProfiMiet GmbH	StaGe Mezzanine
408	puren gmbh	equiNotes 2007-1
409	Putsch Holding GmbH & Co. KG	PREPS 2004-2
410	PVG Presse-Vertriebs-Gesellschaft KG	CB Mezzcap I
411	P-Well GmbH Wellpappverpackungen	StaGe Mezzanine
412	Q-Cells AG	PREPS 2004-2
413	Quickpack Haushalt + Hygiene GmbH	PREPS 2004-1
414	QUINTESSENZ Verlags-GmbH	HEAT I-2007
415	Rampf Holding GmbH & Co.KG	PREPS 2005-1
416	Ratioparts-Ersatzteile-Vertriebs GmbH	equiNotes 2007-1
417	Rautenbach AG	PREPS 2004-2
418	Reformhaus Bacher GmbH & Co. KG	HEAT I-2007
419	Rego Herlitzius GmbH	HEAT I-2007
420	Reinhard Wolf GmbH & Co. KG	PREPS 2004-1
421	Reiss Vermögensverwaltung AG	equiNotes 2007-1, HEAT I-2005
422	RENA Sondermaschinen GmbH	equiNotes 2007-1
423	REpower Systems AG	PREPS 2004-1
424	Rettenmeier Holding AG	equiNotes 2007-1
425	REUM Beteiligungs-GmbH	PREPS 2004-1
426	RFP Metallbearbeitung GmbH	PREPS 2005-1
427	RIBA Verpackungen GmbH	HEAT I-2005
428	Rich. Hengstenberg GmbH & Co. KG	equiNotes 2005-1
429	Richard Schulz Tiefbau GmbH & Co. KG	PREPS 2005-2
430	Richter GmbH & Co. KG	equiNotes 2005-1
431	Ricö Internationale Transporte und Logistik GmbH	equiNotes 2005-1
432	Riemser Arzneimittel AG	equiNotes 2007-1, HEAT I-2006, PREPS 2004-2
433	RIMOWA GmbH	equiNotes 2007-1
434	Ring International Holding AG	PREPS 2005-2
435	RLE INTERNATIONAL Produktentwicklungsgesellschaft mbH	HEAT I-2007
436	RMM Metallhandel GmbH	PREPS 2007-1
437	RONDO FOOD GmbH & Co. KG	equiNotes 2007-1
438	Roth Industries GmbH & Co. KG	HEAT I-2005
439	Rothenberger AG	PREPS 2005-1
440	Rottendorf Pharma GmbH	equiNotes 2005-1
441	Rubave National GmbH	PREPS 2005-2
442	RZ-Zimmermann GmbH & Co. Holding KG	PREPS 2004-1, StaGe Mezzanine
443	Sägewerk Schwaiger GmbH & Co. KG	equiNotes 2005-1
444	Saltus TechnologyAG	HEAT I-2005, HEAT I-2006
445	SAND Profile GmbH	PREPS 2005-2, PREPS 2007-1
446	Sanicare-Apotheke Inh. Johannes Mönter	PREPS 2004-1
447	Sarens Bestuur NV	PREPS 2006-1
448	SAUERESSIG GmbH & Co. KG	StaGe Mezzanine
449	SAXAS Nutzfahrzeuge Werdau AG	PREPS 2005-2, PREPS 2007-1
450	SBE Swiss Bioenergie AG	PREPS 2005-2

	Unternehmen	Transaktion
451	Scheck, In-Einkaufs-Center Achern GmbH	equiNotes 2005-1
452	Scherm Holding & Verwaltungs GmbH	equiNotes 2005-1
453	Schiffsversorgung Rostock GmbH	HEAT I-2006, PREPS 2004-2
454	Schlemmer GmbH	PREPS 2004-2
455	Schneider Hamburg GmbH	equiNotes 2007-1
456	Schön Privatstiftung	PREPS 2005-1, PREPS 2005-2
457	Schottel GmbH & Co. KG	HEAT I-2005
458	Schubert & Salzer Eisenwerk Erla GmbH	PREPS 2007-1
459	Schüchen International GmbH & Co. KG	equiNotes 2005-1
460	Semper idem. Underberg AG	PREPS 2004-2
461	Senator Beteiligungsgesellschaft für Einrichtungen des Gesundheitswesens und der Altenpflege GmbH	HEAT I-2006, PREPS 2006-1
462	Senator Film Verleih GmbH	HEAT I-2007
463	Seyfert Holding GmbH & Co. KG	PREPS 2005-1
464	Siepmann-Werke GmbH & Co. KG	StaGe Mezzanine
465	Sigikid H. Scharrer & Koch GmbH & Co. KG	HEAT I-2006
466	Signalbau Huber GmbH	PREPS 2004-2
467	Silbitz Guss GmbH	PREPS 2005-1, PREPS 2005-2
468	Simon Hegele Gesellschaft für Logistik und Service mbH	PREPS 2005-1
469	SKET Verseilmaschinenbau GmbH	PREPS 2006-1
470	SMK Systeme Metall Kunststoff GmbH & Co.KG	PREPS 2004-2
471	SMS Michel Communication GmbH	PREPS 2004-2, PREPS 2005-2
472	SolarMarkt AG	HEAT I-2007
473	Solvis GmbH & Co. KG	equiNotes 2007-1
474	Sonaca S.A.	PREPS 2005-2
475	Sopp Industrie GmbH	HEAT I-2006
476	Sphairon Access Systems GmbH	PREPS 2006-1
477	Splendid Medien AG	HEAT I-2006
478	Starkstrom-Gerätebau Gesellschaft mit beschränkter Haftung	PREPS 2006-1
479	Steinbeis Temming Holding GmbH	PREPS 2004-2
480	Stockheim GmbH & Co. KG	PREPS 2005-1
481	Stöckli Holding AG	PREPS 2005-2
482	Straub Holding GmbH	CB Mezzcap I
483	STS Transportservice Schmalkalden GmbH	StaGe Mezzanine
484	suki.internationalGmbH	HEAT I-2005
485	Synlab GmbH & Co. KG	equiNotes 2005-1, equiNotes 2007-1
486	Tabacon Tabakwaren GmbH & Co. Holdinggesellschaft KG	PREPS 2005-2
487	Tarox Systems & Services GmbH	StaGe Mezzanine
488	Teamtechnik Maschinen und Anlagen GmbH	equiNotes 2005-1
489	Technische Glaswerke Ilmenau GmbH	HEAT I-2007
490	Tectum Beteiligungs GmbH	PREPS 2004-2
491	Tectum Consulting für Innovationstechnologie GmbH & Co.KG	CB Mezzcap I, HEAT I-2006
492	Teleunit S.p.A.	PREPS 2005-2
493	Telux Spezialglas GmbH	PREPS 2005-2
494	Terstappen KG	StaGe Mezzanine
495	Tesmec S.p.A.	PREPS 2006-1
496	TGE S.p.A.	PREPS 2007-1
497	The Food & Drink Group PLC	PREPS 2007-1
498	Theo Förch GmbH & Co. KG	equiNotes 2005-1
499	Theo Heimann Holding GmbH & Co. KG	HEAT I-2007
500	Theodor Hymmen Holding GmbH	StaGe Mezzanine

	Unternehmen	Transaktion
501	Thermoquell Börner GmbH & Co. KG	PREPS 2004-2
502	Thimm Verpackung GmbH & Co. KG	equiNotes 2005-1
503	Tiefenbach GmbH	HEAT I-2005
504	Trelock GmbH	StaGe Mezzanine
505	Trenkwalder Personaldienste AG	PREPS 2005-2, PREPS 2007-1
506	Truck-Center Hauser GmbH	StaGe Mezzanine
507	Uckerwerk Energietechnik GmbH	PREPS 2005-2, PREPS 2007-1
508	UES Unit Equipment Services AG	PREPS 2005-1
509	Universal Transporte Michels GmbH & Co. KG	HEAT I-2006
510	Unterland Flexible Packaging AG	PREPS 2006-1
511	Uwe Müller GmbH & Co. KG	PREPS 2005-2, PREPS 2006-1
512	Valensina GmbH	PREPS 2005-1
513	Vector Versandhandels GmbH	PREPS 2005-1
514	Vereinigte Verlagsanstalten GmbH	HEAT I-2006
515	Veritas AG	equiNotes 2005-1
516	Vestolit GmbH & Co. KG	HEAT I-2005
517	Vogeley Lebensmittelwerk GmbH	HEAT I-2005
518	Voigt & Schweitzer Markenverbund GmbH	HEAT I-2005
519	Völkel + Heidingsfelder GmbH	PREPS 2006-1
520	Volkmar Frenzel Eiscrem und Tiefkühlkost	equiNotes 2007-1, PREPS 2006-1
521	Von Ardenne Anlagentechnik GmbH	PREPS 2005-1
522	VTC Industrie Holding GmbH	PREPS 2006-1
523	VVA Kommunikation GmbH	HEAT I-2007
524	W. Classen GmbH & Co. KG	PREPS 2004-1, PREPS 2004-2
525	WAFA Beteiligungs GmbH	PREPS 2004-1, PREPS 2005-1
526	Walter Rau Lebensmittelwerke GmbH & Co. KG	equiNotes 2005-1
527	walter TeleMedien Holding GmbH	PREPS 2004-1
528	Walzen IRLE GmbH	PREPS 2005-1
529	Walzwerk Finow GmbH	HEAT I-2007
530	Waterkotte Wärmepumpen GmbH	StaGe Mezzanine
531	WAWI-Schokolade AG	PREPS 2006-1
532	Weener Plastik AG	PREPS 2005-2
533	Wego - Flexodruck GmbH	HEAT I-2006
534	WEGU GmbH & Co. KG	equiNotes 2005-1
535	Weigl GmbH & CO. KG	CB Mezzcap I
536	Weima Maschinenbau GmbH	PREPS 2004-1, PREPS 2005-1
537	Werner Doppstadt Umwelttechnik GmbH & Co. KG	HEAT I-2007
538	Werra Papier Holding GmbH	PREPS 2004-2
539	WESCO-Heizungsbedarf-GmbH & Co. KG	HEAT I-2006
540	Westland Gummiwerke GmbH & Co. KG	equiNotes 2007-1
541	wfw Media Press Udo Sattler e.K.	equiNotes 2005-1, equiNotes 2007-1
542	Wiedemann GmbH & Co. KG	PREPS 2005-1
543	WIFA Getränke-Logistik GmbH & Co. KG	HEAT I-2006
544	Wilden AG	PREPS 2004-2
545	Wilh. Schulz GmbH	CB Mezzcap I
546	Wilhelm Fricke GmbH & Co. KG	PREPS 2004-2
547	Wilhelm Humpert GmbH & Co KG	StaGe Mezzanine
548	Willy Voit GmbH & Co. KG	PREPS 2005-1
549	WIMEX Agraprodukte Import und Export GmbH	PREPS 2004-2
550	Woma Apparatebau GmbH	HEAT I-2005
551	WSB Neue Energien GmbH	PREPS 2005-2, PREPS 2007-1
552	WÜLFING PHARMA GmbH	PREPS 2005-2
553	X-Label GmbH	HEAT I-2007, PREPS 2004-2
554	Zabel Group Verwaltungs GmbH	HEAT I-2007
555	Zement- und Kalkwerke (ZKW) Otterbein GmbH & Co KG	PREPS 2005-2
556	ZMD AG	HEAT I-2005, PREPS 2005-1
557	Zrinski AG	PREPS 2006-1

Anhang VI-52: Übersicht über die Anzahl mehrfach teilnehmender Untenehmen je Transaktion[870]

	CB MezzCap	equiNotes 2005-1	equiNotes 2007-1	HEAT I-2005	HEAT I-2006	HEAT I-2007	PREPS 2004-1	PREPS 2004-2	PREPS 2005-1	PREPS 2005-2	PREPS 2006-1	PREPS 2007-1	StaGe Mezzanine	Summe
CB MezzCap	-	5	0	0	1	0	0	2	1	3	1	0	1	**14**
equiNotes 2005-1	5	-	5	0	0	0	0	1	1	1	0	2	1	**16**
equiNotes 2007-1	0	5	-	1	1	0	0	2	0	1	1	2	0	**13**
HEAT I-2005	0	0	1	-	4	1	1	1	1	0	2	0	2	**13**
HEAT I-2006	1	0	1	4	-	3	0	3	0	0	2	0	1	**15**
HEAT I-2007	0	0	0	1	3	-	0	1	0	0	0	0	0	**5**
PREPS 2004-1	0	0	0	1	0	0	-	5	3	2	0	0	3	**14**
PREPS 2004-2	2	1	2	1	3	1	5	-	5	5	3	1	2	**31**
PREPS 2005-1	1	1	0	1	0	0	3	5	-	10	0	2	0	**23**
PREPS 2005-2	3	1	1	0	0	0	2	5	10	-	5	9	0	**36**
PREPS 2006-1	1	0	1	2	2	0	0	3	0	5	-	3	1	**18**
PREPS 2007-1	0	2	2	0	0	0	0	1	2	9	3	-	0	**19**
StaGe Mezzanine	1	1	0	2	1	0	3	2	0	0	1	0	-	**11**
Summe	**14**	**16**	**13**	**13**	**15**	**5**	**14**	**31**	**23**	**36**	**18**	**19**	**11**	**228**

Quelle: Eigene Darstellung.

Anhang VI-53: Übersicht über die zur Verfügung stehenden Daten je Transaktion

		CB MezzCap	**equiNotes 2005-1**	**equiNotes 2007-1**	**HEAT I-2005**	**HEAT I-2006**	**HEAT I-2007**
Moody's KMV RiskCalc™	1-Jahres-EDF[A]				X	X	X
	1-Jahres-Rating				X	X	X
	5-Jahres-EDF[A]	X			X	X	X
	5-Jahres-Rating	X			X	X	X
	Unternehmens-kennzahlen	X	X	X	X	X	X

		PREPS 2004-1	**PREPS 2004-2**	**PREPS 2005-1**	**PREPS 2005-2**	**PREPS 2006-1**	**PREPS 2007-1**	**StaGe Mezzanine**
Moody's KMV RiskCalc™	1-Jahres-EDF[A]							
	1-Jahres-Rating							X
	5-Jahres-EDF[A]	X	X	X[B]	-[C]	-[C]	-[C]	
	5-Jahres-Rating	X	X	X[B]	X	X	X	
	Unternehmens-kennzahlen	X	X	X[B]				

A: EDF = expected default frequency = Ausfallwahrscheinlichkeit

B: Daten nur bis einschließlich 2007 veröffentlicht (Stand März 2010).

C: 5-Jahres-EDF nur bei Auszahlung im OC, aber nicht während der Laufzeit in den Investor Reports verfügbar.

Quelle: Eigene Darstellung.

---

[870] Da 2-fache Teilnehmer eine, 3-fache Teilnehmer drei, 4-fache Teilnehmer sechs und 5-fache Teilnehmer zehn Programmüberschneidungen aufweisen, ergeben sich für die 90 Mehrfachteilnehmer 114 Programmüberschneidungen sowie 228 Einträge.

Anhang VI-54: Übersicht über die im Rahmen der Kennzahlenanalyse verwendeten Abkürzungen

	Kürzel	Maximum
Grundgesamtheit N	**N**	657
Grundgesamt N unter Berücksichtigung mehrfach teilnehmenden Unternehmen R (Mehrfachteilnehmer R)	$\mathbf{N_R}$	557
Grundgesamtheit N unter Berücksichtigung der identifizierten Mehrfachteilnehmer R_I	$\mathbf{N_{RI}}$	590
Grundgesamtheit N unter Berücksichtigung der identifizierten Mehrfachteilnehmer der Kennzahlenentwicklung R_{IK}	$\mathbf{N_{RIK}}$	281
Mehrfach teilnehmende Unternehmen (Mehrfachteilnehmer R)	**R**	90
Identifizierte, mehrfach teilnehmende Unternehmen (Mehrfachteilnehmer R_I)	$\mathbf{R_I}$	59
Identifizierte, mehrfach teilnehmende Unternehmen (Mehrfachteilnehmer R_{IK}) im Rahmen der Kennzahlenanalyse	$\mathbf{R_{IK}}$	30

Quelle: Eigene Darstellung.

Anhang VI-55: Übersicht über die Berechnung der unterschiedlichen Anzahl an Unternehmen in der Grundgesamtheit

Grundgesamtheit N_R unter Berücksichtigung der mehrfach teilnehmenden Unternehmen R ($n_{N(R)}$ = 557)

Anzahl an Teilnahmen	Grundgesamtheit N_R unter Berücksichtigung der Mehrfachteilnehmer R	Anteil	Grundgesamtheit N = Gesamtanzahl an Teilnahmen	Identifizierte, mehrfach teilnehmende Unternehmen R_I	Anzahl der Teilnahmen der identifizierten Mehrfachteilnehmer R_I	Anzahl nicht identifizierter Mehrfachteilnehmer	Anzahl der Teilnahmen der nicht identifizierten Mehrfachteilnehmer
1	467	83,84%	467	-	-	-	-
2	83	14,90%	166	52	104	31	62
3	5	0,90%	15	5	13*	0	2*
4	1	0,18%	4	1	4	0	0
5	1	0,18%	5	1	5	0	0
Summe	**557**	100,00%	**657**	**59**	**126**	**31**	**64**

* Bei zwei Unternehmen, die dreimal teilgenommen haben, können nur jeweils zwei Teilnahmen identifiziert werden können

Berechnung der Summe aus der Anzahl der Teilnahmen der einmalig teilnehmenden Unternehmen und der Anzahl der Teilnahmen der nicht identifizierten Mehrfachteilnehmer

657 Grundgesamtheit N mit Maximum bei n_N = 657
./. 126 Anzahl der Teilnahmen der identifizierten Mehrfachteilnehmer R_I
= 531 Summe aus der Anzahl der Teilnahmen der einmalig teilnehmenden Unternehmen und der Anzahl der Teilnahmen der nicht identifizierten Mehrfachteilnehmer

467 Anzahl der einmalig teilnehmenden Unternehmen
\+ 64 Anzahl der Teilnahmen der nicht identifizierten Mehrfachteilnehmer
= 531 Summe aus der Anzahl der Teilnahmen der einmalig teilnehmenden Unternehmen und der Anzahl der Teilnahmen der nicht identifizierten Mehrfachteilnehmer

Berechnung der Grundgesamtheit N_R unter Berücksichtigung der identifizierten Mehrfachteilnehmer RI mit Maximum bei $n_{N(RI)}$ = 590

531 Summe aus der Anzahl der Teilnahmen der einmalig teilnehmenden Unternehmen und der Anzahl der Teilnahmen der nicht identifizierten Mehrfachteilnehmer
\+ 59 Identifizierte, mehrfach teilnehmende Unternehmen R_I mit Maximum bei $n_{R(I)}$ = 59
= 590 Grundgesamtheit N unter Berücksichtigung der identifizierten Mehrfachteilnehmer R_I mit Maximum bei $n_{N(RI)}$ = 590

657 Grundgesamtheit N mit Maximum bei n_N = 657
./. 59 Identifizierte, mehrfach teilnehmende Unternehmen RI mit Maximum bei $n_{R(I)}$ = 59
./. 8 Zusätzlich zu berücksichtigende Teilnahmen der identifizierten Repeater, die mehr als 2 Teilnahmen aufweisen und deren gesamte Teilnahmen zugeordnet werden können
= 590 Grundgesamtheit N unter Berücksichtigung der identifizierten Mehrfachteilnehmer R_I mit Maximum bei $n_{N(RI)}$ = 590

Quelle: Eigene Darstellung.

Anhang VI-56: χ^2-Anpassungstest ‚Umsatzerlöse' der Unternehmen mit Informationen über die Höhe der Exportquote und der Grundgesamtheit N_R

Umsatzerlöse	Beobachtete Anzahl	Erwartete Anzahl	Residuum
≤ EUR 10 Mio.	31	22,4	8,6
> EUR 10 Mio. bis EUR 25 Mio.	65	64,8	0,2
> EUR 25 Mio. bis EUR 50 Mio.	88	89,8	-1,8
> EUR 50 Mio. bis EUR 100 Mio.	86	89,1	-3,1
> EUR 100 Mio. bis EUR 250 Mio.	53	53,0	0,0
> EUR 250 Mio. bis EUR 500 Mio.	17	21,8	-4,8
> EUR 500 Mio.	6	5,0	1,0
Total	346		

Statistik für Test

	Umsatzerlöse
Chi-Quadrat[a]	4,679
df (Anzahl Freiheitsgrade)	6
Asymptotische Signifikanz	0,5855

a. Bei 0 Zellen (0,0%) werden weniger als 5 Häufigkeiten erwartet. Die kleinste erwartete Zellenhäufigkeit ist 5,0.

Quelle: Eigene Darstellung.

Anhang VI-57: Verteilung der Gründungsjahre der Grundgesamtheit N_R

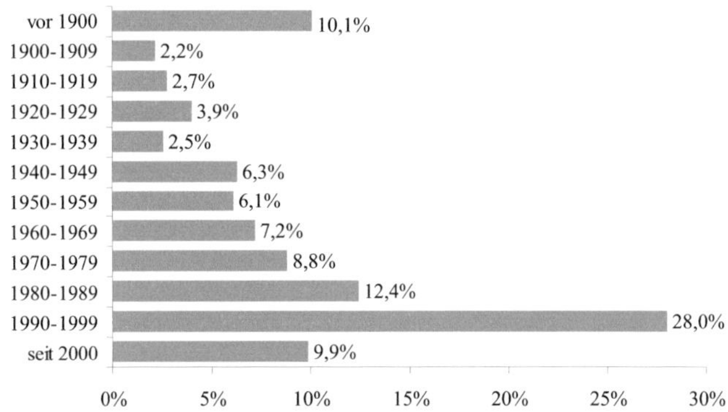

Quelle: Eigene Darstellung. $n_{N(R)} = 557$

Anhang VI-58: Industriesektoren gemäß Moody's der Grundgesamtheit N_R

	Unternehmen Anzahl N $n_N = 657$	%	Nominal EUR $n_N = 657$	%
Mining, Steel, Iron and Non Precious Metals	61	9,3%	367.500.000	9,5%
Buildings and Real Estate	55	8,4%	347.000.000	8,9%
Chemicals, Plastics and Rubber	52	7,9%	326.800.000	8,4%
Beverage, Food and Tobacco	49	7,5%	241.000.000	6,2%
Machinery (Non-Agriculture, Non-Construction, Non-Electronic)	48	7,3%	262.500.000	6,8%
Electronics	45	6,8%	257.000.000	6,6%
Automobile	42	6,4%	224.000.000	5,8%
Retail Stores	40	6,1%	228.500.000	5,9%
Personal, Food and Miscellaneous	31	4,7%	190.000.000	4,9%
Containers, Packaging and Glass	26	4,0%	141.000.000	3,6%
Cargo Transport	24	3,7%	124.500.000	3,2%
Textiles and Leather	22	3,3%	144.000.000	3,7%
Printing and Publishing	21	3,2%	113.000.000	2,9%
Utilities	19	2,9%	131.500.000	3,4%
Healthcare, Education and Childcare	17	2,6%	112.500.000	2,9%
Home and Office Furnishings, Housewares and Durable Consumer Prod.	13	2,0%	79.000.000	2,0%
Broadcasting & Entertainment	12	1,8%	85.500.000	2,2%
Farming and Agriculture	10	1,5%	51.500.000	1,3%
Ecological	9	1,4%	73.000.000	1,9%
Leisure, Amusement, Entertainment	8	1,2%	50.500.000	1,3%
Diversified/Conglomerate Manufacturing	8	1,2%	50.000.000	1,3%
Personal and Non Durable Consumer Products (Manufacturing Only)	7	1,1%	40.500.000	1,0%
Oil and Gas	6	0,9%	31.000.000	0,8%
Hotels, Motels, Inns and Gaming	6	0,9%	43.500.000	1,1%
Grocery	5	0,8%	18.500.000	0,5%
Diversified/Conglomerate Service	5	0,8%	30.500.000	0,8%
Personal Transportation	4	0,6%	18.000.000	0,5%
Telecommunications	3	0,5%	21.000.000	0,5%
Insurance	3	0,5%	20.000.000	0,5%
Diversified Natural Resources, Precious Metals and Minerals	3	0,5%	22.000.000	0,6%
Aerospace and Defense	2	0,3%	30.000.000	0,8%
Banking	1	0,2%	6.000.000	0,2%
Finance	0	0,0%	0	0,0%
	657	100,0%	3.881.300.000	100,0%

Quelle: Eigene Darstellung.

Anhang VI-59: Zusammenfassung einzelner Wirtschaftszweige zu Branchengruppen

Branchengruppe	Lfd. Nr.	enthaltene Branchen/ Wirtschaftszweige
Verarbeitendes Gewerbe/ Produktion	1	▪ Land- und Forstwirtschaft ▪ Fischerei und Fischzucht ▪ Bergbau und Gewinnung von Steinen und Erden ▪ Verarbeitendes Gewerbe ▪ Energie- und Wasserversorgung
Handel	2	▪ Handelsvermittlung und Großhandel (ohne Kfz.) ▪ Einzelhandel (ohne Kfz.) ▪ Kfz-Handel, Instandhaltung und Reparatur von Kfz, Tankstellen
Dienstleistung	3	▪ Gastgewerbe ▪ Verkehr und Nachrichtenübermittlung ▪ Grund- und Wohnungsverwaltung ▪ Erbringung von sonstigen Dienstleistungen
Bau	4	▪ Baugewerbe
Sonstige	5	▪ Kredit- und Versicherungsgewerbe ▪ Öffentliche Verwaltung, Verteidigung, Sozialversicherung ▪ Erziehung und Unterricht ▪ Gesundheits-, Veterinär- und Sozialwesen

Quelle: Auskunft Moody's KMV.

Anhang VI-60: Bundesweite Verteilung der Rechtsformen der Unternehmen mit Umsatz von mehr als EUR 25 Mio.[871]

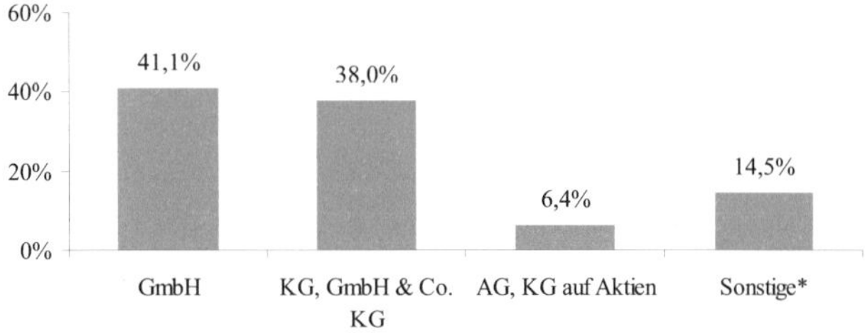

* Einzelunternehmen, Offene Handelsgesellschaften einschließlich Gesellschaft des bürgerlichen Rechts, Erwerbs- und Wirtschaftsgenossenschaften, Betriebe gewerblicher Art von Körperschaften des öffentlichen Rechts, Sonstige Rechtsformen

Anhang VI-61: χ^2-Anpassungstest ‚Rechtsform' der Grundgesamtheit N_R und aller Unternehmen mit Umsatz von mehr als EUR 25 Mio. in 2005

Rechtsform	Beobachtete Anzahl	Erwartete Anzahl	Residuum
GmbH	267	228,9	38,1
KG, inkl. GmbH & Co. KG	149	211,5	-62,5
AG, inkl. KGaA	127	35,8	91,2
Sonstige	14	80,9	-66,9
Total	557		

Quelle: Eigene Darstellung.

Statistik für Test

	Rechtsform
Chi-Quadrat[a]	312,919
df (Anzahl Freiheitsgrade)	3
Asymptotische Signifikanz	0,000

a. Bei 0 Zellen (0,0%) werden weniger als 5 Häufigkeiten erwartet. Die kleinste erwartete Zellenhäufigkeit ist 35,8.

Anhang VI-62: Regionale Verteilung der Grundgesamtheit N_R und deren Nominalvolumina

	Unternehmen N_R (incl. Ausland)		Nominal N_R (incl. Ausland)	
	Anzahl ($n_{N(R)}$ = 557)	%	EUR ($n_{N(R)}$ = 557)	%
Deutschland	515	92,5%	3.523.800.000	90,8%
Österreich	10	1,8%	135.000.000	4,1%
Schweiz	11	2,0%	77.500.000	2,4%
Italien	10	1,8%	73.000.000	2,2%
Belgien	7	1,3%	44.000.000	1,3%
Luxemburg	1	0,2%	9.000.000	0,3%
Vereinigtes Königreich	1	0,2%	3.500.000	0,1%
Niederlande	2	0,4%	15.500.000	0,5%
	557	**100,0%**	**3.881.300.000**	**100,0%**

Quelle: Eigene Darstellung.

[871] Quelle: Eigene Darstellung auf Basis der Umsatzsteuerstatistik 2005. Vgl. Institut für Mittelstandsforschung (2009c), S. 3. Im Vergleich zu Anhang VI-3 bezieht sich zur besseren Vergleichbarkeit die Verteilung auf Unternehmen mit einem Umsatzvolumen von mehr als EUR 25 Mio.

Anhang VI-63: Regionale Verteilung der Grundgesamtheit N bzw. N_R und deren Nominalvolumina in Deutschland[872]

	Unternehmen N_R (Deutsche Unternehmen)		Nominal N (Deutsche Unternehmen)	
	Anzahl ($n_{N(R)}$ = 515)	%	EUR (n_N = 500)*	%
Baden-Württemberg	72	14,0%	354.000.000	12,0%
Bayern	83	16,1%	[illegible]07.000.000	16,[illegible]%
Berlin	15	2,9%	72.500.000	2,5%
Brandenburg	13	2,5%	65.000.000	2,2%
Bremen	7	1,4%	44.500.000	1,5%
Hamburg	13	2,5%	86.000.000	2,9%
Hessen	28	5,4%	204.500.000	7,0%
Mecklenburg-Vorpommern	7	1,4%	51.000.000	1,7%
Niedersachsen	41	8,0%	176.000.000	6,0%
Nordrhein-Westfalen	148	28,7%	861.300.000	29,3%
Rheinland-Pfalz	12	2,3%	116.000.000	3,9%
Saarland	4	0,8%	18.000.000	0,6%
Sachsen	22	4,3%	110.500.000	3,8%
Sachsen-Anhalt	20	3,9%	130.500.000	4,4%
Schleswig-Holstein	15	2,9%	77.000.000	2,6%
Thüringen	15	2,9%	85.000.000	2,9%
	515	**100,0%**	**2.938.800.000***	**100,0%**

* Ohne EUR 585 Mio. der 105 Unternehmen von equiNotes 2005-1 und equiNotes 2007-1 und ohne besondere Berücksichtigung mehrfach teilnehmender Unternehmen.

Anhang VI-64: Verteilung der Nominalvolumina der Grundgesamtheit N[873]

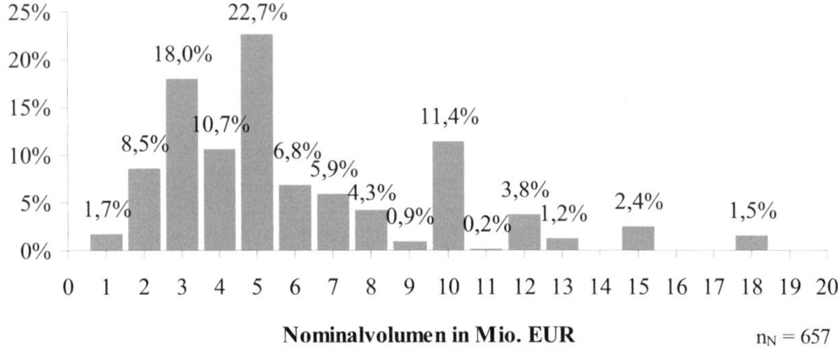

[872] Quelle: Eigene Darstellung auf Basis der OCs. Da bei equiNotes 2005-1 und equiNotes 2007-1 nur Daten zur regionalen Verteilung gemäß einstelliger Postleitzahl vorliegen und sich einstellige Postleitzahlengebiete mit Bundesländern überschneiden, können eindeutige Daten zur Verteilung der Volumina gemäß Bundesländern nicht bestimmt werden. So basieren die Berechnungen auf einem Gesamtvolumen von EUR 2,939 Mrd. ohne Berücksichtigung von EUR 585 Mio. beiden Transaktionen.

[873] Quelle: Eigene Darstellung. Die jeweilige Kategorie umfasst sowohl den ganzzahligen Millionenbetrag sowie den nächst kleineren 500.000 EUR-Wert.

Anhang VI-65: Gewählte Gewichtung in den Simulationen für die Zuordnung unterschiedlicher Umsatzgrößenklassen

	Zuschlüsselung der Werte zu der Klasse mit den...	Simulation 1	Simulation 2	Simulation 3
Zwei sich überschneidende Rubriken	... kleineren Umsatzerlösen	100%	0%	50%
	... größeren Umsatzerlösen	0%	100%	50%
Drei sich überschneidende Rubriken	... kleinsten Umsatzerlösen	100%	0%	50%
	... mittleren Umsatzerlösen	0%	0%	30%
	... größten Umsatzerlösen	0%	100%	20%

Quelle: Eigene Darstellung.

Anhang VI-66: Simulation 1 zum Zusammenhang von Umsatzerlösen und durchschnittlichem Nominalvolumina[874]

Umsatzerlöse in Mio. EUR	Unternehmen Anzahl	%	Nominalvolumen in Mio. EUR	%	Ø-Volumen in Mio. EUR
≤ 50	392	59,8%	1.805,8	46,5%	4,607
> 50 und ≤ 100	89	13,6%	499,5	12,9%	5,612
> 100 und ≤ 200	82	12,5%	685,0	17,6%	8,354
> 200 und ≤ 300	53	8,1%	466,5	12,0%	8,802
> 300	40	6,1%	424,5	10,9%	10,613
	656	100,0%	3.881,3	100,0%	5,917

Quelle: Eigene Darstellung.

[874] Quelle: Eigene Darstellung. Bei der Analyse werden die Klassenmittelwerte für die ersten vier Umsatzgrößenklassen sowie ein Wert von EUR 350 Mio. für die oberste Umsatzklasse ,> EUR 300 Mio.' angenommen.

Anhang VI-67: Durchschnittliches Volumen pro Unternehmen je Transaktion für die chronologisch sortierten Mezzanine-Programme[875]

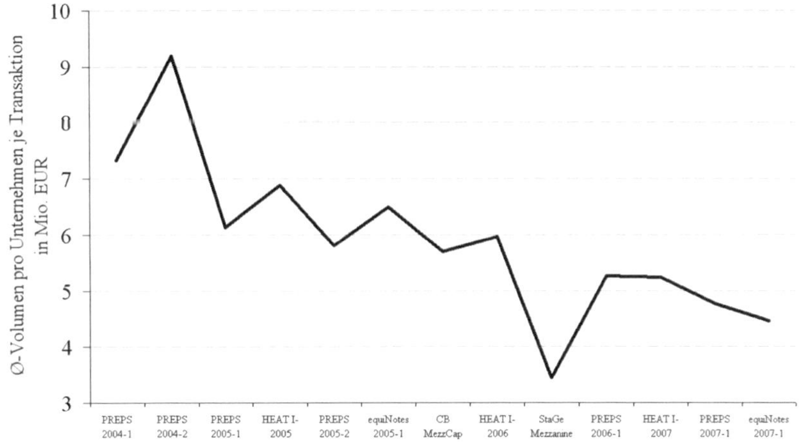

Anhang VI-68: Simulation zur Analyse des Anteils des Nominalvolumens an der Bilanzsumme[876]

Nominalvolumen	25%-Quantil (N_{RI} mit $n_{N(RI)} = 590$)	3.000.000
	Median (N_{RI} mit $n_{N(RI)} = 590$)	5.000.000
	75%-Quantil (N_{RI} mit $n_{N(RI)} = 590$)	8.000.000
Bilanzsumme	25%-Quantil (N_R mit $n_R = 551$)	14.688.750
	Median (N_R mit $n_R = 551$)	28.000.000
	75%-Quantil (N_R mit $n_R = 551$)	56.350.000

		Gruppe 1 Wert ≤ 25%-Quantil	Gruppe 2 25%-Quantil < Wert ≤ Median	Gruppe 3 Median < Wert ≤ 75%-Quantil	Gruppe 4 75%-Quantil < Wert
Nominalvolumen	Anzahl Werte (N_{RI} mit $n_{N(RI)} = 590$)	154	199	101	136
	Median (in EUR)	3.000.000	5.000.000	7.000.000	12.000.000
Bilanzsumme	Anzahl Werte (N_R mit $n_{N(R)} = 551$)	138	139	136	138
	Median (in EUR)	9.500.000	21.412.000	40.000.000	98.124.924
Anteil Median Nominalvolumen am Median Bilanzsumme		31,58%	23,35%	17,50%	12,23%

Quelle: Eigene Darstellung.

[875] Quelle: Eigene Darstellung. Die Durchschnittsberechnung erfolgt auf Basis der in Anhang VI-42 dargestellten Volumina sowie der in Anhang VI-43 aufgelisteten Anzahl an Unternehmen.

[876] Die hier dargestellte Analyse stellt nur eine Näherung dar, da eine strikt positive Korrelation zwischen Bilanzsumme und Nominalvolumen bei Zusortierung zu den einzelnen Gruppen unterstellt wird und die beiden Grundgesamtheiten N_R und N_{RI} mit $n_{N(R)} = 551$ und $n_{N(RI)} = 590$ miteinander verglichen werden.

Anhang VI-69: χ^2-Anpassungstest ‚Umsatzerlöse' der Mehrfachteilnehmer R und der Grundgesamtheit N_R

Umsatzerlöse	Beobachtete Anzahl	Erwartete Anzahl	Residuum
≤ EUR 10 Mio.	7	5,9	1,1
> EUR 10 Mio. bis EUR 25 Mio.	13	16,8	-3,8
> EUR 25 Mio. bis EUR 50 Mio.	23	23,3	-0,3
> EUR 50 Mio. bis EUR 100 Mio.	20	23,2	-3,2
> EUR 100 Mio. bis EUR 250 Mio.	18	13,8	4,2
> EUR 250 Mio. bis EUR 500 Mio.	7	5,7	1,3
> EUR 500 Mio.	2	1,3	0,7
Total	90		

Statistik für Test

	Umsatzerlöse
Chi-Quadrat[a]	3,591
df (Anzahl Freiheitsgrade)	6
Asymptotische Signifikanz	0,732

a. Bei 1 Zelle (14,3%) werden weniger als 5 Häufigkeiten erwartet. Die kleinste erwartete Zellenhäufigkeit ist 1,3.

Quelle: Eigene Darstellung.

Anhang VI-70: χ^2-Anpassungstest ‚Bilanzsumme' der Mehrfachteilnehmer R und der Grundgesamtheit N_R[877]

Bilanzsumme	Beobachtete Anzahl	Erwartete Anzahl	Residuum
≤ EUR 10 Mio.	8	12,5	-4,5
> EUR 10 Mio. bis EUR 25 Mio.	23	29,0	-6,0
> EUR 25 Mio. bis EUR 50 Mio.	22	24,2	-2,2
> EUR 50 Mio. bis EUR 100 Mio.	17	14,2	2,8
> EUR 100 Mio. bis EUR 250 Mio.	18	8,4	9,6
> EUR 250 Mio. bis EUR 500 Mio.	2	1,8	0,2
Total	90		

Statistik für Test

	Bilanzsumme
Chi-Quadrat[a]	14,627
df (Anzahl Freiheitsgrade)	5
Asymptotische Signifikanz	0,012

a. Bei 1 Zelle (16,7%) werden weniger als 5 Häufigkeiten erwartet. Die kleinste erwartete Zellenhäufigkeit ist 1,8.

Quelle: Eigene Darstellung.

Anhang VI-71: Verteilung der Anzahl der Angestellten der Mehrfachteilnehmer R und der Grundgesamt N_R vor Aufnahme

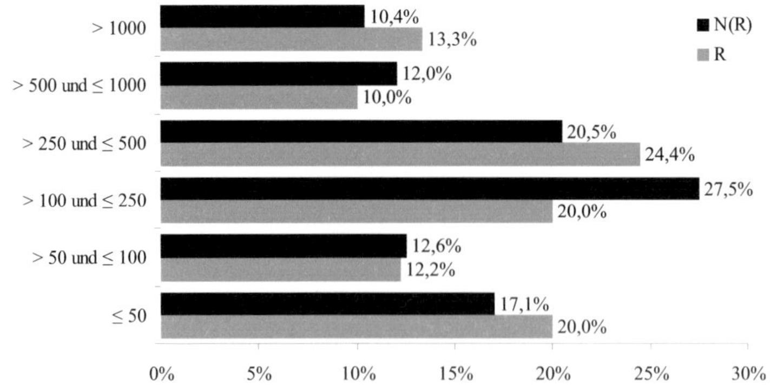

Quelle: Eigene Darstellung. $n_R = 90$, $n_{N(R)} = 557$

[877] Im Test kann die oberste Kategorie ‚> EUR 500 Mio.' der Grundgesamtheit nicht berücksichtigt werden.

Anhang VI-72: χ^2-Anpassungstest ‚Anzahl an Angestellten' der Mehrfachteilnehmer R und der Grundgesamtheit N_R vor Aufnahme

Anzahl an Angestellten	Beobachtete Anzahl	Erwartete Anzahl	Residuum
≤ 50 Beschäftigte	18	15,4	2,6
> 50 bis 100 Beschäftigte	11	11,3	-0,3
> 100 bis 250 Beschäftigte	18	21,7	6,7
> 250 bis 500 Beschäftigte	22	18,4	3,6
> 500 bis 1.000 Beschäftigte	9	10,8	-1,8
> 1.000 Beschäftigte	12	9,4	2,6
Total	90		

Statistik für Test

	Anzahl an Angestellten
Chi-Quadrat[a]	4,025
df (Anzahl Freiheitsgrade)	5
Asymptotische Signifikanz	0,5458

a. Bei 0 Zellen (0,0%) werden weniger als 5 Häufigkeiten erwartet. Die kleinste erwartete Zellenhäufigkeit ist 9,4.

Quelle: Eigene Darstellung.

Anhang VI-73: Verteilung der Exportquote der Mehrfachteilnehmer R und der Grundgesamt N_R vor Aufnahme

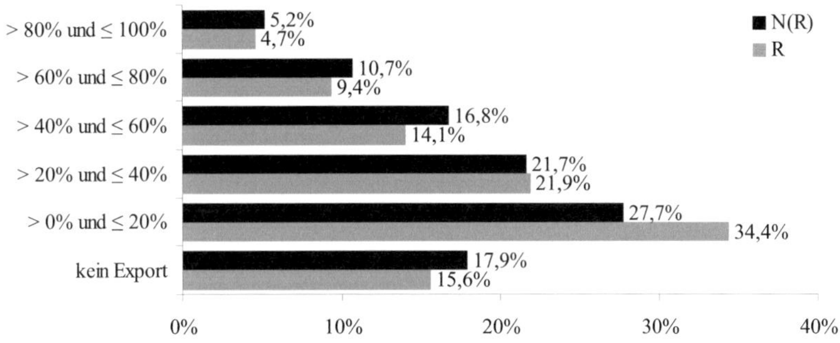

Quelle: Eigene Darstellung. $n_R = 64$, $n_{N(R)} = 346$

Anhang VI-74: χ^2-Anpassungstest ‚Exportquote' der Mehrfachteilnehmer R und der Grundgesamtheit N_R

Exportquote	Beobachtete Anzahl	Erwartete Anzahl	Residuum
kein Export	10	11,5	-1,5
> 0% und ≤ 20%	22	17,8	4,2
> 20% und ≤ 40%	14	13,9	0,1
> 40% und ≤ 60%	9	10,7	-1,7
> 60% und ≤ 80%	6	6,8	-0,8
> 80% und ≤ 100%	3	3,3	-0,3
Total	64		

Statistik für Test

	Exportquote
Chi-Quadrat[a]	1,615
df (Anzahl Freiheitsgrade)	5
Asymptotische Signifikanz	0,899

a. Bei 1 Zelle (16,7%) werden weniger als 5 Häufigkeiten erwartet. Die kleinste erwartete Zellenhäufigkeit ist 3,3.

Quelle: Eigene Darstellung.

Anhang VI-75: Alterstruktur der Mehrfachteilnehmer R im Jahr der Aufnahme des Mezzanine-Kapitals

	Betriebsalter der mehrfach teilnehmden Unternehmen R im Jahr der Aufnahme
0 bis 2 Jahre	1,1%
3 bis 4 Jahre	2,2%
5 bis 6 Jahre	7,8%
7 bis 8 Jahre	6,7%
9 bis 10 Jahre	3,3%
über 10 Jahre	78,9%

Quelle: Eigene Darstellung. $n_R = 90$

Anhang VI-76: Verteilung der Gründungsjahre der Mehrfachteilnehmer R und der Grundgesamtheit N_R

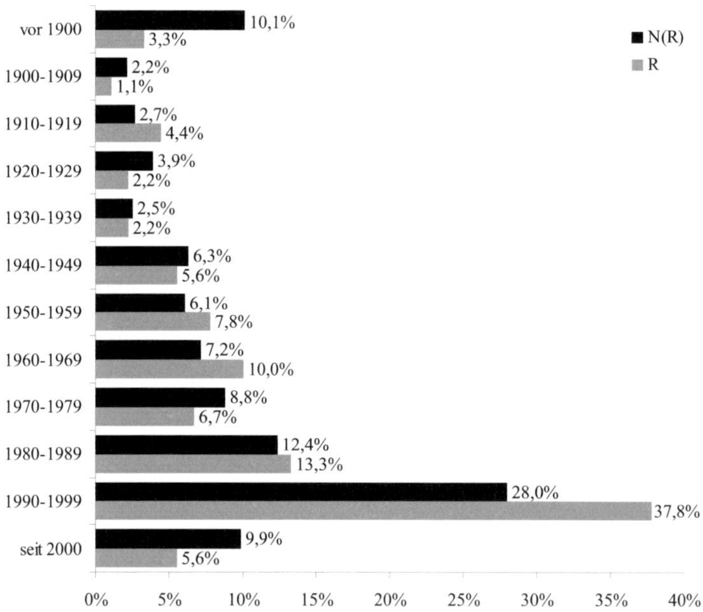

Quelle: Eigene Darstellung. $n_R = 90$, $n_{N(R)} = 557$

Anhang VI-77: Branchenverteilung der Mehrfachteilnehmer R und der Grundgesamtheit N_R[878]

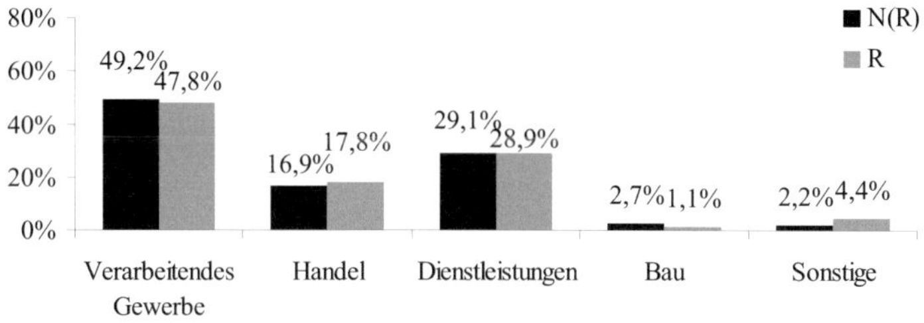

Quelle: Eigene Darstellung. $n_{N(R)} = 557$, $n_R = 90$

Anhang VI-78: χ^2-Anpassungstest ‚Branche' der Mehrfachteilnehmer R und der Grundgesamtheit N_R[879]

Branche	Beobachtete Anzahl	Erwartete Anzahl	Residuum
Verarbeitendes Gewerbe	43	44,3	-1,3
Handel	16	15,2	0,8
Dienstleistungen	26	26,2	-0,2
Bau	1	2,4	-1,4
Sonstige	4	1,9	2,1
Total	90		

Statistik für Test

	Branche
Chi-Quadrat [a]	3,108
df (Anzahl Freiheitsgrade)	4
Asymptotische Signifikanz	0,540

a. Bei 2 Zellen (40,0%) werden weniger als 5 Häufigkeiten erwartet. Die kleinste erwartete Zellenhäufigkeit ist 1,9.

Quelle: Eigene Darstellung.

Anhang VI-79: χ^2-Anpassungstest ‚Rechtsform' der Mehrfachteilnehmer R und der Grundgesamtheit N_R[880]

Rechtsform	Beobachtete Anzahl	Erwartete Anzahl	Residuum
GmbH	33	43,1	-10,1
KG, inkl. GmbH & Co. KG	21	24,1	-3,1
AG, inkl. KGaA	33	20,5	12,5
Sonstige	3	2,3	0,7
Total	90		

Statistik für Test

	Rechtsform
Chi-Quadrat [a]	10,612
df (Anzahl Freiheitsgrade)	3
Asymptotische Signifikanz	0,014

a. Bei 1 Zelle (25,0%) werden weniger als 5 Häufigkeiten erwartet. Die kleinste erwartete Zellenhäufigkeit ist 2,3.

Quelle: Eigene Darstellung.

878 Siehe Fn. 348 zur Ermittlung der Branchenverteilung.

879 Eingeschränkte Approximation, da mehr als 20% der erwarteten Anzahl kleiner als 5.

880 Eingeschränkte Approximation, da mehr als 20% der erwarteten Anzahl kleiner als 5.

Anhang VI-80: Regionale Verteilung der Mehrfachteilnehmer R

	Unternehmen (incl. Ausland)	
	Anzahl (n_R = 90)	%
Deutschland	80	88,9%
Österreich	5	5,6%
Schweiz	2	2,2%
Italien	2	2,2%
Belgien	0	0,0%
Luxemburg	1	1,1%
Vereinigtes Königreich	0	0,0%
Niederlande	0	0,0%
	90	**100,0%**

Quelle: Eigene Darstellung.

Anhang VI-81: Regionale Verteilung der Mehrfachteilnehmer R in Deutschland

	Unternehmen	
	Anzahl (n_R = 80)	%
Baden-Württemberg	12	15,0%
Bayern	13	16,3%
Berlin	1	1,3%
Brandenburg	1	1,3%
Bremen	1	1,3%
Hamburg	2	2,5%
Hessen	3	3,8%
Mecklenburg-Vorpommern	3	3,8%
Niedersachsen	4	5,0%
Nordrhein-Westfalen	20	25,0%
Rheinland-Pfalz	3	3,8%
Saarland	0	0,0%
Sachsen	7	8,8%
Sachsen-Anhalt	4	5,0%
Schleswig-Holstein	2	2,5%
Thüringen	4	5,0%
	80	**100,0%**

Quelle: Eigene Darstellung.

Anhang VI-82: χ^2-Anpassungstest ‚Nominalvolumen' der identifizierten mehrfach teilnehmenden Unternehmen R_I und der Grundgesamtheit N_{RI}[881]

Nominalvolumen	Beobachtete Anzahl	Erwartete Anzahl	Residuum
≤ EUR 5 Mio.	9	35,3	-26,3
> EUR 5 Mio. bis EUR 10 Mio.	14	16,0	-2,0
> EUR 10 Mio. bis EUR 15 Mio.	14	5,0	9,0
> EUR 15 Mio. bis EUR 20 Mio.	10	1,5	8,5
> EUR 20 Mio.	12	1,2	10,8
Total	59		

Statistik für Test

	Nominalvolumen
Chi-Quadrat[a]	181,411
df (Anzahl Freiheitsgrade)	4
Asymptotische Signifikanz	0,000

a. Bei 2 Zellen (40,0%) werden weniger als 5 Häufigkeiten erwartet. Die kleinste erwartete Zellenhäufigkeit ist 1,2.

Quelle: Eigene Darstellung.

Anhang VI-83: Verteilung der Nominalvolumina nach Volumenklassen der identifizierten Mehrfachteilnehmer R_I und der Grundgesamtheit N_{RI}

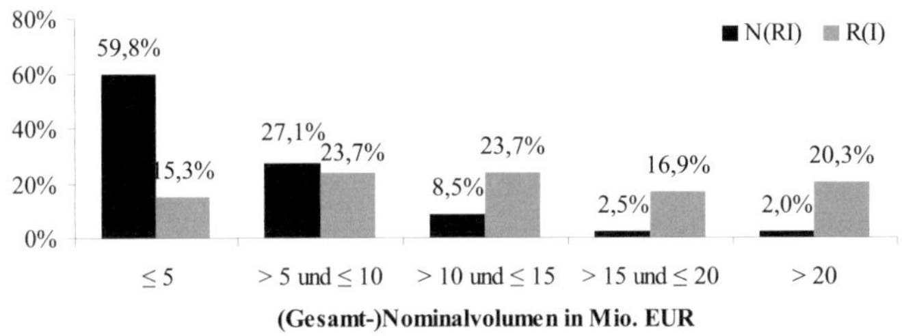

Quelle: Eigene Darstellung. $n_{N(RI)} = 590$, $n_{R(I)} = 59$

[881] Eingeschränkte Approximation, da mehr als 20% der erwarteten Anzahl kleiner als 5.

Anhang VI-84: Verteilung der Nominalvolumina der identifizierten Mehrfachteilnehmer R_I[882]

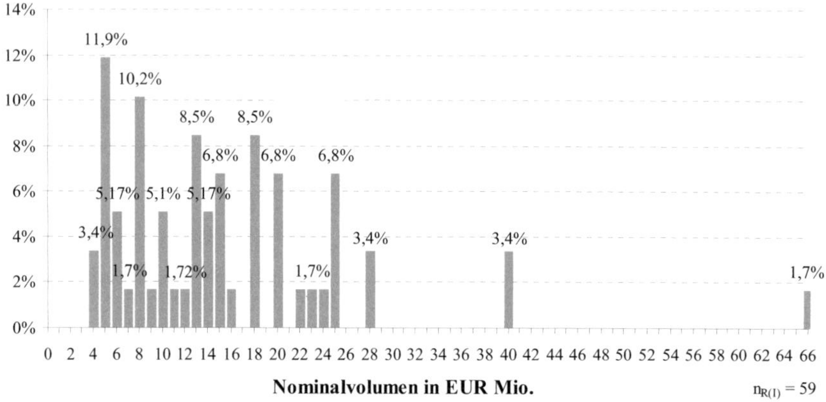

Anhang VI-85: Ertragswirtschaftlicher Cash Flow im Rahmen von Moody's KMV RiskCalc™[883]

Gesamtkostenverfahren (GKV)	Umsatzkostenverfahren (UKV)
Umsatz	Umsatz
+ Bestandveränderungen	- Herstellungskosten
+ Andere aktivierte Eigenleistungen	- Verwaltungs- und Vertriebskosten
+ Sonstige betriebliche Erträge	+ Sonstige betriebliche Erträge
- Materialaufwand	- Sonstige betriebliche Aufwendungen
- Personalaufwand	+ Erträge aus Wertpapiere und Ausleihungen
- Sonstige betriebliche Aufwendungen	+ Zinserträge und ähnliche Erträge
+ Erträge aus Wertpapiere und Ausleihungen	- Zinsaufwendungen und ähnliche Aufwendungen
+ Zinserträge und ähnliche Erträge	+ Abschreibungen (UKV)
- Zinsaufwendungen und ähnliche Aufwendungen	
= Ertragswirtschaftlicher Cash Flow	= Ertragswirtschaftlicher Cash Flow

---

[882] Quelle: Eigene Darstellung. Hierbei umfasst die jeweilige Kategorie sowohl den ganzzahligen jeweiligen Millionenbetrag sowie den nächst kleineren 500.000 EUR-Wert. Aus Gründen der Übersichtlichkeit wurde auf die Angabe einiger Prozentwerte in der Abbildung verzichtet.

[883] Quelle: Report Moody's KMV RiskCalc v1.0. Das Gesamtkostenverfahren (GKV) und Umsatzkostenverfahren sind zwei unterschiedliche Verfahren zur Aufstellung der Gewinn- und Verlustrechnung (GuV) gemäß § 275 HGB. Beim GKV kann die GuV auf der Grundlage einer nach Kostenarten (Materialaufwand, Personalaufwand) eingeteilten Buchführung erstellt werden, wohingegen beim UKV die Kosten nach Funktionsbereichen (Produktion, Vertrieb, allgemeine Verwaltung) gegliedert sind. Vgl. Bähr, G. et al. (2006), S. 268-274.

Anhang VI-86: Ordentliches Betriebsergebnis im Rahmen von Moody's KMV RiskCalc™[884]

Gesamtkostenverfahren (GKV)	Umsatzkostenverfahren (UKV)
Umsatz	Umsatz
+ Bestandveränderungen	- Herstellungskosten
+ Andere aktivierte Eigenleistungen	- Verwaltungs- und Vertriebskosten
+ Sonstige betriebliche Erträge	+ Sonstige betriebliche Erträge
- Materialaufwand	- Sonstige betriebliche Aufwendungen
- Personalaufwand	+ Erträge aus Wertpapiere und Ausleihungen
- planmäßige Abschreibungen	+ Zinserträge und ähnliche Erträge
- Sonstige betriebliche Aufwendungen	- Zinsaufwendungen und ähnliche Aufwendungen
+ Erträge aus Wertpapiere und Ausleihungen	
+ Zinserträge und ähnliche Erträge	
- Zinsaufwendungen und ähnliche Aufwendungen	
= Ordentliches Betriebsergebnis	= Ordentliches Betriebsergebnis

Anhang VI-87: Relativer Einfluss der im Rahmen von Moody's KMV RiskCalc™ verwendeten Kennzahlen[885]

Informationsbereich	Relativer Einfluss
Verschuldung	38%
Rentabilität	25%
Produktivität	11%
Kapitalbindung	10%
Finanzkraft	9%
Wachstum	7%

Anhang VI-88: Schematischer Überblick über die grundlegende Funktionsweise von Moody's KMV RiskCalc™[886]

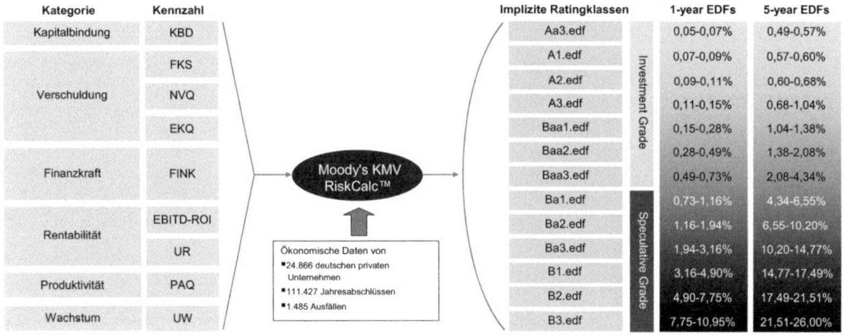

[884] Quelle: Report Moody's KMV RiskCalc v1.0.

[885] Quelle: Moody's Investors Service (2001), S. 16.

[886] Quelle: Eigene Darstellung in Anlehnung an Baetge, J. (2002), S. 2284; Moody's Investors Service (2001), S. 20 sowie Auskunft Moody's KMV.

Anhang VI-89: Rückzahlungen innerhalb der Mezzanine-Programme per 31.12.2008

	Volumen in EUR	Anzahl an Unternehmen
CB MezzCap	3.000.000	1
equiNotes 2005-1	15.000.000	4
equiNotes 2007-1	-	-
HEAT I-2005	4.000.000	1
HEAT I-2006	14.000.000	3
HEAT I-2007	15.000.000	2
PREPS 2004-1	15.000.000	2
PREPS 2004-2	-	-
PREPS 2005-1	-	-
PREPS 2005-2	-	-
PREPS 2006-1	-	-
PREPS 2007-1	6.000.000	1
StaGe	5.000.000	2
	77.000.000	**16**

Quelle: Eigene Darstellung.

Anhang VI-90: Verteilung der Nominalvolumina der Unternehmen der Kennzahlenanalyse N_{RIK} und der Grundgesamtheit N_{RI} nach Volumenklassen

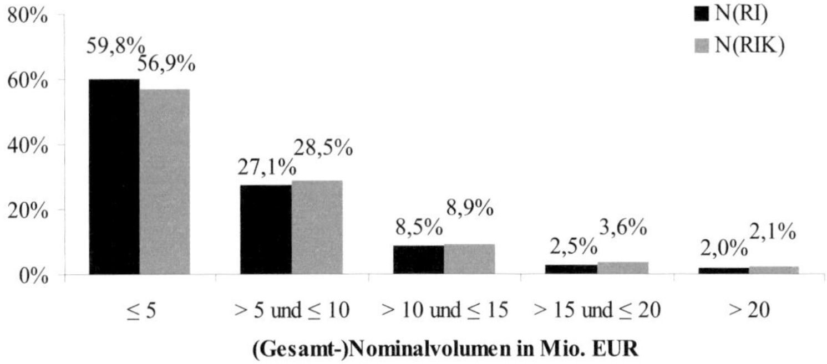

Quelle: Eigene Darstellung. $n_{N(RIK)} = 281$, $n_{N(RI)} = 590$.

Anhang VI-91: χ^2-Anpassungstest ‚Nominalvolumen' der Unternehmen der Kennzahlenanalyse N_{RIK} und der Grundgesamtheit N_R

Nominalvolumen	Beobachtete Anzahl	Erwartete Anzahl	Residuum
≤ EUR 5 Mio.	160	168,1	-8,1
> EUR 5 Mio. bis EUR 10 Mio.	80	76,2	3,8
> EUR 10 Mio. bis EUR 15 Mio.	25	23,8	1,2
> EUR 15 Mio. bis EUR 20 Mio.	10	7,1	2,9
> EUR 20 Mio.	6	5,7	0,3
Total	281		

Statistik für Test

	Nominalvolumen
Chi-Quadrat[a]	1,797
df (Anzahl Freiheitsgrade)	4
Asymptotische Signifikanz	0,773

a. Bei 0 Zellen (0,0%) werden weniger als 5 Häufigkeiten erwartet. Die kleinste erwartete Zellenhäufigkeit ist 5,7.

Quelle: Eigene Darstellung.

Anhang VI-92: Verteilung der Umsatzerlöse der Unternehmen der Kennzahlenanalyse N_{RIK*} und der Grundgesamtheit N_R

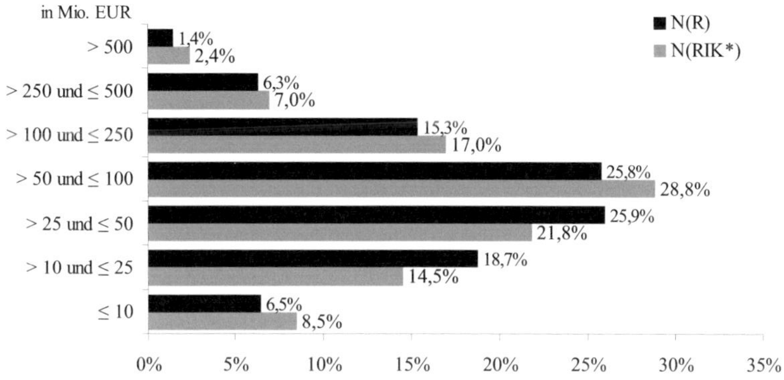

Quelle: Eigene Darstellung. $n_{N(RIK*)} = 330$, $n_{N(R)} = 555$

Anhang VI-93: χ^2-Anpassungstest ‚Umsatzerlöse' der Unternehmen der Kennzahlenanalyse N_{RIK*} und der Grundgesamtheit N_R

Umsatzerlöse	Beobachtete Anzahl	Erwartete Anzahl	Residuum
≤ EUR 10 Mio.	28	21,4	6,6
> EUR 10 Mio. bis EUR 25 Mio.	48	61,8	-13,8
> EUR 25 Mio. bis EUR 50 Mio.	72	85,6	-13,6
> EUR 50 Mio. bis EUR 100 Mio.	95	85,0	10,0
> EUR 100 Mio. bis EUR 250 Mio.	56	50,5	5,5
> EUR 250 Mio. bis EUR 500 Mio.	23	20,8	2,2
> EUR 500 Mio.	8	4,8	3,2
Total	330		

Statistik für Test

	Umsatzerlöse
Chi-Quadrat [a]	11,496
df (Anzahl Freiheitsgrade)	6
Asymptotische Signifikanz	0,074

a. Bei 1 Zelle (14,3%) werden weniger als 5 Häufigkeiten erwartet. Die kleinste erwartete Zellenhäufigkeit ist 4,8.

Quelle: Eigene Darstellung.

Anhang VI-94: Verteilung der Bilanzsumme der Unternehmen der Kennzahlenanalyse N_{RIK*} und der Grundgesamtheit N_R

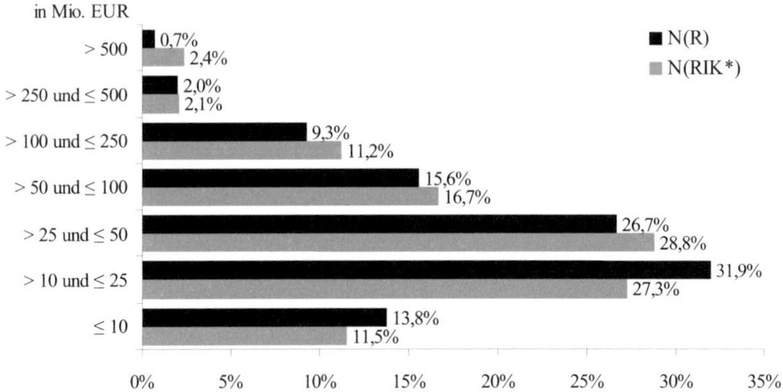

Quelle: Eigene Darstellung. $n_{N(RIK*)} = 330$, $n_{N(R)} = 551$

Anhang VI-95: χ^2-Anpassungstest ‚Bilanzsumme' der Unternehmen der Kennzahlenanalyse N_{RIK*} und der Grundgesamtheit N_R

Bilanzsumme	Beobachtete Anzahl	Erwartete Anzahl	Residuum
≤ EUR 10 Mio.	38	45,5	-7,5
> EUR 10 Mio. bis EUR 25 Mio.	90	105,4	-15,4
> EUR 25 Mio. bis EUR 50 Mio.	95	88,0	7,0
> EUR 50 Mio. bis EUR 100 Mio.	55	51,5	3,5
> EUR 100 Mio. bis EUR 250 Mio.	37	30,5	6,5
> EUR 250 Mio. bis EUR 500 Mio.	7	6,6	0,4
> EUR 500 Mio.	8	2,4	5,6
Total	330		

Statistik für Test

	Bilanzsumme
Chi-Quadrat[a]	18,782
df (Anzahl Freiheitsgrade)	6
Asymptotische Signifikanz	0,005

a. Bei 1 Zelle (14,3%) werden weniger als 5 Häufigkeiten erwartet. Die kleinste erwartete Zellenhäufigkeit ist 2,4.

Quelle: Eigene Darstellung.

Anhang VI-96: Umsatzerlöse, Bilanzsumme und Nominalvolumen je Programmgruppe $N_{RIK2004}$ bis $N_{RIK2007}$ für N_{RIK*}[887]

Median

Programmgruppe	Median-Volumen in Mio. EUR	Median Umsatz in Mio. EUR	Anteil Volumen an Umsatzerlöse (Median)	Median Bilanzsumme in Mio. EUR	Anteil Volumen an Bilanzsumme (Median)
$N_{RIK2004}$	7,000	65,784	10,64%	53,602	13,06%
$N_{RIK2005}$	5,000	66,550	7,51%	43,244	11,56%
$N_{RIK2006}$	5,000	44,541	11,23%	24,912	20,07%
$N_{RIK2007}$	4,000	35,403	11,30%	18,613	21,49%

Durchschnitt

Programmgruppe	Ø-Volumen in Mio. EUR	Ø-Umsatz in Mio. EUR	Anteil Volumen an Umsatzerlöse (Ø)	Ø-Bilanzsumme in Mio. EUR	Anteil Volumen an Bilanzsumme (Ø)
$N_{RIK2004}$	8,214	118,175	6,95%	80,809	10,17%
$N_{RIK2005}$	6,521	146,236	4,46%	70,849	9,20%
$N_{RIK2006}$	5,509	77,919	7,07%	44,422	12,40%
$N_{RIK2007}$	4,744	57,977	8,18%	35,517	13,36%

Quelle: Eigene Darstellung. $n_{N(RIK2004)} = 93$*, $n_{N(RIK2005)} = 80$*, $n_{N(RIK2006)} = 64$*, $n_{N(RIK2007)} = 93$*

* Unter Berücksichtigung der 31 Mehrfachteilnehmer mit 65 Programmüberschneidungen sowie Ausschluss der 16 namentlich bekannten Ausfälle in den betrachteten Mezzanine-Programmen.

Anhang VI-97: Verteilung der Angestelltenanzahl der Unternehmen der Kennzahlenanalyse N_{RIK*} und der Grundgesamtheit N_R

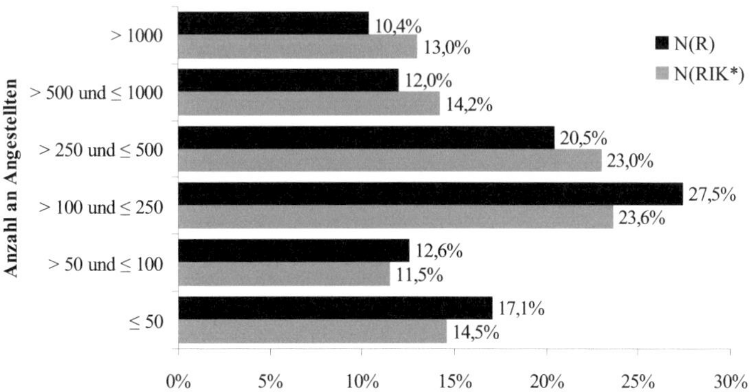

Quelle: Eigene Darstellung. $n_{N(RIK*)} = 330$, $n_{N(R)} = 557$

[887] Die Daten der Umsatzerlöse und Bilanzsumme basieren auf der Anzahl an Unternehmen für N_{RIK*} aus ‚Schritt 1' von Tabelle 4-3.

Anhang VI-98: χ^2-Anpassungstest ‚Anzahl an Angestellten' der Unternehmen der Kennzahlenanalyse N_{RIK^*} und der Grundgesamtheit N_R

Anzahl an Angestellten	Beobachtete Anzahl	Erwartete Anzahl	Residuum
≤ 50 Beschäftigte	48	56,4	-8,4
> 50 bis 100 Beschäftigte	38	41,5	-3,5
> 100 bis 250 Beschäftigte	78	90,7	-12,7
> 250 bis 500 Beschäftigte	76	67,6	8,4
> 500 bis 1.000 Beschäftigte	47	39,6	7,4
> 1.000 Beschäftigte	43	34,3	8,7
Total	330		

Statistik für Test

	Anzahl an Angestellten
Chi-Quadrat[a]	7,975
df (Anzahl Freiheitsgrade)	5
Asymptotische Signifikanz	0,158

a. Bei 0 Zellen (0,0%) werden weniger als 5 Häufigkeiten erwartet. Die kleinste erwartete Zellenhäufigkeit ist 34,3.

Quelle: Eigene Darstellung.

Anhang VI-99: Verteilung der Exportquoten der Unternehmen der Kennzahlenanalyse N_{RIK^*} und der Grundgesamtheit N_R

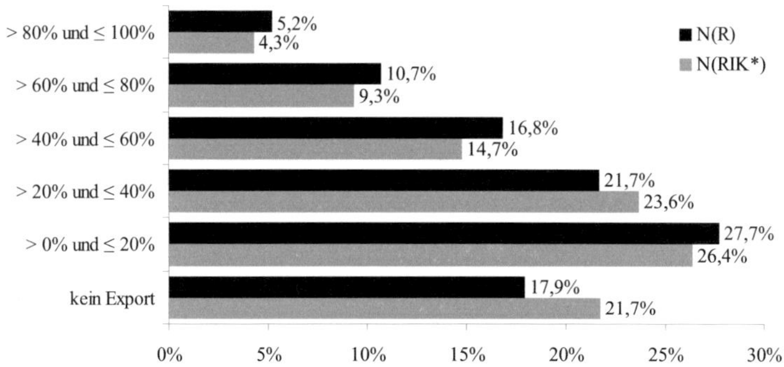

Quelle: Eigene Darstellung. $n_{N(RIK^*)} = 258$, $n_{N(R)} = 346$

Anhang VI-100: χ^2-Anpassungstest ‚Exportquote' der Unternehmen der Kennzahlenanalyse N_{RIK^*} und der Grundgesamtheit N_R

Exportquote	Beobachtete Anzahl	Erwartete Anzahl	Residuum
kein Export	56	46,2	9,8
> 0% und ≤ 20%	68	71,6	-3,6
> 20% und ≤ 40%	61	55,9	5,1
> 40% und ≤ 60%	38	43,2	-5,2
> 60% und ≤ 80%	24	27,6	-3,6
> 80% und ≤ 100%	11	13,4	-2,4
Total	258		

Statistik für Test

	Exportquote
Chi-Quadrat[a]	4,245
df (Anzahl Freiheitsgrade)	5
Asymptotische Signifikanz	0,515

a. Bei 0 Zellen (0,0%) werden weniger als 5 Häufigkeiten erwartet. Die kleinste erwartete Zellenhäufigkeit ist 13,4.

Quelle: Eigene Darstellung.

Anhang VI-101: Branchenverteilung der Unternehmen der Kennzahlenanalyse N_{RIK*} und N_R

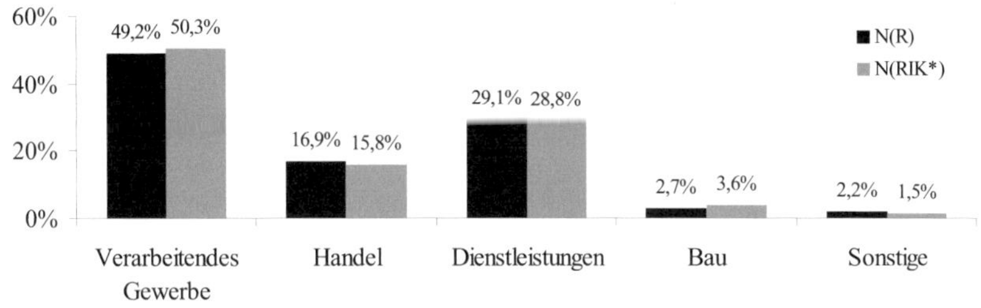

Quelle: Eigene Darstellung. $n_{N(RIK*)} = 330$, $n_{N(R)} = 557$

Anhang VI-102: χ^2-Anpassungstest ‚Branche' der Unternehmen der Kennzahlenanalyse N_{RIK*} und der Grundgesamtheit N_R

Branche	Beobachtete Anzahl	Erwartete Anzahl	Residuum
Verarbeitendes Gewerbe	166	162,3	3,7
Handel	52	55,7	-3,7
Dienstleistungen	95	96,0	-1,0
Bau	12	8,9	3,1
Sonstige	5	7,1	-2,1
Total	330		

Statistik für Test

	Branche
Chi-Quadrat[a]	2,054
df (Anzahl Freiheitsgrade)	4
Asymptotische Signifikanz	0,726

a. Bei 0 Zellen (0,0%) werden weniger als 5 Häufigkeiten erwartet. Die kleinste erwartete Zellenhäufigkeit ist 7,1.

Quelle: Eigene Darstellung.

Anhang VI-103: Verteilung der Umsatzerlöse der Unternehmen der Kennzahlenanalyse N_{RIK*} und der Vergleichsunternehmen VG

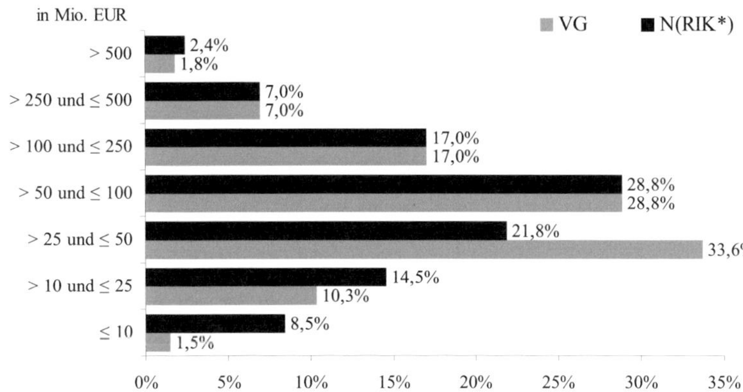

Quelle: Eigene Darstellung. $n_{VG} = 330$, $n_{N(RIK*)} = 330$

Anhang VI-104: χ^2-Anpassungstest ‚Umsatzerlöse' der Unternehmen der Kennzahlenanalyse N_{RIK*} und der Vergleichsunternehmen VG

Umsatzerlöse	Beobachtete Anzahl	Erwartete Anzahl	Residuum
≤ EUR 10 Mio.	28	5,0	23,0
> EUR 10 Mio. bis EUR 25 Mio.	48	34,0	14,0
> EUR 25 Mio. bis EUR 50 Mio.	72	111,0	-39,0
> EUR 50 Mio. bis EUR 100 Mio.	95	95,0	0,0
> EUR 100 Mio. bis EUR 250 Mio.	56	56,0	0,0
> EUR 250 Mio. bis EUR 500 Mio.	23	23,0	0,0
> EUR 500 Mio.	8	6,0	2,0
Total	330		

Statistik für Test

	Umsatzerlöse
Chi-Quadrat[a]	125,934
df (Anzahl Freiheitsgrade)	6
Asymptotische Signifikanz	0,000

a. Bei 0 Zellen (0,0%) werden weniger als 5 Häufigkeiten erwartet. Die kleinste erwartete Zellenhäufigkeit ist 5,0.

Quelle: Eigene Darstellung.

Anhang VI-105: Verteilung der Bilanzsummen der Unternehmen der Kennzahlenanalyse N_{RIK*} und der Vergleichsunternehmen VG

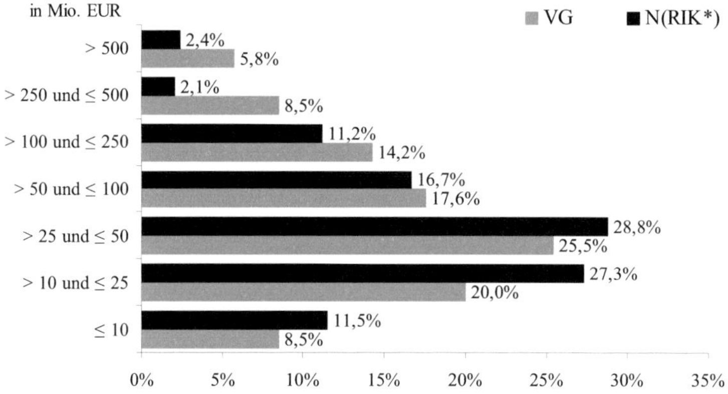

Quelle: Eigene Darstellung. $n_{VG} = 330$, $n_{N(RIK*)} = 330$

Anhang VI-106: χ^2-Anpassungstest ‚Bilanzsumme' der Unternehmen der Kennzahlenanalyse N_{RIK*} und der Vergleichsunternehmen VG

Bilanzsumme	Beobachtete Anzahl	Erwartete Anzahl	Residuum
≤ EUR 10 Mio.	38	28,0	10,0
> EUR 10 Mio. bis EUR 25 Mio.	90	66,0	24,0
> EUR 25 Mio. bis EUR 50 Mio.	95	84,0	11,0
> EUR 50 Mio. bis EUR 100 Mio.	55	58,0	-3,0
> EUR 100 Mio. bis EUR 250 Mio.	37	47,0	-10,0
> EUR 250 Mio. bis EUR 500 Mio.	7	28,0	-21,0
> EUR 500 Mio.	8	19,0	-11,0
Total	330		

Statistik für Test

	Bilanzsumme
Chi-Quadrat[a]	38,140
df (Anzahl Freiheitsgrade)	6
Asymptotische Signifikanz	0,000

a. Bei 0 Zellen (0,0%) werden weniger als 5 Häufigkeiten erwartet. Die kleinste erwartete Zellenhäufigkeit ist 19,0.

Quelle: Eigene Darstellung.

Anhang VI-107: Überblick über die Entwicklung der Unternehmen im Zeitraum 2003 bis 2008 nach Programmgruppen[888]

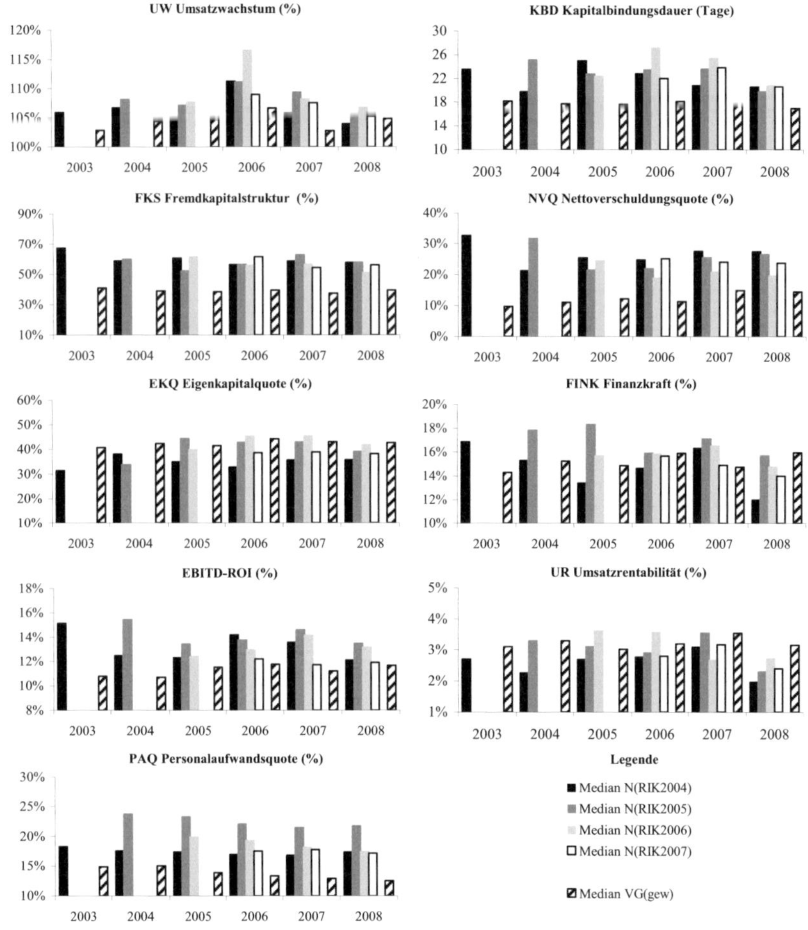

Quelle: Eigene Darstellung. $n_{N(RIK2004)} = 70^*$, $n_{N(RIK2005)} = 70^*$, $n_{N(RIK2006)} = 55^*$, $n_{N(RIK2007)} = 86^*$, $n_{VG(gew)} = 281$

[888] Bei ‚*' fehlt im Ausnahmefall eine Kennzahl in einem Jahr. Siehe hierzu Fn. 407 und Anhang VI-108.

Anhang VI-108: Anzahl an Unternehmen je Programmgruppe und Kennzahl für den Zeitraum 2003 bis 2008

		2003	2004	2005	2006	2007	2008
$N_{RIK2004}$	UW	70	70	70	69	70	70
	KBD	70	70	70	70	70	70
	FKS	70	70	70	70	70	70
	NVQ	70	70	70	70	70	70
	EKQ	70	70	70	70	70	70
	FINK	70	70	70	70	70	70
	EBITD-ROI	70	70	70	70	70	70
	UR	70	70	70	70	70	70
	PAQ	69	70	70	70	70	70

		2003	2004	2005	2006	2007	2008
$N_{RIK2005}$	UW	-	70	70	70	69	68
	KBD	-	70	70	70	70	70
	FKS	-	70	70	70	70	70
	NVQ	-	70	70	70	70	70
	EKQ	-	70	70	70	70	70
	FINK	-	70	70	70	70	70
	EBITD-ROI	-	70	70	70	70	70
	UR	-	70	70	70	70	70
	PAQ	-	70	70	70	70	70

		2003	2004	2005	2006	2007	2008
$N_{RIK2006}$	UW	-	-	54	54	54	53
	KBD	-	-	55	55	55	55
	FKS	-	-	55	55	55	55
	NVQ	-	-	55	55	55	55
	EKQ	-	-	55	55	55	55
	FINK	-	-	55	55	55	55
	EBITD-ROI	-	-	55	55	55	55
	UR	-	-	55	55	55	55
	PAQ	-	-	55	55	55	55

		2003	2004	2005	2006	2007	2008
$N_{RIK2007}$	UW	-	-	-	83	86	83
	KBD	-	-	-	86	86	86
	FKS	-	-	-	86	86	86
	NVQ	-	-	-	86	86	86
	EKQ	-	-	-	86	86	86
	FINK	-	-	-	86	86	86
	EBITD-ROI	-	-	-	86	86	86
	UR	-	-	-	86	86	86
	PAQ	-	-	-	86	86	86

Quelle: Eigene Darstellung.

Anhang VI-109: Anzahl an Werten für N_{RIK} je Kennzahl für den Zeitraum t_{-1} bis t_1

		t_{-1}	t_0	t_1
N_{RIK}	UW	277	280	277
	KBD	281	281	281
	FKS	281	281	281
	NVQ	281	281	281
	EKQ	281	281	281
	FINK	281	281	281
	EBITD-ROI	281	281	281
	UR	281	281	281
	PAQ	280	281	281

Quelle: Eigene Darstellung.

Anhang VI-110: Anzahl an Unternehmen je Programmgruppe und Kennzahl für den Zeitraum t_{-1} bis t_4

		t_{-1}	t_0	t_1	t_2	t_3	t_4
$N_{RIK2004}$	UW	70	70	70	69	70	70
	KBD	70	70	70	70	70	70
	FKS	70	70	70	70	70	70
	NVQ	70	70	70	70	70	70
	EKQ	70	70	70	70	70	70
	FINK	70	70	70	70	70	70
	EBITD-ROI	70	70	70	70	70	70
	UR	70	70	70	70	70	70
	PAQ	69	70	70	70	70	70

		t_{-1}	t_0	t_1	t_2	t_3	t_4
$N_{RIK2005}$	UW	70	70	70	69	68	-
	KBD	70	70	70	70	70	-
	FKS	70	70	70	70	70	-
	NVQ	70	70	70	70	70	-
	EKQ	70	70	70	70	70	-
	FINK	70	70	70	70	70	-
	EBITD-ROI	70	70	70	70	70	-
	UR	70	70	70	70	70	-
	PAQ	70	70	70	70	70	-

		t_{-1}	t_0	t_1	t_2	t_3	t_4
$N_{RIK2006}$	UW	54	54	54	53	-	-
	KBD	55	55	55	55	-	-
	FKS	55	55	55	55	-	-
	NVQ	55	55	55	55	-	-
	EKQ	55	55	55	55	-	-
	FINK	55	55	55	55	-	-
	EBITD-ROI	55	55	55	55	-	-
	UR	55	55	55	55	-	-
	PAQ	55	55	55	55	-	-

		t_{-1}	t_0	t_1	t_2	t_3	t_4
$N_{RIK2007}$	UW	83	86	83	-	-	-
	KBD	86	86	86	-	-	-
	FKS	86	86	86	-	-	-
	NVQ	86	86	86	-	-	-
	EKQ	86	86	86	-	-	-
	FINK	86	86	86	-	-	-
	EBITD-ROI	86	86	86	-	-	-
	UR	86	86	86	-	-	-
	PAQ	86	86	86	-	-	-

Quelle: Eigene Darstellung.

Anhang VI-111: Faktoren zur Ermittlung der laufzeitbedingten Werte[889]

	CB MezzCap	equiNotes 2005-1	equiNotes 2007-1	HEAT I-2005	HEAT I-2006	HEAT I-2007
Closing-Date	11.04.2006	15.12.2005	21.05.2007	10.08.2005	13.04.2006	22.02.2007
Erstabschluss incl. Mezz.-Kapital	31.12.2006	31.12.2005	31.12.2007	31.12.2005	31.12.2006	31.12.2007
01.01. des Jahres des Closing	01.01.2006	01.01.2005	01.01.2007	01.01.2005	01.01.2006	01.01.2007
Tage pro Jahr	365	365	365	365	365	365
Tage 'Jahresanfang bis Closing'	100	348	140	221	102	52
Faktor 'aktueller Abschluss'	**100/365**	**348/365**	**140/365**	**221/365**	**102/365**	**52/365**
Anteil 'aktueller Abschluss'	27,40%	95,34%	38,36%	60,55%	27,95%	14,25%
Tage 'Closing bis Abschluss'	265	17	225	144	263	313
Faktor 'Vorjahres-Abschluss'	**265/365**	**17/365**	**225/365**	**144/365**	**263/365**	**313/365**
Anteil 'Vorjahres-Abschluss'	72,60%	4,66%	61,64%	39,45%	72,05%	85,75%

	PREPS 2004-1	PREPS 2004-2	PREPS 2005-1	PREPS 2005-2	PREPS 2006-1	PREPS 2007-1	StaGe Mezzanine
Closing-Date	12.05.2004	10.12.2004	04.08.2005	08.12.2005	18.07.2006	07.03.2007	28.06.2006
Erstabschluss incl. Mezz.-Kapital	31.12.2004	31.12.2004	31.12.2005	31.12.2005	31.12.2006	31.12.2007	31.12.2006
01.01. des Jahres des Closing	01.01.2004	01.01.2004	01.01.2005	01.01.2005	01.01.2006	01.01.2007	01.01.2006
Tage pro Jahr	365	365	365	365	365	365	365
Tage 'Jahresanfang bis Closing'	132	344	215	341	198	65	178
Faktor 'aktueller Abschluss'	**132/365**	**344/365**	**215/365**	**341/365**	**198/365**	**65/365**	**178/365**
Anteil 'aktueller Abschluss'	36,16%	94,25%	58,90%	93,42%	54,25%	17,81%	48,77%
Tage 'Closing bis Abschluss'	233	21	150	24	167	300	187
Faktor 'Vorjahres-Abschluss'	**233/365**	**21/365**	**150/365**	**24/365**	**167/365**	**300/365**	**187/365**
Anteil 'Vorjahres-Abschluss'	63,84%	5,75%	41,10%	6,58%	45,75%	82,19%	51,23%

[889] Quelle: Eigene Darstellung. Eine Berücksichtigung der Schaltjahre mit 366 Tagen erfolgt nicht.

Anhang VI-112: Kredithürde im verarbeitenden Gewerbe nach Größenklassen[890]

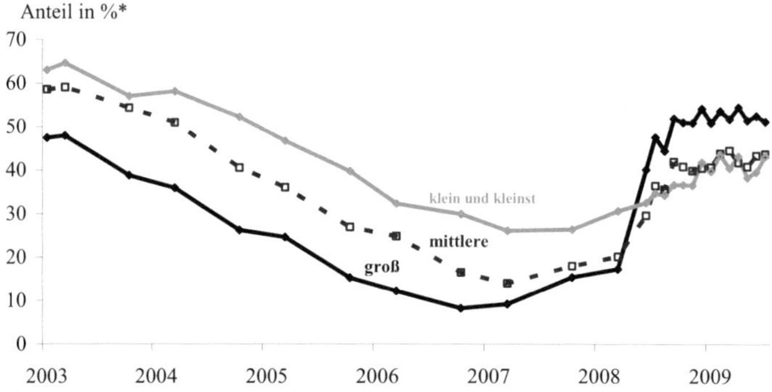

* Anteil der Unternehmen, die angeben, die Kreditvergabe sei restriktiv
Quelle: ifo Konjunkturtest im Dezember 2009.

Anhang VI-113: Verteilung der 5-Jahres-Ratings (.edf) gemäß Moody's KMV für N_{RIK} und N_{RI} vor Aufnahme des Mezzanine-Kapitals[891]

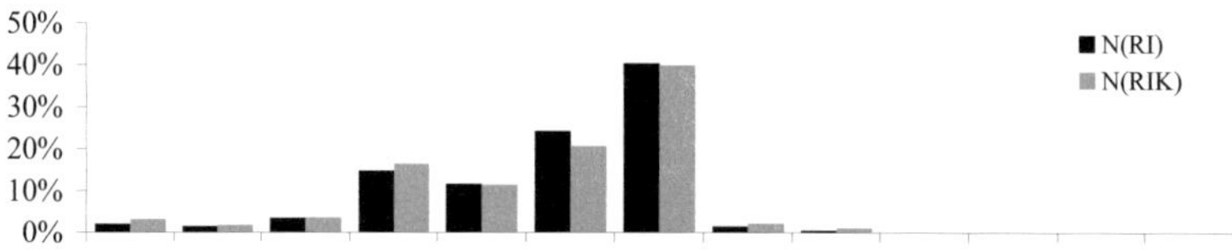

	Aa3	A1	A2	A3	Baa1	Baa2	Baa3	Ba1	Ba2	Ba3	B1	B2	B3
N(RI)	2,0	1,5	3,5	14,8	11,6	24,2	40,4	1,5	0,6	0,0	0,0	0,0	0,0
N(RIK)	3,2	1,8	3,6	16,4	11,4	20,6	39,9	2,1	1,1	0,0	0,0	0,0	0,0

Quelle: Eigene Darstellung. $n_{(RI)} = 542$*, $n_{(RIK)} = 281$

* Ohne die 51 Unternehmen der Transaktion StaGe Mezzanine (inkl. drei Mehrfachteilnehmer), da für diese Unternehmen nur 1-Jahres Ratings vorliegen

[890] Quelle: Institut für Wirtschaftsforschung (2009), S. 1.

[891] Die Verteilungen basieren auf den Daten im Jahr vor Aufnahme bzw. im Jahr, das dem Auswahlprozess zugrunde liegt. Siehe hierzu die einschränkenden Anmerkungen der Fn. 336 sowie der Fn. 403. Der Zusatz ‚.edf' bedeutet, dass es sich um erwartete Ausfallwahrscheinlichkeiten anhand des Finanzratingtools Moody's KMV RiskCalc™ handelt.

Anhang VI-114: χ^2-Anpassungstest ‚Ratingverteilung' der Unternehmen der Kennzahlenanalyse N_{RIK} und der Grundgesamtheit N_R[892]

5-Jahres-Rating	Beobachtete Anzahl	Erwartete Anzahl	Residuum
Aa3.edf	9	5,7	3,3
A1.edf	5	4,1	0,9
A2.edf	10	9,9	0,1
A3.edf	46	41,5	4,5
Baa1.edf	32	32,7	-0,7
Baa2.edf	58	67,9	-9,9
Baa3.edf	112	113,5	-1,5
Ba1.edf	6	4,1	1,9
Ba2.edf	3	1,6	1,4
Total	281		

Statistik für Test

	5-Jahres-Rating
Chi-Quadrat [a]	6,229
df (Anzahl Freiheitsgrade)	8
Asymptotische Signifikanz	0,622

a. Bei 3 Zellen (33,3%) werden weniger als 5 Häufigkeiten erwartet. Die kleinste erwartete Zellenhäufigkeit ist 1,6.

Quelle: Eigene Darstellung.

Anhang VI-115: Anzahl an kleinen und großen Unternehmen je Kennzahl für den Zeitraum t_{-1} bis t_1

		t_{-1}	t_0	t_1
$N_{RIKklein}$	UW	69	70	69
	KBD	70	70	70
	FKS	70	70	70
	NVQ	70	70	70
	EKQ	70	70	70
	FINK	70	70	70
	EBITD-ROI	70	70	70
	UR	70	70	70
	PAQ	70	70	70

		t_{-1}	t_0	t_1
$N_{RIKgroß}$	UW	62	63	63
	KBD	63	63	63
	FKS	63	63	63
	NVQ	63	63	63
	EKQ	63	63	63
	FINK	63	63	63
	EBITD-ROI	63	63	63
	UR	63	63	63
	PAQ	63	63	63

Quelle: Eigene Darstellung.

[892] Eingeschränkte Approximation, da mehr als 20% der erwarteten Anzahl kleiner als 5.

Anhang VI-116: Entwicklung der kleinen und großen Unternehmen für t_{-1} bis t_1[893]

UW Umsatzwachstum (%)		Quantil	t_{-1}	t_0	t_1
	Kleine Unternehmen $N_{RIKklein}$	25%	102,10	102,33	101,11
		Median	105,92	108,04	108,83
		75%	117,05	116,22	117,62
	Große Unternehmen NRIKgroß	25%	101,70	104,52	102,59
		Median	108,69	109,03	109,61
		75%	120,19	119,46	120,28
	Differenz	25%	0,40	-2,19	-1,47
		Median	-2,77	-1,00	-0,78
		75%	-3,13	-3,24	-2,66

KBD Kapitalbindungsdauer (Tage)		Quantil	t_{-1}	t_0	t_1
	Kleine Unternehmen $N_{RIKklein}$	25%	14,05	15,12	15,08
		Median	22,48	19,86	21,77
		75%	31,85	32,04	27,75
	Große Unternehmen NRIKgroß	25%	13,48	14,93	17,45
		Median	24,41	23,26	25,16
		75%	35,09	33,17	31,69
	Differenz	25%	0,57	0,19	-2,37
		Median	-1,93	-3,39	-3,39
		75%	-3,23	-1,13	-3,95

FKS Fremdkapitalstruktur (%)		Quantil	t_{-1}	t_0	t_1
	Kleine Unternehmen $N_{RIKklein}$	25%	41,17	43,59	36,02
		Median	58,71	55,68	52,70
		75%	74,53	74,40	68,93
	Große Unternehmen NRIKgroß	25%	42,45	43,93	40,11
		Median	64,71	57,38	56,02
		75%	75,33	72,13	68,37
	Differenz	25%	-1,28	-0,34	-4,09
		Median	-6,00	-1,70	-3,32
		75%	-0,81	2,26	0,56

NVQ Nettoverschuldungsquote (%)		Quantil	t_{-1}	t_0	t_1
	Kleine Unternehmen $N_{RIKklein}$	25%	22,21	17,46	16,01
		Median	31,48	27,50	27,03
		75%	43,21	38,05	38,12
	Große Unternehmen NRIKgroß	25%	19,34	12,60	11,32
		Median	27,78	21,60	18,34
		75%	38,35	33,12	29,83
	Differenz	25%	2,87	4,86	4,69
		Median	3,70	5,90	8,68
		75%	4,86	4,93	8,29

EKQ Eigenkapitalquote (%)		Quantil	t_{-1}	t_0	t_1
	Kleine Unternehmen $N_{RIKklein}$	25%	21,28	23,78	26,44
		Median	28,22	31,82	35,92
		75%	41,40	44,76	47,99
	Große Unternehmen NRIKgroß	25%	18,57	24,06	25,87
		Median	35,68	37,84	40,37
		75%	50,83	53,64	55,65
	Differenz	25%	2,71	-0,28	0,57
		Median	-7,46	-6,02	-4,45
		75%	-9,43	-8,88	-7,66

FINK Finanzkraft (%)		Quantil	t_{-1}	t_0	t_1
	Kleine Unternehmen $N_{RIKklein}$	25%	13,05	11,17	8,21
		Median	17,98	17,25	15,92
		75%	27,29	24,34	22,20
	Große Unternehmen NRIKgroß	25%	10,04	10,67	10,91
		Median	17,44	14,94	15,94
		75%	25,34	23,65	25,44
	Differenz	25%	3,00	0,50	-2,70
		Median	0,54	2,31	-0,01
		75%	1,95	0,69	-3,23

EBITD-ROI (%)		Quantil	t_{-1}	t_0	t_1
	Kleine Unternehmen $N_{RIKklein}$	25%	11,27	10,37	9,01
		Median	15,90	13,66	13,16
		75%	21,16	19,13	18,37
	Große Unternehmen NRIKgroß	25%	9,84	8,92	10,06
		Median	15,17	12,02	12,47
		75%	20,16	18,47	16,37
	Differenz	25%	1,43	1,45	-1,05
		Median	0,73	1,64	0,69
		75%	1,01	0,66	2,00

UR Umsatzrentabilität (%)		Quantil	t_{-1}	t_0	t_1
	Kleine Unternehmen $N_{RIKklein}$	25%	1,53	1,47	1,11
		Median	2,94	2,42	2,53
		75%	7,16	5,44	5,44
	Große Unternehmen NRIKgroß	25%	1,30	1,67	1,23
		Median	3,54	3,13	3,04
		75%	5,80	6,04	7,31
	Differenz	25%	0,23	-0,21	-0,12
		Median	-0,60	-0,72	-0,51
		75%	1,36	-0,60	-1,87

PAQ Personalaufwandsquote (%)		Quantil	t_{-1}	t_0	t_1
	Kleine Unternehmen $N_{RIKklein}$	25%	13,39	13,38	13,05
		Median	19,78	18,74	19,46
		75%	29,13	28,44	28,74
	Große Unternehmen NRIKgroß	25%	11,86	12,08	11,59
		Median	22,90	20,91	20,59
		75%	32,37	31,05	29,01
	Differenz	25%	1,54	1,30	1,46
		Median	-3,12	-2,18	-1,13
		75%	-3,24	-2,61	-0,26

Quelle: Eigene Darstellung. $n_{N(RIKklein)} = 70$*, $n_{N(RIKgroß)} = 63$*

[893] Bei ‚*' fehlt im Ausnahmefall eine Kennzahl in einem Jahr. Siehe hierzu Fn. 407 und Anhang VI-115.

Anhang VI-117: Anzahl an kleinen und großen Unternehmen je Kennzahl für 2006 bis 2008

		2006	2007	2008
$N_{RIKklein}$	UW	70	70	69
	KBD	70	70	70
	FKS	70	70	70
	NVQ	70	70	70
	EKQ	70	70	70
	FINK	70	70	70
	EBITD-ROI	70	70	70
	UR	70	70	70
	PAQ	70	70	70
$N_{RIKgroß}$	UW	62	63	62
	KBD	63	63	63
	FKS	63	63	63
	NVQ	63	63	63
	EKQ	63	63	63
	FINK	63	63	63
	EBITD-ROI	63	63	63
	UR	63	63	63
	PAQ	63	63	63

Quelle: Eigene Darstellung.

Anhang VI-118: Entwicklung der kleinen und großen Unternehmen für 2006 bis 2008[894]

UW Umsatzwachstum (%)

	Quantil	2006	2007	2008
Kleine Unternehmen $N_{RIKklein}$	25%	101,09	99,10	99,67
	Median	109,45	106,33	107,67
	75%	118,42	117,42	114,33
Große Unternehmen $N_{RIKgroß}$	25%	106,80	100,85	93,95
	Median	113,45	108,16	102,49
	75%	127,38	118,45	109,01
Differenz	25%	-5,71	-1,76	5,72
	Median	-4,00	-1,83	5,19
	75%	-8,97	-1,02	5,33

KBD Kapitalbindungsdauer (Tage)

	Quantil	2006	2007	2008
Kleine Unternehmen $N_{RIKklein}$	25%	15,18	14,72	10,60
	Median	21,49	21,63	18,14
	75%	31,64	29,06	25,72
Große Unternehmen $N_{RIKgroß}$	25%	17,52	16,70	13,27
	Median	24,93	22,50	20,39
	75%	34,76	32,56	32,06
Differenz	25%	-2,35	-1,98	-2,67
	Median	-3,44	-0,88	-2,26
	75%	-3,12	-3,50	-6,34

FKS Fremdkapitalstruktur (%)

	Quantil	2006	2007	2008
Kleine Unternehmen $N_{RIKklein}$	25%	37,09	38,55	38,12
	Median	57,38	52,95	55,97
	75%	72,43	70,23	72,20
Große Unternehmen $N_{RIKgroß}$	25%	42,54	35,95	37,55
	Median	56,94	57,63	56,19
	75%	70,85	70,32	66,48
Differenz	25%	-5,45	2,60	0,57
	Median	0,44	-4,68	-0,22
	75%	1,58	-0,09	5,72

NVQ Nettoverschuldungsquote (%)

	Quantil	2006	2007	2008
Kleine Unternehmen $N_{RIKklein}$	25%	17,62	17,46	16,54
	Median	30,04	28,70	27,30
	75%	39,80	41,53	41,42
Große Unternehmen $N_{RIKgroß}$	25%	11,45	11,05	12,57
	Median	22,14	21,46	24,24
	75%	30,80	32,48	35,00
Differenz	25%	6,17	6,42	3,97
	Median	7,90	7,24	3,06
	75%	9,01	9,05	6,43

EKQ Eigenkapitalquote (%)

	Quantil	2006	2007	2008
Kleine Unternehmen $N_{RIKklein}$	25%	24,14	21,41	25,88
	Median	33,77	35,31	36,54
	75%	45,10	46,87	50,05
Große Unternehmen $N_{RIKgroß}$	25%	19,05	25,90	23,39
	Median	36,81	40,94	38,47
	75%	53,66	53,02	48,79
Differenz	25%	5,09	-4,49	2,49
	Median	-3,04	-5,64	-1,94
	75%	-8,55	-6,15	1,26

FINK Finanzkraft (%)

	Quantil	2006	2007	2008
Kleine Unternehmen $N_{RIKklein}$	25%	9,68	6,77	9,36
	Median	14,80	16,37	16,35
	75%	22,44	25,10	29,71
Große Unternehmen $N_{RIKgroß}$	25%	11,05	11,44	5,32
	Median	16,09	17,00	11,84
	75%	25,28	26,10	23,40
Differenz	25%	-1,37	-4,66	4,05
	Median	-1,29	-0,63	4,51
	75%	-2,84	-1,00	6,31

EBITD-ROI (%)

	Quantil	2006	2007	2008
Kleine Unternehmen $N_{RIKklein}$	25%	9,83	9,13	9,66
	Median	13,00	12,99	14,30
	75%	17,10	22,10	20,43
Große Unternehmen $N_{RIKgroß}$	25%	8,80	9,96	6,22
	Median	12,96	13,54	10,48
	75%	18,90	19,60	15,25
Differenz	25%	1,03	-0,83	3,44
	Median	0,04	-0,56	3,82
	75%	-1,81	2,50	5,18

UR Umsatzrentabilität (%)

	Quantil	2006	2007	2008
Kleine Unternehmen $N_{RIKklein}$	25%	1,13	0,63	1,10
	Median	2,33	3,19	2,91
	75%	5,04	5,50	6,43
Große Unternehmen $N_{RIKgroß}$	25%	1,92	1,70	-1,10
	Median	2,92	3,90	2,40
	75%	7,06	7,87	6,04
Differenz	25%	-0,79	-1,08	2,20
	Median	-0,60	-0,71	0,51
	75%	-2,02	-2,37	0,39

PAQ Personalaufwandsquote (%)

	Quantil	2006	2007	2008
Kleine Unternehmen $N_{RIKklein}$	25%	12,84	13,43	12,50
	Median	19,37	19,00	18,95
	75%	28,89	30,85	27,97
Große Unternehmen $N_{RIKgroß}$	25%	10,80	10,41	10,51
	Median	20,50	21,00	18,71
	75%	29,16	28,43	30,14
Differenz	25%	2,05	3,02	2,00
	Median	-1,14	-2,01	0,24
	75%	-0,27	2,42	-2,18

Quelle: Eigene Darstellung. $n_{N(RIKklein)} = 70$*, $n_{N(RIKgroß)} = 63$*

[894] Bei ‚*' fehlt im Ausnahmefall eine Kennzahl in einem Jahr. Siehe hierzu Fn. 407 und Anhang VI-117.

Anhang VI-119: Verteilung der Nominalvolumina der Mehrfachteilnehmer der Kennzahlenanalyse R_{IK} sowie aller Mehrfachteilnehmer R_I

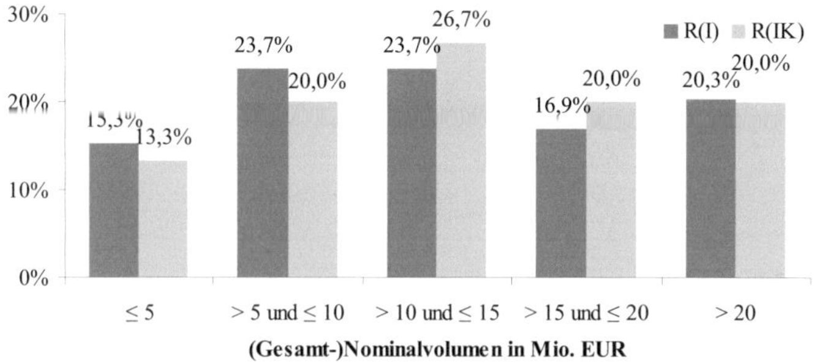

Quelle: Eigene Darstellung. $n_{R(I)} = 59$, $n_{R(IK)} = 30$

Anhang VI-120: χ^2-Anpassungstest ‚Nominalvolumen' der Mehrfachteilnehmer der Kennzahlenanalyse R_{IK} und aller Mehrfachteilnehmer R_I

Nominalvolumen	Beobachtete Anzahl	Erwartete Anzahl	Residuum
≤ EUR 5 Mio.	4	4,6	-0,6
> EUR 5 Mio. bis EUR 10 Mio.	6	7,1	-1,1
> EUR 10 Mio. bis EUR 15 Mio.	8	7,1	0,9
> EUR 15 Mio. bis EUR 20 Mio.	6	5,1	0,9
> EUR 20 Mio.	6	6,1	-0,1
Total	30		

Statistik für Test

	Nominalvolumen
Chi-Quadrat [a]	0,524
df (Anzahl Freiheitsgrade)	4
Asymptotische Signifikanz	0,971

a. Bei 1 Zelle (20,0%) werden weniger als 5 Häufigkeiten erwartet. Die kleinste erwartete Zellenhäufigkeit ist 4,6.

Quelle: Eigene Darstellung.

Anhang VI-121: Entwicklung der Mehrfachteilnehmer R_{IK} für t_{-1} bis t_1[895]

Kennzahl	Gruppe	Quantil	t_{-1}	t_0	t_1
UW Umsatzwachstum (%)	Mehrfachteilnehmer R_{IK}	25%	99,08	101,39	104,43
		Median	109,31	105,40	108,91
		75%	120,74	116,27	117,80
	Mezzanine-finanzierte Unternehmen N_{RIK}	25%	101,50	103,38	101,47
		Median	107,00	108,71	109,32
		75%	118,67	118,09	117,95
	Differenz	25%	-2,42	-1,99	2,97
		Median	2,31	-3,31	-0,41
		75%	2,07	-1,82	-0,15
KBD Kapitalbindungsdauer (Tage)	Mehrfachteilnehmer R_{IK}	25%	12,69	15,08	13,18
		Median	24,03	22,50	25,93
		75%	30,80	35,05	30,83
	Mezzanine-finanzierte Unternehmen N_{RIK}	25%	14,94	15,36	15,96
		Median	24,20	22,34	24,15
		75%	36,58	33,20	32,67
	Differenz	25%	-2,25	-0,28	-2,78
		Median	-0,17	0,15	1,78
		75%	-5,77	1,85	-1,84
FKS Fremdkapitalstruktur (%)	Mehrfachteilnehmer R_{IK}	25%	44,53	45,31	41,20
		Median	62,97	56,77	55,78
		75%	74,41	74,61	65,06
	Mezzanine-finanzierte Unternehmen N_{RIK}	25%	45,97	44,17	39,74
		Median	62,59	59,17	56,88
		75%	75,59	72,00	69,01
	Differenz	25%	-1,44	1,14	1,45
		Median	0,39	-2,39	-1,10
		75%	-1,18	2,61	-3,95
NVQ Nettoverschuldungsquote (%)	Mehrfachteilnehmer R_{IK}	25%	24,27	16,71	12,85
		Median	31,67	25,79	21,96
		75%	39,73	32,80	29,74
	Mezzanine-finanzierte Unternehmen N_{RIK}	25%	18,62	12,62	10,01
		Median	29,86	24,08	22,86
		75%	41,09	34,12	34,06
	Differenz	25%	5,65	4,09	2,84
		Median	1,81	1,71	-0,90
		75%	-1,36	-1,32	-4,32
EKQ Eigenkapitalquote (%)	Mehrfachteilnehmer R_{IK}	25%	14,21	20,01	24,03
		Median	23,20	31,65	32,36
		75%	45,42	52,59	46,01
	Mezzanine-finanzierte Unternehmen N_{RIK}	25%	21,56	25,57	28,08
		Median	34,74	39,70	40,37
		75%	47,13	54,25	55,59
	Differenz	25%	-7,35	-5,56	-4,05
		Median	-11,54	-8,05	-8,01
		75%	-1,71	-1,66	-9,58
FINK Finanzkraft (%)	Mehrfachteilnehmer R_{IK}	25%	10,37	11,70	11,68
		Median	16,00	17,26	15,77
		75%	26,16	24,44	24,12
	Mezzanine-finanzierte Unternehmen N_{RIK}	25%	12,78	10,95	9,97
		Median	18,39	16,91	15,32
		75%	26,05	24,96	24,87
	Differenz	25%	-2,41	0,75	1,71
		Median	-2,39	0,36	0,45
		75%	0,11	-0,52	-0,75
EBITD-ROI (%)	Mehrfachteilnehmer R_{IK}	25%	11,09	11,08	10,35
		Median	15,34	14,42	14,49
		75%	23,98	21,19	19,90
	Mezzanine-finanzierte Unternehmen N_{RIK}	25%	10,50	9,78	9,17
		Median	15,34	13,30	12,76
		75%	20,58	19,05	17,74
	Differenz	25%	0,59	1,30	1,18
		Median	0,00	1,12	1,73
		75%	3,40	2,14	2,17
UR Umsatzrentabilität (%)	Mehrfachteilnehmer R_{IK}	25%	2,15	2,35	1,62
		Median	3,68	4,03	4,16
		75%	6,61	6,41	7,18
	Mezzanine-finanzierte Unternehmen N_{RIK}	25%	1,67	1,62	1,14
		Median	3,54	2,88	2,91
		75%	6,39	5,93	5,63
	Differenz	25%	0,48	0,73	0,48
		Median	0,14	1,15	1,25
		75%	0,22	0,48	1,55
PAQ Personalaufwandsquote (%)	Mehrfachteilnehmer R_{IK}	25%	12,12	12,66	12,70
		Median	23,38	22,48	22,67
		75%	32,34	32,35	32,00
	Mezzanine-finanzierte Unternehmen N_{RIK}	25%	12,67	12,25	11,74
		Median	19,29	19,18	19,23
		75%	28,95	28,59	27,66
	Differenz	25%	-0,55	0,41	0,96
		Median	4,09	3,30	3,44
		75%	3,40	3,76	4,34

Quelle: Eigene Darstellung. $n_{R(IK)} = 30$, $n_{N(RIK)} = 281$*

[895] Bei ‚*' fehlt im Ausnahmefall eine Kennzahl in einem Jahr. Siehe hierzu Fn. 407 und Anhang VI-109.

Anhang VI-122: Entwicklung der Mehrfachteilnehmer R_{IK} für 2006 bis 2008[896]

UW Umsatzwachstum (%)

	Quantil	2006	2007	2008
Mehrfach-teilnehmer R_{IK}	25%	107,31	96,74	92,54
	Median	111,02	100,83	104,04
	75%	119,03	113,10	110,87
Mezzanine-finanzierte Unternehmen N_{RIK}	25%	104,55	99,54	97,43
	Median	111,55	107,80	105,50
	75%	121,59	117,66	113,43
Differenz	25%	2,76	-2,80	-4,88
	Median	-0,53	-6,97	-1,46
	75%	-2,57	-4,57	-2,55

KBD Kapitalbindungsdauer (Tage)

	Quantil	2006	2007	2008
Mehrfach-teilnehmer R_{IK}	25%	14,28	14,54	16,80
	Median	23,22	22,35	26,50
	75%	31,95	33,54	36,93
Mezzanine-finanzierte Unternehmen N_{RIK}	25%	15,80	15,87	12,64
	Median	23,83	23,60	20,58
	75%	33,22	32,92	31,09
Differenz	25%	-1,52	-1,33	4,16
	Median	-0,61	-1,26	5,92
	75%	-1,27	0,62	5,84

FKS Fremdkapitalstruktur (%)

	Quantil	2006	2007	2008
Mehrfach-teilnehmer R_{IK}	25%	40,78	42,76	44,27
	Median	55,82	58,84	59,87
	75%	66,51	69,71	70,97
Mezzanine-finanzierte Unternehmen N_{RIK}	25%	40,57	38,50	38,10
	Median	57,44	58,20	56,19
	75%	70,90	70,60	69,90
Differenz	25%	0,21	4,26	6,17
	Median	-1,62	0,64	3,68
	75%	-4,39	-0,89	1,07

NVQ Nettoverschuldungsquote (%)

	Quantil	2006	2007	2008
Mehrfach-teilnehmer R_{IK}	25%	14,39	21,34	25,27
	Median	23,24	29,95	30,67
	75%	35,42	39,64	40,67
Mezzanine-finanzierte Unternehmen N_{RIK}	25%	10,45	11,02	13,50
	Median	22,57	24,30	24,92
	75%	34,11	36,99	37,10
Differenz	25%	3,94	10,32	11,77
	Median	0,66	5,65	5,75
	75%	1,31	2,65	3,57

EKQ Eigenkapitalquote (%)

	Quantil	2006	2007	2008
Mehrfach-teilnehmer R_{IK}	25%	19,63	17,72	12,68
	Median	28,28	30,05	25,81
	75%	41,93	41,52	43,40
Mezzanine-finanzierte Unternehmen N_{RIK}	25%	26,66	26,81	26,46
	Median	39,87	40,00	39,10
	75%	57,22	52,52	52,32
Differenz	25%	-7,04	-9,09	-13,79
	Median	-11,59	-9,96	-13,29
	75%	-15,30	-11,00	-8,92

FINK Finanzkraft (%)

	Quantil	2006	2007	2008
Mehrfach-teilnehmer R_{IK}	25%	10,31	8,63	4,53
	Median	15,16	12,80	10,98
	75%	19,19	20,15	16,74
Mezzanine-finanzierte Unternehmen N_{RIK}	25%	10,34	8,74	7,09
	Median	15,41	16,30	14,10
	75%	25,36	25,10	24,20
Differenz	25%	-0,03	-0,12	-2,57
	Median	-0,25	-3,51	-3,12
	75%	-6,18	-4,96	-7,46

EBITD-ROI (%)

	Quantil	2006	2007	2008
Mehrfach-teilnehmer R_{IK}	25%	10,10	9,77	7,11
	Median	13,80	12,49	12,18
	75%	18,83	16,87	15,94
Mezzanine-finanzierte Unternehmen N_{RIK}	25%	9,61	9,11	7,90
	Median	13,37	13,43	12,50
	75%	18,70	19,34	17,90
Differenz	25%	0,49	0,66	-0,79
	Median	0,43	-0,95	-0,32
	75%	0,13	-2,48	-1,96

UR Umsatzrentabilität (%)

	Quantil	2006	2007	2008
Mehrfach-teilnehmer R_{IK}	25%	1,49	1,15	-2,36
	Median	3,58	3,61	1,53
	75%	6,54	5,56	4,56
Mezzanine-finanzierte Unternehmen N_{RIK}	25%	1,30	0,90	0,49
	Median	2,90	3,10	2,32
	75%	6,33	5,90	5,60
Differenz	25%	0,19	0,25	-2,85
	Median	0,68	0,51	-0,79
	75%	0,21	-0,34	-1,04

PAQ Personalaufwandsquote (%)

	Quantil	2006	2007	2008
Mehrfach-teilnehmer R_{IK}	25%	12,64	12,59	11,88
	Median	21,08	21,87	21,36
	75%	31,11	33,57	33,72
Mezzanine-finanzierte Unternehmen N_{RIK}	25%	11,40	11,55	11,22
	Median	18,70	18,30	17,80
	75%	27,68	27,40	26,61
Differenz	25%	1,24	1,04	0,66
	Median	2,38	3,57	3,56
	75%	3,43	6,17	7,11

Quelle: Eigene Darstellung. $n_{R(IK)} = 30$, $n_{N(RIK)} = 281$*

[896] Bei ‚*' fehlt im Ausnahmefall eine Kennzahl in einem Jahr. Siehe hierzu Fn. 407 und Anhang VI-108.

Anhang VI-123: Branchenverteilung der ausgefallenen Unternehmen und der Unternehmen der Kennzahlenanalyse N_{RIK^*}[897]

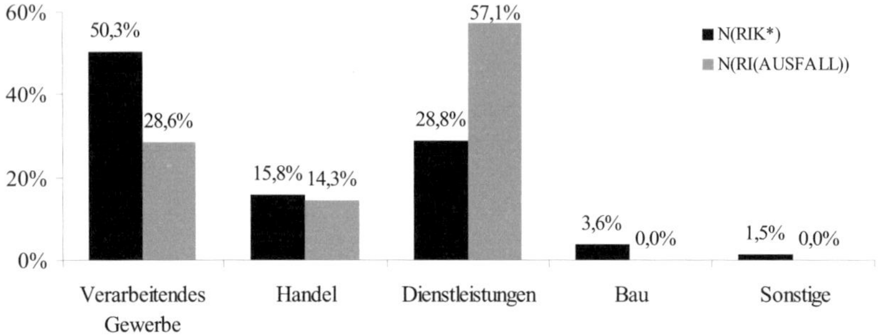

Quelle: Eigene Darstellung. $n_{N(RIK^*)} = 330$, $n_{N(RI(AUSFALL))} = 14$

Anhang VI-124: Alterstruktur der ausgefallenen Unternehmen bei Aufnahme

	Betriebsalter der ausgefallenen Unternehmen $N_{RI(AUSFALL)}$ im Jahr der Aufnahme
0 bis 2 Jahre	0,0%
3 bis 4 Jahre	0,0%
5 bis 6 Jahre	7,1%
7 bis 8 Jahre	7,1%
9 bis 10 Jahre	14,3%
über 10 Jahre	71,4%

Quelle: Eigene Darstellung. $n_{N(RI(AUSFALL))} = 14$

[897] Siehe Fn. 348 zur Ermittlung der Branchenverteilung.

Anhang VI-125: Ausgefallenes Nominalvolumen in Abhängigkeit von der Laufzeit je Mezzanine-Programm[898]

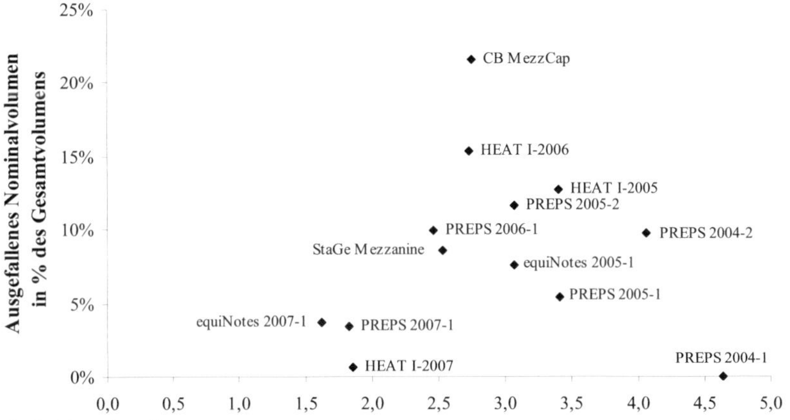

Quelle: Eigene Darstellung.

Anhang VI-126: Ausgefallenes Nominalvolumen in Abhängigkeit von der Laufzeit je Mezzanine-Programm

	Laufzeit in Jahren (Stand 31.12.2008)	Ausgefallenes Nominalvolumen in % des Gesamtvolumens	Ausgefallene Unternehmen	Ausgefallenes Volumen in Mio. EUR	Gesamt-volumen in Mio. EUR
CB MezzCap	2,75	21,55%	6	43,0	199,5
equiNotes 2005-1	3,07	7,56%	4	28,0	370,5
equiNotes 2007-1	1,62	3,73%	2	8,0	214,5
HEAT I-2005	3,39	12,73%	4	28,0	220,0
HEAT I-2006	2,72	15,36%	6	43,0	280,0
HEAT I-2007	1,86	0,64%	1	2,0	314,0
PREPS 2004-1	4,64	0,00%	0	0,0	249,0
PREPS 2004-2	4,06	9,74%	6	60,0	616,0
PREPS 2005-1	3,41	5,43%	2	17,0	313,0
PREPS 2005-2	3,07	11,67%	4	42,0	360,0
PREPS 2006-1	2,46	9,97%	5	32,0	321,0
PREPS 2007-1	1,82	3,43%	2	8,5	248,0
StaGe Mezzanine	2,53	8,53%	2	15,0	175,8
			44	**326,5**	**3881,3**

Quelle: Eigene Darstellung.

[898] Hierbei wird auf ein Gesamtvolumen von EUR 326,5 Mio. für 32 Unternehmen abgestellt, da eine Berücksichtigung der vier Unternehmen, bei denen Betrug vorliegt bzw. vorliegen soll, das Bild der Verteilung der Ausfälle verzerren und nicht die tatsächliche Höhe der Ausfälle darstellen würde. Ferner gilt es trotz der Betrugsvorwürfe bspw. die Volumina von jeweils EUR 40 Mio. an Nici AG und Erich Rohde KG kritisch zu hinterfragen.

Anhang VI-127: Kennzahlenübersicht der ausgefallenen Unternehmen $N_{RI(AUSFALL)}$ und einer Zufallstichprobe $N_{RIK(ZUFALL)}$ für t_{-1} und t_0

UW Umsatzwachstum (%)		Quantil	t_{-1}	t_0
	Ausgefallene Unternehmen $N_{RI(AUSFALL)}$	25%	100,29	93,35
		Median	106,00	97,26
		75%	126,80	104,80
	Zufallsstichprobe $N_{RIK(ZUFALL)}$	25%	96,04	100,88
		Median	101,50	107,62
		75%	121,21	119,70
	Differenz	25%	4,25	-7,52
		Median	4,50	-10,36
		75%	5,59	-14,90

KBD Kapitalbindungsdauer (Tage)		Quantil	t_{-1}	t_0
	Ausgefallene Unternehmen $N_{RI(AUSFALL)}$	25%	19,09	22,60
		Median	31,40	36,01
		75%	51,45	57,81
	Zufallsstichprobe $N_{RIK(ZUFALL)}$	25%	16,23	14,77
		Median	23,07	25,13
		75%	29,90	30,65
	Differenz	25%	2,86	7,83
		Median	8,33	10,87
		75%	21,55	27,16

FKS Fremdkapitalstruktur (%)		Quantil	t_{-1}	t_0
	Ausgefallene Unternehmen $N_{RI(AUSFALL)}$	25%	50,99	41,25
		Median	71,64	53,24
		75%	84,22	73,30
	Zufallsstichprobe $N_{RIK(ZUFALL)}$	25%	43,10	35,11
		Median	57,80	49,52
		75%	69,38	73,34
	Differenz	25%	7,89	6,13
		Median	13,84	3,72
		75%	14,84	-0,05

NVQ Nettoverschuldungsquote (%)		Quantil	t_{-1}	t_0
	Ausgefallene Unternehmen $N_{RI(AUSFALL)}$	25%	17,66	17,37
		Median	31,48	27,02
		75%	39,23	43,86
	Zufallsstichprobe $N_{RIK(ZUFALL)}$	25%	14,35	4,41
		Median	28,77	26,49
		75%	41,18	42,14
	Differenz	25%	3,31	12,96
		Median	2,71	0,52
		75%	-1,95	1,71

EKQ Eigenkapitalquote (%)		Quantil	t_{-1}	t_0
	Ausgefallene Unternehmen $N_{RI(AUSFALL)}$	25%	24,43	25,78
		Median	32,53	33,82
		75%	46,20	48,18
	Zufallsstichprobe $N_{RIK(ZUFALL)}$	25%	14,99	26,65
		Median	29,80	37,91
		75%	38,56	46,23
	Differenz	25%	9,44	-0,87
		Median	2,73	-4,09
		75%	7,64	1,95

FINK Finanzkraft (%)		Quantil	t_{-1}	t_0
	Ausgefallene Unternehmen $N_{RI(AUSFALL)}$	25%	10,61	-5,27
		Median	17,46	7,85
		75%	21,63	14,18
	Zufallsstichprobe $N_{RIK(ZUFALL)}$	25%	12,00	10,34
		Median	20,09	14,61
		75%	28,00	19,23
	Differenz	25%	-1,39	-15,61
		Median	-2,63	-6,76
		75%	-6,37	-5,05

EBITD-ROI (%)		Quantil	t_{-1}	t_0
	Ausgefallene Unternehmen $N_{RI(AUSFALL)}$	25%	10,69	-1,46
		Median	13,07	9,43
		75%	16,80	11,65
	Zufallsstichprobe $N_{RIK(ZUFALL)}$	25%	10,16	9,60
		Median	14,23	10,76
		75%	20,82	14,85
	Differenz	25%	0,53	-11,05
		Median	-1,16	-1,33
		75%	-4,02	-3,19

UR Umsatzrentabilität (%)		Quantil	t_{-1}	t_0
	Ausgefallene Unternehmen $N_{RI(AUSFALL)}$	25%	1,52	-3,86
		Median	2,65	-2,19
		75%	5,15	-0,25
	Zufallsstichprobe $N_{RIK(ZUFALL)}$	25%	1,90	1,39
		Median	4,49	2,56
		75%	6,77	4,78
	Differenz	25%	-0,38	-5,25
		Median	-1,84	-4,75
		75%	-1,62	-5,03

PAQ Personalaufwandsquote (%)		Quantil	t_{-1}	t_0
	Ausgefallene Unternehmen $N_{RI(AUSFALL)}$	25%	11,40	12,90
		Median	19,25	24,27
		75%	33,88	33,81
	Zufallsstichprobe $N_{RIK(ZUFALL)}$	25%	15,89	16,57
		Median	28,40	22,67
		75%	31,92	30,72
	Differenz	25%	-4,49	-3,67
		Median	-9,15	1,60
		75%	1,96	3,09

Quelle: Eigene Darstellung. $n_{RI(AUSFALL)} = 21$ in t_{-1}, nRI(AUSFALL) = 20 in t_0, $n_{N(RIK(ZUFALL))} = 21$

Anhang VI-128: Fragebogen

Fragebogen zur Beurteilung von Mezzanine-Kapital aus Unternehmenssicht

Eine Studie der Bergischen Universität Wuppertal – Lehrstuhl für Bank- & Finanzwirtschaft – mit freundlicher Unterstützung von HSBC Trinkaus, Düsseldorf, im Rahmen der Kapitalmarktprogramme für Standard-Mezzanine-Kapital
CB MezzCap, EquiNotes, H.E.A.T Mezzanine, PREPS und StaGe Mezzanine.

Für die Beantwortung des Fragebogens sollten Sie nach unserer Einschätzung ca. 15 Minuten benötigen.

Eventuelle Fragen richten Sie bitte an den Projektkoordinator Herrn Markus Brüse unter mezzanine@uni-wuppertal.de oder 0176 / XXX.

Bitte senden Sie den ausgefüllten Fragebogen **bis zum 30. Oktober 2009** zurück an:

Rücksende-anschrift: Bergische Universität Wuppertal
Fachbereich B - Schumpeter School of Business and Economics
Lehrstuhl für Finanz- und Bankwirtschaft
Gaußstr. 20
D-42097 Wuppertal

Ein bereits adressierter **Rückumschlag** zur Rücksendung des Fragebogens **liegt bei**.

Ihre **Antworten** werden von uns **vertraulich behandelt**; Daten werden anonymisiert ohne Bindung an Ihr Unternehmen erhoben und verarbeitet. Rückschlüsse auf einzelne Unternehmen werden nicht möglich sein. Die bestehenden Datenschutzbestimmungen werden eingehalten.

Als Dankeschön für Ihre Mühe werden wir den Teilnehmern die **Ergebnisse der Studie** kostenlos zukommen lassen, sofern Sie uns Ihr Interesse in der beigefügten Faxantwort mitteilen.

Aufbau der Befragung: Die Befragung erfolgt im Rahmen von 23 Fragen, die in vier Schritte gegliedert sind:

1. Im **ersten Schritt** werden Sie gebeten, allgemeine Angaben zu Ihrem Unternehmen zu machen **(Frage 1 bis Frage 4).**
2. Im **zweiten Schritt** werden Sie gebeten, Aussagen und Einschätzungen zum Thema Mezzanine-Kapital im Allgemeinen und zu Standard-Mezzanine-Kapital im Speziellen zu tätigen **(Frage 5 bis Frage 11).**
3. Im **dritten Schritt** werden Sie gebeten, Aussagen zu Mezzanine-Kapital und dessen Einfluss auf Ihre Unternehmensentwicklung u. a. vor dem Hintergrund der Finanzmarktkrise zu treffen **(Frage 12 bis Frage 19).**
4. Im **vierten Schritt** werden Sie gebeten, Angaben zur am Ende der Laufzeit anstehenden Rückzahlung des aufgenommenen Mezzanine-Kapitals zu machen sowie Einschätzungen zu den Auswirkungen der Finanzmarktkrise auf potenziell neue Standard-Mezzanine-Kapitalmarktprogramme abzugeben
(Frage 20 bis Frage 23).

1. Schritt: Allgemeine Angaben zu Ihrem Unternehmen

Vorbe-: merkung: Wir haben nachfolgend einige Fragen zu Ihrem Unternehmen aufgeführt, die uns eine Gruppierung der befragten Unternehmen ermöglichen sollen. Bei der Auswertung und Darstellung der Ergebnisse werden keine Rückschlüsse auf einzelne Unternehmen möglich sein.

Frage 1: In welcher Branche ist Ihr Unternehmen (überwiegend) tätig?

	stimmt überein		stimmt überein
Verarbeitendes Gewerbe .	☐	Dienstleistungen .	☐
Handel . . .	☐	Bau . . .	☐
Sonstige . . .	☐	Keine Angabe . .	☐

Frage 2: Welche Rechtsform hat Ihr Unternehmen?

	stimmt überein		stimmt überein
GmbH . . .	☐	AG . . .	☐
GmbH & Co. KG . .	☐	KG . . .	☐
Sonstige . . .	☐	Keine Angabe . .	☐

Frage 3: Welche Umsatzerlöse wies Ihr Unternehmen im letzten Geschäftsjahr auf?

	stimmt überein		stimmt überein
≤ € 10 Mio. . . .	☐	> € 10 Mio. bis € 25 Mio.	☐
> € 25 Mio. bis € 50 Mio. .	☐	> € 50 Mio. bis € 100 Mio.	☐
> € 100 Mio. bis € 250 Mio. .	☐	> € 250 Mio. bis € 500 Mio.	☐
> € 500 Mio. . . .	☐	Keine Angabe . .	☐

Frage 4: Wie viele Mitarbeiter beschäftigte Ihr Unternehmen im Jahresdurchschnitt des letzten Geschäftsjahres?

	stimmt überein		stimmt überein
≤ 25 Beschäftigte . .	☐	> 25 bis 50 Beschäftigte	☐
> 50 bis 100 Beschäftigte .	☐	> 100 bis 250 Beschäftigte	☐
> 250 bis 500 Beschäftigte .	☐	> 500 bis 1.000 Beschäftigte	☐
> 1.000 Beschäftigte . .	☐	Keine Angabe . .	☐

2. Schritt: Allgemeine Aussagen zu Mezzanine-Kapital

Vorbe-: merkung: Im Folgenden werden Fragen sowohl zum Thema Mezzanine-Kapital im Allgemeinen als auch zu Standard-Mezzanine-Kapital im Speziellen gestellt. Hierbei wird der Fokus auf verschiedene Kapitalmarkt-Programme gelegt, in deren Rahmen Ihr Unternehmen Standard-Mezzanine-Kapital aufgenommen hat:

1. **CB MezzCap** von Commerzbank
2. **EquiNotes** (FORCE) von Deutsche Bank & IKB
3. **H.E.A.T Mezzanine** von HSBC Trinkaus
4. **PREPS** von HypoVereinsbank (HVB) & CEG
5. **StaGe Mezzanine** (S-Mezzanine/ STEM) von West LB & Bayern LB

Frage 5: An welchem Standard-Mezzanine-Kapital-Programm nehmen Sie teil?
(**Hinweis:** Mehrfachnennungen möglich, wenn Teilnahme an mehreren Transaktionen erfolgt.)

	stimmt überein		stimmt überein
CB MezzCap. (Auszahlung 04/2006)	☐	EquiNotes 2005-1 (Auszahlung 12/2005)	☐
EquiNotes 2007-1 (Auszahlung 05/2007)	☐	H.E.A.T Mezzanine I-2005 (Auszahlung 08/2005)	☐
H.E.A.T Mezzanine I-2006 (Auszahlung 04/2006)	☐	H.E.A.T Mezzanine I-2007 (Auszahlung 02/2007)	☐
PREPS 2004-1 (Auszahlung 05/2004)	☐	PREPS 2004-2 (Auszahlung 12/2004)	☐
PREPS 2005-1 (Auszahlung 08/2005)	☐	PREPS 2005-2 (Auszahlung 12/2005)	☐
PREPS 2006-1 (Auszahlung 07/2006)	☐	PREPS 2007-1 (Auszahlung 03/2007)	☐
StaGe Mezzanine (Auszahlung 06/2006)	☐	Keine Angabe	☐

Frage 6: Mit welchem Nominalvolumen nehmen Sie an dem Standard-Mezzanine-Kapital-Programm teil?
(**Hinweis:** Bei Teilnahme an mehreren Transaktionen, beziehen Sie sich bitte auf das Gesamtvolumen.)

	stimmt überein
€ 1 Mio.	☐
> € 1 Mio. bis € 2 Mio.	☐
> € 2 Mio. € bis € 5 Mio.	☐
> € 5 Mio. bis € 10 Mio.	☐
> € 10 Mio. bis € 20 Mio.	☐
> € 20 Mio.	☐
Keine Angabe	☐

2. Schritt: **Allgemeine Aussagen zu Mezzanine-Kapital**

Frage 7: Wofür wurde das Mezzanine-Kapital verwendet? (Mehrfachnennungen möglich)
(**Hinweis:** Bei Mehrfachnennungen bitte Angabe der geschätzten prozentualen Aufteilung des aufgenommenen Volumens auf die unterschiedlichen Verwendungszwecke.)

	stimmt überein	bei Mehrfachnennungen Angabe der prozentualen Aufteilung
Wachstumsfinanzierung .	☐	. . _____%
Akquisitionsfinanzierung .	☐	. . _____%
Nachfolgefinanzierung .	☐	. . _____%
MBO/ MBI/ LBO . .	☐	. . _____%
Innovationsfinanzierung .	☐	. . _____%
Ablösung kurzfristiger Verbindlichkeiten . .	☐	. . _____%
Ablösung langfristiger Verbindlichkeiten . .	☐	. . _____%
Bereinigung der Gesellschafter-struktur . . .	☐	. . _____%
Sonstige Finanzierungsanlässe: (Bitte konkretisieren Sie ‚Sonstige':) ______________________	☐	. . _____%
Keine Angabe . .	☐	

2. Schritt: **Allgemeine Aussagen zu Mezzanine-Kapital**

Frage 8: Wie wichtig sind Ihnen die folgenden Eigenschaften des aufgenommenen Mezzanine-Kapitals bzw. welche Vorteile waren für Sie für die Aufnahme von Mezzanine-Kapital im Allgemeinen entscheidend?

	sehr wichtig (1)	wichtig (2)	weniger wichtig (3)	unwichtig (4)	keine Angabe
Erhöhung des bilanziellen Eigenkapitals	☐	☐	☐	☐	☐
Erhöhung des wirtschaftlichen Eigenkapitals	☐	☐	☐	☐	☐
Verbesserung des Ratings / der Bonität	☐	☐	☐	☐	☐
Durch Erhöhung der Haftkapitalbasis günstigere Konditionen für zukünftige Finanzierungen	☐	☐	☐	☐	☐
Die Aufnahme von Mezzanine-Kapital erweitert den Finanzierungsspielraum	☐	☐	☐	☐	☐
Keine Bereitstellung von Sicherheiten notwendig	☐	☐	☐	☐	☐
Langfristige Finanzierung	☐	☐	☐	☐	☐
Keine Veränderung der Stimmrechts- & Eigentumsverhältnisse	☐	☐	☐	☐	☐
Flexibilität in der Vertragsgestaltung	☐	☐	☐	☐	☐
Steuerliche Abzugsfähigkeit der Finanzierungskosten	☐	☐	☐	☐	☐
Diversifizierung der Finanzierungsstruktur (Reduzierung der Abhängigkeit von der Hausbank)	☐	☐	☐	☐	☐
Freie / nicht zweckgebundene Verfügung über das Mezzanine-Kapital	☐	☐	☐	☐	☐
Umgang mit „externen“ Kapitalgebern kann geübt werden	☐	☐	☐	☐	☐
Sonstige Vorteile (I) (Bitte konkretisieren Sie "Sonstige":) ____________	☐	☐	☐	☐	☐
Sonstige Vorteile (II) (Bitte konkretisieren Sie "Sonstige":) ____________	☐	☐	☐	☐	☐

2. Schritt: **Allgemeine Aussagen zu Mezzanine-Kapital**

Frage 9: In Erweiterung zu Frage 8: Warum haben Sie sich für Standard-Mezzanine-Kapital entschieden? Wie wichtig sind Ihnen einige der häufig mit Standard-Mezzanine-Kapital im Speziellen in Verbindung gebrachten Vorteile?

	sehr wichtig (1)	wichtig (2)	weniger wichtig (3)	unwichtig (4)	keine Angabe
Günstigere Finanzierungskonditionen als bei individuellem Mezzanine-Kapital	☐	☐	☐	☐	☐
Anrechnung als wirtschaftliches Eigenkapital	☐	☐	☐	☐	☐
Standardisierter und nachvollziehbarer Auswahlprozess	☐	☐	☐	☐	☐
Endfällige Tilgung	☐	☐	☐	☐	☐
Langfristige Finanzierung	☐	☐	☐	☐	☐
Indirekter Kapitalmarktzugang erhöht Bekanntheitsgrad des Unternehmens	☐	☐	☐	☐	☐
Indirekter Kapitalmarktzugang eröffnet neue Investorenkreise	☐	☐	☐	☐	☐
Transaktion dient der Vorbereitung weiterer Kapitalmarkttransaktionen	☐	☐	☐	☐	☐
Übersichtliche und transparente Kostenstruktur für die Unternehmen	☐	☐	☐	☐	☐
Sonstige Vorteile (I) (Bitte konkretisieren Sie "Sonstige":) ____________	☐	☐	☐	☐	☐
Sonstige Vorteile (II) (Bitte konkretisieren Sie "Sonstige":) ____________	☐	☐	☐	☐	☐

2. Schritt: **Allgemeine Aussagen zu Mezzanine-Kapital**

Frage 10: Welche Bedeutung messen Sie den Nachteilen bei, die häufig mit Mezzanine-Kapital in Verbindung gebracht werden?

	sehr nachteilig (1)	nachteilig (2)	weniger nachteilig (3)	nicht relevant (4)	keine Angabe
Höhere Finanzierungskosten als bei klassischem Fremdkapital	☐	☐	☐	☐	☐
Hohe Anforderungen an Wachstum	☐	☐	☐	☐	☐
Hohe Anforderugen an die Transparenz / Offenlegung von Daten vor und während der Laufzeit des Vertrags	☐	☐	☐	☐	☐
Zeitliche Befristung des Mezzanine-Kapitals	☐	☐	☐	☐	☐
Ggf. aufwendigerer Auswahlprozess als bei klassischem Fremdkapital	☐	☐	☐	☐	☐
Einflussnahme durch Mezzanine-Kapital-Geber in einer Unternehmenskrise möglich	☐	☐	☐	☐	☐
Sonstige Nachteile (Bitte konkretisieren Sie "Sonstige":) ______	☐	☐	☐	☐	☐

Frage 11: Welche Alternativen zur Finanzierung über Standard-Mezzanine-Kapital bestanden?
(**Hinweis:** Mehrfachnennungen möglich.)

	stimmt überein		stimmt überein
Eigenkapitalerhöhung durch Einlage bisheriger Gesellschafter	☐	Aufnahme neuer Gesellschafter . .	☐
Andere Mezzanine-Finanzierung (z. B. (a)typisch stille Beteiligung, Wandel- oder Optionsanleihen, Verkäufer- oder Nachrang-darlehen, Genussrechte, etc.) .	☐	„Klassische“ Fremdkapital-finanzierung über Hausbank (z. B. Investitionsdarlehen, Betriebsmittelkredit, etc.)	☐
Teilnahme an öffentlichem Förderprogramm (staatl. Förderkredite) . .	☐	Fremdkapitalfinanzierung über den Kapitalmarkt (z. B. über Ausgabe von Anleihen).	☐
Finanzierung über andere Fremd-kapitalgeber (z. B. Lieferanten-kredite, etc.) . . .	☐	Finanzierung über Leasing oder Factoring . .	☐
Sonstige . . . (Bitte konkretisieren Sie ‚Sonstige':) ______	☐	**Es bestanden keine Finanzie-rungsalternativen** . .	☐

3. Schritt: Mezzanine-Kapital und Unternehmensentwicklung

Vorbe-: merkung: Im Folgenden werden Fragen zum Thema Mezzanine-Kapital vor dem Hintergrund der Entwicklung Ihres Unternehmen gestellt. Hierbei beziehen sich einige der Fragen **einerseits** auf die Zeit vor der internationalen Finanzmarktkrise **(„VOR DER KRISE)“** und **andererseits** auf die Zeit seit dem Ausbruch der Finanzmarktkrise **(„SEIT DER KRISE“)** im Sommer 2007.

Frage 12: In welchem Maße stimmen Sie der folgenden Aussage zu?

		sehr wichtig (1)	wichtig (2)	weniger wichtig (3)	unwichtig (4)	keine Angabe
VOR der Krise	Die Bedeutung von Mezzanine-Kapital für das Wachstum Ihres Unternehmens insgesamt ist …	☐	☐	☐	☐	☐

		sehr wichtig (1)	wichtig (2)	weniger wichtig (3)	unwichtig (4)	keine Angabe
SEIT der Krise	Die Bedeutung von Mezzanine-Kapital für das Wachstum Ihres Unternehmens insgesamt ist …	☐	☐	☐	☐	☐

Frage 13: Wie hätte sich das Unternehmen nach Ihrer Einschätzung ohne die Aufnahme von Standard-Mezzanine-Kapital entwickelt?

		besser (1)	gleich (2)	schlechter (3)	keine Angabe
VOR der Krise	Entwicklung des Unternehmens insgesamt wäre ohne (Standard-)Mezzanine-Kapital …	☐	☐	☐	☐

		besser (1)	gleich (2)	schlechter (3)	keine Angabe
SEIT der Krise	Entwicklung des Unternehmens insgesamt wäre ohne (Standard-)Mezzanine-Kapital …	☐	☐	☐	☐

3. Schritt: **Mezzanine-Kapital und Unternehmensentwicklung**

Frage 14: Wie hätten sich die Kennzahlen „Umsatzerlöse“, „Investitionsvolumen“, „Höhe der Aufwendungen für Forschung & Entwicklung“ sowie „Anzahl der Beschäftigten“ ohne die Aufnahme von Standard-Mezzanine-Kapital entwickelt?

VOR der Krise

	höher (1)	gleich (2)	niedriger (3)	keine Angabe
Umsatzerlöse wären ohne Standard-Mezzanine-Kapital ...	☐	☐	☐	☐
Aufwendungen für Forschung & Entwicklung wären ohne Standard-Mezzanine-Kapital ...	☐	☐	☐	☐
Investitionsvolumen wäre ohne Standard-Mezzanine-Kapital ...	☐	☐	☐	☐
Anzahl der Beschäftigten wäre ohne Standard-Mezzanine-Kapital ...	☐	☐	☐	☐

SEIT der Krise

	höher (1)	gleich (2)	niedriger (3)	keine Angabe
Umsatzerlöse wären ohne Standard-Mezzanine-Kapital ...	☐	☐	☐	☐
Aufwendungen für Forschung & Entwicklung wären ohne Standard-Mezzanine-Kapital ...	☐	☐	☐	☐
Investitionsvolumen wäre ohne Standard-Mezzanine-Kapital ...	☐	☐	☐	☐
Anzahl der Beschäftigten wäre ohne Standard-Mezzanine-Kapital ...	☐	☐	☐	☐

3. Schritt: **Mezzanine-Kapital und Unternehmensentwicklung**

Frage 15: In welchem Maße stimmen Sie der folgenden Aussage zu?
Die Ausstattung eines Unternehmens mit (wirtschaftlichem) Eigenkapital kann als wichtiges Signal für Bereitschaft von Investoren gelten, zusätzliches – anteilig Verluste tragendes – Kapital (Eigenkapital) zur Verfügung zu stellen. Dies könnte neben einer (möglichen) Verbesserung der quantitativen Ratingeinschätzung auch eine Verbesserung der qualitativen Ratingeinschätzung bewirken.

„Dieser Aussage stimme ich … zu."

VOR der Krise

	in vollem Umfang (1)	überwiegend (2)	überwiegend nicht (3)	überhaupt nicht (4)	keine Angabe
Die Ausstattung mit (wirtschaftlichem) Eigenkapital kann neben einer (möglichen) quantitativen Verbesserung der Bonität auch die qualitative Ratingeinschätzung verbessern	☐	☐	☐	☐	☐

SEIT der Krise

	in vollem Umfang (1)	überwiegend (2)	überwiegend nicht (3)	überhaupt nicht (4)	keine Angabe
Die Ausstattung mit (wirtschaftlichem) Eigenkapital kann neben einer (möglichen) quantitativen Verbesserung der Bonität auch die qualitative Ratingeinschätzung verbessern	☐	☐	☐	☐	☐

Frage 16: In welchem Maße stimmen Sie der folgenden Aussage zu?

VOR der Krise

	sehr wichtig (1)	wichtig (2)	weniger wichtig (3)	unwichtig (4)	keine Angabe
Die Aufnahme von Mezzanine-Kapital ist für die finanzielle Stabilität des Unternehmens …	☐	☐	☐	☐	☐

SEIT der Krise

	sehr wichtig (1)	wichtig (2)	weniger wichtig (3)	unwichtig (4)	keine Angabe
Die Aufnahme von Mezzanine-Kapital ist für die finanzielle Stabilität des Unternehmens …	☐	☐	☐	☐	☐

3. Schritt: **Mezzanine-Kapital und Unternehmensentwicklung**

Frage 17: In welchem Maße stimmen Sie der folgenden Aussage zu?

VOR der Krise		in vollem Umfang (1)	überwiegend (2)	überwiegend nicht (3)	überhaupt nicht (4)	keine Angabe
	Im Vergleich zum Wettbewerb fühle ich mich durch das Mezzanine-Kapital finanziell besser aufgestellt	☐	☐	☐	☐	☐

SEIT der Krise		in vollem Umfang (1)	überwiegend (2)	überwiegend nicht (3)	überhaupt nicht (4)	keine Angabe
	Im Vergleich zum Wettbewerb fühle ich mich durch das Mezzanine-Kapital finanziell besser aufgestellt	☐	☐	☐	☐	☐

Frage 18: Wie wird die Aufnahme des Mezzanine-Kapitals von Ihrer Hausbank bzw. Ihren Hausbanken gesehen?

VOR der Krise		positiv (1)	eher positiv (2)	neutral (3)	eher negativ (4)	negativ (5)	keine Angabe
	Aufnahme des Mezzanine-Kapitals wird von Ihrer Hausbank gesehen als …	☐	☐	☐	☐	☐	☐

SEIT der Krise		positiv (1)	eher positiv (2)	neutral (3)	eher negativ (4)	negativ (5)	keine Angabe
	Aufnahme des Mezzanine-Kapitals wird von Ihrer Hausbank gesehen als …	☐	☐	☐	☐	☐	☐

3. Schritt: **Mezzanine-Kapital und Unternehmensentwicklung**

Frage 19: In welchem Maße stimmen Sie der folgenden Aussage zu?

VOR der Krise

	deutlich verbessert (1)	verbessert (2)	nicht verändert (3)	verschlechtert (4)	deutlich verschlechtert (5)	keine Angabe
Durch die Auszahlung des Mezzanine-Kapitals haben sich die Zinskonditionen für Fremdkapitalfinanzierungen ...	☐	☐	☐	☐	☐	☐
Die Prolongation bestehender Kredite / Aufnahme von neuem Kapital hat sich durch die Aufnahme des Mezzanine-Kapitals …	☐	☐	☐	☐	☐	☐
Durch die Aufnahme des Mezzanine-Kapitals hat sich die Geschäftsbeziehung zu meiner Hausbank …	☐	☐	☐	☐	☐	☐

SEIT der Krise

	deutlich verbessert (1)	verbessert (2)	nicht verändert (3)	verschlechtert (4)	deutlich verschlechtert (5)	keine Angabe
Durch die Auszahlung des Mezzanine-Kapitals haben sich die Zinskonditionen für Fremdkapitalfinanzierungen ...	☐	☐	☐	☐	☐	☐
Die Prolongation bestehender Kredite / Aufnahme von neuem Kapital hat sich durch die Aufnahme des Mezzanine-Kapitals …	☐	☐	☐	☐	☐	☐
Durch die Aufnahme des Mezzanine-Kapitals hat sich die Geschäftsbeziehung zu meiner Hausbank …	☐	☐	☐	☐	☐	☐

4. Schritt: Rückzahlung des Mezzanine-Kapitals

Vorbe-: merkung: Im Folgenden soll einerseits auf die am Ende der Laufzeit anstehende Rückzahlung des aufgenommenen Mezzanine-Kapitals sowie andererseits auf die Auswirkungen der Finanzmarktkrise auf potenziell neue Standard-Mezzanine-Kapitalmarktprogramme eingegangen werden.

Frage 20: Wie weit sind Sie in Ihren Überlegungen bzw. Ihren Vorbereitungen im Hinblick auf die Rückzahlung des Mezzanine-Kapitals?

	stimmt überein
Noch keine Gedanken gemacht	☐
Noch in der Überlegungsphase	☐
Überlegungen abgeschlossen, Gespräche noch nicht aufgenommen . . .	☐
Überlegungen abgeschlossen, Gespräche bereits aufgenommen	☐
Rückzahlung bereits komplett geregelt . . .	☐
Keine Angabe . .	☐

Frage 21: Wie sehen Ihre **Pläne** für die **Rückzahlung** des Mezzanine-Kapitals im Detail aus? **Rückzahlung erfolgt durch…** (Mehrfachnennungen möglich)

	stimmt überein		stimmt überein
den laufenden Geschäftsbetrieb / die laufenden Einnahmen .	☐	Erhöhung der Einlage der Gesellschafter .	☐
Börsengang . .	☐	Einstieg strateg. Investoren	☐
Anschlussfinanzierung über **Standard**-Mezzanine-Kapital	☐	Anschlussfinanzierung über **Individual**-Mezzanine-Kapital	☐
„Klassische“ Fremdkapitalfinanzierung über Hausbank .	☐	Fremdkapitalfinanzierung über den Kapitalmarkt .	☐
Finanzierung über andere Fremdkapitalgeber (z. B. Lieferantenkredite, etc.) . . .	☐	Teilnahme an öffentlichem Förderprogramm (staatl. Förderkredite) . .	☐
einen noch zu beginnenden Ansparplan . . .	☐	einen aktuell bereits bestehenden Ansparplan .	☐
Finanzierung über Leasing oder Factoring . . .	☐	Sonstige . . (Bitte konkretisieren Sie ‚Sonstige‘:)	☐
Keine Angabe . .	☐	______________________	

4. Schritt: **Rückzahlung des Mezzanine-Kapitals**

Frage 22: Inwiefern soll am Ende der Laufzeit das aufgenommene Mezzanine-Kapital durch Kapital von zumindest gleicher Eigenkapitalqualität ersetzt werden?

	sehr wichtig (1)	wichtig (2)	weniger wichtig (3)	unwichtig (4)	keine Angabe
Der Ersatz des Standard-Mezzanine-Kapitals durch Kapital mind. gleicher Eigenkapitalqualität ist …	☐	☐	☐	☐	☐

Frage 23: Standard-Mezzanine-Kapital-Programme werden vor dem Hintergrund der Finanzmarktkrise in Zukunft wahrscheinlich nur möglich sein, wenn bestimmte Änderungen der Programm-Bedingungen vorgenommen werden:
Wie nachteilig würde sich eine Verschärfung verschiedener Bedingungen auf Ihre Entscheidung auswirken, erneut an einem Standard-Mezzanine-Programm teilzunehmen?

	sehr nachteilig (1)	nachteilig (2)	weniger nachteilig (3)	nicht nachteilig (4)	keine Angabe
Strengerer Auswahlprozess / strengere Auswahlkriterien	☐	☐	☐	☐	☐
Höhere Zinskonditionen / Risikoprämie für das Unternehmen	☐	☐	☐	☐	☐
Bonitätsabhängige Veränderung der Zinskonditionen WÄHREND der Laufzeit	☐	☐	☐	☐	☐
Erhöhte Anforderungen an die Transparenz / Offenlegung von Daten	☐	☐	☐	☐	☐
Strengeres Monitoring der Unternehmen während der Laufzeit	☐	☐	☐	☐	☐
Einführung von Ansparplänen zur Sicherstellung der Rückzahlung	☐	☐	☐	☐	☐
Einführung einer regelmäßigen Tilgung während der Laufzeit (Abkehr von einer endfälligen Tilgung)	☐	☐	☐	☐	☐
Debt-Equity-Swap	☐	☐	☐	☐	☐
Zusammenschluss verschiedener Anbieter im Bereich Standard-Mezzanine-Kapital	☐	☐	☐	☐	☐
Sonstige Änderungen (Bitte konkretisieren Sie "Sonstige":) ______	☐	☐	☐	☐	☐

Vielen Dank für Ihre Unterstützung!

Anhang VI-129: Antworthäufigkeiten für die Fragen 1 bis 23[899]

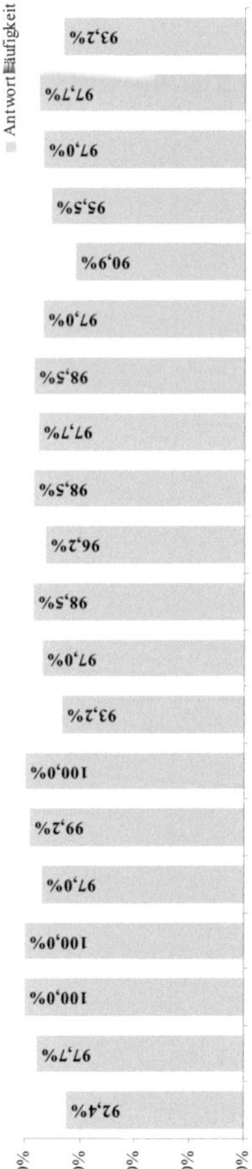

	#1	#2	#3	#4	#5	#6	#7	#8 1	#8 2	#8 3	#8 4	#8 5	#8 6	#8 7	#8 8	#8 9	#8 10	#8 11	#8 12	#8 13
Antworthäufigkeit (in %)	92,4	97,7	100,0	100,0	97,0	99,2	100,0	93,2	97,0	98,5	96,2	98,5	97,7	98,5	97,0	90,9	95,5	97,0	97,7	93,2
# Antworten	122	129	132	132	128	131	132	123	128	130	127	130	129	130	128	120	126	128	129	123
# keine Angabe	10	3	0	0	4	1	0	9	4	2	5	2	3	2	4	12	6	4	3	9
Mittelwert			4,08	4,92		3,55		1,99	1,75	1,86	2,41	1,70	1,74	1,61	1,63	2,65	2,37	2,13	1,75	3,15
Max			7,00	7,00		6,00		4,00	4,00	4,00	4,00	4,00	4,00	4,00	4,00	4,00	4,00	4,00	4,00	4,00
Min			1,00	1,00		1,00		1,00	1,00	1,00	1,00	1,00	1,00	1,00	1,00	1,00	1,00	1,00	1,00	1,00
Varianz			2,25	2,65		1,06		0,83	0,55	0,69	0,75	0,48	0,60	0,44	0,74	0,63	0,73	0,67	0,58	0,54
# Antworten (I)							80	77	77	80	78	80	79	79	79	74	77	79	79	76
# keine Angabe (I)							0	3	3	0	2	0	1	1	1	6	3	1	1	4
Mittelwert (I)								2,04	1,78	1,81	2,47	1,73	1,71	1,67	1,67	2,68	2,47	2,13	1,68	3,12
Max (I)								4,00	4,00	4,00	4,00	4,00	4,00	4,00	4,00	4,00	4,00	4,00	4,00	4,00
Min (I)								1,00	1,00	1,00	1,00	1,00	1,00	1,00	1,00	1,00	1,00	1,00	1,00	1,00
Varianz (I)								0,80	0,57	0,66	0,67	0,51	0,62	0,53	0,71	0,66	0,65	0,68	0,53	0,61
# Antworten (II)							52	46	51	50	49	50	50	51	49	46	49	49	50	47
# keine Angabe (II)							0	6	1	2	3	2	2	1	3	6	3	3	2	5
Mittelwert (II)								1,91	1,71	1,94	2,31	1,66	1,80	1,51	1,57	2,61	2,22	2,14	1,86	3,19
Max (II)								4,00	4,00	4,00	4,00	3,00	3,00	3,00	4,00	4,00	4,00	4,00	4,00	4,00
Min (II)								1,00	1,00	1,00	1,00	1,00	1,00	1,00	1,00	1,00	1,00	1,00	1,00	1,00
Varianz (II)								0,88	0,53	0,75	0,88	0,43	0,57	0,29	0,79	0,60	0,84	0,67	0,65	0,42

[899] Quelle: Eigene Darstellung. Anzumerken ist, dass in den Grafiken zur Antworthäufigkeit die Spalte ‚# keine Angabe' einen Eintrag aufzeigt, insofern im Fragebogen kein Kästchen oder das Feld ‚Keine Angabe' angekreuzt wurde oder die Frage bspw. durch das Ankreuzen von zwei Kästchen nicht auswertbar war.

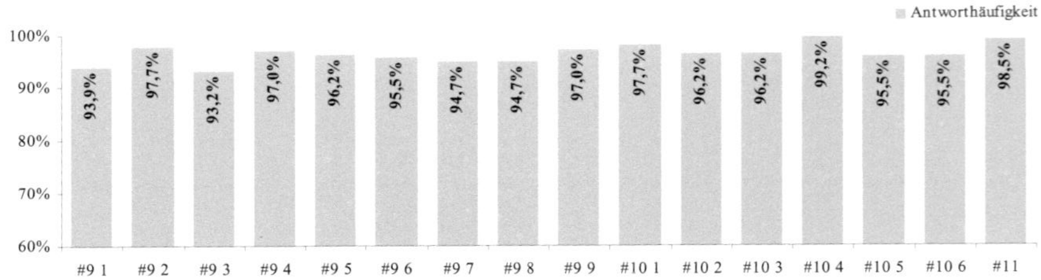

	#9 1	#9 2	#9 3	#9 4	#9 5	#9 6	#9 7	#9 8	#9 9	#10 1	#10 2	#10 3	#10 4	#10 5	#10 6	#11
Antworthäufigkeit (in %)	93,9	97,7	93,2	97,0	96,2	95,5	94,7	94,7	97,0	97,7	96,2	96,2	99,2	95,5	95,5	98,5
# Antworten	124	129	123	128	127	126	125	125	128	129	127	127	131	126	126	130
# keine Angabe	8	3	9	4	5	6	7	7	4	3	5	5	1	6	6	2
Mittelwert	1,83	1,76	2,42	2,42	1,62	3,23	3,26	3,38	2,45	2,33	3,07	3,06	2,45	2,87	2,60	
Max	4,00	4,00	4,00	4,00	3,00	4,00	4,00	4,00	4,00	4,00	4,00	4,00	4,00	4,00	4,00	
Min	1,00	1,00	1,00	1,00	1,00	1,00	1,00	1,00	1,00	1,00	1,00	1,00	1,00	1,00	1,00	
Varianz	0,45	0,57	0,48	0,67	0,35	0,51	0,48	0,48	0,66	0,64	0,43	0,41	0,46	0,53	0,67	
# Antworten (I)	75	78	76	79	77	78	78	79	79	79	77	79	80	78	78	79
# keine Angabe (I)	5	2	4	1	3	2	2	1	1	1	3	1	0	2	2	1
Mittelwert (I)	1,81	1,77	2,41	2,51	1,70	3,24	3,26	3,42	2,34	2,32	3,08	3,05	2,46	2,85	2,71	
Max (I)	3,00	3,00	4,00	4,00	3,00	4,00	4,00	4,00	4,00	4,00	4,00	4,00	4,00	4,00	4,00	
Min (I)	1,00	1,00	1,00	1,00	1,00	2,00	2,00	1,00	1,00	1,00	1,00	1,00	1,00	1,00	1,00	
Varianz (I)	0,42	0,52	0,40	0,66	0,37	0,55	0,50	0,45	0,66	0,73	0,41	0,43	0,43	0,50	0,65	
# Antworten (II)	49	51	47	49	50	48	47	46	49	50	50	48	51	48	48	51
# keine Angabe (II)	3	1	5	3	2	4	5	6	3	2	2	4	1	4	4	1
Mittelwert (II)	1,86	1,75	2,45	2,29	1,50	3,21	3,26	3,33	2,61	2,34	3,06	3,08	2,43	2,92	2,44	
Max (II)	4,00	4,00	4,00	4,00	3,00	4,00	4,00	4,00	4,00	4,00	4,00	4,00	4,00	4,00	4,00	
Min (II)	1,00	1,00	1,00	1,00	1,00	1,00	1,00	1,00	1,00	1,00	1,00	2,00	1,00	1,00	1,00	
Varianz (II)	0,50	0,67	0,60	0,67	0,30	0,47	0,46	0,54	0,62	0,51	0,47	0,38	0,53	0,59	0,68	

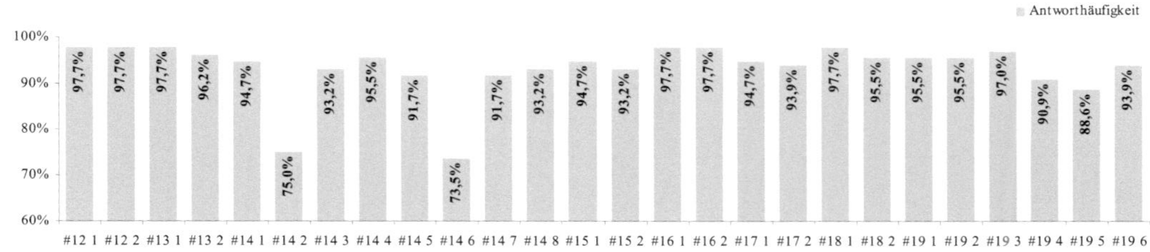

	#12 1	#12 2	#13 1	#13 2	#14 1	#14 2	#14 3	#14 4	#14 5	#14 6	#14 7	#14 8	#15 1	#15 2	#16 1	#16 2	#17 1	#17 2	#18 1	#18 2	#19 1	#19 2	#19 3	#19 4	#19 5	#19 6
Antworthäufigkeit (in %)	97,7	97,7	97,7	96,2	94,7	75,0	93,2	95,5	91,7	73,5	91,7	93,2	94,7	93,2	97,7	97,7	94,7	93,9	97,7	95,5	95,5	95,5	97,0	90,9	88,6	93,9
# Antworten	129	129	129	127	125	99	123	126	121	97	121	123	125	123	129	129	125	124	129	126	126	126	128	120	117	124
# keine Angabe	3	3	3	5	7	33	9	6	11	35	11	9	7	9	3	3	7	8	3	6	6	6	4	12	15	8
Mittelwert	1,94	2,01	2,53	2,57	2,45	2,34	2,74	2,51	2,40	2,39	2,64	2,47	1,90	1,91	1,98	1,86	2,18	2,10	1,88	2,08	2,64	2,58	2,74	2,83	2,72	2,84
Max	4,00	4,00	3,00	3,00	3,00	3,00	3,00	3,00	3,00	3,00	3,00	3,00	4,00	4,00	3,00	4,00	4,00	4,00	5,00	5,00	4,00	4,00	4,00	5,00	5,00	5,00
Min	1,00	1,00	1,00	1,00	1,00	2,00	2,00	2,00	1,00	2,00	1,00	1,00	1,00	1,00	1,00	1,00	1,00	1,00	1,00	1,00	1,00	1,00	1,00	1,00	1,00	1,00
Varianz	0,40	0,62	0,28	0,28	0,27	0,23	0,19	0,25	0,26	0,24	0,25	0,28	0,53	0,75	0,33	0,57	0,52	0,64	0,67	1,15	0,38	0,37	0,22	0,48	0,58	0,35
# Antworten (I)	78	78	77	75	76	61	76	77	72	59	73	74	75	74	78	78	75	74	78	76	77	75	77	73	71	74
# keine Angabe (I)	2	2	3	5	4	19	4	3	8	21	7	6	5	6	2	2	5	6	2	4	3	5	3	7	9	6
Mittelwert (I)	1,83	1,99	2,60	2,65	2,50	2,46	2,75	2,53	2,47	2,49	2,71	2,53	1,81	1,84	1,95	1,86	2,12	2,05	1,83	2,08	2,62	2,60	2,70	2,81	2,72	2,84
Max (I)	3,00	4,00	3,00	3,00	3,00	3,00	3,00	3,00	3,00	3,00	3,00	3,00	4,00	4,00	3,00	4,00	4,00	4,00	5,00	5,00	4,00	4,00	4,00	5,00	5,00	5,00
Min (I)	1,00	1,00	1,00	1,00	2,00	2,00	2,00	2,00	1,00	2,00	1,00	1,00	1,00	1,00	1,00	1,00	1,00	1,00	1,00	1,00	1,00	1,00	2,00	1,00	1,00	1,00
Varianz (I)	0,40	0,61	0,30	0,26	0,25	0,25	0,19	0,25	0,28	0,25	0,24	0,31	0,42	0,71	0,31	0,54	0,57	0,65	0,66	1,22	0,34	0,35	0,24	0,41	0,55	0,44
# Antworten (II)	51	51	52	52	49	38	47	49	49	38	48	49	50	49	51	51	50	50	51	50	49	51	51	47	46	50
# keine Angabe (II)	1	1	0	0	3	14	5	3	3	14	4	3	2	3	1	1	2	2	1	2	3	1	1	5	6	2
Mittelwert (II)	2,10	2,04	2,42	2,44	2,37	2,16	2,72	2,47	2,29	2,24	2,54	2,39	2,02	2,02	2,04	1,86	2,26	2,16	1,94	2,08	2,67	2,55	2,80	2,87	2,72	2,84
Max (II)	4,00	4,00	3,00	3,00	3,00	3,00	3,00	3,00	3,00	3,00	3,00	3,00	4,00	4,00	3,00	4,00	4,00	4,00	4,00	4,00	4,00	4,00	3,00	5,00	5,00	4,00
Min (II)	1,00	1,00	2,00	1,00	1,00	2,00	2,00	2,00	2,00	2,00	2,00	2,00	1,00	1,00	1,00	1,00	1,00	1,00	1,00	1,00	1,00	1,00	1,00	1,00	1,00	1,00
Varianz (II)	0,37	0,64	0,25	0,29	0,28	0,14	0,20	0,25	0,21	0,19	0,25	0,24	0,67	0,81	0,36	0,64	0,44	0,63	0,70	1,05	0,43	0,41	0,20	0,59	0,65	0,22

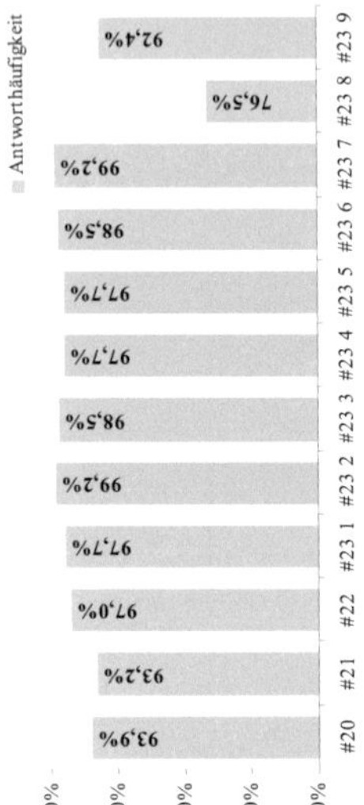

	#20	#21	#22	#23 1	#23 2	#23 3	#23 4	#23 5	#23 6	#23 7	#23 8	#23 9
Antworthäufigkeit (in %)	93,9	93,2	97,0	97,7	99,2	98,5	97,7	97,7	98,5	99,2	76,5	92,4
# keine Angabe	8	9	4	3	1	2	3	3	2	1	31	10
# Antworten	124	123	128	129	131	130	129	129	130	131	101	122
Mittelwert	2,85		2,26	2,75	1,79	2,18	3,20	2,91	2,52	2,68	2,36	3,23
Max	5,00		4,00	4,00	4,00	4,00	4,00	4,00	4,00	4,00	4,00	4,00
Min	1,00		1,00	1,00	1,00	1,00	2,00	1,00	1,00	1,00	1,00	1,00
Varianz	1,07		0,60	0,72	0,49	0,52	0,51	0,63	0,67	0,77	0,89	0,53
# Antworten (I)	73	72	78	79	79	79	79	79	79	79	79	79
# keine Angabe (I)	7	8	2	1	1	1	1	1	1	1	1	1
Mittelwert (I)	2,99		2,29	2,72	1,67	2,14	3,10	2,86	2,52	2,65	2,39	3,18
Max (I)	5,00		4,00	4,00	3,00	4,00	4,00	4,00	4,00	4,00	4,00	4,00
Min (I)	1,00		1,00	1,00	1,00	1,00	2,00	1,00	1,00	1,00	1,00	1,00
Varianz (I)	1,07		0,57	0,67	0,45	0,54	0,50	0,56	0,79	0,85	0,90	0,54
# Antworten (II)	51	51	50	50	50	50	50	50	50	50	50	50
# keine Angabe (II)	1	1	2	2	2	2	2	2	2	2	2	2
Mittelwert (II)	2,65		2,20	2,80	1,96	2,23	3,36	3,00	2,51	2,73	2,31	3,31
Max (II)	5,00		4,00	4,00	4,00	4,00	4,00	4,00	4,00	4,00	4,00	4,00
Min (II)	1,00		1,00	1,00	1,00	1,00	2,00	1,00	1,00	1,00	1,00	1,00
Varianz (II)	1,03		0,65	0,82	0,51	0,49	0,48	0,73	0,49	0,67	0,90	0,51

Anhang VI-130: χ^2-Anpassungstest ‚Branche' der Unternehmen der Befragung an die Grundgesamtheit N_R[900]

Branche	Beobachtete Anzahl	Erwartete Anzahl	Residuum
Verarbeitendes Gewerbe	66	60,0	6,0
Dienstleistungen	26	20,6	5,4
Handel	14	35,5	-21,5
Bau	5	3,3	1,7
Sonstige	11	2,6	8,4
Total	122		

Statistik für Test

	Branche
Chi-Quadrat[a]	32,799
df (Anzahl Freiheitsgrade)	4
Asymptotische Signifikanz	0,000

a. Bei 2 Zellen (40,0%) werden weniger als 5 Häufigkeiten erwartet. Die kleinste erwartete Zellenhäufigkeit ist 2,6.

Quelle: Eigene Darstellung.

[900] Eingeschränkte Approximation, da mehr als 20% der erwarteten Anzahl kleiner als 5.

Anhang VI-131: χ^2-Anpassungstest ‚Rechtsform' der Unternehmen der Befragung an die Grundgesamtheit N_R[901]

Rechtsform	Beobachtete Anzahl	Erwartete Anzahl	Residuum
GmbH	60	61,8	-1,8
AG	30	29,4	0,6
GmbH & Co. KG	36	31,7	4,3
KG	1	2,8	-1,8
Sonstige	2	3,2	-1,2
Total	129		

Statistik für Test

	Rechtsform
Chi-Quadrat[a]	2,247
df (Anzahl Freiheitsgrade)	4
Asymptotische Signifikanz	0,690

a. Bei 2 Zellen (40,0%) werden weniger als 5 Häufigkeiten erwartet. Die kleinste erwartete Zellenhäufigkeit ist 2,8.

Quelle: Eigene Darstellung.

Anhang VI-132: χ^2-Anpassungstest ‚Umsatzerlöse' der Unternehmen der Befragung an die Grundgesamtheit N_R

Umsatzerlöse	Beobachtete Anzahl	Erwartete Anzahl	Residuum
≤ EUR 10 Mio.	6	8,6	-2,6
> EUR 10 Mio. bis EUR 25 Mio.	15	24,7	-9,7
> EUR 25 Mio. bis EUR 50 Mio.	24	34,2	-10,2
> EUR 50 Mio. bis EUR 100 Mio.	35	34,1	0,9
> EUR 100 Mio. bis EUR 250 Mio.	30	20,2	9,8
> EUR 250 Mio. bis EUR 500 Mio.	14	8,3	5,7
> EUR 500 Mio.	8	1,8	6,2
Total	132		

Statistik für Test

	Umsatzerlöse
Chi-Quadrat[a]	36,725
df (Anzahl Freiheitsgrade)	6
Asymptotische Signifikanz	0,000

a. Bei 1 Zelle (14,3%) werden weniger als 5 Häufigkeiten erwartet. Die kleinste erwartete Zellenhäufigkeit ist 1,8.

Quelle: Eigene Darstellung.

Anhang VI-133: χ^2-Anpassungstest ‚Anzahl an Angestellten' der Unternehmen der Befragung an die Grundgesamtheit N_R[902]

Anzahl an Angestellten	Beobachtete Anzahl	Erwartete Anzahl	Residuum
≤ 50 Beschäftigte	25	22,4	2,6
> 50 bis 100 Beschäftigte	27	16,5	10,5
> 100 bis 250 Beschäftigte	39	36,0	3,0
> 250 bis 500 Beschäftigte	21	26,8	-5,8
> 500 bis 1.000 Beschäftigte	8	15,7	-7,7
> 1.000 Beschäftigte	11	13,6	-2,6
Total	131		

Statistik für Test

	Anzahl an Angestellten
Chi-Quadrat[a]	29,123
df (Anzahl Freiheitsgrade)	5
Asymptotische Signifikanz	0,000

a. Bei 0 Zellen (0,0%) werden weniger als 5 Häufigkeiten erwartet. Die kleinste erwartete Zellenhäufigkeit ist 13,7.

Quelle: Eigene Darstellung.

901 Kategorien ‚GmbH & Co. KG' und ‚KG' werden einzeln berücksichtigt. Eingeschränkte Approximation, da mehr als 20% der erwarteten Anzahl kleiner als 5.

902 Kategorien ‚≤ 25 Beschäftigte' und ‚> 25 bis 50 Beschäftigte' sind zusammengefasst.

Anhang VI-134: χ^2-Anpassungstest ‚Anzahl der Teilnahmen' der Unternehmen der Befragung an die Grundgesamtheit N_R[903]

Anzahl der Teilnahmen	Beobachtete Anzahl	Erwartete Anzahl	Residuum
1	105	107,7	-2,7
2	21	19,1	1,9
3	2	1,2	0,8
Total	128		

Quelle: Eigene Darstellung.

Statistik für Test

	Anzahl der Teilnahmen
Chi-Quadrat[a]	0,870
df (Anzahl Freiheitsgrade)	2
Asymptotische Signifikanz	0,647

a. Bei 1 Zelle (33,3%) werden weniger als 5 Häufigkeiten erwartet. Die kleinste erwartete Zellenhäufigkeit ist 1,2.

Anhang VI-135: Verteilung der Teilnahmen auf die Programme –Frage 5–

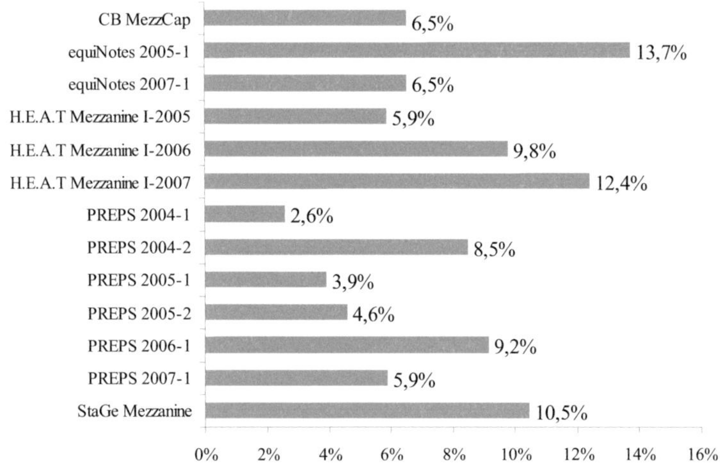

Quelle: Eigene Darstellung; Mehrfachnennungen möglich.

[903] Im Test werden nur bis zu drei Teilnahmen berücksichtigt.

Anhang VI-136: Zusammengefasste Verteilung der Nominalvolumina der Unternehmen der Grundgesamtheit N_{RI}[904]

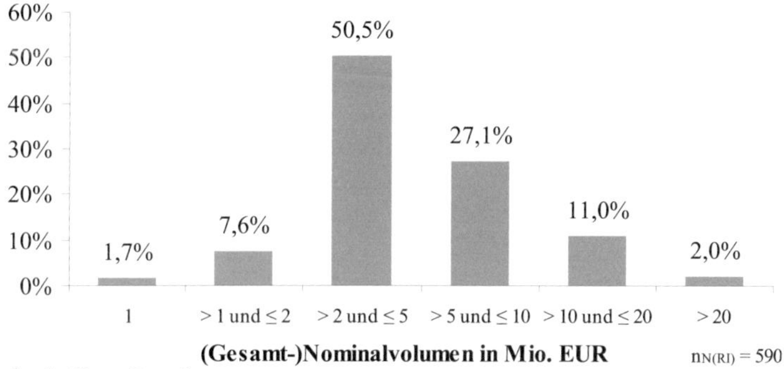

Quelle: Eigene Darstellung.

Anhang VI-137: χ^2-Anpassungstest ‚Nominalvolumen' der Unternehmen der Befragung an die Grundgesamtheit N_R[905]

Nominalvolumen	Beobachtete Anzahl	Erwartete Anzahl	Residuum
EUR 1 Mio.	3	2,2	0,8
> EUR 1 Mio. bis EUR 2 Mio.	11	10,0	1,0
> EUR 2 Mio. bis EUR 5 Mio.	55	66,2	-11,2
> EUR 5 Mio. bis EUR 10 Mio.	41	35,5	5,5
> EUR 10 Mio. bis EUR 20 Mio.	15	14,4	0,6
> EUR 20 Mio.	6	2,7	3,3
Total	131		

Statistik für Test

	Nominalvolumen
Chi-Quadrat [a]	7,327
df (Anzahl Freiheitsgrade)	5
Asymptotische Signifikanz	0,197

a. Bei 2 Zellen (33,3%) werden weniger als 5 Häufigkeiten erwartet. Die kleinste erwartete Zellenhäufigkeit ist 2,2.

Quelle: Eigene Darstellung.

[904] Zusammengefasste Nominalvolumina aus Abbildung 4-8 gemäß der Größenklassen aus Abbildung 5-11.

[905] Eingeschränkte Approximation, da mehr als 20% der erwarteten Anzahl kleiner als 5.

Anhang VI-138: Verwendungszwecke für Mezzanine-Kapital im Durchschnitt für die Jahre 2006 und 2007 aus Anbietersicht[906]

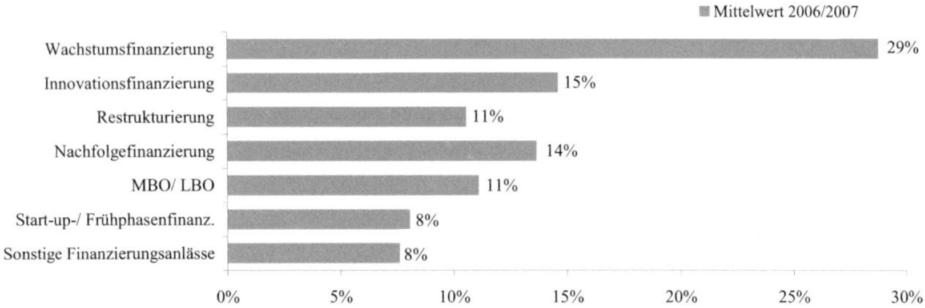

	Wachstums-finanzierung	Innovations-finanzierung	Restruktu-rierung	Nachfolge-finanzierung	MBO/ LBO	Start-up-Finanzierung	Sonst. Finanz.Anlässe
2007	31%	17%	15%	11%	10%	10%	5%
2006	27%	12%	6%	16%	12%	6%	10%

Anhang VI-139: Kredithürde der gewerblichen Wirtschaft[907]

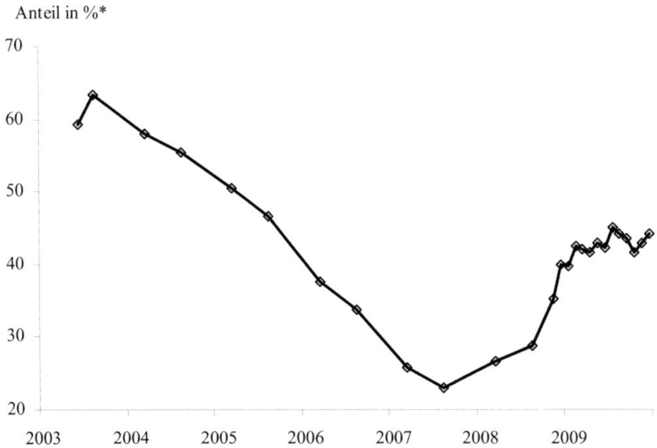

*Anteil der Unternehmen, die angeben, die Kreditvergabe sei restriktiv

Quelle: ifo Konjunkturtest im Dezember 2009

---

906 Quelle: Eigene Darstellung in Anlehnung an Fleischhauer, U./Sauter, D. (2007), S. 24; Fleischhauer, U./Kaluza, A. (2008), S. 48. Anzumerken ist, dass es Rundungsdifferenzen gibt und sich die Werte (insbesondere in 2006) nicht auf 100% summieren, da es in 2006 sowohl das Feld ‚Sonstige Finanzierungsanlässe' als auch das Feld ‚Sonstige' (ca. 8%) in den Quelldaten gab und das Feld ‚Sonstige' in 2007 und 2008 ersatzlos gestrichen wurde. Für die Zahlen 2008 sei auf Fleischhauer, U./Olkowsky, M. (2009), S. 30 verwiesen, die vor dem Hintergrund des Zusammenbruchs des Marktes für Standard-Mezzanine-Kapital im Jahr 2008 nicht in die Übersicht mit aufgenommen werden.

907 Quelle: Institut für Wirtschaftsforschung (2009), S. 1.

Anhang VI-140: Beurteilung der Vorteile von Standard-Mezzanine-Kapital für Umsatzgruppe 1 und 2 -Frage 9-

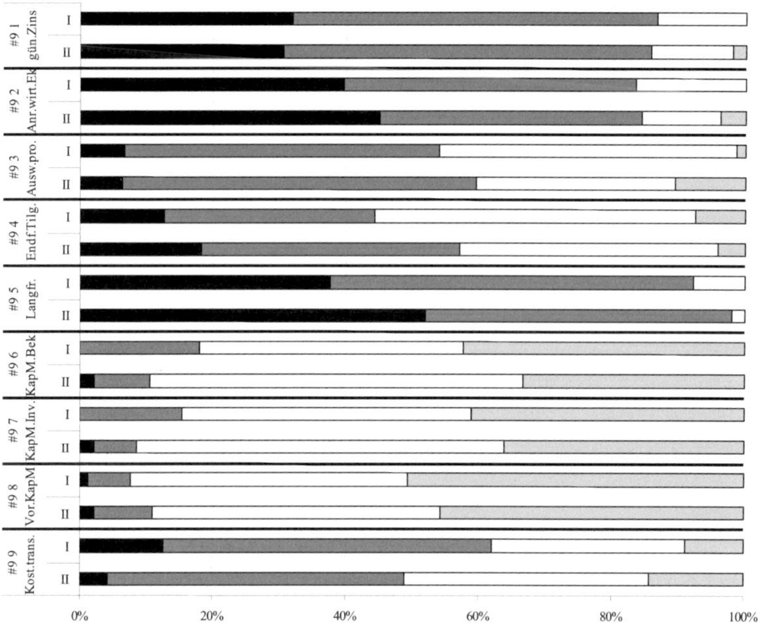

	#9 1		#9 2		#9 3		#9 4		#9 5		#9 6		#9 7		#9 8		#9 9	
Angaben in %	I	II	I	II	I	II	I	II	I	II	I	II	I	II	I	II	I	II
■ sehr wichtig	32,0	30,6	39,7	45,1	6,6	6,4	12,7	18,4	37,7	52,0	0,0	2,1	0,0	2,1	1,3	2,2	12,7	4,1
■ wichtig	54,7	55,1	43,6	39,2	47,4	53,2	31,6	38,8	54,5	46,0	17,9	8,3	15,4	6,4	6,3	8,7	49,4	44,9
□ weniger wichtig	13,3	12,2	16,7	11,8	44,7	29,8	48,1	38,8	7,8	2,0	39,7	56,3	43,6	55,3	41,8	43,5	29,1	36,7
□ unwichtig	0,0	2,0	0,0	3,9	1,3	10,6	7,6	4,1	0,0	0,0	42,3	33,3	41,0	36,2	50,6	45,7	8,9	14,3

Quelle: Eigene Darstellung; Rundungsdifferenzen möglich.

Anhang VI-141: Beurteilung der Nachteile von Mezzanine-Kapital für Umsatzgruppe 1 und 2 -Frage 10-

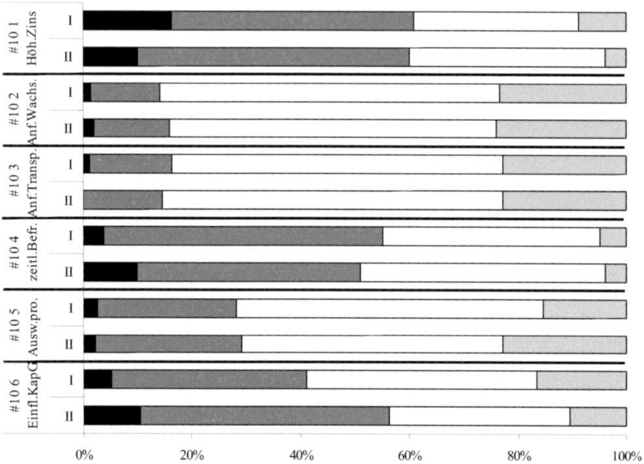

Angaben in %	#10 1		#10 2		#10 3		#10 4		#10 5		#10 6	
	I	II	I	II	I	II	I	II	I	II	I	II
■ sehr nachteilig	16,46	10,00	1,30	2,00	1,27	0,00	3,75	9,80	2,56	2,08	5,13	10,42
■ nachteilig	44,30	50,00	12,99	14,00	15,19	14,58	51,25	41,18	25,64	27,08	35,90	45,83
□ weniger nachteilig	30,38	36,00	62,34	60,00	60,76	62,50	40,00	45,10	56,41	47,92	42,31	33,33
□ nicht nachteilig	8,86	4,00	23,38	24,00	22,78	22,92	5,00	3,92	15,38	22,92	16,67	10,42

Quelle: Eigene Darstellung; Rundungsdifferenzen möglich.

Anhang VI-142: Ergebnis einer Parallelanalyse in SPSS[908]

Run MATRIX procedure:
PARALLEL ANALYSIS:
Principal Components
Specifications for this Run:
Ncases 132
Nvars 22
Ndatsets 1000
Percent 95
Random Data Eigenvalues

Root	Means	Prcntyle		empirischer Eigenwertverlauf	
1,00000	1,818625	1,960892	<	4,43985	
2,00000	1,667163	1,766649	<	2,56890	
3,00000	**1,55565**	**1,63722**	<	**2,12620**	**◄— drei Faktoren**
4,00000	1,461282	1,539793	>	1,41627	
5,00000	1,378257	1,44346	>	1,15014	
6,00000	1,300393	1,360261	>	1,06375	
7,00000	1,227104	1,287026	>	1,00734	
8,00000	1,160423	1,211387			
9,00000	1,097236	1,14754			
10,00000	1,03714	1,087955			
11,00000	0,979253	1,029526			
12,00000	0,922628	0,969165			
13,00000	0,869589	0,914339			
14,00000	0,816801	0,863362			
15,00000	0,764879	0,810945			
16,00000	0,714552	0,761994			
17,00000	0,665506	0,713338			
18,00000	0,616166	0,66346			
19,00000	0,567372	0,613815			
20,00000	0,516598	0,561715			
21,00000	0,462464	0,512976			
22,00000	0,400917	0,457557			

------ END MATRIX -----

Quelle: Eigene Darstellung

[908] Hierbei werden in der Parallelanalyse die entsprechenden Werte (Anzahl der Fälle, d. h. 132 Datensätze im Fragebogen: Ncases; Anzahl der Variablen, d. h. 22 Teilfragen: nvars; Anzahl der Stichproben, d. h. 1.000 zufällige Datendateien: ndatsets; Perzentil, d. h. 95%-Perzentil: Percent) genutzt, um 1.000 Stichproben mit 132 Fällen und 22 Zufallsvariablen zu erzeugen. Für jede einzelne dieser 22 möglichen Komponenten oder Faktoren resultiert eine Verteilung von 1.000 zufälligen Eigenwerten. Anhand dieser Verteilung wird die Grenze von 95% (95%-Perzentil) definiert, ab der die Eigenwerte von Zufallsdaten nur noch mit einer Wahrscheinlichkeit von fünf Prozent auftreten. Demnach sind Eigenwerte in dieser Größe extrem unwahrscheinlich auf den Zufall zurückzuführen, so dass (empirische) Eigenwerte, die über dieser Grenze liegen, nicht mehr der Verteilung der zufälligen Eigenwerte angehören und empirisch bedeutsam sind. Die Daten des empirischen Eigenwertverlaufs sind hierbei der im weiteren Verlauf der Arbeit noch vorzustellenden Abbildung 5-61 entnommen.

Anhang VI-143: Eigenwertverlauf der empirischen sowie der zufälligen Variablen in der Parallelanalyse

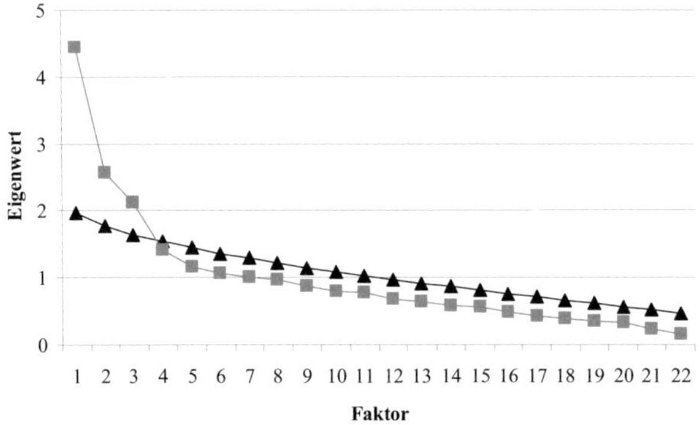

Quelle: Eigene Darstellung

Anhang VI-144: Komponentenmatrix

Komponentenmatrix (Faktorladungen)[a]

	Komponente		
	1	2	3
8_4 Senkung_FK-Zinsen	0,598	-0,303	0,022
8_3 Verbesserung_Rating	0,596	-0,480	0,006
9_2 Anrech_wirtsch_EK	0,594	-0,550	0,032
8_2 Erhöh_wirtsch_EK	0,554	-0,482	-0,008
8_8 Keine_Änd_Stimmrechte	0,520	0,192	-0,180
9_9 Transp_Kostenstruktur	0,516	0,016	0,198
8_11 Diversi_Fin_Struktur	0,488	0,063	-0,168
9_1 Geringerer_Zins_vs.Ind_Mezz.	0,458	-0,178	-0,276
9_5 Langfr_Finanzierung	0,444	0,330	-0,407
8_13 Umgang_ext_Kap.geber	0,439	0,194	0,313
8_6 Keine_Sicherheiten	0,414	0,342	-0,349
9_3 Stand_Auswahlprozess	0,366	-0,045	0,053
8_12 Freier_Vwz	0,356	0,342	-0,201
8_10 Steuerl_Abzugsfähigkeit	0,339	-0,158	0,257
8_9 Vertragsflexibilität	0,293	0,017	0,067
8_1 Erhöh_bil_EK	0,482	-0,543	0,235
9_6 Ind_Kapitalmarkt_Bekanntheit	0,425	0,534	0,533
9_4 Endf_Tilgung	0,257	0,339	-0,119
9_7 Ind_Kapitalmarkt_Investoren	0,371	0,534	0,554
9_8 Vorbereitung_Kapitalmarkt	0,347	0,323	0,540
8_7 Langfr_Finanzierung	0,397	0,323	-0,530
8_5 Erweit_Finanz.spielraum	0,408	0,204	-0,466

Extraktionsmethode: Hauptkomponentenanalyse.
a. 3 Komponenten extrahiert.

Quelle: Eigene Darstellung.

Anhang VI-145: Kommunalitätenschätzung und anfängliche Kommunalitäten

	Anfänglich	Extraktion
8_1 Erhöh_bil_EK	1,000	0,583
8_2 Erhöh_wirtsch_EK	1,000	0,539
8_3 Verbesserung_Rating	1,000	0,585
8_4 Senkung_FK-Zinsen	1,000	0,450
8_5 Erweit_Finanz.spielraum	1,000	0,425
8_6 Keine_Sicherheiten	1,000	0,410
8_7 Langfr_Finanzierung	1,000	0,543
8_8 Keine_Änd_Stimmrechte	1,000	0,339
8_9 Vertragsflexibilität	1,000	0,091
8_10 Steuerl_Abzugsfähigkeit	1,000	0,206
8_11 Diversi_Fin_Struktur	1,000	0,270
8_12 Freier_Vwz	1,000	0,284
8_13 Umgang_ext_Kap.geber	1,000	0,328
9_1 Geringerer_Zins_vs.Ind_Mezz.	1,000	0,317
9_2 Anrech_wirtsch_EK	1,000	0,657
9_3 Stand_Auswahlprozess	1,000	0,139
9_4 Endf_Tilgung	1,000	0,195
9_5 Langfr_Finanzierung	1,000	0,472
9_6 Ind_Kapitalmarkt_Bekanntheit	1,000	0,750
9_7 Ind_Kapitalmarkt_Investoren	1,000	0,729
9_8 Vorbereitung_Kapitalmarkt	1,000	0,516
9_9 Transp_Kostenstruktur	1,000	0,306

Extraktionsmethode: Hauptkomponentenanalyse.

Quelle: Eigene Darstellung.

Anhang VI-146: Koeffizientenmatrix der Faktorwerte

	Komponente		
	1	2	3
8_1 Erhöh_bil_EK	0,233	-0,119	0,016
8_2 Erhöh_wirtsch_EK	0,219	-0,022	-0,050
8_3 Verbesserung_Rating	0,226	-0,020	-0,041
8_4 Senkung_FK-Zinsen	0,179	0,009	0,001
8_5 Erweit_Finanz.spielraum	-0,007	0,236	-0,082
8_6 Keine_Sicherheiten	-0,039	0,227	-0,013
8_7 Langfr_Finanzierung	-0,044	0,278	-0,081
8_8 Keine_Änd_Stimmrechte	0,026	0,159	0,025
8_9 Vertragsflexibilität	0,046	0,019	0,054
8_10 Steuerl_Abzugsfähigkeit	0,108	-0,069	0,089
8_11 Diversi_Fin_Struktur	0,055	0,126	0,000
8_12 Freier_Vwz	-0,042	0,174	0,033
8_13 Umgang_ext_Kap.geber	0,032	-0,005	0,190
9_1 Geringerer_Zins_vs.Ind_Mezz.	0,111	0,109	-0,090
9_2 Anrech_wirtsch_EK	0,245	-0,042	-0,046
9_3 Stand_Auswahlprozess	0,073	0,021	0,043
9_4 Endf_Tilgung	-0,054	0,135	0,052
9_5 Langfr_Finanzierung	-0,033	0,247	-0,033
9_6 Ind_Kapitalmarkt_Bekanntheit	-0,052	-0,010	0,335
9_7 Ind_Kapitalmarkt_Investoren	-0,061	-0,024	0,337
9_8 Vorbereitung_Kapitalmarkt	-0,008	-0,063	0,287
9_9 Transp_Kostenstruktur	0,087	0,006	0,121

Extraktionsmethode: Hauptkomponentenanalyse.
Rotationsmethode: Varimax mit Kaiser-Normalisierung.
Komponentenwerte.

Quelle: Eigene Darstellung.

Anhang VI-147: Zusammenfassung der Fallverarbeitung für Faktor 1 im Rahmen einer Reliabilitätsanalyse

		Anzahl	%
Fälle	Gülitg	117	88,6
	Ausgeschlossen[a]	15	11,4
	Insgesamt	132	100,0

a. Listenweise Löschung auf der Grundlage aller Variablen in der Prozedur.

Quelle: Eigene Darstellung.

Anhang VI-148: Zusammenfassung der Fallverarbeitung für Faktor 2 im Rahmen einer Reliabilitätsanalyse

		Anzahl	%
Fälle	Gülitg	120	90,9
	Ausgeschlossen[a]	12	9,1
	Insgesamt	132	100,0

a. Listenweise Löschung auf der Grundlage aller Variablen in der Prozedur.

Quelle: Eigene Darstellung.

Anhang VI-149: Zusammenfassung der Fallverarbeitung für Faktor 2 inkl. Variable 9_1 im Rahmen einer Reliabilitätsanalyse

		Anzahl	%
Fälle	Gülitg	115	87,1
	Ausgeschlossen[a]	17	12,9
	Insgesamt	132	100,0

a. Listenweise Löschung auf der Grundlage aller Variablen in der Prozedur.

Quelle: Eigene Darstellung.

Anhang VI-150: Zusammenfassung der Fallverarbeitung für Faktor 3 im Rahmen einer Reliabilitätsanalyse

		Anzahl	%
Fälle	Gülitg	118	89,4
	Ausgeschlossen[a]	14	10,6
	Insgesamt	132	100,0

a. Listenweise Löschung auf der Grundlage aller Variablen in der Prozedur.

Quelle: Eigene Darstellung.

VI. Literaturverzeichnis

Achleitner, A.-K. (2002): Handbuch Investment Banking. 3., überarbeitete und erweiterte Auflage, Wiesbaden.

Achleitner, A.-K./Fingerle, C. H. (2004): Finanzierungssituation des deutschen Mittelstandes. In: Achleitner, A.-K./von Einem, C./von Schröder, B. (Hrsg.). Private Debt – alternative Finanzierung für den Mittelstand, Ulm, S. 5-40.

Adler, H./Düring, W./Schmaltz, K. (1998): Rechnungslegung und Prüfung der Unternehmen, 6. Auflage, § 246 HGB.

Ahrweiler, S./Börner, C. J. (2003): Neue Finanzierungswege für den Mittelstand – Ausgangsituation, Notwendigkeit und Instrumente. In: Kienbaum, J./Börner, C. J. (Hrsg.). Neue Finanzierungswege für den Mittelstand – Von der Notwendigkeit zu den Gestaltungsformen. 1. Auflage, Wiesbaden, August 2003.

Ahrweiler, S./Börner, C. J./Rühle, J. (2007): Auswirkungen von Basel II auf die Finanzierungssituation mittelständischer Unternehmen in Deutschland. In: Hofmann, G. (Hrsg.). Basel II und MaRisk – Regulatorische Vorgaben, bankinterne Verfahren, Risikomanagement, Frankfurt am Main, 1. Auflage 2007, S. 291-313.

Altenburg, M, (2009): Warum der Staat eine Wiederbelebung des Verbriefungsmarktes ordnen, sie aber nicht initiieren sollte In: Zeitschrift für das gesamte Kreditwesen 19/2009, S. 960-961.

App, J. G./Klein, J. (2006): Verbriefungen – Motivation und Strukturen sowie ausgewählte Fragen der Rechnungslegung. In: Kapitalmarktorientierte Rechnungslegung (KoR), Heft 7-8 vom 05.07.2006, S. 487-496.

Appel, H./Ruhkamp, S. (2009): KfW und Banken wollen Verbriefungen reanimieren. In: Frankfurter Allgemeine Zeitung vom 01.12.2009. http://www.faz.net/s/Rub0E9EEF84AC1E4A389A8DC6C23161FE44/Doc~E1D07B8CE8E024D418E17FCB760E014F8~ATpl~Ecommon~Scontent.html (Stand 09.04.2010).

Arntz, T./Schultz, F. (1998): Bilanzielle und steuerliche Überlegungen zu Asset-Backed Securities. In: Die Bank 11/98, S. 694-697.

Aumyr, K. J. (2006): Erfolgreiches Produktmanagement – Tool-Box für das professionelle Produktmanagement und Produktmarketing. 1. Auflage, Wiesbaden.

Bacher, J. (2002): Statistisches Matching: Anwendungsmöglichkeiten, Verfahren und ihre praktische Umsetzung in SPSS. ZA-Informationen, 51. Jahrgang., S. 38-66.

Bähr, G./Fischer-Winkelmann, W. F./List, Stephan (2006): Buchführung und Jahresabschluss. 9., überarbeitete Auflage, Wiesbaden, Oktober 2006.

Bär, H. P. (2000): Asset Securitization, 3. Auflage, Bern/ Stuttgart/ Wien.

Baetge, J. (2002): Die Früherkennung von Unternehmenskrisen anhand von Abschlusskennzahlen – Rückblick und Standortbestimmung. In: Der Betrieb, 55/44, S. 2281-2289.

Baetge, J./Brüggemann, B. (2005): Ausweis von Genussrechten auf der Passivseite der Bilanz des Emittenten. In: Der Betrieb. Heft 40 vom 07.10.2005, S. 2145-2152.

Baetge, J./Kirsch, H.-J./Thiele, S. (2009): Bilanzen. 10., vollständig aktualisierte Auflage, Düsseldorf.

Baetge, J./Melcher, T./Schmidt, M. (2009): Moderne Bilanzanalyse und Grenzen von Bilanzratings. In: Everling, O./Holzschu, K./Leker, J. (Hrsg.). Credit Analyst, München, S. 143-164.

Baetge, J./Melcher, T./Thun, C. (2008): Bilanzratings bei der Vergabe hybrider Finanzinstrumente. In: Everling, O. (Hrsg.). Certified Rating Analyst, München, S. 299-324.

Bartz, T./Atzler, E. (2009): Angst vor Verbriefungen – Rückschlag für die Banken. Aus der FTD vom 27.10.2009. http://www.ftd.de/finanzen/maerkte/:rueckschlag-fuer-die-banken-angst-vor-verbriefungen/50028692.html (Stand 27.10.2009).

Basel Committee on Banking Supervision (2010): Strengthening the resilience of the banking sector – Consultative Document. Issued for comment by 16 April 2010. December 2009, Basel.

Basler Ausschuss für Bankenaufsicht (2004): Internationale Konvergenz der Eigenkapitalmessung und der Eigenkapitalanforderungen. bearbeitete Rahmenvereinbarung, Juni 2004, Basel.

Bayer, W./Hoffmann, T. (2008): Die nichtbörsennotierte Aktiengesellschaft. In: Die Aktiengesellschaft, Heft 17/2008, S. R379-R382.

Bayón, T./von Wangenheim, F. (2005): Ein zweidimensionales Kundenbindungsmodell mit direkten und moderierenden Einflussvariablen. In: Marketing – Zeitschrift für Forschung und Praxis, 27. Jahrgang, Heft 03/2005, S. 169-183.

Bechtold, H. (2009): Die Debatte um Qualität und Risikobeteiligung in der Kreditverbriefung. In: Zeitschrift für das gesamte Kreditwesen, 1/2009, S. 42-43.

Bechtold, H./Glüder, D. (2006): True-Sale-Verbriefungen – Erwartungen an die neue Bundesregierung. In: Zeitschrift für das gesamte Kreditwesen, 1/2006, S. 35-37.

Beck, M./Hofmann, G./Weinand, A. (2006): Der Prozess der Mezzanine Kapitalaufnahme und typische Anforderungen an das Unternehmen. In: Bösl, K./Sommer, M. (Hrsg.). Mezzanine Finanzierung. Betriebswirtschaft – Zivilrecht – Steuerrecht – Bilanzrecht, München, S. 59-72.

Beecker, R. (2000): Neue Finanzierungsformen für KMU und zu berücksichtigende Entscheidungsparameter. In: Brauchlin, E./Pichler, J. H. (Hrsg.). Unternehmer und Unternehmensperspektiven für Klein- und Mittelunternehmen: Festschrift für Hans Jobst Pleitner. Berlin, S. 585-598.

Beintmann, U. (2004): Mezzanine Investitionen – Beschränkte Steuerpflicht und Kapitalertragssteuerpflicht bei Steuerausländern. In: Finanz Betrieb, 9/2004, S. 584-591.

Bieg, H./Kußmaul, H. (2000): Investitions- und Finanzierungsmanagement. Band 2. Finanzierung, München.

Bluhm, C. (2003): CDO Modelling – Techniques, Examples and Applications. Working paper, 10.12.2003.

Bluhm, C./Overbeck, L. (2007): Calibration of PD Term Structures – To be Markow or not to be. Working paper, 22.02.2007.

Böhmer, M. (1999): Asset-Backed-Securities. In: Eller, R./Gruber, W./Reif, M. (Hrsg.). Handbuch Strukturierte Kapitalmarktprodukte – Konstruktion, Pricing und Risikomanagement. 1. Auflage, Stuttgart, S. 161-184.

Börner, A. F. (2009): Reaktion auf Konsequenzen von Basel II – Verbriefung soll Mittelstand vor "Kreditklemme" schützen. In: Betriebswirtschaftliche Blätter, Dezember 2009, Nr. 12, S. 688-691.

Börner, A. F./Glüder, D. (2009): Mittelstandsfinanzierung und Verbriefung – Phasen der Finanzkrise. In: Zeitschrift für das gesamte Kreditwesen, 19/2009, S. 946-951.

Bortz, J. (2006): Statistik für Human- und Sozialwissenschaftler, 6. Auflage, Heidelberg.

Bosak, J. M. (2006): Asset Backed Securities – Rechtliche, bilanzielle und steuerliche Aspekte. Aachen.

Brand, E. (2008): „Mit unserem Mitarbeiterbeteiligungsmodell auf Genussscheinbasis haben wir zwei Fliegen mit einer Klappe geschlagen“ – Interview mit Jens Wagener, Vorstand, Itemis AG. In: Unternehmeredition „Mezzanine 2008“, S. 32-33.

Braun, H. (2005): Klassifizierung von Asset-Backed-Securities. In: Gruber, J./ Gruber, W./ Braun, H. (Hrsg.). Praktiker-Handbuch Asset-Backed-Securities und Kreditderivate, Stuttgart, S. 61-75.

Braun, H./Schmidt, D. (2005): Qualitative und quantitative Faktoren bei der Analyse von Asset-Backed-Securities. In: Gruber, J./ Gruber, W./ Braun, H. (Hrsg.). Praktiker-Handbuch Asset-Backed-Securities und Kreditderivate, Stuttgart, S. 191-208.

Brenken, A./Papenfuß, H. (2007): Unternehmensfinanzierung mit ABS. Unter Mitwirkung von Hartmut Bechtold. Herausgegeben von True Sale International GmbH, Frankfurt.

Brezski, E./Böge, H./Lübbehüsen, T./Rohde, T./Tomat, O. (2006): Mezzanine-Kapital für den Mittelstand – Finanzierungsinstrumente, Prozesse, Rating, Bilanzierung, Recht. (Hrsg.), Stuttgart.

Brokamp, J./Ernst, D./Hollasch, K./Lehmann, G./Weigel, K. (2008): Mezzanine-Finanzierungen. München.

Broscheid, A. (2009): Bayesianische Ansätze zur Analyse kleiner Fallzahlen. In: Kriwy, P./Gross, C. Klein aber fein! – Quantitative empirische Sozialforschung mit kleinen Fallzahlen, S. 43-64.

Bruch, G. (2008): Aktuelle Entwicklungen im Mezzanine-Markt - Stand August 2008. http://www.foerderland.de/fachbeitraege/beitrag/Aktuelle-Entwicklungen-im-Mezzanine-Markt-Stand-August-2008/aecb55912a/ (Stand 27.10.2009).

Brügelmann, R. (2009): Aktuelle Unternehmensbesteuerung im internationalen Vergleich. In: IW-Trends – Vierteljahresschrift zur empirischen Wirtschaftsforschung aus dem Institut der deutschen Wirtschaft Köln, 36. Jahrgang, Heft 3/2009, Juli 2009., S. 1-18. http://www.iwkoeln.de/Portals/0/pdf/trends03_09_1.pdf (Stand 27.10.2009).

Buchanan (2008): VarioMezz als alternative Langfristfinanzierung. Präsentation im Rahmen der Expofin am 08.05.2008 in Dortmund. http://www.expofin.de/dortmund08/pages/05_aussteller/praesentationen/Exp-Fin_2008_Dortmund_dreba_VarioMezz_als_alternative_Langfristfinanzierung.pdf (Stand 15.09.2009).

Bühner, M. (2006): Einführung in die Test- und Fragebogenkonstruktion. 2., aktualisierte und erweiterte Auflage, München.

Bülow, R. (1996): Faktoren- und Clusteranalyse - Zwei multivariate statistische Analyseverfahren am Beispiel der Hauptkomponentenanalyse, des Clusterverfahrens nach Ward und der k-means-Methode - Eine anwenderorientierte Einführung mit SPSS anhand zweier idealtypischer Beispiele. Bochum, Juli 1996.

Bünning, M. (2005): Steuerliche Ausgestaltung von Zweckgesellschaften im Rahmen von ABS-Transaktionen. In: Gruber, J./Gruber, W./Braun, H. (Hrsg.). Praktiker-Handbuch Asset-Backed-Securities und Kreditderivate – Strukturen, Preisbildung, Anwendungsmöglichkeiten, aufsichtliche Behandlung, Stuttgart, S. 475-493.

Bund der Steuerzahler (2008): Schwarzbuch 2008. Bund der Steuerzahler Deutschland e.V. 36. Schwarzbuch des Bundes der Steuerzahler - Die öffentliche Verschwendung 2008. Stand: September 2008, Berlin.

Bundesaufsichtsamt für das Kreditwesen (1997): Veräußerung von Kundenforderungen im Rahmen von Asset-Backed-Securities-Transaktionen durch deutsche Kreditinstitute. Rundschreiben 4/97 vom 19. März 1997, den Kreditinstituten zugesandt mit Schreiben des BAKred (I 3 - 21 - 3/95) vom 20. Mai 1997.

Bundesaufsichtsamt für das Versicherungswesen (2002): Rundschreiben R 1/2002.

Bundesfinanzhof (2005): Urteil des Bundesfinanzhofs (BFH) vom 14.06.2005 VIII R 73/03.

Bundesgerichtshof (2001): Urteil des Bundesgerichtshofs (BGH) vom 08.01.2001, II ZR 88/99.

Bundesministerium der Finanzen (2003): Monatsbericht Dezember 2003, Berlin.

Bundesministerium der Finanzen (2004): Monatsbericht August 2004, Berlin.

Bundesministerium für Wirtschaft und Technologie (2007): Der Mittelstand in der Bundesrepublik Deutschland: Eine volkswirtschaftliche Bestandsaufnahme. Dokumentation Nr. 561, Februar 2007.

Bundesministerium für Wirtschaft und Technologie (2009): Wirtschaftsfonds Deutschland. http://www.bmwi.de/BMWi/Navigation/Wirtschaft/Konjunktur/Konjunkturpaket-2/wirtschaftsfonds-deutschland,did=331982.html (Stand 07.04.2010).

Bundesministerium für Wirtschaft und Technologie (2010): Degressive Abschreibung für bewegliche Wirtschaftsgüter des Anlagevermögens von 25%. http://www.bmwi.de/BMWi/Navigation/Wirtschaft/Konjunktur/konjunkturpaket-1,did=278890.html (Stand 29.01.2010).

Bundesverband der Deutschen Industrie (2009): BDI-Mittelstandspanel – Ergebnisse der Online-Mittelstandsbefragung, Herbst 2009, Berlin.

Bundesverband deutscher Banken (2005): Mittelstandsfinanzierung – Partnerschaftliche Zusammenarbeit von Unternehmen und Banken, Berlin, Februar 2005.

Bundesverband Deutscher Kapitalbeteiligungsgesellschaften (2010): Wachstumskapital. http://www.bvkap.de/privateequity.php/cat/37/aid/598/title/Wachstumskapital (Stand 22.03.2010).

Bundesverband öffentlicher Banken Deutschlands (2007): MittelstandsNews 01/2007, Bundesverband öffentlicher Banken Deutschlands (VÖB), Januar 2007, Berlin.

Burgmaier, S. (2007): Mezzanine-Kapital – Einfache Handhabeonline. Handelsblatt vom 27.05.2007. http://www.handelsblatt.com/unternehmen/mittelstand_aktuell/einfache-handhabe;1269473;0 (Stand 09.04.2010).

CB MezzCap (2006): Investor Report CB MezzCap vom 25.07.2006. CB MezzCAP Limited Partnership. Jersey, Channel Islands. Veröffentlichung über das Bloomberg-Informationssystem.

CB MezzCap (2010): Investor Report CB MezzCap vom 25.01.2010. CB MezzCAP Limited Partnership. Jersey, Channel Islands. Veröffentlichung über das Bloomberg-Informationssystem.

Commerzbank (2006): CB MezzCap Limited Partnership, Offering Circular, Commerzbank AG, London.

Conpair (2008). Eine neue Finanzierungsquelle für den Mittelstand – ACP Capital und Conpair kooperieren in der Mittelstandsfinanzierung. Pressemitteilung der ConPAIR AG, Essen, vom 28.04.2008.

Cramer, E./Kamps, U. (2007): Grundlagen der Wahrscheinlichkeitsrechnung und Statistik – Ein Skript für Studierende der Informatik, der Ingenieur- und Wirtschaftswissenschaften. Berlin/ Heidelberg/ New York.

Creditreform (2008): Große Firmenpleiten. http://www.creditreform-magazin.de/website/Magazin/Navigation/Archiv/Konjunktur_&_Wirtschaftsklima/2008/2/groe_firmenpleiten.jsp (Stand 24.04.2010).

Creditreform (2009a): Wirtschaftslage und Finanzierung im Mittelstand – Frühjahr 2009. Eine Untersuchung der Creditreform Wirtschaftsforschung. 07.04.2009, Neuss.

Creditreform (2009b): Insolvenzen – Neugründungen – Löschungen. Jahr 2009. Eine Untersuchung der Creditreform Wirtschaftsforschung, 02.12.2009, Neuss.

Creditreform (2009c): MittelstandsMonitor 2009 – Deutsche Wirtschaft in der Rezession. Jährlicher Bericht zu Konjunktur- und Strukturfragen kleiner und mittlerer Unternehmen, März 2009, Frankfurt am Main.

Creditreform (2010a): Produktinformationsbroschüre zum Creditreform Bilanzrating. http://www.creditreform-rating.de/Ressourcen/PDF/Bilanzservices/Broschuere_Creditreform_Bilanzrating.pdf (Stand 03.02.2010).

Creditreform (2010b): Muster Creditreform Bilanzrating 2007. http://www.creditreform.de/Ressourcen/PDF/Produkte/3_Kredit-_und_Risikomanagment/Bilanzrating/Muster_Creditreform_Bilanzrating_DEUTSCH.pdf (Stand 03.02.2010).

Creditreform (2010c): MARKUS Marketinguntersuchungen - Die große Datenbank deutscher, österreichischer und luxemburgischer Unternehmen. Produktbroschüre zur MARKUS-Datenbank. http://www.creditreform.de/Ressourcen/PDF/Downloads/Marketing_Services/Business_Marketing/Broschuere_MARKUS_Datenbank.pdf (Stand 23.04.2010).

DATEV (2009): …was Sie über DATEV wissen sollten. http://www.datev.de/portal/ShowPage.do?pid=dpi&nid=2155 (Stand 09.04.2010).

Daum, W. (2005): Mittelstand in der Finanzierungsfalle? Stärkung des Mittelstandes durch regional verankerte Sparkassen. In: Fischer, T. R./Pape, C. (Hrsg.). Handbuch der deutschen Sparkassen. Leistungsstärke – Kundennähe – Markterfolg, Frankfurt am Main, S. 237-247.

Deloitte (2009): IAS Plus Update – IFRS 9 Financial Instruments, London, November 2009.

Demuth, B. (2006): Einsatzmöglichkeiten von Genussrechten und von mezzaninen Finanzinstrumenten im Rahmen einer Unternehmensnachfolge. In: Betriebs-Berater (BB), 61. Jahrgang, BB-Special 6, Heft 34, 21. August 2006, S. 8-13.

Dentz, M. (2008): „Das dicke Ende kommt noch“ – Interview mit Kai Gerdes, Direktor der Hamburger Ratingagentur Euler Hermes Rating. In: FINANCE, November 2008, S. 36-38.

Detzel, M. (2004): Die Bedeutung von Kreditinstituten als Finanzintermediäre bei der Mittelstandsfinanzierung unter der Beachtung der Auswirkungen von Basel II. In: Bank, M. (Hrsg.). Finanzintermediation – Theoretische, wirtschaftspolitische und praktische Aspekte aktueller Entwicklungen im Bank- und Börsenwesen, Festschrift für Professor Dr. Wolfgang Gerke zum sechzigsten Geburtstag, Stuttgart, S. 529-544.

Deutsche Bank/IKB (2005): FORCE 2005-1 Limited Partnership, Offering Circular, Deutsche Bank AG and IKB Deutsche Industriebank AG, London.

Deutsche Bank/IKB (2007): FORCE TWO Limited Partnership, Offering Circular, Deutsche Bank AG and IKB Deutsche Industriebank AG, London.

Deutsche Bundesbank (2004): Monatsbericht der Deutschen Bundesbank, Frankfurt am Main, September 2004.

Deutsche Bundesbank (2005): Portfolioabgrenzung – Fachgremium IRBA, Stand 29.11.2005. http://www.bundesbank.de/download/bankenaufsicht/pdf/basel_portfolio_abgrenzung.pdf (Stand 01.10.2009).

Deutsche Bundesbank (2006a): Ergebnisse der fünften Auswirkungsstudie zu Basel II in Deutschland, Frankfurt am Main, Juni 2006.

Deutsche Bundesbank (2006b): Monatsbericht der Deutschen Bundesbank, Frankfurt am Main, März 2006.

Deutsche Bundesbank (2006c): Monatsbericht der Deutschen Bundesbank, Frankfurt am Main, Dezember 2006.

Deutscher Factoring Verband (2010): Bei starkem Neukundengeschäft erstmaliger Rückgang im Factoring-Umsatz auf 96,21 Mrd. Euro. 10.03.2010 http://www.factoring.de/index.php/factoring-aktuell/pm-bz-09 (Stand 22.03.2010).

Deutscher Industrie- und Handelskammertag (2004): Finanzierungsalternativen. Herausgeber: DIHK Deutscher Industrie- und Handelskammertag. September 2004.

Deutscher Industrie- und Handelskammertag (2009): Wirtschaftslage und Erwartungen – Ergebnisse der DIHK-Umfrage bei den Industrie- und Handelskammern Jahresbeginn 2009, Stand Februar 2009, Berlin.

Deutscher Verbraucherschutzring (2007): Erich Rohde KG - Die Pleite zieht Kreise. Der Deutsche Verbraucherschutzring e.V. (DVS). http://www.dvs-ev.net/justorange.cms/18_Zum%20Nachschlagen/auswahl/18_2-070504074410.html (Stand 29.03.2010).

Dörscher, M. (2004): Mezzanine Capital als Wachstumskapital für KMU – Ein Fallbeispiel. In: Finanz Betrieb, Heft 6, S. 161-169.

Dörscher, M./Hinz, H. (2003): Mezzanine Capital – Ein flexibles Finanzierungsinstrument für KMU. In: Finanz Betrieb, Heft 10, S. 606-610.

Dotzler, F./Schauff, J./Theileis, U. (2007): MaRisk – Mindestanforderungen an das Risikomanagement. White Paper No. 23. Deloitte & Touche GmbH, 10.01.2007.

Draxler, J. (2010): Private Equity Exit – Strategie und Vertragsgestaltung. Wien/ New York.

Dreyer, G./Schmid, H./Kronat, O. (2003): Bilanzbefreiende Wirkung von Asset-Backed-Securities-Transaktionen. In: Betriebs-Berater (BB), 58. Jahrgang, Heft 2, 08. Januar 2003, S. 91-97.

DSGV (2009): Diagnose Mittelstand 2009 – Stabilität für Deutschland – Sparkassen sichern Finanzierung des Mittelstandes. Deutscher Sparkassen- und Giroverband (DSGV), Berlin. http://presse.dsgv.de/owx_medien/media16/1683.pdf (Stand 02.11.2009).

DVFA: Deutsche Vereinigung für Finanzanalyse und Asset Management. http://www.dvfa.de/die_dvfa/dok/35290.php (Stand 09.04.2010).

DVFA (2006): DVFA-Rating Standard und DVFA-Validierungsstandard. DVFA-Finanzschriften Nr. 04/06. DVFA Deutsche Vereinigung für Finanzanalyse und Asset Management, Dreieich.

DVFA (2007): Mezzanine Finanzierungsformen und Bilanzrating. In: DVFA-Finanzschriften Nr. 05/07. DVFA Deutsche Vereinigung für Finanzanalyse und Asset Management, Dreieich.

DZ Bank (2005): Leasing auf der Überholspur. Eine Research-Publikation der DZ Bank AG. Structured Finance vom 23.11.2005. http://www.true-sale-international.de/fileadmin/pdf_de/abs_aktuelles/DZ_Bank_-_Leasing_auf_der__berholspur__2005-11_.pdf (Stand 29.09.2007).

DZ Bank (2008): Wunder in der Bilanzierungswelt. Eine Research-Publikation der DZ Bank AG vom 15.10.2008, Frankfurt am Main.

Ebberg, J. (1997): Charakterisierung und Analyse von Asset Backed Securities, Konstanz.

Eckhardt, H. (1969): Die Technik der schriftlichen Umfrage. Dargestellt an Beispielen aus der Marktforschung für das Buch und die Fachzeitschrift, Berichte des Instituts für Buchmarktforschung, Sondernummer, Hamburg 1969.

Eckstein, P. (2006): Angewandte Statistik mit SPSS – Praktische Einführung für Wirtschaftswissenschaftler. 5., aktualisierte Auflage, November 2006, Wiesbaden.

Ehlers, H. (2005): Basel II/Rating: Die Hausaufgaben für Mittelstandsunternehmer und ihre Berater – Der Turn-Around anhand eines Modells. 2. Auflage, Herne/Berlin.

Eidgenössische Steuerverwaltung (2010): Devisenkurse per 31.12.2004 und 31.12.2005. http://162.23.40.74/2004/de/index.html und http://162.23.40.74/2005/de/index.html (Stand 16.02.2010).

Einecke, H. (2005): Die magische 25 – Ackermanns Rendite-Ziel. http://www.sueddeutsche.de/wirtschaft/989/346827/text/ (Stand 22.03.2010).

Eisenlohr, V. (2009): Neuerungen in der Unternehmensfinanzierung. In: Business & Law Rhein-Neckar, S. 18-19.

Emmerich, G./Naumann, K.-P. (1994): Zur Behandlung von Genußrechten im Jahresabschluß von Kapitalgesellschaften. In: Die Wirtschaftsprüfung, Jahrgang 47, Nr. 20, 15. Oktober 1994, Düsseldorf, S. 677-689.

Emmerstorfer, H. (2004): Die rechtlichen Rahmenbedingungen. In: Stadler, W. (Hrsg.). Die neue Unternehmensfinanzierung – Strategisch Finanzieren mit bank- und kapitalmarktorientierten Instrumenten, Frankfurt am Main, S. 133-152.

Emmrich, V. (2009): Einstmals günstige Finanzierungsform entpuppt sich in schwierigen Zeiten als Brandbeschleuniger. In: Unternehmeredition „Mezzanine 2009“, S. 14-15.

Emse, C. (2005): Verbriefungstransaktionen deutscher Kreditinstitute, Wiesbaden.

EquiNotes (2009a): Investor Report EquiNotes 2005-1 vom 17.11.2009. Force 2005-1 Limited Partnership. Jersey, Channel Islands. Veröffentlichung über das Bloomberg-Informationssystem.

EquiNotes (2009b): Investor Report EquiNotes 2007-1 vom 26.10.2009. FORCE TWO Limited Partnership. Jersey, Channel Islands. Veröffentlichung über Bloomberg-Informationssystem.

Ernst & Young (2005): Wege zum Wachstum – Volkswirtschaftliche Impulse durch innovative Unternehmensfinanzierung. Finanzierungsstrukturen im deutschen Mittelstand.

European Commission (2004): Study on asset-backed securities – Impact and use of abs on SME finance. Contract ENTR 03/44. Final Report, 30th November 2004.

European Commission (2005): The new SME definition – User guide and model declaration. Working paper.

Europäische Kommission (2003a): KMU und Zugang zur Finanzierung. In: Beobachtungsnetz der europäischen KMU, KMU und Zugang zur Finanzierung, 2003/2.

Europäische Kommission (2003b): Empfehlung der Kommission vom 6. Mai 2003 betreffend die Definition der Kleinstunternehmen sowie der kleinen und mittleren Unternehmen (2003/361/EG), Amtsblatt der Europäischen Union L 124/36 vom 20.05.2003.

Europäische Zentralbank (2007): Monatsbericht August. Frankfurt am Main, August 2007.

Federowski, R. (2009): Unternehmensroutinen im Turnaroundmanagement - Analyse der Wirkungen von Routinen und routinenbewusste Gestaltung der Krisenbewältigung. 1. Auflage 2009, Wiesbaden.

Feidicker, M. (1992): Kreditwürdigkeitsprüfung, Düsseldorf.

Feinen, K. (2001): Leasing. In: Breuer, R.-E. (Hrsg.). Handbuch Finanzierung. 3. Auflage, Wiesbaden, S. 373-400.

Feld, K.-P. (2007): Abbildung konventioneller Asset Backed Securities-Transaktionen im IFRS-Abschluss – Anwendung und kritische Würdigung des Abgangs- und Abbildungskonzepts von IAS 39 und SIC-12 unter Berücksichtigung von Fortentwicklungsmöglichkeiten und Aspekten der Abschlussprüfung, Ulm. http://vts.uni-ulm.de/docs/2007/5818/vts_5818_7751.pdf (Stand 18.01.2010).

Finkler, F. (2008): Konzeption eines Regierungsinformationssystems. Mit einem Geleitwort von Univ.-Prof. Dr. Peter Chamoni. Univ. Diss. 1. Auflage 2008, Wiesbaden.

Fischer, J. K. (2009): Liquiditätsbedingter Dolchstoß – Rückzahlungsprobleme bei Programm-Mezzanine. In: Unternehmeredition "Mezzanine 2009", S. 40.

Fischer, J. K./Krehl, H. (2007): Mezzanine-Kapital und sein Einfluss auf das Bilanzrating. In: GoingPublic 8/07, S. 58-59.

Fischer, J. K./Krehl, H. (2008): Auswirkungen von Mezzanine-Kapital auf das Rating. In: Unternehmeredition "Mezzanine 2008", S. 82-83.

Fitch (2004): PREPS 2004-2 Limited Partnership, Presale Report, 16.11.2004, Fitch Inc., New York.

Fitch (2005a): PREPS 2005-1 Limited Partnership, New Issue Report, 12.07.2005, Fitch Inc., New York.

Fitch (2005b): FORCE 2005-1 Limited Partnership, New Issue Report, 04.01.2006, Fitch Inc., New York.

Fitch (2006a): PREPS 2005-2 plc, New Issue Report, 04.01.2006, Fitch Inc., New York.

Fitch (2006b): PREPS 2006-1 plc, Presale Report, 20.06.2006, Fitch Inc., New York.

Fitch (2006c): H.E.A.T Mezzanine S.A. Compartment 2, Presale Report, 28.03.2006, Fitch Inc., New York.

Fitch (2006d): StaGe Mezzanine Société en Commandite Simple, Presale Report, 13.06.2006, Fitch Inc., New York.

Fitch (2006e): German SME CLOs – Diversity in Securitised Instruments. CDOs/Germany Special Report, 07.09.2006, Fitch Inc., New York.

Fitch (2007a): PREPS 2007-1 plc, New Issue Report, 02.04.2007, Fitch Inc., New York.

Fitch (2007b): H.E.A.T Mezzanine S.A. Compartment 3, Presale Report, 02.02.2007, Fitch Inc., New York.

Fitch (2007c): FORCE TWO Limited Partnership, Presale Report, 22.03.2007, Fitch Inc., New York.

Fleischhauer, U./Kaluza, A. (2008): Individual-Mezzanine auf Expansionskurs – Ergebnisse des zweiten „Mezzanine-Panel". In: Unternehmeredition "Mezzanine 2008", S. 42-51.

Fleischhauer, U./Olkowski, M. (2009): Stillstand bei Standard – Individual ist „en vogue" – Ergebnisse des 3. Mezzanine-Panels. In: Unternehmeredition „Mezzanine 2009", S. 26-34.

Fleischhauer, U./Sauter, D. (2007): Aktuelle Trends im Mezzanine-Markt - Finanzierungsformen in Deutschland, Europa und den USA unter der Lupe. In: Unternehmeredition „Mittelstandsfinanzierung 2007", S. 92-95.

Focus (2006): Nici-Pleite – Goleo bringt Firmengründer hinter Gitter. http://www.focus.de/finanzen/news/nici-pleite_aid_109286.html (Stand 28.03.2010).

Focus (2008a): CD-Werk verbrennt Steuergelder. http://www.focus.de/finanzen/steuern/tid-12084/schwarzbuch-cd-werk-verbrennt-steuergelder_aid_339381.html (Stand 28.03.2010).

Focus (2008b): RiCö - Ermittlungen wegen Untreue und Betrug. http://www.focus.de/panorama/vermischtes/ricoe-ermittlungen-wegen-untreue-und-betrug_aid_297223.html (Stand 28.03.2010).

Frank, C. (2009): Auch Individual-Mezzanine rückläufig – Nachfrage bleibt hoch, aber Investoren achten stärker auf die Risiken. In: Unternehmeredition „Mezzanine 2009", S. 42-43.

Franke, G./Hein, J. (2008): Securitization of mezzanine capital in Germany. In: Financial Markets and Portfolio Management, Vol. 22, No. 3, S. 219-240.

Franke, J./Härdle, W./Hafner, C. (2004): Einführung in die Statistik der Finanzmärkte. 2., Auflage, Berlin/ Heidelberg.

Franz, A./Hötzinger, F./Mangels, N. (2007): Mezzanine-Kapital – Geschäftsfeld für Mittelstandsfinanzierungen. 1. Auflage, Frankfurt am Main.

Frien, B. (2006): „Wir schielen nicht auf den letzten Basispunkt" –PCC-CFO Dietmar Kessler über kleinteilige Anleihen, Mezzanine-Programme und die Finanzierung des Geschäfts in Osteuropa. In: FINANCE, Oktober 2006, S. 10-13. http://www.pcc.eu/kunden/pcc/pccag/medien.nsf/files/PCC_CFO-Interview_FINANCE.pdf/$file/PCC_CFO-Interview_FINANCE.pdf (Stand 11.03.2009).

Fritze, H. (2007): Textilbearbeiter Alt in Nöten. Nachrichten für die Region Heilbronn. http://www.stimme.de/heilbronn/nachrichten/stadt/sonstige;art1925,1038914 (Stand 03.05.2010).

Fromm, S. (2008): Datenanalyse mit SPSS für Fortgeschrittene – Ein Arbeitsbuch. 2., überarbeitete und erweiterte Auflage.

FTD (2009): Liquiditätsschwemme – Fed-Banker warnt vor Inflation. Erschienen auf FTD.de am 12.10.2009. http://www.ftd.de/politik/konjunktur/:liquiditaetsschwemme-fed-banker-warnt-vor-inflation/50022109.html (Stand 09.04.2010).

Gassen, J. (2009): Finanzkrise – Die Rolle der Rechnungslegung. In: DIW Vierteljahreshefte zur Wirtschaftsforschung 78, 1/2009, S. 83-95.

Gaugusch, J./Wainig, W. (2004): Wie die Handelbarkeit von Kreditrisiken die Finanzierungslandschaft verändert. In: Stadler, W. (Hrsg.). Die neue Unternehmensfinanzierung – Strategisch Finanzieren mit bank- und kapitalmarktorientierten Instrumenten, Frankfurt am Main, S. 80-99.

Gehrmann, V./Blum, G./Bennemann, C. (2005): Risikomanagement von Verbriefungen und Kreditderivaten. In: Gruber, J./Gruber, W./Braun, H. (Hrsg.). Praktiker-Handbuch Asset-Backed-Securities und Kreditderivate – Strukturen, Preisbildung, Anwendungsmöglichkeiten, aufsichtliche Behandlung, Stuttgart, S. 249-266.

Geiser, C. (2003): Faktorenanalyse mit SPSS. SPSS-Tutorium für 3. Semester, Wintersemester 2003/2004, Madgeburg.

Gemeinschaftsdiagnose der Wirtschaftsforschungsinstitute (2010): Erholung setzt sich fort – Risiken bleiben groß. Gemeinschaftsdiagnose Frühjahr 2010. Projektgruppe Gemeinschaftsprognose der ifo-Institute. 15. April 2010. http://www.cesifo-group.de/link/GD-20100415-lang.pdf (Stand 16.04.2010).

Gerdes, K. (2006): Auswirkungen von Mezzanine-Kapital auf das Rating - Anforderungen und Kriterien zur Klassifizierung von Mezzanine-Kapital als wirtschaftliches Eigenkapital. In: Bilanzbuchhalter und Controller, Heft 03/2006, S. 57-60.

Glüder, D. (2005): Entstehung und Weiterentwicklung des Sekundärmarkts für Mittelstandsrisiken. Beitrag für Beilage „Verbriefung" der Börsen-Zeitung. KfW-Bankengruppe. Stand: 26.02.2005. http://www.kfw.de/DE_Home/Kreditverbriefung/Deutscher_Verbriefungsmarkt/PDF_Dokumente_Deutscher_Verbriefungsmarkt/Beitrag_KfW_Boersen_ZeitungFeb05.pdf (Stand 04.09.2007).

Golland, F./Gehlhaar, L./Grossmann, K./Eickhoff-Kley, X./Jaenisch, C. (2005): Mezzanine-Kapital. In: Betriebs-Berater, 60. Jahrgang, Heft 13, S. 1-32.

Groß, T./Lohfing, A. (2004): Kreditinstitute im Strukturwandel. In: Übelhör, M./Warns, C. (Hrsg.). Basel II – Auswirkungen auf die Finanzierung – Unternehmen und Banken im Strukturwandel, Heidenau, S. 149-185.

Gburek, M. (2009): Giftmüllentsorger gesucht. In: Markt + Management Immobilienwirtschaft, Heft 09/2009, S. 32.

Grunow, H.-W. G./Figgener, S. (2006): Handbuch moderne Unternehmensfinanzierung – Strategien zur Kapitalbeschaffung und Bilanzoptimierung, Berlin/ Heidelberg/ New York.

Gugglberger, K./König, M./Mayer, T. (2004): Finanzierungsinstrumente im Überblick. In: Stadler, W. (Hrsg.). Die neue Unternehmensfinanzierung – Strategisch Finanzieren mit bank- und kapitalmarktorientierten Instrumenten, Frankfurt am Main, S. 128-132.

Guthoff, M. (2006): Macht Mezzanine überlegen? Eine empirische Analyse. In: IKB-Sonderdruck aus BankPraktiker 02/2006, S. 70-73.

Häger, M./Müller, H. (2007): Nachrangdarlehen – Steuerrecht – Teil 3. In: Häger, M./Elkemann-Reusch, M. (Hrsg.). Mezzanine Finanzierungsinstrumente: Stille Gesellschaft – Nachrangdarlehen – Genussrechte – Wandelanleihen. 2., völlig neu bearbeitete und erweiterte Auflage, Berlin, S. 195-201.

Häger, M./Nottmeier, A. (2007): Bilanzierung von Nachrangdarlehen in nationalen und internationalen Rechnungslegungssystemen – Nachrangdarlehen – Teil 3. In: Häger, M./Elkemann-Reusch, M. (Hrsg.). Mezzanine Finanzierungsinstrumente: Stille Gesellschaft – Nachrangdarlehen – Genussrechte – Wandelanleihen. 2., völlig neu bearbeitete und erweiterte Auflage, Berlin, S. 203-208.

Häuselmann, H. (2007): Bilanzielle und steuerliche Erfassung von Hybridanleihen. In: Betriebs-Berater (BB), Jahrgang 62, Heft 17, 23.04.2007, S. 931-936.

Hamburger Abendblatt (2007): Größtes Küchenhaus gibt auf. http://www.abendblatt.de/region/pinneberg/article505664/Groesstes-Kuechenhaus-gibt-auf.html (Stand 28.03.2010).

Hamburger Abendblatt (2008): Schneider meldet Insolvenz an. http://www.abendblatt.de/region/pinneberg/article543456/Schneider-meldet-Insolvenz-an.html (Stand 28.03.2010).

Handelsblatt (2006): Nici schockt Mittelstandsfinanzierer. Handelsblatt vom 19.05.2006. http://www.handelsblatt.com/unternehmen/mittelstand_aktuell/nici-schockt-Mittelstandsfinanzierer;1081435 (Stand 06.04.2010).

Handelsblatt (2007): Autozulieferer ISE ist insolvent. http://www.handelsblatt.com/unternehmen/industrie/autozulieferer-ise-ist-insolvent;1214281 (Stand 28.03.2010).

Hansmann, K./Reuter, M./Richter, N. (2005): Alternative Finanzierungsformen im deutschen Mittelstand – Eine empirische Untersuchung. Industrielles Management – Arbeitspapier Nr. 17, Hamburg, Juli 2005.

Harrer, H./Janssen, U./Halbig, U (2005): Genussscheine – eine interessante Form der Mezzanine Mittelstandsfinanzierung. In: Finanz Betrieb 1/2005, S. 1-7.

Hartmann-Wendels, T./Pytlik, M. (2010): Die Finanzkrise und die Refinanzierungsbedingungen im Leasing - Auswirkungen auf die Leasing-Gesellschaften. In: FLF Finanzierung Leasing Factoring, 2/2010, S. 65-70.

Hartung, J. (1998): Statistik – Lehr- und Handbuch der angewandten Statistik mit zahlreichen, vollständig durchgerechneten Beispielen. 11., durchgesehene Auflage, München, Wien.

Hass, D./Schreiber, S./Tschauner, H. (2006): Sanierungsinstrument „Debt for Equity Swap". In: Hommel, U./Knecht, T. C./Wohlenberg, H. (Hrsg.). Handbuch Unternehmensrestrukturierung. Grundlagen - Konzepte- Maßnahmen. 1. Auflage Dezember 2006, Wiesbaden, S. 841-874.

Hax, H./Hartmann-Wendels, T./von Hinten, P. (2001): Grundlagen der Finanzierungstheorie. In: Breuer, R.-E. (Hrsg.). Handbuch Finanzierung, 3. Auflage, Wiesbaden, S. 583-608.

HEAT Mezzanine (2010a): Investor Report H.E.A.T Mezzanine I-2005 vom 13.01.2010. H.E.A.T Mezzanine S.A. Luxembourg. Veröffentlichung über das Bloomberg-Informationssystem.

HEAT Mezzanine (2010b): Investor Report H.E.A.T Mezzanine I-2006 vom 13.01.2010. H.E.A.T Mezzanine S.A. Luxembourg. Veröffentlichung über das Bloomberg-Informationssystem.

HEAT Mezzanine (2010c): Investor Report H.E.A.T Mezzanine I-2007 vom 20.01.2010. H.E.A.T Mezzanine S.A. Luxembourg. Veröffentlichung über Das Bloomberg-Informationssystem.

Heidebrecht, J. (2003): Herausforderungen und Innovationen in der Mittelstandsfinanzierung. In: Schäfer, H. (Hrsg.). Finanzmanagement im Wandel – Innovative Praxiskonzepte für Herausforderungen von morgen, Bonn, S. 10-23.

Hein, J. (2006): Securitisation of mezzanine capital in Germany. Working paper. Dezember 2006.

Heinemann, S./Kraus, M./Schneider, A. (2007): Genussrechte. In: Bösl, K./Sommer, M. (Hrsg.). Mezzanine Finanzierung. Betriebswirtschaft – Zivilrecht – Steuerrecht – Bilanzrecht, München, S. 171-196.

Heinke, M. (2006): Mezzanine Kapitalmarktfinanzierung für den Mittelstand am Beispiel von PREPS™. In: Bösl, K./Sommer, M. (Hrsg.). Mezzanine Finanzierung. Betriebswirtschaft – Zivilrecht – Steuerrecht – Bilanzrecht, München, S. 103-110.

Heisig, F./Pause, M./Wörner, G. (2008): Aufsichtsrechtliche Behandlung von Verbriefungen. In: Deloitte & Touche GmbH Wirtschaftsprüfungsgesellschaft. Asset Securitisation in Deutschland, 3. Auflage mit Glossar, Düsseldorf, August 2008, S. 48-65.

Heismann, G. (2009): Verbriefungen - zu Unrecht verteufelt. In: VDI Nachrichten vom 06.11.2009. http://www.vdi-nachrichten.de/vdi-nachrichten/aktuelle_ausgabe/akt_ausg_detail.asp?cat=3&id=45140&source=paging&cp=1 (Stand 10.01.2010).

Hellmich, M./Steinkamp, O. (2003): Pricing and Hedging of Structured Credit Derivatives. Working paper, 29.10.2003, Stuttgart.

Hellwig, M. (2009): Drohende Kreditklemme – Sollten die Basel-II-Regeln überholt oder zeitweise ausgesetzt werden? In: ifo Schnelldienst 15/2009, 62. Jahrgang.

Herweg, C./Sonn, S. (2009): Chancen durch Mezzanine-Finanzierungen im Lichte der Kreditkrise. In: M&A REVIEW 4/2009, S. 171-177.

Hesse, M. (2008): Eine kleine deutsche Subprime-Krise. In: Süddeutsche Zeitung vom 06.05.2008 http://www.sueddeutsche.de/finanzen/696/441437/text/ (Stand 06.04.2010).

Hinz, H. (2006): Einsatzmöglichkeiten von Mezzanine-Kapital. In: Bösl, K./ Sommer, M. (Hrsg.). Mezzanine Finanzierung. Betriebswirtschaft – Zivilrecht – Steuerrecht – Bilanzrecht, München, S. 37-45.

Hirsig, R. (2000): Statistische Methoden in den Sozialwissenschaften – Eine Einführung im Hinblick auf computergestützte Datenanalysen mit SPSS für Windows. Band 2, 2., überarbeitete Auflage, Zürich.

Hofelich, M. (2008a): „Mezzanine eignet sich für alle Unternehmen, denen ein Börsengang zu teuer und zeitintensiv ist" – Interview mit Ralph Schemmerer, CFO, Gehrlicher Solar AG. In: Unternehmeredition „Mezzanine 2008", S. 38.

Hofelich, M. (2008b): Phönix aus der Asche – Standard-Mezzanine-Programme vor dem Comeback. In: Unternehmeredition „Mezzanine 2008", Juni 2008, S. 20-22.

Hofmann, G./Morck, T./Reichardt-Petry, K. (2007): Die Behandlung von Verbriefungen nach Basel II. In: Hofmann, G. (Hrsg.). Basel II und MaRisk – Regulatorische Vorgaben, bankinterne Verfahren, Risikomanagement, Frankfurt am Main, 1. Auflage 2007, S. 235-313.

Hofmann, N. (2009): In der Sackgasse – Mezzanine-Programme zwischen Bangen und Hoffen. In: Unternehmeredition „Mezzanine 2009", S. 38-39.

Hommel, U. (2005): Verbriefung von Unternehmens-, Factoring- und Leasingforderungen in Deutschland.

Hommel, U./Brockmann, M. (2007): Starkes Angebot- Der Markt für Programm-Mezzanine. In: Unternehmer-Magazin 4/2007 special, S. 44-46.

Hommel, U./Knecht, T. C./Wohlenberg, H. (2006): Sanierung der betrieblichen Unternehmenskrise. In: Hommel, U./Knecht, T. C./Wohlenberg, H. Handbuch Unternehmensrestrukturierung. Grundlagen – Konzepte – Maßnahmen. Wiesbaden, 1. Auflage Dezember 2006, S. 27-60.

Hommel, U./Schmittat, J. (2005): Ausweitung der True-Sale-Verbriefung auf neue Assetklassen. In: Zeitschrift für das gesamte Kreditwesen 18/2005, S. 981-984.

Hommel, U./Schmittat, J./Petersen, M./Altenkirch, G. F. (2005): Verbriefung von Handelsforderungen als Finanzierungsinstrument für den Mittelstand – Quantifizierung der Effekte einer Gewerbesteuerbefreiung. In: Finanz Betrieb 6/2005, S. 389-398.

Hommel, U./Schneider, H. (2003): Financing the German Mittelstand. European Investment Bank (Hrsg.), Volume 8, No. 2, S. 53-90.

HSBC Trinkaus (2005): H.E.A.T. Mezzanine I-2005 S.A., Prospectus, Düsseldorf.

HSBC Trinkaus (2006a): H.E.A.T. Mezzanine I-2006 S.A., Prospectus, Düsseldorf.

HSBC Trinkaus (2006b): Firmenkundenpräsentation H.E.A.T Mezzanine I-2007 S. A., Hybrid Equity Access Trust. Kapitalmarktprogramm zur Strukturierung von Mezzanine Kapital für mittelständische Unternehmen, Düsseldorf, November 2006.

HSBC Trinkaus (2007a): H.E.A.T. Mezzanine I-2007 S.A., Prospectus, Düsseldorf.

HSBC Trinkaus (2007b): Marketing Book H.E.A.T Mezzanine I-2007 – Hybrid Equity Access Trust. Capital Market Refinancing of Mezzanine Capital for German Small and Medium-sized Corporations, HSBC Trinkaus & Burkhardt AG, Düsseldorf, January/ February 2007.

HSBC Trinkaus (2008): Marketing Book H.E.A.T Mezzanine I-2008 - Kapitalmarktprogramm zur Finanzierung von mittelständischen Unternehmen mit Mezzanine-Kapital. HSBC Trinkaus & Burkhardt AG, Düsseldorf, Juli 2008.

Hüls, D. (1995): Früherkennung insolvenzgefährdeter Unternehmen, Düsseldorf.

HVB (2004a): European Private Funding I Limited Partnership, PREPS 2004-1. Offering Circular, HVB Corporates and Markets, München.

HVB (2004b): PREPS 2004-2 Limited Partnership. Offering Circular, HVB Corporates and Markets and JPMorgan, München.

HVB (2005a): PREPS 2005-1 Limited Partnership, Listing Prospectus, HVB Corporates and Markets and JPMorgan, München.

HVB (2005b): PREPS 2005-2 PLC. Prospectus, HVB Corporates and Markets and JPMorgan, München.

HVB (2006): PREPS 2006-1 PLC, Prospectus, HVB Corporates and Markets and JPMorgan, München.

Industrie- und Handelskammer (2004): Moderne Finanzierungsinstrumente für den Mittelstand. Industrie- und Handelskammer Dillenburg und Wetzlar, Februar 2004.

Initiative Finanzstandort Deutschland: Die Mitglieder des IFD. http://www.finanzstandort.de/die-ifd/mitglieder (Stand 09.04.2010).

Insolvenz-Ratgeber.de (2008): Insolvenzantrag der Firma Richter GmbH & Co. http://www.insolvenz-ratgeber.de/insolvenzverfahren/ricoe/ (Stand 28.03.2010).

Institut für Mittelstandsforschung (a): KMU-Definition des IfM Bonn. http://www.ifm-bonn.org/index.php?utid=89&id=101 (Stand 09.04.2010).

Institut für Mittelstandsforschung (b): Definition Familienunternehmen im engeren Sinn. Bonn. http://www.ifm-bonn.de/index.php?utid=68&id=101 (Stand 09.04.2010).

Institut für Mittelstandsforschung (2002): Unternehmensgrößenstatistik 2001/2002 – Daten und Fakten. IfM-Materialien Nr. 157.

Institut für Mittelstandsforschung (2004): SMEs in Germany – Facts and Figures 2004. Institut für Mittelstandsforschung Bonn, IfM-Materialien Nr. 161.

Institut für Mittelstandsforschung (2005): Mittelstandsfinanzierung – heute und morgen. Vortrag von Prof. Dr. Frank Wallau anlässlich des FOCUS – Money-Diskussionsforum „Basel II" am 15. Juni 2005 in Frankfurt am Main. http://www.ifm-bonn.org/presse/focus.pdf (Stand 05.11.2007).

Institut für Mittelstandsforschung (2007a): Die volkswirtschaftliche Bedeutung der Familienunternehmen. IfM-Materialien Nr. 172, Bonn, April 2007.

Institut für Mittelstandsforschung (2007b): Die Bedeutung der außenwirtschaftlichen Aktivitäten für den deutschen Mittelstand. IfM-Materialien Nr. 171, Bonn, April 2007.

Institut für Mittelstandsforschung (2007c): KMU-Finanzierung in der Bundesrepublik Deutschland. Politikdialogveranstaltung „Finanzierungsmöglichkeiten der KMUs" vom 11. April 2007. http://www.ifm-bonn.org/assets/documents/C-Hauser-11-04-2007.pdf (Stand 22.08.2009).

Institut für Mittelstandsforschung (2008a): Familienexterne Nachfolge – Das Zusammenfinden von Übergebern und Übernehmern. IfM-Materialien Nr. 182, Bonn, August 2008.

Institut für Mittelstandsforschung (2008b): Anmerkungen zur Eigenkapitalquote im deutschen Mittelstand. Working Paper 2/08, Bonn, Februar 2008.

Institut für Mittelstandsforschung (2009a): Schlüsselzahlen des Mittelstandes in Deutschland 2007/2008. Bonn, 08/2009. http://www.ifm-bonn.org/index.php?utid=99&id=101 (Stand: 09.04.2010).

Institut für Mittelstandsforschung (2009b): Umsatzsteuerstatistik 2007. Bonn. http://www.ifm-bonn.org/index.php?id=586 (Stand: 09.04.2010).

Institut für Mittelstandsforschung (2009c): Unternehmen nach Rechtsform und Umsatzgrößenklassen laut Umsatzsteuerstatistik. http://www.ifm-bonn.org/assets/documents/Unt_RF_2000-2007.pdf (Stand 09.04.2010).

Institut für Mittelstandsforschung (2009d): Insolvenzen und Insolvenzquote 1991 bis 2008 in Deutschland. http://www.ifm-bonn.org/index.php?id=618 (Stand 22.03.2010).

Institut für Mittelstandsforschung (2009e): Unternehmen nach Bundesländern und Umsatzgrößenklassen laut Umsatzsteuerstatistik. http://www.ifm-bonn.de/assets/documents/Unt_BL_2004-2007.pdf (Stand 09.04.2010).

Institut für Mittelstandsforschung (2010): Die größten Familienunternehmen in Deutschland. IfM-Materialien Nr. 192, Bonn, Februar 2010.

Institut für Wirtschaftsforschung (2009): Die Kredithürde – Ergebnisse des ifo Konjunkturtests im März 2009. ifo Institut für Wirtschaftsforschung an der Universität München. http://www.cesifo-group.de/portal/page/portal/ifoContent/N/data/Indices/KredKl/Kredit2_Container/Kredit2-PDFs/Kredit_200903_DE.pdf (Stand 09.04.2010).

Institut für Wirtschafts- und Politikforschung (2005): Neue Wege der Mittelstandsfinanzierung – Chancen ergreifen, Risiken vermeiden. Friedrich-Ebert-Stiftung 2/2005, Köln, September 2005.

Iwersen, S. (2008): Schuhfabrik Rohde – Bilanzen gefälscht. Handelsblatt vom 24.01.2008. http://www.handelsblatt.com/unternehmen/industrie/schuhfabrik-rohde-bilanzen-gefaelscht;1381945 (Stand 20.04.2010).

Jacobs, O. H. (2009): Unternehmensbesteuerung und Rechtsform - Handbuch zur Besteuerung deutscher Unternehmen. 4. neu bearbeitete Auflage, München.

Janker, C. G. (2008): Multivariate Lieferantenbewertung - Empirisch gestützte Konzeption eines anforderungsgerechten Bewertungssystems. 2., aktualisierte und erweiterte Auflage.

Janssen, J./Laatz, W. (2005): Statistische Datenanalyse mit SPSS Für Windows. 5., neu bearbeitete und erweiterte Auflage.

Jensen, M. C./Meckling, W. H. (1976): Theory of the firm: Managerial behavior, agency costs and ownership structure. In: Journal of Financial Economics, Volume 3, Issue 4, October 1976, S. 305-360.

Jobst, A. (2005): Asset securitisation as a risk management and funding tool – what does it hold in store for SMEs? – Working paper, 14. Februar 2005.

Kaltenhäuser, I. (2006): ABS Handbuch – Einführung in Asset Backed Securities. Herausgegeben von Bayerische Landesbank am 02.02.2006. http://www.true-sale-international.de/fileadmin/tsi_downloads/ABS_Research/Informationsmaterial_und_Literatur/Einfuehrende_Handbuecher_und_Leitfaeden/ABS_Handbuch_baylb_GERMAN.pdf (Stand 09.04.2010).

Kamp, A./Solmecke, H. (2005): Mezzanine-Kapital – Ein Eigenkapitalsubstitut für den Mittelstand? In: Finanz-Betrieb 10/2005, S. 618-625.

Karsten, W. F. (2001): Factoring und Forfaitierung – Alternativen der Fremdfinanzierung. In: Breuer, R.-E. (Hrsg.). Handbuch Finanzierung, 3. Auflage. Wiesbaden, S. 401-433.

Kaserer, C./Achleitner, A.-K. (2007): Mezzaninkapital auf dem Weg zum Standardprodukt – Entwicklung und Produktekonzept in Deutschland. In: Der Schweizer Treuhänder 11/2007, S. 823-828.

Kayser, G. (2003): Was sind eigentlich kleine und mittlere Unternehmen (KMU)? – Vom Sinn und Unsinn der KMU-Definition im Hinblick auf das Innovationsgeschehen. Diskussionsbeitrag zur Kuratoriumssitzung der Arbeitsgemeinschaft industrieller Forschungseinrichtungen „Otto von Guericke" e.V. Berlin, 24. November 2003.

Kayser, G./Kokalj, L. (2002): Mittelständische Unternehmen in Deutschland – Anmerkungen zur Finanzierung nach Basel II. In: Zeitschrift für das gesamte Kreditwesen, Nr. 03-04 vom 15.02.2002, S. 112-116.

Kayser, G./Schwarting, U. (1981): Definitorische Ansätze zur Klärung des Begriffs "Kleine und mittlere Unternehmen". In: Unternehmensgrößenstatistik 1981/82 - Daten und Fakten BWWI Studien-Reihe 34, Bonn.

KfW Bankengruppe (2001): Unternehmensfinanzierung im Umbruch – die Finanzierungsperspektiven deutscher Unternehmen im Zeichen von Finanzmarktwandel und Basel II. Auswertung der Unternehmensbefragung 2001.

KfW Bankengruppe (2002): Gefährdet die Bankenkonsolidierung die deutsche Mittelstandsfinanzierung? – Erfahrungen aus den USA und der Schweiz. KfW-Research Mittelstandes- und Strukturpolitik Nr. 29, Frankfurt am Main, Dezember 2002.

KfW Bankengruppe (2003a): Eigenkapital für den „breiten" Mittelstand – Neue Wege und Instrumente. Abschlussbericht der AG „Eigenkapital für den breiten Mittelstand" unter Leitung der KfW Bankengruppe, Frankfurt am Main, Januar 2003.

KfW Bankengruppe (2003b): MittelstandsMonitor. Jährlicher Bericht zu Konjunktur- und Strukturfragen kleiner und mittlerer Unternehmen, Frankfurt am Main, veröffentlicht am 10. Februar 2003.

KfW Bankengruppe (2005a): Kreditverbriefung und Mittelstandsfinanzierung. Mittelstandes- und Strukturpolitik Nr. 33, Frankfurt am Main, August 2005, S. 43-66.

KfW Bankengruppe (2005b): Mezzanine-Finanzierungen für den Mittelstand – Der Markt ist in Bewegung. KfW-Research, WirtschaftsObserver online, Nr. 1, Juli 2005.

KfW Bankengruppe (2005c): Unternehmensfinanzierung: Immer noch schwierig, aber erste Anzeichen einer Besserung. Rating erreicht zunehmend die kleineren Unternehmen. Auswertung der Unternehmensbefragung 2005, Frankfurt am Main, September 2005.

KfW Bankengruppe (2006a): Kleine und mittlere Unternehmen – Verbesserte Finanzierungsstruktur. Beiträge zur Mittelstandes- und Strukturpolitik, Nr. 35, Frankfurt am Main, März 2006, S. 1-44.

KfW Bankengruppe (2006b): Entwicklung und Determinanten des Zugangs zu Bankkrediten – Die Auswirkungen der Veränderungen auf den Finanzmärkten auf die Kreditvergabe. Beiträge zur Mittelstandes- und Strukturpolitik, Nr. 35, Frankfurt am Main, März 2006, S. 45-74.

KfW Bankengruppe (2006c): Unternehmensbefragung 2006 – Unternehmensfinanzierung: Banken entdecken den Mittelstand neu. Kreditzugang für kleine Unternehmen bleibt schwierig, Frankfurt am Main, September 2006.

KfW Bankengruppe (2006d): KfW-Mittelstandspanel 2006: Mittelstand: Jobmotor der deutschen Wirtschaft. Jährliche Analyse zur Struktur und Entwicklung des Mittelstandes in Deutschland, Frankfurt am Main, November 2006.

KfW Bankengruppe (2006e): Mittelstandsmonitor 2006 – Konjunkturaufschwung bei anhaltendem Problemdruck, Frankfurt am Main, März 2006.

KfW Bankengruppe (2007a): Unternehmensbefragung 2007 – Unternehmensfinanzierung im Aufwind – erstmals profitieren auch kleine Unternehmen, Frankfurt am Main, Oktober 2007.

KfW Bankengruppe (2007b): Wann wirkt Mezzanine-Kapital Rating stärkend? KfW-Research, Nr. 23, Frankfurt am Main, Mai 2007.

KfW Bankengruppe (2007c): KfW-Mittelstandspanel 2007: Mittelstand im Konjunkturhoch - Defizite bei Innovationen. Jährliche Analyse zur Struktur und Entwicklung des Mittelstandes in Deutschland, Frankfurt am Main, November 2007.

KfW Bankengruppe (2007d): Mittelstandes- und Strukturpolitik, Ausgabe 38, Frankfurt am Main, März 2007.

KfW Bankengruppe (2008a): Die wirtschaftspolitischen und regulatorischen Auswirkungen der Subprime-Krise. In: KfW Research No. 28, Frankfurt am Main, Juni 2008.

KfW Bankengruppe (2008b): KfW-Mittelstandspanel 2008. Mittelstand – auch kleine Unternehmen – erfolgreich im Ausland. Frankfurt am Main, November 2008.

KfW Bankengruppe (2008c): Mittelstands-Monitor 2008 – Mittelstand trotz nachlassender Konjunkturdynamik in robuster Verfassung. Jährlicher Bericht zu Konjunktur- und Strukturfragen kleiner und mittlerer Unternehmen, Frankfurt am Main, März 2008.

KfW Bankengruppe (2009a): Unternehmensbefragung 2009 – Unternehmensfinanzierung – deutliche Spuren der Krise: Keine Kreditklemme, aber massive Finanzierungsschwierigkeiten, Frankfurt am Main, Mai 2009.

KfW Bankengruppe (2009b): Die Entwicklung des Kreditzugangs in der aufziehenden Krise 2008. KfW-Research Akzente Nr. 13, Frankfurt am Main, Dezember 2009.

KfW Bankengruppe (2009c): German Private Equity Bondbarometer – 3. Quartal 2009. Frankfurt 02.12.2009. http://www.bvkap.de/media/file/293.German_Private_Equity_Barometer__3._Quartal_2009.pdf (Stand 22.03.2010).

KfW Bankengruppe (2009d): Hohe Eigenkapitalrenditen auch im Mittelstand? KfW-Research – Standpunkt – Nr. 1, Frankfurt am Main, November 2009.

KfW Bankengruppe (2010a): Europäischer Verbriefungsmarkt. http://www.kfw.de/managepdf?dcd=18684&vps=Bgruppe&vpd=web1-bgruppe&xt=1&lgd=19485&p=pdf (Stand 03.06.2010).

KfW Bankengruppe (2010b): Entwicklung des Verbriefungsvolumens sowie der Anzahl der Transaktionen in Deutschland seit 2000. http://www.kfw.de/DE_Home/Kreditverbriefung/Europaeischer_Verbriefungsmarkt/PowerPoint_-__D_Europa_Folie_2_Deutscher_Markt_12_2009_ppt.pdf (Stand 03.06.2010).

Kiethe, K. (2006): Mezzanine-Finanzierung und Insolvenzrisiko. In: DStR Deutsches Steuerrecht 39/2006, S. 1763-1768.

Kline, P. (1994): Easy guide to factor analysis, New York: Routledge.

Knorr, U./Wetzel, S. (2009): Bürgerentlastungsgesetz verabschiedet. In: SteuerConsultant, Heft 8.09, S. 16-19.

Koch-Weser, C. K. (2003): Rahmenbedingungen für die Verbriefung von Kreditforderungen in Deutschland. In: Zeitschrift für das gesamte Kreditwesen, Heft 12, S. 623-626.

Köhler, P. (2010): Sparkassen rollen ihren Mittelstandsfonds aus. In: Handelsblatt vom 03.03.2010. http://www.handelsblatt.com/unternehmen/banken-versicherungen/550-millionen-euro-sparkassen-rollen-ihren-Mittelstandsfonds-aus;2539255 (Stand 22.03.2010).

Köhler, P./Nagl, H. G./Osman, Y. (2010): Ein Milliardenproblem droht. In: Handelsblatt vom 29.03.2010, S. 36 http://www.handelsblatt.com/mezzanine-dem-mittelstand-droht-ein-milliardenproblem;2553448 (Stand 06.04.2010).

Konesny, P./Kämpfer, H. (2009): Anpassung von Basel II im Spannungsfeld von Finanzmarktkrise und Mittelstandsfinanzierung – Den Mittelstand nicht benachteiligen. In: Die SparkassenZeitung vom 23.10.2009, Nr. 43, S. B10.

Koop, F. (2005): Beteiligungskapital zur Stärkung des Mittelstandes, Präsentation im Rahmen des Sparkassen Mittelstandstag 2005. http://www.sparkasse-geseke.de/download/koop.pdf (Stand 02.11.2009).

Koop, M. J./Maurer, K. (2006): Mittelstandsfinanzierung in Deutschland – Finanzierungskonzepte im Zeitalter von Basel II, Saarbrücken.

KPMG/HHL (2008): IFRS und HGB in der Praxis – Zur Bedeutung von IFRS-Abschlüssen bei der Kreditvergabe von Banken an mittelständische Unternehmen. KPMG Deutsche Treuhand-Gesellschaft Aktiengesellschaft Wirtschaftsprüfungsgesellschaft/ HHL – Leipzig Graduate School of Management, Frankfurt am Main/ Leipzig.

Kraft, C./Kraft, G. (2009): Grundlagen der Unternehmensbesteuerung – Die wichtigsten Steuerarten und ihr Zusammenwirken. 3., vollständig überarbeitete Auflage, Wiesbaden.

Kressl, H. (2007): Weltweit über 4.500 Arbeitsplätze erhalten. http://www.pfefferle.de/content/e7/e906/index_ger.html (Stand 28.03.2010).

Kreuzer, S. (2005): Der Einfluss der Finanzierung auf Investitionsentscheidungen und seine Berücksichtigung in einem Investitionsrechnungsmodell. Univ. Diss., Frankfurt am Main.

Küpker, M. (2007): Der Wert biologischer Vielfalt von Wäldern in Deutschland – Eine sozioökonomische Untersuchung von Maßnahmen zur Förderung der Biodiversität, Univ. Diss., Februar 2007, Hamburg.

Küting, K./Erdmann, M.-K./Dürr, U. L. (2008): Ausprägungsformen von Mezzanine-Kapital in der Rechnungslegung von IFRS (Teil II). In: Der Betrieb, Heft 19 vom 09.05.2008, S. 997-1002.

Kuß, A./Tomczak, T./ Reinecke, S. (2007): Marketingplanung – Einführung in die marktorientierte Unternehmens- und Geschäftsfeldplanung. 5., vollständig überarbeitete Auflage. Wiesbaden.

Laeger, V./Malaterre, N. (2007): Germany Securitization Outlook 2007 – Continuing diversification to advance market maturity. Working paper, Standard & Poor's, 31st January 2007. http://www2.standardandpoors.com/portal/site/sp/en/us/page.article/2,1,9,5, 1148414593977.html (Stand 10.10.2008).

Langer, C. H./Steinmüller, W. (2009): Fünf Jahre TSI - die True-Sale-Initiative im Spiegelbild der Verbriefungsmärkte. In: Zeitschrift für das gesamte Kreditwesen, Heft 19 vom 01.10.2009, S. 952.

Langner, S. (2002): Asset Backed Securities. In: Zeitschrift für betriebswirtschaftliche Forschung (ZfbF), Heft 54, November 2002, S. 656-673.

Laux, C./Leuz, C. (2009): Did fair-value accounting contribute to the financial crisis? National Bureau of economic research, NBER working paper series, Working Paper 15515, Cambridge, November 2009.

Leyer, I./Wesche, K. (2008): Multivariate Statistik in der Ökologie - Eine Einführung. Korrigierter Nachdruck 2008, Berlin Heidelberg.

Li, D. X. (2000): On default correlation – a copula function approach. The RiskMetrics Group. Working paper Number 99-07, April 2000, New York.

Lichtblau, K./Utzig, S. (2002a): Die Finanzierung des Mittelstandes in der New Economy. Herausgegeben vom Institut der deutschen Wirtschaft, Köln.

Lichtblau, K./Utzig, S. (2002b): Finanzierungs- und Kostenstrukturen des deutschen Mittelstandes. In: Die Bank, Heft 5, S. 326-331.

Liecke, M. (2008): „Wichtiger war uns, dass das mezzanine Instrument einen echten bilanziellen Eigenkapitalcharakter aufweist" – Interview mit Johannes Heckmann, Geschäftsführer, Nabaltec AG. In: Unternehmeredition „Mezzanine 2008", S. 36.

Lindtner, A. (2006): Asset Backed Securities – ein Cash flow-Modell. In: Studienreihe der Stiftung Kreditwirtschaft an der Universität Hohenheim, Prof. Dr. Johann Heinrich von Stein, Band 28, 2. Auflage, Sternenfels.

Linnemann, C. (2007): Deutscher Mittelstand vom Aussterben bedroht? - Unternehmensnachfolge im Fokus. Deutsche Bank Research. Mehr Wachstum für Deutschland – Aktuelle Themen 387 vom 29. Mai 2007, Frankfurt am Main.

Litten, R./Christea, S. (2003): Asset Backed Securities in Zeiten von Basel II – Die geplante Eigenkapitalunterlegung nach dem Basler ABS-Arbeitspapieren. In: WM Zeitschrift für Wirtschafts- und Bankrecht, 57. Jahrgang, Nr. 5/2003, S. 213-221.

Löffler Rechtsanwälte Insolvenzverwalter (2009): Albis – Der große Vliesstoffproduzent in Europa. http://www.go-dove.com/Auctions/Auction12828/ALBIS.pdf (Stand 28.03.2010).

Lotz, U. (2008a): Die Bilanzierung von ABS-Transaktionen beim Veräußerer nach deutschem Handelsrecht. In: Deloitte & Touche GmbH Wirtschaftsprüfungsgesellschaft. Asset Securitisation in Deutschland, 3. Auflage mit Glossar, Düsseldorf, August 2008, S. 29-38.

Lotz, U. (2008b): Die Bilanzierung von ABS-Transaktionen beim Originator/Veräußerer nach International Financial Reporting Standards (IFRS). In: Deloitte & Touche GmbH Wirtschaftsprüfungsgesellschaft. Asset Securitisation in Deutschland, 3. Auflage mit Glossar, Düsseldorf, August 2008, S. 39-47.

Lotz, U./Müller, B./Nachtwey, T. (2003): Asset Backed Securities (ABS) für die Mittelstandsfinanzierung. In: Schäfer, H. (Hrsg.). Finanzmanagement im Wandel – Innovative Praxiskonzepte für Herausforderungen von morgen, Bonn, S. 102-118.

Lübecker Nachrichten (2007): Dassower CD-Werk meldet Insolvenz an - Die Turbulenzen um die Firma ODS nehmen kein Ende. Auf die Vorwürfe des Subventionsbetrugs folgt der Insolvenzantrag. http://www.ln-online.de/artikel/2233773/Dassower_CD-Werk_meldet_Insolvenz_an.htm (Stand 28.03.2010).

Lueders-Warneboldt (2008): Beschluss zur Eröffnung des Insolvenzverfahrens über das Vermögen der Ricö Internationale Transporte GmbH. http://www.lueders-warneboldt-gutmann.de/downloads/ricoe/Beschluss_RiCoe_Eroeffnung.pdf (Stand 28.03.2010).

Märkische Allgemeine (2009): Geleaste Lastwagen als Neufahrzeuge weiterverkauft / Prozessauftakt gestern in Göttingen. In: Märkische Allgemeine vom 27.08.2009. http://www.maerkischeallgemeine.de/cms/beitrag/11592197/60889/Geleaste-Lastwagen-als-Neufahrzeuge-weiterverkauft-Prozessauftakt-gestern-in.html (Stand 20.04.2010).

Maesch, S. C./Voß, A. (2007): Second Lien, Covenants und Eigenkapitalersatz. In: Finanz Betrieb 1/2007, S. 1-11.

Maier Rechtsanwälte (2009): Insolvenzverfahren Kemmer Technologie AG. http://www.maier-anwaltskanzlei.de/insolvenzabteilung/sachstandsinformationen.html?start=40 (Stand 28.03.2010).

Mercer Oliver Wyman (2006): Mezzanine funding for middle-market companies, July 2006, London.

Mevissen, D. (2005): Mittelstandsfinanzierung mit Factoring und Asset Backed Securities – Grundlagen, Praxis, Bewertung, Saarbrücken.

Meyer, C. A. (2007): Working Capital und Unternehmenswert – Eine Analyse zum Management der Forderungen und Verbindlichkeiten aus Lieferungen und Leistungen. Mit einem Geleitwort von Prof. em. Dr. Dr. h.c. Jürgen Bloech. Univ. Diss. 1. Auflage Juli 2007, Wiesbaden.

Miller, M. H./Rock, K. (1985): Dividend Policy under Asymmetric Information. In: Journal of Finance, 40 (1985) 4, S. 1031-1051,

Mittendorfer, R./Zschockelt, I./Koppensteiner, B. (2004): Unternehmensbeurteilung und bankinternes Rating. In: Stadler, W. (Hrsg.). Die neue Unternehmensfinanzierung – Strategisch Finanzieren mit bank- und kapitalmarktorientierten Instrumenten, Frankfurt am Main, S. 100-113.

Mohr, G. (2010): Supply Chain Sourcing – Konzeption und Gestaltung von Synergien durch mehrstufiges Beschaffungsmanagement. 1. Auflage 2010, Wiesbaden.

Moody's Investors Service (2001): Moody's KMV für nicht börsennotierte Unternehmen: Das deutsche Modell, Rating Methodology, November 2001.

Moody's Investors Service (2002): Understanding Moody's Corporate Bond Ratings and Rating Process – Rating Policy. Special comment, May 2002. http://v3.moodys.com/sites/products/AboutMoodysRatingsAttachments/2001400000389218.pdf?frameOfRef=corporate (Stand 31.08.2009).

Moody's Investors Service (2004a): PREPS 2004-1 Limited Partnership. New Issue Report, 17.05.2004, Frankfurt.

Moody's Investors Service (2004b): PREPS 2004-2 Limited Partnership. Pre-Sale Report, 10.11.2004, Frankfurt.

Moody's Investors Service (2005a): PREPS 2005-1 Limited Partnership. Pre-Sale Report, 05.07.2005, Frankfurt.

Moody's Investors Service (2005b): H.E.A.T Mezzanine I-2005 S. A. New Issue Report, 29.07.2005, Frankfurt.

Moody's Investors Service (2006a): CB MezzCAP Limited Partnership, Pre-Sale Report, 16.03.2006, Frankfurt.

Moody's Investors Service (2006b): H.E.A.T. Mezzanine S.A. Pre-Sale Report, 28.03.2006, Frankfurt.

Moody's Investors Service (2006c): StaGe mezzanine société en commandite simple, Pre-Sale Report, 13.06.2006, Frankfurt.

Moody's Investors Service (2006d): PREPS 2006-1 plc. Pre-Sale Report, 22.06.2006, Frankfurt.

Moody's Investors Service (2006e): PULS 2006-1, Pre-Sale Report, Frankfurt, 30. Juni 2006.

Moody's Investors Service (2007a): H.E.A.T Mezzanine S. A. – Compartment 3 Notes, Pre Sale- Report, 29.01.2007, Frankfurt.

Moody's Investors Service (2007b): PREPS 2007-1 plc, Pre-Sale Report, 15.02.2007, Frankfurt.

Moody's Investors Service (2007c): FORCE TWO Limited Partnership. Pre-Sale Report, 27.03.2007, Frankfurt.

Moody's Investors Service (2007d): PULS 2007-1, Pre-Sale Report, Frankfurt, 29. März 2007.

Moody's KMV (2002): Moody's KMV RiskCalc™ for German private companies – Erfassungshandbuch, Stand 01. August 2002.

Moody's KMV (2008): An overview of modelling credit portfolios – Modeling methodology. 14. Februar 2008. http://www.moodyskmv.com/research/files/wp/Overview_Modeling_Credit_Portfolios.pdf (Stand 03.06.2009).

Moosburger, H./Hartig, J. (2002): Factor analysis in personality research – Some artefacts and their consequences for psychological assessment. In: Psychologische Beiträge, Band 44, S. 136-158.

Moosburger, H./Schermelleh-Engel, K. (2007): Exploratorische (EFA) und Konfirmatorische Faktorenanalyse (CFA). In: Moosbrugger, H./Kelava, A. Testtheorie und Fragebogenkonstruktion, S. 307-324.

Moseschus, A. M. (2010): Factoring – Hoffnung auf Ende der Krise zum Jahresbeginn. In: Finanzierung Leasing Factoring FLF. Heft 1/2010, S. 1.

Müller, S./Brackschulze, K./Mayer-Fiedrich, M. D./Ordemann, T. (2006): Finanzierung mittelständischer Unternehmen – Selbstrating, Risikocontrolling, Finanzierungsalternativen, München.

Mugler, J. (1999): Betriebswirtschaftslehre der Klein- und Mittelbetriebe, Band 2, 3., überarbeitete Auflage, Wien/ New York.

Murmann, C. (2009): Recht. In: Lebensmittel Zeitung, Nr. 23, 05.06.2009, S. 27.

Natusch, I. (2007): Wirtschaftliche Grundlagen – Teil 1. In: Häger, M./Elkemann-Reusch, M. (Hrsg.). Mezzanine Finanzierungsinstrumente: Stille Gesellschaft – Nachrangdarlehen – Genussrechte – Wandelanleihen. 2., völlig neu bearbeitete und erweiterte Auflage, Berlin, S. 19-69.

Natusch, I. (2008): Programm-Mezzanine zur Steigerung des wirtschaftlichen Eigenkapitals mittelständischer Unternehmen. In: Everling, O. (Hrsg.). Certified Rating Analyst, 1. Auflage 2008, München, S. 343-360.

Neisen, M./Trummer, S./Dörflinger, M. (2009): Der Baseler Ausschuss reagiert auf die Finanzmarktkrise. In: Bank-Praktiker, Heft 4, S. 166-173.

Nelles, M./Klusemann, M. (2003): Die Bedeutung der Finanzierungsalternative Mezzanine-Capital im Kontext von Basel II für den Mittelstand. In: Finanz Betrieb, Heft 1 vom 07.01.2003, S. 1-10.

Nelles, M./Menz, K.-M. (2007): Modelle und Verfahren zur Bewertung von hybriden Industrieanleihen – Ein kritischer Überblick. In: Finanz Betrieb, Heft 6 vom 11.6.2007, S. 343-353.

Niehaus, H. J./Feidicker, M./Hüls, D. (1987): Früherkennung von Unternehmensrisiken, Düsseldorf.

Norušis, M. J. (1993): SPSS for Windows – Professional Statistics, Release 6.0, Englewood Cliffs.

Oehler, A./Kohlert, D./Linn, A. (2009): Auswirkungen der internationalen Finanzsystemkrise auf KMU. In: Wirtschaftswissenschaftliches Studium WiSt, Heft 7, Juli 2009, S. 380-383.

Ohl, H.-P. (1994): Asset-Backed Securities. Ein innovatives Instrument zur Finanzierung deutscher Unternehmen, Wiesbaden.

Oldenbourg, A./Preisenberger, S. (2004): Stille Beteiligungen als traditionelle Form der Mezzanine-Finanzierung im deutschen Mittelstand. In: Achleitner, A.-K./von Einem, C./von Schröder, B. (Hrsg.). Private Debt – alternative Finanzierung für den Mittelstand, Ulm, S. 139-145.

Olfert, K. (2005): Finanzierung. 13., aktualisierte Auflage, Ludwigshafen (Rhein).

Ortseifen, S. (2004): Verbriefung zur Portfoliosteuerung. In: Paul, S. (Hrsg.). Brennpunkt Kreditgeschäft, Frankfurt am Main, S. 83-100.

Osman, Y./Drost, F. (2009): Ackermann-Renditen sind im Mittelstand alltäglich – 25 Prozent. In: Handelsblatt vom 04.11.2009. http://www.handelsblatt.com/unternehmen/mittelstand_aktuell/25-prozent-ackermann-renditen-sind-im-mittelstand-alltaeglich;2478170 (Stand 09.04.2010).

o. V. (2007): Mezzanine wird teurer. In: Finanz Betrieb 9/2007, S. 505.

o. V. (2008): Mezzanine is back - Die längst überfällige Konsolidierung der Anbieter beginnt. In: Der Treasurer, Ausgabe 09 vom 30.04.2008.

o. V. (2010a): Alles nur eine Frage des Preises – Im Blickfeld. In: Immobilien & Finanzierung - Der Langfristige Kredit 01 vom 02.01.2010, S. 30.

o. V. (2010b): Genüsse für den Mittelstand – Der neue Genussrechtsfonds ist interessant für mittelständische Lieferanten. In: Der Treasurer, Ausgabe 03, 11.02.2010, S. 1-3.

o. V. (2010c): Bankenchronik. In: Zeitschrift für das gesamte Kreditwesen, 4/2010, S. 170.

o. V. (2010d): Ackermann kündigt Mittelstandsfonds für erstes Quartal an. Spiegel-online vom 14.01.2010. http://www.spiegel.de/wirtschaft/unternehmen/0,1518,672048,00.html (Stand 22.03.2010).

o. V. (2010e): Bankenverband präsentiert Standard für Verbriefungen. In: RISIKO MANAGER Nr. 06 vom 18.03.2010.

o. V. (2010f): BdB fordert Nachbesserung der Vorschläge des Baseler Ausschusses zur Kapital- und Liquiditätsausstattung. In: RISIKO MANAGER Nr. 10 vom 13.05.2010.

Patrimonium (2010a): PULS 2006-1 plc. Patrimonium AG Muttergesellschaft des Portfolio Managers Capital Securities Group AG der beiden Transaktionen PULS. http://www.patrimonium.ch/en/capitalmarkets_puls1.php (Stand 08.04.2010).

Patrimonium (2010b): PULS 2007-1 Ltd. Patrimonium AG ist die Muttergesellschaft des Portfolio Managers Capital Securities Group AG der beiden Transaktionen PULS. http://www.patrimonium.ch/en/capitalmarkets_puls2.php (Stand 08.04.2010).

Paul, S./Stein, S. (2003): Auf der Bremsspur: Für den Mittelstand und seine Banken zeigt die Qualitätsampel gelb-rot. In: Finanz Betrieb 7-8/2003, S. 417-431.

Perridon, L./Steiner, M. (2007): Finanzwirtschaft der Unternehmung. 14., überarbeitete und erweiterte Auflage, München.

Pfaue, M. (2003): Verbriefung von Forderungsportfolien – Asset-Backed-Securities. In: Wolf, B./Hill, M./Pfaue, M. Strukturierte Finanzierungen – Projektfinanzierung – Buy-out-Finanzierung – Asset-Backed-Strukturen, Stuttgart, S. 167-197.

Pfisterer, S. (2008): Mezzanine – Die Hoffnung stirbt zuletzt. In: FINANCE-Magazin, September 2008, S. 16-18. http://equity-advice.de/images/Finance-Magazin.pdf (Stand 28.10.2009).

Piaskowski, W./Kaczmarczyk, J. (2008): Hybridkapital – Eine Marktübersicht. Discussion paper No. 08-003. Zentrum für Europäische Wirtschaftsforschung GmbH ZEW, Mannheim, Januar 2008.

Plankensteiner, D./Rehbock, T. (2005): Die Bedeutung von Mezzanine-Finanzierungen in Deutschland. In: Zeitschrift für das gesamte Kreditwesen, 15/2005, S. 790-794.

Platzer, A./Riess, W. (2004): Finanzierung über Kredite. In: Stadler, W. (Hrsg.). Die neue Unternehmensfinanzierung – Strategisch Finanzieren mit bank- und kapitalmarktorientierten Instrumenten, Frankfurt am Main, S. 154-168.

Platzer, A./Sacher, M./Schmied, C. (2004): Zusammenarbeit von Unternehmen und Banken im Zeichen von Basel II. In: Stadler, W. (Hrsg.). Die neue Unternehmensfinanzierung – Strategisch Finanzieren mit bank- und kapitalmarktorientierten Instrumenten, Frankfurt am Main, S. 114-125.

PREPS (2008): Investor Report PREPS 2005-1 vom 04.08.2008. PREPS 2005-1 Limited Partnership. Jersey, Channel Islands. Veröffentlichung über das Bloomberg-Informationssystem.

PREPS (2009a): Investor Report PREPS 2004-1 vom 30.09.2009. European Private Funding I LP. Jersey, Channel Islands. Veröffentlichung über das Bloomberg-Informationssystem.

PREPS (2009b): Investor Report PREPS 2004-2 vom 10.09.2009. PREPS 2004-2 Limited Partnership. Jersey, Channel Islands. Veröffentlichung über das Bloomberg-Informationssystem.

PREPS (2009c): Investor Report PREPS 2005-2 vom 02.09.2009. PREPS 2005-2 PLC (incorporated in Ireland with limited liability). Veröffentlichung über das Bloomberg-Informationssystem.

PREPS (2009d): Investor Report PREPS 2006-1 vom 18.10.2009. PREPS 2006-1 PLC (incorporated in Ireland with limited liability). Veröffentlichung über das Bloomberg-Informationssystem.

PREPS (2009e): Investor Report PREPS 2007-1 vom 07.09.2009. PREPS 2007-1 PLC (incorporated in Ireland with limited liability). Veröffentlichung über das Bloomberg-Informationssystem.

PricewaterhouseCoopers (2005): Der Einfluss von Private Equity-Gesellschaften auf die Portfoliounternehmen und die deutsche Wirtschaft. München, Oktober 2005.

PricewaterhouseCoopers (2007): Verbriefung in Luxemburg – Leitfaden zur Bilanzierung, Besteuerung und zu Aspekten des Aufsichtsrecht, Luxemburg.

Radau, L. (2008): „Ich wollte den Finanzinvestor ablösen“ – Interview mit Dr. Christine F. Kreiner, Serial Entrepreneurin. In: Unternehmeredition „Mezzanine 2008“, S. 34.

Rauch, I./Schimpfky, P./Schneider, A. (2006): Stille Beteiligungen. In: Bösl, K./Sommer, M. (Hrsg.). Mezzanine Finanzierung. Betriebswirtschaft – Zivilrecht – Steuerrecht – Bilanzrecht, München, S. 119-169.

Rauhmeier, R. (2004): Validierung und Performancemessung bankinterner Ratingsysteme. Aus der Reihe: Rudolph, B. Risikomanagement und Finanzcontrolling, Band 9, 1. Auflage Mai 2004, Bad Soden/ Ts.

Raupach, G. (2004): Kapital für den Mittelstand – Mezzanine-Fonds. In: Zeitschrift für das gesamte Kreditwesen, 1/2004, S. 19-21.

Rehkugler, H. (2007): Grundzüge der Finanzwirtschaft, München.

Rehm, H. (2009): Das Krisenmanagement in Deutschland hat funktioniert – Staatshilfe in der Finanzkrise muss wettbewerbsneutral sein. In: Betriebswirtschaftliche Blätter, Dezember 2009, Nr. 12, S. 669-675.

Reich, H. W. (2005): Verbriefung und Beteiligungsfinanzierung – die nächste Runde. In: Zeitschrift für das gesamte Kreditwesen, 18/2005, S. 962-964.

Reichling, P./Bietke, D./Henne, A. (2007): Praxishandbuch Risikomanagement und Rating – Ein Leitfaden. 2., überarbeitete und erweiterte Auflage, Wiesbaden.

Reichardt-Petry, K. (2005): Basel II – vom Kredit über die kreditrisikomindernden Techniken bis zur Verbriefung. In: Gruber, J./Gruber, W./Braun, H. (Hrsg.). Praktiker-Handbuch Asset-Backed-Securities und Kreditderivate – Strukturen, Preisbildung, Anwendungsmöglichkeiten, aufsichtliche Behandlung, Stuttgart, S. 191-208.

Richter, K./Abel, U./Klar, R./Köbberling, J./Trampisch, H. J./Windeler, J. (1988): Die Grundlagen der Validierung einfacher, diagnostischer Tests. In: Klinische Wochenschrift, Heft 66, S. 655-661.

Richter, K./Lange, S. (1997): Methoden der Diagnoseevaluierung. In: Internist, Heft 4, S. 325-336.

Ricken, S. (2008): Verbriefung von Krediten und Forderungen in Deutschland – Betriebswirtschaftliche Handlungshilfen. Edition der Hans-Böckler-Stiftung 213, Düsseldorf.

Rid-Niebler, E.-M. (2009): Mezzanine Kapital. In: Everling, O./Holzschu, K./Leker, J. (Hrsg.). Credit Analyst, München, S. 333-363.

Rieg, R./Rieg, S. (2001): Die Cash-Flow-orientierte Unternehmenssteuerung. In: Bilanzbuchhalter und Controller, Heft 08/2001, S. 180-184.

Rinkenburger, R. (2009): Einführung in die explorative Faktorenanalyse. In: Schwaiger, M.,/Meyer, A. (Hrsg.). Theorien und Methoden der Betriebswirtschaft, München, S. 459-481.

Rittmann, U./Nagel, C. (2006): Mezzanine-Finanzierungen – Individuelle Strukturierung versus standardisierte Produkte aus handels- und steuerrechtlicher Sicht. Präsentation BDO Deutsche Warentreuhand AG, Wirtschaftsprüfungsgesellschaft, Münster, 28. November 2006.

Röchling, A. (2002): Loan-Backed Securities – Verbriefung von Firmenkundenkrediten in einem Verbund von Kreditinstituten am Beispiel der deutschen Sparkassen, Lohmar/ Köln.

Röder, K./Sonnemann, U. (2005): Asset Backed Securities – Chancen ohne Risiko? In: Wirtschaftswissenschaftliches Studium WiSt, Heft 6/2005, S. 328-333.

Röhl, K.-H. (2005): Mittelstandspolitik – Eine wirtschaftspolitische Agenda zur Stärkung mittelständischer Unternehmen, Köln.

Rohde (2008): Übernahme des Schuhproduzenten Erich Rohde KG perfekt: Neues Managementteam berufen. http://www.rohde-schuhe.de/downloads/PM-02.07.2008-Uebernahme-Erich-Rohde-GmbH.pdf (Stand 28.03.2010).

Romeike, F./Wehrsporn, U. (2004): Marktstudie Rating-Software für Unternehmen, Bank-Verlag, Dezember 2004.

Rosar M. (2000): Asset-Backed Securities - Chancen und Risiken einer derivaten Finanzinnovation, Aachen.

Rosenfeld, K./Ziese, S. (2006): ABS und Mittelstandsfinanzierung. In: Kreditwesen, 19/2006, S. 1058-1060.

Rother, S. (2006): Mittelstand-CDOs – Muntermacher für den ABS-Markt? In: Zeitschrift für das gesamte Kreditwesen, 19/2006, S. 1061-1064.

Rudolph, B. (2005): Risikotransferinstrumente und Unternehmensfinanzierung. In: zfbf Zeitschrift für betriebswirtschaftliche Forschung, Nr. 57, S. 176-181.

Rummer, M. (2006): Going Public – Eine empirische Analyse von Börsengängen auf Grundlage des Behavioral Finance. Mit einem Geleitwort von Prof. Dr. Andreas Oehler. 1. Auflage 2006, Wiesbaden.

Sachverständigenrat (2005): Die Chance nutzen - Reformen mutig voranbringen. Jahresgutachten 2005/06 vom Sachverständigenrat zur Begutachtung der gesamtwirtschaftlichen Entwicklung. Veröffentlicht am 09.11.2005, Wiesbaden.

Sachverständigenrat (2006): Widerstreitende Interessen - Ungenutzte Chancen. Jahresgutachten 2006/07 vom Sachverständigenrat zur Begutachtung der gesamtwirtschaftlichen Entwicklung. Veröffentlicht am 08.11.2006, Wiesbaden.

Sachverständigenrat (2007): Das Erreichte nicht verspielen. Jahresgutachten 2007/08 vom Sachverständigenrat zur Begutachtung der gesamtwirtschaftlichen Entwicklung. Veröffentlicht am 07.11.2007, Wiesbaden.

Sachverständigenrat (2008): Das deutsche Finanzsystem – Effizienz steigern - Stabilität erhöhen. Expertise im Auftrag der Bundesregierung des Sachverständigenrats zur Begutachtung der gesamtwirtschaftlichen Entwicklung. Juni 2008, Wiesbaden.

Sachverständigenrat (2009): Die Zukunft nicht aufs Spiel setzen. Jahresgutachten 2009/10 vom Sachverständigenrat zur Begutachtung der gesamtwirtschaftlichen Entwicklung. Veröffentlicht am 13.11.2009, Wiesbaden.

Schackmann-Fallis, K.-P. (2009): Verbriefungsbürgschaften nützen nur den Banken. In: Markt und Mittelstand vom 04.12.2009, Nr. 12/01, S. 34.

Schefczyk, M. (2006): Finanzieren mit Venture Capital und Private Equity. Grundlagen für Investoren, Finanzintermediäre, Unternehmer und Wissenschaftler. 2., überarbeitete und aktualisierte Auflage, Stuttgart, Mai 2006.

Schindler, D. O. (2008): "Risiko" Gesellschafterdarlehen nach der GmbH-Reform. In: SteuerConsultant, Vol. 9, Heft 08/2008, S. 19-20.

Schmeisser, W./Leonhardt, M. (2006): Asset-Backed Securities-Transaktionen als Finanzierungsalternative für den deutschen Mittelstand. Schmeisser, W./Zündorf, H./Eckstein, P. (Hrsg.), Band 3, München/ Merling.

Schmeisser, W./Leonhardt, M. (2007): Asset-Backed Securities – Forderungsverbriefung für den gehobenen Mittelstand als Finanzierungsalternative. In: Deutsches Steuerrecht DStR, Vol. 45 (2007), Nr. 4, S. 169-173.

Schmeisser, W./Clausen, L. (2008): Mezzanines Kapital für den Mittelstand zur Verbesserung des Ratings. In: Deutsches Steuerrecht DStR, Heft 14/2008, S. 688-695, München.

Schmeisser, W. (2009): Mezzanine Kapital als Finanzierungsform für den Mittelstand zur Verbesserung des Ratings bzw. Kennzahlen als Manipulationsinstrument zur Umgehung von Basel II. In: Schmeisser, W. (Hrsg.). Bankcontrolling mit Kennzahlen unter Berücksichtigung einer kritischen Anwendung von Kennzahlen am Beispiel der Mezzaninen Finanzierung, 1. Auflage, S. 116-148.

Schmidt, R. (2003): Modellierung und Messung von Kreditrisiken. In: Schäfer, H. (Hrsg.). Kredit und Risiko – Basel II und die Konsequenzen für Banken und Mittelstand, Marburg, S. 181-189.

Schmidtbleicher, R. (2006): Mittelbarer Kapitalmarktzugang für KMU durch Genussrechtepooling. Arbeitspapier Nr. 128 (3/2006), Institut für Bankrecht, Johann Wolfgang Goethe-Universität, Frankfurt am Main.

Schmittat, E. (2007): Asset Backed Securities – Die Verbriefung von Handelsforderungen als Finanzalternative für den großen Mittelstand. 1. Auflage, November 2007, Wiesbaden.

Schneck, O. (2006): Handbuch Alternative Finanzierungsformen – Anlässe, Private Equity, Genussscheine, ABS, Leasing, Factoring, Mitarbeiterbeteiligung, BAV, Franchising, Stille Gesellschaft, Partiarisches Darlehen, Börsengang. 1. Auflage 2006, Weinheim.

Schneider, A./Sommer, M./Wagner, F. (2006): Partiarisches Darlehen. In: Bösl, K./Sommer, M. (Hrsg.). Mezzanine Finanzierung. Betriebswirtschaft – Zivilrecht – Steuerrecht – Bilanzrecht, München, S. 271-290.

Schneider, T./Droste, M. (2002): Asset-Backed-Securities (ABS). In: Krimphove, D./Tytko, D. (Hrsg.). Praktiker-Handbuch Unternehmensfinanzierung, Stuttgart, S. 383-408.

Schöning, S./Nolting, R.-D./Nolte, B. (2004): Direktverkauf von Fremdkapitaltiteln als Finanzierungsalternative für KMU. In: Finanz Betrieb, 11/2004, S. 748-762.

Schulte, R. (2007): Böse Nachricht für 350 Mitarbeiter. http://www.derwesten.de/staedte/wattenscheid/Boese-Nachricht-fuer-350-Mitarbeiter-id1582998.html (Stand 28.03.2010).

Schulz, D. (2006): Risiken und Insolvenz – Die Behandlung von Rückstellungen in der Überschuldungsbilanz. 1. Auflage, August 2006, Wiesbaden.

Schwaiger, W. S. A./Vernydub, A./Friewald, N. (2005): Analyse von Kreditrisiken anhand von Faktormodellen im Portfolioverbund. Version 1.0, Working paper, Wien, März 2005.

Shapiro, R. J./Pham, N. D. (2008): American Jobs and the Impact of Private Equity Transactions. Working paper, January 2008.

Shapiro, R. J./Pham, N. D. (2009): The Impact of Private Equity Acquisitions and Operations On Capital Spending, Sales, Productivity, and Employment. Working paper, January 2009.

Smerdka, U. (2003): Die Finanzierung mit mezzaninem Haftkapital. Reihe: Steuer, Wirtschaft und Recht, Band 235, 1. Auflage, August 2003. Lohmar/ Köln.

Söffing, M./Thonemann, S. (2009): Begünstigung unternehmerischen Vermögens nach dem ErbStG. In: Der Betrieb, Jahrgang 62, Heft 35 vom 28.8.2009, S. 1836-1842.

SoFFin (2009): Sonderfonds Finanzmarktstabilisierung. http://www.soffin.de/de/soffin/ziele/index.html (Stand 07.04.2010).

Speicher, M. (2001): Förderung der Kapitalversorgung im Mittelstand durch Rating. In: Everling, O. (Hrsg.). Rating – Chance für den Mittelstand nach Basel II. 1. Auflage, Dezember 2001, Wiesbaden, S. 3-17.

StaGe Mezzanine (2009): Investor Report StaGe Mezzanine vom 21.12.2009. StaGe Mezzanine Société en Commandite Simple S.e.C.S. (a limited partnership established under the laws of Luxembourg). Veröffentlichung über das Bloomberg-Informationssystem.

Standard & Poor's (2005): FORCE 2005-1 Limited Partnership, Presale Report, 02.12.2005, Frankfurt.

Standard & Poor's (2006): CB MezzCAP Limited Partnership, Presale Report, 16.03.2006, Frankfurt.

Statistisches Bundesamt (2010): Insolvenzverfahren Unternehmen und Arbeitsstätten – Fachserie 2 Reihe 4.1 – Dezember und Jahr 2009. Erschienen am 09.03.2010. https://www-ec.destatis.de/csp/shop/sfg/bpm.html.cms.cBroker.cls?cmspath =struktur,vollanzeige.csp&ID=1025415 (Stand 22.03.2010).

Steiner, M./Schiffel, S. (2006): Mittelstandsfinanzierung in Deutschland: Struktur und Rahmenbedingungen. In: Bösl, K./Sommer, M. (Hrsg.). Mezzanine Finanzierung. Betriebswirtschaft – Zivilrecht – Steuerrecht – Bilanzrecht, München, S. 1-11.

Steiner, M. (2007): Praxis komplementärer Mittelstandsfinanzierung. Vortrag auf dem Fachkongress „Praxis komplementärer Mittelstandsfinanzierung" vom 27.02.2007 in München.

Steinhauer, B. (2007): Nachrangdarlehen – Gesellschaftsrecht – Teil 3. In: Häger, M./Elkemann-Reusch, M. (Hrsg.). Mezzanine Finanzierungsinstrumente. Stille Gesellschaft – Nachrangdarlehen – Genussrechte – Wandelanleihen. 2., völlig neu bearbeitete und erweiterte Auflage, Berlin, S. 179-194.

Steinhauser, U. (1998): Einflussreiche Beobachtungen in der explorativen Faktorenanalyse – Identifikation und Einflussbeschränkung, Göttingen.

Stringfellow, M. (2001): Mezzanine-Finanzierung für Wachstumsunternehmen. In: Stadler, W. (Hrsg.). Venture Capital und Private Equity, Köln, S. 117-122.

Strömberg, P. (2009): The Economic and Social Impact of Private Equity in Europe – Summary of Research Findings. Working paper, June 2009.

Stumpf, T. (2008): Verbriefung von Mezzanine-Forderungen: Kapitalmarktfinanzierung für mittelständische Unternehmen. In: Risiko-Manager / Special, 20.02.2008, S. 28-31.

Syre, R. (2007): Mezzanine - "Konsolidierung muss gelingen". In: Manager Magazin vom 15.07.2007. https://www.manager-magazin.de/unternehmen/mittelstand/0,2828,494336-4,00.html (Stand 06.04.2010).

Tebroke, H.-J. (2004): Asset Backed Securitization als Finanzierungsalternative mittelständischer Unternehmen in Deutschland. In: Schlüchtermann, J. (Hrsg.). Mittelstand im Fokus, Betriebswirtschaftliches Forschungszentrum für Fragen der Mittelständischen Wirtschaft, Bayreuth, S. 125-152.

The Boston Consulting Group (2004): Optimale staatliche Rahmenbedingungen für einen Kreditrisikomarkt/Verbriefungsmarkt für Kreditforderungen und -risiken in Deutschland. Gutachten im Auftrag des Bundesministeriums für Finanzen Projektnummer 16/03, vorgelegt am 30.01.2004, Frankfurt.

Thun, C. (2007): Moody's KMV – ein quantitatives Finanzrating für nicht börsennotierte Unternehmen. In: Achleitner, A.-K./Everling, O./Niggemann, K. A. (Hrsg.). Finanzrating – Gestaltungsmöglichkeiten zur Verbesserung der Bonität, Wiesbaden, 1. Auflage Januar 2007, S. 125-138.

Toutenberg, H./Schomaker, M./Wißmann, M. (2006): Arbeitsbuch zur deskriptiven und induktiven Statistik, Berlin, Heidelberg.

TSI (a): Das deutsche SPV über TSI – Was sind die Vorteile? http://www.true-sale-international.de/leistungen/spv/vorteile.html (Stand 09.04.2010).

TSI (b): Assetklassen. http://www.tsi-gmbh.de/abs-im-ueberblick/wasistabs/assetklassen.html (Stand 09.04.2010).

TSI (2009): TSI-Verbriefungsplattform und deutsches SPV – Umfassender Service aus einer Hand. Frankfurt am Main. http://www.tsi-gmbh.de/fileadmin/tsi_downloads/Leistungen/Deutsches_SPV/TSI_Verbriefungsplattform/TSI-Verbriefungsplattform_und_deutsches_SPV_Juli_2009_inkl._SV.pdf (Stand 01.01.2010).

TSI Arbeitsgruppe (2008): Die Krise auf den Kreditmärkten – Ursache, Wirkung und Folgerungen. TSI Arbeitsgruppe (True Sale Initiative), Mai 2008.

Überla, K. (1971): Faktorenanalyse – Eine systematische Einführung für Psychologen, Mediziner, Wirtschafts- und Sozialwissenschaftler. 2. Auflage. Berlin/ Heidelberg/ New York.

UniCredit (2007): PREPS 2007-1 PLC, Prospectus, UniCredit Markets and Investment Banking and JPMorgan, München.

van Koolwijk, J./Wieken-Mayser, M. (1974): Techniken der empirischen Sozialforschung, Band 4, Erhebungsmethoden: Die Befragung, Oldenburg Verlag, München/ Wien.

Verband deutscher Pfandbriefbanken (2010): Jahresbericht 2009 – Der Pfandbrief - Vermögen sicher anlegen. vdp Verband deutscher Pfandbriefbanken e.V., März 2010, Berlin.

VerkehrsRundschau (2009): Ex-Ricö-Chef auf freiem Fuß. In: VerkehrsRundschau vom 18.12.2009. http://www.verkehrsrundschau.de/cms/911267 (Stand 20.04.2010).

Vollmer, U./Hauck, A. (2008): Gewährträgerhaftung im öffentlich-rechtlichen Bankensektor – Konsequenzen für die Unternehmensfinanzierung. Diskussionspapier zur Volkswirtschaftslehre, Finanzierung und Besteuerung Nr. 4/2008. http://www.wiwi.uni-duesseldorf.de/lehrstuehle/fachgebvwl/Dokumente/Discussionpaper0408.pdf (Stand 09.04.2010).

von Alvensleben, P. (2007): Genussrechte – Gesellschaftsrecht – Teil 4. In: Häger, M./Elkemann-Reusch, M. (Hrsg.). Mezzanine Finanzierungsinstrumente. Stille Gesellschaft – Nachrangdarlehen – Genussrechte – Wandelanleihen. 2., völlig neu bearbeitete und erweiterte Auflage, Berlin, S. 211-271.

von Alvensleben, P./Hellich, P. (2007): Wandelanleihe – Gesellschaftsrecht – Probleme in der Praxis – Teil 5. In: Häger, M./Elkemann-Reusch, M. (Hrsg.). Mezzanine Finanzierungsinstrumente. Stille Gesellschaft – Nachrangdarlehen – Genussrechte – Wandelanleihen. 2., völlig neu bearbeitete und erweiterte Auflage, Berlin, S. 308-324.

von Beauvais, E.-A./Fischer, E./Traichel, C. (2006): Wandelschuldverschreibungen. In: Bösl, K./Sommer, M. (Hrsg.). Mezzanine Finanzierung. Betriebswirtschaft – Zivilrecht – Steuerrecht – Bilanzrecht, München, S. 197-244.

von Boehm-Bezing, C.-L. (2001): Rentabilisierung der Bankverbindung mit nicht emissionsfähigen Unternehmen. In: Breuer, R.-E. (Hrsg.). Handbuch Finanzierung, 3. Auflage, Wiesbaden, S. 495-511.

von Einem, C./Schmid, S. (2004): Moderne Private-Debt-Finanzierungsinstrumente und deren rechtliche Implementierung. In: Achleitner, A.-K./von Einem, C./von Schröder, B. (Hrsg.). Private Debt – alternative Finanzierung für den Mittelstand, Ulm, S. 147-167.

Wagner, F./Lehmann, M. (2006): Nachrangdarlehen. In: Bösl, K./Sommer, M. (Hrsg.). Mezzanine Finanzierung. Betriebswirtschaft – Zivilrecht – Steuerrecht – Bilanzrecht, München, S. 245-270.

Wahrenburg, M. (2005): Pooling von internen Ratingdaten – Anwendungen und Perspektiven. In: Neupel, J./Rudolph, B./Hahnenstein, L. (Hrsg.). Sonderheft Zfbf: Aktuelle Entwicklungen im Bankcontrolling: Rating, Gesamtbanksteuerung und Basel II, Düsseldorf, S. 97-117.

Wahrenburg, M./Niethen, S. (2000): Vergleichende Analyse alternativer Kreditrisikomodelle. Working paper series: Finance & Accounting No. 49 im April 2000, Frankfurt am Main. http://www.finance.uni-frankfurt.de//wp/377.pdf (Stand 01.10.2009).

Wallau, F. (2009): Die volkswirtschaftliche Bedeutung der Familienunternehmen. In: Felden, B. (Hrsg.). Familienunternehmen – was bleibt, was wird? Tagungsband der 1. EMF-Konferenz für Familienunternehmen. Dollerup/ Berlin, S. 30-45.

Waschbusch, G./Staub, N./Karmann, O. (2009): Die Zukunftsfähigkeit der kapitalmarktorientierten Mittelstandsfinanzierung über die Börse. In: Finanz-Betrieb, Heft 12 vom 07.12.2009, S. 689-697.

Welt.de (2007a): ODS-Werk Dassow insolvent. Welt online vom 09.10.2007. http://www.welt.de/welt_print/article1246523/Wirtschaft_kompakt.html (Stand 28.03.2010).

Welt.de (2007b): Astroh-Pleite lässt Kunden zittern. Welt online vom 16.12.2007. http://www.welt.de/wams_print/article1466269/Astroh_Pleite_laesst_Kunden_zittern.html (Stand 28.03.2010).

Welt.de (2007c): Nici-Gründer Pfaff muss lange hinter Gitter. Welt online vom 27.06.2007. http://www.welt.de/wirtschaft/article980219/Nici_Gruender_Pfaff_muss_lange_hinter_Gitter.html (Stand 20.04.2010).

Werner, H. S. (2004): Mezzanine-Kapital – Mit Mezzanine-Finanzierung die Eigenkapitalquote erhöhen, 1. Ausgabe, Köln.

Werner, H. S./Kobabe, R. (2005): Unternehmensfinanzierung. Reihe: Praxis Creditreform, Stuttgart.

WestLB/BayernLB (2006): StaGe Mezzanine Société en Commandite Simple, Prospectus, WestLB AG und BayernLB, Düsseldorf.

Wiese, G. T./Lukas, P. (2009): Erbschaftsteuerreform 2009 und Unternehmensnachfolge – ein Überblick. In: GmbHR - GmbH-Rundschau 2/2009, S. 57-65.

Wöhe, G./Bilstein, J. (2002): Grundzüge der Unternehmensfinanzierung, 9., überarbeitete und erweiterte Auflage, München.

Wolf, B. (2006): Das Finanzierungsumfeld junger Unternehmen in Deutschland. Arbeitspapiere Unternehmen und Region, Nr. U2/2006, Fraunhofer Institut System- und Innovationsforschung, Karlsruhe.

Zahn, A./Lemke, R. (2003): Collateralized Debt Obligations – Ein innovatives Kapitalmarktinstrument mit Risikosteuerungs- und Arbitragefunktion. In: Finanz Betrieb, 1/2003, S. 37-43.

Zantow, R. (2004): Finanzierung – Die Grundlagen modernen Finanzmanagements, München.

Zelger, H./Beyer, S. (2004): Controlling, Performancemessung und Reporting bei Private-Debt-Strukturen. In: Achleitner, A.-K./von Einem, C./von Schröder, B. (Hrsg.). Private Debt – alternative Finanzierung für den Mittelstand, Ulm, S. 217-227.